Particelle e interazioni fondamentali

Sylvie Braibant
Giorgio Giacomelli
Maurizio Spurio

Particelle e interazioni fondamentali

Il mondo delle particelle

2ª edizione

 Springer

Sylvie Braibant
Dipartimento di Fisica
Università di Bologna

Giorgio Giacomelli
Dipartimento di Fisica
Università di Bologna

Maurizio Spurio
Dipartimento di Fisica
Università di Bologna

UNITEXT- Collana di Fisica e Astronomia

ISSN versione cartacea: 2038-5730   ISSN elettronico: 2038-5765

Additional material to this book can be downloaded from http://extras.springer.com.

ISBN 978-88-470-2753-4   ISBN 978-88-470-2754-1 (eBook)
DOI 10.1007/978-88-470-2754-1

Springer Milan Dordrecht Heidelberg London New York

Layout copertina: Simona Colombo, Milano
Riprodotto da copia camera-ready fornita dagli autori
Stampa: GECA Industrie Grafiche, Cesano Boscone (MI)

Springer-Verlag Italia S.r.l., Via Decembrio 28, I-20137 Milano
Springer fa parte di Springer Science + Business Media (www.springer.com)

Prefazione

Questo libro intende fornire le conoscenze teoriche e fenomenologiche di base della struttura della materia a livello subatomico, presentando in maniera coordinata concetti e caratteristiche della fisica delle particelle elementari e della fisica nucleare. Abbiamo avvertito l'esigenza di un libro su *Particelle e interazioni fondamentali* sia a seguito della strutturazione degli studi universitari con la suddivisione 3+2, sia per la carenza di analoghe pubblicazioni recenti in lingua italiana. Una prima parte è ad un livello più semplice, non presuppone una conoscenza precedente del campo, a parte nozioni elementari di meccanica quantistica, ed è organizzata in modo da poter essere utilizzata per un corso del III anno del tipo *Istituzioni di Fisica Nucleare e Subnucleare* della classe di laurea in Fisica. La seconda parte è a carattere più avanzato, ed è rivolta a studenti di corsi del tipo *Fisica delle Particelle* della Laurea Magistrale (LM) e a studenti delle scuole di Dottorato. L'enfasi è in ogni modo sugli aspetti sperimentali e fenomenologici del campo. Una lista di testi, di lavori di rassegna e di alcuni lavori specializzati è riportata nella bibliografia. Il libro si basa sull'esperienza degli autori in corsi sia della Laurea che della LM dell'Università di Bologna.

La lettura del libro evidenzierà il fatto che storicamente la fisica delle alte energie rappresenta un settore di punta della ricerca italiana; questo, grazie anche alla collaborazione tra Università e Istituto Nazionale di Fisica Nucleare (INFN). Tutti gli studenti interessati a compiere ricerche in questo campo troveranno utile consultare il sito web dell'INFN [ww0].

Dopo un'introduzione storica e sui concetti fondamentali, nei Cap. 1-3 abbiamo dedicato particolare attenzione all'analisi di alcuni esperimenti, evidenziando le metodologie, gli acceleratori e alcune tecniche di rivelazione, per passare poi a semplici e intuitivi schemi di classificazione. Nei Cap. 4 e 5, vengono discusse in modo qualitativo le interazioni fondamentali; in particolare, l'interazione elettromagnetica (che è familiare allo studente) viene utilizzata per richiamare alcuni argomenti dai corsi di teoria e per definire il formalismo che sarà usato per l'interazione nucleare e quella debole. Successivamente sono descritti i principi di invarianza e le leggi di conservazione (Cap. 6). Nel

Cap. 7 vengono poi discusse in modo più formale le interazioni tra adroni e il modello statico a quark. Il Cap. 8 verte sulla interazione debole e sui neutrini. Buona parte del capitolo ha un approccio sia teorico (il formalismo di Fermi) che sperimentale (la scoperta del neutrino; la violazione della parità; le tre famiglie di leptoni) indicato a studenti del III anno. Parte del capitolo può essere lasciato per i corsi della LM.

La sezione più avanzata inizia con il Cap. 9 sulle collisioni e^+e^-, con la scoperta dei quark più pesanti e le verifiche di precisione delle interazioni elettromagnetiche e deboli al LEP. Il Cap. 10 parte dai limiti del modello statico a quark, per discutere delle interazioni profondamente inelastiche, del modello dinamico a quark negli adroni e delle interazioni adrone–adrone alle alte energie. Il formalismo matematico del Modello Standard del microcosmo (l'interazione elettrodebole, la QCD e il meccanismo di Higgs) sono l'argomento del Cap. 11. Vi è un'osservazione fondamentale che pone problemi al Modello Standard: il fatto che l'Universo sia formato da materia, praticamente senza antimateria. Ciò costituisce un'asimmetria particella–antiparticella di fondamentale importanza, descritta nel Cap. 12. Oltre alla violazione di CP nella interazione debole, viene descritta la situazione teorica e sperimentale dopo la recente scoperta del meccanismo di oscillazione dei neutrini. Nel Cap. 13 vengono discussi alcuni aspetti di fisica al di là del Modello Standard, aspetti della fisica senza acceleratori e dei raggi cosmici e infine le connessioni fra microfisica, astrofisica e cosmologia.

La più straordinaria dimostrazione dell'interconnessione tra microcosmo e macrocosmo, ovvero tra la fisica delle particelle, l'astrofisica e la cosmologia, è data dalla tabella periodica degli elementi. Per questo motivo, il libro si conclude con il Cap. 14, relativo agli aspetti fondamentali delle interazioni tra nucleoni e la fisica dei nuclei.

Apparentemente, nel libro non compaiono problemi: essi sono disponibili (con molte soluzioni svolte) nel sito web della casa editrice Springer relativo a questo libro.

Ringraziamo numerosi colleghi per la loro collaborazione e i loro suggerimenti, principalmente quando questo libro si presentava sotto forma di appunti per gli studenti. Ringraziamo Mariagrazia Fabbri e Paolo Giacomelli per la lettura e commenti della versione finale, e molti studenti per i suggerimenti e le domande che ci hanno permesso di impostare questo lavoro nel modo che speriamo sia utile per molti. Anche se abbiamo cercato di essere meticolosi, saremo grati a chi ci vorrà segnalare correzioni, migliorie o semplici osservazioni.

Bologna, febbraio 2009

Sylvie Braibant
Giorgio Giacomelli
Maurizio Spurio

Prefazione alla II edizione

Questa seconda edizione, riveduta, corretta e ampliata, nasce a seguito della traduzione in inglese del libro (*Particles and Fundamental Interactions*, Springer, 978-94-007-2463-1) effettuata dagli stessi autori. Quest'operazione ha comportato una rilettura critica e accurata di ogni paragrafo (necessaria quando si vuole esprimere in altra lingua un concetto), ed ha permesso di includere alcune modifiche suggerite da colleghi e studenti che avevano avuto modo di leggere la prima edizione (talune già incluse nella ristampa alla I edizione). Alcune sezioni sono state ampiamente riviste e qualche nuova figura inserita. Infine, abbiamo aggiunto una sezione che si riferisce ai primi risultati di fisica ottenuti con il collisionatore LHC al CERN. Questa versione risulta così completamente allineata (rispetto ai contenuti e alla numerazione di figure, tabelle ed equazioni) alla versione inglese. Solo alcuni riferimenti a documenti in lingua italiana sono stati omessi nella versione in inglese. In questa prefazione, lasciateci dire che siamo felici che la versione inglese sia la traduzione di quella italiana, e non il viceversa. La fisica delle particelle italiana ha una tradizione gloriosa, e ha ottima reputazione, come dimostra il fatto (che non può essere occasionale) che contemporaneamente e per un lungo periodo i responsabili dei quattro principali esperimenti a LHC siano stati italiani.

La versione in inglese è in realtà un parto gemellare: insieme all'equivalente di questo libro è uscito anche *Particles and Fundamental Interactions: Supplements, Problems and Solutions*, Springer, 978-94-007-4134-8. Questo secondo testo contiene oltre 170 esercizi (tutti risolti) relativi ai 14 capitoli del presente libro. In aggiunta, compaiono un certo numero di Supplementi, che forniscono uno sguardo aggiuntivo ad alcuni argomenti specifici. Il testo degli esercizi è disponibile sulla piattaforma on-line Springer Extra Materials al link: http://extra.springer.com/2012/978-94-007-2464-8 .

Bologna, maggio 2012

Sylvie Braibant
Giorgio Giacomelli
Maurizio Spurio

Indice

1

Introduzione. Note storiche e concetti fondamentali

1.1 Introduzione

La fisica delle particelle si occupa della ricerca e dello studio dei costituenti ultimi della materia e delle loro interazioni. Nel linguaggio comune il termine *particella elementare* può essere considerato sinonimo di *costituente ultimo* della materia. È con tale convinzione che i primi studiosi di questo campo della fisica hanno attribuito il nome di particella elementare anche a oggetti che non lo sono: così come l'*atomo* (che etimologicamente in greco significa indivisibile) è divisibilissimo, anche la maggior parte delle particelle elementari (per esempio, i protoni) non sono veramente elementari.

Con l'aumentare delle conoscenze sperimentali il significato di particella elementare ha subito un'evoluzione: negli anni '40 si applicava a pochi "oggetti" submicroscopici che si ritenevano essere "nuovi atomi" indivisibili; una trentina di anni fa veniva attribuito invece a qualche decina di oggetti, senza preoccuparsi che fossero effettivamente elementari. Attualmente il termine particella elementare denota alcune particelle, come l'elettrone (e^-), il muone (μ^-) e i corrispondenti neutrini (ν_e, ν_μ), che sono globalmente chiamati *leptoni*, e i *quark*. Quark liberi non sono mai stati osservati, ma sappiamo che sono confinati entro le particelle che chiamiamo *adroni*. Questo termine denota una particella stabile (il protone), alcune con vita media relativamente lunga (come l'iperone Λ^0) e moltissime risonanze aventi vite medie brevissime.

I *quark* e i *leptoni*, attualmente considerati i costituenti ultimi della materia, sono *fermioni*, cioè particelle aventi spin semintero; possono essere considerate come "*particelle materia*", cioè particelle che costituiscono la materia. I fermioni obbediscono alla statistica di Fermi-Dirac.

Un discorso sulla struttura della materia non è completo se non si considerano anche le interazioni (forze) che "tengono legate" le particelle a costituire l'edificio della materia e più in generale che regolano le interazioni fra particelle. Le interazioni fondamentali sono quattro: *forte, debole, elettromagnetica* e *gravitazionale*. Quantisticamente ognuna di queste interazioni deve avere i suoi quanti, le "*particelle forza*" che trasmettono l'interazione. Queste

Braibant S., Giacomelli G., Spurio M.: Particelle e interazioni fondamentali. Il mondo delle particelle
DOI 10.1007/978-88-470-2754-1_1, © Springer-Verlag Italia 2012

ultime sono particelle aventi spin intero, cioè *bosoni*: il *fotone* per l'interazione elettromagnetica, i *bosoni vettoriali* W^+, W^- e Z^0 per l'interazione debole, 8 *gluoni* per l'interazione forte e l'ipotetico *gravitone* per l'interazione gravitazionale. I bosoni sopracitati vanno inclusi nella lista delle particelle elementari, e in quella dei costituenti ultimi. I bosoni obbediscono alla statistica di Bose-Einstein.

È da notare che per ogni fermione si ha un antifermione, un'antiparticella avente la stessa massa e spin della particella in questione, ma carica elettrica e momento di dipolo magnetico opposto. I neutrini hanno lo spin antiparallelo all'impulso (sono *sinistrorsi*); gli antineutrini hanno lo spin parallelo (con verso uguale) all'impulso (sono *destrorsi*).

Allo stato attuale delle nostre conoscenze, le particelle stabili sono: il fotone γ, i neutrini e gli antineutrini, l'elettrone e^-, il positrone e^+, il protone p e l'antiprotone $\bar{p}$; tutte le altre sono instabili. Possono essere considerati *costituenti ultimi fermionici* della materia 6 leptoni (elettrone, muone, tau e i loro neutrini), 6 quark (d, u), (s, c), (b, t) e i corrispondenti 6 antileptoni e 6 antiquark. Vedremo poi che quark (e antiquark) compaiono in 3 colori (e anticolori) diversi. A questi costituenti ultimi fermionici vanno aggiunti i bosoni trasmettitori delle interazioni fondamentali (il fotone γ, i bosoni intermedi W^+, W^-, Z^0, gli 8 gluoni e l'ipotetico gravitone). Per completare il quadro occorre introdurre anche il *bosone scalare di Higgs*, non ancora sperimentalmente osservato e che si ritiene serva al meccanismo che attribuisce massa alle particelle. Nella Tab. 1.1 sono listati i costituenti ultimi fermionici e i quanti bosonici delle interazioni fondamentali.

Solo l'elettrone, il protone e il neutrone entrano direttamente nella composizione della materia terrestre stabile. Il fotone viene creato quando si hanno transizioni tra due stati. Nei decadimenti radioattivi vengono emesse particelle e antiparticelle (come il positrone). Tutte le particelle possono essere create in collisioni fra due particelle di alta energia per un processo di trasformazione di energia in massa. È attualmente senza spiegazione il fatto che le particelle siano tante e che così poche costituiscano la materia stabile presente. È anche senza spiegazione il fatto che i *costituenti ultimi fermionici* compaiano in tre famiglie, ognuna costituita di due leptoni e due quark, che sono tre repliche dello stesso tipo, vedi Tab. 1.1. La prima famiglia include ν_e, e^-, u, d; la seconda include ν_μ, μ^-, c, s; la terza include ν_τ, τ^-, t, b. Per ogni fermione di ciascuna famiglia esiste il corrispettivo antifermione (antiparticella).

I termini di *fisica subnucleare* e di *fisica delle alte energie* sono sinonimi di *fisica delle particelle elementari*. Per analizzare strutture a dimensioni sempre più piccole occorre studiare collisioni fra particelle a energie sempre più grandi. Occorre perciò disporre di acceleratori sempre più potenti. Le leggi fisiche che descrivono i fenomeni di collisione fra due particelle diventano più semplici ad alte energie, nel senso che le leggi acquistano un grado più elevato di simmetria matematica; inoltre si ha l'unificazione delle forze: è già stata verificata l'unificazione delle interazioni elettromagnetica e debole (*interazione elettrodebole*) ed esistono modelli circa la Grande Unificazione (GUT)

Fermioni   **Bosoni**

$$\begin{pmatrix} u \\ d \end{pmatrix} \quad \begin{pmatrix} c \\ s \end{pmatrix} \quad \begin{pmatrix} t \\ b \end{pmatrix} \quad \text{quark}$$

$$\begin{pmatrix} \nu_e \\ e^- \end{pmatrix} \quad \begin{pmatrix} \nu_\mu \\ \mu^- \end{pmatrix} \quad \begin{pmatrix} \nu_\tau \\ \tau^- \end{pmatrix} \quad \text{leptoni}$$

prima   seconda   terza
famiglia   famiglia   famiglia

Interazioni fondamentali	Mediatori
forte elettromagnetica debole	8 gluoni γ W^+, W^-, Z^0
gravitazionale	gravitone

Bosone di Higgs	H^0

Tabella 1.1. Fermioni e bosoni fondamentali nel Modello Standard del Microcosmo

dell'interazione elettrodebole con quella forte, e di superunificazione.

Siamo forse vicini alla comprensione a un livello profondo dei "mattoni", delle forze e delle leggi dell'estremamente piccolo. Contemporaneamente ci siamo accorti che le leggi che governano la struttura della materia sono legate alla struttura dell'universo e alla sua evoluzione dopo il Big Bang.

Per lo studio delle interazioni tra costituenti è necessaria la conoscenza delle nozioni fondamentali di meccanica quantistica e possibilmente del suo formalismo matematico. La terminologia e alcuni concetti possono apparire complessi in una prima lettura e per una migliore comprensione si consiglia una rilettura. Infine, occorre notare che la terminologia utilizzata per classificare le numerose particelle osservate è stata storicamente introdotta in modo piuttosto caotico. Non è necessario ricordare i nomi di tutte le particelle e risonanze; inizialmente è importante ricordare solo i termini fondamentali.

1.2 Notizie storiche. La scoperta delle particelle

Ancora all'inizio degli anni '30 del secolo scorso (quando in Germania stava per entrare al potere Hitler e in Italia c'era l'uomo della Provvidenza), si conoscevano soltanto il protone, l'elettrone e il fotone. Tuttavia, era noto che una radiazione ionizzante bombardava costantemente la superficie terrestre. Nel 1912 Victor Hess (Nobel nel 1936) dimostrò usando palloni aerostatici che il livello di radiazione ionizzante aumentava con l'aumentare della quota. La radiazione misurata non poteva quindi essere di origine terrestre. Questa radiazione venne chiamata *radiazione cosmica*. Negli anni successivi divenne via via più evidente che le particelle presenti nella radiazione potevano suddividersi in due categorie: quelle provenienti dallo spazio extraterrestre (i *raggi cosmici primari*, si veda il Supplemento 1.1 [12B1]) e la componente secondaria prodotta dall'interazione dei raggi cosmici primari con l'atmosfera terrestre, i *raggi cosmici secondari*.

Il flusso di raggi cosmici primari (RC) è di circa 1000 cm^{-2}s^{-1}, ed è costituito principalmente da protoni ($\sim 85\%$), nuclei di elio ($\sim 10\%$) e nuclei più pesanti ($\sim 1\%$). Solo il $\sim 2\%$ è costituito da elettroni. A partire dagli anni '30 cominciarono a raffinarsi le tecniche sperimentali per la rivelazione e la misura di alcune grandezze fisiche (carica elettrica, massa, vita media) delle particelle presenti nei raggi cosmici secondari. In particolare, Patrick Blackett (Nobel nel 1948) utilizzò una camera a nebbia all'interno di un campo magnetico, che curvava la traiettoria delle particelle cariche. Per molto tempo, la fisica delle particelle si è identificata con quella dei raggi cosmici. Questo connubio si manterrà ben dopo la fine della seconda guerra mondiale, quando iniziarono a svilupparsi gli acceleratori di particelle. Con l'avvento degli acceleratori, le strade della fisica delle particelle e quella dei raggi cosmici (che è diventata quella dell'*astrofisica particellare*) si sono disaccoppiate, sino a ricongiungersi negli ultimi anni (come vedremo nei Cap. 12 e 13).

Con la tecnica sperimentale di Blackett, nel 1932 Anderson (Nobel nel 1936) osservò per la prima volta una particella con la stessa massa dell'elettrone, ma carica elettrica opposta. Si trattava dell'antielettrone, previsto dalla teoria quantistica dell'elettrone sviluppata qualche anno prima da Dirac (Nobel nel 1933). Subito dopo, nel 1934, James Chadwick (Nobel nel 1935) in laboratorio identificava una particella con massa simile a quella del protone, ma senza carica elettrica: *il neutrone* (si vede il Problema 2.8).

Nel 1937 sempre Anderson con Neddermeyer individuarono una particella di massa intermedia tra quella del protone e quella dell'elettrone: chiamarono questa nuova particella *mesone*. Per qualche tempo si pensò che questa fosse la particella *mediatrice* delle interazioni tra protoni e neutroni per la formazione dei nuclei. Un modello teorico dovuto a Hideki Yukawa (Nobel nel 1949) prediceva l'esistenza di una particella di massa molto vicina a quella del mesone appena scoperto. Tuttavia, proprio durante la II guerra mondiale, a Roma Conversi, Pancini e Piccioni in un famoso esperimento mostrarono che il mesone di Anderson e Neddermeyer (che oggi chiamiamo *muone*) non poteva essere la particella prevista da Yukawa. Anche se la teoria di Yukawa (come vedremo più avanti) non descrive in maniera adeguata la fisica dei nuclei, la particella prevista (il *pione*) venne scoperta nei raggi cosmici secondari nel 1947 da Lattes, Occhialini e Powell utilizzando emulsioni nucleari (ossia, delle sofisticate lastre fotografiche) in alta quota.

Sempre nel 1947, nelle interazioni dei raggi cosmici in camera a nebbia con campo magnetico, vennero scoperte particelle che avevano un comportamento bizzarro e strano. Vennero appunto chiamate particelle *strane*. Come vedremo, erano appena state scoperte particelle contenenti un quark di massa maggiore di quella dei quark che compongono protoni e neutroni (questo ovviamente si capì qualche anno dopo).

Infine, Pauli all'inizio degli anni '30 aveva ipotizzato l'esistenza di una particella elusiva, senza massa e carica elettrica: il *neutrino*. Occorrerà attendere il 1954 (grazie alla nascita dei reattori nucleari) per osservarlo sperimentalmente.

Dopo lo sviluppo degli acceleratori, si rese possibile la scoperta di molte nuove particelle, la maggior parte soggette all'interazione forte e chiamate con il nome di *adroni*. Le particelle fermioniche che non interagiscono fortemente, vengono denotate con il nome di *leptoni*. Etimologicamente, il termine leptone vuol dire particella di piccola massa, ma ora che include il τ^-, più pesante del protone, il termine leptone denota semplicemente i fermioni che non interagiscono fortemente. È questo un altro esempio della tipica contraddizione tra l'etimologia della parola e gli ultimi risultati delle ricerche.

Lo sviluppo della fisica delle particelle dopo la seconda guerra mondiale è stato incredibile, con continue sorprese, molte scoperte e molto lavoro sistematico che hanno contribuito a portare la conoscenza in questo campo al livello attuale. Ad esempio, senza pretesa di completezza: la scoperta dell'antiprotone (1955), la classificazione degli adroni in termini di quark; la scoperta della violazione della parità nell'interazione debole. Dopo la scoperta dei due tipi di neutrini, elettronico e muonico (1963), ha fatto seguito la scoperta delle risonanze adroniche e lo schema di classificazione basato su SU(3) (anni '60-'70). La scoperta dell'iperone Ω^- con numero di stranezza $S = -3$ (1963), e le evidenze per i quark (anni '60) e i gluoni, le sezioni d'urto totali adroniche crescenti (1971-74), la scoperta dell'interazione debole a corrente neutra, i quark c (1974) e b (1976), l'unificazione elettrodebole (anni '70 e '80), i bosoni vettoriali W^+, W^- e Z^0 (1983), il quark t (1995), le oscillazioni dei neutrini (1998).

C'è stato un dialogo continuo fra teorie ed esperimenti. Si è passato da modelli semplici a modelli più complessi fino a giungere a teorie complete. Nel campo sperimentale si è avuto un rapidissimo progresso tecnologico. Le prime esperienze venivano effettuate da pochi fisici con piccoli acceleratori, utilizzando meno di 5 contatori e un'elettronica "fatta in casa in modo artigianale". Le esperienze attuali sono fatte presso acceleratori circolari aventi molti chilometri di circonferenza (oppure lineari lunghi molti chilometri), apparati con migliaia di contatori, camere di vario tipo, elettronica e calcolatori raffinati. A causa di queste dimensioni le principali esperienze coinvolgono centinaia e talvolta migliaia di fisici. La ricaduta di queste ricerche sono talvolta formidabili: dalle applicazioni in campo medico delle macchine acceleratici, alla nascita del *World Wide Web* (*WWW*), ossia il protocollo per i programmi che utilizzano la rete internet, al CERN.

1.3 Il concetto di atomo. Indivisibilità

Come già detto, verso la fine del 1800 si è attribuito il nome di "atomo", cioè indivisibile, a oggetti che invece sono divisibilissimi. Lo stesso errore si è ripetuto per molte "particelle elementari". Ora si parla di "costituenti ulti-

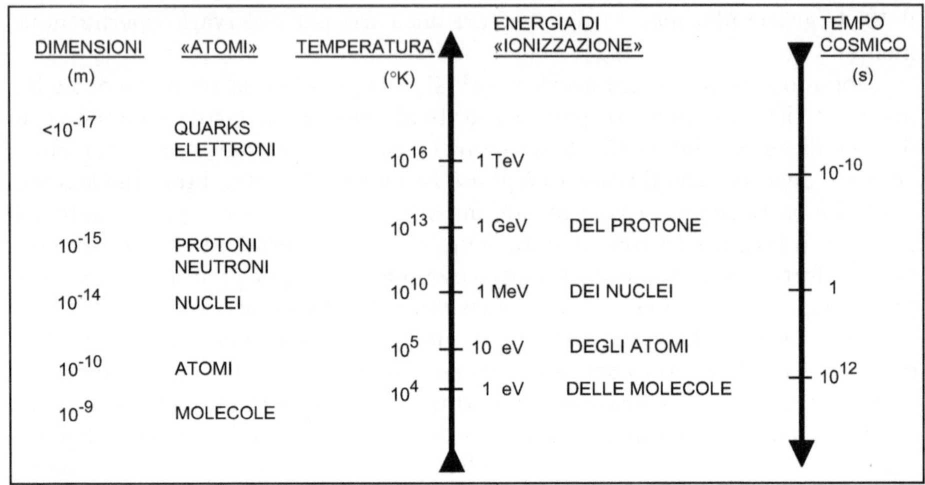

Figura 1.1. Viene riportata, per i vari tipi di "atomi" considerati, una scala delle loro dimensioni, in metri, e le energie di "ionizzazione", cioè le energie necessarie per rimuovere un costituente dell'"atomo" considerato (Le energie di "eccitazione" degli "atomi" sono lievemente inferiori). È anche riportata una scala delle temperature corrispondenti alle energie considerate, e una scala" del tempo cosmico corrispondente a tali temperature, a partire dal Big Bang

mi", sapendo che poi, forse, non saranno tali. Infatti alcuni fisici stanno già parlando di "*subcostituenti*"!

Ci si può chiedere come mai siano stati fatti tanti errori nell'attribuire il titolo di indivisibilità a oggetti che invece non lo meritavano. Ci si può anche chiedere se il concetto di oggetto indivisibile sia un concetto relativo, cioè che dipenda da particolari condizioni ambientali, in particolare dalla temperatura.

Vediamo di illustrare questo concetto evolutivo con un esperimento ideale.

Consideriamo un gas di particelle posto in un contenitore, per esempio un gas di azoto (N_2) in una stanza. Alla pressione ambiente di 1 atmosfera e alla temperatura di 20°C, pari a 293 K, si può considerare che le molecole di azoto siano gli oggetti indivisibili, gli "atomi di Democrito". Infatti si può pensare al gas come costituito di tante palline, le *molecole*, di dimensioni molto piccole (qualche 10^{-8} cm) rispetto al volume della stanza, tali da poter essere considerate quasi puntiformi. Queste molecole si muovono di moto disordinato, ognuna in modo indipendente dalle altre. Si può però parlare di velocità media delle molecole, $\langle v \rangle$; questa è legata alla temperatura secondo la relazione

$$\frac{3}{2}KT = \frac{1}{2}m\langle v^2 \rangle \tag{1.1}$$

dove K è la costante di Boltzmann e T la temperatura assoluta. La velocità media delle molecole di azoto (N_2) alla temperatura ambiente è:

$$\sqrt{\langle v^2 \rangle} = \sqrt{\frac{3KT}{m}} = \sqrt{\frac{3 \cdot 1.38 \cdot 10^{-23} \cdot 293}{28 \cdot 1.66 \cdot 10^{-27}}} \simeq 510 \text{ m s}^{-1} \ . \qquad (1.2)$$

L'energia cinetica media delle molecole di azoto è:

$$T_K = \frac{1}{2} m \langle v^2 \rangle = \frac{3}{2} KT \simeq 3.8 \cdot 10^{-2} \, \text{elettronVolt (eV)} \ . \qquad (1.3)$$

Le molecole viaggiano nel vuoto, urtano le pareti del recipiente e rimbalzano indietro, esercitando così una pressione sul recipiente. Gli urti fra due molecole sono relativamente rari e le forze a lunga distanza fra molecole trascurabili. Tutti gli urti fra due molecole o di una molecola con il recipiente sono urti completamente elastici.

In queste condizioni la molecola può essere considerata, come già detto, un oggetto fondamentale, cioè come l'atomo di Democrito (resta naturalmente la difficoltà concettuale dovuta al fatto che esistono moltissimi tipi diversi di molecole, che le molecole si combinano facilmente fra loro e che sono facilmente spezzabili in atomi).

Supponiamo di innalzare la temperatura del gas. A livello submicroscopico l'effetto immediato è l'aumento della velocità media delle molecole e quindi della loro energia cinetica media. Il moto disordinato è lo stesso, ma tutto avviene più rapidamente; in particolare gli urti con le pareti sono più frequenti e conseguentemente la pressione sulle pareti è più elevata.

Continuiamo ad aumentare la temperatura: a parte la forte pressione, per cui dovremo rafforzare le pareti della stanza, per un po' non succede niente di nuovo. Ad un certo momento però la temperatura diventa così elevata, conseguentemente l'energia cinetica di ogni molecola è così alta, che in un urto fra due molecole, una molecola (o entrambe) può venire eccitata. Si dice che si ha un urto inelastico, dove parte dell'energia cinetica incidente si trasforma in energia di eccitazione di una molecola. Poco tempo dopo essere stata eccitata (una frazione di milionesimo di secondo), la molecola si diseccita emettendo radiazione elettromagnetica infrarossa o visibile. Il nostro gas è diventato più complesso: esso è costituito di molecole, molecole eccitate e radiazione elettromagnetica.

Se innalziamo ancora la temperatura, si giunge a un certo valore critico, che nel caso di molecole di azoto è di un migliaio di gradi assoluti (gradi Kelvin). A questa temperatura l'energia cinetica media delle molecole è di circa un decimo di eV; ma esiste una piccola frazione di molecole con energia notevolmente superiore a quella media. Può quindi avvenire che in un urto una o entrambe le molecole di azoto si rompano in due atomi di azoto. Abbiamo quindi una situazione con molecole e atomi di azoto, molecole eccitate e radiazione elettromagnetica.

Per temperature ancora superiori si ottiene una semplificazione: quando tutte le molecole si sono scisse in *atomi*, possiamo pensare che il nostro sia un gas formato di atomi di azoto più radiazione elettromagnetica visibile. In questa situazione possiamo pensare che l'"atomo di Democrito" sia l'atomo di azoto.

Continuiamo ad alzare la temperatura, e quindi l'energia cinetica media degli atomi di azoto, vedi Fig. 1.1. Per un po' non succede nulla di nuovo, poi si ripete quanto già avvenuto per le molecole: a un certo istante l'energia delle collisioni è sufficiente per eccitare gli atomi; infine essa è sufficiente per ionizzarli, cioè per staccare un elettrone da un atomo. Entriamo in una nuova situazione con un gas di elettroni, ioni positivi di azoto (cioè atomi a cui manca un elettrone) e radiazione elettromagnetica. Quest'ultima è più energetica di quella presente a temperature inferiori. Possiamo ora pensare ad essa come a un gas di fotoni, un insieme di *"quanti di luce"*. Un gas di questo tipo, con elettroni, ioni positivi e fotoni, si trova negli strati esterni del sole, in particolare nella sua fotosfera.

Proseguendo nel nostro esperimento ideale, continuando ad aumentare la temperatura raggiungeremo altre fasi, corrispondenti ad atomi di azoto senza due elettroni, poi senza tre, ecc., fino al momento in cui tutti gli elettroni saranno staccati dal nucleo dell'azoto. Ora abbiamo un nuovo tipo di gas, costituito di nuclei positivi di azoto, di elettroni e di fotoni di media energia (raggi X). Abbiamo quello che si chiama un *plasma*, cioè uno stato formato di cariche elettriche, positive e negative, e radiazione elettromagnetica. È questo il quarto stato della materia (oltre ai tre stati ben noti: solido, liquido e gassoso), uno stato molto abbondante nell'universo, perché è lo stato che si trova nelle stelle. A questo punto potremmo dire che gli atomi di Democrito siano gli elettroni e i nuclei. Questo gas non può più essere contenuto in nessun recipiente perché, negli urti delle particelle del gas con le pareti, esse verrebbero distrutte (se il numero di particelle del gas è elevato). Occorre "contenerlo" nel vuoto tramite campi magnetici, come si cerca di fare nelle macchine (*Tokamak*) in cui si studia la fusione nucleare a confinamento magnetico (§14.11).

Procedendo nella nostra esperienza ideale, possiamo pensare di continuare a innalzare la temperatura. Da un punto di vista sperimentale è però più facile ottenere lo stesso scopo effettuando urti fra un elettrone e un nucleo, fra due elettroni oppure fra due nuclei a energia di collisione sempre più elevata. Dato che le modalità della collisione fra due particelle di un gas sono la caratteristica dominante del comportamento del gas, possiamo pensare che le due cose siano equivalenti.

Un ulteriore aumento della temperatura, cioè dell'energia di collisione, provoca la rottura dei nuclei di azoto in neutroni e protoni. Mentre i secondi sono stabili, i primi non lo sono e dopo pochi minuti decadono. Precisamente ogni neutrone decade in un protone, un elettrone e un antineutrino dell'elettrone, $n \to pe^-\overline{\nu}_e$. Quindi ora il nostro gas è costituito di elettroni, protoni, radiazione elettromagnetica (raggi γ) più antineutrini. Questi ultimi non hanno carica elettrica e hanno (come discuteremo più avanti) una piccolissima probabilità di interagire con le altre particelle; perciò lasciano rapidamente la regione dove sono stati prodotti.

Il protone, il neutrone, l'elettrone, il fotone e l'antineutrino vennero tutti per qualche tempo inclusi nella famiglia delle "particelle elementari". Si può ipotizzare che in qualche parte dell'universo esista un plasma di protoni, neutroni ed elettroni (forse al centro delle *stelle di neutroni*). Protone e neutrone non sono veramente elementari. Si pensa che innalzando ancora la temperatura si dovrebbe osservare un'altra transizione, passando a un nuovo tipo di gas che dovrebbe avere come oggetti elementari i leptoni, i quark, i fotoni e i gluoni, vedi Fig. 1.1. Questo nuovo stato della materia dovrebbe potersi realizzare per temperature superiori a 10^{15} K (pari a energie di collisione maggiori di circa 100 GeV), in condizioni di densità elevata. Lo stato con quark e gluoni è stato chiamato *plasma di quark e gluoni* (potrebbe essere questo il quinto stato della materia?). La scoperta di questo eventuale quinto stato della materia è uno degli obiettivi del nuovo acceleratore LHC (Large Hadron Collider) del CERN.

Siamo forse giunti alla fine del nostro esperimento ideale, nel senso che nelle collisioni tra due particelle non è per ora possibile raggiungere in laboratorio energie più elevate, corrispondenti a temperature più elevate. A questo livello della conoscenza, gli "atomi" di Democrito sono stati individuati; occorre precisare che alcuni di essi, i leptoni e i quark, possono essere pensati veramente come "atomi", mentre altri, come il fotone e il gluone possono essere pensati come i trasmettitori rispettivamente dell'interazione elettromagnetica e di quella forte (tutti possono essere considerati puntiformi). Qui si entra in un discorso complesso che riguarda le interazioni fondamentali (gravitazionale, debole, elettromagnetica e forte), la loro unificazione e le possibili simmetrie fra particelle "materia" (i leptoni e i quark) e particelle "forza" (i fotoni, i gluoni e i bosoni intermedi W^+, W^- e Z^0).

Si possono ipotizzare gas di nuove particelle, ancora più piccole, ancora più "elementari", procedendo nel nostro esperimento ideale, a temperature più elevate? Alcuni credono di sì.

Si può pensare che un gas di particelle costituisse l'universo primitivo, subito dopo il Big Bang. Si può in effetti immaginare che l'universo primitivo fosse un gas caldissimo di particelle piccolissime e di massa elevata e che col passare del tempo sia avvenuto un raffreddamento che ha portato a gas costituiti di particelle meno pesanti, sino a giungere a "gas" di particelle elementari, gas di quark, gluoni e leptoni, poi al "gas" di protoni ed elettroni, poi ai gas di nuclei atomici e di elettroni e infine ai gas di atomi e di molecole. Quindi lo studio di gas a temperatura elevata ci porta a studiare situazioni tipiche dell'universo primitivo: tanto più elevata è la temperatura, tanto più vicini siamo alle condizioni iniziali del Big Bang. Le temperature più alte raggiunte in laboratorio in collisioni fra due particelle sono a energie nel centro di massa di centinaia di GeV, ossia circa 10^{15} K e corrispondono alle temperature esistenti poco meno di un miliardesimo di secondo (vedi Eq. 1.5) dopo il Big Bang.

La Fig. 1.1 illustra gli "atomi" trovati nella nostra esperienza ideale procedendo verso dimensioni sempre più piccole. È anche illustrata una scala di temperatura e l'energia corrispondente, determinata tramite la relazione:

Prima famiglia				
	simbolo	Q	L_e	B
Leptoni	ν_e	0	1	–
	e^-	-1	1	–
Quark	u	$+2/3$	–	$+1/3$
	d	$-1/3$	–	$+1/3$

2a	3a
ν_μ	ν_τ
μ^-	τ^-
c	t
s	b

Tabella 1.2. (a) Quark e leptoni (fermioni con spin 1/2) della prima famiglia; Q è la carica elettrica in unità della carica del protone; L_e è il numero leptonico elettronico; B il numero barionico. (b) Quark e leptoni della seconda e terza famiglia

$$Energia\ cinetica\ (\text{eV}) = 3KT/2 \simeq 1.3 \cdot 10^{-4}\ T(\text{K}) \tag{1.4}$$

ovvero 1 eV = 7740 K.

Vi è infine riportata la scala temporale a partire dal Big Bang, utilizzando la relazione [08W1]:

$$t(s) \simeq 2.25 \cdot 10^{20}/T^2(\text{K}^2)\ . \tag{1.5}$$

1.4 Il Modello Standard del Microcosmo. Fermioni e Bosoni fondamentali

Secondo il cosiddetto *Modello Standard del microcosmo* (SM), i costituenti ultimi (fondamentali) della materia sono quark e leptoni, che sono fermioni puntiformi con spin 1/2. Possiamo considerarli come gli oggetti materiali più piccoli che si conoscano. I quark e i leptoni possono essere raggruppati in tre "famiglie" come si può vedere nella Tab. 1.1, a sinistra, e nella Tab. 1.2. I quark u, c, t hanno carica elettrica uguale a $+2/3$ volte quella del protone, mentre i quark d, s, b hanno carica elettrica uguale a $-1/3$. I neutrini ν_e, ν_μ e ν_τ hanno carica elettrica nulla. La prima famiglia include i quark u, d e i leptoni ν_e, e^-. La materia ordinaria è costituita di quark u, d e di elettroni e^-. La seconda e terza famiglia sembrano essere "repliche" della prima. I quark e i leptoni della seconda e terza famiglia possono essere prodotti in collisioni tra particelle di alta energia.

Le particelle che mediano le quattro forze fondamentali sono il fotone per l'interazione elettromagnetica, i bosoni vettori intermedi W^+, W^- e Z^0 per l'interazione debole, gli 8 gluoni per l'interazione forte. Queste particelle, a differenza di quelle elencate prima, sono bosoni, ossia hanno spin intero uguale a 1. L'attuale Modello Standard non considera l'interazione gravitazionale, che, nel microcosmo e alle energie raggiungibili con gli attuali acceleratori di particelle, può essere trascurata.

Le quattro forze fondamentali sembrano essere molto diverse l'una dall'altra. In collisioni fra due particelle di energie elevate si è però potuto verificare che l'interazione elettromagnetica e quella debole sono strettamente legate e che si può parlare di interazione elettrodebole. Le energie raggiungibili con gli acceleratori (attuali e futuri) non permettono e non permetteranno di verificare direttamente le teorie che prevedono un'ulteriore unificazione della forza elettrodebole con quella forte (Teorie di Grande Unificazione (GUT)). Si può solo sperare di osservare effetti indiretti tramite esperimenti senza gli acceleratori.

Nella Tab. 1.1, a destra è elencato anche il bosone di Higgs, H^0, che dovrebbe essere la particella responsabile del meccanismo attraverso il quale le particelle acquistano massa. Il bosone di Higgs non è ancora stato visto sperimentalmente e la sua ricerca è forse lo scopo più importante delle indagini attualmente condotte con gli acceleratori di più alta energia.

Tutte le particelle con carica elettrica sono soggette all'*interazione elettromagnetica*. I *leptoni* e i *quark* sono soggetti anche all'interazione debole. In particolare, i *neutrini*, essendo sprovvisti di carica elettrica, sono soggetti solo all'interazione debole. Le particelle composte da *quark* (che vengono denominate col nome di *adroni*) sono soggette all'interazione forte. Gli adroni conosciuti sono solamente di due topologie: quelli costituiti da 3 quark (i *barioni*, alla cui famiglia appartengono protone e neutrone) e quelli costituiti da una coppia quark-antiquark (particelle che prendono il nome di *mesoni*). Ovviamente, come per i leptoni, esistono anche gli antiquark, e le particelle composte da 3 antiquark sono chiamate antibarioni. Come si discuterà più avanti, il numero di *barioni* e di *leptoni* si conserva. Ciò significa che, come descritto dalla relazione $E = mc^2$, l'energia può essere convertita in massa sotto forma di particelle; tuttavia il numero totale di barioni e leptoni deve rimanere costante. Così, se viene generato un elettrone, deve essere creato in associazione un positrone (la sua antiparticella, con carica elettrica e numero leptonico di segno opposto), come previsto dalla teoria di Dirac.

2

Rivelazione e rivelatori di particelle

2.1 Introduzione

Cosa significa *vedere le particelle*? Dal punto di vista epistemologico, osservare un oggetto significa rivelare la luce riflessa dalla sua superficie. La luce non è altro che la componente della radiazione elettromagnetica che il nostro occhio può rivelare. Le dimensioni delle particelle sono tali che l'onda elettromagnetica non è perturbata: la lunghezza d'onda della luce visibile, tra 400 nm nel violetto e 700 nm nel rosso, è già molto più grande della dimensione di un atomo (0.1 nm). L'unica possibilità è dunque quella di rivelare la radiazione emessa quando le particelle interagiscono con la materia. Un rivelatore di particelle è un *trasduttore* che collega, mediante opportune amplificazioni, un nostro organo di senso con l'effetto prodotto dall'interazione della particella che si vuole rivelare con il rivelatore stesso. La fisica delle particelle è basata su esperimenti in cui le interazioni delle particelle vengono studiate grazie all'uso di rivelatori, più o meno sofisticati.

In questo capitolo sono brevemente descritti i principali processi che avvengono nell'interazione della radiazione con la materia e le tecniche sperimentali per rivelarle. Con il termine di *radiazione* indichiamo sia particelle cariche (elettroni, protoni, ecc.) che neutre (fotoni, neutroni, ecc.) con energie superiori al keV. Lo studio di questi processi d'interazione radiazione-materia è di fondamentale importanza perché sono alla base dei metodi di rivelazione delle particelle, determinano la sensibilità e l'efficienza di ogni apparato sperimentale, e sono quindi necessari per comprendere il funzionamento di rivelatori ed esperimenti.

La radiazione "vede" la materia come un aggregato di costituenti (elettroni, nuclei atomici, nucleoni, quark, ecc.) separati tra loro da distanze molto più grandi delle loro dimensioni. Il comportamento dell'interazione radiazione-materia è determinato dalla probabilità di interazione fra una particella incidente e una particella bersaglio. Tale comportamento dipende dal tipo di interazione fondamentale coinvolta (forte, elettromagnetica, debole) e dall'energia della particella incidente. In certi casi il bersaglio può essere un intero

Braibant S., Giacomelli G., Spurio M.: Particelle e interazioni fondamentali. Il mondo delle particelle
DOI 10.1007/978-88-470-2754-1_2, © Springer-Verlag Italia 2012

atomo; molto più spesso è un elettrone atomico. Per esempio per un fascio di neutroni di bassa energia (fino a qualche MeV), la collisione più probabile è fra un neutrone e un nucleo atomico; per energie più elevate è fra un neutrone e un nucleone di un nucleo atomico; a energie ancora maggiori può essere fra un quark del neutrone e un quark di un nucleone.

I rivelatori di particelle si basano sul fatto che le particelle che attraversano un mezzo *eccitano* e *ionizzano* il mezzo stesso. I contatori a gas (quali il contatore Geiger) rivelano gli elettroni prodotti dalla ionizzazione del mezzo, che vengono accelerati in un forte campo elettrico provocando una piccola corrente misurabile. I contatori a scintillazione si basano invece sulla rivelazione della luce emessa dalla diseccitazione del mezzo. Per questo motivo, nella prima parte del capitolo viene descritto come le particelle interagiscono con un mezzo, producendo eccitazione e/o ionizzazione. Le tecniche di rivelazione sono in continua evoluzione e nella seconda parte illustreremo sinteticamente su quali principi di funzionamento si basano i principali rivelatori di particelle, riferendoci a testi specializzati per gli approfondimenti (ad esempio, [87L1]).

2.2 Passaggio di particelle cariche nella materia

2.2.1 Perdita di energia per ionizzazione e per eccitazione

Una particella carica veloce che si muove in un mezzo materiale perde energia quasi con continuità e viene lievemente deflessa dalla sua direzione iniziale (si veda il Supplemento 2.1 [12B1]). Questi due effetti sono il risultato di due tipi di collisioni:

(*i*) Collisioni inelastiche con gli elettroni atomici del materiale, in particolare con quelli più esterni; queste collisioni danno luogo a **ionizzazione** e/o **eccitazione** degli atomi del mezzo; un atomo eccitato si diseccita emettendo uno o più fotoni. Queste collisioni sono la fonte principale della perdita di energia della particella incidente carica.

(*ii*) Collisioni elastiche con i nuclei. Queste collisioni sono meno frequenti; in pratica non portano a perdita di energia, ma a variazione della direzione della particella incidente.

Le collisioni descritte in (*i*) e (*ii*) avvengono statisticamente un numero elevatissimo di volte per unità di percorso della particella incidente. Per particelle più pesanti dell'elettrone (o del positrone) l'effetto cumulativo delle collisioni può essere considerato un effetto continuo lungo tutta la traiettoria della particella. La perdita di energia in ogni collisione (dell'ordine delle decine di eV) è una piccolissima frazione dell'energia cinetica totale della particella incidente. Siccome però il numero delle collisioni in un mezzo denso è molto grande, ne risulta una perdita di energia misurabile, che, per particelle veloci, è dell'ordine di 2 MeV g^{-1} cm^2 di materiale attraversato (ossia, 2 MeV per ogni cm percorso in un mezzo con la densità dell'acqua). Inoltre tale perdita di energia media ha piccole fluttuazioni e varia lentamente al variare dell'energia della particella incidente.

Le particelle relativistiche più leggere, in particolare gli elettroni, oltre alla normale perdita di energia per ionizzazione ed eccitazione, hanno un'altra importante perdita di energia: la *bremsstrahlung*, cioè l'emissione di un fotone. Per questo motivo vanno trattati a parte.

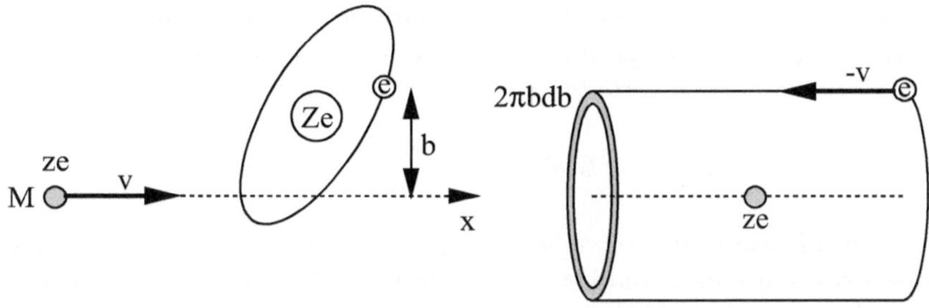

Figura 2.1. Schematizzazione della interazione coulombiana tra una particella e gli elettroni di un mezzo in uno strato cilindrico a distanza b dalla traiettoria della particella

2.2.2 Calcolo "classico" della perdita di energia per ionizzazione

Consideriamo una particella pesante con carica ze, massa M, e velocità v che passa in un mezzo materiale avente numero atomico Z e densità ρ. Consideriamo le collisioni con gli elettroni atomici. La Fig. 2.1 schematizza la collisione della particella incidente con un elettrone che si trova a una distanza (chiamata parametro d'urto) b. Se la particella incidente ha massa $M \gg m_e$ non viene praticamente deflessa e si può considerare in moto su una traiettoria rettilinea. La velocità dell'elettrone atomico è molto inferiore alla velocità della particella, per cui l'elettrone può essere considerato fermo per la durata della collisione. Questa ipotesi è facilmente dimostrabile dalla teoria atomica: la velocità degli elettroni atomici è dell'ordine di $(c\alpha_{EM}/n)$, dove $\alpha_{EM} = 1/137$ è la costante di struttura fine e n il numero quantico principale. Nella collisione l'elettrone riceve un impulso:

$$I = \int F dt = e \int E_\perp dt = e \int E_\perp \frac{dt}{dx} dx = e \int E_\perp \frac{dx}{v} \, . \qquad (2.1)$$

Abbiamo considerato la sola componente del campo elettromagnetico, $E_\perp$, perpendicolare alla traiettoria della particella veloce, a causa della simmetria del problema. Usando il teorema di Gauss su un cilindro di raggio b e lunghezza infinita, si ha (nel sistema cgs di Gauss)

$$\int E_\perp 2\pi b dx = 4\pi ze \Rightarrow \int E_\perp dx = \frac{2ze}{b} \qquad (2.2)$$

e quindi (se $v = $ costante):

$$I = \frac{2ze^2}{vb} \ . \tag{2.3}$$

L'energia δE ricevuta dall'elettrone posto a distanza b è:

$$\delta E(b) = \frac{I^2}{2m_e} = \frac{2z^2e^4}{m_e v^2 b^2} \ . \tag{2.4}$$

Quando la particella si muove di un tratto dx nel mezzo che ha una densità di elettroni N_e, l'energia ceduta agli elettroni che si trovano a una distanza tra b e $b + db$ dalla traiettoria è:

$$-dE(b) = \delta E(b) N_e dv = \frac{4\pi z^2 e^4}{m_e v^2} N_e \frac{db}{b} dx \ . \tag{2.5}$$

Il volume elementare è $dv = 2\pi b\, db\, dx$. La perdita di energia totale per unità di percorso è ottenuta integrando la (2.5) da un valore b_{min} (lievemente maggiore di 0, perché a zero la (2.5) diverge) sino a b_{max} (non infinito perché a questo valore la collisione avrebbe durata molto lunga, contrariamente all'ipotesi che l'elettrone resti fermo). L'integrazione dà:

$$-\frac{dE}{dx} = \frac{4\pi z^2 e^4}{m_e v^2} N_e \ln \frac{b_{max}}{b_{min}} \ . \tag{2.6}$$

Il segno negativo indica che la particella incidente perde energia. Il problema è ora ridotto alla determinazione di b_{min} e b_{max}.

Per determinare b_{min} consideriamo la massima energia che l'elettrone può ricevere in un urto. Classicamente in un urto centrale l'elettrone può ottenere l'energia $\frac{1}{2}m_e(2v)^2$. Tenendo conto della relatività ristretta, tale quantità diventa $2\gamma^2 m_e v^2$, con $\gamma = (1 - \beta^2)^{-1/2}, \beta = v/c, p = m_e v\gamma$. Ponendo questo valore nella (2.4) si ha:

$$\frac{2z^2 e^4}{m_e v^2 b_{min}^2} = 2\gamma^2 m_e v^2 \ \Rightarrow \ b_{min} = \frac{ze^2}{\gamma m_e v^2} \ . \tag{2.7}$$

Per determinare b_{max} dobbiamo ricordarci che gli elettroni sono legati in atomi con frequenze orbitali ν. Se l'intero processo d'urto avviene in un tempo confrontabile o superiore al periodo di rivoluzione $\tau = 1/\nu$, la collisione è adiabatica e l'elettrone non riceve nessuna energia (ne riceve nella prima fase e ne perde nella seconda). Occorre che la collisione avvenga quindi in un tempo breve rispetto al periodo τ. Il tempo tipico di interazione è classicamente $t = b/v$ e relativisticamente $t/\gamma = b/(\gamma v)$. Da questa ultima relazione si ha:

$$\frac{b}{\gamma v} \leq \tau = \frac{1}{\nu} \ \Rightarrow \ b_{max} = \frac{\gamma v}{\overline{\nu}} \ . \tag{2.8}$$

Ricordiamo che in un atomo vi sono diversi stati legati, ognuno con frequenza ν differente. Nella (2.8) abbiamo perciò usato una frequenza media $\overline{\nu}$. Il valore massimo per b è quindi $b_{max} = \gamma v/\overline{\nu}$. Sostituendo questo valore e quello della (2.7) nella (2.6) si ha:

$$-\frac{dE}{dx} = \frac{4\pi z^2 e^4}{m_e v^2} N_e \ln \frac{\gamma^2 m_e v^3}{z e^2 \overline{\nu}} \; . \tag{2.9}$$

Questa è la *formula classica di Bohr*. Fornisce una descrizione ragionevole della perdita di energia per nuclei di elio (particelle α) e nuclei più pesanti. Non funziona bene però per particelle più leggere, quali ad esempio i protoni, nonostante contenga le caratteristiche essenziali della perdita di energia dovuta a collisioni con gli elettroni atomici.

Un'approssimazione migliore, che tiene conto di effetti relativistici, è data dalla *formula di Bethe-Bloch*. La (2.9) viene modificata per tener conto del potenziale di ionizzazione medio del mezzo e della massima energia trasferita all'elettrone; inoltre vanno aggiunti la correzione δ per *l'effetto densità* e la *shell correction C*. Dopo queste modifiche, la (2.9) diviene:

$$-\frac{dE}{dx} = 2\pi N_a m_e r_e^2 c^2 \rho \frac{Z}{A} \frac{z^2}{\beta^2} \left[\ln \left(\frac{2 m_e \gamma^2 v^2 W_{max}}{I^2} \right) - 2\beta^2 - \delta - 2\frac{C}{Z} \right] \tag{2.10}$$

dove:

$r_e = e^2/m_e c^2 = 2.818 \cdot 10^{-13}$ cm, raggio classico dell'elettrone
$N_e = N_A \cdot Z \cdot \rho/A$
$2\pi N_a r_e^2 m_e c^2 = 0.1535$ MeV g^{-1} cm^2
m_e= massa dell'elettrone =0.55110 MeV/c^2 = 9.110$\cdot 10^{-31}$ kg
N_A= Numero di Avogadro =6.022 $\cdot 10^{23}$ mol^{-1}
I= potenziale medio di *ionizzazione*
Z, A = numero atomico e peso atomico del materiale
ρ = densità del materiale
ze = carica della particella incidente
$\beta = v/c$ della particella incidente
$\gamma = 1/\sqrt{1-\beta^2}$
δ = correzione densità (è importante ad alte energie)
C = shell correction (è già importante a basse energie)
W_{max} = energia massima trasferita a un e^- in una collisione $\simeq 2 m_e c^2 (\beta\gamma)^2$, per $M \gg m_e$

Si noti che:
• Il *potenziale medio di ionizzazione (eccitazione) I* assume valori ~ 10 eV, ma è difficile da calcolare. Viene valutato sulla base di misure di dE/dx. In un materiale con $Z < 13$ si ha la formula semiempirica $I/Z \simeq 12 + 7/Z$ (eV).
• La *salita relativistica* di dE/dx nel termine logaritmico è legata all'incremento relativistico nel sistema del laboratorio della componente trasversa del campo elettrico, $E_\perp$, di un fattore γ. Poiché $E_\parallel$ resta invariato, il campo si appiattisce lateralmente in modo che le *collisioni distanti* aumentano come $\ln(\beta\gamma)$. Nei materiali densi la salita relativistica è ridotta a causa degli effetti di densità.

• L'*effetto densità*. L'effetto relativistico implica che ad alti β siano coinvolti nell'interazione elettroni del mezzo a valori grandi di b; ma questi elettroni sono schermati dagli elettroni più vicini. Questo effetto è più grande nei materiali ad alta densità (solidi e liquidi) che non nei gas. Nei solidi l'effetto densità riduce di circa la metà la salita relativistica di dE/dx ad alti $\beta\gamma$.

• La *shell correction* tiene conto degli effetti che si manifestano quando la velocità della particella incidente è confrontabile o più piccola della velocità orbitale atomica degli elettroni in un atomo. In questo caso viene meno l'approssimazione dell'elettrone fermo rispetto alla particella incidente. La correzione che ne deriva è abbastanza piccola.

La Fig. 2.2a illustra il comportamento della perdita di energia in funzione del $\beta\gamma$ della particella incidente; vi sono indicate alcune definizioni (per esempio, la *perdita di energia al minimo* e la *salita relativistica*). Notare dalla (2.10) che la perdita di energia dipende solo da $\beta\gamma$ ovvero, poiché relativisticamente $p = Mv\gamma = M\beta\gamma c$, da $\beta\gamma = p/Mc$. Dalla (2.10) si possono così formulare "leggi di scala" che permettono di calcolare la perdita di energia di una particella con massa m_1, energia E_1 e carica z_1 a partire da quella per m_2, E_2, z_2:

$$-\frac{dE_2}{dx}(E_2) \simeq -\frac{z_2^2}{z_1^2}\frac{dE_1}{dx}\left(E_2\frac{m_1}{m_2}\right) . \tag{2.11}$$

La Fig. 2.2b illustra la differenza di perdita di energia in idrogeno liquido ($Z/A = 1$), in materiali gassosi (He, $Z/A = 0.5$) e in materiali solidi con $Z/A \simeq 0.5$. Notare che la perdita di energia specifica al minimo è $(dE/dx)_{min} \simeq 1.5$ MeV g^{-1} cm^2, mentre si può approssimativamente ritenere costante ad alte energie, $(dE/dx) \simeq 2$ MeV g^{-1} cm^2.

La formula (2.10) può essere integrata per determinare il *range*, cioè il percorso totale di una particella che perde energia solo per ionizzazione. Il risultato è mostrato in Fig. 2.3.

Adroterapia con nuclei. Il concetto di *range* delle particelle ha una importantissima applicazione nel campo della medicina. L'adroterapia è la figlia più giovane della radioterapia convenzionale, quella che si effettua con i raggi X. L'adroterapia utilizza fasci di protoni, di ioni carbonio e di neutroni. Protoni accelerati a 200 MeV e ioni carbonio accelerati a 4700 MeV permettono di irradiare i tumori profondi seguendone il contorno con precisione millimetrica e di risparmiare i tessuti sani circostanti.

Gli adroni accelerati sono in grado di danneggiare tessuti malati in massima parte alla fine del loro *range* nel corpo del paziente, in corrispondenza del tumore. Questo è evidente dalla Fig. 2.2, dove si vede che la perdita di energia per particelle che stanno rallentando (ossia, a fine range) è estremamente elevata. Un fascio di adroni carico rilascia quindi la maggior parte della sua energia distruttiva sul bersaglio del malato. La dose al tumore può essere quindi molto elevata mentre i tessuti sani vengono risparmiati. L'adroterapia era stata inizialmente indicata per i tumori localizzati nella base cranica, sul fondo dell'occhio e lungo la colonna vertebrale. Recentemente, i tumori pediatrici, i tumori del sistema nervoso centrale, della prostata, del fegato,

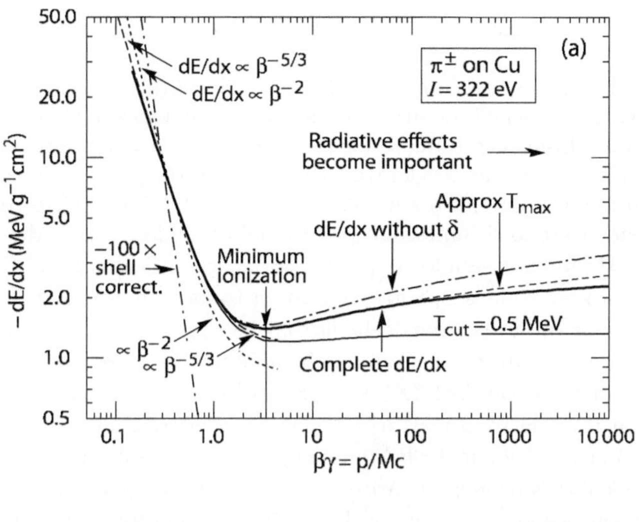

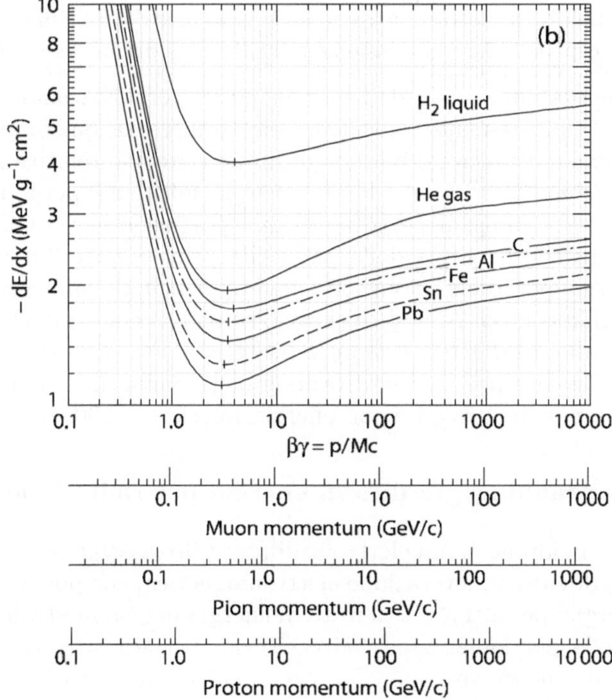

Figura 2.2. (a) Perdita di energia per ionizzazione da parte di mesoni $\pi^\pm$ in rame. Sono riportati il comportamento generale con alcune definizioni e le variazioni dovute all'effetto densità (a cui è dovuta la minor risalita relativistica) e due approssimazioni diverse alle basse energie. (b) Perdita di energia in idrogeno liquido (camera a bolle), elio gassoso, carbone, alluminio, stagno e piombo. La scala orizzontale della figura è in unità $\beta\gamma$, che è indipendente dal tipo di particella incidente. Le scale sottostanti indicano l'impulso corrispondente a μ, π, p. Le curve di perdita di energia presentano un minimo in corrispondenza di $\beta\gamma = 3$, ossia $pc \simeq 3Mc^2$ [08P1]

dell'apparato gastroenterico e del polmone sono stati trattati con successo con tale trattamento.

I tradizionali trattamenti con i raggi X rilasciano soltanto parte dell'energia sul tumore e coinvolgono anche i tessuti sani. La dose non può essere altrettanto elevata. Una terapia con adroni reca dunque meno danni ai tessuti sani circostanti. Per le terapie con protoni si usano acceleratori di particelle (Cap. 3) chiamati *ciclotroni* di 3-4 metri di diametro, oppure *sincrotroni* di 6-8 metri di diametro. Invece per la terapia con ioni carbonio si impiegano sincrotroni di 20-25 metri di diametro.

Molti paesi stanno investendo su questo strumento anticancro [07L1]. La Fondazione TERA [ww3] ha come scopo lo sviluppo, in Italia e all'estero, delle tecniche di radioterapia basate sull'uso di particelle adroniche e, più in generale, delle applicazioni della fisica e dell'informatica alla medicina e alla biologia. In Italia dal 2001 i Laboratori Nazionali del Sud dell'INFN hanno messo in funzione un fascio di protoni da 62 MeV con il quale sono trattati i melanomi oculari e altri tumori poco profondi. Nel 2003 la Fondazione TERA ha completato le specifiche e i disegni tecnici del CNAO, il Centro Nazionale di Adroterapia Oncologica per la terapia di tumori profondi con protoni e ioni carbonio. Nel 2003 il Governo italiano ha annunciato che il Centro Nazionale sarà costruito a Pavia nelle vicinanze del Policlinico San Matteo, uno dei cinque ospedali che sono, insieme a TERA, Fondatori del CNAO.

Una frazione apprezzabile dell'energia persa per ionizzazione può essere trasferita più "violentemente" ad alcuni elettroni che acquistano così una energia relativamente elevata e hanno quindi un percorso relativamente lungo: sono detti *elettroni di knock-on* e hanno energia sufficiente per ionizzare (sono i cosiddetti *raggi δ* lungo il percorso di una particella carica). Il numero di raggi δ aumenta con l'energia della particella primaria. Le fluttuazioni nella perdita di energia per ionizzazioni sono dovute principalmente a pochi elettroni energetici di knock-on. Alcuni rivelatori, come i rivelatori nucleari a tracce, sono sensibili alla *Restricted Energy Loss* (REL) che è l'energia depositata in un cilindro, avente per asse la direzione della particella, di circa 100 Å di raggio, corrispondente a raggi δ con energia inferiore a 200 eV.

2.2.3 Bremsstrahlung (perdita di energia per radiazione)

L'emissione di un fotone da un elettrone diffuso (*Bremsstrahlung*) da un nucleo è un processo, dovuto all'interazione elettromagnetica, che porta a una elevata perdita di energia; per alti $\beta\gamma$ la perdita di energia per bremsstrahlung domina rispetto a quella per ionizzazione ed eccitazione. Data la piccola massa, ciò avviene già a decine di MeV per l'elettrone su piombo, centinaia di MeV su materiali più leggeri; per il muone diventa importante a energie superiori a 0.5 TeV su roccia (si veda il Supplemento 2.3 [12B1]).

Nel §4.6 verranno illustrati i diagrammi di Feynman e otterremo in forma qualitativa e intuitiva la dipendenza della probabilità del processo (ossia, della grandezza che chiameremo sezione d'urto) di bremsstrahlung che risulta essere $\sigma \approx Z^2 \alpha_{EM}^3$, dove Z è il numero atomico dei nuclei del materiale. Il processo si può pensare come un frenamento dell'elettrone incidente da parte del campo

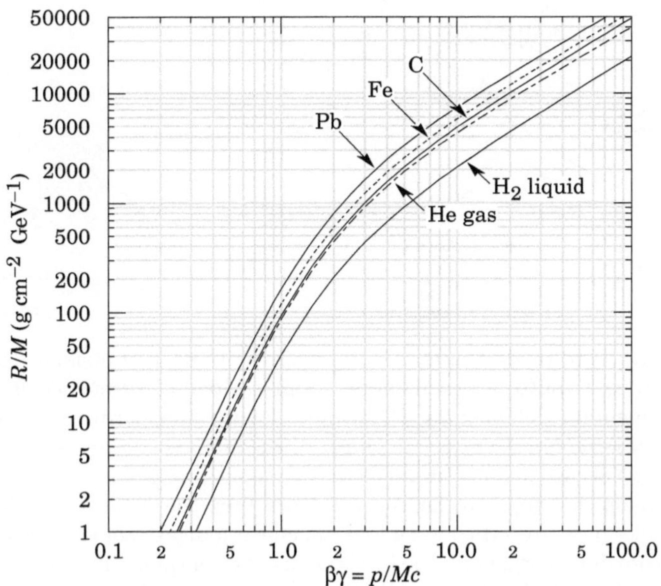

Figura 2.3. "Range" (percorso di penetrazione) di particelle cariche, normalizzato alla massa M della particella (relazione valida per $M > 0.4$ GeV) in idrogeno liquido (camera a bolle), elio gassoso, carbone, ferro e piombo [08P1] in funzione del $\beta\gamma$ della particella. Ad esempio, un protone di 200 MeV ha $\beta\gamma \simeq 0.2$ (vedi Fig. 2.2b) e $R/M \times M \simeq 1$ g cm^{-2}, che equivale a 1 cm di acqua. Per protoni di 1 GeV, $R \simeq 100$ g cm^{-2}

coulombiano di un nucleo: l'ampiezza della radiazione emessa è inversamente proporzionale alla massa m_e dell'elettrone e la sezione d'urto è proporzionale a $1/m_e^2$. Si ha perciò $\sigma \approx Z^2\alpha_{EM}^3/m_e^2c^4$. Per una particella di massa più elevata la σ è inferiore dato che al denominatore compare la massa al quadrato. Si può ricavare che la perdita di energia per unità di percorso è:

$$-\left(\langle\frac{dE}{dx}\rangle\right)_{rad} \simeq \frac{4N_aZ^2\alpha_{EM}^3(\hbar c)^2}{m_e^2c^4}E\ln\frac{183}{Z^{1/3}} \qquad (2.12)$$

dove N_a = numero di atomi cm^{-3} = $\rho N_A/A$, dove N_A è il numero di Avogadro. Il termine logaritmico ha origine dallo "screening" del nucleo da parte degli elettroni atomici e quindi la sezione d'urto è limitata. La dimostrazione matematica e formule più precise sono date in [99J1].

La Fig. 2.4a mostra come la *perdita di energia per radiazione* di elettroni cresca linearmente con l'energia dell'elettrone. Si nota inoltre che per $E \geq 20$ MeV la perdita di energia per radiazione sia superiore a quella per ionizzazione. Si definisce *energia critica* il valore per cui la perdita di energia per radiazione è uguale a quella per ionizzazione (la definizione di Rossi [87L1] è

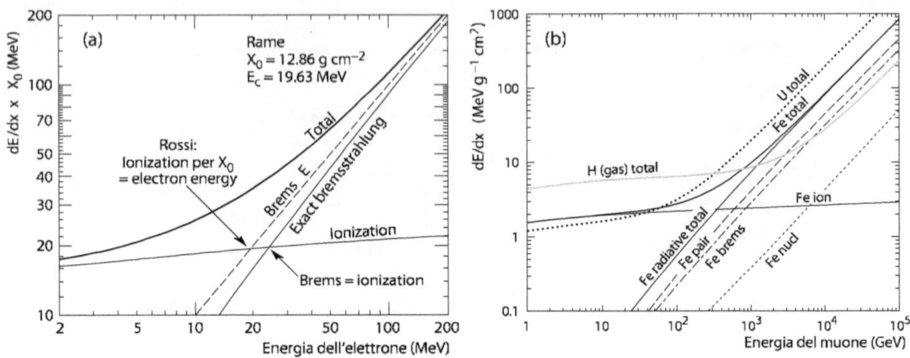

Figura 2.4. (a) Perdita di energia di elettroni in rame in funzione dell'energia dell'elettrone. Il contributo per eccitazione e ionizzazione (*Ionization*) rimane circa costante all'aumentare dell'energia. Il termine dovuto alla perdita di energia per radiazione (*bremsstrahlung*) cresce. Il punto di incontro tra le due curve definisce *l'energia critica*. Nel caso della figura, questa corrisponde a circa 20 MeV. (b) Perdita di energia di muoni in idrogeno, ferro e uranio in funzione dell'energia del muone. La perdita di energia per eccitazione e ionizzazione è indicata solo nel caso del ferro (*Fe ion*). Il valore dell'energia critica si pone a diverse centinaia di GeV. Il differente comportamento dei muoni rispetto agli elettroni è dovuto alla differenza di massa, $m_\mu \simeq 200 \, m_e$ [08P1]

lievemente diversa). Una formula approssimata per l'energia critica di elettroni in materiali con diverso Z è quella di Bethe-Heitler:

$$E_c \simeq 1600 \, m_e c^2 / Z \ . \tag{2.13}$$

I valori dell'energia critica per alcuni materiali sono riportati in Tab. 2.1.

Per energie molto superiori all'energia critica la perdita di energia per radiazione è praticamente l'unica da considerare. In questa situazione l'integrazione della (2.12) dà

$$E = E_0 \, e^{-x/L_{rad}} \tag{2.14}$$

dove E_0 è l'energia iniziale, E è l'energia dopo uno spessore x di materiale. La *lunghezza di radiazione*, L_{rad}, è la lunghezza dopo la quale l'energia E_0 dell'elettrone incidente si è ridotta a E_0/e, dove e è la costante di Nepero. Una formula approssimata per la lunghezza di radiazione L_{rad} (spesso indicata con X_0) è la seguente:

$$X_0 = L_{rad} \simeq \frac{716.4 \, [\text{g cm}^{-2}] A}{Z(Z+1) \ln(287/\sqrt{Z})} \ . \tag{2.15}$$

È da sottolineare che la perdita di energia per radiazione può avere forti fluttuazioni attorno al valore medio dato dalla (2.12). Anche il numero di fotoni e la loro energia possono fluttuare considerevolmente. La probabilità di

Materiale	L_{rad} (g cm^{-2})	$\frac{L_{rad}}{\rho}$ (cm)	E_C (MeV)
Aria	36.20	30050	83
H$_2$O	36.08	36.1	93
Pb	6.37	0.56	9.5
Cu	12.86	1.43	25
Al	24.01	8.9	51
Fe	13.84	1.76	27.4

Tabella 2.1. Lunghezze di radiazione, percorso (lunghezza di radiazione diviso per la densità del mezzo) ed energia critica in vari materiali assorbitori

emettere un fotone di alta energia è molto più piccola di quella di emetterne uno di bassa energia.

La bremsstrahlung può avvenire anche su elettroni bersaglio. Le considerazioni fatte sulla perdita di energia per radiazione di elettroni sono valide anche a parità di $\beta\gamma$ per le altre particelle cariche di massa più elevata.

2.3 Interazioni dei fotoni

Il comportamento dei fotoni nella materia è molto differente da quello delle particelle cariche. I fotoni non sono soggetti alle molte collisioni inelastiche con gli elettroni atomici. Le principali interazioni dei fotoni sono l'effetto fotoelettrico, la diffusione Compton (inclusiva delle collisioni Thomson e Rayleigh) e la creazione di coppie. In generale i fotoni sono più penetranti (nella materia) delle particelle cariche; un fascio di fotoni non viene degradato in energia, ma viene attenuato in intensità secondo la formula

$$I(x) = I(0) \; e^{-\mu x} \tag{2.16}$$

dove μ è il *coefficiente di assorbimento per i fotoni*:

$$\mu = N_a \sigma = \sigma N_A \rho / A \tag{2.17}$$

dove N_A = numero di Avogadro, ρ = massa specifica del mezzo, A = peso molecolare o atomico, N_a = densità degli atomi, σ = sezione d'urto totale. Il libero cammino medio dei fotoni $\lambda = 1/\mu$, in funzione della loro energia e in diversi materiali è riportato in Fig. 2.5.

2.3.1 Effetto fotoelettrico

Nell'effetto fotoelettrico un fotone è assorbito da un elettrone atomico con la conseguente emissione dell'elettrone, $\gamma e^- \rightarrow e^-$. Per conservare l'impulso l'effetto fotoelettrico può avvenire solo con elettroni legati; il resto dell'atomo

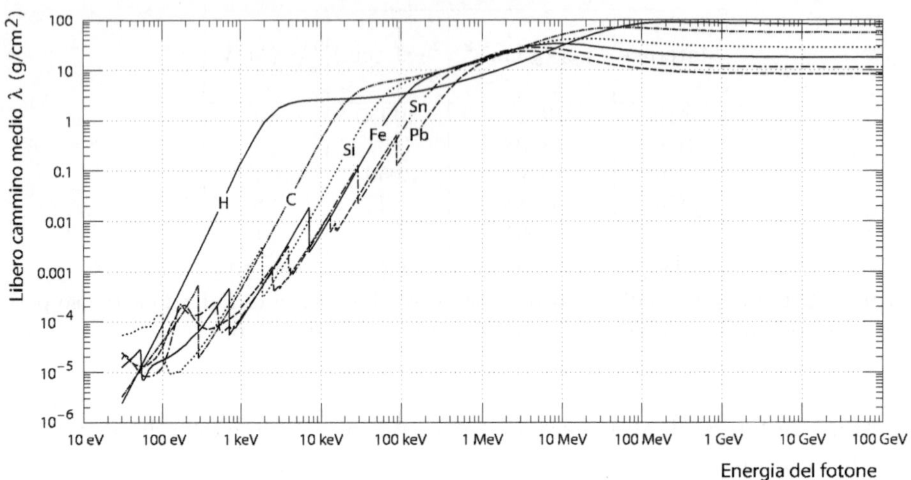

Figura 2.5. Libero cammino medio dei fotoni (in g cm^{-2}) in funzione dell'energia per vari materiali [08P1]. Il libero cammino medio λ è l'inverso del coefficiente di assorbimento μ (2.17)

rincula. L'energia dell'elettrone uscente è data da $E_e = h\nu - h\nu_0$, dove $h\nu_0$ è l'energia di legame dell'elettrone. La Fig. 2.6 mostra la sezione d'urto dell'effetto fotoelettrico in funzione dell'energia nel caso del C e del Pb. La sezione d'urto decresce fortemente con l'aumentare dell'energia e diventa molto piccola per energie superiori ai 100 keV. Notare la serie di picchi corrispondenti all'energia di ionizzazione degli elettroni della k-shell[1] e alle *shell* di ordine più elevato: L, M, ecc.

Il calcolo della sezione d'urto dell'effetto fotoelettrico è complicato; per energie superiori alla K-edge e inferiori a $m_e c^2$, è valida la formula approssimata

$$\sigma_{pe} \simeq 4\alpha_{EM}^2 \sqrt{2} Z^5 \sigma_0 (m_e c^2 / h\nu)^{7/2} \tag{2.18}$$

per atomo, con $\sigma_0 = 8\pi r_e^2/3 = 6.65 \cdot 10^{-25}$ cm$^2 =$ *sezione d'urto Thomson*, dove r_e è il raggio classico dell'elettrone e $\alpha_{EM} = 1/137$. La sezione d'urto Thomson è la sezione d'urto per il processo elastico $\gamma e^- \to \gamma e^-$ per energie tendenti a zero. Notare la dipendenza da Z^5 dal tipo di materiale attraversato.

2.3.2 Effetto Compton

Nell'effetto Compton si ha l'urto elastico di un fotone su di un elettrone, $\gamma e^- \to \gamma e^-$. Gli elettroni della materia sono elettroni legati; se il fotone incidente ha un'energia molto superiore all'energia di legame degli elettroni,

---

[1] Il picco dovuto a fotoni con energia leggermente superiore all'energia di legame degli elettroni atomici della K-shell viene chiamato K-edge.

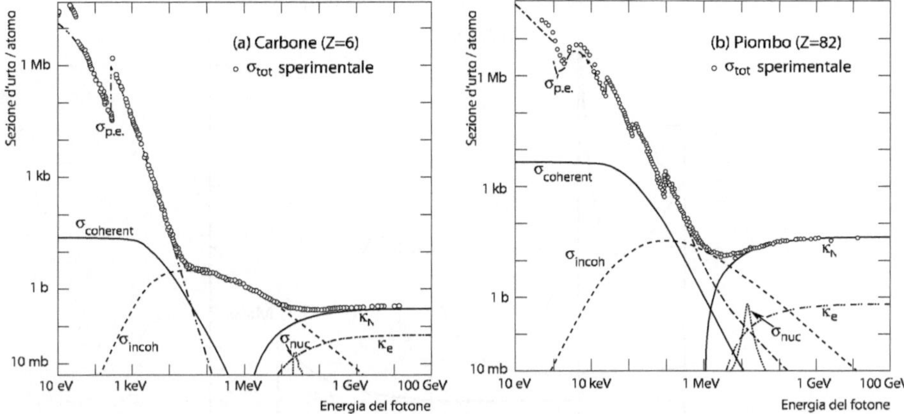

Figura 2.6. La sezione d'urto totale (tondini in alto) per i fotoni (a) in carbone e
(b) in piombo in funzione dell'energia del fotone. Sono anche date le sezioni d'urto
parziali per i processi: $\sigma_{p.e.}$ per effetto fotoelettrico su elettroni atomici; $\sigma_{coherent}$ per
urto elastico su atomi (scattering Rayleigh); σ_{incoh} per effetto Compton su elettroni;
κ_N per creazione di coppie in campo nucleare; κ_e per produzione di coppie nel campo
di elettroni; σ_{nuc} per fotoassorbimento su nuclei [08P1]

questi possono essere considerati come liberi. La cinematica dell'urto Compton
fornisce per l'energia del fotone dopo l'urto, $h\nu'$, la seguente espressione

$$h\nu' = \frac{h\nu}{1 + \Gamma(1 - \cos\theta)} \tag{2.19}$$

con $\Gamma = h\nu/m_e c^2$. La sezione d'urto per effetto Compton è calcolabile
nell'elettrodinamica quantistica (*formula di Klein-Nishina*):

$$\frac{d\sigma}{d\Omega} = \frac{r_e^2}{2} \frac{1}{[1 + \Gamma(1 - \cos\theta)]^2} \left(1 + \cos^2\theta + \frac{\Gamma^2(1 - \cos\theta)^2}{1 + \Gamma(1 - \cos\theta)}\right) \tag{2.20}$$

dove r_e è il raggio classico dell'elettrone.

L'integrazione della formula di Klein-Nishina dà la sezione d'urto totale
per effetto Compton, illustrata nella Fig. 2.6 (σ_{incoh}). Notare che tale processo
è dominante nella regione fra qualche decina di keV per il C e qualche MeV
per il Pb.

Per valutare la risposta energetica di alcuni rivelatori, per esempio dei contatori a scintillazione, è importante conoscere la distribuzione energetica degli
elettroni di rinculo nell'effetto Compton. Questa è mostrata nella Fig. 2.7, a
diverse energie dei fotoni incidenti. Notare il massimo in intensità all'energia
massima permessa dalla cinematica

$$T_{max} = h\nu \frac{2\Gamma}{1 + 2\Gamma} \tag{2.21}$$

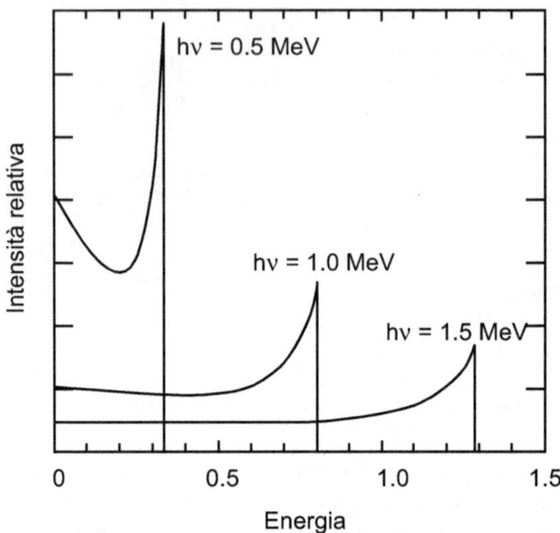

Figura 2.7. Distribuzione energetica degli elettroni Compton di rinculo per diverse energie $h\nu$ del fotone incidente

(si parla di *Compton edge*). Nel limite classico di basse energie la formula di Klein-Nishina si riduce alla formula di Thomson, $\sigma_0 = 8\pi r_e^2/3$.

L'*urto Rayleigh* (denotato $\sigma_{coherent}$ in Fig. 2.6) è la diffusione elastica di un fotone su di un atomo come un insieme. Si parla di urto coerente. Data la grande massa atomica, non viene trasferita energia al mezzo.

2.3.3 Creazione (produzione) di coppie

Nella *creazione di coppie* un fotone si trasforma in una coppia e^+e^-: $\gamma + Z \rightarrow Z + e^+ + e^-$, dove Z è in genere un nucleo atomico o un elettrone. La reazione ha un'energia di soglia di $2m_ec^2 = 1.022$ MeV. Il diagramma di Feynman all'ordine più basso, è simile a quello della bremsstrahlung, come si vedrà nel Cap. 4.

La sezione d'urto differenziale ha una forma matematica complicata. La formula pratica più usata è quella di Bethe-Heitler; la sezione d'urto integrata è riportata in Fig. 2.6, indicata come κ_N e κ_e. Notare che il processo di creazione di coppie nel campo coulombiano dei nuclei atomici (κ_N) domina per energie del fotone incidente superiori a pochi MeV. Per alte energie, $h\nu \gg 137\, m_ec^2 Z^{-1/3}$, si può usare la formula ottenuta considerando uno *screening* completo degli elettroni atomici:

$$\sigma_{\kappa_N} \simeq aZ^2\alpha_{EM}r_e^2\left\{\frac{7}{9}[\ln(183\, Z^{1/3}) - f(Z)] - \frac{1}{54}\right\} . \qquad (2.22)$$

La produzione di coppie su elettroni (curve κ_e di Fig. 2.6) fornisce un'equazione simile con $Z = -1$. Per tenerne conto basta sostituire Z^2 con $Z(Z+1)$.

Da quest'ultima formula si ottiene un libero cammino medio:

$$\frac{1}{\lambda_{pair}} = N_a \sigma_{\kappa_n} \simeq \frac{7}{9} Z(Z+1) N_a r_e^2 \alpha_{EM} [\ln(183\ Z^{-1/3}) - f(Z)] \ . \qquad (2.23)$$

Notare che l'espressione per λ_{pair} è molto simile a quella per la lunghezza di radiazione. In effetti si ha:

$$\lambda_{pair} \simeq \frac{9}{7} L_{rad} \ . \qquad (2.24)$$

2.4 Sciami elettromagnetici

Nella materia un fotone di alta energia converte in una coppia elettrone-positrone, ciascuno dei quali può irraggiare fotoni energetici via bremsstrahlung. Questi ultimi si trasformano in coppie che irraggiano, ecc. In definitiva, si ha uno *sciame elettromagnetico* (*cascata elettromagnetica*) con un gran numero di fotoni, elettroni e positroni. Il processo continua fino a quando le energie degli elettroni e positroni vanno al di sotto dell'energia critica. A questo punto essi perdono energia solo per ionizzazione ed eccitazione (Problema 2.6).

Lo sviluppo della cascata è un processo statistico. Si può visualizzarlo in modo semplice con il seguente metodo intuitivo. Il fotone originario di energia E_0 converte in una coppia e^+e^- dopo una lunghezza di radiazione L_{rad} e l'energia media dell'elettrone o del positrone è $E_0/2$ (vedi Fig. 2.8). Nella successiva lunghezza di radiazione l'elettrone e il positrone emettono ognuno un fotone di bremsstrahlung, avente all'incirca metà dell'energia della particella carica che lo ha emesso. A questo punto, dopo 2 L_{rad}, si hanno due fotoni e una coppia e^+e^-. Nella successiva lunghezza di radiazione (a tre L_{rad}) i due fotoni sono convertiti in coppie e^+e^-, mentre la coppia e^+e^- precedente avrà irraggiato due fotoni: il numero di particelle presenti è quindi $8 = 2^3$, di cui sei e^+, e^- e 2 γ; l'energia media di ognuna è $E_0/8$. Proseguendo nella cascata, dopo t lunghezze di radiazione il numero di particelle γ, e^-, e^+ presenti è $N \simeq 2^t$, ognuna avente un'energia media $E_N \simeq E_0/2^t$. Si sarebbe ottenuto lo stesso risultato se si fosse iniziato con un e^- invece che con un γ. Notare che abbiamo misurato lo spessore del materiale in lunghezze di radiazione, $t = x/L_{rad}$.

Ci si può chiedere quale sia la massima penetrazione della cascata. Misurando l'energia in unità dell'energia critica, E/E_c, si ha:

$$E_{t_{max}} \simeq \frac{E_0}{2^{t_{max}}} = E_c \quad , \quad \text{da cui}: \quad t_{max} \simeq \frac{\ln(E_0/E_c)}{\ln 2} \ . \qquad (2.25)$$

A energie più basse di E_c, il meccanismo dominante di perdita di energia degli elettroni non è più quello della bremsstrahlung, ma i processi continui di eccitazione-ionizzazione che non continuano la moltiplicazione del numero

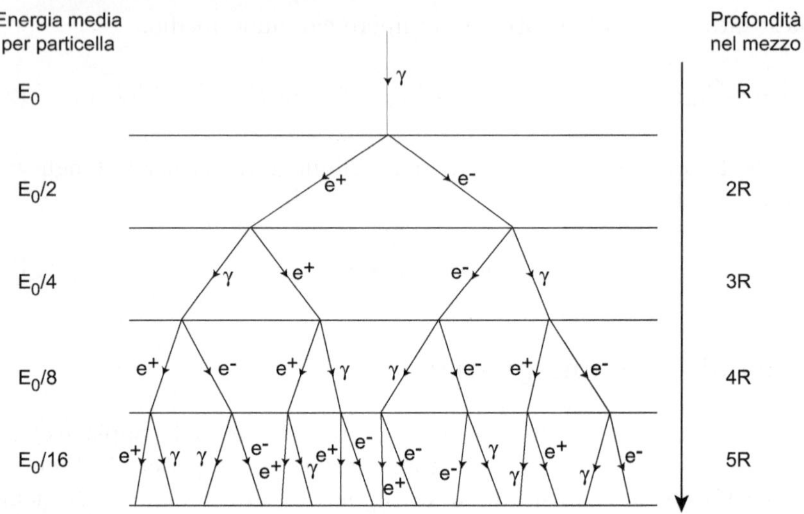

Figura 2.8. Schematizzazione semplificata dello sviluppo di una cascata elettromagnetica iniziata da un γ

di particelle. Il numero massimo di particelle presenti a un certo istante nello sciame è quindi:

$$N_{max} \simeq E_0/E_c \ . \tag{2.26}$$

Questo semplice modello dà solo un'idea qualitativa: il numero di particelle in una cascata aumenta esponenzialmente fino al massimo, dopo il quale diminuisce gradualmente. L'analisi dettagliata della forma di una cascata elettromagnetica richiede l'uso di metodi Monte Carlo. La Fig. 2.9 mostra il risultato della simulazione di una cascata elettromagnetica. Notare che la cascata elettromagnetica è contenuta interamente in circa $20 \div 25$ lunghezze di radiazione.

Simulazioni Monte Carlo. Si dicono in generale tecniche (o metodi) Monte Carlo quei metodi di simulazione statistica basati sull'uso di opportune sequenze di numeri pseudo-casuali per la risoluzione di problemi, in particolare per stimare i parametri di una distribuzione non nota. I metodi Monte Carlo sono particolarmente utili quando la complessità di un problema rende impossibile o molto difficile una soluzione analitica o con metodi numerici tradizionali. Nel caso di simulazioni condotte su rivelatori, sequenze di numeri pseudo-casuali sono utilizzate ad esempio per generare e seguire delle particelle, variando statisticamente da un evento all'altro alcuni parametri (il vertice da cui una particella è emessa, l'energia/impulso della particella, il punto di impatto sul rivelatore, le fluttuazioni statistiche nella perdita di energia,...) in modo da riprodurre il più possibile una situazione reale.

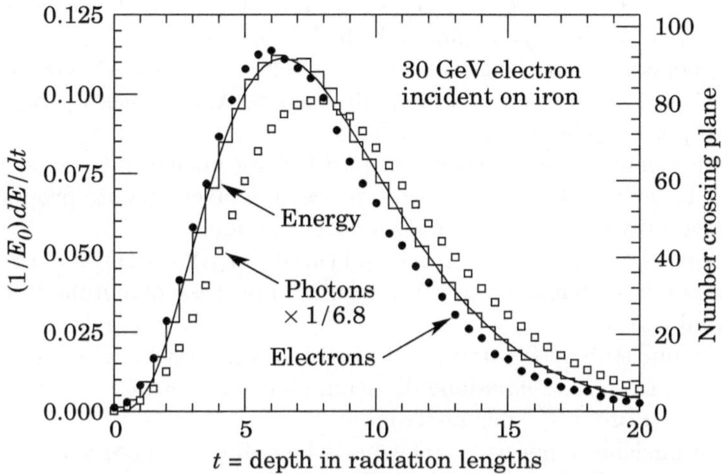

Figura 2.9. Simulazione di una cascata elettromagnetica iniziata da un elettrone di 30 GeV in ferro. Viene mostrata la percentuale di energia depositata per lunghezza di radiazione (scala a sinistra). I puntini neri sono il numero totale di elettroni con energia superiore a 1.5 MeV; i quadrati sono il numero di fotoni con $E_\gamma > 1.5$ MeV (scala a destra) [08P1]

2.5 Interazioni dei neutroni

Il neutrone non ha carica elettrica, come il fotone; ma ha un momento di dipolo magnetico, attraverso il quale può interagire elettromagneticamente. L'interazione dei neutroni con la materia è dominata dall'interazione forte; in pratica la sezione d'urto varia molto con l'energia (velocità) dei neutroni. Si distinguono normalmente diverse regioni energetiche.

Neutroni di alta energia per energie cinetiche $T_n > 100$ MeV. In questa regione i neutroni si comportano come i protoni, con sezioni d'urto totali comprese fra 40 e 60 mb (vedi §7.3). Lo studio dei neutroni in questo intervallo energetico rientra negli studi tipici della fisica delle particelle. Lo studio del comportamento a energie inferiori rientra nella fisica nucleare e può avere importanti risvolti tecnici e ingegneristici.

Neutroni veloci per 200 keV $< T_n < 40$ MeV.

Neutroni epitermici per 0.1 keV $< T_n < 100$ keV.

Neutroni termici o lenti quando hanno energie cinetiche confrontabili con le energie tipiche del moto termico in materiali, cioè $T_n \sim KT \sim (1/40)$ eV.

Neutroni freddi e ultrafreddi per energie cinetiche di milli-eV (meV) e micro-eV (μeV).

Per energie inferiori a 100 MeV, i neutroni sono soggetti a processi diversi:

(i) Urto elastico con nucleo, $n + A \to n + A$. L'urto elastico è il processo più importante per energie dell'ordine del MeV.

(ii) Urto inelastico con eccitazione di un nucleo, $nA \to nA^*$, ecc. Il nucleo eccitato A^* si diseccita con emissione di raggi γ. Anche questi processi sono importanti per energie attorno al MeV.

(iii) Cattura neutronica radiativa da parte di un nucleo: $n + (Z, A) \to \gamma + (Z, A+1)$; la sezione d'urto per questo processo è inversamente proporzionale alla velocità e diventa quindi grande a basse energie.

(iv) Reazioni di cattura nucleare del tipo (n, p), (n, d), (n, α), ecc. La sezione d'urto ha una dipendenza del tipo $1/v$ e quindi i processi diventano importanti per neutroni termici.

(v) Fissione nucleare, cioè cattura del neutrone con rottura del nucleo (pesante) in due frammenti ed emissione di alcuni neutroni (termici e veloci). Anche la fissione è più probabile per neutroni lenti.

In fisica nucleare e per scopi ingegneristici è di solito necessario rallentare i neutroni veloci. Il processo più importante per ottenere il rallentamento è tramite urto elastico con nuclei con i quali non avvengono altri processi (Problema 2.11). Un materiale molto usato è il ^{12}C per il quale occorrono circa 110 collisioni elastiche per rallentare un neutrone di 1 MeV sino a energie termiche di $(1/40)$ eV. In idrogeno ne occorrono circa 17.

2.6 Significato qualitativo di una misura di sezione d'urto totale

Se le collisioni fra due particelle fossero analoghe a quelle fra due palle di biliardo, si avrebbero solo urti elastici e la probabilità d'interazione non dipenderebbe dalla velocità della particella incidente, ma resterebbe la stessa a qualsiasi velocità. Se però vengono lanciate a velocità molto elevate, le palle da biliardo possono spaccarsi, in particolare nel caso di collisioni centrali. Si possono chiamare inelastiche quelle collisioni in cui le palle da biliardo si spaccano. Con l'aumentare della velocità, aumentano le collisioni inelastiche, diminuiscono quelle elastiche, ma la probabilità totale di collisione, resta la stessa.

La situazione a livello delle collisioni atomiche, nucleari e delle particelle è molto più complessa e meno intuitiva. Si possono avere urti elastici, urti inelastici in cui si spezza il sistema composto, urti inelastici in cui si modifica il sistema interno, come per esempio nel caso di un atomo in cui un elettrone viene portato su di un'orbita più esterna, e infine, nel caso delle collisioni di altissima energia, urti nei quali energia viene trasformata in massa e vengono create nuove particelle. La probabilità di ciascun tipo di collisione può essere misurata tramite una grandezza chiamata *sezione d'urto*, che ha enorme importanza in fisica delle alte energie. La sezione d'urto totale è la somma di una sezione d'urto elastica e di una sezione d'urto inelastica che, a sua volta, può avere contributi diversi. In definitiva esistono dei motivi per aspettarsi che la sezione d'urto totale possa variare fortemente con l'energia delle particelle incidenti.

Se i proiettili avessero dimensioni molto inferiori a quelle dei bersagli, se non ci fossero effetti ondulatori e se le forze fossero a cortissimo raggio d'azione, la sezione d'urto rappresenterebbe l'area trasversa (sezione) di ciascun bersaglio. Se i proiettili avessero dimensioni confrontabili con quelle dei bersagli, allora si misurerebbe una quantità che dipende sia dalle dimensioni del proiettile che del bersaglio. È questo il caso della maggior parte delle collisioni fra particelle.

Il fatto che le particelle siano anche onde, implica che ai bordi di ogni oggetto coinvolto nella collisione si produca un effetto elastico diffrattivo. Inoltre, nel mondo submicroscopico non è sempre possibile separare nettamente gli effetti dovuti al tipo di interazione da quelli dovuti alle effettive dimensioni degli oggetti. Le sezioni d'urto di neutrini, fotoni e mesoni su protoni sono molto differenti tra loro, perché le interazioni sono causate rispettivamente dall'interazione debole, elettromagnetica e forte e perché i mesoni sono in realtà oggetti composti. Si può sperare di cogliere l'essenza delle interazioni eliminando gli effetti spuri, considerando in dettaglio le sezioni d'urto totali nel limite delle energie più elevate (cioè dove la lunghezza d'onda associata è piccolissima) e nel caso dell'urto fra i costituenti "più elementari" che conosciamo. L'unità di misura della sezione d'urto è il cm^2; in pratica le sezioni d'urto atomiche si misurano in barn (b), 1 barn $= 10^{-24}$ cm^2. Le sezioni d'urto tra adroni ad alte energie sono dell'ordine delle decine di mb, 1 mb $= 10^{-3}$ b $= 10^{-27}$ cm^2. Torneremo più avanti sul significato di sezione d'urto.

2.7 Tecniche di rivelazione delle particelle

Le particelle subatomiche sono troppo piccole per essere osservate tramite metodi ottici, ma possono essere "osservate" indirettamente tramite i meccanismi di trasferimento di energia nella materia. Nei paragrafi precedenti si è visto che le particelle cariche veloci ionizzano ed eccitano, lungo la loro traiettoria, gli atomi del mezzo attraversato. È questo il principio di funzionamento di tutti i tipi di rivelatori. L'informazione è poi trasformata in segnali elettrici, che vengono poi analizzati con metodi elettronici. I rivelatori a ionizzazione sfruttano direttamente la ionizzazione prodotta, raccogliendo elettroni di ionizzazione e ioni positivi (di solito in un gas) e trasformandoli in segnali elettronici. Nella prima metà del 1900 furono sviluppate la *camera a ionizzazione*, il *contatore proporzionale* e il *contatore Geiger-Müller*. Questi rivelatori hanno subito poche modifiche e sono tuttora utilizzati in laboratorio. A partire dagli anni '60 sono state inventate la *camera proporzionale a multifili* (MWPC), la *camera a deriva* e la *camera a proiezione temporale* (TPC) e altre. Sono tutte camere basate sul principio del contatore proporzionale, ma sono più grandi e più sofisticate.

Nei contatori a scintillazione si utilizza la luce emessa nella diseccitazione degli atomi e delle molecole eccitate al passaggio della particella carica veloce. Contatori a scintillazione di tipo diverso sono usati in moltissimi esperimenti.

In alcuni tipi di rivelatori, come le camere a bolle, lungo il percorso della particella la ionizzazione provoca una variazione di stato del mezzo; in altri, come nelle emulsioni nucleari, la ionizzazione del mezzo attiva un processo chimico, che viene completato con lo sviluppo.

Per essere rivelate, le particelle neutre come il fotone debbono interagire e dar luogo a particelle cariche (sono queste ultime che vengono "osservate"). Di seguito, sono schematicamente descritti i più semplici tipi di rivelatori, distinguendo i rivelatori elettronici dagli altri tipi. Per ulteriori dettagli si rimanda a siti e libri specializzati [www9].

2.7.1 Caratteristiche generali

Non esiste un rivelatore sensibile a tutti i tipi di radiazione e a tutte le energie. Ogni rivelatore viene progettato per essere sensibile ad alcuni tipi di radiazione in un dato intervallo energetico. Un rivelatore possiede determinate caratteristiche operative, che vengono di seguito illustrate in modo schematico (vedi Tab. 2.2).

Rivelatore	*Risoluzione temporale (s)*	*Tempo morto (s)*	*Risoluzione spaziale (cm)*	*Volume tipico (cm^3)*
Camera a ionizz., contatori prop.	10^{-9}	10^{-8}	*	$1 \div 10^5$
Tubo a streamer limitato	$10^{-8} \div 10^{-7}$	$10^{-4}/\text{m}^{\dagger}$	1	$10^2 \div 10^6$
Camera proporzionale a multifili	10^{-9}	10^{-8}	10^{-1}	$10^3 \div 10^6$
Camera a deriva	$10^{-9} \div 10^{-8}$	$10^{-7} \div 10^{-5}$	10^{-2}	$10^4 \div 10^6$
Camera a proiezione temporale	$10^{-9} \div 10^{-8}$	$10^{-5} \div 10^{-4}$	10^{-2}	$10^6 \div 10^7$
Contatore Geiger-Müller	10^{-6}	10^{-3}	*	$1 \div 10^4$
Contatore a semiconduttore**	10^{-8}	10^{-6}	$10^{-3} \div 10$	10
Contatore a scintillazione	$0.2 \cdot 10^{-9}$	10^{-8}	*	$1 \div 10^5$
Contatore Cherenkov	10^{-9}	10^{-8}	*	$1 \div 10^5$
Emulsione nucleare	–	–	$5 \cdot 10^{-5}$	$10 \div 10^4$
Rivelatore nucleare a tracce	–	–	$3 \cdot 10^{-4}$	$10 \div 10^6$
Camera a nebbia	10^{-2}	100	0.05	10^5
Camera a bolle	10^{-3}	1	$10^{-3} \div 0.1$	$10^4 \div 10^7$
Camera a scintilla	10^{-7}	10^{-3}	0.05	$10^4 \div 10^6$
Camera a streamer	10^{-8}	10^{-3}	0.1	10^6
TRD	10^{-8}	10^{-6}	1	$10^5 \div 10^6$
Contatori criogenici	10^{-5}	10^{-4}	10	10^2

Tabella 2.2. Valori tipici di alcuni parametri dei rivelatori

* Dipende dalle dimensioni dello strumento e dalla sua segmentazione.
** La risoluzione spaziale è data per un contatore singolo e per uno a microstrip.
† Tempo morto per metro di singolo tubo a streamer attraversato

Efficienza del rivelatore ϵ: è la probabilità che il rivelatore registri una radiazione che vi incide; è data dal rapporto tra gli N_{reg} eventi registrati e le N particelle che incidono sul rivelatore, $\epsilon = N_{reg}/N$ (con $0 \leq \epsilon \leq 1$). Viene di solito studiata tramite metodi di simulazione al calcolatore (metodi Monte Carlo), sulla base della conoscenza del processo di rivelazione, della geometria e della massa del rivelatore, del fondo intrinseco, ecc. Può essere misurata sperimentalmente utilizzando un fascio noto di particelle.

Risposta temporale del rivelatore: è legata al tempo intrinseco che il rivelatore impiega a formare un segnale elettronico dopo l'arrivo della radiazione (escludendo i ritardi introdotti per esempio dai cavi). Per ottenere una miglior risposta è importante il tempo di salita dell'impulso, che deve essere il più breve possibile. La risposta temporale è di solito di tipo gaussiano per cui la semilarghezza a metà altezza può essere considerata come la **risoluzione temporale** σ_t. Si va da risoluzioni temporali migliori di 1 ns (contatori a scintillazione, Cherenkov) a quelle di 1 ms (camera a bolle), a rivelatori per i quali non si definisce una risposta temporale (emulsioni nucleari e rivelatori nucleari a tracce) (vedi Tab. 2.2). La durata del segnale è importante perché durante questo tempo un secondo evento potrebbe non essere registrato. Il **tempo morto** è il tempo che intercorre tra il passaggio di una particella e il momento in cui il rivelatore è pronto a registrare il passaggio di una particella successiva (durante il tempo morto lo strumento non è sensibile). Influiscono sul tempo morto la lunghezza del segnale, l'elettronica usata, il tempo di recupero del rivelatore (vedi esempio del contatore Geiger). I tempi morti variano da 10^{-8} s a 100 s.

Risoluzione spaziale: è la precisione con cui viene localizzato nello spazio il passaggio di una particella carica. Si passa dai circa 1 μm delle emulsioni nucleari ai $5 \div 10$ μm di un rivelatore a microstrip a silicio, ai molti centimetri di un contatore Cherenkov.

Risoluzione energetica: è legata alla possibilità del rivelatore di distinguere due energie vicine. Se i segnali sono separati in tempo, la risoluzione energetica è la semilarghezza della distribuzione energetica, misurata per esempio con particelle di energia nota in un "test beam". Nel caso in cui due segnali siano vicini in tempo deve essere fatta un'analisi più raffinata. Per gli scintillatori occorre inoltre tenere conto della distribuzione asimmetrica con una coda verso le alte energie, la cosiddetta *"coda di Landau"*.

2.8 Rivelatori a ionizzazione

Non descriveremo in modo dettagliato tutti i rivelatori di particelle ionizzanti basati sulla scarica nei gas. Bisogna ricordare che per creare una coppia elettrone-ione positivo in un mezzo gassoso occorre fornire un'energia media di circa 30 eV, valore che dipende dal gas e non dalle proprietà delle particelle ionizzanti. È anche da ricordare che il potenziale di ionizzazione varia dai circa 10 eV nelle molecole complesse ai circa 24 eV nei gas nobili (vedi Tab. 2.3).

	Potenziale di eccitazione (eV)	Potenziale di ionizzazione (eV)	Energia media (eV)
H_2	10.8	15.4	37
He	19.8	24.6	41
N_2	8.1	15.5	35
Ne	16.6	21.6	36
Ar	11.6	15.8	26
Xe	8.4	12.1	22
CO_2	10.0	13.7	33
C_4H_{10}		10.8	23

Tabella 2.3. Potenziale di eccitazione, potenziale di ionizzazione ed energia media per creare una coppia ione-elettrone in gas diversi. Tanto più bassi sono i valori, tanto più sensibile è in genere il rivelatore

Il più semplice rivelatore che utilizzi gas è la **camera (o contatore) a ionizzazione** (vedi Fig. 2.10a). È costituita di solito da un recipiente entro il quale sono contenuti due elettrodi piani e un gas nobile a una pressione prossima a quella atmosferica. In assenza di particelle ionizzanti che la attraversino, non si ha corrente continua apprezzabile. Se una particella carica veloce attraversa la camera, gli ioni che essa genera vengono tutti raccolti sui due elettrodi; si ha così passaggio di una debole corrente per un tempo molto breve (impulso di corrente) dell'ordine di pochi nanosecondi (ns). Nello schema di Fig. 2.10a l'impulso di corrente diventa anche un impulso di tensione nel punto H, perché il passaggio di corrente fa diminuire la tensione di H. Questo impulso può passare attraverso la capacità C per essere poi inviato a un amplificatore e a una scala elettronica di conteggio. Nel caso di **contatori proporzionali** (Fig. 2.10b) la tensione di lavoro è tale che gli elettroni, prodotti dalla ionizzazione del gas per il passaggio della particella, si moltiplicano in modo proporzionale alla ionizzazione iniziale, dando luogo a una piccola valanga misurabile di cariche elettriche.

Da un punto di vista storico, il **contatore Geiger** è il più famoso dei rivelatori gassosi. Il contatore Geiger ha una struttura a elettrodi cilindrici, con l'anodo filiforme e il catodo che fa da parete esterna. La resistenza R che va al generatore è di solito grande ($10 \div 100$ MΩ). Il contatore Geiger lavora nella fase della scarica alla Townsend semi-indipendente. La scarica interessa tutto il tubo, perché nel punto dove avviene la ionizzazione a valanga iniziale (streamer) vengono emessi molti fotoni che ionizzano le molecole del particolare gas utilizzato: la zona ionizzata si propaga lungo il filo (fotoionizzazione del gas) fino a interessare tutto il contatore. Le differenze di potenziale (d.d.p.) utilizzate si aggirano attorno a $1 \div 3$ kV.

Con un contatore Geiger si ottengono impulsi di corrente elevati di durata di alcuni microsecondi. Dopo una scarica il tubo impiega parecchio tempo prima di essere pronto per rivelare una successiva particella: il tempo morto è dell'ordine del millisecondo.

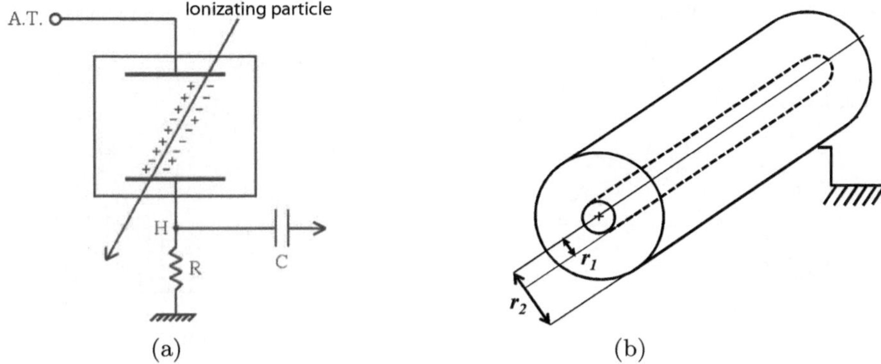

Figura 2.10. (a) Camera a ionizzazione: disposizione geometrica e schema di utilizzo. È indicato il percorso di una particella veloce carica che dà luogo a ioni positivi e elettroni. Il segnale di tensione nel punto H passa attraverso la capacità C e procede verso il sistema elettronico di conteggio. (b) Elettrodi cilindrici coassiali. Il campo elettrico ha una dipendenza del tipo $E(r) = V/[r \ln(r_2/r_1)] \approx 1/r$. La moltiplicazione degli ioni avviene nella regione a intenso campo elettrico vicino al conduttore interno

I rivelatori elettronici analizzati (e altri non menzionati, quali i tubi a streamer limitato e i contatori a piano resistivo) non possono fornire informazioni precise sulla traiettoria di una particella, a meno di non fare segmentazioni sottili. Fino al 1968 le informazioni precise sulla traiettoria di particelle provenivano da metodi fotografici applicati a camere a bolle, camere a scintilla, ecc. Nel 1968 Charpack (Nobel nel 1992) inventò la camera proporzionale a multifili. Questo segnò l'inizio di una tecnologia che portò a rivelatori elettronici capaci di misurare posizioni con risoluzioni di $50 \div 100$ μm, perdite di energia dE/dx campionate molte volte lungo la traiettoria, risoluzioni temporali elevate, ecc., aprendo così la via verso molte applicazioni.

La configurazione base di una **camera proporzionale a multifili** ("Multi-Wire Proportional Chamber, MWPC") è mostrata in Fig. 2.11a: consiste di un piano di fili paralleli (anodi) separati tipicamente di 2 mm, posto nel mezzo tra due piani catodici distanziati tipicamente di 1.5 cm. Le linee del campo elettrico sono illustrate in Fig. 2.11b. Il passaggio di una particella ionizzante genera nel gas della camera ioni positivi ed elettroni. Questi ultimi vanno verso il filo più vicino: parte del percorso avviene dove il campo elettrico è costante: si ha un moto a velocità costante a causa della perdita di energia nelle collisioni (moto viscoso). Nella zona vicino al filo, dove il potenziale ha un andamento come $1/r$, si ha una moltiplicazione degli elettroni. Nel filo più vicino (o nei fili più vicini nel caso di incidenza della particella non perpendicolare alla camera) viene generato un impulso (proporzionale) positivo, mentre nei fili adiacenti sono generati impulsi negativi. Ogni filo viene trattato come un contatore proporzionale a se stante, con separata elettronica di acquisizione (un amplificatore, un convertitore ADC, un segnale logico per TDC, ecc.).

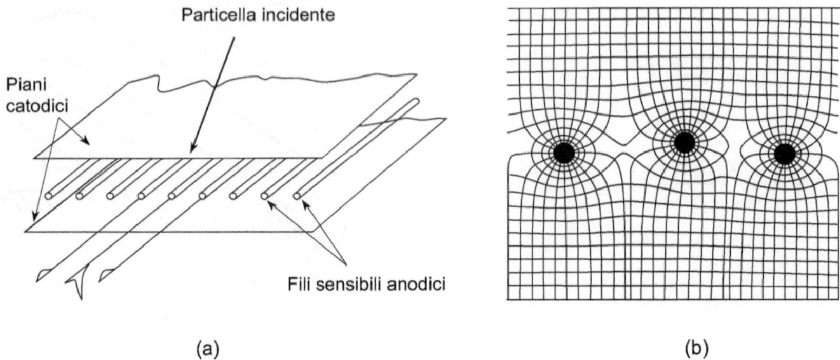

Figura 2.11. (a) Configurazione di una camera proporzionale a multifili. Ogni filo agisce come un singolo contatore proporzionale. I segnali dai fili più vicini alla traiettoria sono positivi, quelli più lontani negativi. (b) Configurazione delle linee di forza del campo elettrico in una MWPC [70C1]

Questa camera può fornire una coordinata spaziale, per esempio la x, con una precisione di una frazione (circa $d/\sqrt{12}$) della spaziatura d dei fili, tipicamente $\sigma_x \simeq 1$ mm. Si può usare una seconda camera con i fili ruotati di 90° per avere informazioni sulla coordinata y con la stessa precisione. Talvolta si usa anche una terza camera con i fili a circa 45° per eliminare ogni ambiguità nella ricostruzione. La risposta temporale è di pochi ns, mentre l'efficienza della camera è di circa il $98 \div 99\%$.

Invece di utilizzare una seconda camera per la coordinata y, si può usare il metodo della *divisione di carica*: la carica raccolta in un estremo di un filo resistivo (per esempio nel lato sinistro) è proporzionale alla distanza tra il punto in cui è passata la particella e l'estremo del filo. Se Q_L, Q_R sono le cariche raccolte nella parte a sinistra e in quella a destra del filo, si ha $y = \ell Q_L/(Q_L + Q_R)$, dove ℓ è la lunghezza del filo. Le precisioni non sono però buone (fino a $\sim 1\%$ della lunghezza del filo) ed è difficile mantenere la stabilità nel tempo. Una evoluzione delle camere proporzionali a multifilo è la **camera a deriva**: le informazioni sulla coordinata y sono ottenute tramite la misura del *tempo di deriva*, $t = d/v$ degli elettroni secondari riferito a un segnale di "trigger".

2.9 Contatori a scintillazione

La Fig. 2.12 mostra lo schema di un contatore a scintillazione, che consiste di: (i) un materiale *scintillatore* i cui atomi e molecole vengono eccitati dal passaggio di una particella carica; nella diseccitazione viene emessa una certa quantità di luce, cioè un certo numero di fotoni. Lo scintillatore è accoppiato (ii) direttamente o attraverso una *guida di luce* a (iii) un *fotomoltiplicatore*; questo è costituito da un *fotocatodo*, dove i fotoni luminosi convertono in

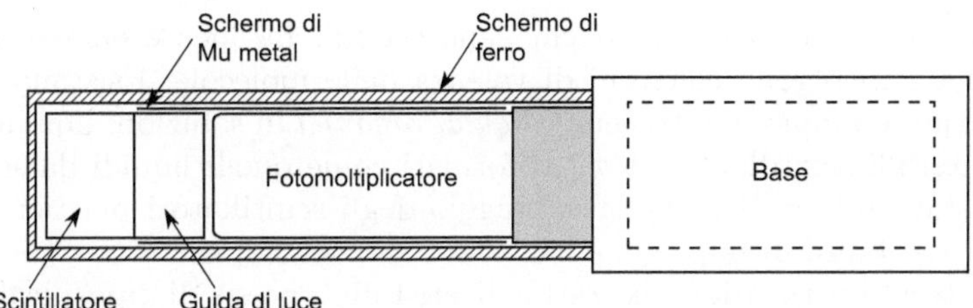

Figura 2.12. Schema di un contatore a scintillazione

elettroni per effetto fotoelettrico, e da un *moltiplicatore* di elettroni (costituito da una serie di *dinodi*) che dà luogo a un segnale elettrico, che può essere amplificato da un *amplificatore* elettronico. Il fotomoltiplicatore è connesso a (iv) una *base* dove è contenuto un circuito per dare tensioni appropriate ai *dinodi* del fotomoltiplicatore. (v) Una gabbia di materiale ferromagnetico (*mu-metal*, lega di 80% nichel e 20% ferro) minimizza gli effetti dei campi magnetici, incluso quello terrestre.

Scintillatore	Tipo	densità (g cm^{-3})	n	Efficienza luminosa (eV/γ)	Costante di decadimento (ns)	λ_{max} (nm)	H/C	Usi
NE 110	Plastico	1.032	1.580	36	3.3	434	1.104	γ, α, β, n
NE 220	Liquido	1.036	1.442	39	3.8	425	1.669	Dosimetria
NE 311	Con 5%B,Liq.	0.91	1.411	39	3.8	425	1.701	n
Anthracene	Cristallo	1.25	1.620	60	30	447	0.715	γ, α, β, n
NaI(Tl)	Cristallo	3.67	1.775	138	230	413	–	γ, X
LiI(En)	Cristallo	4.06	1.955	45	1200	475	–	n
BGO	Cristallo	7.1		300	300	480	–	γ
CeF$_3$	Cristallo	6.16		240	10	320	–	

Tabella 2.4. Caratteristiche di alcuni scintillatori commerciali: densità, indice di rifrazione n, efficienza luminosa (energia media per produrre un fotone luminoso), costante di decadimento, lunghezza d'onda a cui si ha il massimo di emissione, rapporto atomi di H/atomi di C, usi caratteristici

Uno scintillatore (vedi Tab. 2.4) deve quindi avere una buona efficienza nel convertire l'energia depositata in luce. Inoltre, la luce deve essere emessa rapidamente[2]. Infine, lo scintillatore deve essere trasparente alle radiazioni che emette e la luce emessa deve essere in una banda spettrale compatibile con la risposta dei fotomoltiplicatori.

Scintillatori organici. Sono formati da composti aromatici contenenti strutture chimiche ad anello, come il benzene. Questi scintillatori emettono luce

---

[2] In questo caso si dice che si ha *fluorescenza*; si parla di *fosforescenza* quando la luce è emessa in tempi relativamente lunghi; il termine *luminescenza* include fluorescenza e fosforescenza.

con tempi di decadimento di pochi nanosecondi. La luce è emessa in transizioni che coinvolgono elettroni di valenza delle molecole. Esistono *cristalli organici* (per esempio, l'antracene), *liquidi organici* in soluzioni liquide di uno o più materiali scintillanti e *plastici* formati come quelli liquidi da soluzioni, ma allo stato solido. Il maggior vantaggio degli scintillatori plastici è legato alla loro flessibilità di impiego.

Scintillatori inorganici. Si tratta di cristalli, spesso di tipo alcalino con piccole impurezze attivatrici. Il più usato è lo ioduro di sodio attivato con tallio, NaI(Tl). Altri sono $Bi_4Ge_3O_{12}$ (germanato di bismuto, BGO) e BaF_2 (fluoruro di bario). Si tratta di scintillatori con elevata efficienza luminosa, ma che sono uno o due ordini di grandezza più lenti degli scintillatori organici (vedi Tab. 2.4).

Efficienza luminosa. L'efficienza luminosa ε (in inglese anche "light output") è definita come l'energia necessaria per produrre un fotone luminoso. È importante perché da essa dipende la risoluzione energetica dello scintillatore. Entro ampi limiti, la quantità di luce emessa da uno scintillatore è proporzionale all'energia persa dalla particella che lo attraversa. Si hanno effetti di saturazione solo per energie perse molto elevate. La quantità di luce emessa dipende molto poco dalla temperatura, per temperature vicine a quelle ambientali, da -10 °C a 80 °C; la dipendenza diviene importante solo per temperature molto al di fuori di questo intervallo.

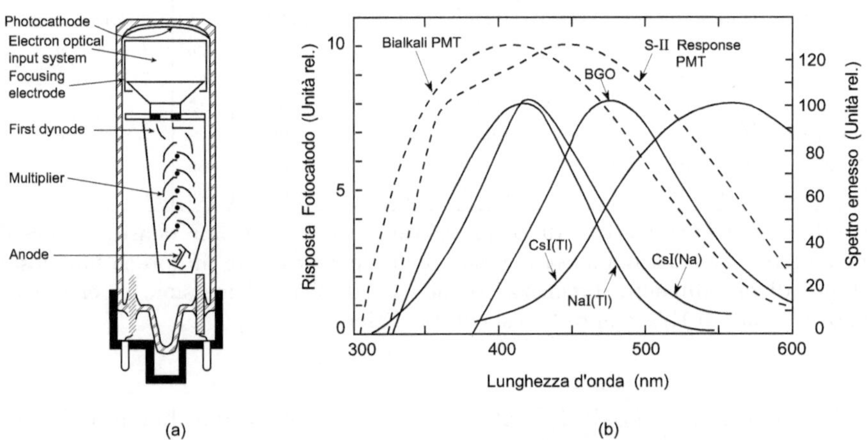

Figura 2.13. (a) Schema di un fotomoltiplicatore (dal catalogo della Philips); (b) Spettro luminoso emesso da alcuni materiali inorganici (linee intere) e curva di risposta di alcuni fotocatodi di fotomoltiplicatori (linee tratteggiate) (dal catalogo della Harshaw Chemical Company)

Fotomoltiplicatori. La Fig. 2.13a mostra lo schema di un fotomoltiplicatore. È costituito da: un fotocatodo dove i fotoni luminosi vengono convertiti in elettroni (detti *fotoelettroni*), un sistema di focheggiamento degli elettroni, il primo dinodo dove avviene la prima moltiplicazione degli elettroni (di un fattore $3 \div 10$) e infine gli altri dinodi (da 8 a 12) a tensioni positive via via crescenti (fino a circa 2000 V), dove avvengono le altre moltiplicazioni fino a un fattore totale di $10^5 \div 10^7$.

Negli esperimenti di fisica nucleare e subnucleare, i fotomoltiplicatori vengono usati in regime impulsivo, rispondono cioè a un rapido segnale luminoso e danno in uscita un rapido segnale elettronico, che, talvolta, deve essere ulteriormente amplificato.

Sono parametri importanti del fotocatodo la sua *efficienza quantica* e la sua *risposta* a radiazioni luminose di diversa lunghezza d'onda. L'efficienza quantica è la probabilità che un singolo fotone incidente sul fotocatodo produca un elettrone che contribuisca alla corrente del rivelatore. Se, come accade, è presente più di un fotone, l'efficienza quantica si definisce come il rapporto tra il numero degli elettroni prodotti (fotoelettroni) e il numero dei fotoni incidenti. I catodi più usati sono costituiti di materiali semiconduttori formati da antimonio e da uno o due metalli alcalini, con i quali si raggiungono efficienze quantiche fino al 26% e curve di risposta utilizzabili per lunghezze d'onda da 320 nm a 580 nm (vedi Fig. 2.13b). Recentemente, per ottenere elevate risoluzioni spaziali, si utilizzano scintillatori segmentati con pixel molto piccoli, ossia fotorivelatori multianodici con anodi molto piccoli.

L'errore statistico sulla misura di perdita di energia è legato al numero di fotoelettroni. Per questo motivo occorre raccogliere sul fotocatodo la maggior parte della luce emessa, facendo talvolta uso di opportune guide di luce e ricoprendo lo scintillatore e la guida di luce con materiale riflettente o diffondente; occorre inoltre utilizzare fotomoltiplicatori con efficienze fotocatodiche elevate. Si vogliono anche ottenere sensibilità elevate, per poter osservare il singolo fotoelettrone.

È importante che lo spettro luminoso emesso dallo scintillatore sia compreso in una banda di lunghezza d'onda uguale a quella della risposta del fotocatodo. Ciò è vero in Fig.2.13b per NaI(Tl) e BGO, ma non per CsI(Tl). In caso di disaccordo tra lo spettro di emissione e quello di risposta del fotocatodo (*mismatch*), si può usare nello scintillatore un *wavelength shifter*. Ciò è in pratica possibile per scintillatori costituiti di materiali diversi.

Il segnale elettrico in uscita da un fotomoltiplicatore utilizzato con uno scintillatore organico plastico è un impulso di circa 0.5 V di altezza, $2 \div 4$ ns di tempo di salita e di $10 \div 20$ ns di tempo di discesa.

Per mantenere la stabilità di guadagno occorrono alimentatori di alta tensione ben stabilizzati, sia a breve che a lungo termine. Un fotomoltiplicatore è molto sensibile a campi magnetici esterni: un piccolo campo è sufficiente a far deviare gli elettroni al suo interno, specie nel primo stadio. Per questo occorre schermare il fotomoltiplicatore con uno schermo magnetico di mu-metal.

2.10 Rivelatori a semiconduttore

I *rivelatori a semiconduttore*, chiamati anche rivelatori *a stato solido*, sono costruiti con materiali cristallini semiconduttori, come il silicio e il germanio. Il principio base di questi rivelatori è analogo a quello dei rivelatori gassosi a ionizzazione, con la differenza che il mezzo è solido. Il passaggio di una particella ionizzante crea coppie *elettrone-buco* (invece di elettrone-ione positivo), che possono essere raccolte e moltiplicate tramite un opportuno campo elettrico. Il vantaggio di un semiconduttore è dovuto alla piccola energia necessaria per creare una coppia elettrone-buco, che è di 3.6 eV in silicio e di 3.0 eV in germanio, cioè circa un ordine di grandezza minore di quella necessaria per i gas usati nei rivelatori a ionizzazione (vedi Tab. 2.3). La ionizzazione è quindi 10 volte maggiore e si possono ottenere risoluzioni in energia molto migliori. Notare anche che il numero di fotoelettroni in un contatore a scintillazione è circa 100 volte inferiore. Le prime applicazioni dei rivelatori a semiconduttore sono state misure di radioattività con alte risoluzioni energetiche. L'utilizzazione principale nel campo delle alte energie riguarda i rivelatori a microstrip di silicio con lo scopo primario di ottenere un rivelatore di vertice e di tracce con alta risoluzione spaziale ($5 \div 10~\mu$m).

La maggior parte dei rivelatori a semiconduttore, con l'eccezione di quelli a silicio e ad arsenuro di gallio, richiede basse temperature per ridurre gli effetti termici. Un'altra difficoltà è connessa con il possibile danneggiamento dovuto ad alte dosi di radiazioni; si cercano perciò materiali che siano utilizzabili a temperatura ambiente e che siano poco sensibili ad alte dosi di radiazione (per esempio, Ga e As).

I rivelatori a semiconduttore usati nella fisica delle alte energie sono sottili (spessori di $200 \div 300~\mu$m) e sono costituiti di materiali cristallini (silicio) di alta purezza; sono però anche usati materiali opportunamente drogati con impurezze pentavalenti o trivalenti (rispetto alla tetravalenza del Si). I segnali ottenuti sono lineari, nel senso che il segnale elettrico in uscita è direttamente proporzionale all'energia depositata.

Le caratteristiche principali di un rivelatore a semiconduttore sono quindi:
(*i*) bassa energia necessaria per creare una coppia elettrone-buco;
(*ii*) linearità di risposta;
(*iii*) presenza di una corrente di fondo dovuta a portatori minoritari di tipo termico e a contributi superficiali;
(*iv*) i segnali vanno preamplificati con amplificatori di carica a basso fondo; i segnali in uscita debbono subire un'opportuna formazione.

La Fig. 2.14 mostra lo schema di un *rivelatore a microstrip*. È composto di strip di lettura intervallate di 20 μm. Il materiale usato è il silicio di tipo n (con resistività di 2000 Ω cm) sul quale sono impiantate strip di tipo p^+ (cioè costituite da materiale di tipo p con un alto drogaggio) con contatti in alluminio. Un elettrodo di tipo n^+ (materiale di tipo n ad alto drogaggio) è impiantato all'altro lato. Lo spessore del rivelatore è di circa 300 μm e opera con tensioni di circa 40 V.

Per i futuri acceleratori sarà importante che il materiale usato abbia un alta insensibilità alle radiazioni. Sono stati anche costruiti rivelatori tipo camera a deriva di silicio, con risoluzioni σ_D di alcuni μm.

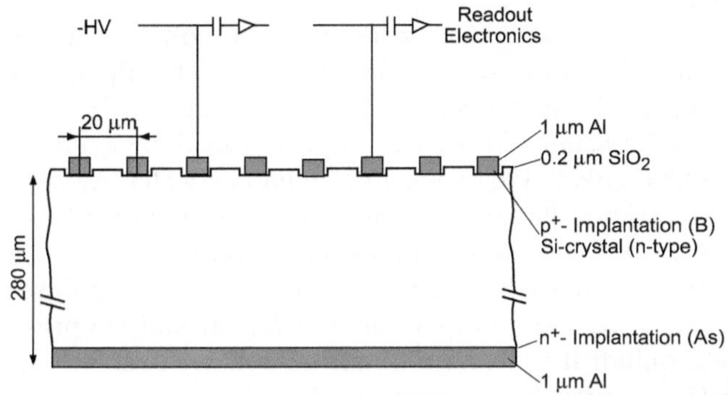

Figura 2.14. Schema di un rivelatore a microstrip di silicio

Nel campo della rivelazione di raggi γ con energie dell'ordine del MeV, il rivelatore più usato è quello a Germanio ($Z_{Ge} = 32$) funzionante alla temperatura dell'azoto liquido. Un tipico contatore ha dimensione di 5 cm × 5 cm × 5 cm. Si ottengono alte efficienze di rivelazione e ottime risoluzioni in energia.

2.11 Contatori di Cherenkov

Il campo elettrico generato da una carica elettrica che si muove con velocità $v = \beta c$ in un mezzo con indice di rifrazione n si propaga con una velocità $v_E = c/n$. Se la velocità della particella è maggiore della velocità del campo, $v = \beta c > v_E = c/n$, si ha un fenomeno simile a quello della generazione di un'onda d'urto.

Il numero di fotoni irraggiati per unità di percorso dalla particella (avente carica Ze) per unità di energia dei fotoni emessi è dato da

$$\frac{d^2N}{dE_\gamma dx} = \frac{\alpha Z^2}{\hbar c} \sin^2 \theta_c = \frac{\alpha^2 Z^2}{r_e m_e c^2} \left(1 - \frac{1}{\beta^2 n^2}\right) \xrightarrow{Z=1} 370 \sin^2 \theta_c \ \text{eV}^{-1}\text{cm}^{-1}$$

(2.27)

dove $(\alpha^2/r_e m_e c^2) = 370 \text{ eV}^{-1}\text{cm}^{-1}$, $Z = 1$, r_e = raggio classico dell'elettrone $= e^2/m_e c^2 = 2.82 \cdot 10^{-13}$ cm. Il numero di fotoni per unità di lunghezza d'onda dei fotoni emessi è:

$$\frac{d^2N}{d\lambda \, dx} = \frac{2\pi \alpha Z^2}{\lambda^2} \left(1 - \frac{1}{\beta^2 n^2}\right) .$$

(2.28)

È da notare che l'indice di rifrazione è funzione dell'energia del fotone emesso, $n = n(E_\gamma)$. Ricordando la relazione fra energia e lunghezza d'onda, $E = hc/\lambda$, si ha che i fotoni emessi con lunghezze d'onda comprese fra 300 e 600 nm sono non più di 1/100 dei fotoni prodotti in un processo di perdita di energia per ionizzazione ed eccitazione.

In un *contatore di Cherenkov a soglia* viene raccolta tutta la luce emessa, dalla soglia in su. Esso fornisce una risposta *si/no* che dipende dal fatto che la velocità della particella sia sopra o sotto la soglia, $\beta_t = 1/n$. I *contatori di Cherenkov differenziali* sfruttano la dipendenza dall'angolo θ a cui viene emessa la luce Cherenkov dalla velocità β della particella veloce. Utilizzano il focheggiamento ottico della luce e fenditure per selezionare la luce emessa a un certo angolo. Con tale rivelatore si può selezionare, in un fascio monoimpulsivo, un certo tipo di particella, per esempio i mesoni π. Si può selezionare un altro tipo di particella, per esempio i mesoni K, variando la pressione del gas nel contatore e quindi il suo indice di rifrazione. Nei contatori di Cherenkov a 4π, utilizzati in apparati a grande angolo solido, sono stati usati gas con indice di rifrazione $n = 1.0017$ (C_5F_{12}). La luce viene focheggiata con specchi su elementi sensibili con fototrasduttori particolari, come le camere a fili.

Alcuni grandi rivelatori sotterranei ad acqua sono utilizzati come contatori di Cherenkov per rivelare eventuali prodotti di decadimento di un possibile decadimento del protone. Nel rivelatore Superkamiokande (vedi Cap. 12) la superficie esterna del contatore cilindrico contenente 50000 t di acqua è vista da grandi fotomoltiplicatori (PMT) che coprono il 20% della superficie cilindrica. Questo rivelatore ha fornito fondamentali risultati sulla fisica delle oscillazioni dei neutrini atmosferici e solari.

2.12 La camera a bolle

La camera a bolle è un rivelatore oramai in disuso, che tuttavia è stato molto importante perché ha permesso di visualizzare tramite fotografie le interazioni tra particelle e la produzione di nuove. La camera a bolle permetteva di visualizzare il percorso di particelle di alta energia sfruttando la ionizzazione; fa quindi parte dei rivelatori a ionizzazione. Una camera a bolle contiene un liquido, che, al momento del passaggio delle particelle, si trova in una condizione metastabile. Un esempio di questo stato particolare potrebbe essere l'acqua alla temperatura di 110 °C e alla pressione di una atmosfera: l'acqua dovrebbe bollire, ma per una piccola frazione di secondo non lo fa[3]. Il liquido inizia a bollire dove ci sono impurezze, per esempio ai bordi del recipiente, e anche attorno a un insieme di cariche positive e negative.

Una particella carica veloce che attraversi una camera a bolle ionizza molti atomi del liquido. In ognuna di queste interazioni la particella carica veloce

---

[3] L'acqua non è in realtà adatta per essere usata come liquido di una camera a bolle; si tratta qui solo di un esempio illustrativo.

perde una piccola parte della sua energia e non viene deviata in modo apprezzabile. Lungo il percorso della particella vengono a trovarsi degli elettroni liberi (ioni negativi) e degli atomi senza un elettrone (ioni positivi) attorno a cui il liquido inizia a bollire. Si formano cioè attorno a gruppi di ioni delle bollicine di vapore che poi aumentano di dimensioni fino eventualmente a riempire tutta la camera. Se si scatta una fotografia nel momento in cui le bollicine hanno un diametro di poco meno di un millimetro, si visualizza il percorso delle particelle tramite una serie di bollicine.

Per poter utilizzare di nuovo la camera a bolle occorre aumentare la pressione (nell'esempio dell'acqua a 110 °C, si potrebbe portare la pressione a quattro atmosfere) per far sì che il liquido cessi di bollire. Al momento opportuno si abbassa di nuovo la pressione (a una atmosfera) e la camera è di nuovo pronta. Questo momento deve essere sincronizzato, perché deve precedere di alcuni millesimi di secondo l'arrivo delle particelle veloci.

Una camera a bolle è di solito circondata da un grosso magnete, che produce un forte campo magnetico in tutto lo spazio della camera (tipicamente $B = 2$ Tesla). Le particelle cariche che la attraversano vengono deflesse dal campo magnetico lungo una traiettoria circolare il cui raggio dipende dalla quantità di moto delle particelle. Quindi, analizzando le tracce, si possono ottenere informazioni sulla massa delle particelle e sulla loro velocità. Sono state utilizzate grandi camere a bolle per esperimenti con neutrini muonici; in tal caso occorrono intensi fasci di neutrini per avere un numero ragionevole di interazioni.

Si sono realizzate camere a bolle aventi come liquido operativo idrogeno, deuterio, neon più idrogeno, elio e altri. La camera a bolle a idrogeno offre il vantaggio di permettere lo studio di collisioni su protoni che possono essere considerati come liberi. La densità dell'idrogeno liquido è bassa ($\varrho \simeq 0.06$ g cm^{-3}); quindi è piccola la quantità di materia sul percorso di ogni particella. La probabilità di interazione è bassa: si vedono tracce ben definite, ma non si osservano interazioni di raggi γ. In una camera a liquido pesante, per esempio, una miscela di idrogeno e neon, si hanno molte interazioni delle particelle del fascio; inoltre la probabilità di interazione dei raggi γ è elevata (causa l'alta densità e il relativamente alto numero atomico del neon).

La Fig. 2.15 mostra la grande camera a bolle europea (BEBC) utilizzata al CERN negli anni '70 fino alla fine del 1983. Una camera simile è stata utilizzata a Fermilab fino al 1986. La camera a bolle, inventata nel 1952 da Glaser (Nobel nel 1960), ha giocato un ruolo importante negli anni 1960-1980. Uno dei motivi del suo declino è stato il fatto che non si riuscì ad avere una "camera a bolle elettronica", cioè capace di inviare segnali direttamente a un calcolatore. Nei prossimi capitoli utilizzeremo spesso per scopi didattici foto provenienti da camere a bolle.

Figura 2.15. BEBC, la grande camera a bolle europea a forma cilindrica con 3.7 m di diametro al momento della sua installazione (la camera non è ora più in uso). La parte principale è il contenitore cilindrico in alto; il fascio vi incideva perpendicolarmente all'asse del cilindro (Foto archivio CERN)

2.13 Calorimetri elettromagnetici e adronici

All'aumentare dell'energia dei grandi acceleratori (che discuteremo nel prossimo capitolo), apparati rivelatori sempre più grandi e complessi assumono grande importanza. In particolare, diventa decisivo il ruolo dei *calorimetri elettromagnetici, CE* e dei *calorimetri adronici, CA*. Un *calorimetro* è un rivelatore che assorbe tutta l'energia cinetica di una particella e fornisce un segnale elettronico proporzionale all'energia depositata.

In un mezzo materiale, un raggio γ e un elettrone di alta energia danno luogo a una *cascata elettromagnetica* tramite processi successivi di creazione di coppie e^+e^- e bremsstrahlung. In un mezzo ad alto Z tale cascata ha dimensioni longitudinali e trasversali limitate, come illustrato in Fig. 2.16a.

Un calorimetro elettromagnetico misura l'energia totale connessa con la ionizzazione (e l'eccitazione) dovuta a e^+, e^-, γ; di solito il suo spessore longitudinale è di $20 \div 25$ lunghezze di radiazione. Valori tipici delle lunghezze di radiazione X_0 per alcuni materiali sono listati in Tab. 2.5.

Gli adroni depositano energia nella materia attraverso una serie di collisioni dovute all'interazione forte e quindi tramite ionizzazione/eccitazione da parte degli adroni carichi prodotti (l'interazione forte primaria produce molti mesoni π, i quali a loro volta interagiscono tramite l'interazione forte). La

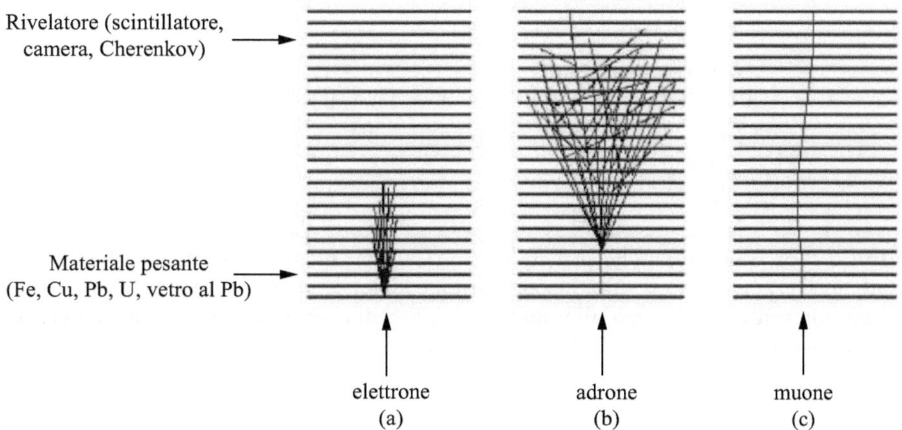

Figura 2.16. Comportamento (a) di una cascata elettromagnetica, (b) di una cascata adronica e (c) di un muone nell'attraversare un calorimetro a campionamento, costituito di strati di rivelatore e di strati di assorbitore di materiale pesante. I CE misurano l'energia totale rilasciata dagli elettroni/positroni che lo attraversano. I CA misurano l'energia rilasciata dagli adroni carichi. Il muone in entrambi i casi si comporta come una particella al minimo della ionizzazione e può facilmente essere identificato. In un rivelatore in genere viene istallato prima un CE e poi in CA, entrambi a simmetria cilindrica rispetto al tubo a vuoto dove scorre il fascio

cascata adronica è più larga e più lunga di quella elettromagnetica (vedi Fig. 2.16b), perciò un *calorimetro adronico* (CA) deve avere dimensioni più grandi di quello elettromagnetico; tipicamente ha uno spessore di 6 lunghezze di interazione nucleare λ_0. Alcuni valori tipici delle lunghezze di interazione sono dati in Tab. 2.5. Vi sono poi forti fluttuazioni nella cascata adronica a causa di vari effetti. I mesoni π^0 decadono immediatamente in 2γ, dando così origine a una cascata elettromagnetica nella quale l'energia è depositata in uno spazio ristretto e quindi la risposta del calorimetro dipende dalla sua configurazione. I mesoni $\pi^\pm$ decadono in $\mu\nu$; il neutrino interagisce così poco che abbandona sempre lo spazio del calorimetro adronico. Ciò dà luogo a energia mancante (circa il 30%) e impulso mancante. I muoni lasciano anch'essi, in maggioranza, il calorimetro adronico, come illustrato nella Fig. 2.16c; i muoni lasciano un segnale al minimo di ionizzazione in entrambi i calorimetri e possono essere misurati talvolta nelle speciali camere a muoni, poste nello strato più esterno del rivelatore.

I calorimetri si dividono in *omogenei* e *a campionamento*. I primi sono costituiti di un unico materiale, per esempio di vetri al piombo nel caso di calorimetri elettromagnetici. I secondi sono costituiti di piani sensibili (per esempio di contatori a scintillazione) separati da strati di materiale assorbente (per esempio piombo in calorimetri elettromagnetici e ferro in calorimetri adronici) (vedi Fig. 2.16 e Tab. 2.5). Le migliori segmentazioni sono di solito

Materiale		X_0 (cm)	λ_0 (cm)	ϵ (MeV)
Rivelatori attivi	NaI	2.6	41	12.5
	BGO	1.1	23	7
	Vetro a piombo	2.36		15.8
Assorbitori passivi	Fe	1.7	17	28
	Pb	0.56	17	9.5
	U	0.32	10.5	9

Tabella 2.5. Caratteristiche principali dei rivelatori e dei materiali assorbenti utilizzati in CE e CA. X_0 = lunghezza di radiazione, λ_0 = lunghezza di interazione, ϵ = energia critica = energia alla quale la perdita di energia per radiazione è uguale a quella per ionizzazione ed eccitazione

mezza lunghezza di radiazione per CE e $0.25 \div 0.5$ lunghezze di interazione per CA. I calorimetri omogenei hanno di solito prestazioni superiori a quelli a campionamento, ma sono molto più costosi. In pratica tutti i calorimetri adronici sono a campionamento.

La grandezza importante per la risoluzione energetica è il numero N di segmenti di tracce (N cm in un calorimetro omogeneo, N campionamenti in uno a campionamento). L'energia E da misurare della particella che induce lo sciame è infatti proporzionale al numero di particelle secondarie generate (in particolare al massimo, si veda la (2.26)). Il numero di particelle secondarie misurate è direttamente proporzionale al numero N dei segmenti di traccia e la risoluzione energetica ha quindi un errore percentuale del tipo:

$$\frac{\sigma_E}{E} \simeq \frac{\Delta E}{E} \approx \frac{\Delta N}{N} \simeq \frac{\sqrt{N}}{N} \approx \frac{1}{\sqrt{E}} \ . \tag{2.29}$$

Risoluzioni energetiche tipiche per CE e CA a campionamento (con moltissimi canali individuali) sono rispettivamente di circa $\Delta E/E \simeq 0.2/\sqrt{E}$ e $1.0/\sqrt{E}$ con E in GeV.

Negli esperimenti ai grandi acceleratori (come vedremo nel Cap. 9) gli elettroni/positroni sono stati identificati (e le energie misurate) nei CE, gli adroni nei CA.

3

Acceleratori di particelle ed esempi di rivelazione

3.1 Perché è necessario utilizzare acceleratori

Le attuali conoscenze sulla struttura della materia sono state raggiunte grazie ai microscopi, ai microscopi elettronici, alle sorgenti radioattive e infine agli acceleratori di particelle. La possibilità di studiare particelle sempre più piccole è legata alla realizzazione di acceleratori sempre più grandi e più perfezionati che accelerano le particelle a energie sempre più elevate.

Un primo motivo per cui occorre utilizzare particelle di grande energia è correlato al dualismo onda-corpuscolo e al principio d'indeterminazione. A causa del dualismo onda-corpuscolo, una particella può essere interpretata come un'onda e un'onda come una particella. Un'onda è caratterizzata dalla sua lunghezza d'onda, una particella è caratterizzata dalla sua energia o dalla sua quantità di moto. Più grande è l'energia della particella, più piccola è la lunghezza d'onda a essa associata. Quantitativamente la relazione che lega la lunghezza d'onda λ, associata a una particella, alla sua quantità di moto p è data dalla relazione di De Broglie: $\lambda = h/p = 2\pi\hbar c/pc$, dove h è la costante universale di Planck, $\hbar = h/2\pi$. Numericamente, si ha (vedi Appendice 5):

$$\lambda(\text{cm}) = \frac{6.626 \cdot 10^{-27}(\text{erg s})}{p} = \frac{1.24 \cdot 10^{-10}(\text{MeV s})}{p\,(\text{MeV/c})} \qquad (3.1)$$

ovvero $\lambda(\text{fm}) = 1.24/p$ (GeV/c). Talvolta, è usata la grandezza $\lambdabar = \lambda/2\pi = \hbar/p$.

Intuitivamente, possiamo pensare alla particella-onda come a una "nuvoletta" di probabilità, le cui dimensioni sono confrontabili con la lunghezza d'onda associata. In questa rappresentazione la particella non è un oggetto avente le dimensioni della nuvoletta: la particella è intrinsecamente più piccola e si trova in qualche punto entro la nuvoletta. Si può ridurre il volume della nuvoletta diminuendo la lunghezza d'onda, aumentando quindi la quantità di moto (e quindi l'energia) della particella. In conclusione: tanto più grande è l'energia della particella, tanto più piccola è la sua lunghezza d'onda; perciò

Braibant S., Giacomelli G., Spurio M.: Particelle e interazioni fondamentali. Il mondo delle particelle
DOI 10.1007/978-88-470-2754-1_3, © Springer-Verlag Italia 2012

tanto più piccoli sono gli oggetti che possono essere studiati e maggiori sono i dettagli che possono essere osservati. Alle altissime energie si possono spesso ignorare gli aspetti ondulatori e si può considerare una particella come una pallina (una "trottolina" se si considera il suo spin). In questa visione gli acceleratori sono paragonabili a grandi microscopi.

Il *principio di indeterminazione* stabilisce che non si possono conoscere contemporaneamente posizione (in x con incertezza Δx) e impulso (p_x con incertezza Δp_x) con una precisione migliore di $\Delta x \Delta p_x \simeq \hbar/2$, dove Δx, Δp_x hanno il significato di errori quadratici medi (deviazione standard). Moltiplicando per c otteniamo un'espressione per l'energia, $\Delta x \Delta E \simeq \hbar c/2$, da cui numericamente $\Delta E(\mathrm{MeV}) \simeq 1.973 \cdot 10^{-11}(\mathrm{MeV\,cm})\,/2\Delta x(\mathrm{cm})$. Per esplorare una dimensione Δx occorre un'energia dell'ordine di $E(\mathrm{MeV}) \simeq 2\Delta E(\mathrm{MeV}) \simeq \hbar c/\Delta x \simeq 1.973 \cdot 10^{-11}(\mathrm{MeV\,cm})/\Delta x(\mathrm{cm})$. Si ottengono gli ordini di grandezza espressi in Tab. 3.1.

Δx (cm)	E	Strumenti
10^{-5}	2 eV	microscopi
10^{-8}	2 keV	raggi X
10^{-11}	2 MeV$\simeq 4m_e$	raggi γ
10^{-14}	2 GeV$\simeq 2m_p$	acceleratori
10^{-16}	200 GeV$\simeq 2m_{W,Z}$	acceleratori
10^{-17}	2 TeV	acceleratori

Tabella 3.1. Ordini di grandezza delle energie minime E necessarie nel lab. per esplorare le distanze Δx, e strumenti utilizzati

Il secondo motivo che impone la costruzione di acceleratori di particelle è connesso alla "creazione" di particelle. Questo è un processo di conversione di energia in massa, attraverso la relazione di Einstein $E = mc^2$: l'energia a disposizione in un urto fra due particelle si può trasformare nella massa delle particelle che sono create. Questa creazione avviene secondo certe regole, obbedendo a precise leggi di conservazione. Nella Tab. 3.1 sono riportate le masse tipiche di alcune particelle. In particolare, la massa di 100 GeV corrisponde approssimativamente alla massa delle particelle più pesanti finora osservate (W^+, W^- e Z^0); 2.0 TeV è la massima energia nel c.m. disponibile attualmente (al collider protone-antiprotone di Fermilab); 14 TeV saranno raggiunti al collider protone-protone LHC del CERN. LHC ha iniziato il funzionamento e la presa dati con un'energia nel centro di massa di 7 TeV a Marzo 2010, ed è previsto che raggiunga la massima energia (14 TeV) e luminosità entro il 2014.

Il processo di creazione permette di studiare le proprietà delle particelle instabili; moltissime particelle sono instabili, con vite medie comprese fra 10^{-23} s (le "risonanze" forti) e 10^3 s (i neutroni). Inoltre, alcune particelle stabili, come i neutrini, vengono ottenute tramite decadimento di particelle instabili.

Consideriamo una reazione semplice in cui viene prodotta una nuova particella:

$$pp \to pp\pi^0 \quad . \tag{3.2}$$

Si verifica immediatamente che nella reazione si conservano la carica elettrica e il numero barionico. Consideriamo ora il processo nei sistemi di riferimento del laboratorio e del centro di massa (vedi Fig. 3.1).

Figura 3.1. Illustrazione di una collisione nel sistema del centro di massa (c.m.) e nel sistema del laboratorio (lab)

Il sistema del centro di massa (c.m.)

Indichiamo con $p_1^* = (E_1^*, \mathbf{p})$, $p_2^* = (E_2^*, -\mathbf{p})$ i quadrimpulsi delle due particelle nel sistema del centro di massa (c.m.) [1]. Ricordiamo che il modulo quadro di un quadrivettore è un invariante relativistico; nel caso del quadrimpulso, l'invariante è la massa a riposo della particella (ad esempio, $p_1^{*2} = E_1^{*2} - \mathbf{p_1}^2 = m_1^2$). Il modulo quadro della somma dei quadrimpulsi delle due particelle è anch'esso un invariante che rappresenta il quadrato dell'energia totale e viene indicato con s; nel sistema del c.m. si ha in unità $\hbar = c = 1$:

$$s = (p_1^* + p_2^*)^2 = (E_1^* + E_2^*, \mathbf{p} - \mathbf{p})^2 \tag{3.3}$$

da cui:

$$\sqrt{s} = E_{cm} = (E_1^* + E_2^*) \quad . \tag{3.4}$$

Nel caso di un collider (§3.3) con particelle identiche come nel caso della (3.2), si ha $E_1^* = E_2^*$ e l'energia di ciascuna particella è pari alla massa a riposo, più l'energia cinetica nel c.m.: $E_1^* = m_1 + T^{c.m.}$. In questo caso, la (3.4) diventa $(m_1 = m_2 = m_p)$:

$$\sqrt{s} = E_{cm} = 2T^{c.m.} + 2m_p \quad . \tag{3.5}$$

Perché la reazione (3.2) avvenga, nello stato finale occorre avere almeno l'energia di massa delle tre particelle presenti, cioè

$$s_{soglia} = (2m_p + m_{\pi^0})^2 \quad . \tag{3.6}$$

Risulta quindi dalla (3.5) che la *minima* energia cinetica (o *energia di soglia*) necessaria per formare il π^0 nel c.m. è pari a

---

[1] Le quantità indicate in grassetto sono quantità vettoriali.

$$\sqrt{s_{soglia}} = (2m_p + m_{\pi^0}) = 2T^{c.m.}_{soglia} + 2m_p \tag{3.7a}$$

da cui:

$$T^{c.m.}_{soglia} = m_{\pi^0}/2 = 67.5 \text{ MeV} \quad . \tag{3.7b}$$

Il sistema del laboratorio

Indichiamo ora con $p_1 = (E_1, \mathbf{p_1})$ e $p_2 = (m_2, 0)$ i quadrimpulsi delle due particelle nel sistema del laboratorio, in cui la particella 1 è in moto e la 2 in quiete. Poiché il modulo quadro di un quadrivettore è un invariante relativistico, l'energia totale calcolata in (3.3) deve essere uguale a quella calcolata nel sistema del laboratorio:

$$s = [(E_1 + m_2)^2 - (\mathbf{p_1} + 0)^2] = m_1^2 + m_2^2 + 2E_1 m_2 \quad . \tag{3.8}$$

Anche nel sistema del laboratorio, possiamo suddividere l'energia in un termine di massa e un termine di energia cinetica: $E_1 = T^{lab} + m_1$. Possiamo scrivere la (3.8) come (assumendo anche stavolta che le particelle 1,2 siano protoni, $m_1 = m_2 = m_p$):

$$s = (m_1 + m_2)^2 + 2T^{lab} m_2 = 4m_p^2 + 2T^{lab} m_p \quad . \tag{3.9}$$

L'energia cinetica necessaria per la formazione dello stato (3.2) deve essere tale a raggiungere la soglia (3.6) del processo:

$$T^{lab}_{soglia} = (s_{soglia} - 4m_p^2)/2m_p \quad . \tag{3.10a}$$

Usando la (3.6) possiamo calcolare l'energia cinetica nel sistema del laboratorio che deve possedere ora la particella 1 Perché sia soddisfatta la condizione sull'energia di soglia per la produzione di (3.2). L'energia cinetica di soglia ($m_p = 938$ MeV, $m_\pi^0 = 135$ MeV) vale:

$$T^{lab}_{soglia} = [(2m_p + m_{\pi^0})^2 - 4m_p^2]/2m_p = 280 \text{ MeV} \tag{3.10b}$$

da confrontarsi con i 67.5 MeV dell'energia cinetica necessaria nel sistema del centro di massa (si veda anche il Problema 3.5).

Acceleratori a bersaglio fisso e collider

L'esempio sopra riportato non è solo didattico, ma corrisponde alle due tecniche sperimentali attualmente utilizzate per produrre nuove particelle: quelle con *acceleratori a bersaglio fisso*, in cui una particella è accelerata, e il bersaglio è fermo nel sistema di riferimento del laboratorio; e quelle con *collider*, ossia macchine acceleratici in cui entrambe le particelle (in generale elettroni e positroni, o protoni e protoni, o protoni e antiprotoni) collidono con impulsi uguali e di segno opposto.

Il parametro più importante di un acceleratore è la sua *energia*: quanto più è elevata, tanto più grande è la possibilità di investigare fenomeni a dimensioni più piccole; inoltre un'energia maggiore consente la produzione di particelle più massive. Un altro parametro importante è rappresentato dall' *intensità*: quanto più è elevato il numero di particelle accelerate, tanto più numerose sono le collisioni che possiamo osservare e tanto più precise sono le misure; si possono inoltre ricercare fenomeni più rari.

Il costo di fabbricazione e di utilizzazione di questi acceleratori sempre più grandi è diventato così elevato da non poter più essere sostenuto da una singola università o singolo stato. Perciò sono stati creati grandi laboratori di dimensioni internazionali. L'esempio più noto è il CERN, il Centro Europeo per la Fisica delle Particelle nei pressi di Ginevra (Svizzera); è di fatto diventato un laboratorio a carattere mondiale. Il numero di acceleratori che operano alle "frontiere" delle alte energie e alte intensità diventa inevitabilmente sempre più piccolo.

L'aumento di energia non è stato ottenuto soltanto aumentando le dimensioni degli acceleratori, ma soprattutto inventando nuovi metodi di accelerazione. Le energie dei protoni o degli elettroni agli acceleratori sono aumentate di circa un fattore 10 ogni cinque anni, a partire dal 1930. Ogni "salto" è stato realizzato grazie all'applicazione di qualche nuova idea. Gli acceleratori elettrostatici hanno permesso di ottenere protoni con energie nel sistema di riferimento del laboratorio da 1 a 10 MeV, i sincrociclotroni fino a 700 MeV, i protosincrotroni fino a 1000 GeV, gli anelli di accumulazione hanno permesso di raggiungere energie fino a 2000 GeV (=2 TeV) nel sistema del centro di massa. Si raggiungeranno 14 TeV ad LHC. È da ricordare che la fisica nucleare coinvolge energie dell'ordine del MeV, mentre la fisica delle particelle coinvolge energie minime dell'ordine del GeV.

Le particelle incidenti sono caratterizzate dalla loro energia piuttosto che dalla loro velocità, perché nella fisica delle particelle gli effetti relativistici sono dominanti (ricordare $E = \gamma m_0 c^2$). L'energia di una particella in un acceleratore non può crescere in maniera illimitata: particelle cariche accelerate emettono radiazione elettromagnetica (negli acceleratori circolari questa è detta *radiazione di sincrotrone*) che impedisce un aumento indiscriminato dell'energia. Si veda il Supplemento 3.1 e i Problemi 3.18, 3.19 [12B1].

3.2 Acceleratori lineari e circolari

Negli acceleratori vengono accelerate particelle elettricamente cariche (di solito protoni o elettroni) tramite campi elettrici e magnetici costanti o variabili nel tempo e nello spazio. Un acceleratore è schematicamente costituito da una *sorgente di ioni*, un *campo acceleratore* e un *campo guida*, che costringe le particelle a muoversi su determinate orbite. L'accelerazione avviene in un vuoto spinto in modo da ridurre le collisioni con le molecole del gas residuo e quindi le perdite di energia (Problema 3.16).

La sorgente di ioni può essere schematizzata come costituita da una piccola cavità a bassa pressione dove avviene una scarica che ionizza in continuazione idrogeno gassoso. Opportuni campi elettrici convogliano poi gli elettroni o i protoni verso l'acceleratore vero e proprio.

Gli acceleratori sono classificabili in *lineari* e *circolari*. Nei primi le particelle descrivono percorsi rettilinei e sono accelerate da campi elettrici. Negli acceleratori circolari un campo magnetico costringe le particelle a muoversi su orbite circolari; l'accelerazione è effettuata tramite campi elettrici a radiofrequenza (oppure tramite campi magnetici crescenti). Illustriamone brevemente il principio di funzionamento.

3.2.1 Acceleratori lineari

Nel caso di **protoni**, gli acceleratori lineari di bassa energia sono costituiti da una serie di elettrodi cilindrici connessi ai terminali di un generatore di tensione alternata a frequenza costante; i protoni si muovono all'interno della struttura a tubi, da sinistra verso destra nella Fig. 3.2. All'interno dei tubi i protoni si trovano in una regione priva di campo elettrico e quindi si muovono a velocità costante, mentre vengono accelerati dal campo elettrico esistente fra due tubi contigui. Se la lunghezza di un tubo è tale che i protoni, per attraversarlo, impiegano un tempo pari alla metà del periodo dell'oscillatore, essi subiscono una seconda accelerazione nel passaggio dal tubo a quello seguente, e così via. La lunghezza dei tubi deve essere quindi via via crescente per tener conto dell'aumento di velocità dei protoni.

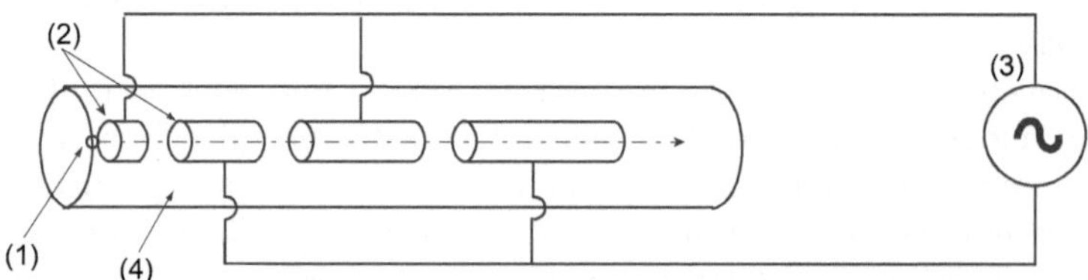

Figura 3.2. Schema di un acceleratore lineare per protoni. Sono indicati (1) la sorgente di ioni, (2) gli elettrodi cilindrici acceleratori, (3) la radiofrequenza e (4) la camera a vuoto

Nel caso di un acceleratore per **elettroni**, gli elettrodi sono tutti di uguale lunghezza, perché gli elettroni anche di bassa energia viaggiano alla velocità della luce. Si può pensare che l'accelerazione venga effettuata dall'onda elettromagnetica viaggiante lungo l'asse del tubo con una velocità di fase uguale alla velocità degli elettroni. Sono *accelerati* solo gli elettroni che si trovano sempre in fase con il campo acceleratore. Possiamo pensare che l'insieme di questi elettroni di pochi centimetri di dimensione trasversa e alcuni decimetri di lunghezza (un *"pacchetto"*, una *"salsiccia"* di elettroni) si muova e sia accelerato. In pratica è come se il pacchetto di elettroni "cavalcasse" l'onda elettromagnetica fornita dal sistema a radiofrequenza.

Il fascio di elettroni o di protoni fornito da una macchina elettrostatica è costante nel tempo; negli acceleratori lineari (e negli altri che descriveremo) le particelle arrivano invece a fiotti, in *"pacchetti"*.

3.2.2 Acceleratori circolari

Negli ultimi anni i *sincrotroni* (schematizzati in Fig. 3.3) hanno soppiantato altri tipi di acceleratori circolari quali i *ciclotroni* e i *sincrociclotroni*. Nei sincrotroni si evita l'uso di grossi e costosi magneti accelerando le particelle con campi elettrici su un'orbita di raggio costante. Il campo magnetico, necessario per deflettere le particelle, è generato da una serie di magneti posti lungo la circonferenza. Prima di essere iniettati nell'orbita, i protoni sono preaccelerati con un acceleratore elettrostatico seguito da un acceleratore lineare, perché il campo magnetico lungo l'orbita non deve essere, all'iniezione, troppo basso. Le particelle sono accelerate da campi elettrici a radiofrequenza (RF) in cavità risonanti poste lungo la circonferenza e sono obbligate a restare sulla stessa orbita perché contemporaneamente il campo B viene fatto aumentare. Si parla di "pacchetti" di particelle che si muovono dentro la *"ciambella"* (*vacuum chamber*) del sincrotrone.

Gli *elettrosincrotroni* (sincrotroni per elettroni, ES) hanno RF costante, poiché gli e^- si muovono a velocità costante, quasi uguale a quella della luce nel vuoto.

Tutti gli acceleratori attualmente in funzione con energie superiori al GeV sono sincrotroni (per protoni ed elettroni) o acceleratori lineari per elettroni. Questi acceleratori possono essere definiti *convenzionali*. Possiamo chiamare avanzati quegli acceleratori che utilizzano magneti superconduttori, cavità superconduttrici o nuovi metodi di accelerazione. Un acceleratore di alta energia è costituito da una serie di acceleratori in cascata. Ogni acceleratore aumenta l'energia delle particelle di circa un ordine di grandezza (Fig. 3.4).

3.3 Collider (o collisionatori) e luminosità

Negli *anelli di accumulazione* (*collisionatori, macchine a fasci incrociati, collider*) si accumulano fasci di particelle circolanti in versi opposti che vengono fatti poi scontrare fra loro in uno o più punti in zone ben definite. Per ottenere altissime energie è in pratica indispensabile utilizzare un acceleratore circolare (*collider*). Nelle collisioni studiate con le macchine a fasci incrociati, il sistema del laboratorio è quasi coincidente con il sistema del centro di massa; perciò l'energia nel c.m. è uguale alla somma delle energie dei due fasci (per particelle di ugual massa). Per esempio, il "collider" protone-antiprotone del CERN, in cui avvenivano collisioni di antiprotoni da 315 GeV contro protoni da 315 GeV, equivale, come energia di ogni collisione, ad un acceleratore di

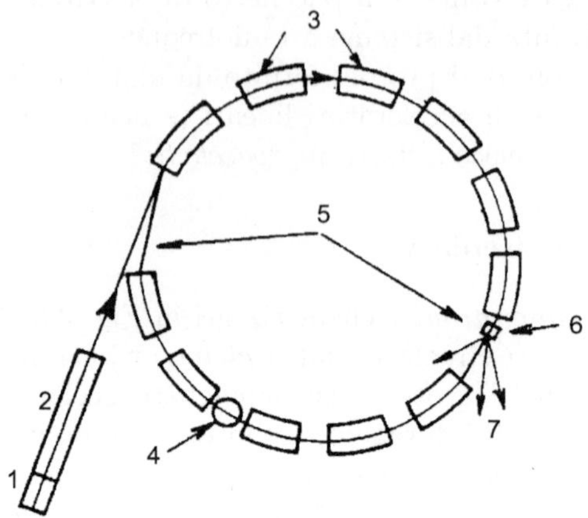

Figura 3.3. Schema di un protosincrotrone. Il preacceleratore è costituito da un acceleratore elettrostatico (1), seguito da un acceleratore lineare (2). Nell'anello principale sono indicati: (3) i magneti, (4) una cavità acceleratrice e (5) le "regioni diritte", in cui sono posti (6) i bersagli da cui partono (7) i fasci secondari utilizzati negli esperimenti (utilizzazione con bersaglio interno)

antiprotoni di 201000 GeV inviati contro protoni fermi (verificare usando la (3.10)). Sarebbe questo un acceleratore attualmente impossibile da costruire. Il vantaggio è ancora maggiore per acceleratori per elettroni, a causa di effetti relativistici. Gli acceleratori di particelle rappresentano una delle verifiche più dirette della validità della teoria della relatività speciale: se utilizzassimo, per progettarli, formule non relativistiche essi non funzionerebbero.

I collider hanno lo svantaggio, rispetto agli acceleratori a bersaglio fisso, di essere meno versatili e di presentare un minor numero di interazioni per unità di tempo. La *luminosità* $\mathcal{L}$ di un collisionatore è definita come quel numero che, moltiplicato per la sezione d'urto totale σ, dà il numero totale N di collisioni per unità di tempo:

$$N = \mathcal{L}\sigma \quad . \tag{3.11a}$$

La luminosità può essere espressa in termini dei parametri del collider: Ad esempio, consideriamo un acceleratore di raggio R; n_p è il numero di particelle (elettroni o protoni) per pacchetto circolanti in un verso e N_p il numero di pacchetti; n_a il numero di particelle (molto spesso antiparticelle: positroni o antiprotoni) per pacchetto circolanti nel verso opposto e N_a il numero di pacchetti; r il raggio medio di ciascun pacchetto. Allora

$$\mathcal{L} = \frac{f n_p n_a N_p N_a G}{4\pi r^2} \tag{3.11b}$$

f è la frequenza di rivoluzione $f = 1/\tau$, e τ il periodo $\tau = 2\pi R/c$. Il fattore G (generalmente ~ 1) tiene conto della lunghezza finita del pacchetto. Si veda il Problema 9.4.

Il primo anello di accumulazione per protoni (fino a 31 GeV per fascio) è stato l'ISR del CERN (anni '70) dove erano state raggiunte luminosità di $2 \cdot 10^{31}$ cm^{-2} s^{-1}. Dato che la sezione d'urto totale protone-protone all'energia dell'ISR è $5 \cdot 10^{-26}$cm^2, si ottenevano in ogni regione di interazione circa 10^6 interazioni al secondo. La maggior parte degli eventi prodotti dalle interazioni non erano molto interessanti (i cosiddetti eventi di *minimum bias*). Vi era così bisogno (come negli esperimenti agli acceleratori successivi, con gradi via via crescenti di complicazione) di selezionare gli eventi potenzialmente interessanti. Questo avviene principalmente con una logica elettronica di acquisizione (il *trigger*).

Le luminosità raggiunte ai collider protone-antiprotone del CERN e di Fermilab erano $(6 \div 10) \cdot 10^{30}$cm^{-2}s^{-1}. Il Tevatron di Fermilab ha raggiunto, dopo un miglioramento, luminosità 10 volte maggiori. I collisionatori LEP2 e KEKB per e^+e^- entrati in funzione nel 2000, e il collider pp LHC, hanno luminosità di progetto di $10^{33} \div 10^{34}$ cm^{-2}s^{-1}.

3.3.1 Esempio: il complesso di acceleratori del CERN

Un acceleratore di alta energia è costituito da una serie di acceleratori in cascata, ciascuno dei quali aumenta l'energia delle particelle accelerate di circa un ordine di grandezza. L'SPS del CERN è costituito da cinque acceleratori diversi in cascata. In realtà, il sistema del CERN è un complesso di acceleratori versatili che possono essere utilizzati per vari scopi.

Nel LEP (Large Electron Positron Collider, Fig. 3.4) sono state studiate collisioni e^+e^- all'energia nel centro di massa di circa 91 GeV (LEP1), corrispondente alla massa del bosone Z^0, mediatore dell'interazione debole; in una seconda fase (LEP2), l'energia nel c.m. è stata elevata sino a 209 GeV.

Per far funzionare tale acceleratore è stato necessario preparare fasci adeguati di elettroni e positroni e accelerarli alle energie richieste. Nella prima fase è stato costruito e messo in funzione un acceleratore lineare (LIL) per elettroni e positroni (fino a 200 MeV nella prima parte per produrre e^+; fino a 600 MeV nella seconda parte) e l'accumulatore EPA (600 MeV). In una seconda fase, sono stati modificati gli acceleratori esistenti, in particolare il PS e l'SPS, per renderli capaci di accelerare elettroni e (in senso inverso) positroni (fino a 3.5 GeV per il PS, fino a 20 GeV per l'SPS). La terza fase ha richiesto la messa in funzione del nuovo grande anello di 27 km di circonferenza, in cui sono stati accelerati normalmente 4 "treni", ciascuno di 4 pacchetti di elettroni e 4 di positroni. Dopo l'accelerazione, i fasci venivano lasciati circolare per alcune ore. I fasci si incontravano in 8 regioni; in 4 erano separati verticalmente; nelle altre 4 regioni si incontravano ed erano focheggiati in modo da avere dimensioni trasverse molto piccole per ottenere alte luminosità. In

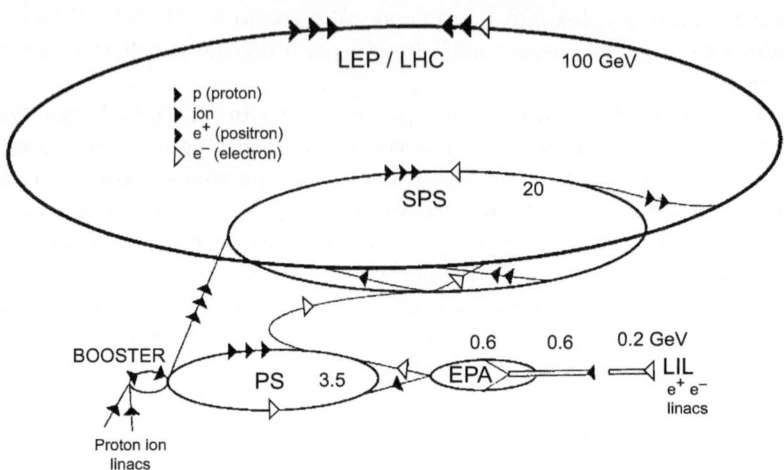

Figura 3.4. Schema del complesso di acceleratori del CERN per l'uso con il collider e^+e^- LEP (sono indicate le energie massime per fascio) e per il futuro collider LHC per pp ($E_{cm} = 14$ TeV). (Quando viene usato come collider pp tutte le energie per fascio sono molto più alte). L'SPS è stato utilizzato anche come collisionatore $p\bar{p}$

queste regioni erano disposti quattro grandi rivelatori che hanno permesso di studiare in dettaglio le collisioni positrone-elettrone (Cap. 9).

È da notare che, per ridurre le perdite di energia per bremsstrahlung, il campo magnetico nel LEP era molto basso, $0.2 \div 0.4$ Tesla. Tale campo era ottenuto con magneti speciali, a basso costo utilizzanti ferro e cemento. Sono state utilizzate radiofrequenze acceleratrici normali nella prima fase e radiofrequenze con cavità superconduttrici nella fase con energie di 130-209 GeV.

All'inizio del 2000, è iniziato lo smantellamento del LEP per permettere l'utilizzo del tunnel per installarvi un grande collider (LHC, Large Hadron Collider) per studiare collisioni pp, *nucleo-nucleo*. Si sono costruiti magneti superconduttori con un campo magnetico di 8.3 T. L'acceleratore potrà accelerare protoni fino a 7 TeV, raggiungendo così un'energia nel c.m. di 14 TeV. La luminosità massima prevista è elevatissima, fino a 10^{34} cm^{-2} s^{-1}, e luminosità sino a 3×10^{33} cm^{-2} s^{-1} è già stata raggiunta durante il 2011 (si veda §10.10). La giustificazione principale per tale collisionatore è quella di "comprendere l'origine della massa delle particelle" (Cap. 11), cioè la ricerca del bosone di Higgs e di eventuali altre particelle. Inoltre potranno essere accelerati anche ioni pesanti (fino a far collidere $Pb + Pb$), con lo scopo principale di ricercare il plasma di quark e gluoni.

La fisica delle alte energie ha contribuito a unire ricercatori provenienti da paesi diversi. Anche all'epoca della *guerra fredda* ricercatori dei due fronti erano soliti collaborare nei centri di ricerca Europei, Russi e Americani. Come già detto, questo tipo di ricerca è oggi estremamente costoso, e nessun paese può permettersi la gestione di laboratori o esperimenti completamente nazionali. Oltre al laboratorio europeo del CERN, altri grandi complessi di acceleratori sono:

• gli acceleratori di Fermilab, a Batavia, Illinois, USA. In particolare, il Tevatron è un protosincrotrone a magneti superconduttori, capace di accelerare protoni e antiprotoni fino a 1 TeV;

• il complesso di acceleratori di SLAC a Stanford, California. Un acceleratore lineare di 2 miglia di lunghezza produce fasci di e^+ e di e^- a 50 GeV;

• i laboratori nazionali di Brookhaven, nell'Isola Lunga vicino a New York;

• il laboratorio DESY ad Amburgo;

• l'Istituto di Fisica delle Alte Energie (IHEP) di Protvino, Serpukhov, regione di Mosca;

• i laboratori giapponesi di KEK;

• in Italia, sono stati e sono tuttora molto importanti i Laboratori di Frascati (LNF) dell'INFN.

3.4 Conversione di energia in massa

Nella collisione ad esempio di un protone di alta energia con un protone a riposo, una parte dell'energia a disposizione può essere trasformata in massa (§3.1); si possono così produrre nuove particelle, la maggior parte delle quali instabili. In ogni reazione si devono conservare, oltre alla carica elettrica, altri numeri quantici di cui discuteremo più avanti, quali il numero barionico, l'isospin forte, i numeri leptonici, ecc. Per la scoperta dell'antiprotone, si vedano i Problemi 3.6 e 3.7. Esempi di reazioni dovute all'interazione forte sono i seguenti:

$$\begin{cases} pp \rightarrow pp\pi^+\pi^- \\ pn \rightarrow pp\pi^- + particelle\ neutre \\ pp \rightarrow pp\bar{p}p + particelle\ neutre, ecc. \end{cases} \qquad (3.12)$$

Reazioni analoghe si possono avere tramite interazione elettromagnetica, seguita da quella forte,

$$\begin{cases} e^-p \rightarrow\ e^-p\pi^+\pi^-\pi^0 \\ e^-p \rightarrow\ e^-n\pi^+ \\ \gamma n \rightarrow\ \pi^-p \\ e^+e^- \rightarrow \pi^+\pi^-\pi^0, ecc. \end{cases} \qquad (3.13)$$

e tramite interazione debole, per esempio, $\nu_\mu p \rightarrow \mu^- p\pi^+$.

3.4.1 Uso degli acceleratori con bersaglio fisso

Vogliamo ora vedere come si può utilizzare un fascio di protoni per effettuare esperimenti con bersaglio fisso. Alla fine del ciclo di accelerazione, i protoni accelerati sono estratti dall'acceleratore: costituiscono il fascio primario, che viene inviato contro un bersaglio, per esempio un cilindretto di berillio (vedi Fig. 3.5). Nella collisione di un protone con un nucleo di berillio si possono produrre vari tipi di particelle, alcune delle quali hanno vite medie brevi o brevissime. Con le particelle a vita media lunga emesse a un certo angolo possono essere formati dei fasci secondari, come illustrato nella Fig. 3.5b. Il bersaglio agisce da "sorgente"; i quadrupoli magnetici agiscono da lenti magnetiche focheggiatrici, i magneti dipolari hanno la stessa funzione dei prismi nell'ottica, cioè separano in "colore" (in impulso), dando quindi la possibilità di selezionare fasci monoenergetici di particelle. Con protoni incidenti di 450 GeV in una interazione vengono in media prodotte circa 10 particelle cariche e 5 neutre. A causa di effetti relativistici la maggior parte di queste particelle vanno preferibilmente in un piccolo cono in avanti e ognuna trasporta una frazione dell'impulso del protone incidente. Con protoni da $25 \div 30$ GeV, come quelli provenienti dal PS del CERN e dall'AGS di Brookhaven il numero medio delle particelle cariche prodotte (la *molteplicità media*) è molto inferiore. Tali particelle hanno impulsi medi dell'ordine di alcuni GeV/c e sono prodotte in un cono angolare più grande.

Una serie di "collimatori" può definire l'angolo solido e la monocromaticità del fascio. Un tale fascio è monoenergetico, ma contiene particelle di massa diversa (per esempio elettroni, mesoni, protoni, ecc.). È possibile ottenere fasci contenenti un solo tipo di particelle eseguendo sul fascio monoenergetico una separazione in massa, utilizzando un *separatore elettrostatico*, cioè uno strumento che produce un campo elettrico oltre a uno magnetico.

È opportuno che i fasci di particelle secondarie abbiano alta intensità e durata temporale relativamente lunga (alcuni secondi per ogni ciclo di accelerazione) per essere proficuamente utilizzati in esperimenti con contatori e dispositivi elettronici. Debbono invece avere bassa intensità ($10 \div 20$ particelle) e breve durata temporale (massimo qualche millisecondo) quando venivano utilizzati con camere a bolle. Le vite medie delle particelle dei fasci secondari debbono essere sufficientemente lunghe per percorrere decine o centinaia di metri.

Nel seguito saranno presentate la tecnica dello spettrometro a tempo di volo, che consente di risalire alla composizione in massa di un fascio di particelle secondario, e la tecnica di riconoscimento di particelle prodotte in interazioni in camere a bolle.

Lo schema di Fig. 3.5 è valido per esperimenti con bersaglio fisso. Agli anelli di accumulazione per protoni e antiprotoni, i due fasci si muovono su orbite quasi circolari, che, percorse in senso opposto, si incontrano in alcuni punti. Si hanno quindi collisioni fra protoni e antiprotoni in moto in senso opposto. In questo caso non possiamo misurare direttamente il numero di particelle prima che interagiscano. Si può misurare il numero di collisioni per unità di tempo tramite un sistema di rivelatori che circonda la zona di interazione. Discuteremo più avanti di queste tecniche. Per esempio, nel Cap. 9, verranno discusse le interazioni elettrone-positrone.

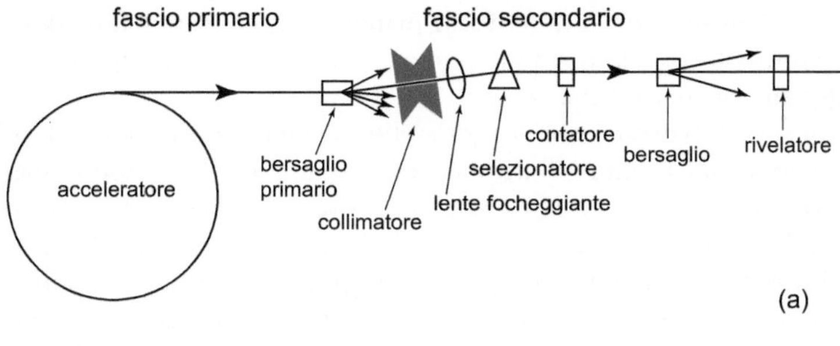

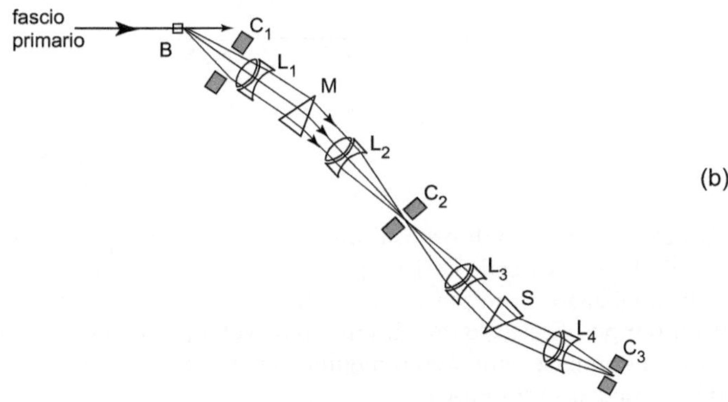

Figura 3.5. (a) Schema di un'esperienza con bersaglio fisso a un protosincrotrone: una volta accelerati, i protoni sono estratti e formano il fascio primario, che viene fatto collidere con un bersaglio, dove vengono prodotti molti nuovi adroni. Gli adroni elettricamente carichi a cui si è interessati, vengono collimati, focheggiati e analizzati in impulso. Si ottengono così uno o più fasci secondari: quello schematizzato è stato usato per una misura di sezioni d'urto totali adrone-adrone. (b) Schema "ottico" di un fascio secondario. C_1, C_2, C_3 sono collimatori; L_1, L_2, L_3, L_4 sono lenti quadrupolari (quadrupoli magnetici); M, S sono magneti dipolari

3.4.2 Conservazione del numero Barionico

Ricordiamo che il protone e le particelle che hanno un protone come uno dei prodotti finali in una catena di decadimenti sono chiamati *barioni*. In termini di subcostituenti (Cap. 7) un barione è formato da tre quark. Ai barioni viene attribuito il *numero barionico* +1. Gli antifermioni che hanno un $\bar{p}$ alla fine di una catena di decadimenti sono *antibarioni*; hanno il numero barionico −1. Le altre particelle hanno numero barionico nullo. È stato finora verificato che il numero barionico totale è conservato in tutti i tipi di reazioni e decadimenti. Un esempio è costituito dal decadimento della Λ^0: $\Lambda^0 \rightarrow p\pi^-$. Il numero barionico totale è +1 prima del decadimento (poiché la Λ^0 è costituita da tre quark) e $+1$ dopo il decadimento: il principio di conservazione del numero barionico è soddisfatto e la reazione può avvenire, almeno per quanto riguarda questa legge di conservazione.

Il protone è il barione più leggero che si conosca. In base al principio di conservazione del numero barionico esso non dovrebbe essere soggetto a decadimento e quindi dovrebbe essere rigorosamente stabile. Si è scritto "dovrebbe" perché le teorie Grand-Unificate delle interazioni (Cap. 13) prevedono la possibilità del decadimento del protone e quindi la violazione della conservazione del numero barionico. Finora non è stato trovato alcun candidato attendibile di decadimento del protone; la vita media misurata del protone è molto più lunga dell'età dell'universo.

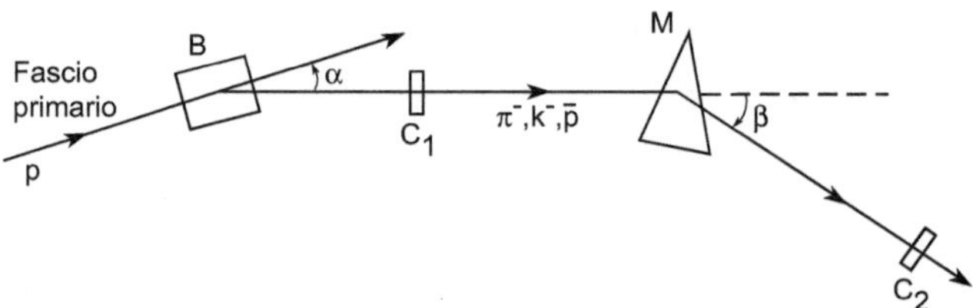

Figura 3.6. Un fascio primario di protoni interagisce con i protoni e i neutroni dei nuclei del bersaglio B; le particelle cariche prodotte a un angolo α vengono contate dal contatore C_1, analizzate in impulso dal magnete M e contate dal contatore C_2. Viene misurato il tempo impiegato da ciascuna particella per percorrere la distanza $\ell = C_1 M C_2$. (In esperimenti reali vanno aggiunti collimatori, lenti quadrupolari, e un primo stadio di analisi in impulso)

3.5 Produzione di particelle in un fascio secondario

3.5.1 Spettrometro a tempo di volo

Un metodo per identificare le particelle cariche in un fascio secondario è quello dello spettrometro magnetico a tempo di volo (vedi Fig. 3.6). Le particelle elettricamente cariche prodotte nella collisione protone-protone ed emesse a un determinato angolo vengono contate dal contatore C_1 e analizzate dal magnete M. Il magnete M agisce sulle particelle cariche come un prisma agisce sulla luce, cioè deflette le particelle di un angolo β. Nel caso della luce l'angolo β dipende dalla lunghezza d'onda della luce (il prisma separa la luce nei suoi vari colori); nel caso di particelle con carica elettrica q e impulso p, l'angolo β dipende da p/q. Le particelle con una quantità di moto selezionata dal magnete, giungono al contatore C_2. Si misura la distanza $C_1 M C_2 = \ell$ e il tempo t impiegato dalle particelle per andare da C_1 a C_2; le misure di p, ℓ, t permettono di determinare la massa m. Non relativisticamente, si ha

$$\begin{cases} p = mv \\ t = \ell/v \end{cases} \tag{3.14}$$

da cui

$$m = p/v = pt/\ell \quad \longrightarrow \quad t = m\ell/p \quad . \tag{3.15}$$

Fissati la quantità di moto p e il percorso ℓ, il tempo di volo t tra C_1 e C_2 dipende solo dalla massa delle particelle, per cui il valore di questa può essere ricavato dalle misure di t. In pratica le particelle hanno velocità molto elevate, confrontabili con la velocità della luce; occorre quindi modificare la prima delle (3.14) secondo le formule della relatività ristretta: l'impulso diventa $p = mv\gamma$, $\beta = v/c = \ell/tc$ e quindi si ha:

$$m = \frac{p}{v\gamma} = \frac{pt}{\ell}\sqrt{1 - \frac{\ell^2}{t^2c^2}} \longrightarrow t = \frac{\ell}{p}\sqrt{(m^2 + p^2/c^2)} \quad . \tag{3.16}$$

Il tempo impiegato a percorrere la distanza ℓ riferito al tempo impiegato da una particella che viaggi alla velocità della luce è

$$\Delta t = \frac{\ell}{v} - \frac{\ell}{c} = \frac{\ell}{c}\left(\frac{1}{\beta} - 1\right) = \frac{\ell}{c}\left(\frac{\sqrt{1 + \eta^2}}{\eta} - 1\right) \tag{3.17}$$

dove $\eta = p/mc$ ($\Rightarrow p/m$ se si pone $c = 1$). Infatti:

$$\beta = \frac{v}{c} = \frac{m_0 v\gamma c}{m_0 \gamma c^2} = \frac{pc}{E} = \frac{pc}{\sqrt{p^2c^2 + m^2c^4}} = \frac{p/mc}{\sqrt{1 + p^2/m^2c^2}} = \frac{\eta}{\sqrt{1 + \eta^2}} \; . \tag{3.18}$$

Esempio numerico. Supponiamo che il fascio analizzato dal magnete M contenga elettroni positivi ($m_{e+} = 0.911 \cdot 10^{-27}$ g $= 0.511$ MeV), mesoni π^+ ($m_{\pi+} = 139.6$ MeV $= 273\,m_e$), K^+($m_{K+} = 493.7$ MeV $= 966\,m_e$) e protoni ($m_p = 938.3$ MeV $= 1836\,m_e$) in uguale proporzione. Supponiamo che tali particelle abbiano una quantità di moto $p = 1$ GeV/c e che sia $\ell = C_1MC_2 = 10$ m. Vogliamo calcolare il tempo di volo di ciascuna particella. Si ottiene:

$$\begin{cases} e^+ : \quad \eta = 1.957 \cdot 10^3 \quad t_e = \ell/c = 33.3 \text{ ns } (\Delta t_e \simeq 0) \\ \pi^+ : \quad \eta = 7.16 \qquad t_\pi = t = \frac{\ell}{c}\frac{\sqrt{1+\eta^2}}{\eta} = 33.6 \text{ ns } (\Delta t_\pi = 0.3 \text{ ns}) \\ K^+ : \eta = 2.03 \qquad t_K = 37.2 \text{ ns } (\Delta_K = 3.9 \text{ ns}) \\ p : \quad \eta = 1.066 \qquad t_p = 45.7 \text{ ns } (\Delta t_p = 12.4 \text{ ns}) \end{cases} \tag{3.19}$$

(1 ns = 1 nanosecondo = 10^{-9} s). Definiamo come tempo zero il tempo impiegato da particelle con massa nulla che viaggiano alla velocità della luce (i positroni percorrono la distanza $\ell = 10$ m praticamente alla velocità della luce). Il tempo addizionale rispetto al tempo zero è dato dalla (3.17).

Notare che Δt dipende solo da $\eta = p/m$. I mesoni π^+ impiegano un tempo addizionale $\Delta t_\pi = 0.3$ ns, i K^+ impiegano $\Delta t_K = 3.9$ ns e i protoni impiegano

$\Delta t_p = 12.4$ ns addizionali. La Fig. 3.7 illustra la distribuzione temporale (e quindi in massa) osservata nel caso in cui i quattro tipi di particelle siano stati prodotti in ugual numero. Notare che la relazione fra tempo di volo e massa non è lineare e che è difficile separare fra loro i picchi dovuti a particelle con masse piccole (elettroni, pioni; muoni, se fossero stati presenti). Con un normale sistema elettronico è facile distinguere differenze di tempo di $0.1 \div 0.5$ ns. Si possono quindi separare facilmente mesoni π^+ da protoni fino ad alcuni GeV/c. Si veda anche il Problema 3.14.

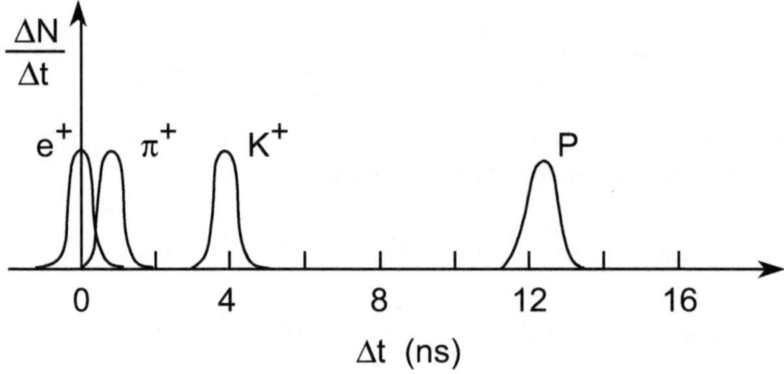

Figura 3.7. Distribuzione temporale prevista per particelle analizzate con il sistema di tempo di volo descritto nella Fig. 3.6, assumendo che il fascio contenga con uguale abbondanza le particelle, e^+, π^+, K^+, p. La larghezza dei picchi è dovuta solo alla risoluzione sperimentale

La Fig. 3.8 mostra i risultati di un'analisi in massa di un fascio positivo di circa 2 GeV/c al PS del CERN negli anni '60. Lo spettrometro di massa a tempo di volo permette di misurare la *carica* e la *massa* di nuove particelle; non dà informazioni sugli altri numeri quantici. Nella Fig. 3.8 sono presenti alcuni picchi corrispondenti a particelle già note: elettroni (e^-), positroni (e^+), protoni (p). Sono inoltre presenti picchi corrispondenti a nuove particelle prodotte direttamente nell'interazione protone-nucleone: mesoni π^+, π^- con massa di 139.6 MeV; mesoni K^+, K^- con massa di 493.7 MeV e antiprotoni, aventi la stessa massa del protone, 938.3 MeV. Sono anche presenti particelle che non sono state prodotte direttamente nell'interazione protone-nucleone, ma provengono dal decadimento di mesoni π e K (i muoni μ^+, μ^- con massa di 105.7 MeV $= 207\,m_e$) oppure sono state prodotte tramite interazioni secondarie (gli elettroni e i positroni). Si possono inoltre fare i seguenti commenti:

(*i*) Le particelle prodotte più abbondantemente sono i mesoni π. Seguono i mesoni K ($10 \div 100$ volte di meno) e infine gli antiprotoni (1000 volte di meno).

(*ii*) Le particelle positive sono più abbondanti di quelle negative. In parte ciò è dovuto alla conservazione della carica elettrica (lo stato iniziale può essere pp con carica $+2$, oppure pn con carica $+1$). Inoltre i mesoni K^+ sono almeno due volte più abbondanti dei mesoni K^-, perché le particelle strane come i mesoni K vengono prodotte in coppia (K^+K^-), ma i K^+ anche in coppie del tipo $K^+ +$ un barione strano (§8.14).

(*iii*) Particella e antiparticella hanno rigorosamente la stessa massa.

(*iv*) La larghezza dei picchi di Fig. 3.8 è dovuta solo a risoluzione sperimentale, non è una larghezza intrinseca.

(*v*) I picchi dovuti a elettroni e muoni possono variare di intensità (altezza) a seconda di come è costituito il fascio. Questo perché elettroni e muoni non sono particelle secondarie prodotte nell'interazione protone-nucleone, ma sono per lo meno terziarie.

(*vi*) Elettroni e muoni possono essere separati dai pioni solo utilizzando uno spettrometro ad altissimo potere risolutivo temporale.

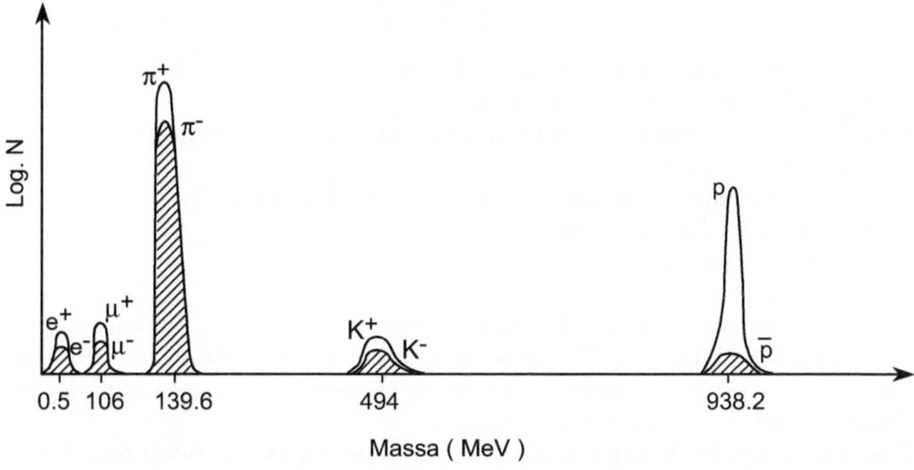

Figura 3.8. Distribuzione in massa delle particelle prodotte in avanti nelle collisioni pN a 26 GeV analizzate con uno spettrometro a tempo di volo. Muoni ed elettroni non sono prodotti direttamente nelle collisioni pN, vedi testo. In ordinata, vi è una arbitraria scala logaritmica

3.6 Camere a bolle esposte a fasci di particelle cariche

3.6.1 Alcune leggi di conservazione all'opera

È istruttivo analizzare attentamente alcune fotografie di camere a bolle. Ogni foto contiene molte informazioni ed è sufficiente analizzare qualitativamente poche foto opportunamente scelte per verificare l'esistenza di nuove particelle e stabilirne le proprietà. Può anche essere fatta a livello quantitativo, effettuando misure sulle foto. Ciò richiede, ovviamente, opportuni strumenti di misura. Prima di iniziare le analisi richiamiamo alcune formule di meccanica relativistica, concetti sulle leggi di conservazione, formule pratiche, unità di misura e ordini di grandezza (vedi Appendice 2).

Formule di meccanica relativistica

$$(\text{per } c = 1)$$

Quantità di moto	$\mathbf{p} = m_0\mathbf{v}\gamma$	$\mathbf{p} = m_0\mathbf{v}\gamma$
Energia cinetica	$T = (\gamma - 1)m_0c^2$	$T = (\gamma - 1)m_0$
Energia di massa	$E_m = m_0c^2$	$E_m = m_0$
Energia totale	$E = T + E_m = \gamma m_0c^2$	$E = \gamma m_0$
	$\quad = \sqrt{p^2c^2 + m_0^2c^4}$	$\quad = \sqrt{p^2 + m_0^2}$

dove m_0 è la massa a riposo della particella, v è la sua velocità, c è la velocità della luce nel vuoto, $\beta = v/c$, $\gamma = 1/\sqrt{1 - \beta^2}$.

Leggi di conservazione. In ogni interazione debbono essere conservate:

(i) la quantità di moto;

(ii) l'energia totale (anche quella cinetica in un urto elastico);

(iii) il momento della quantità di moto;

(iv) la carica elettrica;

(v) il numero barionico;

(vi) separatamente, i numeri leptonici elettronico, muonico e tauonico.

Nelle reazioni dovute all'interazione forte e a quella elettromagnetica debbono inoltre essere conservate la parità, la stranezza, il numero quantico di charm, e altri numeri quantici (Cap. 7).

Forza di Lorentz. Una particella con carica elettrica q e impulso $\mathbf{p}$ immersa in un campo magnetico $\mathbf{B}$ diretto perpendicolarmente alla sua velocità $\mathbf{v}$, è soggetta alla forza di Lorentz, avente intensità $F = qvB$, e descrive un arco di circonferenza con raggio R tale che

$$p = qRB \tag{3.20a}$$

(è una formula classica, valida anche relativisticamente; nel sistema cgs, si ha $F = qvB/c$, $p = qRB/c$). Questa relazione permette di determinare il rapporto p/q tramite la misura del raggio di curvatura R, quando sia noto il valore del campo magnetico B. In unità pratiche si ha (per $q = |e| =$ carica del protone):

$$p(\text{GeV}/\text{c}) = 0.30R(\text{m})B(\text{T}) \quad . \tag{3.20b}$$

La quantità di moto espressa in (GeV/c) è uguale al prodotto di una costante (0.30) moltiplicata per il raggio di curvatura R, in metri, per il campo magnetico espresso in Tesla. Nel sistema cgs si ha $p(\text{MeV/c}) \simeq 0.30R(\text{cm})$ $B(\text{kG})$.

Unità di misura. Energia. Esprimendo l'energia in multipli dell'elettron-Volt si ha:

$$1J = 1/(1.6022 \cdot 10^{-19}) \text{ eV} = 1/(1.6022 \cdot 10^{-13}) \text{ MeV}$$
$$= 6.241 \cdot 10^{18} \text{ eV} = 6.241 \cdot 10^{9} \text{ GeV} \quad . \tag{3.21}$$

Unità di misura. Massa. Può essere espressa in unità energetiche utilizzando la formula $E = m_0 c^2$. Per il protone si ha $m_p = 1.6726 \cdot 10^{-27} (\text{kg})(2.9979 \cdot 10^8)^2 (\text{m/s})^2 /(1.6022 \cdot 10^{-13}(\text{J/MeV})) = 938.27 \text{ MeV/c}^2$; ponendo $c = 1$, si ha $m_p = 938.27$ MeV. Come ordine di grandezza si può scrivere $m_p \approx 1$ GeV.

Unità di misura. Quantità di moto. Esprimendo la massa e la quantità di moto in unità energetiche, e ponendo $c = 1$ si ha:

$$E^2 = p^2 c^2 + m_0^2 c^4 \xrightarrow{c=1} p^2 + m_0^2 \quad . \tag{3.22}$$

Energia e quantità di moto. Nelle reazioni chimiche intervengono energie dell'ordine di qualche eV/atomo. Nelle reazioni nucleari intervengono energie dell'ordine di grandezza dell'energia di legame di un nucleone in un nucleo, cioè di qualche MeV. Nella fisica delle particelle sono utilizzate particelle "proietti-li" con lunghezza d'onda associata data dalla relazione di De Broglie. Questa è inferiore alle dimensioni di un protone (o neutrone), cioè $\lambda = h/p < 1$ fm. Se $\lambda = 1 \ fm = 10^{-15}$ m :

$$p = \frac{h}{\lambda} \to \frac{hc}{\lambda} = \frac{(4.136 \cdot 10^{-21} \text{ MeV s})(3 \cdot 10^{10} \text{ cm/s})}{10^{-13} \text{ cm}} = 1.24 \text{ GeV/c} \quad .$$
$$\tag{3.23}$$

Considerazioni pratiche. Dalla formula (3.20b) si ha che, in un campo magnetico di 2T, una particella di 1 GeV/c di impulso descrive un arco di circonferenza avente 1.67 m di raggio. Se la traiettoria viene misurata per un percorso AB = 50 cm (vedi Fig. 3.9c), ciò corrisponde a una sagitta [2] di lunghezza $s \simeq \overline{AB}^2/8R = 50^2/(8 \cdot 167) = 2$ cm, che è facilmente misurabile. Per una particella di 10 GeV/c di impulso la sagitta diventa 2 mm, che è più difficile da misurare (si veda il Problema 3.13). È quindi opportuno usare per scopi didattici foto con particelle aventi impulsi dell'ordine del GeV/c o inferiori. Inoltre è opportuno scegliere quelle foto dove le traiettorie sono in un piano perpendicolare all'asse ottico del sistema flash-macchina fotografica, con tale asse parallelo al campo magnetico. Altrimenti dovremmo fare una ricostruzione spaziale tridimensionale utilizzando almeno due fotografie fatte con macchine fotografiche diverse. Nel caso generale la traiettoria di una particella è un'elica (avente come asse la direzione del campo magnetico), non

---

[2] Per un arco di circonferenza di raggio R e una corda di lunghezza y, la sagitta di lunghezza s è data da: $R = \frac{y^2}{8s} + \frac{s}{2} \simeq \frac{y^2}{8s}$.

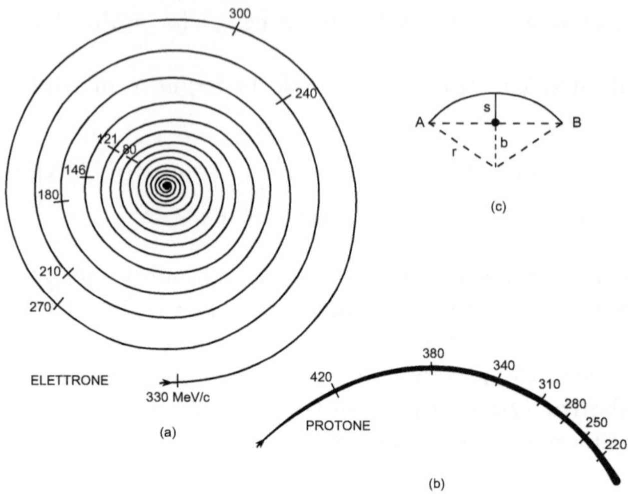

Figura 3.9. Simulazione di una traccia in camera a bolle a idrogeno immersa in un campo magnetico di 2 T dovute: (a) a un elettrone di 330 MeV/c; (b) a un protone di 470 MeV/c (traccia scura in basso); (c) relazione fra sagitta s e raggio di curvatura r

una circonferenza. Occorre tener inoltre presente che le foto non sono normalmente a grandezza naturale; vi sarà in generale un fattore di ingrandimento g (in genere minore di 1). Il raggio di curvatura R viene determinato tramite la misura di molti punti lungo la traiettoria e ricostruendo la stessa tramite programmi al calcolatore.

Perdita di energia. Una particella veloce carica interagisce continuamente, tramite l'interazione Coulombiana, con gli atomi del mezzo attraversato ionizzandoli ed eccitandoli. La perdita di energia per ionizzazione per unità di percorso, dipende dal numero atomico Z del mezzo attraversato e dal quadrato della carica elettrica della particella veloce (2.10). A velocità molto minore di c la dipendenza dalla velocità nella formula di Bethe-Block è del tipo $1/v^2$; ad alte velocità si giunge a un minimo seguito da una lieve crescita relativistica. Tale perdita di energia è piccola rispetto alle energie cinetiche delle particelle veloci considerate. Come conseguenza della perdita di energia, sono prodotti, per ionizzazione, ioni positivi e negativi lungo il percorso della particella nel mezzo attraversato. Attorno a questi ioni si formano le bollicine, che possono essere fotografate. Una particella carica relativistica produce in una camera a bolle $5 \div 10$ bollicine per centimetro; una più lenta perde più energia, può anche fermarsi nella camera a bolle e dar luogo a tracce molto "nere". Un elettrone ha sempre una velocità vicina a quella della luce, perde poca energia per ionizzazione (quindi produce un basso numero di bollicine per centimetro di percorso), ma perde energia, in modo discontinuo, per irraggiamento. Quindi il raggio di curvatura della traccia di un elettrone si riduce rapidamente. Il numero di bollicine per cm di traccia può essere misurato solo grossolanamente.

Si possono però ottenere delle stime sulla massa delle particelle pesanti misurando il raggio di curvatura e il numero di bollicine per cm. In una camera a bolle a idrogeno liquido la perdita di energia è $dE/dx \simeq 0.27$ MeV/cm, vale a dire circa 4 MeV cm^2/g; in un materiale diverso dall'idrogeno è circa 2 MeV cm^2/g. Analizziamo alcune fotografie, iniziando con le situazioni più semplici.

3.6.2 La "spirale" di un elettrone

La foto di Fig. 3.10 mostra la serie di bollicine (la "traccia") lasciate da un *elettrone* in una camera a bolle: è una caratteristica traccia a spirale. Le tracce lasciate da elettroni sono facilmente riconoscibili, perché nessun'altra particella può lasciare una traccia che abbia un così basso numero di bolle per centimetro e che descriva una circonferenza con un così piccolo raggio di curvatura. Il basso numero di bolle indica che la velocità dell'elettrone è molto elevata, molto vicina alla velocità della luce nel vuoto. Il piccolo raggio di curvatura della traiettoria percorsa ci dice che la massa a riposo della particella è molto piccola. L'elettrone perde costantemente energia; quindi la sua velocità e il suo impulso diminuiscono; perciò anche il raggio di curvatura diminuisce.

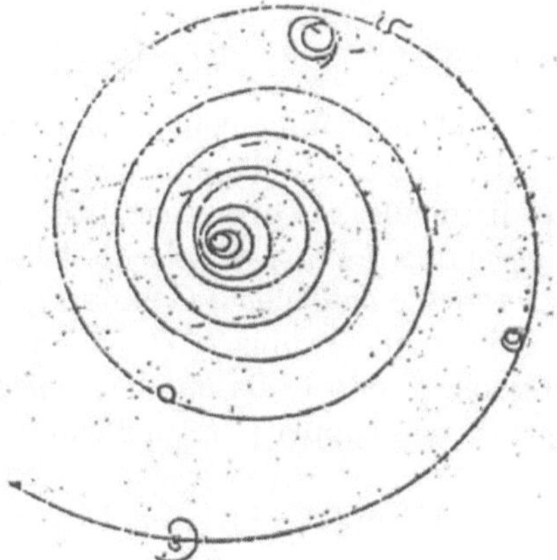

Figura 3.10. La spirale descritta da un elettrone in una camera a bolle. La camera a bolle è immersa in un campo magnetico $B = 0.12$ T, diretto perpendicolarmente al piano del foglio e con verso uscente dal foglio. L'elettrone in moto è soggetto a una forza centripeta, che lo costringe a descrivere una circonferenza, il cui raggio di curvatura è legato all'impulso dell'elettrone. In questa foto l'impulso iniziale dell'elettrone (p, in MeV/c) è $p = 3.6\,R$ con R in cm. La perdita di energia fa diminuire il raggio della traiettoria, che diventa una spirale. (Foto: Harvard project, Elementary Particles)

La Fig. 3.9a mostra le tracce teoriche, calcolate sulla base della sola perdita di energia per ionizzazione, per un protone avente un impulso di 470 MeV/c, e per un elettrone con un impulso di 330 MeV/c, in una camera a bolle a idrogeno immersa in un campo magnetico di 2 T. Si noti che il protone (che dà una traccia con molte bolle per cm, una traccia "nera") si arresta nella camera. La traiettoria dell'elettrone nella Fig. 3.10 è diversa da quella della Fig. 3.9; l'elettrone perde anche energia per bremsstrahlung in modo discontinuo; quindi perde più energia di quanto previsto nella Fig. 3.9. In conclusione possiamo affermare che la traccia di Fig. 3.10 è sicuramente dovuta a un elettrone.

3.6.3 Una coppia elettrone-positrone

Nella Fig. 3.11, a parte le tracce delle particelle del fascio si notano due tracce a spirale che partono da un punto. Quella in alto è dovuta a un elettrone come in Fig. 3.10. Però ora abbiamo anche un'altra spirale, che ruota in senso opposto. Misure accurate stabiliscono che questa spirale è dovuta al moto di una particella con una massa esattamente uguale a quella dell'elettrone e carica uguale, ma di segno opposto: si tratta della traccia lasciata da un *positrone*. La presenza delle due spirali aventi origine in un unico punto indica che ivi è avvenuta la reazione:

$$\gamma + nucleo \rightarrow e^+e^- + nucleo \quad .\tag{3.24}$$

È stata creata una coppia e^+e^- nel campo coulombiano del nucleo da parte di un fotone di alta energia. In camera a bolle non si vede una particella neutra come il fotone; il nucleo di rinculo percorre una distanza troppo piccola per essere osservato. Ad alte energie del γ, il fenomeno della creazione di coppie domina sull'effetto fotoelettrico e sull'effetto Compton.

Talvolta alle tracce dovute alla coppia e^+e^- vi è una terza traccia, negativa, che assomiglia a quella prodotta da un elettrone energetico. In effetti si tratta della produzione di una coppia e^+e^- nel campo coulombiano di un elettrone atomico:

$$\gamma e^- \rightarrow (e^+e^-)e^- \quad .\tag{3.25}$$

La collisione γ-*nucleo* è più probabile di quella su elettrone o su protone perché la sezione d'urto del processo è proporzionale al quadrato della carica elettrica del bersaglio.

3.6.4 Un "albero" di elettroni e positroni

Nella collisione di particelle con i nuclei del mezzo contenuto nella camera a bolle vengono create molte particelle cariche e alcune neutre (principalmente mesoni π^0, non visibili nella camera). I mesoni π^0 decadono in raggi gamma ($\pi^0 \rightarrow 2\gamma$), i quali, interagendo con i nuclei del liquido di cui è riempita la camera a bolle, producono coppie elettrone-positrone. Molti elettroni e positroni vengono "frenati" nel campo coulombiano dei nuclei del mezzo attraversato (la probabilità dell'evento è proporzionale al quadrato del numero atomico). Nel processo di frenamento un elettrone perde energia, emettendo un fotone; questo a sua volta produce una coppia elettrone-positrone, ecc. Si ha quindi una rapida moltiplicazione di elettroni e positroni (una cascata elettromagnetica) talvolta visibili nelle foto e con una caratteristica struttura ad "albero", ben visibile nelle camere a bolle con liquido pesante.

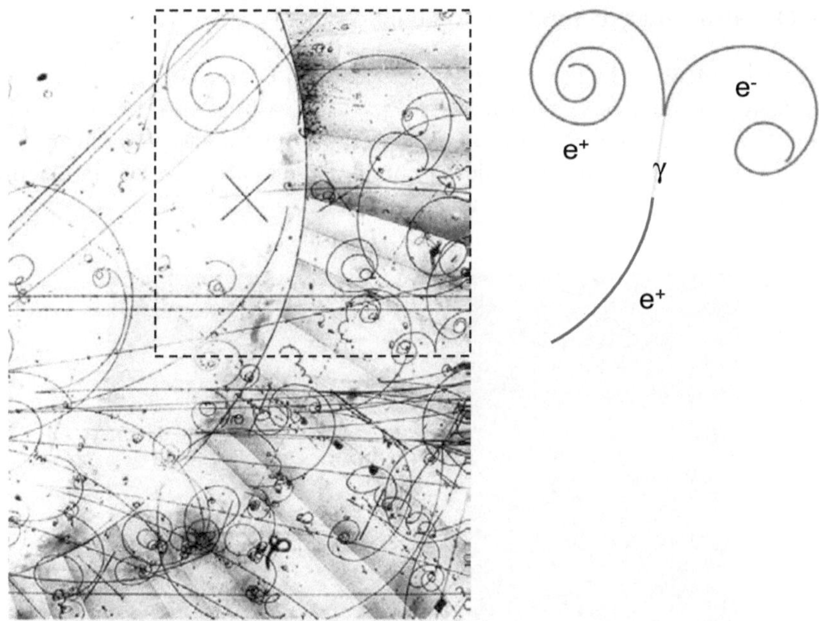

Figura 3.11. Coppia e^+e^- prodotta da un fotone nel campo coulombiano di un nucleo in camera a bolle con liquido pesante. Dal campo magnetico sappiamo che la traccia a spirale dell'e^- è quella che ruota a destra in senso orario. La traccia dell'e^+ è quella a sinistra. La coppia è stata generata da un fotone proveniente dall'annichilazione di un positrone (traccia in basso) con un elettrone del materiale presente nella camera a bolle. Il γ non lascia traccia in una camera a bolle. Il nucleo su cui è avvenuta l'interazione è rinculato di una distanza troppo piccola per essere visto. (Adattamento da foto CERN [ww2])

Le coppie e^+e^- vengono prodotte in grande abbondanza. È molto facile osservarle. La produzione di coppie $p\bar{p}$ avviene meno frequentemente; la possibilità di produzione aumenta con l'aumentare dell'energia delle particelle interagenti, e diventa relativamente grande per energie molto elevate.

Oltre a dimostrare la facilità di trasformazione di energia in materia, le foto mostrano che *nelle collisioni fra particelle di alta energia vengono prodotti un ugual numero di positroni e di elettroni*: le leggi della natura non esprimono preferenza nei confronti della materia o dell'antimateria, come richiesto dalle teorie della relatività ristretta e della meccanica quantistica. Ciò avviene tutte le volte che le energie cinetiche delle particelle che interagiscono sono molto più grandi dell'energia connessa con la massa a riposo della particella e dell'antiparticella che debbono essere create. Per la coppia e^+e^- questo avviene per energie superiori a qualche MeV. Per avere una situazione analoga per la coppia $p\bar{p}$ occorrerebbero energie enormemente superiori.

3.6.5 Decadimenti di particelle cariche

La Fig. 3.12 mostra, in camera a bolle a idrogeno, una traccia interessante che contiene tre successivi eventi: la traccia positiva incidente (si tratta di un mesone K^+ in un fascio ottenuto con separatori elettrostatici) dà origine a una seconda traccia positiva (indicata come π^+) che a sua volta dà origine a una terza traccia (μ^+) e infine a una traccia e^+.

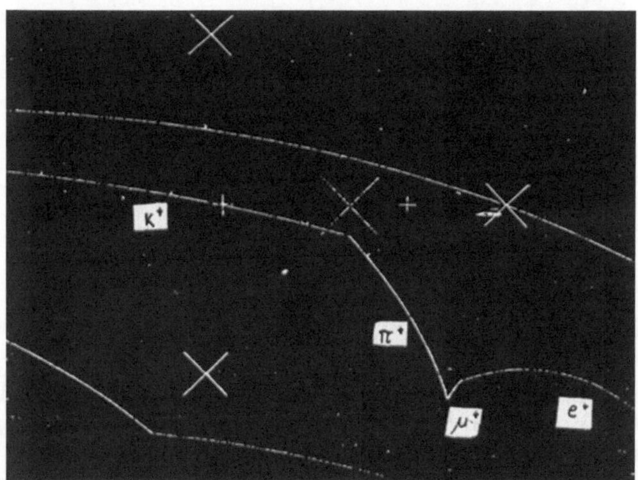

Figura 3.12. Una catena di decadimenti: $K^+ \to \pi^+ \to \mu^+ \to e^+$ (vedi testo, dove ogni decadimento viene chiamato "evento"). (Esperimento BGRT; foto CERN, Ginevra [ww2])

Analizziamo il primo "evento", nel punto in cui il K^+ dà luogo al π^+. Supponiamo che la particella incidente (un mesone K^+) subisca un urto. In idrogeno l'urto può avvenire contro un protone o contro un elettrone. Se l'urto fosse con un protone, dopo l'urto dovremmo avere due particelle positive. Nella foto ne compare una sola; non può trattarsi di un urto di striscio, dove il protone urtato rinculi di una quantità impercettibile, perché l'angolo di deflessione della seconda particella carica è abbastanza grande, il che corrisponderebbe a un urto non di striscio. Quindi l'evento non può essere dovuto a urto su protone. In modo analogo si può verificare che non può neanche trattarsi di urto su elettrone.

Sulla base di misure accurate di impulso e di velocità della seconda traccia positiva si deduce che la massa di questa seconda particella è di circa 140 MeV. Questo ci induce a pensare che il mesone K^+ sia scomparso, producendo contemporaneamente un *mesone π^+ (pione positivo)*. Il primo evento viene perciò classificato come un *decadimento*:

$$K^+ \to \pi^+ + particella\ neutra \quad . \tag{3.26}$$

Nello stato finale debbono esserci una o più particelle neutre perché altrimenti non sarebbe possibile conservare simultaneamente l'impulso e l'energia (una particella non può decadere in una sola nuova particella, ma almeno in due). Osservando molti decadimenti del tipo di quello di Fig. 3.12, si trova per l'energia del mesone π^+ un andamento come quello illustrato in Fig. 3.13a: cioè il π^+ è monoenergetico; la larghezza della curva è dovuta alla risoluzione in energia del rivelatore. Ne consegue che questo è un decadimento a due corpi: il mesone K^+ dà luogo a un π^+ e a una sola particella neutra. In effetti il decadimento è del tipo

$$K^+ \to \pi^+\pi^0 \tag{3.27}$$

dove il *mesone π^0* ha quasi la stessa massa del mesone π^+.

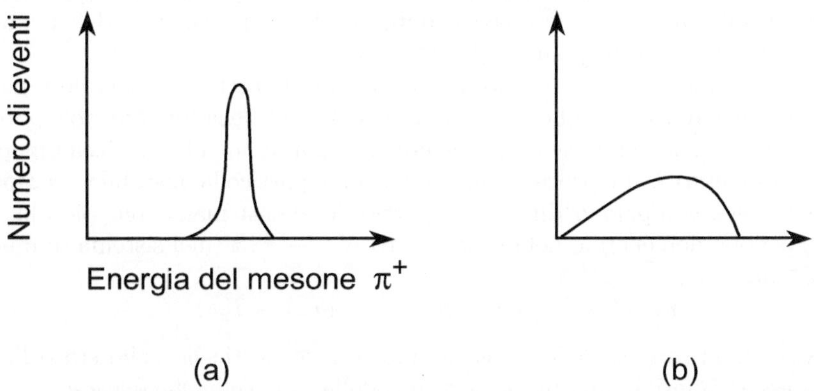

Figura 3.13. Andamento della distribuzione in energia (a) dei mesoni π^+ emessi nei decadimenti di mesoni K^+ monoenergetici e (b) degli e^+ emessi nel decadimento (3.29), come rivelati da ipotetici rivelatori con risoluzione di energia finita

Nel secondo "evento" di Fig. 3.12, la traccia positiva del mesone π^+ dà luogo a un'altra traccia positiva. Possiamo dire che anche in questo caso si tratta di un decadimento. Analizzando molti eventi analoghi si trova che le tracce positive risultanti hanno lunghezze molto simili, corrispondenti al fatto che hanno tutte la stessa energia. Ragionando come sopra si conclude che abbiamo a che fare con un decadimento a due corpi:

$$\pi^+ \to \mu^+ + \text{ una particella neutra} \quad . \tag{3.28}$$

Il *muone* μ^+ ha una massa di 105.7 MeV; la particella neutra è il *neutrino del* μ (ν_μ). Resta infine da analizzare l'ultimo evento, un decadimento del tipo:

$$\mu^+ \to e^+ + \text{ due particelle neutre} \quad . \tag{3.29}$$

Nello stato finale di quest'ultimo evento ci deve essere più di una particella neutra perché, analizzando lo spettro del positrone emesso in molti eventi analoghi, si nota che esso viene emesso con energie diverse (vedi Fig. 3.13b). Il decadimento non può quindi essere a due corpi; che le particelle neutre siano solo due lo si può dedurre da altre leggi di conservazione. Le due particelle neutre sono un neutrino dell'elettrone e un antineutrino del μ. Il decadimento è quindi $\mu^+ \to e^+ \nu_e \overline{\nu}_\mu$.

In una singola foto di camere a bolle abbiamo quindi visto ben quattro nuove particelle cariche, che non esistono nella materia ordinaria: K^+, π^+, μ^+, e^+. Inoltre sappiamo che debbono esserci anche delle particelle neutre.

Abbiamo incontrato il muone μ come prodotto di un decadimento intermedio. Il muone, essendo un leptone, interagisce elettromagneticamente, e non fortemente. Il muone ha una massa molto maggiore di quella dell'elettrone. Notare che la massa del muone (105.7 MeV) è di poco inferiore a quella del pione (139.6 MeV); quindi nel decadimento $\pi^+ \to \mu^+ \nu_\mu$ l'energia cinetica a disposizione di μ^+ e ν_μ è piccola; dato che l'energia cinetica del muone è piccola, il muone ha un "range" (§2.2.2) corto.

Fermi ha mostrato per primo, per i nuclei radioattivi in generale e per il neutrone in particolare, che l'elettrone emesso nel decadimento non poteva esistere all'interno del nucleo, ma che era creato al momento del decadimento. Un decadimento è un processo nel quale una particella instabile scompare e in sua vece compaiono due o più particelle aventi massa più piccola. La conservazione dell'energia nel decadimento $K^+ \to \pi^+ \pi^0$ nel sistema di quiete del K^+ dà:

$$m_K c^2 = (m_{\pi^+} c^2 + m_{\pi^0} c^2) + (T_{\pi^+} + T_{\pi^0}) \quad . \tag{3.30}$$

È ovvio che la somma delle masse a riposo delle particelle nello stato finale debba essere inferiore alla massa a riposo della particella che decade.

Decadimento in tre particelle cariche. La foto di Fig. 3.14 mostra una traccia positiva (ancora un mesone K^+) che dà luogo a tre tracce cariche, due positive e una negativa: ognuna genera a sua volta un decadimento in un ramo carico, simile al decadimento analizzato nel paragrafo precedente. Applicando il principio di conservazione della carica elettrica possiamo stabilire che l'evento con produzione di 3 tracce cariche non è una interazione (ad esempio con un singolo protone, con due tracce nello stato finale), ma un decadimento. Analizzando gli impulsi e il numero di bollicine per cm si conclude che il decadimento è del tipo

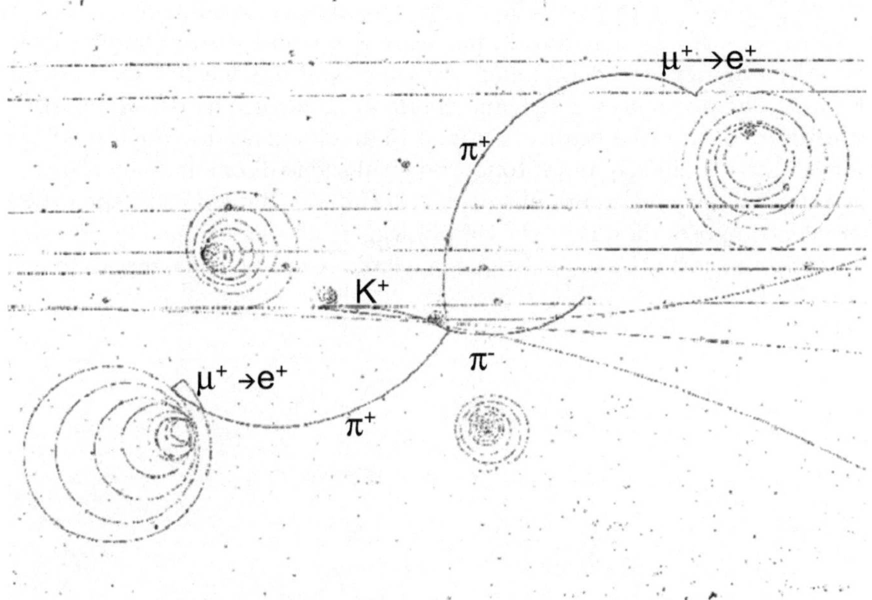

Figura 3.14. Decadimento di un mesone K^+ in 3 mesoni π $(K^+ \to \pi^+\pi^+\pi^-)$ e successivi decadimenti di ciascuno dei mesoni π. Si noti che nel decadimento $\pi^+ \to \mu^+ \to e^+$ la lunghezza di traccia dovute ai μ^+ sono estremamente piccole. Il μ^- fuoriesce dalla regione della camera a bolle. Si osservi inoltre in basso un ricciolo dovuto a un elettrone che compare "dal nulla": si tratta di un elettrone di un atomo del mezzo estratto da parte di un fotone di alta energia dall'effetto Compton. (Esperimento BGRT; adattamento da foto CERN, Ginevra)

$$K^+ \to \pi^+\pi^+\pi^- \tag{3.31}$$

dove il mesone π^- ha la stessa massa e carica opposta del mesone π^+. I successivi decadimenti ("a un ramo") sono:

$$\pi^+ \to \ \mu^+ + 1\ \textit{particella neutra} \ = \mu^+\nu_\mu \tag{3.32}$$
$$\pi^- \to \ \mu^- + 1\ \textit{particella neutra} \ = \mu^-\overline{\nu}_\mu \ . \tag{3.33}$$

Nella foto mostrata, il π^- tuttavia esce dal campo di vista della foto e il decadimento in μ^- non è visibile. Il muone positivo, μ^+, ha la stessa massa (e carica opposta) del μ^-. Si ha poi:

$$\mu^+ \to e^+ + \textit{due particelle neutre} = e^+\nu_e\overline{\nu}_\mu \tag{3.34}$$
$$\mu^- \to e^- + \textit{due particelle neutre} = e^-\overline{\nu}_e\nu_\mu \tag{3.35}$$

(ovviamente, anche il decadimento del μ^- è avvenuto fuori dal campo della foto). In definitiva, dopo tre successivi decadimenti, il mesone K^+ è scomparso e al suo posto sono apparsi: (2 positroni + 1 elettrone) + (3 particelle neutre associate ai muoni) + (6 particelle neutre associate ai decadimenti $\mu \to e$). In totale il mesone K^+ ha generato 12 particelle di cui 9 neutre e 3 cariche. Come detto nel paragrafo precedente, non si ritiene che il mesone K^+ sia costituito di 12 particelle, ma che esse vengano create al momento dei decadimenti.

Decadimento in molti stadi. La Fig. 3.15 mostra un evento dovuto all'interazione di un neutrino su un protone, con formazione di una mesone *charmato* (ossia, costituito con un quark di tipo c, vedi Cap. 7). Il mesone decade in altre particelle, composte da quark via via più leggeri, in una catena che coinvolge sia l'interazione forte (Cap. 7) che quella debole (Cap. 8), come descritto nella figura.

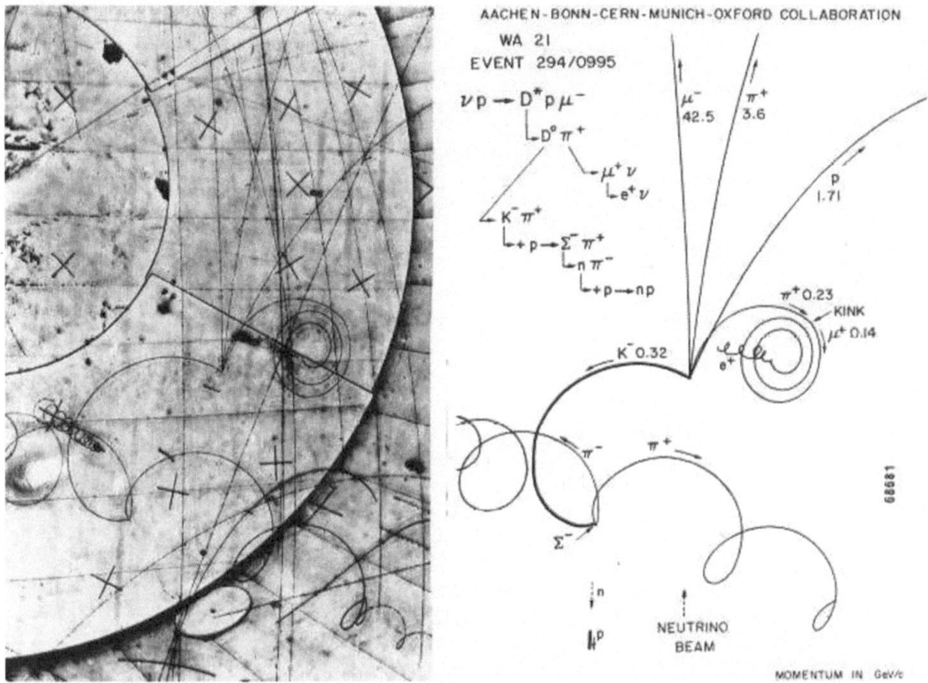

Figura 3.15. Una foto piuttosto complessa, che racchiude molte informazioni, dovuta all'interazione di un neutrino muonico su protone nella grande camera a bolle BEBC riempita di idrogeno. (i) Nella reazione (interazione debole, WI) si forma una D^{*+}. In termini anche di quark (in parentesi) si ha: $\nu_\mu p(uud) \rightarrow D^{*+}(c\bar{d})p(uud)\mu^-$. La WI a corrente carica del neutrino è avvenuta su un quark d con la formazione di un quark *charmato* ($\nu_\mu d \rightarrow \mu^- c$); una coppia $u\bar{u}$ si è formata dall'adronizzazione dello stato finale per interazione forte. ($ii - a$) La D^{*+} è una *risonanza* che decade per interazione forte in $D^{*+}(c\bar{d}) \rightarrow D^\circ(c\bar{u})\pi^+(u\bar{d})$, con la formazione di una coppia $u\bar{u}$, in un tempo $\sim 10^{-23}$ s e non si può vedere nella foto. Il π^+ è finalmente visibile (traccia a spirale a destra). Un *kink* (cambiamento del raggio di curvatura) evidenzia il decadimento $\pi^+ \rightarrow \mu^+ \nu_\mu$, e il ricciolo finale il decadimento del μ^+ in positrone. ($ii - b$) Il D° decade e si vedono i suoi prodotti di decadimento: $D^\circ(c\bar{u}) \rightarrow K^-(s\bar{u})\pi^+(u\bar{d})$. Non si tratta di un decadimento dovuto all'interazione forte: l'interazione forte conserva il sapore, mentre qui *scompare* un quark c. Si tratta di un decadimento dovuto all'interazione debole; la vita media è di circa $\sim 10^{-13}$ s, ossia un percorso di decine di μm, e per questo il D^0 non è visibile nella foto. Il π^+ prodotto ha energia elevata e si allontana verso l'alto senza decadere prima di uscire dal campo della foto. (iii) Il mesone strano K^- ha vita sufficientemente lunga per interagire su un protone del mezzo: $K^-(s\bar{u})p(uud) \rightarrow \Sigma^-(dds)\pi^+(u\bar{d})$. La Σ^- decade (WI) in $\Sigma^-(dds) \rightarrow n(ddu)\pi^-(d\bar{u})$. Il π^+ dell'interazione del K^- e il π^- del decadimento della Σ^- sono entrambi visibili con tracce elicoidali in basso nella foto. (Esperimento WA21 (BEBC); foto CERN, Ginevra [ww15])

4

Il paradigma delle interazioni: il caso elettromagnetico

L'elettromagnetismo (EM) classico è uno dei successi e dei paradigmi della fisica. Dalla formulazione originaria delle equazioni di Maxwell si è facilmente adattato a una rappresentazione relativistica e poi a una teoria di campo quantizzato. Il successo della teoria EM è dovuto al fatto che è noto in maniera esatta il potenziale che descrive l'interazione tra particelle cariche.

L'elettrodinamica quantistica (QED), che descrive l'interazione tra particelle cariche con spin (descritte dall'equazione di Dirac) con i quanti (fotoni) del campo, è stata capace di calcolare con grande precisione molte quantità fisiche (sezioni d'urto di processi EM, vite medie, momenti magnetici di elettrone e muone) su un intervallo molto grande di energie. Il successo della formulazione di QED (in particolare, nella versione perturbativa dei diagrammi di Feynman) ha permesso la sua estensione all'interazione debole e, parzialmente, a quella forte. Per questo motivo, in questo capitolo sono richiamati alcuni concetti di meccanica quantistica e teoria perturbativa che saranno utilizzati anche nei prossimi. Si è posto un accento particolare alla grandezza *probabilità di transizione*, che permette di confrontare previsioni teoriche con misure sperimentali.

Negli ultimi cinquanta anni si è prima ipotizzato e poi verificato sperimentalmente che l'interazione elettromagnetica e quella debole sono manifestazioni diverse di un'unica interazione, l'*interazione elettrodebole*. L'unificazione delle due interazioni avviene per energie di collisione maggiori delle masse dei bosoni vettori W^+, W^-, e Z^0, cioè per energie nel c.m. superiori a circa 90 GeV. Per energie inferiori le interazioni elettromagnetica e debole sono separate e diverse, come vedremo nel Cap. 11. Si pensa che a energie molto maggiori debba avvenire l'unificazione dell'interazione elettrodebole con quella forte (Grande Unificazione) e poi l'unificazione con l'interazione gravitazionale.

Braibant S., Giacomelli G., Spurio M.: Particelle e interazioni fondamentali. Il mondo delle particelle
DOI 10.1007/978-88-470-2754-1_4, © Springer-Verlag Italia 2012

4.1 L'interazione elettromagnetica

L'interazione elettromagnetica può essere considerata come una forza unificata, nel senso che unifica le due forze ritenute distinte fino alla metà del 1800:
l'interazione elettrostatica e quella magnetostatica. Per la forza elettrostatica
vale la legge di Coulomb:

$$\mathbf{F} = K \frac{q_1 q_2}{r^2} \hat{\mathbf{r}} \tag{4.1}$$

dove q_1 e q_2 sono le cariche elettriche puntiformi, r è la loro distanza, $\hat{\mathbf{r}}$ è un
versore diretto da q_1 a q_2 e K è una costante di proporzionalità. La dipendenza
spaziale è analoga a quella della legge di Newton. Le cariche elettriche q_1
e q_2 non sono collegate alla massa inerziale e possono assumere valori sia
positivi che negativi; ne consegue che la forza elettrostatica può essere sia
attrattiva che repulsiva. Storicamente la legge di Coulomb è stata determinata
sperimentalmente usando cariche ferme.

Alla fine del 1800 si scriveva per cariche magnetiche ferme una legge simile
a quella di Coulomb. Ciò permetteva poi di introdurre il campo magnetico
(induzione magnetica) $\mathbf{B}$. Ma la situazione era valida solo formalmente perché
non si riuscivano a isolare le cariche magnetiche libere (*monopoli magnetici*).
Il campo $\mathbf{B}$ era quindi privo di "sorgenti" e di "pozzi". Ci si accorse poi
che le cariche elettriche in moto interagiscono con il campo magnetico delle
calamite, e oggi sappiamo che ogni campo magnetico è generato da cariche
elettriche in moto, ed è un effetto relativistico di tale moto. Non appena si
hanno cariche in moto si può perciò considerare che le due interazioni elettrica
e magnetica siano unificate: le forze sono così interconnesse che si deve parlare
di *interazione elettromagnetica*. La forza agente su di una carica in moto con
velocità $\mathbf{v}$ in un campo elettrico $\mathbf{E}$ e in un campo magnetico $\mathbf{B}$ è (Sistema
Internazionale, S.I.):

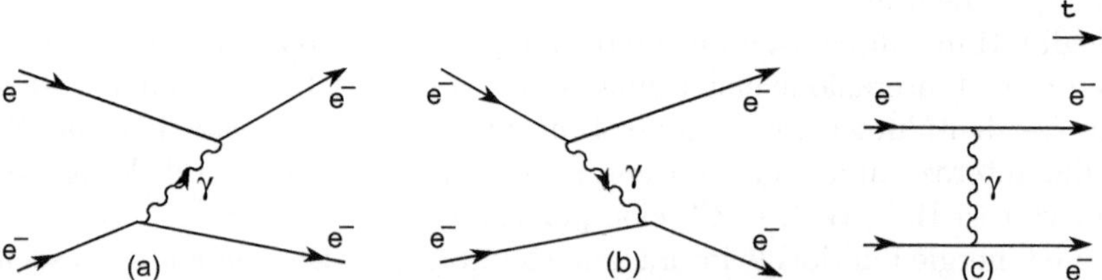

Figura 4.1. Diagrammi di Feynman all'ordine più basso per l'urto elastico elettrone-
elettrone dovuto alla sola interazione EM. In ascissa è il tempo (da sinistra a destra).
In (a) l'elettrone in basso emette un fotone virtuale che viene poi assorbito dall'e-
lettrone in alto; in (b) si ha il viceversa. Il diagramma (c) schematizza l'interazione
senza specificare la sequenza temporale

$$\mathbf{F} = q\mathbf{E} + q\mathbf{v} \times \mathbf{B} \ . \tag{4.2}$$

Per descrivere quantisticamente l'interazione elettromagnetica, ha avuto un enorme successo la rappresentazione dei *diagrammi di Feynman*, che visualizzano un metodo di calcolo (quello perturbativo) e forniscono una rappresentazione intuitiva dell'interazione, quando si considerano all'ordine più basso. Vediamo questo ultimo aspetto qualitativo considerando due elettroni e i diagrammi di Feynman di Fig. 4.1. Sperimentalmente si osserva che i due elettroni si respingono. Si può pensare che l'interazione fra i due elettroni avvenga tramite lo scambio di una particella, il fotone. Può essere utile fare la seguente analogia: se due persone a bordo di due barche diverse inizialmente in quiete si scambiano un pallone, le barche si allontanano lentamente tra loro. Nel caso di due elettroni l'analogo del pallone è il fotone. (Ma attenzione a non aspettarci troppo dalla validità dei modelli intuitivi: come si spiega con questo modello una forza attrattiva? Forse inviando il pallone in senso opposto e aspettare che faccia il giro della terra per colpire la seconda persona?). Un elettrone in quiete non può però emettere un fotone reale, perché ciò violerebbe la conservazione dell'energia (Problema 4.2):

$$\begin{array}{ccc} & \text{Energia} & \text{Energia} \\ \text{processo} & \text{stato iniziale} & \text{stato finale} \\ e \to e\gamma & m_e c^2 & \neq m_e c^2 + \frac{p_e^2}{2m_e} + E_\gamma \ . \end{array} \tag{4.3}$$

E_γ è l'energia totale del fotone emesso, p_e è l'impulso (non relativistico) acquistato dall'elettrone, m_e è la massa dell'elettrone. Ma secondo il principio di indeterminazione di Heisenberg, se si misura un'energia con un'incertezza ΔE l'incertezza sulla misura del tempo è:

$$\Delta t \geq \hbar/(\Delta E) \tag{4.4}$$

ovvero occorre che la misura duri almeno un tempo Δt. Supponiamo che venga emesso un fotone dal primo elettrone violando la conservazione dell'energia (per un valore ΔE). Supponiamo poi che il fotone entro un tempo Δt venga assorbito dal secondo elettrone, dando luogo a una seconda violazione di conservazione dell'energia per un valore $-\Delta E$, uguale in modulo e di segno contrario alla prima. Se il tutto avviene entro l'intervallo di tempo definito dalla (4.4), nessuna delle due violazioni è osservabile: sono "nascoste" dal principio di indeterminazione. Un tale processo sarebbe quindi considerato possibile (ricordare che una particella libera esiste per un tempo $\Delta t = \infty$; quindi la sua incertezza in energia è nulla, $\Delta E = 0$). L'effetto netto è uno scambio di energia e quantità di moto tra due elettroni, ed è perciò un modo in cui due elettroni, e più in generale due particelle cariche, possono interagire. Un altro modo di vedere il processo è assumere che nel vertice d'interazione si conservino energia e impulso, ma che per la particella virtuale non sia valida la relazione $E^2 = m^2 c^4 + p^2 c^2$. Nella teoria quantistica si ritiene che l'interazione avvenga in questo modo, tramite lo scambio di un fotone virtuale non osservabile. L'elettrone deve rimanere se stesso, in particolare deve conservare in ogni istante il suo spin semintero; la particella scambiata deve perciò avere spin intero: è quindi un *bosone* (vedremo che i mediatori delle forze hanno spin 1, eccetto il gravitone che ha spin 2). Supponendo che il bosone si muova alla velocità della luce e che abbia massa a riposo nulla, allora può percorrere nel tempo Δt una distanza $\Delta r = c\Delta t$; sostituendo questo Δt nella relazione d'indeterminazione, si ha $\Delta E \geq \hbar/(\Delta t) \simeq \hbar c/(\Delta r)$. Possiamo dire che l'energia d'interazione V sia dell'ordine di ΔE (per un singolo processo di scambio) e che quindi:

$$\Delta E \simeq V = \alpha_i \hbar c/r \ . \tag{4.5}$$

La costante adimensionale α_i caratterizza l'intensità dell'interazione. Abbiamo ottenuto la (4.5) supponendo di scambiare un bosone di massa nulla; quindi le forze dovute a scambio di particelle virtuali di massa nulla debbono decrescere con la distanza r come $F \sim dV/dr \sim 1/r^2$.

Dal ragionamento inverso, cioè partendo dall'ipotesi che la dipendenza della forza dalla distanza sia del tipo $1/r^2$, si ottiene che la particella virtuale scambiata nell'interazione elettromagnetica deve avere massa nulla. La particella virtuale scambiata può perciò essere identificata con il *fotone*, quanto reale del campo elettromagnetico.

Siccome la forza gravitazionale ha una dipendenza dalla distanza del tipo $1/r^2$, anche il *gravitone* dovrebbe avere massa nulla.

4.1.1 La costante di accoppiamento

Quando un elettrone emette un fotone si può dire che crea un campo, quando invece assorbe un fotone si può dire che distrugge un campo. Nell'interazione dovremmo dunque considerare due processi, rappresentati dai due diagrammi di Fig. 4.1a,b. Ma siccome il fotone virtuale non è osservabile, e gli stati finali sono gli stessi, i due processi sono indistinguibili. Li sintetizziamo nel diagramma di Fig. 4.1c, che schematizza l'interazione e non ha alcuna pretesa di descriverne la cinematica.

Il parametro adimensionale proprio dell'interazione elettromagnetica è detto *costante di struttura fine* (e anche *costante di accoppiamento elettromagnetica*). Si può determinare uguagliando la (4.5) all'energia potenziale coulombiana fra due cariche $\alpha_i \hbar c/r = Kq^2/r$, da cui si ha (intendendo con $q = e$ la carica elettrica dell'elettrone) $\alpha_i = \alpha_{EM} = Ke^2/\hbar c$:

$$\alpha_{EM} = \frac{e^2}{4\pi\epsilon_0\hbar c} = \frac{(1.602 \cdot 10^{-19})^2}{4\pi \cdot 8.85 \cdot 10^{-12} \cdot 1.05 \cdot 10^{-34} \cdot 3 \cdot 10^8} = \mathbf{1/137.1} \qquad \text{S.I} \ ; \tag{4.6a}$$

$$\alpha_{EM} = \frac{e^2}{\hbar c} = \frac{(4.803 \cdot 10^{-10})^2}{1.0546 \cdot 10^{-27} \cdot 3 \cdot 10^{10}} = \mathbf{1/137.1} = 7.294 \cdot 10^{-3} \qquad \text{cgs} \ ; \tag{4.6b}$$

$$\alpha_{EM} = e^2 \qquad\qquad\qquad (\hbar = c = 1) \qquad \text{cgs} \ . \tag{4.6c}$$

La costante adimensionale α_{EM} risulta essere maggiore di quella gravitazionale α_G per molti ordini di grandezza. α_{EM} è comunque minore dell'unità: questo consente di trattare i processi dovuti all'interazione elettromagnetica tramite la teoria perturbativa e di avere buone approssimazioni già agli ordini più bassi. I diagrammi di Feynman sono proprio la rappresentazione grafica dei termini dello sviluppo perturbativo, come discuteremo più avanti. L'ordine di approssimazione è dato dal numero di nodi (o vertici) raffigurati; per ognuno di questi interviene un fattore $\sqrt{\alpha_{EM}}$ (ovvero e se si usa il sistema di unità di misura cgs con $\hbar = c = 1$) nel calcolo dell'ampiezza del processo. La freccia su ogni linea indica la direzione del moto. È da notare che la probabilità che il processo avvenga che, come vedremo, è descritta dall'elemento di matrice del processo, resta la stessa se un elettrone incidente avente un impulso $\mathbf{p}$ viene sostituito con un antielettrone uscente di momento $-\mathbf{p}$; ciò vuol dire che vi è un legame fra le sezioni d'urto di vari processi.

La Fig. 4.2 mostra i diagrammi di Feynman per i più importanti processi dovuti all'interazione elettromagnetica. La Fig. 4.2a rappresenta l'emissione di un fotone da parte di un elettrone. Il fotone si accoppia all'elettrone con un'ampiezza $\sqrt{\alpha_{EM}}$. Si dice che è un processo del 1° ordine. L'urto elastico fra due elettroni, rappresentato nella Fig. 4.2b, è un processo con due vertici. Il fotone virtuale contribuisce con un termine $1/q^2$, chiamato propagatore; q è il momento trasferito da un elettrone all'altro. La Fig. 4.2c mostra la *bremsstrahlung*, cioè l'emissione di un fotone da parte di un elettrone incidente accelerato dal campo coulombiano di un nucleo, indicato con x. È un processo del terzo ordine: la sezione d'urto è proporzionale a $Z^2\alpha_{EM}^3$. La Fig. 4.2d mostra il processo di creazione di una coppia e^+e^- da parte di un fotone che interagisce con il campo coulombiano di un nucleo. Anche questo processo è del terzo ordine. I diagrammi (c) e (d) sono simili: si può ottenere (d) partendo da (c) rimpiazzando la linea dell'elettrone incidente con quella del positrone uscente e cambiando il fotone γ da uscente in entrante.

4.1.2 La teoria quantistica dell'elettromagnetismo

Gli esperimenti effettuati all'inizio del '900 sull'emissione di radiazione da corpo nero, sull'effetto fotoelettrico, sull'effetto Compton, ecc., hanno mostrato che il campo elettromagnetico è quantizzato; il quanto del campo EM è il fotone, avente massa $m_\gamma = 0$, energia $E = h\nu$, impulso $p = h\nu/c$, spin $s = 1\hbar$. Il fatto che il fotone avente $m_\gamma = 0$ si muove sempre alla velocità della luce c implica che ci sono solo due stati di polarizzazione del fotone (per esempio, polarizzazione circolare destrorsa o sinistrorsa), che è anche come dire, classicamente, che le onde EM nel vuoto sono solo trasversali. I fotoni virtuali possono avere massa diversa da zero e un terzo stato di polarizzazione, quello longitudinale (come può avvenire per un'onda elettromagnetica che si muove in una guida d'onda).

La teoria dell'elettrodinamica quantistica (QED) sviluppata da molti fisici teorici, quali Feynman, Schwinger, Tomonaga (Nobel nel 1965) e altri, negli anni '40 e '50, descrive l'interazione del campo carico di Dirac (= fermioni carichi) con il campo elettromagnetico quantizzato (*seconda quantizzazione*). È capace di predire con grandissima precisione molti fenomeni fisici su un

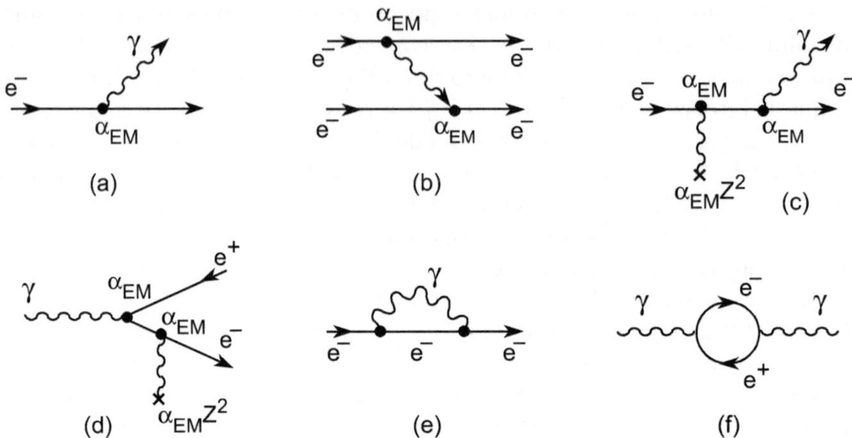

Figura 4.2. Esempi di diagrammi di Feynman per l'interazione EM. (a) Emissione di un fotone da parte di un elettrone (vertice fondamentale; non può avvenire se è isolato; il contributo del vertice all'ampiezza al quadrato è α_{EM}); (b) urto elastico e^-e^-; (c) bremsstrahlung; (d) creazione di coppie; (e) emissione e assorbimento di un fotone virtuale da parte di un elettrone; (f) creazione di una coppia e^+e^- virtuali e successiva annichilazione (questi ultimi due diagrammi danno luogo a linee chiuse, con particelle virtuali non osservabili direttamente, vedi testo)

grande intervallo di energie. In particolare, la QED è capace di predire le sezioni d'urto e le probabilità di transizioni con precisioni molto elevate.

Una delle proprietà più importanti della QED è la sua *rinormalizzabilità*. Questo significa che i termini che producono quantità divergenti, infinite (come i cosiddetti termini di "self-energia" dovuti a diagrammi del tipo di quelli mostrati nella Fig. 4.2e,f) possono essere tutti conglobati nella massa m_0 e nella carica e_0 dell'elettrone, in modo tale da cancellare le divergenze. Massa e carica possono poi essere ridefinite tramite i valori misurati sperimentalmente.

Una seconda importante proprietà della QED è *l'invarianza di gauge*. Per capirne intuitivamente il significato, ricordiamo che in elettrostatica l'energia di interazione (che può essere misurata sperimentalmente) dipende dalla differenza di potenziale elettrostatico, e non dal suo valore assoluto. L'energia di interazione resta perciò invariante per un qualsiasi cambiamento di scala (di "*gauge*") del potenziale (il potenziale è determinato a meno di una costante, un "*gauge globale*"). Discuteremo in §6.9 dell'*invarianza di gauge locale*, che conduce a correnti conservate e quindi alla conservazione della carica elettrica. Si ritiene che le teorie delle interazioni fondamentali debbano essere teorie di gauge locali rinormalizzabili. Si rimanda all'Appendice 3 per alcuni richiami sulla teoria elettromagnetica e sul suo formalismo covariante.

La "costante" α_{EM} è stata determinata con grande precisione a basse energie. Vedremo nel Cap. 11 che α_{EM} non è in realtà costante, ma aumenta logaritmicamente con l'energia nel c.m.: vale 1/137 a energia nulla, 1/128 all'energia $E_{cm} = \sqrt{s} = 91.2$ GeV.

4.2 Richiami di meccanica quantistica

In questa sezione verranno richiamati alcuni concetti di meccanica quantistica. Ricordiamo che sono state stabilite alcune semplici regole per passare da equazioni classiche a equazioni quantistiche tramite la sostituzione dell'energia E e dell'impulso $\mathbf{p}$ con i corrispondenti operatori:

$$\boxed{E \to i\hbar\frac{\partial}{\partial t} \ , \ \mathbf{p} \to -i\hbar\boldsymbol{\nabla}} \tag{4.7}$$

con $\boldsymbol{\nabla}$ = operatore gradiente. Gli operatori $\partial/\partial t$ e $\boldsymbol{\nabla}$ si intendono applicati a funzioni d'onda. In forma covariante $p^\mu \to +i\hbar\partial/\partial x_\mu = +i\hbar\partial^\mu$, dove le coordinate del quadrivettore spazio-tempo x_μ sono indicate con $x_0 = ct, x_1 = -x, x_2 = -y, x_3 = -z$.

4.2.1 Equazione di Schrödinger

Classicamente l'energia cinetica di una particella libera è $E = p^2/2m$. Effettuando la sostituzione (4.7) si ha l'equazione non relativistica di Schrödinger

$$i\hbar\frac{\partial\psi}{\partial t} + \frac{\hbar^2}{2m}\nabla^2\psi = 0 \ . \tag{4.8a}$$

L'equazione di Schrödinger descrive l'evoluzione temporale della funzione d'onda ψ; si può anche scrivere come:

$$i\hbar\frac{\partial\psi}{\partial t} = H\psi \tag{4.8b}$$

dove H è l'Hamiltoniana. Per stati stazionari, si ha l'equazione agli autovalori:

$$H\psi = E\psi \ . \tag{4.8c}$$

Il flusso di densità di probabilità è:

$$\mathbf{j} = -\frac{i\hbar}{2m}(\psi^*\boldsymbol{\nabla}\psi - \psi\boldsymbol{\nabla}\psi^*) \ . \tag{4.9}$$

In tal modo si soddisfa l'equazione di continuità:

$$\frac{1}{c}\frac{\partial\rho}{\partial t} + \boldsymbol{\nabla}\mathbf{j} = 0 \ \Rightarrow \ \partial_\nu J^\nu = 0 \tag{4.10}$$

con $\rho = |\psi|^2$ = densità di probabilità di trovare la particella in un volume unitario ($|\psi|^2 dv$ = probabilità di trovare la particella in dv).
La soluzione dell'equazione di Schrödinger

$$\psi = N e^{(i\mathbf{p}\cdot\mathbf{r} - iEt)/\hbar} \tag{4.11}$$

descrive una particella libera avente energia E e impulso $\mathbf{p}$, con $\rho = |N|^2$ e $\mathbf{j} = \mathbf{p}|N|^2/m$.

4.2.2 Equazione di Klein-Gordon

Considerando la relazione relativistica fra energia e impulso, $E^2 = p^2c^2 + m^2c^4$, ed effettuando la sostituzione (4.7), si ottiene l'equazione relativistica di Klein-Gordon

$$\left(\frac{1}{c^2}\frac{\partial^2}{\partial t^2} - \nabla^2\right)\phi + \frac{m^2c^2}{\hbar^2}\phi = 0 \tag{4.12}$$

che descrive la propagazione relativistica di una particella libera di massa m. In notazione covariante si ha, essendo $\Box = \partial_\mu \partial^\mu = \partial^\mu \partial_\mu$:

$$\Box\phi + \frac{m^2c^2}{\hbar^2}\phi = 0, \quad \left(\frac{\partial^2}{\partial x_\mu \partial x^\mu} + \frac{m^2c^2}{\hbar^2}\right)\phi = 0 \ . \tag{4.13}$$

Se poniamo $m = 0$ si ha l'equazione che descrive la propagazione di un'onda elettromagnetica; ϕ **è ora interpretato come il potenziale U in un punto dello spazio, oppure come l'ampiezza d'onda dei fotoni associati.**

Nel caso di un potenziale statico in (4.12) scompare la dipendenza dal tempo e scrivendo $\phi(r,t) \to U(r)$ si ha:

$$\nabla^2 U = \frac{m^2c^2}{\hbar^2}U \ . \tag{4.14}$$

Per un potenziale a simmetria sferica generato da una sorgente puntiforme, $U = U(\mathbf{r}) = U(r)$, si ha $\nabla^2 U(r) = \frac{1}{r^2}\frac{\partial}{\partial r}(r^2\frac{\partial U}{\partial r})$, con r positivo, distanza dal punto origine, in cui $r = 0$. In questo caso la soluzione, ottenuta per integrazione, è del tipo

$$U(r) = \frac{g}{4\pi r}e^{-r/R} \tag{4.15}$$

dove $R = \hbar/mc$ è una grandezza con le dimensioni di una lunghezza, g è una costante d'integrazione e viene interpretata come l'intensità della sorgente puntiforme. Il potenziale (4.15) venne inizialmente considerato come il potenziale dell'interazione tra nucleoni nel modello di Yukawa (vedi §7.1.1), il cui quanto mediatore dell'interazione ha massa m. Ricordiamo che l'elettromagnetismo corrisponde al caso in cui $m = 0$, per cui $\nabla^2 U(r) = 0$ con soluzione $U = Q/r$, dove Q è la carica elettrica all'origine. Per analogia nella (4.15) la costante $g/4\pi$ può essere considerata, nel caso del potenziale dovuto all'interazione forte, come la "carica forte" della particella che genera il campo. Il fattore R in (4.15) viene interpretato come il *raggio d'azione della forza*, legato alla massa m del bosone mediatore dell'interazione. Secondo il modello originario di Yukawa per l'interazione statica fra due adroni si aveva $R \simeq 1.2$ fm e quindi $mc^2 = \hbar c/R \simeq 100$ MeV (ricorda che $\hbar c = 197.327$ MeV·fm.); il bosone era stato poi identificato con il mesone π. Il fatto che gli adroni siano oggetti composti complica tale semplice interpretazione.

4.2.3 Equazione di Dirac

Il passo concettuale successivo avvenne nel 1928, quando Dirac presentò l'equazione quantistica, poi chiamata *equazione di Dirac*, che descrive il comportamento quanto-meccanico e relativistico di particelle puntiformi con massa e spin $s = \frac{1}{2}\hbar$, come l'elettrone:

$$(i\hbar\gamma^\mu\frac{\partial}{\partial x^\mu} - mc)\psi = 0 \ . \tag{4.16}$$

Dirac ha formulato la (4.16) ipotizzando che essa fosse l'analogo quantistico di $E = \pm\sqrt{p^2 c^2 + m^2 c^4}$ e che quindi dovesse avere, contrariamente all'equazione di Klein-Gordon, solo derivate prime rispetto allo spazio e al tempo. Le matrici γ^μ sono definite nell'Appendice 4, insieme alla derivazione dell'equazione di Dirac, le sue proprietà generali e quelle delle sue soluzioni. Si vedano anche i Problemi 4.9 - 4.12. Le soluzioni sono funzioni d'onda ψ spinoriali (*spinori*) a 4 componenti; possono essere considerate come il "campo di Dirac", in analogia con il campo elettromagnetico delle equazioni di Maxwell. Tramite la formulazione di Dirac si spiegano tutte le proprietà dell'elettrone note dalla fisica atomica, in particolare il valore del rapporto giromagnetico ($g = 2$) tra lo spin s e il momento magnetico μ_e dell'elettrone $\mu_e = g\mu_B s$, in unità del magnetone di Bohr μ_B.

Il "mare di Dirac". L'equazione di Dirac ammette soluzioni con energia negativa. Gli stati con energia positiva e quelli con energia negativa sono simmetrici rispetto all'energia nulla. L'esistenza di stati con energia negativa verrebbe a destabilizzare la materia. L'atomo di idrogeno perderebbe immediatamente il suo elettrone che cadrebbe in uno stato a energia negativa emettendo un fotone di energia positiva, rispettando in questo modo il bilancio energetico. Dirac risolse il problema ipotizzando che gli stati di energia negativa fossero tutti occupati formando quello che si chiama il *"mare di Dirac"*. È così garantita la stabilità dell'atomo di idrogeno dal principio di esclusione del Pauli: l'elettrone non può passare a uno stato a energia negativa non essendoci uno stato libero a disposizione.

In accordo col Modello Standard (Cap. 11), le funzioni d'onda di tutte le particelle "elementari" di spin $s = 1/2$ obbediscono alla (4.16). In questa accezione, "elementare" significa particella senza una struttura interna conosciuta. Ad esempio, il protone non è una particella elementare, e il corretto valore del suo momento di dipolo magnetico non è ottenibile dalla equazione di Dirac (vedi §7.14.4).

L'applicazione della teoria di Dirac al neutrino è attualmente non verificata da alcuna prova sperimentale; E. Majorana nel 1937 ottenne una equazione d'onda relativistica per particelle neutre differente da quella di Dirac. Se il neutrino sia una particella di Dirac o di Majorana [08B4,08A1] è una delle più interessanti questioni sperimentali tuttora aperte [07F2].

4.3 Probabilità di transizione in teoria perturbativa

In questo paragrafo useremo la teoria perturbativa in meccanica quantistica non relativistica [87P1] per ricavare la grandezza *probabilità di transizione* (che indicheremo con W). Questa grandezza è particolarmente utile per confrontare modelli teorici con i dati sperimentali. La probabilità di transizione non è utilizzata solo nelle interazioni elettromagnetiche, ma anche nelle interazioni deboli e forti, come si vedrà in seguito[1].

Si supponga di voler determinare la probabilità di una transizione, per esempio in un processo di *decadimento* di una particella, o in una interazione (collisione) tra particelle. Nell'ultimo caso, il parametro fondamentale per descrivere sperimentalmente il processo è la *sezione d'urto*. Lo stato iniziale del sistema è ben definito, e descritto ad esempio da una funzione d'onda stazionaria ψ, a una ben definita energia E_m. Questa funzione d'onda è uno dei possibili autostati dell'Hamiltoniana del sistema non perturbato, H_0, al tempo $t < 0$. Fattorizzando la parte dipendente dal tempo e quella spaziale, possiamo riscrivere la (4.11) come:

$$\psi(t < 0) = \phi_m e^{-iE_m t/\hbar} \; . \tag{4.17}$$

Le funzioni ϕ_m rappresentano un insieme completo di autofunzioni (ortonormali una rispetto all'altra) dell'Hamiltoniana del sistema H_0, ossia:

$$H_0 \phi_m = E_m \phi_m \; . \tag{4.18}$$

La transizione a uno stato finale (o meglio, a uno dei possibili stati finali permessi) è dovuta all'azione di un termine di energia potenziale V, che inizia a essere effettivo per $t \geq 0$. V è accoppiato a un potenziale U tramite una costante: $V = g_0 U$, che nel caso elettromagnetico è semplicemente la carica elettrica della particella descritta da ψ. Al seguito della " accensione" di V, la particella transita a uno degli stati permessi ϕ_n del sistema, per cui al tempo $t \geq 0$ la funzione d'onda complessiva può essere espressa come sovrapposizione di stati:

$$\psi(t) = \sum_{n=0}^{\infty} c_n(t) \phi_n e^{-iE_n t/\hbar} \; . \tag{4.19}$$

Il quadrato dei coefficienti $c_n(t)$ rappresenta l'ampiezza di probabilità di trovare il sistema nello stato ϕ_n. Ovviamente, $c_m(0) = 1$ all'istante iniziale, mentre

---

[1] Lo studente non pratico con il formalismo può considerare solo il risultato finale del calcolo, Eqq. (4.28) e (4.29).

$c_n(0) = 0$ per $n \neq m$. A $t \geq 0$ la funzione d'onda (4.19) deve soddisfare l'equazione di Schrödinger non-relativistica:

$$H\psi = (H_0 + V)\psi = i\hbar \partial\psi/\partial t \qquad (4.20)$$

dove $H = H_0 + V$ è l'Hamiltoniana al tempo $t \geq 0$. Se inseriamo nella (4.20) le (4.19) e (4.18) si ottiene:

$$i\hbar \sum_{n=0}^{\infty} (\frac{dc_n}{dt})\phi_n e^{-iE_n t/\hbar} = \sum_{n=0}^{\infty} V c_n(t)\phi_n e^{-iE_n t/\hbar} \qquad (4.21)$$

(abbiamo tenuto conto del fatto che $H_0\psi = \sum_n c_n E_n \phi_n e^{-iE_n t}$, che si cancella con il termine proveniente dalla derivata parziale nel tempo della funzione ψ). Se moltiplichiamo ora la (4.21) con la funzione complessa coniugata ψ_k^* (dove k è un generico autostato di H_0) e usando le proprietà di normalizzazione per cui $\phi_k^*\phi_n = 0$ per $n \neq k$, otteniamo:

$$i\hbar(\frac{dc_k}{dt}) = \sum_{n=0}^{\infty} c_n(t) M_{nk} e^{-i(E_n - E_k)t/\hbar} \qquad (4.22)$$

dove la grandezza M_{nk} è l'elemento di matrice per la probabilità di transizione dallo stato n allo stato k provocato dal potenziale V:

$$M_{nk} = \int \phi_k^* V \phi_n d\tau \ . \qquad (4.23)$$

Si noti che M_{nk} ha le **dimensioni di una energia** poiché V (così come H) è un operatore con le dimensioni di una energia, $d\tau = d^3x = dv$ è l'elemento di volume, e le ϕ hanno dimensioni di $volume^{-1/2}$, come tutte le funzioni d'onda.

In teoria perturbativa si assume che il potenziale U sia così debole e le probabilità di transizione così basse che per tutto il tempo t considerato, si ha $c_m(t) \simeq 1$ e $c_n(t) \simeq 0$ per $n \neq m$. In altri termini, vista la piccola probabilità di una transizione, è estremamente improbabile e quindi trascurabile la probabilità di due o più transizioni. Questa condizione si esprime come:

$$M_{nk} \simeq 0 \quad \text{per} \quad n \neq m \ . \qquad (4.24)$$

Allora, integrando nel tempo la (4.22), e assumendo V indipendente dal tempo si ottiene:

$$\begin{aligned}
c_k(t) &= \frac{1}{i\hbar} \int_0^t M_{km} e^{-i(E_k - E_m)t/\hbar} dt \\
&= M_{km} \left[\frac{1 - e^{-i(E_k - E_m)t/\hbar}}{E_k - E_m}\right] \\
&= 2i M_{km} e^{-i(E_k - E_m)t/\hbar} \left[\frac{\sin[(E_k - E_m)t/2\hbar]}{E_k - E_m}\right]
\end{aligned} \qquad (4.25)$$

il quadrato di $c_k(t)$ rappresenta l'ampiezza di probabilità di trovare il sistema in uno stato ϕ_k. In generale, è possibile che gli stati sperimentalmente osservabili siano la sovrapposizione di diversi stati finali. Ad esempio, nel caso di un decadimento a tre corpi, l'energia totale E_0 a disposizione nello stato finale è una costante, ma le tre particelle possono suddividersi l'energia in un numero estremamente grande di modi, purché la somma sia E_0. La probabilità totale di transizione per unità di tempo verso uno dei possibili stati permessi è dato dalla somma di tutte le ampiezze di probabilità (4.25), ossia:

$$W = \frac{1}{t} \sum_i |c_i(t)|^2 \quad \longrightarrow \quad \frac{1}{t} \int_{-\infty}^{+\infty} |c_k(t)|^2 \cdot \frac{dN}{dE} \cdot dE \; . \tag{4.26}$$

Nell'ultimo passaggio, abbiamo sostituito la somma sugli stati discreti con un integrale sugli stati di energia, come effettivamente faremo quando tratteremo del decadimento a tre corpi sopra menzionato. La necessità di sostituire la sommatoria su un insieme numerabile di stati a un integrale è comune nei processi di decadimento o di collisione, quando le particelle nello stato finale del sistema possono occupare un qualsiasi livello energetico tra quelli permessi dalla conservazione dell'energia. La quantità dN/dE è per questo chiamata *la densità degli stati per unità di intervallo di energia*.

Possiamo integrare la (4.26) con alcune approssimazioni; se chiamiamo la grandezza $x = (E_k - E_m)t/2\hbar$, e inseriamo la (4.25) nella (4.26) otteniamo:

$$W = \frac{2}{\hbar} |M_{km}|^2 \int_{-\infty}^{+\infty} \left(\frac{dN}{dE} \right) \frac{\sin^2 x}{x^2} dx \; . \tag{4.27}$$

La quantità $\sin^2 x/x^2$ compare negli studi di fisica di base nella diffrazione delle onde elettromagnetiche; ciò non deve sorprendere, perché anche in questo caso stiamo analizzando onde (di probabilità). La funzione ha un massimo principale per $x = 0$ e si annulla la prima volta in corrispondenza di $x = \pm\pi$. Il contributo all'integrale per $|x| > \pi$ è piccolo (dell'ordine del 10%). In tutti i casi pratici, possiamo ulteriormente semplificare la (4.27) assumendo che dN/dE non vari molto nell'intervallo $[-\pi; \pi]$ (dove $\sin^2 x/x^2$ è non trascurabile) e trarlo fuori dall'integrale. Possiamo inoltre utilizzare il fatto che:

$$\int_{-\infty}^{+\infty} \frac{\sin^2 x}{x^2} dx = \pi \; .$$

In tal modo, la probabilità di transizione W diviene:

$$\boxed{W = \frac{2\pi}{\hbar} \cdot |M_{if}|^2 \frac{dN}{dE_f}} \tag{4.28}$$

avendo indicato ora con l'indice i lo stato iniziale e f lo stato finale. Dal punto di vista delle dimensioni fisiche, W **ha le dimensioni di [tempo]$^{-1}$, e si misura in (s^{-1}).** Infatti: la costante di Plank ha le dimensioni di $[Energia \cdot$

Tempo], M ha le dimensioni [*Energia*] e dN/dE quelle di $[Energia]^{-1}$. Gli elementi di matrice per la transizione tra lo stato i e f è dato da:

$$\boxed{M_{if} = \int \phi_i^* V \phi_f d\tau} \tag{4.29}$$

ϕ_i e ϕ_f sono rispettivamente la parte spaziale delle funzioni d'onda iniziali e finali. dN/dE_f è la densità energetica degli stati finali (talvolta viene indicato in letteratura con ρ_f).

L'equazione (4.28) viene chiamata anche la *seconda regola aurea di Fermi*. Nel prossimo paragrafo vedremo l'applicazione nel caso di un potenziale particolare, che ha importanza fondamentale sia nel caso dell'interazione elettromagnetica, che nel caso dell'interazione debole, come si vedrà nel Cap. 8.

4.4 Il propagatore bosonico

Consideriamo ora il caso specifico di una diffusione (*scattering*) di una particella inizialmente libera con energia definita con un potenziale generico del tipo (4.15). Si noti che, nel caso in cui il parametro $g/4\pi$ coincida con la carica elettrica Ze, e nel caso di $m = 0$ (ossia, $R = \hbar/mc = \infty$) il potenziale (4.15) diviene esattamente il potenziale coulombiano di una carica elettrica. La transizione avviene tra lo stato stazionario iniziale la cui parte spaziale dell'onda libera è $\phi_i = e^{i\mathbf{p_i}\cdot\mathbf{r}/\hbar}$, verso uno stato stazionario finale $\phi_f = e^{i\mathbf{p_f}\cdot\mathbf{r}/\hbar}$. In questo caso, l'elemento di matrice (4.29) diviene[2]:

$$M_{if} = \int \phi_i^* V(r) \phi_f d\tau = g_0 \int U(r) e^{-i\mathbf{p_i}\cdot\mathbf{r}/\hbar} e^{i\mathbf{p_f}\cdot\mathbf{r}/\hbar} d\tau =$$

$$= g_0 \int U(r) e^{i(\mathbf{p_f}-\mathbf{p_i})\cdot\mathbf{r}/\hbar} d\tau = g_0 \int U(r) e^{i\mathbf{q}\cdot\mathbf{r}/\hbar} d\tau \tag{4.30}$$

dove $\mathbf{q} = \mathbf{p_f}-\mathbf{p_i}$, $V(r) = g_0 U(r)$, e g_0 è una costante che indica l'accoppiamento della particella con il potenziale $U(r)$ (nel caso del potenziale coulombiano, coincide con la carica elettrica della particella incidente). Sempre nel caso del potenziale $U(r)$ considerato, chiameremo l'elemento di matrice (4.30) col nome di *propagatore bosonico*. Il nome sembra complicato, ma in realtà (come vedremo nei paragrafi successivi con i diagrammi di Feynman) esprime semplicemente il concetto che, perché l'interazione abbia luogo, è scambiata (*propagata*) una particella bosonica (ossia, di spin intero). Il propagatore bosonico viene anche indicato come:

---

[2] Per essere rigorosi, dovremmo considerare anche la parte spinoriale delle funzioni d'onda dei fermione. Come vedremo successivamente, questo modifica il risultato finale di un fattore moltiplicativo dipendente dallo spin del fermione.

$$f(\mathbf{q}) = g_0 \int U(\mathbf{r}) e^{i\mathbf{q}\cdot\mathbf{r}} d\tau \ . \tag{4.31}$$

Per il potenziale centrale si ha:

- $U(\mathbf{r}) = U(r) = \frac{g}{4\pi r} e^{-r/R}$;
- $\mathbf{q} \cdot \mathbf{r} = qr \cos\theta$;
- $d\tau = r^2 d\varphi \sin\theta d\theta dr$;
- $\int_0^\pi \sin\theta e^{iqr\cos\theta} d\theta = (2\sin qr)/qr$.

Inoltre, per un argomento z complesso, si ha: $\sin z = (e^{iz} - e^{-iz})/2i$.
Quindi, la 4.31 si scrive:

$$f(\mathbf{q}) = f(q) = 4\pi g_0 \int_0^\infty U(r) \frac{\sin qr}{qr} r^2 dr = g_0 g \int_0^\infty e^{-r/R} \frac{e^{iqr} - e^{-iqr}}{2iq} dr \ .$$

Utilizzando la relazione $R = \hbar/mc$, integrando e ponendo $\hbar = c = 1$ si ottiene:

$$\boxed{f(q) = \frac{g_0 g}{q^2 + m^2}} \tag{4.32}$$

Questa formula descrive nello spazio dei momenti (impulsi) la stessa legge espressa dal potenziale (4.15) nello spazio delle coordinate. Indicheremo in questo caso $|M_{if}|^2 = |f(q)|^2$. In particolare, $f(q)$ verrà utilizzato per descrivere la diffusione di una particella che si accoppia con la costante g_0 a un potenziale statico prodotto da una sorgente di grande massa e accoppiamento g. La (4.32) può essere interpretata come il termine che descrive la probabilità che avvenga uno scambio di un bosone tra le due particelle diffuse (fermioni). Lo scambio del bosone avviene tra due vertici, i cui *fattori di vertice* sono le costanti di accoppiamento g_0, g, del bosone con i due fermioni. Indicheremo con il termine *propagatore* la quantità $(q^2 + m^2 c^2)^{-1}$.

Nel Cap. 10 estenderemo la validità della (4.32) anche al caso in cui vi sia trasferimento sia di energia che di impulso, e la variabile q^2 avrà un significato leggermente diverso (rappresenterà un invariante relativistico).

4.5 Sezioni d'urto, vite medie: teoria ed esperimento

In questa sezione entriamo nel cuore del problema di confrontare *previsioni teoriche* ed *esperimenti*. Tra le grandezze sperimentalmente accessibili che possono essere previste in base alla teoria vi sono la *vita media* delle particelle (perché decadono? Attraverso quale interazione?) e la *sezione d'urto* (perché alcune particelle interagiscono con probabilità elevata, e altre con probabilità piccolissima?)

4.5.1 Sezione d'urto

Consideriamo una reazione del tipo

$$a + b \to c + d$$

con due particelle (a, b) nello stato iniziale e due (c, d) nello stato finale. Nel caso particolare di urto elastico, (c, d) coincidono con (a, b). Se n_a è la densità (cm^{-3}) di particelle incidenti, con velocità v_i relativa rispetto alle particelle bersaglio b, il flusso Φ $(\text{cm}^{-2}\text{s}^{-1})$ di particelle incidenti sul bersaglio è

$$\Phi = n_a v_i \ . \tag{4.33}$$

(Se consideriamo una sola particella a descritta da una funzione d'onda ψ in moto con velocità v_i, il flusso è dato da $\Phi = v_i |\psi|^2$, con unità dimensionali uguali a quelle di (4.33)). La probabilità che si verifichi nell'unità di tempo una interazione tra una delle particelle del fascio con una particella del bersaglio è proprio la grandezza W appena definita, che dovrà dipendere da Φ attraverso una costante di proporzionalità che abbia le dimensioni di un'area:

$$W = \sigma \Phi = \sigma n_a v_i \quad [\text{cm}^2][\text{cm}^{-3}][\text{cm s}^{-1}] \ . \tag{4.34}$$

($W = \sigma |\psi|^2 v_i = \sigma v_i$ nel caso di una sola particella incidente: si ricordi che $|\psi|$ ha le dimensioni di $[volume]^{-1/2}$). Questa relazione permette di inferire informazioni sulla grandezza W nel caso sia possibile misurare sperimentalmente la sezione d'urto e non si conosca il potenziale d'interazione, come nel caso dell'*interazione forte tra adroni* (Cap. 7) o in quello dell'*interazione debole* (Cap. 8). Ciò permette di inferire informazioni sul potenziale non conosciuto dell'interazione.

Nel caso opposto, quando invece il potenziale è noto (come nel caso delle *interazioni elettromagnetiche*), la quantità W è teoricamente conosciuta. La sezione d'urto di una particella incidente sul bersaglio è quindi:

$$\boxed{\sigma = \frac{W}{v_i}} \tag{4.35}$$

Nel caso di particelle con spin, se s_c e s_d sono rispettivamente gli spin delle particelle c e d, il numero di possibili stati finali dato dalla (4.35) aumenta di un fattore $g_f = (2s_c + 1) \cdot (2s_d + 1)$, come mostrato di seguito.

Il numero di stati di una particella nello spazio delle fasi in coordinate cartesiane non è altro che $dN = dxdydzdp_x dp_y dp_z / h^3$. In coordinate sferiche in un volume v unitario e nell'intervallo $(p + dp)$ nel sistema del laboratorio è:

$$dN = \frac{d\Omega}{(2\pi)^3 \hbar^3} p^2 dp \ . \tag{4.36}$$

Dunque, il numero di stati disponibili corrispondenti all'energia totale E_0 è (usiamo ora il sistema naturale di unità di misura, con $\hbar = c = 1$):

$$\frac{dN}{dE_0} = \frac{d\Omega}{(2\pi)^3} \cdot g_f \cdot p^2 \frac{dp}{dE_0} \ . \tag{4.37}$$

Specializziamo ora il calcolo al caso di una particella di massa M che a seguito dell'urto subisca una variazione trascurabile di quantità di moto (come ad esempio nel caso di un pesante nucleo nell'urto coulombiano). Indicando con E, p, m rispettivamente l'energia, l'impulso e la massa della particella diffusa, l'energia totale nello stato finale è:

$$E_0 = M + \sqrt{p^2 + m^2} \quad \text{da cui} \quad dE_0 = \frac{p}{E}dp \ . \tag{4.38}$$

Facendo uso delle relazioni relativistiche $E = mc^2\gamma$, $p = mv\gamma$, si ottiene (nel sistema di unità naturali) $p/E = v$ e:

$$\frac{dp}{dE_0} = \frac{E}{p} = \frac{1}{v} \tag{4.39}$$

v rappresenta la velocità della particella diffusa rispetto al centro diffusore, in quiete. Si può dimostrare (ad esempio in [87P1]) che la (4.39) è valida anche nel sistema del centro di massa, dove v rappresenta la velocità relativa tra le due particelle c, d. In tutta generalità possiamo quindi riscrivere la (4.35) come:

$$\boxed{d\sigma(a + b \to c + d) = \frac{1}{(2\pi)^2}|f(q)|^2\frac{g_f}{v_i v}p^2 d\Omega} \tag{4.40}$$

Useremo questa relazione nella prossima sezione per ottenere la sezione d'urto differenziale nel caso in cui $f(q)^2$ sia noto. Nei prossimi capitoli invece ricaveremo informazioni sul potenziale dalle misure di $d\sigma/d\Omega$.

4.5.2 Decadimento di particelle e vita media

Tra le particelle cariche, solo il protone e l'elettrone sono stabili (o almeno, hanno una vita media molto più grande dell'età dell'universo, Cap. 13). Il decadimento di una particella è la sua trasformazione spontanea in altre particelle con rilascio di energia. Il decadimento radioattivo è un processo in cui un nucleo instabile si trasforma in un nucleo con minore numero di massa atomica, accompagnato da altre particelle e/o radiazione (Capitolo 14 e Supplemento 4.1 [12B1]). È un fatto sperimentale che il decadimento delle particelle è descrivibile da una unica legge di natura, con un unico parametro libero (la *vita media* τ) dipendente da particella a particella. La vita media può variare da ∞ per le particelle stabili, a miliardi di anni per alcuni nuclei, a $\tau \sim 900$ s per il neutrone, sino a $\tau \sim 10^{-23}$ s per molti adroni.

La legge del decadimento può essere determinata nel seguente modo. La probabilità $P(\Delta t)$ che una particella, al tempo t, decada nell'intervallo successivo Δt è uguale al prodotto di Δt per una costante $1/\tau$, che è solo **caratteristica della particella**:

$$P(\Delta t) = \frac{\Delta t}{\tau} \quad .$$

Nel caso di un gran numero N di particelle identiche, il numero di quelle che decadono nell'intervallo Δt è $NP(\Delta t)$. Questi decadimenti diminuiscono il numero di particelle di una quantità $-\Delta t(dN/dt)$, ossia:

$$NP(\Delta t) = \frac{N\Delta t}{\tau} = -\Delta t\frac{dN}{dt} \quad \longrightarrow \quad \frac{dN}{dt} = -\frac{N}{\tau} \quad . \tag{4.41}$$

Indicando con N_0 il numero di particelle presenti all'istante iniziale, la soluzione della (4.41) è:

$$N(t) = N_0 e^{-t/\tau} \quad . \tag{4.42}$$

La (4.42) esprime la *legge del decadimento radioattivo*. Poiché:

$$\frac{\int t \cdot N(t)dt}{\int N(t)dt} = \tau$$

la costante τ viene chiamata la *vita media* della particella; essa è convenzionalmente definita nel *sistema di riferimento in cui la particella che decade è ferma*. La vita media delle particelle può essere misurata con diverse tecniche sperimentali. La natura probabilistica dei processi di decadimento, come espressa dalla (4.42) è in accordo sia con gli esperimenti che con la meccanica quantistica. È proprio la teoria che ha lo scopo di *spiegare* il valore di τ per ogni particella soggetta a una certa interazione. Un decadimento non è altro che una transizione da uno stato definito a uno dei possibili stati finali, tenendo conto di varie leggi di conservazione. Durante questo processo, una particella intermedia (il fotone nel caso dell'interazione elettromagnetica, un bosone $W^{\pm}, Z^0$ nel caso di quella debole) è scambiato tra lo stato iniziale e quello finale. Se la probabilità di transizione W (in unità s^{-1}) è grande, la vita media è piccola e viceversa. Quindi:

$$\boxed{W = \frac{1}{\tau}} \tag{4.43}$$

Branching ratio (frazioni di decadimento)

In generale, può accadere che una particella abbia diversi modi di decadimento. Il modo di decadimento della particella (*Decay Mode*) viene quantificato con la quantità frazione di decadimento (*Decay Fraction*), indicata dal simbolo Γ_i/Γ. Questo rapporto viene anche indicato in inglese come *Branching Ratio, BR*. Ovviamente, $\sum_i \Gamma_i/\Gamma = 1$. Ad esempio, trascriviamo dal *Particle Data Book* [10P1] (il rapporto biennale sull'avanzamento delle ricerche in fisica delle particelle e sulle proprietà delle particelle), il caso del muone:

Particle	Mass (MeV)	Mean life (s)	Decay Mode	Decay Fraction (Γ_i/Γ)
$\mu^{\pm}$	105.65837($\pm$1)	2.19703($\pm$4) $\times 10^{-6}$	$e\nu\bar{\nu}$	100%

Dunque il μ decade nel 100% dei casi in elettrone e due neutrini. La cifra entro parentesi rappresenta l'indeterminazione sull'ultima cifra significativa. Nel caso del pione, invece:

Particle	Mass (MeV)	Mean life (s)	Decay Mode	Decay Fraction (Γ_i/Γ)
$\pi^{\pm}$	139.5702($\pm$4)	2.6033($\pm$5) $\times 10^{-8}$	$\mu\nu$	$\simeq 99.98770\%$
			$e\nu$	1.230×10^{-4}
			$\mu\nu\gamma$	2.0×10^{-4}
			$e\nu\gamma$	7.39×10^{-7}
			$\pi^0 e\nu$	1.036×10^{-8}
			$e\nu e^+ e^-$	3.2×10^{-9}

Ciò significa che il pione ha una modalità di decadimento preferita ($\mu\nu$), ma ci sono altri decadimenti più rari, ma ugualmente misurati. Vedremo nel §8.10 per quale motivo il decadimento del pione in νe è soppresso di un fattore $\sim 10^4$ rispetto al decadimento $\nu\mu$.

Poiché spesso diversi canali di decadimento Γ_i/Γ possono essere anche dovuti a diversi meccanismi, ciascuno con vita media τ_i, la (4.43) può anche essere scritta come:

$$W_i = \frac{(\Gamma_i/\Gamma)}{\tau} \ . \tag{4.44}$$

4.6 I diagrammi di Feynman

I diagrammi di Feynman rappresentano espressioni matematiche, definite da un insieme di regole ben definite e codificate nei testi di fisica teorica (si veda ad esempio la rassegna disponibile sul sito web del CERN [73T1]) che noi non illustreremo nei dettagli. Essi ci offrono una semplice visualizzazione del meccanismo d'interazione tra particelle e forniscono anche una regola per calcolare l'ampiezza di transizione. Si ottengono a partire dallo sviluppo in serie (perturbativo) dell'urto e della propagazione di particelle interagenti. Lo sviluppo è espresso in termini di una costante di accoppiamento, α_{EM} nel caso elettromagnetico.

L'approssimazione del primo ordine è tanto migliore quanto più piccola è la costante di accoppiamento dell'interazione considerata.

Rimanendo nell'ambito dell'interazione EM coinvolgente solo elettroni e positroni, le particelle libere sono solo il fermione e^-, l'antifermione e^+ e il fotone (bosone) γ, che sono rappresentate rispettivamente da (vedi Fig. 4.3):

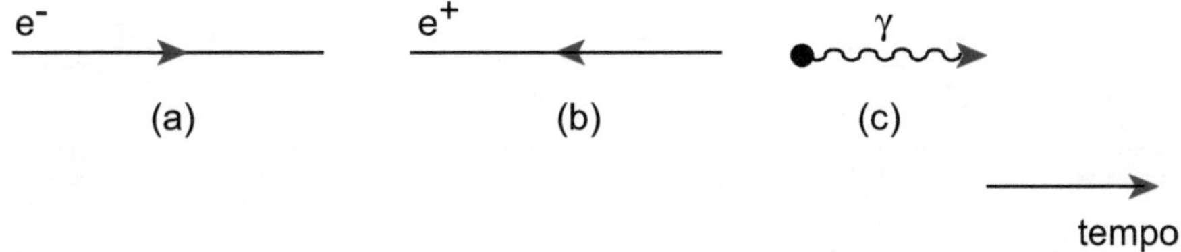

Figura 4.3. Rappresentazione di particelle libere in diagrammi di Feynman. (a) L'elettrone e^- si muove con velocità costante $v < c$ ed è indicato con una freccia nella direzione del tempo; (b) il positrone e^+ si muove con velocità costante $v < c$ in senso contrario al verso del tempo, (c) il fotone si muove con velocità c

- e^-: linea intera con una freccia diretta nello stesso verso del tempo (lo assumeremo sempre da sinistra a destra);
- e^+: linea intera con una freccia con verso opposto a quello del tempo (da destra a sinistra);
- γ: linea ondulata (talvolta indicata da una freccia).

Per una particella libera reale è valida la relazione $E^2 = m^2c^4 + p^2c^2$. Per una *particella virtuale*, cioè che connette due vertici di interazione (vedi sotto), tale relazione non è più valida. In particolare, per un fotone γ, se è reale si ha $m_\gamma = 0$; se è virtuale si può avere $E > pc$ (si dice che si ha un fotone di *tipo tempo, time-like*), oppure $E < pc$ (si dice che si ha un fotone di *tipo spazio, space-like*). Una particella virtuale non può diventare libera, esiste solo per un tempo permesso dal principio di indeterminazione. Il fotone virtuale è il messaggero dell'interazione tra particelle elettricamente cariche (vedi Fig. 4.1).

L'elemento base dei diagrammi di Feynman è un vertice (costituito da due linee fermioniche e una bosonica), come mostrato nella Fig. 4.4. Definiamo un asse dei tempi orizzontale e verso destra e orientiamo in vario modo rispetto a quest'asse il diagramma di Fig. 4.4: si ottengono i sei diagrammi di Fig. 4.5, che rappresentano 6 processi base di QED. Ognuno di questi processi può essere ottenuto dal diagramma di Fig. 4.4 girando opportunamente le "gambe" del diagramma.

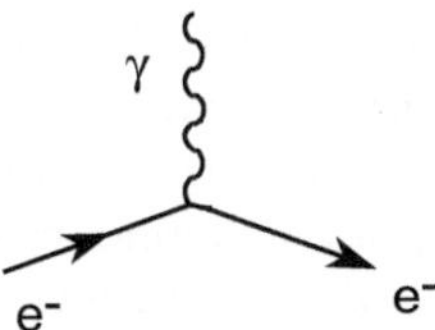

Figura 4.4. Il vertice base dell'elettrodinamica quantistica. La linea intera con la freccia rappresenta un elettrone, la linea ondulata un fotone

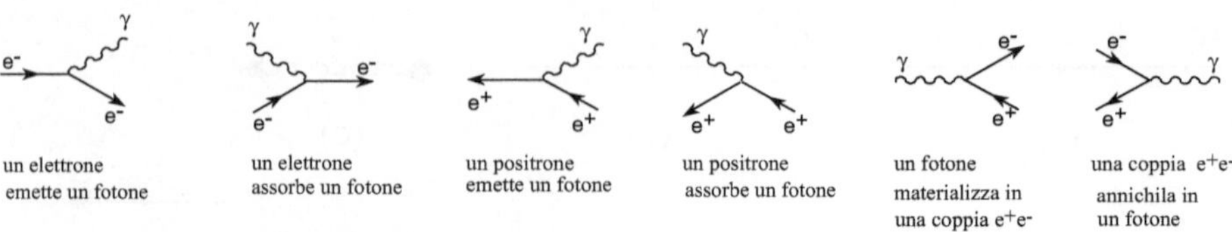

Figura 4.5. Sei esempi di diagrammi a vertice, orientati nel tempo in modo da descrivere 6 differenti processi base di QED

In ogni vertice si deve sempre conservare l'energia, l'impulso, la carica elettrica e altre grandezze quali il numero barionico e leptonico. Nessuno dei sei processi illustrati in Fig. 4.5 è possibile se tutte e tre le particelle sono reali, come si è già discusso in Eq. (4.3).

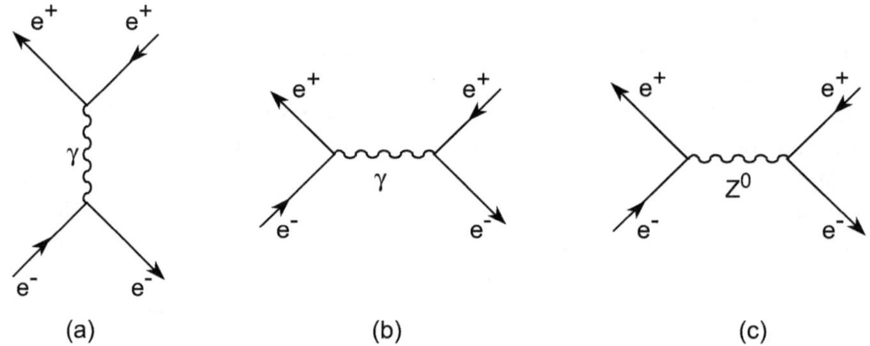

Figura 4.6. (a) (b) Diagrammi di Feynman che contribuiscono all'ordine più basso all'urto elastico $e^+e^- \to e^+e^-$ per la sola interazione elettromagnetica. (c) Contributo del bosone Z^0

Ora usiamo il vertice base di QED per costruire diagrammi più complicati. Usando due volte il vertice base di Fig. 4.4 si ottiene il diagramma di Fig. 4.1 per l'urto elastico $e^-e^- \to e^-e^-$ (*urto Møller*). Notare che gli elettroni sono reali, mentre il fotone è virtuale. Questo diagramma è in realtà costituito da due diagrammi, quando si specifica quale elettrone emette o assorbe il fotone scambiato, Fig. 4.1a,b. Questi diagrammi sono le combinazioni più semplici del vertice di Fig. 4.4 (*diagrammi all'ordine più basso, leading order*). Altri esempi di diagrammi all'ordine più basso sono mostrati in Fig. 4.6a,b per l'urto elastico $e^+e^- \to e^+e^-$ (*urto Bhabha*). Notare che il diagramma di Fig. 4.6a è analogo a quello di Fig. 4.1c (e va trattato come in Fig. 4.1a,b), mentre quello di Fig. 4.6b (detto diagramma di annichilazione) è tipico di un'annichilazione. In Fig. 4.6c è mostrato il contributo del bosone Z^0 (interazione debole a Corrente Neutra, che discuteremo più avanti).

La Fig. 4.7 illustra l'emissione di un fotone da parte di un elettrone nel campo coulombiano di un nucleo con carica Ze (*bremsstrahlung*). Rispetto ai diagrammi di Fig. 4.5 e 4.6 si ha un vertice in più, rappresentato dal fotone che proviene dal nucleo o che arriva al nucleo. Inoltre, oltre al fotone reale e all'elettrone iniziale e finale, è presente anche un elettrone virtuale (cioè un elettrone compreso fra due vertici).

Il calcolo delle sezioni d'urto e delle probabilità di transizione è basato sull'uso dello sviluppo perturbativo (si vedano i Problemi 4.7 e 4.8), che abbiamo discusso nei paragrafi precedenti. Il propagatore bosonico (4.32) può essere interpretato come dovuto allo scambio di un bosone con probabilità proporzionale a $(q^2 + m^2 c^2)^{-1}$ e come prodotto di due *fattori di vertice* g_0, g, che descrivono l'accoppiamento del bosone con le particelle. La sezione d'urto (4.40) è il prodotto di $|f(q)|^2$ per un termine di spazio delle fasi, diviso per un fattore di flusso e moltiplicato per fattori dovuti allo spin delle particelle. Nel caso dello scambio di un fotone si ha $m = 0$, quindi un propagatore $1/q^2$ e una sezione d'urto proporzionale a $1/q^4 = 1/t^2$ dove $(t = q^2)$.

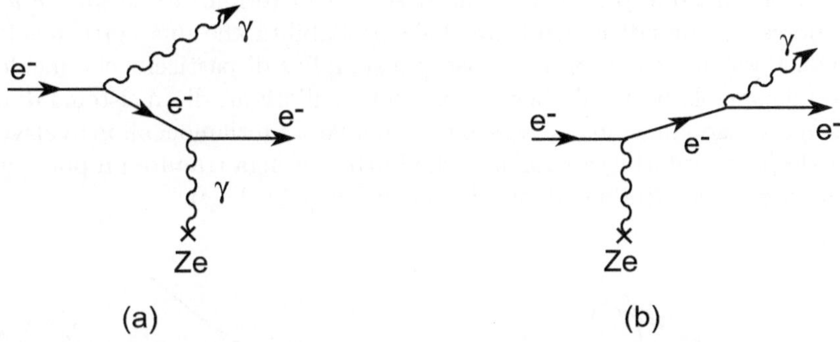

Figura 4.7. Diagrammi di Feynman all'ordine più basso per l'emissione di un fotone da parte di un elettrone nel campo coulombiano di un nucleo (*bremsstrahlung*)

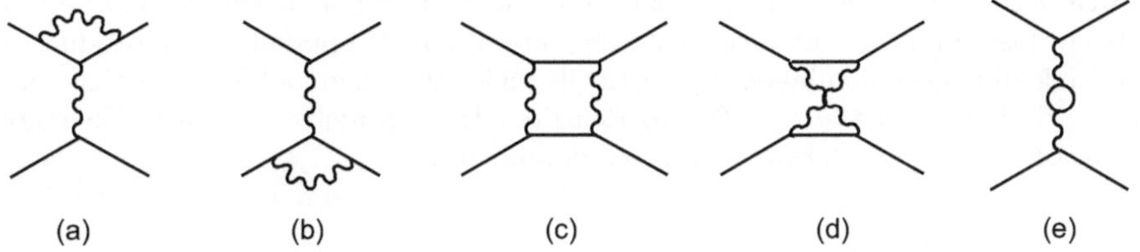

Figura 4.8. Diagrammi di Feynman del 2° ordine per l'urto elastico $e^- e^- \rightarrow e^- e^-$

L'aggiunta di ordini superiori modifica lievemente quanto calcolato all'ordine più basso. In termini di diagrammi di Feynman, oltre al diagramma all'ordine più basso (*leading order*) occorre aggiungere i diagrammi con altre linee e altri vertici intermedi. L'ordine successivo (*next-to-leading-order*) coinvolge due vertici in più, come illustrato in Fig. 4.8 per l'urto elastico $e^-e^- \to e^-e^-$. Siccome ogni vertice contribuisce con $\sqrt{\alpha_{EM}}$ all'elemento di matrice (4.29), questo vuol dire che il loro contributo all'ampiezza è circa α_{EM} volte inferiore (cioè circa 137 volte inferiore).

I diagrammi di Feynman sono importanti per effettuare calcoli QED, quali quelli di sezioni d'urto e probabilità di decadimento. È da ricordare che i diagrammi sono più facilmente interpretabili nello spazio degli impulsi invece che nello spazio-tempo (vedi il commento dopo la (4.32)). Per i dettagli si rimanda ai testi specializzati (ad esempio, [89A1]).

4.7 Alcuni processi elettromagnetici

4.7.1 Scattering Rutherford da un centro diffusore

L'interazione fra due particelle viene descritta in termini di *sezione d'urto*, che rappresenta quindi una misura della probabilità che una certa reazione avvenga. Possiamo considerare il caso più semplice di particelle che incidono contro una singola particella bersaglio, ferma nell'origine di un sistema di assi cartesiani ortogonali, come illustrato in Fig. 4.9a. Limitiamoci all'urto elastico fra particelle puntiformi, assumendo che l'urto avvenga tramite un potenziale a simmetria sferica (indipendente dall'angolo azimutale φ).

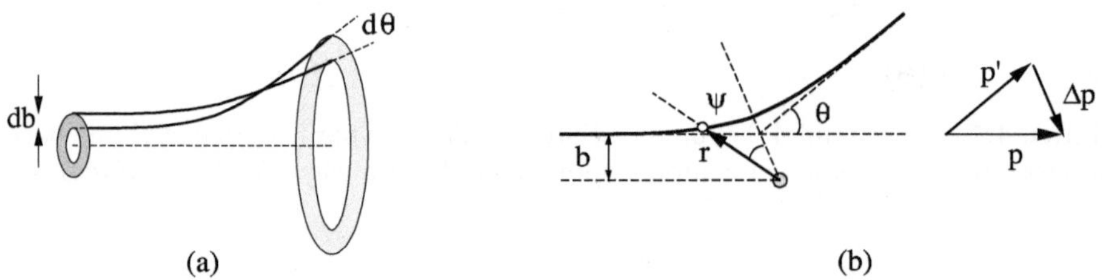

Figura 4.9. Diffusione elastica di particelle incidenti nell'area $2\pi b \, db$ attorno a un centro diffusore puntiforme fisso (generalmente, un nucleo pesante), che produce un potenziale di tipo coulombiano. Le particelle incidenti vengono diffuse elasticamente nell'intervallo angolare $(\theta, \theta - d\theta)$. (b) Relazione tra parametro d'impatto b e angolo di deflessione nello scattering elastico coulombiano

Indichiamo con N_0 il numero di particelle incidenti per unità di area e di tempo. Consideriamo quelle particelle con *parametro d'impatto* compreso fra b e $b + db$. Nell'ipotesi di particelle con dimensioni nulle e potenziale a simmetria sferica, l'urto è determinato dal valore di b: le particelle nella regione anulare compresa in $(b, b + db)$ vengono diffuse entro un intervallo angolare $(\theta, \theta - d\theta)$, corrispondente a un angolo solido $d\Omega$. Notare che per un parametro d'urto b più grande si ha diffusione a un angolo θ più piccolo; quindi a un db

positivo corrisponde un $d\theta$ negativo. Il numero di particelle incidenti diffuse elasticamente per unità di tempo nell'intervallo $(\theta, \theta - d\theta)$ è:

$$dN = 2\pi N_0 b\, db = N_0\, d\sigma \qquad (4.45)$$

dove $d\sigma = 2\pi b db$ è la superficie dell'anello circolare nel quale passano le particelle incidenti che sono diffuse nell'intervallo $(\theta, \theta - d\theta)$. Notare che se si considera dN come differenza tra il numero di particelle iniziali e finali, la variazione del numero di particelle del fascio va scritta con segno negativo. Definiamo la sezione d'urto differenziale elastica $d\sigma/d\Omega$ tramite la relazione

$$d\sigma(\theta) = \frac{d\sigma}{d\Omega}\, d\Omega = \frac{d\sigma}{d\Omega} 2\pi \sin\theta\, d\theta = -2\pi b\, db \qquad (4.46)$$

($d\Omega = 2\pi \sin\theta d\theta$ è l'angolo solido elementare) da cui:

$$\frac{d\sigma}{d\Omega}(\theta) = -\frac{b}{\sin\theta} \frac{db}{d\theta}\ . \qquad (4.47)$$

Nel caso più generale, senza supporre una simmetria sferica, si scrive:

$$d\sigma(\theta, \varphi) = b\, db\, d\varphi = -\frac{d\sigma}{d\Omega}(\theta, \varphi)\, d\Omega = -\frac{d\sigma}{d\Omega}(\theta, \varphi)\, \sin\theta\, d\theta\, d\varphi\ . \qquad (4.48)$$

Si ottiene la *sezione d'urto totale elastica* integrando la (4.48) in θ e in φ:

$$\sigma_{tot}^{el} = \int \frac{d\sigma}{d\Omega}(\theta) d\Omega = -2\pi \int_0^\pi \sin\theta \frac{d\sigma}{d\Omega}(\theta) d\theta \qquad (4.49)$$

assumendo sempre simmetria azimutale ($\int d\varphi = 2\pi$).

In un certo senso si può considerare che la sezione d'urto totale rappresenti le dimensioni effettive del bersaglio o meglio l'area "trasversa" offerta dal centro diffusore alle particelle incidenti. Questo non è vero nell'urto da potenziale e in molti altri casi: l'area effettiva dipende dal tipo di processo considerato e dall'energia delle particelle incidenti. La sezione d'urto differenziale $(d\sigma/d\Omega)_{el}$ rappresenta la frazione di sezione d'urto dovuta alla diffusione elastica a un certo angolo compreso in $(\theta, \theta + d\theta)$.

Calcolo classico

Specializziamo ora al caso della diffusione coulombiana elastica fra due particelle elettricamente cariche, per esempio di una particella α, cioè un nucleo ^{4}He di qualche MeV di energia, su un centro diffusore quale un nucleo atomico d'oro. Il potenziale coulombiano dovuto a un centro diffusore di carica Ze ($Z = 79$ per un nucleo d'oro) è:

$$U(r) = \frac{Ze}{r}\ . \qquad (4.50)$$

Se ze è la carica della particella incidente ($z = 2$ nel caso dei nuclei d'elio), l'energia potenziale coulombiana è $V(r) = zeU(r)$.

Si può dimostrare (Problema 4.3) tramite argomentazioni cinematiche classiche (vedi Fig. 4.9b) che esiste una relazione fra angolo di diffusione θ, energia cinetica $E_c = (p^2/2m)$ della particella incidente e parametro d'impatto b data da:

$$\tan\frac{\theta}{2} = \frac{zZe^2}{2E_c b} = \frac{\text{Energia potenziale a distanza } 2b}{\text{Energia cinetica}} \tag{4.51}$$

da cui:

$$b = \frac{Zze^2}{2E_c}\cot\frac{\theta}{2} \; . \tag{4.52}$$

Si ha quindi ($d(\cot x) = -(\sin x)^{-2}dx$):

$$\frac{db}{d\theta} = -\frac{Zze^2}{2\cdot 4E_c}\frac{1}{\sin^2\theta/2} \; . \tag{4.53}$$

Sostituendo questa relazione nella (4.47) e ricordando che $\sin\theta = 2\sin\frac{\theta}{2}\cos\frac{\theta}{2}$ si ha:

$$\frac{d\sigma}{d\Omega}(\theta) = -\frac{b}{\sin\theta}\frac{db}{d\theta} = \frac{(Zze^2)^2}{(4E_c)^2}\frac{1}{\sin^4(\theta/2)} \; . \tag{4.54}$$

È questa la formula classica della *diffusione elastica di Rutherford* fra due particelle cariche senza spin. L'integrale della (4.54) fornisce la sezione d'urto totale elastica:

$$\sigma_{tot}^{el} = \int\frac{d\sigma}{d\Omega}(\theta)d\Omega = 8\pi\left(\frac{Zze^2}{4E_c}\right)^2\int_0^1\frac{d(\sin(\theta/2))}{\sin^3(\theta/2)} \; . \tag{4.55}$$

La (4.55) diverge, cioè $\to \infty$, per $\theta \to 0$. Questa divergenza è un problema tipico dell'interazione coulombiana, dovuta alla dipendenza spaziale della forza del tipo $(1/r^2)$. Questo vuol dire un "range" infinito e quindi una deflessione, anche se piccolissima, per r grandi. Si può quindi integrare la (4.55) fino a un angolo $\theta = \theta_0 > 0°$ che rappresenti, per esempio, la risoluzione angolare del nostro apparato. Inoltre, i centri diffusori del materiale bersaglio subiscono sempre un'azione di schermo da parte di altre particelle, per esempio degli elettroni atomici. Nel caso dell'urto di Rutherford di una particella α con un nucleo d'oro (Problema 4.6), non si considerano in pratica parametri d'impatto superiori alla distanza dal nucleo degli elettroni più interni dell'atomo d'oro.

La grandezza e^2/E_c ha le dimensioni di una lunghezza; in particolare, $e^2/m_e c^2 = 2.8 \times 10^{-13}$ $cm = r_e$ rappresenta il *raggio classico* dell'elettrone. Ad es., il termine $(e^2/4E_c)^2$ in (4.55) a $E_c = 1$ MeV $\simeq 2m_e$ corrisponde a $r_e^2/64$.

Calcolo in teoria perturbativa

È istruttivo considerare lo stesso processo nell'ambito della teoria perturbativa, facendo uso del propagatore bosonico. In §4.4 si è visto che l'elemento di matrice $|M| = f(q)$ è dato dalla (4.32), e contempla anche il caso particolare del fotone ($m = 0$). L'elemento di matrice per la probabilità di transizione di una particella di "carica" $g_0 = (ze)$ su un nucleo di carica $g/4\pi = (Ze)$ è:

$$f(q) = 4\pi \frac{Z z e^2}{q^2} \tag{4.56}$$

q rappresenta la variazione tra la quantità di moto iniziale e finale nell'interazione (Fig. 4.9b)[3]:

$$q^2 = (\mathbf{p} - \mathbf{p}')^2 = p^2 + p'^2 - 2\mathbf{p} \cdot \mathbf{p}' \simeq 2p^2(1 - cos\theta) = 4p^2 \sin^2 \theta/2 \tag{4.57}$$

per cui dalla (4.40), assumendo come relativistiche le velocità prima e dopo l'urto, trascurando gli spin e usando $\hbar = c = 1$:

$$d\sigma = \frac{1}{(2\pi)^2} |f(q)|^2 \frac{p^2}{v_i v} d\Omega \tag{4.58}$$

ossia, poiché $\frac{p^2}{v_i v} \simeq m^2$:

$$\frac{d\sigma}{d\Omega} = \left[4\pi \left(\frac{Z z e^2}{4p^2 \sin^2 \theta/2} \right) \right]^2 \cdot \frac{m^2}{(2\pi)^2} \ . \tag{4.59}$$

Nell'approssimazione di nucleo con massa molto elevata, particelle senza spin, particella incidente non relativistica ($p^2/(2m) = E_c$) si ha infine:

$$\left(\frac{d\sigma}{d\Omega} \right)_R = \frac{Z^2 z^2 e^4 m^2}{4p^4 \sin^4 \theta/2} = \frac{Z^2 z^2 e^4}{(4E_c)^2 \sin^4 \theta/2} \tag{4.60}$$

che coincide con quanto ottenuto in (4.54) con il calcolo classico della formula di Rutherford per particelle incidenti cariche contro bersagli con massa molto più elevata. Ciò corrisponde anche al caso della diffusione $e^- p$ ($Z = z = 1$), che verrà affrontata nel Cap. 10, includendo la massa finita delle particelle interagenti, il loro spin e le dimensioni finite del protone. Si noti che la (4.60) dipende da E_c^{-2}: all'aumentare dell'energia cinetica la probabilità di una particella di essere diffusa elasticamente tramite interazione elettromagnetica diminuisce quadraticamente.

---

[3] La grandezza q^2 qui definita non è un invariante relativistico. Nel §10.3.1 essa verrà ridefinita in maniera da renderla indipendente dalla scelta del sistema di riferimento.

4.7.2 La reazione $e^+e^- \to \mu^+\mu^-$

Come esempio[4] di un processo elettromagnetico la cui sezione d'urto è calcolabile con i diagrammi di Feynman, consideriamo il processo di annichilazione di una coppia elettrone-positrone, con la creazione di una coppia muone-antimuone. Oltre che a essere istruttivo in sé, il risultato del calcolo sarà utilizzato nel §9.3, nella scoperta dei quark pesanti.

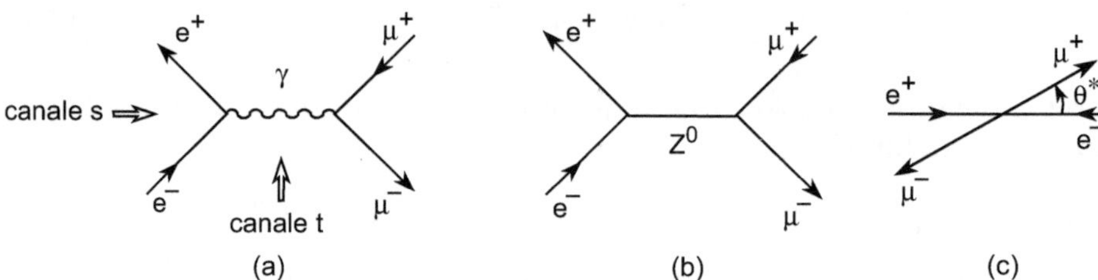

Figura 4.10. Diagrammi di Feynman per la reazione $e^+e^- \to \mu^+\mu^-$ causata (a) dall'interazione elettromagnetica e (b) da quella debole a corrente neutra. Notare che la reazione nel canale s è: $e^+e^- \to \mu^+\mu^-$; nel canale t è: $e^-\mu^+ \to e^-\mu^+$. (c) Illustrazione della collisione $e^+e^- \to \mu^+\mu^-$ nel sistema del centro di massa

La sezione d'urto elettromagnetica per la reazione $e^+e^- \to \mu^+\mu^-$ (che possono tutte essere considerate particelle puntiformi) è ottenibile all'ordine più basso dal solo diagramma di Feynman di Fig. 4.10a. La sezione d'urto è proporzionale a α_{EM}^2 (dovuto ai due vertici). L'annichilazione e^+e^- avviene generalmente in collisionatori, in cui particella e antiparticella hanno quantità di moto uguale in modulo e opposta in direzione. In questo caso, il momento trasferito relativisticamente invariante q coincide con l'energia nel centro di massa $\sqrt{s}$. Dunque, in maniera analoga alla (4.59), sostituendo $p^2 = s$:

$$\sigma \sim \alpha_{EM}^2 \frac{(\hbar c)^2}{s} \ . \tag{4.61a}$$

La distribuzione angolare risultante per fasci di e^+, e^- non polarizzati è:

$$\frac{d\sigma}{d\Omega} = \frac{\alpha_{EM}^2}{4s}(1 + \cos^2 \theta^*) \tag{4.61b}$$

dove è θ^* l'angolo di emissione del muone nel sistema del centro di massa, Fig. 4.10c). I due termini $(1 + \cos^2 \theta^*)$ provengono dal fatto che la coppia iniziale e^+e^- può avere momento angolare totale pari a $J = 0$ or $J = 1$, a secondo che il loro spin sia antiparallelo o parallelo. Nel primo caso (vedi §7.5.1), la sezione d'urto differenziale non presenta dipendenze angolari; nel caso di $J = 1$, la conservazione del momento angolare richiede che $\frac{d\sigma}{d\Omega} \propto \cos^2 \theta^*$

---

[4] Questi sottoparagrafi sono di livello più avanzato e possono essere omessi in prima lettura.

L'integrazione sull'angolo solido di (4.61b) per energie molto sopra la massa del muone (ossia sopra la soglia $\sqrt{s} = 2m_\mu c^2$) porta a:

$$\sigma(e^+e^- \to \mu^+\mu^-) = \frac{4\pi\alpha_{EM}^2(\hbar c)^2}{3s} = \frac{86.8}{s}\text{nb} \quad \text{se } s \text{ è in GeV}^2 \qquad (4.62)$$

dove $s = (2E_0)^2$ con E_0 = energia degli elettroni e positroni incidenti nel sistema c.m. Il fattore $4\pi/3$ proviene dall'integrazione sull'angolo solido.

Le distribuzioni angolari sperimentali a energie relativamente basse sono in accordo con la forma $(1 + \cos^2\theta^*)$, ma si discostano a energie più elevate, ad esempio quando $\sqrt{s} > 20$ GeV. Ciò perché la reazione $e^+e^- \to \mu^+\mu^-$ può avvenire anche attraverso lo scambio di una Z^0, come illustrato nella Fig. 4.10b; questo processo non è un processo elettromagnetico, bensì *debole*. In particolare, si tratta di un processo debole a corrente neutra, che aumenta di importanza con l'aumentare dell'energia nel centro di massa, fino a giungere ad un massimo all'energia corrispondente alla massa del bosone Z^0. Questo argomento verrà ripreso e approfondito nei Capitoli 9 e 11, quando si vedrà che a energie elevate l'interazione elettromagnetica e quella debole danno luogo a un'interazione unificata.

4.7.3 Diffusione elastica elettrone-positrone (scattering Bhabha)

In questo caso due diagrammi elettromagnetici contribuiscono: il primo diagramma, Fig. 4.6a è analogo a quello per l'urto elastico e^-e^-; il secondo diagramma, Fig. 4.6b, è analogo al diagramma elettromagnetico per $e^+e^- \to \mu^+\mu^-$. Il primo diagramma domina a piccoli angoli di diffusione e dà luogo a una sezione d'urto che aumenta rapidamente al diminuire dell'angolo. I due vertici contribuiscono all'ampiezza M_{if} ciascuno con un fattore $\sqrt{\alpha_{EM}}$; il propagatore fotonico contribuisce con un termine $1/q^2$. Perciò la sezione d'urto è proporzionale a: $\frac{d\sigma}{dq^2} \approx M_{if}^2 \approx \frac{\alpha_{EM}^2}{q^4}$. Per elettroni relativistici la formula corretta (ottenuta usando in maniera completa la QED [84H1]) è la seguente:

$$\frac{d\sigma}{dq^2} = \frac{4\pi\alpha_{EM}^2(\hbar c)^2}{q^4 c^2} \cos^2\frac{\theta^*}{2} . \qquad (4.63)$$

Ai due diagrammi elettromagnetici va aggiunto il diagramma dovuto all'interazione debole, Fig. 4.6c. Ne risulta una distribuzione angolare complicata, che può essere globalmente schematizzata in due parti: a piccoli angoli l'urto è dovuto all'interazione elettromagnetica e la sezione d'urto ha una dipendenza $1/\theta^4 \approx 1/q^4$; a grandi angoli si ha una situazione analoga a quella per $e^+e^- \to \mu^+\mu^-$ (vedi Fig. 4.11).

La sezione d'urto totale per la diffusione Bhabha ha una dipendenza dall'energia come $1/s$, in modo analogo e per gli stessi motivi dimensionali dell'urto $e^+e^- \to \mu^+\mu^-$. È da notare che la grande sezione d'urto a piccoli angoli è praticamente dovuta alla sola interazione elettromagnetica ed è calcolabile con una precisione migliore dell'1%. È per questo motivo che i dispositivi necessari

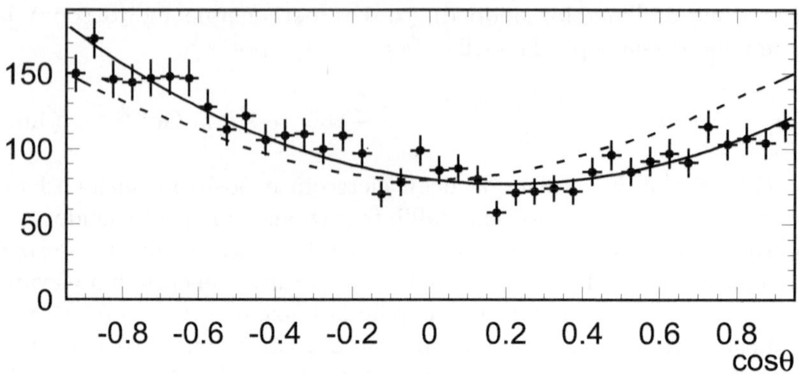

Figura 4.11. Distribuzione angolare, nel sistema del c.m., del muone per $e^+e^- \to \mu^+\mu^-$ a $\sqrt{s} \simeq 89$ GeV. La linea tratteggiata rappresenta la dipendenza $(1+\cos^2\theta^*)$ predetta della sola interazione elettromagnetica; la linea intera è l'ottimizzazione ai dati sperimentali, in cui vi è un piccolo effetto dovuto alle interazioni deboli (diagramma di Fig. 4.10b)

alla misura della luminosità ai collisionatori e^+e^-, per esempio al LEP, misurano la sezione d'urto Bhabha a piccoli angoli. Tale misura serve alla misura assoluta della sezione d'urto (Cap. 10).

4.7.4 Annichilazione $e^+e^- \to \gamma\gamma$

La produzione di una coppia di fotoni nell'annichilazione e^+e^- offre la possibilità di verificare in modo chiaro la validità della QED alle più alte energie disponibili. All'ordine più basso, il processo avviene tramite scambio di un elettrone, Fig. 4.12a, e coinvolge quindi la sola interazione elettromagnetica. I termini dovuti all'interazione debole sono del tutto trascurabili. La sezione d'urto dovuta al grafico di Feynman di Fig. 4.12a è:

$$\sigma_T = \frac{2\pi\alpha^2}{s} \ln\left(\frac{s}{m_e^2}\right) \ . \tag{4.64}$$

I risultati sperimentali sulla sezione d'urto totale sono in ottimo accordo con le previsioni della (4.64) (vedi Fig. 4.12b).

4.7.5 Verifiche di QED

Verifiche della QED sono state fatte con grande precisione in molti campi della fisica delle particelle. Le verifiche più precise riguardano il momento magnetico dell'elettrone e del muone. All'ordine più basso la teoria di Dirac prevede che tali momenti siano uguali a 1 *magnetone di Bohr* $\mu_{Bohr} = e\hbar/2m$ (con $m = m_e, m_\mu$). Le correzioni radiative relative all'interazione dell'elettrone

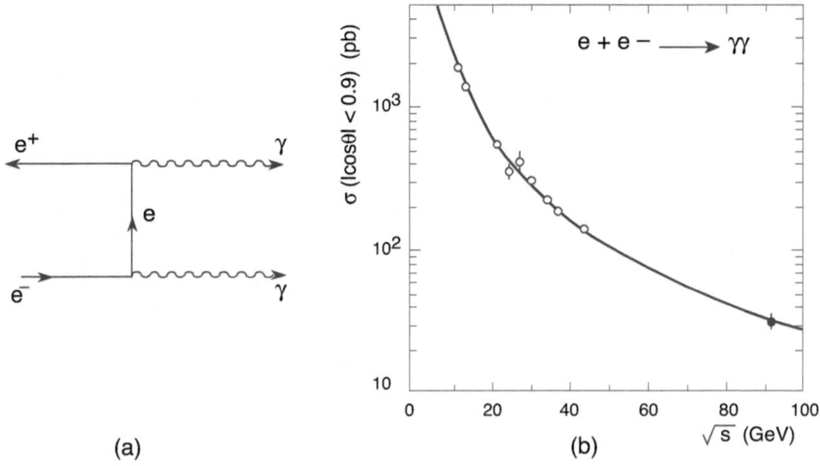

Figura 4.12. (a) Diagramma di Feynman al 1° ordine per il processo $e^+e^- \to \gamma\gamma$. (b) Sezione d'urto totale per il processo $e^+e^- \to \gamma\gamma$ in funzione dell'energia nel centro di massa

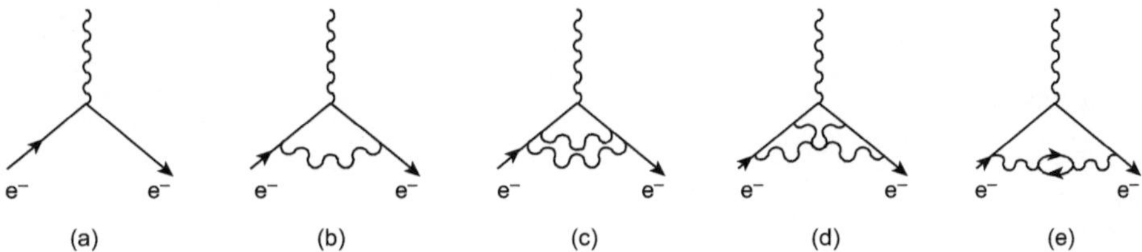

Figura 4.13. Diagrammi di Feynman per l'interazione del momento magnetico dell'elettrone con un campo **B** esterno: (a) ordine più basso, (b) ordine successivo; (c), (d), (e) ordine ancora successivo

(muone) con il campo magnetico che è necessario per fare la misura (vedi Fig. 4.13) modificano tale valore nel modo seguente ($\alpha = \alpha_{EM}$):

$$\frac{\mu_e}{\mu_{Bohr}} = 1 + \frac{1}{2}\frac{\alpha}{\pi} - 0.32848\left(\frac{\alpha}{\pi}\right)^2 + 1.1765\left(\frac{\alpha}{\pi}\right)^3 - 0.8\left(\frac{\alpha}{\pi}\right)^4 = 1.001159652307(11) .$$

$$(4.65)$$

Il valore sperimentale è 1.001 159 652 193 (10) (le due ultime cifre fra parentesi indicano le cifre su cui si ha incertezza sperimentale). L'errore teorico deriva dall'incertezza sui diagrammi di ordine più elevato.

Un accordo esperimento-teoria dello stesso ordine di grandezza si ha anche per il momento magnetico del muone. Notare che si parla spesso di valore di $(g-2)$ (leggasi: *gi men due*) dove g è il rapporto giromagnetico previsto essere uguale a 2 dal diagramma di ordine più basso. Altre verifiche di precisione saranno descritte nel Cap. 9.

5

Primo sguardo alle altre interazioni fondamentali

5.1 Introduzione

Come abbiamo visto nel capitolo precedente per il caso elettromagnetico, due particelle interagiscono quando si scambiano quantità di moto. Classicamente questo scambio è dovuto a un campo: una particella è sorgente di uno o più campi coi quali modifica le proprietà dello spazio circostante; una seconda particella che si trovi nel campo della prima e che possa essere sorgente dello stesso tipo di campo è soggetta a una forza. La prima particella "sente" la stessa forza, in verso opposto, in virtù del campo creato dalla seconda (3° principio della dinamica). Un campo può essere misurato solo attraverso i suoi effetti su un'altra sorgente dello stesso campo.

Dal punto di vista quantistico, in perfetta analogia con l'elettromagnetismo, l'interazione è vista come emissione e assorbimento, da parte di due particelle fermioniche interagenti, di una *particella bosonica virtuale*. Tali particelle bosoniche virtuali sono le "portatrici" del campo. Come i campi, anche le particelle virtuali non possono essere rivelate direttamente, perché sono "nascoste" dal principio d'indeterminazione.

Attualmente si conoscono quattro tipi di interazioni: le interazioni *gravitazionale, debole, elettromagnetica* e *forte*. Dopo aver descritto nel precedente capitolo dell'interazione elettromagnetica, in questo faremo una prima analisi introduttiva e semiquantitativa dell'interazione gravitazionale, debole e forte. Le interazioni gravitazionali sono trascurabili a livello submicroscopico (a parte i primi istanti di vita dell'universo, come vedremo nel Cap. 13), e nel seguito non saranno più considerate.

5.2 L'interazione gravitazionale

La forza gravitazionale è stata la prima interazione fondamentale a essere conosciuta; seguendo l'evoluzione storica si può pensare alla forza gravitazionale come al risultato di una "unificazione" di due interazioni. Fino all'epoca di

Braibant S., Giacomelli G., Spurio M.: Particelle e interazioni fondamentali. Il mondo delle particelle
DOI 10.1007/978-88-470-2754-1_5, © Springer-Verlag Italia 2012

Newton (*Philosophiae Naturalis Principia Mathematica*, 1687) la forza di attrazione fra sole e pianeti e la forza peso con cui la terra attrae ogni corpo alla sua superficie erano considerate due forze distinte. Newton comprese che la forza che teneva uniti i pianeti al sole e la luna alla terra era la stessa che fa cadere i corpi sulla terra. La forza di gravitazione universale è espressa da

$$\mathbf{F} = -G_N \frac{m_1 m_2}{r^2} \hat{\mathbf{r}} \tag{5.1}$$

dove m_1 e m_2 sono le masse (o meglio, le cariche) gravitazionali dei due corpi che interagiscono, r è la loro distanza, $\hat{\mathbf{r}}$ è un versore diretto da m_1 a m_2 e G_N è la costante di gravitazione universale:

$$G_N = 6.672 \cdot 10^{-8} \text{cm}^3 \text{g}^{-1} \text{s}^{-2} = 6.672 \cdot 10^{-11} \text{N m}^2 \text{kg}^{-2} \ .$$

La massa gravitazionale è sempre positiva e quindi la forza gravitazionale è sempre attrattiva.

È un fatto sperimentale, e un principio della relatività generale, che il rapporto tra massa inerziale (m_i) e massa gravitazionale (m_g) sia costante per tutti i corpi. Nei nostri sistemi metrici, m_i e m_g sono dimensionalmente e numericamente uguali. Caratteristiche peculiari della forza gravitazionale sono il suo legame con l'inerzia dei corpi e la sua universalità, poiché tutti i corpi dotati di massa ne sono soggetti.

Ogni interazione può essere caratterizzata da un parametro adimensionale esprimibile in termini di costanti universali; tali *costanti di accoppiamento* (analoghe a α_{EM}) caratterizzano le intensità delle quattro interazioni (vedi Tab. 5.1). Per la gravità, considerando come massa fondamentale quella del protone, si può costruire la seguente grandezza adimensionale:

$$\alpha_G = G_N \frac{m_p^2}{\hbar c} = 6.673 \cdot 10^{-11} \frac{(1.67 \cdot 10^{-27})^2}{1.05 \cdot 10^{-34} \cdot 3.00 \cdot 10^8} = 5.90 \cdot 10^{-39} \ . \tag{5.2}$$

In termini di costanti universali possiamo costruire altre due costanti che hanno a che fare con l'interazione gravitazionale. La prima è la *massa di Planck*

$$M_{Pl} = \sqrt{\hbar c / G_N} = \sqrt{3.1638 \cdot 10^{-26} / 6.673 \cdot 10^{-11}} = 1.221 \cdot 10^{19} \text{GeV} \tag{5.3}$$

che è una massa enorme, se confrontata con quelle delle particelle più massive oggi note, come quelle dell'ordine di 100 GeV dei bosoni vettori dell'interazione debole. La seconda grandezza è la *lunghezza di Planck*:

$$\ell_{Pl} = \frac{\hbar c}{M_{Pl} c^2} = 1.616 \cdot 10^{-35} \text{m} \ . \tag{5.4}$$

È questa una lunghezza molto più piccola delle dimensioni del protone.

Non esiste ancora una soddisfacente teoria quantistica della gravitazione. Si prevede che la particella portatrice del campo, il *gravitone*, debba avere spin 2, e massa nulla (la massa nulla è legata alla "portata" (*range*) che è infinita). La forza gravitazionale gioca un ruolo fondamentale nel macrocosmo. A dimensioni submicroscopiche e al livello delle particelle la forza gravitazionale è completamente trascurabile rispetto alle altre tre interazioni: se l'atomo di idrogeno fosse tenuto insieme dalla sola forza gravitazionale, le sue dimensioni sarebbero maggiori di quelle dell'universo. Si ipotizza che l'interazione gravitazionale diventi importante per distanze dell'ordine della lunghezza di Planck ed energie (e masse) superiori alla massa di Planck.

5.3 L'interazione debole

L'interazione debole (in inglese: *weak interaction, WI*) è stata inizialmente analizzata tramite lo studio dei decadimenti radioattivi dei nuclei atomici. Il decadimento β^- di un nucleo $A(Z, N)$ di massa A, con Z protoni e N neutroni, avviene secondo lo schema seguente:

$$A(Z, N) \to A(Z + 1, N - 1)e^-\bar{\nu}_e \ . \tag{5.5a}$$

Ciò corrisponde al decadimento di un neutrone

$$n \to pe^-\bar{\nu}_e \tag{5.5b}$$

che, come vedremo in seguito, al livello fondamentale corrisponde al decadimento di un quark d:

$$d \to ue^-\bar{\nu}_e \ . \tag{5.5c}$$

I quark e i nucleoni (cioè protoni e neutroni) non coinvolti vengono detti "spettatori".

A livello dei costituenti ultimi della materia, l'interazione debole ha luogo tra due quark, tra due leptoni e tra un leptone e un quark. Si può in un certo senso dire che i quark e i leptoni posseggono una *carica debole*. L'interazione debole è meno intensa dell'interazione forte e di quella elettromagnetica. È quindi mascherata dall'interazione forte e da quella elettromagnetica, a meno che, a causa di qualche legge di conservazione, le ultime due non possano intervenire.

L'interazione debole è sicuramente responsabile di tutti i processi dove sono coinvolti neutrini, che non possiedono nè carica forte (di *"colore"*) nè carica elettromagnetica. Esempi di interazioni di neutrini su protone e su elettrone sono:

$$\left\{ \begin{array}{ll} \text{Interazione di un } \bar{\nu}_\mu \text{ di alta energia} & \bar{\nu}_\mu p \to \mu^+ n \quad\quad\quad\text{(a)} \\ \text{Interazione di un } \bar{\nu}_e \text{ di alta energia} & \bar{\nu}_e p \to e^+ n \quad\quad\quad\text{(b)} \\ \text{(Interazioni a corrente carica)} & \end{array} \right.$$

$$\tag{5.6}$$

$$\left\{ \begin{array}{ll} \text{Urto elastico } \nu_\mu e^- & \nu_\mu e^- \to \nu_\mu e^- \quad\quad\quad\text{(c)} \\ \text{(Interazione a corrente neutra)} & \end{array} \right.$$

Un esempio di decadimento che coinvolge un neutrino è il decadimento β del neutrone (vedi reazione (5.5b)). Notare che il neutrone non può avere altri tipi di decadimento a causa della conservazione del numero barionico (§5.5.3) e di quello leptonico elettronico. Decadimenti in $p\mu^-\overline{\nu}_\mu$ or $p\tau^-\overline{\nu}_\tau$ sono energeticamente proibiti.

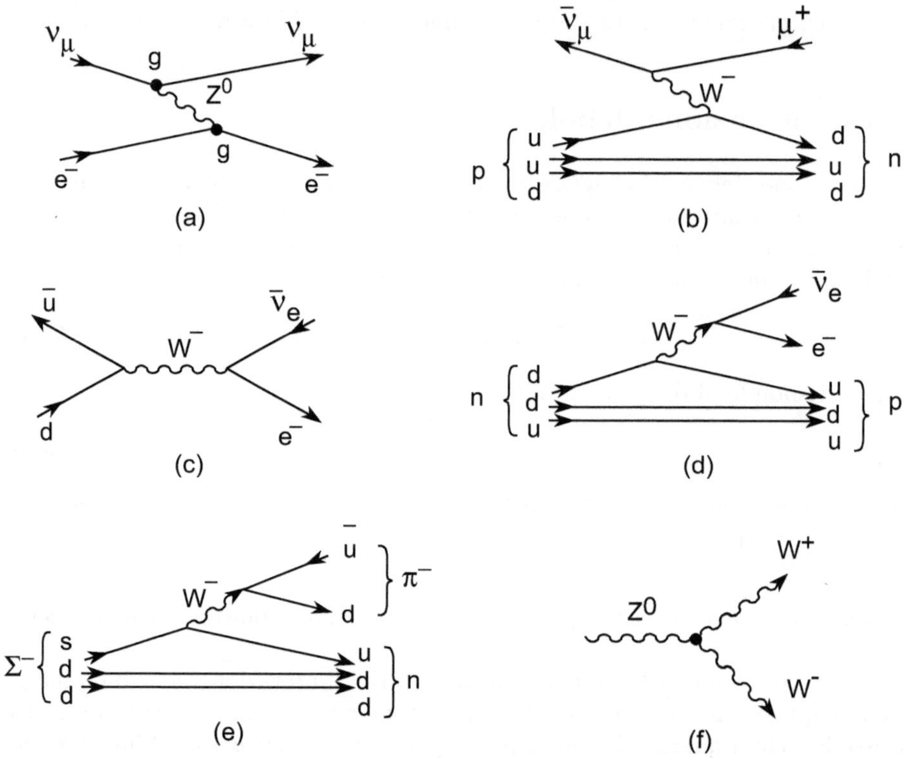

Figura 5.1. Diagrammi di Feynman per l'interazione debole. (a) Urto elastico $\nu_\mu e^- \to \nu_\mu e^-$, mediato dal bosone Z^0 (interazione debole a corrente neutra); g è la costante di accoppiamento. (b) Interazione $\overline{\nu}_\mu p \to \mu^+ n$, mediata dal bosone W^- (interazione a corrente carica). Notare che il processo elementare è $\overline{\nu}_\mu u \to \mu^+ d$, con i restanti quark u, d che agiscono da "spettatori". (c) Processo elementare a corrente carica $\overline{u}d \to \overline{\nu}_e e^-$, mediato da W^-. (d) Decadimento del neutrone, $n \to pe^-\overline{\nu}_e$. I quark d, u agiscono da "spettatori"; il processo elementare è analogo a quello illustrato in (c), con la trasformazione di d incidente in u uscente. (e) Decadimento $\Sigma^- \to n\pi^-$. (f) Vertice triplo fra i bosoni Z^0, W^+ e W^-

L'interazione debole è facilmente osservabile anche in interazioni e decadimenti che coinvolgono il cambiamento del *"sapore"* (*flavour*, tipo) dei quark (Cap. 7). In questi casi si ha variazione di numero quantico di stranezza S e di numero quantico di charm $C(\Delta S \neq 0,\ \Delta C \neq 0)$; sono processi proibiti per l'interazione forte e quella elettromagnetica. Un esempio di decadimento con cambiamento del sapore è il decadimento non leptonico dell'iperone Σ^- (Fig. 5.1e)

$$\begin{array}{ccc} \Sigma^- \longrightarrow & n & + \; \pi^- \\ S \; -1 & 0 & 0 \end{array} \tag{5.7a}$$

che coinvolge la trasformazione di un quark strano $(S = -1)$ in un quark non strano $(S = 0)$. A livello di quark si ha (in modo analogo al decadimento del neutrone, Fig. 5.1d)

$$\Sigma^- \left\{ \begin{array}{cccc} s & \to uW^- & u(d\overline{u}) \to u\pi^- \\ dd & dd & dd & dd \end{array} \right\} \to n\pi^- \tag{5.7b}$$

con i due quark dd della Σ^- iniziale che agiscono da spettatori.

L'interazione debole è mediata da bosoni vettori massivi, $W^\pm$ e Z^0, di massa 80.3 e 91.2 GeV rispettivamente. I processi con scambio di W^+ o W^- sono chiamati *processi a corrente carica*; essi coinvolgono la trasformazione di un leptone in un altro della stessa famiglia (vedi reazioni (5.6a,b)) e di un quark con un tipo di sapore in uno di altro tipo. I processi con scambio di Z^0 sono chiamati *processi a corrente neutra* (processi senza variazioni di carica, vedi reazione (5.6c)). La Fig. 5.1 illustra l'interpretazione di processi tipo (5.6) in termini di quark e leptoni che si scambiano bosoni vettoriali W^+, W^-, Z^0. È da notare che i vertici deboli leptonici coinvolgono solo i membri della stessa famiglia (= generazione). L'emissione (o l'assorbimento) di un W^+ trasforma il leptone di una famiglia nell'altro, e viceversa ($e^- \leftrightarrow \nu_e; \mu^- \leftrightarrow \nu_\mu; \tau \leftrightarrow \nu_\tau$). Nei processi che coinvolgono adroni ci sono quark che agiscono da "spettatori", ma che sono coinvolti nel processo di adronizzazione.

Si può ottenere una stima dell'intensità dell'interazione debole rispetto a quella elettromagnetica confrontando le vite medie di due decadimenti che coinvolgono particelle con masse simili, ma dovuti a interazioni differenti:

Interazione debole	$\pi^- \to \overline{\nu}_\mu \mu^-$	$\tau_{\mathrm{WI}} = 2.6 \cdot 10^{-8} \sim 10^{-8}$s	
Interazione elettromagnetica	$\pi^0 \to \gamma\gamma$	$\tau_{\mathrm{EM}} = 8.4 \cdot 10^{-17} \sim 10^{-16}$s .	

Il rapporto tra le due vite medie è legato all'inverso del rapporto tra le probabilità di transizione (4.43): $(\tau_{WI}/\tau_{EM} \propto W_{EM}/W_{WI})$. Il diagramma "debole" di Fig. 5.1e può essere interpretato in modo analogo a quello dell'interazione elettromagnetica di Fig. 4.1. Il contributo dei due vertici all'ampiezza d'urto è $W_{WI} \propto \alpha_W \alpha_W = [gg]^2$, dove g può essere pensata inizialmente come l'equivalente debole della carica elettrica. Nel caso dell'interazione elettromagnetica si aveva $W_{EM} \propto \alpha_{EM}\alpha_{EM} = [e^2]^2$. Quindi:

$$\frac{\alpha_W}{\alpha_{EM}} \propto \left(\frac{\tau_{EM}}{\tau_{WI}} \right)^{-1/2} \simeq \left(\frac{10^{-16}}{10^{-8}} \right)^{1/2} \simeq 10^{-4} \; . \tag{5.8}$$

Questa è una stima piuttosto approssimata, che trascura alcuni fattori, ma sufficiente per mostrare che l'interazione debole è molto più debole di quella elettromagnetica. La "magia" di poter ricavare la vita media delle particelle nota la costante di accoppiamento sarà discussa in dettaglio nel Cap. 8. Vedremo inoltre che il loro propagatore bosonico dovrà tener conto del contributo della massa delle particelle bosoniche che mediano l'interazione ($W^{\pm}, Z^0$), ossia è del tipo $1/(q^2 + m^2_{W,Z^0})$. Ne consegue che la probabilità di transizione per l'interazione debole W_{WI} (§4.4) diviene:

$$W_{WI}^{1/2} \propto f(q^2) = \frac{g^2}{q^2 + m^2_{W,Z^0}} = \frac{\alpha_W}{q^2 + m^2_{W,Z^0}} \; . \tag{5.9}$$

A basse energie si ha $q^2 \ll m^2_{W,Z^0}$; pertanto nella (5.9) si ha $f(q^2) \simeq g^2/m^2_{W,Z^0}$ = costante, indipendente da q^2. Poiché la trasformata di Fourier di una costante è una funzione delta di Dirac, si può affermare che l'interazione è puntiforme, come aveva postulato Fermi nel 1935. Per $q^2 \ll m^2_{W,Z^0}$ si può scrivere

$$\frac{G_F}{\sqrt{2}} = \frac{g^2}{8m_W^2} \tag{5.10}$$

dove G_F è la costante di accoppiamento di Fermi, $G_F/(\hbar c)^3 = 1.1664 \cdot 10^{-5}\mathrm{GeV}^{-2}$. La costante adimensionale dell'interazione debole può essere costruita utilizzando una massa; se prendiamo come riferimento la massa m_p del protone si ha:

$$\alpha_W = (m_p c^2)^2 \frac{G_F}{(\hbar c)^3} = (0.932827)^2 \cdot 1.1664 \cdot 10^{-5} = 1.027 \cdot 10^{-5} \; . \tag{5.11}$$

Anche la costante debole $g = \sqrt{\alpha_W}$ non è costante, ma aumenta all'aumentare dell'energia, con una dipendenza più forte di quella per α_{EM} (Cap. 9).

L'interazione debole viola un certo numero di leggi di conservazione. Per esempio, viola la conservazione della parità (§6.4). Nell'ipotesi che i neutrini abbiano massa nulla [1], gli accoppiamenti deboli dei neutrini destrorsi e degli antineutrini sinistrorsi sarebbero nulli. Quindi i neutrini sono sempre sinistrorsi, cioè lo spin del neutrino ($\Leftarrow$) è antiparallelo all'impulso ($\rightarrow$), $\nu = (\overset{\rightarrow}{\leftarrow})$, mentre gli antineutrini sono destrorsi, cioè spin e impulso sono paralleli, $\bar{\nu} = (\overset{\rightarrow}{\Rightarrow})$.

La teoria prevede anche un vertice fra i bosoni intermedi Z^0, W^+ e W^- (vedi Fig. 5.1f). Il contributo di tale vertice è trascurabile alle basse energie, causa l'elevata massa dei bosoni $Z^0, W^{\pm}$. Diventa importante in collisioni $e^+ e^- \rightarrow Z^0 \rightarrow W^+ W^-$ per $\sqrt{s} \geq 2m_W \simeq 161$ GeV.

---

[1] Recenti risultati sperimentali privilegiano l'ipotesi che i neutrini abbiano una massa molto piccola, ma non nulla (§12.6).

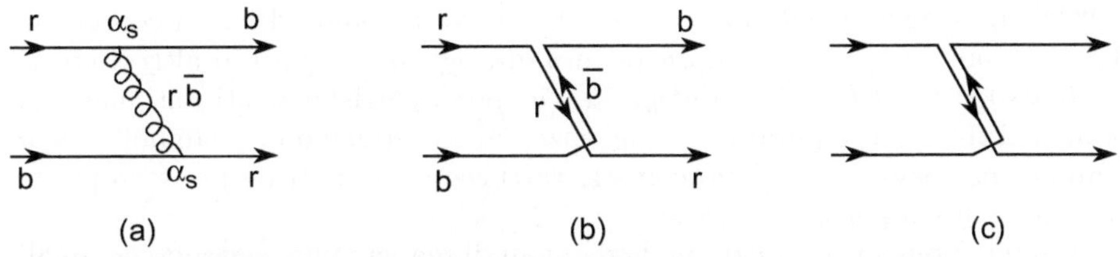

Figura 5.2. (a) Illustrazione della forza forte tra due quark con colori *rosso* (r) e *blu* (b) tramite scambio di un gluone *rosso-antiblu* ($r\bar{b}$) (α_S è relativa all'ampiezza al quadrato). (b), (c) Illustrazione dello stesso processo con linee di colore. Notare che una linea che va indietro nel tempo rappresenta un anticolore ($\bar{b}$). Si noti che la figura in bianco e nero non pregiudica la rappresentazione. Sarebbe difficile disegnare l'*antirosso* o *l'antiblu*. I tre colori non hanno infatti nessuna relazione con gli ordinari colori nella banda visibile dello spettro elettromagnetico

5.4 L'interazione forte

A livello fondamentale l'interazione forte (*strong*) ha luogo solo fra quark (e gluoni). Si ritiene che l'interazione forte fondamentale si manifesti nell'interazione diretta fra quark, sia nei processi d'urto fra due quark, Fig. 5.2a, che nell'interazione fra tre quark per formare un barione, o fra un quark e un antiquark per formare un mesone, o fra gluoni.

Si può ritenere che la forza fra due nucleoni (Cap. 14) sia una forza forte "residua", in modo analogo a quanto avviene per la forza elettromagnetica fra due atomi per formare una molecola. La forza elettromagnetica fondamentale si manifesta nella sua interezza nell'interazione fra il protone e l'elettrone per formare l'atomo di idrogeno; la forza fra atomi è una forza elettromagnetica "residua".

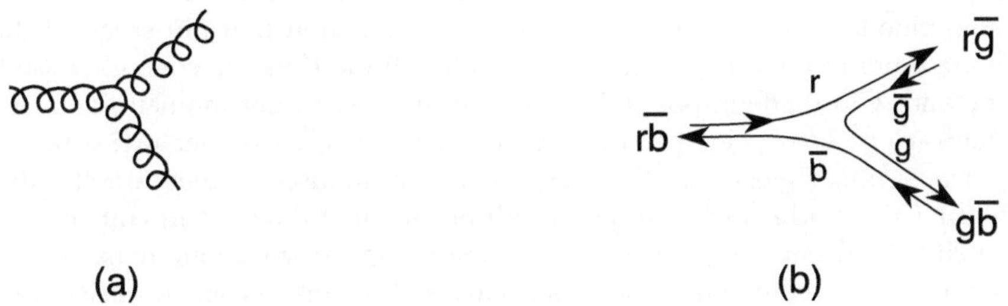

Figura 5.3. (a) Illustrazione di un vertice a tre gluoni e (b) la sua interpretazione più semplice in termini di linee di colore

La sorgente dell'interazione elettromagnetica è la carica elettrica. Esiste un solo tipo di carica elettrica, e quella di segno opposto; l'interazione elettromagnetica è mediata dal fotone. La teoria dell'interazione forte è la *cromodinamica quantistica* (QCD) modellata per analogia all'elettrodinamica quantistica

(QED). La sorgente della forza forte è la *carica di colore*, di cui si conoscono 3 tipi, denominati *rosso* (r), *blu* (b) e *giallo* (g) per i quark e altri 3 colori *antirosso* $(\bar{r})$, *antiblu* $(\bar{b})$ e *antigiallo* $(\bar{g})$ per i corrispondenti antiquark. Il nome dei tre colori è puramente convenzionale; in italiano i tre simboli r, b, g stano come rosso, blu e giallo come le cartucce tricromatiche per stampanti. In inglese, g sta per *green*, verde.

L'interazione forte è mediata da 8 gluoni di massa nulla, ciascuno dei quali porta una carica di colore e un'anticarica di colore: $r\bar{b}$, $r\bar{g}$, $b\bar{r}$, $b\bar{g}$, $g\bar{r}$, $g\bar{b}$, più due combinazioni tra loro. Nella Fig. 5.2 è illustrata, tramite un diagramma di Feynman per il "colore", l'interazione fra un quark rosso e uno blu, con lo scambio di un gluone rosso-antiblu. Notare che una linea di colore ha una freccia che prosegue con continuità e che una freccia diretta da destra a sinistra corrisponde a un anticolore. È anche da notare che l'interazione forte varia il colore dei quark, ma non ne cambia il sapore: la variazione del sapore è solo opera dell'interazione debole.

Analogamente a quanto fatto per l'interazione debole, si può ottenere una stima del rapporto tra la costante di accoppiamento forte e quella elettromagnetica tramite una stima delle vite medie di due decadimenti che coinvolgono particelle con masse simili, ma dovuti a interazioni diverse. Gli adroni (le risonanze) che decadono tramite l'interazione forte (per esempio $N^* \to N\pi$) hanno vite medie τ_S dell'ordine di 10^{-23} s, mentre particelle che decadono tramite l'interazione elettromagnetica (per esempio $\Sigma^0 \to \Lambda^0 \gamma$) hanno vite medie dell'ordine di 10^{-19} s. Si ha quindi:

$$\frac{\alpha_S}{\alpha_{EM}} \simeq \left(\frac{\tau_{EM}}{\tau_S}\right)^{1/2} \simeq \left(\frac{10^{-19}}{10^{-23}}\right)^{1/2} \simeq 100 \text{ e quindi } \alpha_S \simeq 1 \ . \tag{5.12}$$

Il fatto che $\alpha_S \simeq 1$ ha una grossa implicazione: **viene a mancare la validità della teoria perturbativa**. Un diagramma perturbativo con lo scambio di un solo gluone, come quello illustrato in Fig. 5.2, non può più essere il diagramma dominante: i diagrammi con scambio di molti gluoni sono altrettanto importanti. Ciò rende impossibile il calcolo di processi per momenti trasferiti al quadrato q^2 bassi, cioè per urti lontani. Per alti q^2, cioè per urti a piccole distanze, si può dimostrare (Cap. 11) che α_S diminuisce e diventa dell'ordine di $\simeq 0.1$ ($\alpha_S \simeq 0.12$ a $q^2 = m_Z^2$); quindi ad alti q^2 i diagrammi con scambio di un singolo gluone rappresentano una buona approssimazione della realtà.

Dato che i gluoni posseggono una carica di colore e una di anticolore è possibile l'interazione fra gluoni, che dà luogo a vertici a tre gluoni, come illustrato nella Fig. 5.3a; la Fig. 5.3b illustra l'interpretazione in termini di linee di colore. La presenza del termine a tre gluoni, con una probabilità molto elevata a bassi q^2, differenzia qualitativamente la forza forte dalle altre forze. Esiste anche il vertice con quattro gluoni. È da notare che l'interazione elettromagnetica non contiene un vertice con 2 o più fotoni.

Il potenziale quasi statico fra due quark entro un adrone può essere parametrizzato nella forma:

Forza	Intensità (costante adimensionale)	Raggio d'azione (cm)	Particelle su cui agisce	Particelle (bosoni) scambiate	Massa dei bosoni scambiati	Spin^{Parita} dei bosoni scambiati
Forte	$0.1\left\{\begin{array}{l} piccole \\ distanze \end{array}\right.$ $1\left\{\begin{array}{l} grandi \\ distanze \end{array}\right.$	10^{-13}	quark gluoni	8 gluoni	0	1^-
Elettromagnetica	$1/137$	∞	particelle elettricamente cariche	fotone	0	1^-
Debole	$1.027 \cdot 10^{-5}$	$< 10^{-15}$	leptoni, quark	bosoni vettori intermedi $(W^\pm, Z^0)$	80.6 GeV 91.2 GeV	$1^+, 1^{-\star}$
Gravitazionale	$5.9 \cdot 10^{-39}$	∞	tutte	gravitone	0	2^+

Tabella 5.1. Confronto tra le proprietà principali delle quattro forze fondamentali (a basse energie). * Nell'interazione debole la parità è violata

$$V_S = -\frac{4}{3}\frac{\alpha_S}{r} + Kr \ . \tag{5.13}$$

Il termine di tipo Coulombiano domina alle piccole distanze; tuttavia non diverge a $r \to 0$ poiché α_S non è costante, ma diminuisce al diminuire della distanza (*libertà asintotica*). In questo modo, gli adroni hanno un raggio finito, corrispondente ad una posizione di equilibrio. Il secondo termine, lineare nella distanza r fra due quark, dà luogo a una forza analoga a quella di un elastico; è connesso con l'interazione fra gluoni e si manifesta con il confinamento dei quark entro gli adroni. L'effetto di questo termine è illustrato nella Fig. 5.4: il tentativo di liberare i quark, allungando l'"elastico gluonico" che li tiene legati, porta alla rottura dell'elastico, con la creazione di una coppia quark-antiquark. Ciò è dovuto alla situazione di minima energia dello stato con due coppie quark-antiquark, quando i quark e antiquark di una coppia sono a breve distanza l'uno dall'altro, rispetto alla situazione di una sola coppia con

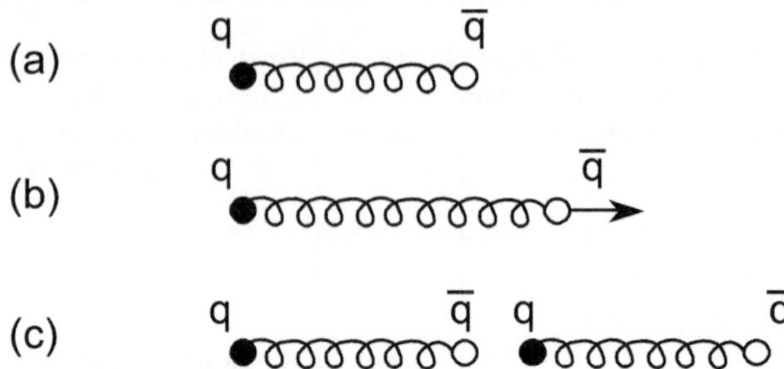

Figura 5.4. L'interazione a distanza relativamente grande tra due quark può essere pensata come a una forza elastica (le molle dell'illustrazione rappresentano "elastici", non gluoni). Un tentativo di allungare un "elastico" per liberare i quark risulta nella creazione (formazione) di una nuova coppia quark-antiquark

i quark a distanza elevata.

Le tre "costanti" di accoppiamento relative alle interazioni elettromagnetica, debole e forte dipendono in realtà dall'energia a cui avvengono i processi. Nel Cap. 13 vedremo che nell'ipotesi di energie estremamente elevate, dell'ordine di $\sqrt{s} \sim 10^{15}$ GeV, le "costanti" assumono all'incirca lo stesso valore. Si pensa che a quella energia e per energie superiori si abbia l'unificazione delle tre interazioni fondamentali. La Tab. 5.1 riassume le proprietà principali delle quattro interazioni fondamentali.

5.5 Classificazione delle particelle

Abbiamo stabilito quali sono le interazioni tra le particelle. Talvolta è utile effettuare una classificazione delle particelle esistenti in natura.

5.5.1 Classificazione secondo la *stabilità*

Una prima classificazione delle particelle con masse inferiori a 3 GeV, può essere fatta in termini della loro *stabilità*.

Le particelle stabili sono: il fotone (γ), l'elettrone (e^-), e le corrispondenti antiparticelle; nel Modello Standard (SM) sono stabili anche i neutrini e i rispettivi antineutrini. Per quanto riguarda gli adroni, solo il protone (e l'antiprotone) è stabile. In modelli al di là del Modello Standard il protone e i neutrini possono essere instabili.

Molte particelle sono instabili e possono essere classificate sulla base del valore della loro vita media. Si ricordi che, preso un campione di N_0 particelle instabili al tempo $t = 0$, dopo un tempo t il loro numero si riduce a $N = N_0 \exp(-t/\tau)$ dove τ è la *vita media a riposo* ($t_{1/2} = \tau \ln 2 = 0.693\tau$ è il *tempo di dimezzamento*).

Le particelle con masse nell'intervallo $0.1 \div 3$ GeV/c^2 e con vite medie comprese fra 10^{-6} e 10^{-12} secondi decadono tramite l'interazione debole. In questo gruppo rientrano i leptoni $\mu^\pm$, $\tau^\pm$, i quark d, s, c, b, t e gli adroni $\pi^\pm$, $K^\pm$, K^0, $\overline{K^0}$, Λ^0, $\Sigma^\pm$, Ξ^-, D, D_s, Λ_c, B, ecc.

Le particelle con vite medie comprese fra 10^{-16} e 10^{-20} secondi decadono tramite l'interazione elettromagnetica; esempi sono gli adroni π^0, η^0, Σ^0.

Gli adroni con vite medie dell'ordine di 10^{-23} secondi decadono tramite l'interazione forte. Sono le cosidette *risonanze*, come ρ, ω, K^*, N^*, Δ, Y^*, ecc.

I bosoni mediatori dell'interazione debole W^+, W^-, Z^0 hanno vite medie dell'ordine di 10^{-25} secondi. È da notare che queste vite medie sono così brevi a causa della grande massa dei bosoni intermedi e della relativamente piccola massa delle particelle in cui decadono: il fattore spazio delle fasi dN/dE_0 (4.37) è quindi enorme e il decadimento è rapido, anche se causato dall'interazione debole.

Definiamo infine particelle "praticamente stabili" quelle particelle con vita media più lunga di 10^{-8} secondi, perché con esse possiamo produrre fasci secondari di particelle.

5.5.2 Classificazione secondo lo *spin*

Uno dei più importanti numeri quantici assegnati alle particelle è quello dello *spin*, il momento angolare intrinseco di ogni particella.

Le particelle vengono classificate in *bosoni* e *fermioni* a seconda che abbiano rispettivamente valori di spin intero o semintero. I fermioni seguono la *statistica di Fermi–Dirac* e il *principio di esclusione di Pauli*; un sistema di fermioni uguali (identici) è descritto da una funzione d'onda antisimmetrica per lo scambio di due fermioni qualsiasi. I bosoni seguono la *statistica di Bose-Einstein* e la funzione d'onda di un sistema di bosoni identici è simmetrica per lo scambio di due bosoni qualsiasi. Come conseguenza, i bosoni identici prodotti in collisioni di alta energia tendono ad assumere gli stessi numeri quantici e ad avere energie e impulsi simili come nel laser.

I bosoni si suddividono in *bosoni fondamentali*, mediatori delle interazioni, e in *mesoni*, che sono adroni. I fermioni si suddividono in *barioni*, che sono soggetti all'interazione forte, e in *leptoni*, non soggetti all'interazione forte.

5.5.3 Classificazione secondo il numero Barionico e Leptonico

Abbiamo già visto che si può assegnare il *numero barionico* $B = +1$ ai barioni, $B = -1$ agli antibarioni e $B = 0$ ai mesoni. Dire che si conserva il numero barionico significa che un barione non si può trasformare in un sistema privo di barioni. Sperimentalmente si è trovato che il protone, il barione di massa più bassa, non decade in particelle più leggere, come mesoni o leptoni, si veda il Supplemento 5.1 [12B1]. Questo ha imposto una legge di conservazione, analoga a quella della carica elettrica, detta di *conservazione del numero barionico*. Si può anche dire che un barione instabile è un adrone che dopo una serie di decadimenti porta al protone.

Analogamente al numero barionico si può definire il *numero leptonico*; la sua conservazione vieta la trasformazione dei leptoni in bosoni o in barioni. Si definiscono tre tipi di numeri leptonici, legati alle tre famiglie conosciute di leptoni. Per quanto riguarda il *numero leptonico elettronico*, si attribuisce $L_e = +1$ all'elettrone, e^-, e al suo neutrino ν_e; $L_e = -1$ per le rispettive antiparticelle $(e^+, \overline{\nu}_e)$; $L_e = 0$ per i leptoni e gli antileptoni delle altre due famiglie. Il *numero leptonico muonico* vale $L_\mu = +1$ per μ^- e ν_μ. Il *numero leptonico tauonico* vale $L_\tau = +1$ per il leptone τ^- e per il suo neutrino, ν_τ.

Il numero barionico e i numeri leptonici sono sempre conservati, in tutti i processi dovuti a qualsiasi tipo di interazione [2]. Altri numeri quantici si conservano solo nei processi dovuti alle interazioni più "forti", cioè elettromagnetica e forte (oppure solo forte); si dice che questi numeri quantici sono connessi a principi di conservazione approssimati.

---

[2] Per quanto riguarda il numero leptonico di famiglia, questo non è più completamente vero dopo la scoperta delle oscillazioni dei neutrini, Cap. 12.

Principi di invarianza e di conservazione

6.1 Introduzione

In fisica, due aspetti importanti sono quelli dell'*invarianza* (o della *simmetria*) rispetto a una trasformazione (per esempio una traslazione spaziale) delle equazioni che descrivono un sistema e della *conservazione* di alcune grandezze fisiche (per esempio la quantità di moto) qualunque sia l'evoluzione dinamica del sistema fisico in esame. Le proprietà di simmetria (o di invarianza) rappresentano caratteristiche astratte delle equazioni del formalismo matematico. Tali proprietà di invarianza sono intimamente legate alle leggi di conservazione: per esempio, la conservazione del momento angolare è legata all'invarianza per rotazioni spaziali. L'omogeneità e l'isotropia dello spazio sono legate alla conservazione del momento lineare e di quello angolare. Il *teorema di Noether* esprime in modo formale il fatto che a ogni invarianza corrisponde una quantità fisica conservata e viceversa.

Un altro modo di vedere le cose è quello di dire che, in generale, una teoria fornisce le equazioni del moto di un sistema (per esempio l'equazione di Schrödinger e le equazioni di Lagrange). Queste equazioni sono in generale equazioni differenziali del primo ordine nel tempo e secondo ordine nello spazio. Ogni integrale primo del moto dà luogo a una legge di conservazione. È opportuno distinguere le equazioni generali ("leggi quadro") come la $\mathbf{F} = m\,\mathbf{a}$, dalle equazioni specifiche, come le equazioni di Maxwell che descrivono l'interazione elettromagnetica classica. Ognuna delle interazioni fondamentali obbedisce a varie leggi di conservazione. Ne consegue che il formalismo dell'interazione deve obbedire a vari requisiti di invarianza, che ne limitano la descrizione matematica.

Le trasformazioni possono essere *continue* o *discrete*: nel primo caso la trasformazione può essere ottenuta con l'applicazione successiva di trasformazioni infinitesime; ciò non è possibile nel secondo caso. Una rotazione è un esempio di trasformazione continua, la riflessione speculare nello spazio è

Braibant S., Giacomelli G., Spurio M.: Particelle e interazioni fondamentali. Il mondo delle particelle
DOI 10.1007/978-88-470-2754-1_6, © Springer-Verlag Italia 2012

un esempio di trasformazione discreta. Le leggi di conservazione connesse a queste trasformazioni sono rispettivamente *additive* e *moltiplicative* [1].

In questo capitolo discuteremo i principi di invarianza e le leggi di conservazione in meccanica classica e in meccanica quantistica; analizzeremo poi alcuni esempi.

6.2 Richiami: principi di invarianza

6.2.1 Invarianza in meccanica classica

Equazioni di Lagrange. In meccanica classica lo stato di un sistema a n gradi di libertà è descritto da una *lagrangiana* $L = T - V =$ energia cinetica $-$ energia potenziale, in termini di n *coordinate generalizzate* q_i da cui vengono calcolati n *momenti coniugati* $p_i = \partial L/\partial \dot{q}_i$. Il moto del sistema è descritto, per ogni grado di libertà, da un'*equazione di Lagrange*:

$$\frac{dp_i}{dt} - \frac{\partial L}{\partial q_i} = 0 \ . \tag{6.1}$$

Supponiamo che, per un particolare sistema, la lagrangiana L non dipenda dalla coordinata q_k. In tal caso L è indipendente (o simmetrica) rispetto a una qualsiasi trasformazione di questa coordinata, che viene detta *ignorabile*. Se L non dipende da q_k si ha $\partial L/\partial q_k = 0$ e quindi, dalla (6.1), $dp_k/dt = 0$, cioè $p_k =$ costante. Il momento p_k coniugato alla variabile ignorabile q_k è quindi conservato.

Traslazioni lungo x. Sia $L = T - V = (1/2)m\dot{x}^2$ la lagrangiana di un sistema. In questo caso L non dipende da x, quindi L è invariante per traslazioni lungo x. Allora dall'equazione di Lagrange (6.1) si ha $p_x = \partial L/\partial \dot{x} = m\dot{x} =$ costante, cioè il momento lineare lungo x ($p_x = m\dot{x}$) è conservato.

Rotazioni. Sia $L = T - V = (1/2)m\dot{\varphi}^2 r^2$ con $\dot{\varphi}r = v$. L non dipende da φ, il che implica che L è invariante per rotazioni spaziali. Dall'equazione di Lagrange (6.1) segue $p_\varphi = \partial L/\partial \dot{\varphi} = m\dot{\varphi}r^2 = mvr =$ costante, cioè il momento angolare è conservato.

Teorema di Noether. Le leggi di conservazione sopra considerate sono esempi del *Teorema di Noether* che si può esprimere nel modo seguente: *a ogni simmetria continua in una teoria di campo lagrangiana corrisponde una quantità conservata (e viceversa)* [91G1]. L'ipotesi di una simmetria fornisce condizioni sulla forma della lagrangiana (normalmente si usa la densità di lagrangiana $\mathcal{L} = L/v$, dove v è il volume). Per esempio, l'ipotesi dell'invarianza per

---

[1] Un numero quantico q è *additivo* se in un processo d'interazione la somma dei valori di q delle particelle coinvolte è la stessa prima e dopo il processo. Molti numeri quantici, come la carica elettrica, sono additivi in questo senso. Un numero quantico q è invece *moltiplicativo* se è il prodotto dei corrispondenti numeri quantici delle single particelle ad essere conservato.

traslazioni temporali impone che la lagrangiana non dipenda da t. L'ipotesi dell'*invarianza di Poincarè* (ossia, invarianza per "rotazioni" di Lorentz e traslazioni spazio-temporali) impone che la lagrangiana si trasformi relativisticamente come uno scalare. È vero anche l'inverso: l'analisi della lagrangiana rivela le simmetrie delle equazioni del moto.

Equazioni di Hamilton. Il moto di un sistema classico può essere descritto anche in termini delle *equazioni di Hamilton*

$$\dot{q}_i = \partial H/\partial p_i$$
$$\dot{p}_i = -\partial H/\partial q_i \tag{6.2}$$

dove l'*hamiltoniana* H è data da $H = T + V$.

In termini della descrizione hamiltoniana si può avere un'altra visione, complementare, della relazione fra principi di invarianza e leggi di conservazione. In questa formulazione, per *invarianza* si intende che H *non cambia rispetto a una certa trasformazione.*

Traslazioni spaziali. Consideriamo una traslazione infinitesima del sistema lungo l'asse x, cioè consideriamo una trasformazione $x \to x + dx$. In questo caso l'hamiltoniana varia della quantità $dH = dx(\partial H/\partial x) = -dx\,\dot{p}_x$. Se p_x resta costante durante la trasformazione, si ha $\dot{p}_x = 0$ e quindi $dH = 0$. In altre parole, se $p_x = $ costante, l'hamiltoniana è invariante per traslazioni spaziali lungo x.

In modo analogo si può mostrare che la conservazione dell'energia implica invarianza per traslazioni temporali e che la conservazione del momento angolare implica invarianza per rotazioni spaziali.

6.2.2 Invarianza in meccanica quantistica

In meccanica quantistica lo stato di un sistema di particelle è descritto da una funzione d'onda ψ. La media dei risultati di una misura fisica sul sistema corrisponde al valore medio $\langle q \rangle$ di un operatore Q che agisce sulla funzione d'onda ψ e che è associato a una quantità osservabile. Il valore medio (o *valore di aspettazione*) è dato da ($\tau = $ v è il volume):

$$\langle q \rangle = \int_\tau \psi^* \, Q \, \psi \, d\tau \equiv \langle \psi | Q | \psi \rangle \,. \tag{6.3}$$

Nell'ultima eguaglianza abbiamo introdotto la notazione inventata da Dirac, con il vettore di stato "ket" $|\psi\rangle$ e il suo coniugato trasposto "bra" $\langle \psi |$. Si noti che *bracket* in inglese significa *parentesi*. L'operatore Q deve essere *hermitiano*, cioè si deve avere $Q^+ = Q$, perché solo in questo caso i suoi valori medi (6.3) sono reali e possono corrispondere a valori misurabili. Va ricordato che se Q è rappresentato da una matrice con elementi Q_{ij}, l'operatore Q^+ ha elementi Q_{ji}^*.

L'evoluzione temporale di $\langle q \rangle$ può essere descritta sia tramite l'evoluzione temporale di ψ, $\psi = \psi(t)$, sia tramite l'evoluzione temporale di Q, $Q = Q(t)$. Nel primo caso si ha la *rappresentazione di Schrödinger,* nel secondo la *rappresentazione di Heisenberg.*

Rappresentazione di Schrödinger

L'equazione di Schrödinger descrive l'evoluzione temporale della funzione d'onda ψ_S

$$i\hbar\frac{\partial}{\partial t}\psi_S(t) = H_S\psi_S(t) \tag{6.4}$$

dove H è l'hamiltoniana e si è specificato ψ_S. Per stati stazionari si ha l'equazione agli autovalori $H\psi = E\psi$, dove E rappresenta un autovalore dell'energia. Lo sviluppo temporale di ψ_S può anche essere descritto in termini di un operatore U applicato a ψ_S

$$\psi_S(t) = U(t, t_0)\psi_S(t_0) \tag{6.5}$$

dove U deve essere un *operatore unitario*, $U^{-1} = U^+$, perché solo così si mantiene la normalizzazione di $\psi_S(t)$. Un operatore unitario può essere scritto nella forma:

$$U(t, t_0) = e^{-i(t-t_0)H/\hbar} \ . \tag{6.6}$$

Per la funzione d'onda complessa coniugata si ha:

$$\psi_S^*(t) = \psi_S^*(t_0)U^{-1}(t, t_0) \ . \tag{6.7}$$

Rappresentazione di Heisenberg

L'equazione di Heisenberg descrive la variazione temporale di Q:

$$-i\hbar\frac{dQ}{dt} = i\hbar\frac{\partial Q}{\partial t} + [Q, H] \ . \tag{6.8a}$$

La *parentesi di commutazione* è definita come $[Q, H] = QH - HQ$. Notare che se $\partial Q/\partial t = 0$ è:

$$-i\hbar\frac{dQ}{dt} = [Q, H] \ . \tag{6.8b}$$

Si ha $dQ/dt = 0$, e quindi $Q =$ costante, se $[Q, H] = 0$, cioè la grandezza fisica corrispondente a Q è *conservata* (e quindi esistono numeri quantici conservati) *se Q commuta con H.*

Vediamo la relazione fra le due rappresentazioni. Un valore medio $\langle q \rangle$ (*autovalore*) deve avere lo stesso valore nelle due rappresentazioni, cioè si deve avere

$$\langle q \rangle = \int_\tau \psi_S(t_0)^* \, Q \, \psi_S(t_0) \, d\tau = \int_\tau \psi_S(t)^* \, Q_0 \, \psi_S(t) \, d\tau \tag{6.9}$$

Heisenberg   Schrödinger

dove $d\tau = dv$ è l'elemento di volume. Dato che il volume τ è arbitrario, l'uguaglianza è sempre vera solo se sono uguali i due integrandi:

$$\psi_S(t_0)^* \, Q \, \psi_S(t_0) = \psi_S(t)^* \, Q_0 \, \psi_S(t) \; . \tag{6.10}$$

Ma $\psi_S(t)^* = \psi_S(t_0)^* \, U^{-1}$ e $\psi_S(t) = U\psi_S(t_0)$. Quindi il secondo membro della (6.10) si può scrivere nella forma

$$\psi_S(t_0)^* \, U^{-1} \, Q_0 \, U \, \psi_S(t_0)$$

che è uguale al primo membro della (6.10) se:

$$Q = U^{-1}Q_0 U \; . \tag{6.11}$$

La derivata rispetto al tempo della (6.11), moltiplicata per $i\hbar$, dà (se $\partial Q_0/\partial t = 0$):

$$-i\hbar\frac{dQ}{dt} = i\hbar\frac{dU^{-1}}{dt}Q_0 U + i\hbar U^{-1}Q_0\frac{dU}{dt} \; .$$

Utilizzando per U la forma (6.6), si ha:

$$\begin{aligned}
-i\hbar\tfrac{dQ}{dt} &= i\hbar\tfrac{iH}{\hbar}e^{i(t-t_0)H/\hbar}Q_0 U + i\hbar\left(-\tfrac{iH}{\hbar}\right)U^{-1}Q_0 e^{-i(t-t_0)H/\hbar} \\
&= -HU^{-1}Q_0 U + U^{-1}Q_0 UH \\
&= -HQ + QH = [Q,H]
\end{aligned} \tag{6.12}$$

cioè $i\hbar\frac{dQ}{dt} = [Q,H]$. Questa è l'equazione di Heisenberg nel caso in cui Q non dipende esplicitamente dal tempo. Abbiamo quindi ritrovato l'equazione di Heisenberg partendo dalla (6.9) e utilizzando le trasformazioni della funzione d'onda (6.5) , (6.7). La (6.12) può poi essere generalizzata nella (6.8a).

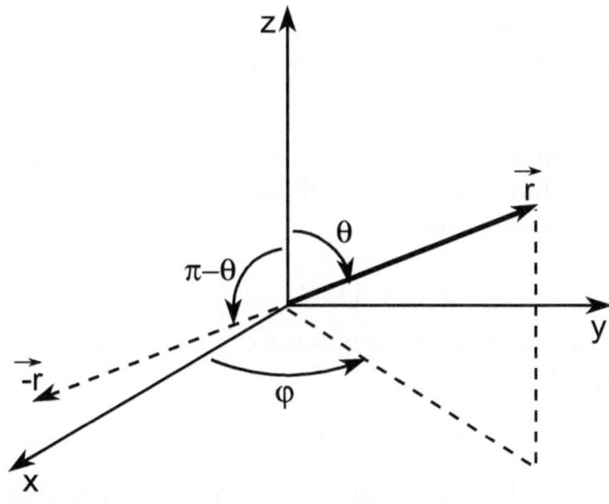

Figura 6.1. Angoli θ, φ per il vettore **r** e angoli $(\pi - \theta)$, $(\varphi + \pi)$ per il vettore $-$**r**

6.2.3 Trasformazioni continue: traslazioni e rotazioni

Traslazioni. Consideriamo una traslazione infinitesima dx lungo l'asse x: $x' = x + dx$. Il suo effetto sulla funzione d'onda $\psi(x)$ è

$$\psi(x') = \psi(x + dx) = \psi(x) + dx\frac{\partial\psi(x)}{\partial x} = \left(1 + dx\frac{\partial}{\partial x}\right)\psi(x) = dD_x\psi(x)$$

$$(6.13)$$

dove l'operatore $dD_x = 1 + dx\,\partial/\partial x$ è l'operatore per generare una traslazione infinitesima. Ricordiamo che l'operatore momento lineare (impulso) è $p_x = (\hbar/i)\partial/\partial x$. Quindi l'operatore dD_x si può scrivere nella forma:

$$dD_x = 1 + (i/\hbar)p_x dx \ . \tag{6.14}$$

Una traslazione finita Δx può essere pensata come una serie di traslazioni infinitesime, $\Delta x = n\,dx$, con $n \to \infty$; quindi $(dx = \Delta x/n)$:

$$D_x = \lim_{n\to\infty}\left(1 + \frac{i}{\hbar}p_x dx\right)^n = \exp\left(\frac{i}{\hbar}p_x\Delta x\right) \ . \tag{6.15}$$

Dall'ultima relazione si ha che D_x è un operatore unitario, $D_x^+ D_x = 1$. Il momento p_x è il generatore dell'operatore D_x, che è a sua volta associato a traslazioni spaziali lungo x.

Se l'hamiltoniana H è invariante per traslazioni spaziali lungo x si ha $[D_x, H] = 0$. Dalla forma (6.14) segue che anche p_x commuta con H, $[p_x, H] = 0$. Il momento p_x è un operatore hermitiano; la (6.12) ci dice che $\dot{p}_x = 0$ e quindi p_x è conservato. Si conclude pertanto che le seguenti affermazioni sono equivalenti:
(i) l'hamiltoniana è invariante per traslazioni spaziali;
(ii) l'operatore $\mathbf{p}$ commuta con l'hamiltoniana;
(iii) il momento $\mathbf{p}$ è conservato.

Rotazioni nello spazio. Procedendo come nel caso delle traslazioni, definiamo una rotazione infinitesima attorno all'asse z, cioè $\varphi' = \varphi + d\varphi$; l'operatore dR_z associato a queste rotazioni è:

$$dR_z = 1 + d\varphi\,\partial/\partial\varphi \ . \tag{6.16}$$

Ricordando che l'operatore della componente z del momento angolare orbitale è $L_z = (\hbar/i)\partial/\partial\varphi$, si ha:

$$dR_z = 1 + (i/\hbar)L_z d\varphi \ . \tag{6.17}$$

Una rotazione finita $\Delta\varphi$ può essere ottenuta come una serie di rotazioni infinitesime $(d\varphi = \Delta\varphi/n)$:

$$R_z = \lim_{n\to\infty}\left(1 + \frac{i}{\hbar}L_z d\varphi\right)^n = \exp\left(\frac{i}{\hbar}L_z\Delta\varphi\right) \ . \tag{6.18}$$

Ne deriva che l'invarianza dell'hamiltoniana per rotazioni attorno all'asse z implica $[L_z, H] = 0$ e quindi corrisponde alla conservazione della componente z del momento angolare orbitale L_z.

6.3 Connessione spin-statistica

La connessione spin-statistica è una delle più importanti nel campo submicroscopico. Particelle con spin semintero (1/2, 3/2, ...), in unità di $\hbar$, seguono la statistica di Fermi-Dirac e sono chiamate *fermioni*; particelle con spin intero (0, 1, 2, ...) seguono la statistica di Bose-Einstein e sono chiamate *bosoni*. La statistica determina la simmetria della funzione d'onda per una coppia di particelle identiche, riguardo al loro scambio.

Consideriamo una coppia di particelle identiche, indicata con (1,2), e consideriamo l'operatore I che inverte le posizioni delle due particelle:

$$I(1,2) \rightarrow (2,1) \ . \tag{6.19a}$$

Per la funzione d'onda che descrive le due particelle identiche si ha:

$$I\psi(1,2) = \psi(2,1) \ . \tag{6.19b}$$

Applicando l'operatore I due volte si riottiene la situazione iniziale:

$$I^2\psi(1,2) = I[\psi(2,1)] = \psi(1,2) \ . \tag{6.19c}$$

Per I^2 esiste quindi un'equazione agli autovalori: l'autovalore di I^2 è $+1$. Per un'equazione agli autovalori di I sono perciò possibili gli autovalori ± 1:

$$I\psi(1,2) = \pm\psi(1,2) \ . \tag{6.19d}$$

Il confronto tra (6.19b) e (6.19d) dà $\psi(2,1) = \pm\psi(1,2)$. Si ha poi:
(i) per due bosoni identici la funzione d'onda deve essere simmetrica per lo scambio $1 \leftrightarrow 2$, $\psi(1,2) = \psi(2,1)$;
(ii) per due fermioni identici la funzione d'onda deve essere antisimmetrica per lo scambio $1 \leftrightarrow 2$, $\psi(1,2) = -\psi(2,1)$.

La funzione d'onda totale può essere espressa come il prodotto di una funzione spaziale, α(spazio), e una di spin, β(spin). La parte spaziale descrive il moto orbitale di una particella rispetto all'altra ed è rappresentata dalle armoniche sferiche $Y_\ell^m(\theta, \varphi)$ (vedi §6.4). Lo scambio di due particelle corrisponde a un'inversione di coordinate, il che introduce il fattore $(-1)^\ell$. Se ℓ è pari (dispari) la funzione d'onda α è simmetrica (antisimmetrica) per l'operazione di scambio.

Dalla teoria di Dirac, la funzione di spin β è simmetrica per spin paralleli, antisimmetrica per spin antiparalleli. Per bosoni identici si deve quindi avere sia α che β simmetrici o antisimmetrici, mentre per fermioni identici si deve avere α simmetrica e β antisimmetrica o viceversa.

6.4 Parità

L'operazione di inversione delle coordinate spaziali $[(x, y, z \to -x, -y, -z)$,
ovvero $\mathbf{r} \to -\mathbf{r}$, ovvero "scambio della destra con la sinistra"] è un esempio di
una *trasformazione discreta*, a differenza, per esempio, della *trasformazione
continua* traslazione spaziale. L'inversione è generata dall'operatore parità P,
che inverte le coordinate spaziali (Fig. 6.1):

$$P\mathbf{r} = -\mathbf{r} \ . \tag{6.20}$$

La sua applicazione a una funzione d'onda dà:

$$P\psi(\mathbf{r}) = \psi(-\mathbf{r}) \ . \tag{6.21}$$

L'operatore parità applicato due volte dà:

$$P^2\psi(\mathbf{r}) = PP\psi(\mathbf{r}) = P\psi(-\mathbf{r}) = \psi(\mathbf{r}) \ . \tag{6.22}$$

Ciò implica $P^2 = 1$; quindi P è un operatore di modulo 1. L'equazione agli
autovalori

$$P\psi = p\psi = \pm\psi \tag{6.23}$$

ha autovalori $p = \pm 1$ (assumendo che ammetta autovalori). Si dice che la
parità del sistema è positiva o negativa. Un esempio di funzione d'onda con
parità positiva (pari) è la funzione $\psi(x) = \cos x$:

$$P\cos x = \cos(-x) = \cos x, \ \text{cioè } p = +1, \ \text{positivo} \ . \tag{6.24}$$

Un esempio di funzione d'onda con parità negativa (dispari) è la funzione
$\psi(x) = \sin x$:

$$P\sin x = \sin(-x) = -\sin x, \ p = -1, \ \text{negativo} \ . \tag{6.25}$$

Un esempio di funzione d'onda con parità non definita è la funzione $\psi(x) =
\sin x + \cos x$:

$$P(\sin x + \cos x) = \sin(-x) + \cos(-x) = -\sin x + \cos x \ . \tag{6.26}$$

Questa funzione non è un'autofunzione di P e quindi per essa la parità P non
è definita.

In un processo fisico, la parità del sistema è una quantità conservata se
l'operatore parità commuta con l'hamiltoniana, $[H, P] = 0$. Per esempio, ogni
potenziale a simmetria sferica gode delle proprietà $H(-\mathbf{r}) = H(\mathbf{r}) = H(r)$. In
questo caso si ha $[H, P] = 0$ e gli stati legati del sistema hanno parità definita.
Un esempio familiare è quello degli stati legati atomici, per ognuno dei quali,
trascurando lo spin, si ha:

$$\psi(r, \theta, \varphi) = \chi(r)Y_\ell^m(\theta, \varphi) \ . \tag{6.27}$$

Le funzioni angolari $Y_\ell^m(\theta, \varphi)$ sono le *armoniche sferiche*:

$$Y_\ell^m(\theta, \varphi) = \sqrt{\frac{(2\ell + 1)(\ell - m)!}{4\pi(\ell + m)!}} \, P_\ell^m(\cos\theta) e^{im\varphi} \qquad (6.28)$$

dove i $P_\ell^m(\cos\theta)$ sono i *polinomi di Legendre*. L'inversione spaziale $\mathbf{r} \to -\mathbf{r}$ è equivalente a $\theta \to \pi - \theta$, $\varphi \to \pi + \varphi$ (vedi Fig. 6.1). L'applicazione dell'operazione parità alle funzioni $e^{im\varphi}$ e P_ℓ^m dà:

$$\begin{aligned}
Pe^{im\varphi} &= e^{im(\varphi+\pi)} = e^{im\pi}e^{im\varphi} = (-1)^m e^{im\varphi} \\
PP_\ell^m(\cos\theta) &= \quad (-1)^{\ell+m} P_\ell^m(\cos\theta)
\end{aligned} \qquad (6.29a)$$

$(\ell, m$ sono i numeri quantici orbitale e azimutale); si ha quindi:

$$PY_\ell^m(\theta, \varphi) = (-1)^\ell Y_\ell^m(\theta, \varphi) \ . \qquad (6.29b)$$

La parità delle funzioni armoniche sferiche Y_ℓ^m è quindi $(-1)^\ell$; gli stati con $\ell = 0, 2, \dots$ hanno parità $p = +1$, mentre quelli con $\ell = 1, 3, \dots$ hanno parità $p = -1$. Le cosiddette transizioni di dipolo elettrico tra due stati sono caratterizzate dalla regola di selezione $\Delta\ell = 1$: in una transizione di dipolo elettrico la parità dello stato atomico (o nucleare) cambia. La parità della radiazione elettromagnetica emessa deve quindi essere $p = -1$, perché solo in tal modo la parità totale del sistema (atomo + fotone emesso) viene conservata, cioè è uguale alla parità dello stato atomico iniziale. Ne deriva che *la parità del fotone emesso deve essere* -1: il fotone è una particella vettoriale.

La conservazione della parità dà luogo a una legge di tipo moltiplicativo. Si può dire che *la parità è un numero quantico moltiplicativo*. La parità di un sistema descritto da $\psi = \psi_1\psi_2$ è data da $P = P_1P_2$.

Poiché l'operatore di parità corrisponde ad una riflessione dello specchio, fino al 1956 si riteneva che le leggi della natura fossero simmetriche per trasformazioni di parità. Matematicamente, ciò corrisponde al fatto che l'operatore di parità dà luogo ad autovalori che si conservano in ogni transizione. È un fatto sperimentale che la parità, oltre che nelle transizioni elettromagnetiche, è conservata in tutte le transizioni dovute alla interazione forte. Le funzioni d'onda che descrive le particelle hanno parità definita come (6.24) o (6.25). La parità è invece violata in transizioni dovute alla interazione debole (Cap. 8).

Violazione della parità nell'interazione debole. Anticipiamo un esempio di violazione di parità nell'interazione debole. Il neutrino dell'elettrone ha spin $s = 1/2$; potrebbe perciò avere due stati di polarizzazione, $s_z = \pm 1/2$. Si trova invece sperimentalmente che esiste solo lo stato di polarizzazione con componente antiparallela alla velocità ($s_z = -1/2$, si dice che il neutrino è *sinistrorso*); analogamente l'antineutrino ha solo $s_z = +1/2$, ed è *destrorso* (vedi Fig. 6.2).

Consideriamo un neutrino elettronico e applichiamo l'operazione parità. Il risultato è quello di cambiare il suo impulso, $\mathbf{p} \to -\mathbf{p}$, mentre non cambia lo

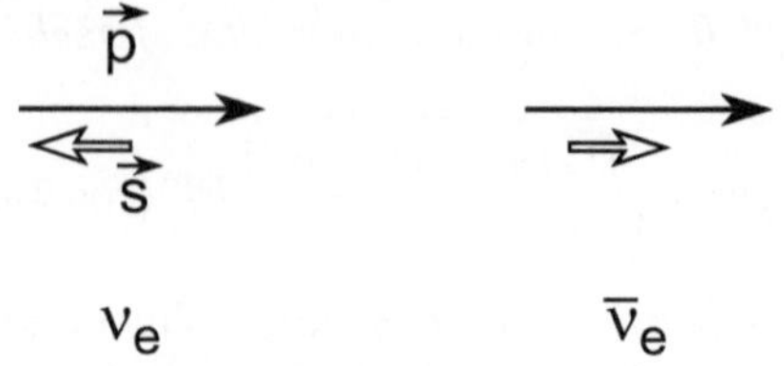

Figura 6.2. Quantità di moto **p** e spin **s** per un neutrino e un antineutrino elettronico

spin **s**. Si otterrebbe perciò un neutrino destrorso, che nel Modello Standard non esiste (schematicamente: $P(\overrightarrow{\Longleftarrow} \nu_e) = (\overleftarrow{\Longleftarrow} \nu_e)$, dove l'impulso è indicato con la freccia in alto, lo spin con la doppia freccia in basso). Quindi l'applicazione dell'operazione parità a un neutrino sinistrorso dà luogo a uno stato (neutrino destrorso) che non esiste. Il neutrino è soggetto alla sola interazione debole; si conclude che tale interazione non è invariante per inversioni spaziali, cioè non conserva la parità.

6.5 Spin-parità del mesone π

Come nel caso del fotone, la maggior parte delle particelle hanno sia spin che parità definita, valori che devono essere determinati sperimentalmente. In questa sezione, presentiamo il caso importante della determinazione dello spin e della parità del pione carico. Questa particella è abbondantemente prodotta in interazioni forti, e i valori di spin e parità saranno utilizzati in altre parti del libro. Il lettore può saltare questa sezione in prima lettura.

Determinazione dello spin del mesone π

Lo spin del mesone π^+ è stato determinato per la prima volta applicando il *"principio del bilancio dettagliato"* alla reazione $pp \to \pi^+ d$ e alla sua reazione inversa $\pi^+ d \to pp$. Il deutone d è uno stato legato pn; il suo stato fondamentale è $^3S_1$ (la notazione è $^{2s+1}l_j$). Il momento angolare orbitale tra p e n è nullo ($l_{pn} = 0$, onda S) quindi il momento angolare totale corrisponde allo spin del deutone, $s_d = 1$. Ciò comporta che gli stati di spin di n e p siano allineati e che lo stato corrisponda a un tripletto di spin ($2s_d + 1 = 3$).

La sezione d'urto per la reazione diretta è data da (4.40):

$$\sigma(pp \to \pi^+ d) = \underbrace{|M_{if}|^2}_{\text{elemento di matrice}} \quad \underbrace{\frac{(2s_\pi+1)(2s_d+1)}{\pi \, v_i v_f} p_\pi^2}_{\text{spazio fasi e fattori di flusso}} \tag{6.30}$$

dove il termine di flusso contiene la dipendenza dalle velocità relative dello stato iniziale $v_i = v_p - v_{p'}$, e la dipendenza dalle velocità relative dello stato finale $v_f = v_d - v_{\pi^+}$.

La sezione d'urto è mediata sugli spin iniziali, ed è sommata su tutti i momenti orbitali angolari ℓ. L'elemento di matrice M_{if} contiene la dipendenza dinamica e, per l'interazione forte, di solito non è conosciuto. La *densità degli stati finali (= spazio delle fasi)* dà i termini $(2s_\pi + 1)(2s_d + 1)p_\pi^2/v_f$, con $p_\pi =$ impulso del pione nel sistema del centro di massa.

La sezione d'urto per la reazione inversa è data da:

$$\sigma(\pi^+ d \to pp) = \frac{1}{2}\,|M_{fi}|^2\,\frac{(2s_p + 1)^2}{\pi\, v'_f v'_i}\, p_p^2 \ . \tag{6.31}$$

Il fattore $1/2$ è dovuto al fatto che nello stato finale ci sono due fermioni identici.

Assumendo che l'interazione forte sia invariante per inversione temporale (§6.7) e per parità, si può formalmente dedurre che:

$$|M_{if}|^2 = |M_{fi}|^2 \ . \tag{6.32}$$

Questa relazione è ciò che viene chiamato *principio del bilancio dettagliato*. Se la sezione d'urto per la reazione diretta e per quella inversa vengono misurate alla stessa energia nel centro di massa, si ha $v_i v_f = v'_f v'_i$. Facendo quindi il rapporto fra le sezioni d'urto della reazione diretta e inversa si ottiene:

$$\frac{\sigma(pp \to \pi^+ d)}{\sigma(\pi^+ d \to pp)} = 2\frac{(2s_\pi + 1)(2s_d + 1)}{(2s_p + 1)^2}\frac{p_\pi^2}{p_p^2} = \frac{3}{2}(s_\pi + 1)\frac{p_\pi^2}{p_p^2} \ . \tag{6.33}$$

Le misure di sezioni d'urto dirette (6.30) e inverse (6.31) vennero effettuate a partire dai primi anni '50, con fasci di protoni e pioni di diverso impulso (generalmente, qualche decina di MeV nel sistema del centro di massa). Una volta calcolato il rapporto tra gli impulsi delle particelle nello stato finale $\left(\frac{p_\pi^2}{p_p^2}\right)$ e misurato il rapporto tra le sezioni d'urto, è stato possibile determinare il fattore $\frac{3}{2}(s_\pi + 1)$, compatibile col valore $s_\pi = 0$. Si concludeva pertanto che **lo spin del mesone π^+ è zero.**

Per la misura dello spin dei mesoni π^- e π^0 possiamo utilizzare un ragionamento più semplice e qualitativo. A energie elevate, $E_{cm} > 10$ GeV, si osserva una produzione elevata di π^+, π^-, π^0, prodotti in numero uguale in collisioni $e^+ e^-$ (e anche in $\bar{p}p$ e pp). Se ne deduce che i tre mesoni π debbono avere stesso spin e stesso isospin (vedi §7.2) perché altrimenti non potrebbero essere prodotti con la stessa abbondanza. Pertanto se lo spin del mesone π^+ è zero, debbono esserlo anche quelli del π^- e del π^0. Si veda anche il Problema 6.6.

Parità del mesone π

La parità intrinseca del mesone π^- è stata determinata sulla base dell'osservazione dell'assorbimento nucleare, dovuto all'interazione forte, di π^- di bassa energia in deuterio, che porta alla seguente reazione (detta *reazione di cattura*):

$$\pi^- d \to nn \ . \tag{6.34}$$

Stato iniziale $\pi^- d$. Il nucleo del deuterio (deutone) ha spin $s_d = 1$, il π^- ha spin 0. Il momento orbitale angolare fra π^- e deutone è nullo perché il pione viene catturato dal deutone a energie molto basse ($\ell_{\pi d} = 0$). Il momento angolare totale dello stato iniziale $\pi^- d$ è quindi $|\mathbf{J}_i| = |\mathbf{S}_\pi + \mathbf{S}_d + \mathbf{L}_{\pi d}| = 1$.
Stato finale nn. Il momento angolare $|\mathbf{J}_f| = |\mathbf{L}_{nn} + \mathbf{S}_{nn}|$ deve essere uguale al valore $J_i = 1$ dello stato iniziale. $\mathbf{L}_{nn}$ è il momento orbitale tra i due neutroni; $\mathbf{S}_{nn}$ è il loro spin totale. Qui di seguito li chiameremo ℓ e S.

Prima di considerare più in dettaglio le conseguenze della conservazione di $\mathbf{J}$, facciamo alcune considerazioni sulla simmetria del sistema. La funzione d'onda che descrive il sistema di due neutroni può essere scritta come prodotto di una funzione d'onda che dipende dalle coordinate spaziali e di una funzione che dipende dallo spin:

$$\psi_{tot} = \alpha(spazio) \cdot \beta(spin) \ . \tag{6.35}$$

Poiché i due neutroni sono due fermioni identici, la loro funzione d'onda ψ_{tot} deve essere antisimmetrica per lo scambio dei due n. Consideriamo separatamente la simmetria di α(spazio) e β(spin) il cui prodotto deve essere antisimmetrico.

$\boldsymbol{\alpha}$**(spazio)** è descritta da funzioni armoniche sferiche, $Y_\ell^m(\theta, \varphi)$. Scambiare i due neutroni equivale a fare la trasformazione $\theta \to \pi - \theta$, $\varphi \to \pi + \varphi$ per cui:

$$Y_\ell^m(\theta, \varphi) \xrightarrow{1\leftrightarrow 2} (-1)^\ell Y_\ell^m(\theta, \varphi) \ . \tag{6.36}$$

Quindi $(-1)^\ell$ dà la simmetria di α per lo scambio di due particelle.
Le funzioni di spin $\boldsymbol{\beta}$**(spin)** per la combinazione di due particelle di spin $1/2$ sono scritte come segue:

$$\begin{cases} \text{il primo neutrone è descritto da } \beta_1 \quad \text{con } S_1 = 1/2,\ S_{1z} = \pm 1/2 \\ \text{il secondo neutrone è descritto da } \beta_2 \text{ con } S_2 = 1/2,\ S_{2z} = \pm 1/2 \end{cases}$$

se S_1 e S_2 si combinano parallelamente si ha $S_{nn} = S = S_1 + S_2 = 1$, $S_z = 0, \pm 1$. Se S_1 e S_2 si combinano antiparallelamente si ha $S = 0, S_z = 0$.

Nel primo caso i tre stati con $S = 1$ e $S_z = 0, \pm 1$ costituiscono un tripletto di spin, che è simmetrico per lo scambio del neutrone 1 con il neutrone 2. Le funzioni d'onda β per i tre casi del tripletto (il secondo numero in parentesi si riferisce alla terza componente) si scrivono:

$$\begin{cases} \beta(1,1) = & \beta_1(1/2, +1/2)\beta_2(1/2, +1/2) \\ \beta(1,0) = & (1/\sqrt{2})[\beta_1(1/2, +1/2)\beta_2(1/2, -1/2) + \beta_2(1/2, +1/2)\beta_1(1/2, -1/2)] \\ \beta(1,-1) = & \beta_1(1/2, -1/2)\beta_2(1/2, -1/2) \ . \end{cases}$$
$$\tag{6.37}$$

Lo stato con $S = 0$, $S_z = 0$ costituisce un singoletto antisimmetrico:

$$\beta(0,0) = (1/\sqrt{2})[\beta_1(1/2, +1/2)\beta_2(1/2, -1/2) - \beta_2(1/2, +1/2)\beta_1(1/2, -1/2)] \ . \tag{6.38}$$

La simmetria della funzione d'onda di spin è quindi $(-1)^{S+1}$. La simmetria della ψ_{tot} dello stato finale per lo scambio dei due n è quindi $(-1)^{\ell+S+1}$; tale quantità deve essere -1 perché i due n sono fermioni identici:

$$\psi_{tot} \xrightarrow{1\leftrightarrow2} (-1)^{\ell+S+1}\psi_{tot} = -\psi_{tot}.$$

Quindi si deve avere $\ell + S + 1 =$ dispari, da cui $\ell + S =$ pari. In conclusione lo stato finale deve avere:

(i) $\ell + S =$ pari per questioni di simmetria;

(ii) $|\mathbf{J}| = 1$ per conservazione del momento angolare.

Le possibili combinazioni di ℓ e S che possono portare a $|J| = 1$ sono:

$$\begin{cases} \ell = 0 \\ S = 1 \\ \ell + S = \text{dispari} \end{cases} \quad \begin{cases} \ell = 1 \\ S = 0 \\ \ell + S = \text{dispari} \end{cases} \quad \begin{cases} \ell = 1 \\ S = 1 \\ \ell + S = \text{pari} \end{cases} \quad \begin{cases} \ell = 2 \\ S = 1 \\ \ell + S = \text{dispari} \end{cases}$$

tra queste solo la combinazione $\ell = 1$, $S = 1$ ha $\ell + S =$ pari. Si conclude che i due neutroni si trovano in uno stato $^3P_1$. (La notazione è la seguente: $P \rightarrow$ onda P, $\ell = 1$; indice $= 1 \rightarrow J = 1$; apice $= 3 \rightarrow 2S + 1 = 3$.)

La parità dello stato finale è $P(2n) = P(n)\cdot P(n)\cdot(-1)^{\ell} = -1$. La parità di n e p è presa convenzionalmente uguale a $+1$ (in tutte le interazioni il numero barionico è conservato; conseguentemente il valore assoluto della parità dei nucleoni è irrilevante perché si cancella in ogni reazione).

Assumiamo che la parità sia conservata nell'interazione forte. Sinora, nessuna indicazione sperimentale contraria è stata riportata. Quindi la parità dello stato iniziale è uguale a quella dello stato finale, cioè $P(\pi^- d) = P(nn) = -1$. D'altra parte $P(\pi^- d) = P(\pi) \cdot P(d) \cdot (-1)^{\ell=0}$; siccome $P(d) = P(p) \cdot P(n) \cdot (-1)^0 = +1$, è $P(\pi^- d) = P(\pi^-)$. Si conclude che, affinché la reazione (6.34) avvenga tramite interazioni forti, deve essere $P(\pi^-) = -1$: **il π^- ha parità negativa.** Si può dimostrare che $P(\pi^+) = P(\pi^0) = P(\pi^-)$. Sistemi con n pioni hanno quindi parità $P(n\pi) = (-1)^n$.

I mesoni π hanno spin-parità $J^P = 0^-$, sono chiamati *mesoni pseudoscalari*. I bosoni con $J^P = 0^+$ sono chiamati *scalari*, quelli con $J^P = 1^-$ *vettoriali* e quelli con $J^P = 1^+$ *pseudovettoriali (assiali)*.

6.5.1 Parità particella-antiparticella

La parità intrinseca del protone è definita per convenzione. La teoria di Dirac predice parità opposta per fermione-antifermione, mentre bosone-antibosone (per esempio π^+, π^- e K^+, K^-) hanno la stessa parità intrinseca.

È possibile fare un'assegnazione sperimentale precisa della parità intrinseca del π, per il fatto che il π può essere creato singolarmente; in modo analogo è possibile assegnare una parità relativa alla coppia $(p, \overline{p})$ perché anch'essa può essere prodotta singolarmente, per esempio nella reazione:

$$pp \rightarrow pp(p\overline{p}) . \tag{6.39}$$

Si trova che la parità del sistema particella-antiparticella è -1. Questo non accade per i mesoni strani che sono creati in produzione associata, per esempio in $\pi^- p \to K^+ K^- n$. Nella reazione

$$pp \to \Lambda K^+ p \tag{6.40}$$

si può misurare solamente la parità relativa al nucleone della coppia ΛK^+ (che risulta essere dispari). Per convenzione alla Λ è assegnata la stessa parità pari del protone e al K^+ parità dispari come per il π.

6.6 Coniugazione di carica

L'operatore coniugazione di carica è stato originariamente definito tramite la sua azione su una carica elettrica q:

$$Cq = -q \tag{6.41a}$$

$$C\psi(q) = \psi(-q) \ . \tag{6.41b}$$

L'operazione coniugazione di carica è discreta come la parità. Applicando l'operazione coniugazione di carica due volte si ha

$$C^2 q = CCq = C(-q) = q \tag{6.42a}$$

$$C^2 \psi(q) = C\psi(-q) = \psi(q) \ . \tag{6.42b}$$

La (6.42b) è un'equazione agli autovalori con $c^2 = 1$, da cui segue $c = \pm 1$, cioè gli unici autovalori possibili sono ± 1.

	Carica elettrica q	Numero barionico B	Momento magnetico $(e\hbar/2m_p c)$	Spin $(\hbar)$
protone p	$+e$	$+1$	2.793	$1/2$
$Cp = \bar{p}$	$-e$	-1	-2.793	$1/2$

	Carica elettrica q	Numero elettronico L_e	Momento magnetico $(e\hbar/2m_e c)$	Spin $(\hbar)$
Elettrone e^-	$-e$	$+1$	-1.0012	$1/2$
$Ce^- = e^+$	$+e$	-1	$+1.0012$	$1/2$

Tabella 6.1. Effetto dell'applicazione dell'operazione di coniugazione di carica C a un protone e a un elettrone. Il momento magnetico μ è in unità $[e\hbar/(2mc)]$, lo spin **s** in unità $\hbar$. μ e **s** sono paralleli, nello stesso verso per il protone e il positrone

Generalizzando, si dice che l'operatore C trasforma una particella, anche se elettricamente neutra, nella corrispondente antiparticella. In seguito all'applicazione di questo operatore a una funzione d'onda di particella i numeri barionico e leptonici non sono conservati: a questa trasformazione non corrisponde un reale processo fisico. Ne consegue che nella trasformazione dovuta a C compare nella funzione d'onda una fase φ arbitraria: $C\psi(q) = \psi(\bar{q})\exp(i\varphi)$. La fase può essere scelta a nostro arbitrio.

Vediamo gli effetti dell'applicazione dell'operatore C su alcuni parametri caratteristici di una particella (vedi Tab. 6.1). Applicando C a un protone si ottiene un antiprotone, che ha carica elettrica, numero barionico e *momento di dipolo magnetico* opposti a quelli del protone; invece lo spin rimane lo stesso. Notare che un momento di dipolo magnetico positivo significa che questo ha la stessa direzione e verso dello spin. Ciò si verifica per il protone e per il positrone; spin e dipolo magnetico sono invece opposti per l'antiprotone e per l'elettrone. Un neutrone si differenzia da un antineutrone anche perché nel primo il momento di dipolo magnetico è diretto in senso opposto allo spin, mentre nel secondo ha lo stesso verso dello spin.

6.6.1 Coniugazione di carica in processi EM

Applicando l'operatore C a un mesone π^+ si ottiene un π^- :

$$C|\pi^+\rangle = |\pi^-\rangle$$

(notare la notazione di Dirac di uno stato come $|\pi^+\rangle$, come introdotto nella 6.3). È quindi ovvio che per π^+ e π^- non si può scrivere un'equazione agli autovalori, perché l'applicazione di C a uno di essi lo trasforma nell'altro. Invece l'applicazione di C al π^0 lo fa rimanere π^0. Possiamo quindi scrivere un'equazione agli autovalori

$$C|\pi^0\rangle = \eta|\pi^0\rangle \tag{6.43}$$

con $\eta = +1$ o -1. Per determinare quali di questi due segni è corretto, consideriamo il decadimento del π^0 in due fotoni. Il decadimento è dovuto all'interazione elettromagnetica che conserva C. Dobbiamo quindi stabilire l'effetto di C sul fotone.

I fotoni sono emessi da particelle cariche accelerate. Una carica cambia segno quando le viene applicato l'operatore C. Anche l'applicazione di C a un fotone deve portare traccia di questo; ciò suggerisce che:

$$C|\gamma\rangle = -|\gamma\rangle \ . \tag{6.44}$$

Notiamo poi che C è un operatore moltiplicativo; per un sistema di n fotoni si ha perciò:

$$C|n\gamma\rangle = (-1)^n|n\gamma\rangle \ . \tag{6.45}$$

Consideriamo ora il decadimento elettromagnetico del π^0 in due fotoni, $\pi^0 \to 2\gamma$. L'applicazione di C al π^0 è equivalente all'applicazione di C al sistema dei due fotoni perché il decadimento $\pi^0 \to 2\gamma$ conserva C. Si ha perciò:

$$C|\pi^0\rangle = C|2\gamma\rangle = (-1)^2|2\gamma\rangle = |2\gamma\rangle = +|\pi^0\rangle \ . \tag{6.46}$$

Siccome il decadimento $\pi^0 \to 2\gamma$ esiste, e costituisce il 99% di tutti i decadimenti del π^0, si conclude che il π^0 è un autostato di C con *C-parità* pari. Il decadimento $\pi^0 \to 3\gamma$ porterebbe a uno stato di *C-parità* negativa; tale decadimento deve perciò essere proibito se l'interazione elettromagnetica è invariante per l'operazione C. Sperimentalmente non è mai stato osservato il decadimento $\pi^0 \to 3\gamma$; si è solo trovato che il rapporto di decadimento $(\pi^0 \to 3\gamma)/(\pi^0 \to 2\gamma) < 3.1 \cdot 10^{-8}$. È questa quindi una conferma sperimentale della conservazione della coniugazione di carica nell'interazione elettromagnetica. Per i mesoni neutri si usa spesso la notazione $J^{PC}(= 0^{-+}$ per il π^0).

Un test della conservazione di C può essere fatto in reazioni in cui sono coinvolte particelle e antiparticelle, che sotto C si scambiano tra loro. Applicando l'operazione coniugazione di carica a una tipica reazione dovuta all'interazione forte e/o all'interazione elettromagnetica alle alte energie si ha:

$$C(p\bar{p} \to \pi^+\pi^-\pi^+\pi^-...) = (\bar{p}p \to \pi^-\pi^+\pi^-\pi^+...) \tag{6.47a}$$

$$C(e^+e^- \to \pi^+\pi^-\pi^+\pi^-...) = (e^-e^+ \to \pi^-\pi^+\pi^-\pi^+...) \ . \tag{6.47b}$$

Ciò implica che il numero medio e gli spettri energetici di π^+ e π^- debbono essere uguali. Questo è verificato sperimentalmente con precisione di circa 1%.

Possiamo qui osservare che nel microcosmo, ad altissime energie, si osserva sempre una grande simmetria fra particelle e antiparticelle, nel senso che esse vengono prodotte in uguale abbondanza se le energie in gioco sono molto al di sopra di certe soglie, per esempio molto grandi rispetto alle masse delle particelle da produrre. Nel macrocosmo, invece, tale simmetria particella-antiparticella non è presente affatto: l'universo, almeno nella parte a noi vicina, contiene solo materia e non antimateria. Questo è uno degli argomenti più affascinanti di ricerca interconnesso con la fisica delle particelle, l'astrofisica e la cosmologia (Cap. 12 e 13).

6.6.2 Violazione di C nell'interazione debole

L'interazione forte e quella elettromagnetica sono invarianti per l'operazione C, mentre non lo è l'interazione debole: C è conservato nell' interazione forte e in quella elettromagnetica, è violato in quella debole. Per verificare la violazione di C nell'interazione debole procediamo come abbiamo fatto per la parità. Applicando C a un neutrino elettronico si otterrebbe un antineutrino elettronico con lo stesso impulso $\mathbf{p}$ e lo stesso spin $\mathbf{S}$, ottenendo così un antineutrino sinistrorso, che non esiste:

$$C\,(\overrightarrow{\Longleftarrow} \nu_e) = (\overrightarrow{\Longleftarrow} \bar{\nu}_e) \ .$$

Si conclude che l'interazione debole relativa ai neutrini non conserva nè la parità nè la coniugazione di carica. Applicando a un neutrino elettronico C e

P uno dopo l'altro (ovvero P e poi C), si ottiene un antineutrino destrorso, che esiste:

$$CP \, (\overrightarrow{\rightleftharpoons} \; \nu_e) = (\overleftarrow{\rightleftharpoons} \; \bar{\nu}_e) \; . \tag{6.48}$$

Si conclude che l'interazione debole può conservare CP (vedi Fig. 6.3).

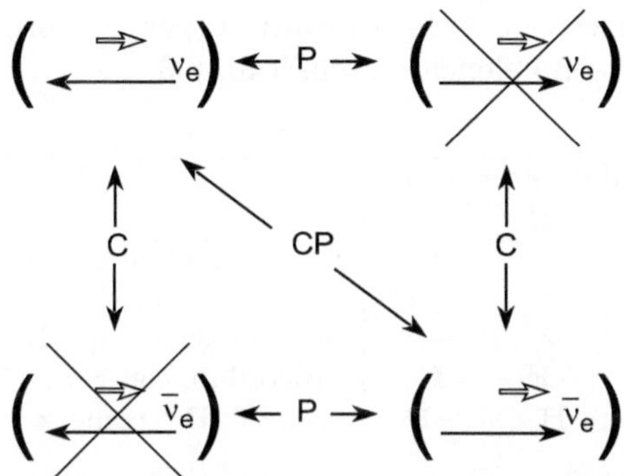

Figura 6.3. L'applicazione dell'operatore C, o della parità P, al neutrino dell'elettrone genera uno stato che non esiste in natura. L'applicazione di CP genera l'antineutrino con la corretta elicità

6.7 Inversione temporale

L'operatore inversione temporale T inverte la coordinata temporale t:

$$Tt = -t \tag{6.49a}$$

$$T\psi(\mathbf{r}, t) = \psi(\mathbf{r}, -t) \; . \tag{6.49b}$$

Un sistema classico è invariante per inversione temporale se la situazione con $-t$ esiste. Per esempio l'operazione di inversione temporale per un pianeta che si muove su orbita circolare attorno al sole sarebbe quella di avere il pianeta che percorre la stessa orbita in senso inverso: questa è una situazione possibile, che ha senso; il fatto che il pianeta la descriva in un dato verso dipende dalle condizioni iniziali, quando il pianeta ha subito un "calcio" in un certo verso. Analogamente l'applicazione di T a un processo d'urto, per esempio a due corpi, vuol dire considerare la reazione inversa:

La Tab. 6.2 riepiloga gli effetti dell'applicazione di P e di T su alcune grandezze fisiche. Per verificare la conservazione di P e/o di T oppure osservare una violazione, è necessario analizzare sperimentalmente una grandezza uguale al prodotto delle quantità fisiche riportate nella Tab. 6.2. Un esempio è costituito dall'emissione di un elettrone (e quindi la determinazione di $\mathbf{p}_e$) rispetto a una direzione che può essere definita da una polarizzazione σ. Alcune quantità utilizzate e le loro proprietà per trasformazioni di parità e inversione temporale sono elencate nella Tab. 6.3.

Grandezza	Trasformazione		
	P	T	
$\mathbf{r}$	$-\mathbf{r}$	$\mathbf{r}$	vettore polare
$\mathbf{p}$	$-\mathbf{p}$	$-\mathbf{p}$	" "
σ	σ	$-\sigma$	vettore assiale (tipo $\mathbf{L} = \mathbf{r} \times \mathbf{p}$)
$\mathbf{E}$	$-\mathbf{E}$	$\mathbf{E}$	Ricordare che $\mathbf{E} = -\partial\varphi/\partial\mathbf{r}$
$\mathbf{B}(^*)$	$\mathbf{B}$	$-\mathbf{B}$	$\mathbf{B}$ è come σ

Tabella 6.2. Effetto dell'applicazione delle operazioni di parità (P) e di inversione temporale (T) su alcune grandezze fisiche fondamentali. (*) Si può pensare a $\mathbf{B}$ come dovuto alla corrente in una spira. Rovesciare T significa rovesciare la corrente e quindi il campo magnetico

Grandezza	Trasformazione		Grandezza
	P	T	fisica
$\sigma \cdot \mathbf{B}$	$+\sigma \cdot \mathbf{B}$	$+\sigma \cdot \mathbf{B}$	momento di dipolo magnetico
$\sigma \cdot \mathbf{E}$	$-\sigma \cdot \mathbf{E}$	$-\sigma \cdot \mathbf{E}$	momento di dipolo elettrico
$\sigma \cdot \mathbf{p}$	$-\sigma \cdot \mathbf{p}$	$+\sigma \cdot \mathbf{p}$	polarizzazione longitudinale
$\sigma \cdot \mathbf{p}_1 \times \mathbf{p}_2$	$+\sigma \cdot \mathbf{p}_1 \times \mathbf{p}_2$	$-\sigma \cdot \mathbf{p}_1 \times \mathbf{p}_2$	polarizzazione trasversale
$\mathbf{p}_1 \cdot \mathbf{p}_2 \times \mathbf{p}_3$	$-\mathbf{p}_1 \cdot \mathbf{p}_2 \times \mathbf{p}_3$	$-\mathbf{p}_1 \cdot \mathbf{p}_2 \times \mathbf{p}_3$	

Tabella 6.3. Effetto dell'applicazione delle operazioni di parità e inversione temporale su prodotti di grandezze fisiche fondamentali

Se la parità P (ovvero T) è conservata in un processo dovuto a una specifica interazione, l'hamiltoniana di quella interazione **non deve** contenere termini che per parità (ovvero per inversione temporale) cambiano segno. Riferendoci alla Tab. 6.3, ciò significa che le particelle con spin σ possono avere un momento di dipolo magnetico, ma non un momento di dipolo elettrico statico (come nella materia ordinaria), in quanto il termine $\sigma \cdot \mathbf{E}$ non è invariante per T. Per questo motivo, sono stati storicamente molto importanti le misure su un possibile momento di dipolo elettrico del neutrone (che può essere misurato con grande precisione), la presenza del quale implicherebbe violazione sia di T che di P (si veda il Problema 6.1). Altresì, ci si aspetta che l'hamiltoniana che descrive l'interazione di una particella non contenga termini dipendenti dalla polarizzazione longitudinale delle particelle (termine $\boldsymbol{\sigma} \cdot \mathbf{p}$). Come vedremo nel Cap. 8 ciò *non* si verifica per le interazioni deboli. La Tab. 6.4 riassume alcune proprietà di invarianza o non delle interazioni fondamentali.

Reversibilità nei processi macroscopici. A livello microscopico tutti i processi (tranne quelli che violano CP, vedi §6.8) sono reversibili e quindi invarianti per inversione temporale. È a livello macroscopico e per i sistemi complessi che esiste un *verso* (una "freccia") ben definito per il tempo, *quello in cui aumenta l'entropia*. Infatti, per l'inversione temporale applicata a una persona, occorrerebbe chiedersi se ha senso che la persona prima muoia, poi ringiovanisca e infine nasca, il che non ha ovviamente senso. Per un gas in un recipiente a pressione atmosferica, che, attraverso un foro, si espande in un secondo recipiente vuoto, è stabilita una freccia del tempo misurabile tramite l'entropia del sistema, che per processi irreversibili aumenta sempre. Un filmato dell'espansione del gas ci offre una situazione realistica; se il film è mostrato a rovescio, ci offre una visione non realistica.

Ci si può chiedere come mai per i sistemi semplici è valida la simmetria per inversione temporale, mentre ciò non è vero per i sistemi complessi. Vediamo di comprendere meglio la situazione considerando un uomo che fuma la pipa (per quanto questo gli nuoccia gravemente alla salute): nella direzione normale del tempo il fumo esce dalla pipa; nella direzione invertita entra nella pipa. Il film nella direzione normale ci sembra realistico, mentre quello in direzione inversa ci pare assurdo. Supponiamo di poter fare uno zoom incredibile che ci permetta di vedere le singole collisioni delle molecole del fumo: a quel livello osserviamo molecole che si muovono nel vuoto e che si urtano; la situazione è invariante per inversioni temporali e quando invertiamo il film la situazione ci sembra del tutto normale. Diminuiamo lo zoom e supponiamo di vedere aggregati di particelle di fumo: la situazione invertita ci sembra regolare e nessuno si mette a ridere quando il film è mostrato a rovescio. Potremo cominciare ad avere dei sospetti quando incominciamo a vedere una nuvoletta di fumo che forma un grumo, cioè vedere qualcosa che condensa invece di espandersi. Diminuendo ancora lo zoom, avremo una situazione in cui si vede parte della pipa e diventa chiaro se si ha espansione o condensazione.

Passando dall'informazione microscopica a quella macroscopica, cioè dalle molecole ai grandi insiemi di molecole (eliminando il moto delle singole molecole), si perde informazione. Facendo una media sulla descrizione microscopica, eliminando dettagli, si ottiene una situazione che non è simmetrica rispetto al tempo e viola l'invarianza per riflessioni temporale. Forse si può dire che la nostra richiesta che esista una descrizione macroscopica che abbia senso introduce la freccia del tempo. Ma perché facciamo delle medie? Probabilmente ciò è connesso con il processo di evoluzione biologica, con il fatto che gli organismi sviluppano sensori che percepiscono proprietà medie, come la temperatura. Con il fatto che la selezione biologica è dipendente dal successo, che altro non è che un meccanismo di variazioni, di prove ed errori, basato sulla sensibilità a proprietà medie, che porta allo sviluppo di organismi sempre più adattati.

6.8 CP e CPT

Subito dopo la scoperta della violazione di C e di P nell'interazione debole si ritenne che l'interazione debole conservasse CP. La Fig. 6.3 illustra l'effetto dell'applicazione di C, P e di CP al neutrino elettronico.

Ma nel 1964 Christenson e altri fisici scoprirono un decadimento raro del mesone K_L^0 (la particella K neutra a lunga vita media) che violava la conservazione di CP (Cap. 12). Si può perciò pensare che la violazione di CP sia un piccolo effetto, che coinvolge solo una piccola parte dell'interazione debole. Essa è stata trovata inizialmente solo nel sistema $K^0 - \overline{K}^0$, che si comporta come un interferometro di grande sensibilità; di recente, si è trovata anche nel sistema $B^0 - \overline{B}^0$.

La piccola violazione di CP ha probabilmente giocato un ruolo molto importante nei primissimi attimi di vita dell'universo. Si ritiene che lo stato iniziale dell'universo avesse tutti i numeri quantici uguali a zero, quindi anche un ugual numero di particelle e antiparticelle. Ma dopo un breve periodo di vita (probabilmente al tempo $t \simeq 10^{-35}$ s) avvenne una transizione di fase, dopo la quale le particelle presenti cominciavano a decadere con una piccola violazione di CP che dava luogo a una lieve prevalenza nel numero di particelle rispetto a quello delle antiparticelle (a livello di meno di una parte su di un miliardo). Quando più tardi avvenne l'annichilazione particella-antiparticella, restò solo quel piccolo (in percentuale) numero di particelle, quindi solo materia (l'idea base di questa catena di eventi è dovuta a Sacharov).

La piccola violazione di CP comporta una piccola violazione di T perché tutte le interazioni sono invarianti per trasformazioni CPT, in qualsiasi ordine queste siano effettuate. L'invarianza CPT sembra essere una delle proprietà fondamentali delle teorie di campo. Essa viene spesso chiamata *teorema CPT* (di C. Lüders): *ogni teoria (quantistica) che (i) obbedisca ai postulati della relatività ristretta, (ii) ammetta uno stato con energia minima e (iii) rispetti la microcausalità* [2] *è invariante sotto l'insieme delle trasformazioni CPT.*

Come conseguenza del teorema CPT si ha che una particella e la corrispondente antiparticella debbono avere stessa massa, stessa vita media e momenti magnetici uguali, ma di segno opposto. Queste uguaglianze sarebbero conseguenza della sola conservazione di C; ma l'interazione debole non conserva C. Quindi le uguaglianze derivano da una legge di conservazione più generale, appunto quella di CPT. Verifichiamolo: se CPT è conservato, si ha $[CPT, H] = 0$; d'altra parte, si ha $(CPT)^2 = 1$. Quindi si può scrivere per lo stato $|a\rangle$ di una particella il cui autostato per l'hamiltoniana sia la sua massa (massa m e vita media τ per una particella instabile):

$$\langle a|H|a\rangle = \langle a|H(CPT)^2|a\rangle = \langle a|CPTHCPT|a\rangle = \langle \overline{a}|H|\overline{a}\rangle \to m_a = m_{\overline{a}} \ .$$

---

[2] Ossia, i campi obbediscono a relazioni di commutazione o di anticommutazione, il che implica la corretta statistica secondo lo spin delle particelle (i fermioni obbediscono alla statistica di Fermi-Dirac, i bosoni a quella di Bose-Einstein).

Le uguaglianze di massa, vita media e momento magnetico di particella e antiparticella sono ben verificate sperimentalmente [08P1]. Ad esempio:

$$\left|\frac{q_{\bar{p}}}{m_{\bar{p}}}\right| \bigg/ \left|\frac{q_p}{m_p}\right| < 0.99999999991 \pm 0.00000000009 \tag{6.50a}$$

$$[m_{e^+} - m_{e^-}]/m_e < 8 \cdot 10^{-9} \tag{6.50b}$$

$$\tau_{\mu^+}/\tau_{\mu^-} < 1.00002 \pm 0.00008 \tag{6.50c}$$

$$[|\mu_{e^+}| - |\mu_{e^-}|]/|\mu_e| < (-0.5 \pm 2.1) \cdot 10^{-12} \ . \tag{6.50d}$$

6.9 Carica elettrica e invarianza di gauge

Nell'elettrostatica classica il potenziale φ è definito a meno di una costante arbitraria. Quello che è importante è la differenza di potenziale, non il suo valore assoluto. Ciò si riflette nelle equazioni dell'elettrostatica: in particolare il campo elettrico $\mathbf{E}$ dipende solo da differenze di potenziale.

		Interazione		
Conservazione di	Forte	Elettromagnetica	Debole	N
Energia-Impulso E; $\mathbf{p}$	sì	sì	sì	A
Momento angolare $\mathbf{J}$	sì	sì	sì	A
Parità P	sì	sì	no	M
Numero barionico B	sì	sì	sì	A
Numeri leptonici[b] L_e, L_μ, L_τ	sì	sì	sì	A
Carica elettrica Q	sì	sì	sì	A
Coniugazione di carica C	sì	sì	no	M
Inversione temporale T	sì	sì	sì[a]	M
CP	sì	sì	sì[a]	M
CPT	sì	sì	sì	M
Isospin "forte" I	sì	no	no	A
3ª comp. di isospin I_z	sì	sì	no	A
Stranezza S	sì	sì	no	A
scala dei tempi	10^{-23} s	10^{-20} s	10^{-12} s	-
raggio di azione	10^{-13} cm	infinito	$< 10^{-15}$ cm	-

Tabella 6.4. Leggi di conservazione e loro validità nei processi dovuti all'interazione forte, EM e debole. I numeri quantici N sono additivi (A) o moltiplicativi (M). [a] Eccetto che per alcuni decadimenti dei mesoni $K^0, \overline{K^0}$(e $B^0, \overline{B^0}$). [b] Eccetto per le oscillazioni dei neutrini, §12.6

Ragioniamo per assurdo: supponiamo che la carica non sia conservata, ma che possa essere creata o distrutta. Supponiamo inoltre che per creare una carica Q sia necessario fare un lavoro W (che può essere compensato dal lavoro ottenuto nel distruggerla) e che la carica sia creata in un punto

P avente potenziale φ. Se la carica viene poi portata in un punto P$'$ avente potenziale φ' si ha una variazione di energia $Q(\varphi - \varphi')$. Distruggiamo poi la carica ottenendo il lavoro $-W$. Il bilancio energetico totale è $W + Q(\varphi - \varphi') - W = Q(\varphi - \varphi')$, assumendo che il lavoro per creare o distruggere la carica non dipenda dal valore di φ, dato che non deve contare il valore assoluto di φ. Si è però così fatto un lavoro $Q(\varphi - \varphi')$ proveniente dal nulla, violando il principio di conservazione dell'energia. L'errore sta nell'aver ipotizzato di poter violare la conservazione della carica elettrica. Quindi il principio di conservazione dell'energia ci impedisce di creare e distruggere cariche se il potenziale φ è definito a meno di una costante. Rovesciando l'argomento, la conservazione della carica elettrica ci permette di scegliere a piacere la scala del potenziale.

I campi $\mathbf{E,B}$ possono essere espressi in termini di un potenziale scalare e un potenziale vettore (vedi Appendice 3). I campi $\mathbf{E}$, $\mathbf{B}$ restano invarianti per una trasformazione dei potenziali scalari e vettori del tipo:

$$A_\mu \; \to \; A'_\mu(x'_\mu) = A_\mu(x_\mu) + \frac{\partial \Lambda}{\partial x_\mu} \quad \begin{cases} \mathbf{A}' = \mathbf{A} + \boldsymbol{\nabla} \Lambda \\ \varphi' = \varphi - \frac{1}{c}\frac{\partial \Lambda}{\partial t} \end{cases}$$

ciò che definisce l'invarianza di *gauge* (calibrazione). L'esistenza di questa simmetria è legata all'assenza di un termine di massa nelle equazioni del campo elettromagnetico; di conseguenza è nulla la massa dei fotoni.

Come verrà discusso nel Cap. 11, questo meccanismo può essere esteso in meccanica quantistica in maniera "locale". Si mostrerà che l'esistenza della legge di conservazione della carica elettrica porta all'invarianza per un gruppo locale di trasformazioni di gauge e alla necessità di aggiungervi un campo elettromagnetico A_μ, chiamato anche campo di gauge, che ha quanti privi di massa (fotoni) e che è accoppiato in modo particolare alla carica. In questo modo di vedere le cose, l'invarianza di gauge diventa la base dell'elettromagnetismo e della sua quantizzazione.

Il successo di questa procedura suggerisce che altre forze possano avere un'analoga origine da un'altra invarianza di gauge. È inoltre da notare che ogni campo deve avere una formulazione relativistica e quindi deve descrivere contemporaneamente particelle e antiparticelle.

Interazioni tra adroni a basse energie e il modello statico a quark

7.1 Adroni e quark

L'attuale visione del mondo submicroscopico si basa su un numero relativamente piccolo di costituenti ultimi che interagiscono tramite tre forze fondamentali. Alle più piccole distanze attualmente accessibili (circa 10^{-17} m) il comportamento della materia si spiega in termini di quark e leptoni. A questi vanno aggiunti i bosoni mediatori delle tre interazioni fondamentali. Allo stato attuale della conoscenza possiamo considerare tutte queste particelle come puntiformi e indivisibili.

La lista delle particelle è molto più lunga e meno definita. In questo capitolo sono introdotti alcuni semplici schemi di classificazione delle particelle composte da quark, gli adroni.

Già negli anni '60 il crescente numero di adroni e le regolarità da questi presentate portarono a ritenere che gli adroni non fossero particelle elementari, ma fossero costituiti da entità più piccole, i quark. Inizialmente si pensò che vi fossero 3 tipi di quark (u, d, s) più i relativi antiquark. Oggi se ne conoscono 6 tipi: u, d, s, c, b, t.

A livello fondamentale l'interazione forte avviene fra quark. L'interazione fra nucleoni, che tratteremo nel Cap. 14, è un'interazione forte "residua", allo stesso modo in cui l'interazione elettromagnetica fondamentale avviene fra un protone e un elettrone, mentre l'interazione elettromagnetica "residua" riguarda, per esempio, l'interazione fra atomi per formare le molecole. In termini fondamentali, l'interazione fra nucleoni nei nuclei è un complicato problema di molti corpi.

Un adrone "normale" è composto di quark ed ha dimensioni di circa 1 fm. Gli adroni con spin intero sono chiamati *mesoni*, quelli con spin semintero sono i *barioni*; gli *iperoni* sono barioni "strani", cioè con numero quantico di stranezza diverso da zero. Per lo studio della spettroscopia degli adroni è sufficiente considerare il semplice modello statico a quark degli adroni, descritto nella seconda parte di questo capitolo, dove oltre a considerare il modello se

Braibant S., Giacomelli G., Spurio M.: Particelle e interazioni fondamentali. Il mondo delle particelle
DOI 10.1007/978-88-470-2754-1_7, © Springer-Verlag Italia 2012

ne presentano alcune verifiche e limiti. I quark costituenti spiegano le regolarità dello spettro adronico; ma potrebbero costituire una finzione matematica perché non si sono mai osservati *quark liberi*. Diventa quindi importante analizzare la *struttura dinamica a quark* degli adroni, in particolare negli urti leptone-adrone e adrone-adrone con alti momenti trasferiti, dove si ha un urto diretto fra due costituenti puntiformi. In questi urti si è messo in evidenza che gli adroni contengono anche gluoni e coppie $q\bar{q}$ create dal vuoto, e che scompaiono rapidamente (sono detti quark, antiquark *"del mare"*). Vedremo più avanti (Cap. 10) questi aspetti.

7.1.1 Il modello di Yukawa

Il primo tentativo di spiegare l'interazione tra nucleoni nei nuclei con un modello quanto-meccanico che ricalcava quello per l'interazione elettromagnetica fu quello sviluppato negli anni '30 del secolo scorso da Yukawa. Per ogni particella, in particolare per un bosone di massa m, la relazione tra energia E e impulso $\mathbf{p}$ è $E^2 - p^2c^2 = m^2c^4$. Se scriviamo l'equazione quantistica corrispondente rimpiazzando E, $\mathbf{p}$ con i corrispondenti operatori, $E \to i\hbar\partial/\partial t$, $\mathbf{p} \to -i\hbar\nabla$, facendoli agire su una funzione d'onda ψ, otteniamo:

$$-\hbar^2\frac{\partial^2\psi}{\partial t^2} + \hbar^2 c^2 \,\nabla^2\,\psi = m^2 c^4\psi \ .$$

Questa è l'equazione di *Klein-Gordon*, già ricavata in §4.2.2. Nel caso statico (non dipendente dal tempo) si ottiene l'equazione, facilmente risolvibile:

$$\nabla^2\psi = \left(\frac{mc}{\hbar}\right)^2\psi \quad \longrightarrow \quad \psi = \frac{K}{r}e^{-r/a} \tag{7.1}$$

con $a = \hbar/mc$. Yukawa applicò la (7.1) al problema dei nucleoni nei nuclei. Immaginò che un nucleone potesse interagire tramite un campo bosonico; si può dire che tale campo bosonico varia con la distanza dal centro del nucleone, con un certo raggio d'azione a. Il potenziale statico $U(r)$ fra due nucleoni seguirà la stessa legge, ossia:

$$U(r) = \frac{K}{r}e^{-r/a} \quad ; \quad a = \hbar/mc \ . \tag{7.2}$$

Se il raggio d'azione della forza nucleare è $a \simeq 2$ fm, si può ricavare che il quanto bosonico del campo deve avere $m \simeq 100$ MeV/c^2. Yukawa giunse alla conclusione che doveva esistere un bosone mediatore dell'interazione forte statica con massa di circa 100 MeV/c^2. Tale mediatore fu poi identificato con il mesone π, vedere Problema 7.1. Per un certo tempo si credette che il muone[1] dei raggi cosmici fosse il mesone π. Un importante esperimento di Conversi,

---

[1] Il muone μ venne originariamente chiamato *mesone μ*, e talvolta così è chiamato in alcuni testi non recenti. Tuttavia, non è un mesone nell'accezione di *particella composta da una coppia $q\bar{q}$*, per cui eviteremo di chiamare il *leptone μ* "mesone".

Pancini, Piccioni dimostrò che il μ non interagiva fortemente e quindi non poteva essere il mesone di Yukawa.

Oggi sappiamo che la situazione, per quanto riguarda l'interazione forte, non è così semplice, e che in particolare a livello fondamentale le interazioni avvengono tra quark, e non tra nucleoni.

7.2 Simmetria protone-neutrone: lo spin isotopico

Il neutrone e il protone si comportano in modo molto simile per quanto riguarda l'interazione forte. Perciò nel 1932 Heisenberg suggerì di considerare il neutrone e il protone come due stati diversi di un'unica particella, il nucleone N. In analogia con lo spin $1/2$, che può avere due componenti lungo l'asse z, $s_z = +1/2$ e $s_z = -1/2$, si assegna *spin isotopico "forte"* $I = 1/2$ al nucleone, terza componente $I_z = +1/2$ al protone e $I_z = -1/2$ al neutrone. Lo spin isotopico si denota con I (talvolta con T) e le componenti con I_x, I_y, I_z (oppure I_1, I_2, I_3).

Attenzione: la grandezza che stiamo definendo ha un comportamento matematico esattamente uguale alla grandezza fisica che chiamiamo spin, che è espresso in unità di $\hbar$, e con dimensione [*Energia Tempo*]. Lo *spin isotopico*, è una grandezza adimensionale che permette di classificare gli adroni in multipletti.

Si può visualizzare lo spin isotopico come un vettore nello spazio tridimensionale dell'isospin, uno spazio fittizio con assi I_x, I_y, I_z. L'interazione forte dipende da I, non da I_z; per l'interazione forte, il protone e il neutrone sono due stati degeneri. La terza componente dello spin isotopico forte si comporta come la carica elettrica: l'interazione elettromagnetica non conserva $\mathbf{I}$, ma conserva I_z. Lo spin isotopico non si conserva invece nei decadimenti dovuti all'interazione debole.

L'operatore hamiltoniana responsabile dell'interazione forte, è invariante per tutte le operazioni nello spazio astratto dell'isospin. Ne consegue che, trascurando l'interazione elettromagnetica e quella debole, i livelli energetici del sistema sono degeneri e possono essere classificati secondo l'isospin totale I. L'operatore $I^2 = I_x^2 + I_y^2 + I_z^2$ ha autovalori pari a $I(I+1)$. I possibili valori di I sono dunque interi o seminteri: $0, 1/2, 1, 3/2,...$ Ad ogni valore di I corrisponde un multipletto con $(2I+1)$ autostati di H con stessa energia, ma con valori diversi di I_z. Fissato I, i possibili valori di I_z sono $I, (I-1),...,-I$. Per la composizione dell'isospin, si veda il Supplemento 7.1 [12B1].

Lo spin isotopico in fisica nucleare. In fisica nucleare la conservazione di I è legata all'osservazione di stati legati con lo stesso numero di nucleoni e diverso numero di protoni che hanno la stessa energia e gli stessi numeri quantici di spin e parità. Questa invarianza dell'Hamiltoniana delle interazioni nucleari corrisponde **all'indipendenza dell'interazione nucleare dalla carica elettrica.**

Ad esempio, gli stati fondamentali del ^{7}Be e del ^{7}Li hanno la stessa energia, lo stesso spin e la stessa parità. Si può attribuire $I = 1/2$ all'insieme dei due stati e $I_z = +1/2$ a ^{7}Be, $I_z = -1/2$ a ^{7}Li. In termini di protoni e neutroni, i due nuclei sono uguali, a parte la presenza di una coppia pp nel ^{7}Be e una coppia nn nel ^{7}Li. L'uguaglianza delle energie dei due stati implica l'uguaglianza delle forze nn e pp (a parte effetti elettromagnetici): si verifica la *simmetria in carica*, cioè $forza(nn) = forza(pp)$ per *nuclei speculari*.

Un secondo esempio dell'*indipendenza dalla carica* viene dall'osservazione che gli stati

$$\begin{cases} ^{14}\text{C}, & I_z = -1, \text{ coppia } nn \\ ^{14}\text{N}, & I_z = 0, \text{ coppia } np \\ ^{14}\text{O}, & I_z = +1, \text{coppia } pp \end{cases}$$

hanno tutti $J^P = 0^+$ e praticamente la stessa energia. Un'altra evidenza proviene dalla reazione

$$\begin{array}{lcccl} \text{d} + \text{d} & \to & ^4\text{He} & + & \pi^0 \\ I \quad 0 \quad 0 & & 0 & & 1 \; \longleftarrow \; \text{non si conserva } I \\ I_z \, 0 \quad 0 & & 0 & & 0 \;\; \longleftarrow \; \text{si conserva } I_z \end{array} \tag{7.3}$$

che è proibita per l'interazione forte e permessa per l'interazione elettromagnetica. Ciò implica che la reazione avviene con la sezione d'urto caratteristica dell'interazione elettromagnetica. Si osserva sperimentalmente che la sezione d'urto di (7.3) è quasi cento volte inferiore a una tipica sezione d'urto "forte" nelle stesse condizioni cinematiche.

Spin isotopico del mesone π. I tre mesoni π^+, π^0, π^-, hanno proprietà quasi identiche, con l'eccezione della carica elettrica. Possiamo pensare che, per quanto riguarda l'interazione forte, si tratti di un'unica particella, il mesone π, in modo analogo a quanto detto per il nucleone. Ma in questo caso abbiamo 3 sottostati anziché 2. Il numero di sottostati connessi allo spin isotopico I è $N_I = (2I + 1)$. Perciò dobbiamo attribuire al pione lo spin isotopico $I_\pi = 1$, di modo che si abbiano $2I_\pi + 1 = 3$ stati di carica diversa, con $I_z = +1, 0, -1$, rispettivamente per π^+, π^0, π^-. I tre pioni formano un tripletto di isospin.

Conservazione dello spin isotopico nelle interazioni forti. Possiamo trovare una relazione fra carica Q, isospin I e numero barionico B ($B = 0$ per il mesone π, $B = 1$ per il nucleone):

$$Q = I_z + B/2 \; . \tag{7.4}$$

Generalizziamo quanto detto a proposito del sistema di due nucleoni facendo le due ipotesi seguenti:
(i) *L'interazione forte che coinvolge mesoni e nucleoni dipende solo dall'isospin totale I ed è indipendente da I_z e da Q.*
(ii) *Lo spin isotopico totale I è conservato nei processi dovuti all'interazione forte (si dice che I è un "buon numero quantico").*

La conservazione dell'isospin porta a regole di selezione e a rapporti precisi fra varie sezioni d'urto. Consideriamo, per esempio, le due reazioni $pp \to d\pi^+$ e $pn \to d\pi^0$. La composizione in isospin degli stati iniziale e finale è la seguente:

$$I \underbrace{\frac{p+p}{1}} \to \frac{d+\pi^+}{\underbrace{0\ \ 1}_{1}} \tag{7.5}$$

$$I \underbrace{\frac{p+n}{0,1}} \to \frac{d+\pi^0}{\underbrace{0\ \ 1}_{1}} \tag{7.6}$$

ed entrambe le reazioni hanno stati finali con isospin totale uguale a 1. Gli stati iniziali sono uno stato puro di isospin 1 per la prima reazione e uno stato misto, 50% di isospin 0 e 50% di isospin 1, per la seconda reazione. Entrambe le reazioni sono dovute all'interazione forte che conserva l'isospin. La prima reazione procede quindi interamente, mentre la seconda deve avvenire solamente per la parte con isospin iniziale $I = 1$, cioè per il 50%. Ne consegue $\sigma(pp \to d\pi^+)/\sigma(pn \to d\pi^0) = 2$, come osservato sperimentalmente.

Spin isotopico dei quark. Come vedremo, p e n sono oggetti non elementari ma costituiti da quark. La simmetria in termini di *isospin* deve riflettersi in una simmetria in termini di quark. Per come sono costituiti protone e neutrone, i quark (u,d) possono considerarsi membri di un doppietto di isospin forte $(I = 1/2$, con $I_z(u) = +1/2$, $I_z(d) = -1/2)$ in modo analogo a neutrone e protone. Come vedremo in §7.14.5, le masse dei quark u e d sono quasi uguali e molto piccole in confronto con la massa dei nucleoni. Alla massa degli adroni composti dai quark più leggeri (u,d,s) contribuisce in modo determinante l'energia del campo di forze (detto di *colore*) a cui sono soggetti i quark, descritto dalla *Cromodinamica Quantistica (Quantum Cromo-Dynamics, QCD)*, §11.9. L'indipendenza dall'isospin delle interazioni forti riflette il fatto che **le forze di colore sono indipendenti dal sapore del quark**. I quark s,c,b,t sono singoletti di isospin forte, con $I = 0$. Questo, perché la loro massa è significativamente maggiore di quella di u,d e via via crescente, e la massa degli adroni composti da quark più pesanti dipende fortemente dal sapore dei quark.

7.3 La sezione d'urto per l'interazione forte

Come discusso nel Cap. 4, uno dei modi per avere informazioni sul potenziale d'interazione è tramite la misura della sezione d'urto. Nel caso di un potenziale a corto range, ossia trascurabile per $r > R_0$ (nel caso del potenziale di Yukawa $R_0 \sim a$), ci aspettiamo che la sezione d'urto sia quella puramente geometrica corrispondente all'area efficace del bersaglio, ossia:

$$\sigma = \pi R_0^2 \ . \tag{7.7}$$

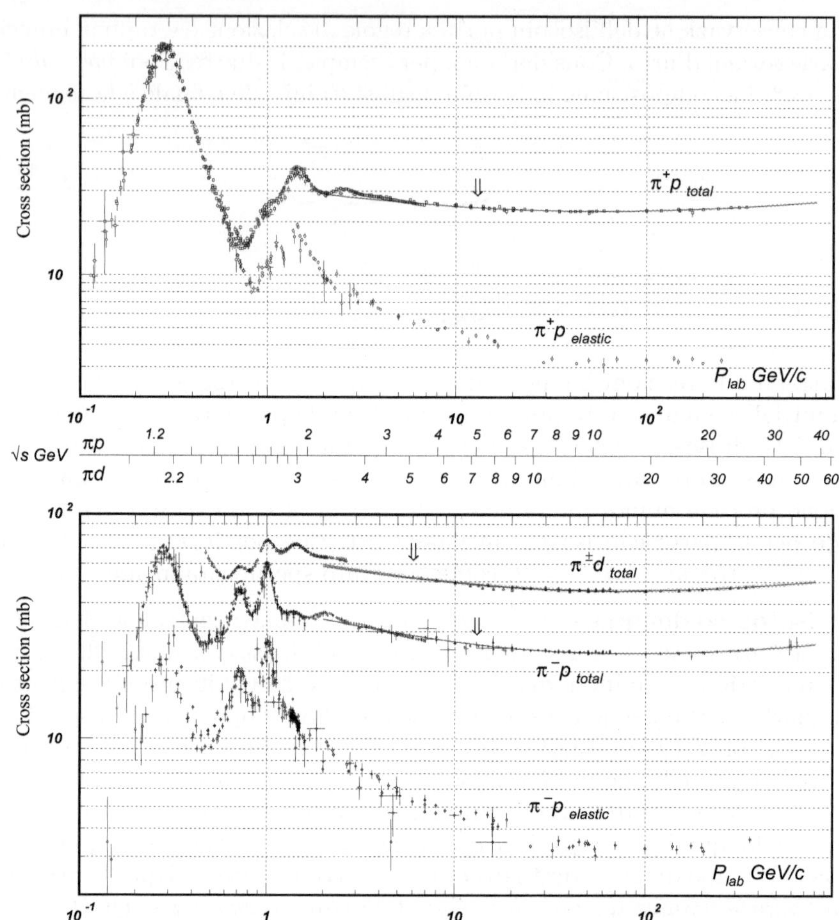

Figura 7.1. Risultati delle misure di sezioni d'urto totali ed elastiche per le collisioni π^+p (in alto), π^-p, $\pi^\pm d$ (in basso) [08P1]

Questo, nel caso in cui *le dimensioni del proiettile siano trascurabili rispetto quelle del bersaglio*. Poiché la meccanica quantistica descrive le particelle come funzioni d'onda, la cui lunghezza di de Broglie (3.1) varia come $\lambdabar = \hbar/p = 1.24$ fm/$2\pi p$ (GeV/c), si vede che solo proiettili con impulso $p \gg 1$ GeV/c possono essere considerati *puntiformi* rispetto a bersagli con le dimensioni nucleari (1 fm).

Le *collisioni elastiche* sono caratterizzate dal fatto che il proiettile e il bersaglio restano gli stessi prima e dopo l'urto e posseggono la stessa energia nel sistema del centro di massa. Ad alte energie occorre considerare anche le *collisioni inelastiche*, e quindi la possibilità che le particelle incidenti o quelle del bersaglio possano essere eccitate, cambino natura, ci sia produzione di nuove particelle, ecc. Queste nuove possibilità sono indicate con una sezione d'urto inelastica, σ_{inel}. Quindi $\sigma_{tot} = \sigma_{el} + \sigma_{inel}$.

Si può verificare qualitativamente l'ipotesi di corto raggio di azione per le forze nucleari osservando la Fig. 7.1, con la misura della sezione d'urto per l'interazione pione-protone, e la Fig. 7.2 per la sezione d'urto protone-protone. Per $p_{lab} \gg 1$ GeV/c le sezioni d'urto variano molto poco con l'energia, e si attestano su valori $\sigma_{\pi p} \simeq 25$ mb, $\sigma_{pp} \simeq 40$ mb. La grandezza R_0 vale rispettivamente circa 1.1 fm e 0.9 fm nei due casi e corrisponde alla distanza rispetto alla quale si hanno interazioni tra $p - p$ e $\pi - p$.

Nel seguito, vedremo come questa assunzione possa considerarsi in prima approssimazione corretta; vedremo inoltre cosa occorre modificare nel caso di bassa energia, dove l'approssimazione di proiettile di dimensioni trascurabile non è più soddisfatta.

7.3.1 Libero cammino medio

Una utile quantità per studiare le particelle soggette all'interazione forte con vita media lunga è il *libero cammino medio*. Consideriamo un fascio di nuclei o di particelle soggette all'interazione forte e a lunga vita media (Tab. 7.3) di intensità I ($\mathrm{cm^{-2}s^{-1}}$) che incide su un bersaglio che contiene N_n (nuclei $\mathrm{cm^{-3}}$) di materiale. Uno spessore dx del bersaglio contiene $N_n dx$ (nuclei $\mathrm{cm^{-2}}$); il fascio incidente viene attenuato, a causa degli urti, di

$$-dI = I\sigma N_n dx \tag{7.8}$$

dove σ è un fattore di proporzionalità le cui dimensioni fisiche corrispondono ad un'area. Si può interpretare questo parametro come una misura dell'area geometrica offerta dal nucleo al passaggio del fascio. Integrando la (7.8) si ottiene

$$I(x) = I(0)\, e^{-N_n \sigma x} = I(0)\, e^{-\mu x} = I(0)\, e^{-x/\lambda} \tag{7.9}$$

dove $I(0)$ è l'intensità incidente e x è lo spessore attraversato; la quantità $\mu = N_n \sigma$ è chiamata *coefficiente di assorbimento*, mentre il suo inverso

$$\lambda = 1/\mu = 1/N_n \sigma \qquad \text{(cm)} \tag{7.10}$$

è il *cammino libero medio* o *lunghezza di collisione*. Talvolta il *cammino libero medio* è moltiplicato per la densità del mezzo, e si trova espresso come:

$$\lambda = \rho/\mu = \rho/N_n \sigma \qquad \text{(g cm}^{-2}\text{)} \tag{7.11}$$

in tal caso rappresenta il percorso (in cm) in un mezzo con la densità dell'acqua. Per il libero cammino medio si utilizza sia la (7.10) che la (7.11), che sono diverse solo nelle unità di misura. Il rapporto $I(x)/I(0) = e^{-N_n \sigma x}$ è detto *attenuazione*. È da notare che l'integrazione della (7.8) è possibile solo se non vi è "oscuramento" di un nucleo bersaglio da parte di uno precedente nella targhetta. Questo è in pratica vero perché le dimensioni di un nucleo sono molto piccole, dell'ordine di pochi fm (Problema 7.10).

7.4 Collisioni adrone-adrone alle basse energie

Lo studio della collisione pione-nucleone a bassa energia (sino a qualche GeV) è stato storicamente importante per stabilire l'esistenza delle prime *risonanze adroniche* e per misurarne la massa e i numeri quantici.

Si può ottenere una prima idea qualitativa delle caratteristiche principali delle collisioni adrone-adrone analizzando i risultati delle misure di sezioni d'urto totali ed elastiche di adroni carichi su idrogeno e deuterio, come illustrato in Fig. 7.1, 7.2, 7.3. Per energie nel centro di massa inferiori a circa 3 GeV, le sezioni d'urto totali $\pi^{\pm}p, K^-p, K^-n$, sono caratterizzate da picchi e strutture, le cui altezze diminuiscono all'aumentare dell'energia; invece le sezioni d'urto totali K^+p, pp e $\overline{p}p$ non presentano grandi picchi, ma solo strutture di minore entità.

Il formalismo quanto-meccanico sviluppato per lo studio delle sezioni d'urto a basse energie è in termini di ampiezze e di fasi di onde materiali, in analogia con la descrizione delle onde ottiche. Una descrizione piuttosto dettagliata del formalismo (che non svilupperemo) è in [87P1].

Una spiegazione semplificata delle strutture evidenti nelle Fig. 7.1, 7.2, 7.3 è legato al fatto che a basse energie la condizione di dimensioni non trascurabili della particella rispetto al bersaglio non è più applicabile. Ricaveremo nel §7.5 la funzione matematica che descrive l'innalzamento della sezione d'urto.

7.4.1 Gli antibarioni

I barioni, protone, neutrone e gli iperoni sono fermioni. In base alla teoria di Dirac devono esistere i corrispondenti stati coniugati di carica, gli antibarioni, con numero fermionico, carica elettrica, momento magnetico e stranezza opposti. La teoria è confermata dai leptoni: ad es., esiste il positrone (e^+), il leptone μ^+ e l'antineutrino. Per verificare la predizione di Dirac nel settore degli adroni si dovette aspettare il 1955, quando i fisici O. Chamberlain ed E. Segrè (insieme a Wiegand e Ypsilantis), riuscirono a produrre antiprotoni con l'acceleratore Bevatron del Lawrence Radiation Laboratory di Berkeley appositamente costruito. La scoperta dell'antiprotone valse a Chamberlain e a Segrè il premio Nobel per la fisica nel 1959.

Un antiprotone può essere prodotto in interazioni di protoni su nuclei con le reazioni $pp \to \overline{p}ppp$ oppure $pn \to \overline{p}ppn$, che conservano il numero barionico e la carica elettrica, se l'energia cinetica del fascio è maggiore di $6m_p = 5.6$ GeV (§3.1). La produzione dell'antiprotone è segnalata dalla presenza nello stato finale di una particella di carica negativa e massa pari a quella del protone. A questa energia, nell'interazione protone-nucleo vengono prodotti mesoni π^- con probabilità molto maggiore, quindi è necessario selezionare particelle con massa m_p facendo misure sia di impulso che di velocità delle particelle prodotte. L'esperimento fu fatto utilizzando magneti curvanti per selezionare le particelle di carica negativa e sia tecniche di tempo di volo che rivelatori Cherenkov per misurarne la velocità. Una volta scoperto il metodo per produrre

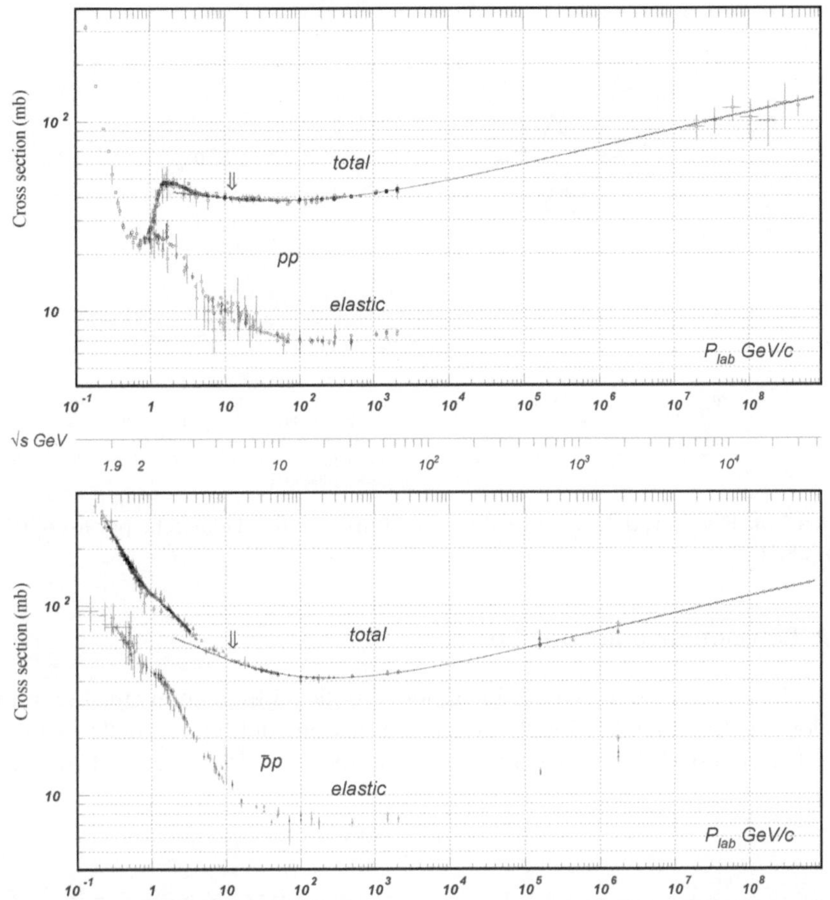

Figura 7.2. Risultati delle misure di sezioni d'urto totali ed elastiche per le collisioni pp (in alto), $\overline{p}p$, (in basso) [08P1]

un fascio secondario di antiprotoni, questo può essere utilizzato per produrre altri antibarioni in reazioni di annichilazione $p\overline{p} \rightarrow barione + antibarione$. Nel 1957 Cork, Lamberston e Piccioni scoprirono in questo modo l'antineutrone. In seguito, la Λ^0 è stata osservata nell'annichilazione di antiprotoni in camera a bolle a idrogeno liquido in $\overline{p}p \rightarrow \Lambda^0\overline{\Lambda^0}$. Con questo metodo sono stati scoperti gli altri antibarioni: per ogni barione è stato osservato il corrispondente antibarione. Gli antibarioni hanno numero barionico negativo, e decadono negli stati coniugati di carica dei corrispondenti barioni, ad esempio l'antineutrone decade in $\overline{n} \rightarrow \overline{p}e^+\nu_e$.

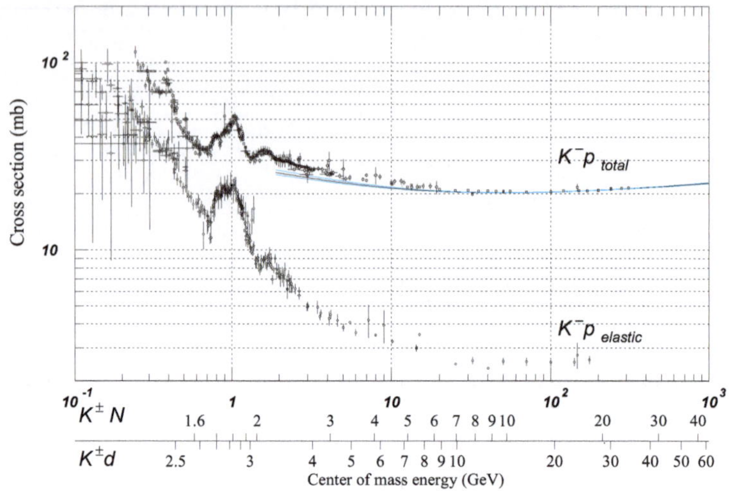

Figura 7.3. Risultati delle misure di sezioni d'urto totali ed elastiche per le collisioni K^-p [08P1]

7.4.2 Le risonanze adroniche

In Fig. 7.4 è mostrato un evento in camera a bolle a idrogeno in cui si ha un'interazione del mesone K^- incidente con un protone del liquido della camera a bolle. Il fascio di K^- era selezionato con le tecniche descritte nel Cap. 3. Lo

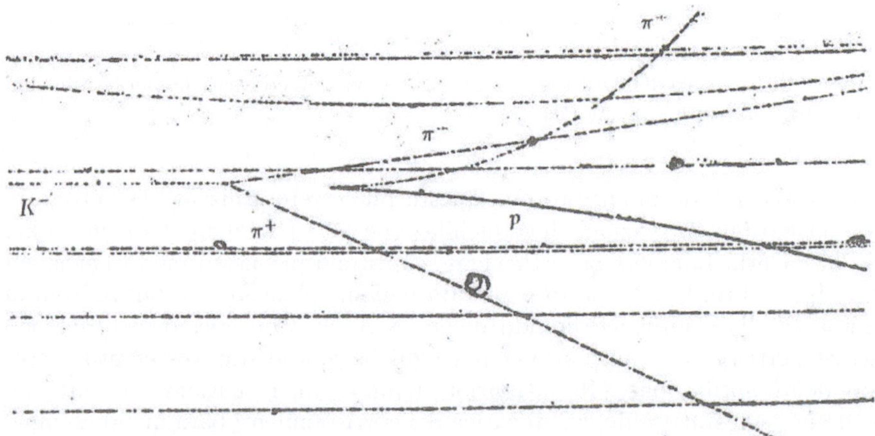

Figura 7.4. Interazione di un mesone K^- di 4.2 GeV/c in camera a bolle a idrogeno. Nell'interazione vengono prodotti due pioni carichi e la Λ^0, che poi decade in un protone e un pione negativo (da R.T.Van de Walle, Foto CERN, Ginevra)

stato finale consiste di due particelle cariche ed una neutra, che poi decade in due particelle cariche. L'evento è consistente con l'ipotesi:

$$K^- p \to \Lambda^0 \pi^+ \pi^-$$
$$\hookrightarrow \ \pi^- p \, . \tag{7.12}$$

La prima reazione è quindi la produzione di due pioni carichi e di una Λ^0; la Λ^0 poi decade in un protone e in un mesone π^-. Fino a qui abbiamo una situazione analoga a quelle precedenti.

Tuttavia, si può immaginare che la reazione (7.12) proceda attraverso un processo intermedio, che ne incrementa molto la probabilità di formazione. In questo ulteriore processo, si possono formare due nuovi stati (ciascuno dei quali rappresenta una nuova **particella**) che possiamo chiamare $\Sigma^{\pm *}$. Queste, a seconda del segno, decadono in $\Lambda^0 \pi^+$ o $\Lambda^0 \pi^-$ nello stesso stato finale attraverso la sequenza:

$$K^- p \to \Sigma^{+*} \pi^- \quad \text{oppure} \quad K^- p \to \Sigma^{-*} \pi^+$$
$$\hookrightarrow \ \Lambda^0 \pi^+ \qquad\qquad\qquad \hookrightarrow \ \Lambda^0 \pi^- \tag{7.13}$$
$$\hookrightarrow p\pi^- \qquad\qquad\qquad\qquad \hookrightarrow p\pi^-$$

Se questo è effettivamente il caso, allora la massa del sistema (ad esempio) $\Lambda^0 \pi^+$, ricavata dalla (7.13) deve "addensarsi" in corrispondenza di un certo valore, che corrisponderà alla massa della nuova particella Σ^{+*}. Per verificare l'ipotesi occorre trovare e misurare molti eventi del tipo di quello mostrato nella Fig. 7.4, supponendo quindi di avere molte foto analoghe a questa (non è difficile: si tratta di un processo governato dall'interazione forte, quindi la produzione è *abbondante*). Le variabili cinematicamente misurabili (oltre alle masse delle particelle già note) sono gli impulsi delle particelle cariche, e gli angoli tra le particelle.

La "massa effettiva" del sistema $(\Lambda^0 \pi^+)$ (lo stato candidato ad essere la nuova particella) nello stato finale è $(c = 1)$:

$$m^2_{\Lambda^0 \pi^+} = E^2_{\Lambda^0 \pi^+} - p^2_{\Lambda^0 \pi^+} \tag{7.14}$$
$$= (E_{\Lambda^0} + E_{\pi^+})^2 - (\vec{p}_{\Lambda^0} + \vec{p}_{\pi^+})^2 =$$
$$= E^2_{\Lambda^0} + E^2_{\pi^+} + 2E_{\Lambda^0} E_{\pi^+} - p^2_{\Lambda^0} - p^2_{\pi^+} - 2\mathbf{p}_{\Lambda^0}\mathbf{p}_{\pi^+} \, . \tag{7.15}$$

Ma $E^2_{\Lambda^0} - p^2_{\Lambda^0} = m^2_{\Lambda^0}$, $E^2_{\pi^+} - p^2_{\pi^+} = m^2_{\pi^+}$. Inoltre $\mathbf{p}_{\Lambda^0} \cdot \mathbf{p}_{\pi^+} = p_{\Lambda^0} p_{\pi^+} \cos\vartheta_{\Lambda\pi}$, dove $\theta_{\Lambda\pi}$ è l'angolo fra le direzioni di emissione della Λ^0 e del π^+. Quindi dalla (7.15) si ha:

$$m^2_{\Lambda^0 \pi^+} = m^2_{\Lambda^0} + m^2_{\pi^+} + 2E_{\Lambda^0} E_{\pi^+} - 2p_{\Lambda^0} p_{\pi^+} \cos\theta_{\Lambda\pi}. \tag{7.16}$$

Dalla misura dei moduli degli impulsi della Λ^0 e del π^+ e dell'angolo fra essi si ottiene la massa effettiva del sistema $\Lambda^0 \pi^+$ (le energie E_{Λ^0} ed E_{π^+} sono calcolabili dalle masse e dalle misure dagli impulsi, $E^2_{\Lambda^0} = m^2_{\Lambda^0} + p^2_{\Lambda^0}$, $E^2_{\pi^+} = m^2_{\pi^+} + p^2_{\pi^+}$).

Un "trucco", dovuto a Dalitz (1953), per verificare se effettivamente si sta formando una Σ^{+*} (oppure, una Σ^{-*}) che decade molto velocemente nello stato finale $\Lambda^0\pi^+$ (oppure, $\Lambda^0\pi^-$) è quello di inserire la misura della massa invariante (7.15) effettuato su molti eventi lungo un asse (ad esempio, l'ordinata) di un grafico bidimensionale, in cui nel secondo asse si inserisce il valore della analoga massa invariante del sistema $\Lambda^0\pi^-$. Nel caso si stia formando una risonanza (ossia, una particella con numeri quantici e massa definiti) ci si aspetta di trovare una struttura (addensamento di punti) nel grafico.

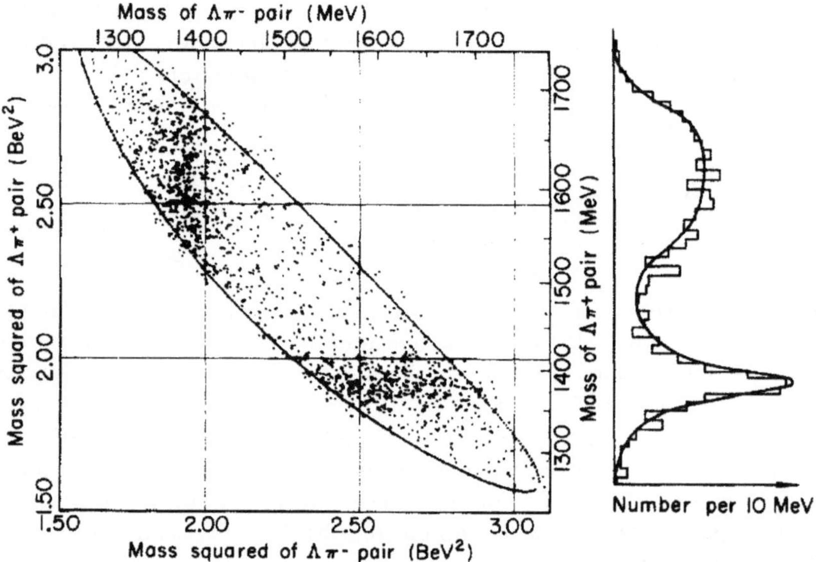

Figura 7.5. Diagramma bidimensionale (detto di Dalitz) degli eventi $K^-p \to \Lambda^0\pi^+\pi^-$ per K^- incidenti aventi impulso 1.22 GeV/c. Ogni evento è rappresentato con un punto. La linea intera delimita lo *spazio delle fasi*, ossia la regione di valori permessa dalla conservazione dell'energia. È mostrata anche, come proiezione lungo l'asse y, la distribuzione della massa invariante $\Lambda^0\pi^+$: notare il picco a 1385 MeV e la struttura a circa 1600 MeV, che è una "riflessione" del picco in $\Lambda\pi^-$ a massa 1385 MeV [63S1]

In Fig. 7.5 è mostrato il diagramma di Dalitz (Dalitz Plot) per eventi $K^-p \to \Lambda^0\pi^+\pi^-$ per K^- incidenti di 1.22 GeV/c. Sono evidenti una banda orizzontale corrispondente a $m_{\Lambda\pi^+} = 1385$ MeV ed una banda verticale corrispondente a $m_{\Lambda\pi^-} = 1385$ MeV. È mostrata anche la proiezione lungo l'asse $y = m_{\Lambda\pi^+}$: notare il picco a $m_{\Lambda\pi^+} \simeq 1385$ MeV e la larga banda a $\simeq 1600$ MeV, causata dalla presenza dell'addensamento a $m_{\Lambda\pi^-} \simeq 1385$ MeV (si dice che è una "riflessione"); notare la linea intera, che delimita la regione cinematicamente permessa (lo spazio delle fasi). La struttura a $m_{\Lambda\pi^+} = 1385$ MeV corrisponde a $\Sigma^{+*}(1385)$.

Da un'analisi della Fig. 7.5 si ha che circa la metà degli eventi della reazione (7.12) produce per $\Lambda^0\pi^+$ un picco alla massa di 1385 MeV, il che vuol dire che nel 50% dei casi la reazione procede in realtà attraverso uno stato $\Sigma^{+*}(1385)$, dando luogo alla catena di eventi illustrati nelle equazioni (7.13). Nella camera a bolle non si vede lo stato $\Sigma^{+*}(1385)$ perché esso ha una vita media estremamente breve, dell'ordine di 10^{-23} s, una vita media tipica di un adrone che decade tramite l'interazione forte. In effetti la vita media dello stato può essere stimata tramite la larghezza del picco mostrato nella proiezione lungo l'asse delle y in Fig. 7.5: la larghezza tipica di questi stati è $\Gamma \approx 100$ MeV. Sulla base del principio di indeterminazione si può scrivere:

$$\tau \simeq \frac{\hbar}{\Gamma} = \frac{6.6 \cdot 10^{-22} \text{ MeV s}}{100 \text{ MeV}} = 6.6 \cdot 10^{-24} \text{ s} \sim 10^{-23} \text{ s} .$$

La $\Sigma^{+*}(1385)$ è effettivamente una particella (ha massa, carica elettrica, spin e altri numeri quantici ben definiti). Tuttavia, a causa della vita così breve, si ha quasi ritegno a chiamarla tale. Per questo motivo, e causa della forma matematica della sezione d'urto in funzione dell'energia, descritta nel paragrafo successivo, queste particelle a vita media piccolissima vennero chiamate *risonanze*.

Precisazioni sul principio di indeterminazione. Il principio di indeterminazione ci dice che in natura c'è un limite alla nostra possibilità di conoscenza del mondo submicroscopico, per es. per quanto riguarda la dinamica di una particella. Per coppie di *variabili fisiche coniugate*, come l'energia e il tempo, l'impulso e la posizione, ci sono limitazioni nella precisione della loro misura. Per esempio se misuriamo la posizione x di un elettrone con una precisione Δx, non possiamo misurare simultaneamente la componente p_x dell'impulso con precisione illimitata. C'è invece un'incertezza Δp_x che è legata all'incertezza Δx secondo la relazione del principio di indeterminazione. Analogamente per ΔE e Δt. In letteratura sono usate diverse espressioni numeriche per il principio di indeterminazione:

$$\Delta E \; \Delta t \geq \frac{\hbar}{2} \quad , \quad \geq \hbar \quad , \quad \geq h$$

$$\Delta p_x \; \Delta x \geq \frac{\hbar}{2} \quad , \quad \geq \hbar \quad , \quad \geq h .$$

Il limite meglio giustificato teoricamente è il primo limite ($\Delta E \; \Delta t \geq \hbar/2$, $\Delta p_x \Delta x \geq \hbar/2$), perché si può ricavare direttamente (i) da un commutatore algebrico, (ii) per la funzione d'onda del pacchetto minimo, (iii) per un oscillatore armonico quantistico nello stato fondamentale. Esso implica però che si usino incertezze ΔE, Δt, Δx, Δp_x che abbiano il significato di errore quadratico medio (al 67% di probabilità). Nel caso della larghezza in energia (in massa) di una risonanza possiamo considerare $\Delta E = \Gamma/2$, cioè la semilarghezza a metà altezza come coincidente con una deviazione standard. Per questo motivo, la quantità Γ viene espressa in MeV (e la quantità Γ_i/Γ è adimensionale, ed esprime la probabilità di decadimento nel canale i^{mo}). Nel caso di un decadimento possiamo usare $\Delta t = \tau =$ vita media del decadimento. In questo caso si può quindi scrivere:

$$\Delta E \, \Delta t \simeq \frac{\Gamma}{2}\tau \geq \frac{\hbar}{2} \quad \Rightarrow \quad \Gamma\tau \geq \hbar \, . \tag{7.17}$$

Nel caso visto della risonanza adronica si ha $\Gamma \simeq 100$ MeV e quindi $\tau \simeq 0.66 \cdot 10^{-23}$ s, ove τ è la vita media a riposo; per una risonanza di massa m prodotta con una certa energia E, la vita media viene relativisticamente dilatata di un fattore $\gamma = E/m$, e si ha $\tau = \gamma\tau_{riposo}$.

7.5 Equazione di Breit-Wigner per le risonanze

Consideriamo la collisione di due adroni: quello incidente corrisponde ad una funzione d'onda con lunghezza di de Broglie λ, e l'altro in quiete nel sistema del laboratorio. Se, al variare dell'energia della particella incidente (o al variare dell'energia nel centro di massa), ad un certo valore di λ, e per un particolare valore del momento angolare relativo tra i due adroni ℓ la sezione d'urto passa per un massimo, si dice che si ha una *risonanza adronica*. La risonanza è caratterizzata da:

* un momento angolare $J = \ell$ (per particelle senza spin);
* una parità definita;
* un valore unico dell'isospin I;
* una massa uguale all'energia totale nel centro di massa alla quale si ha il massimo di risonanza;
* una vita media definita, determinabile in base ai parametri della curva.

Una risonanza implica un aumento della probabilità di formazione W (4.28). La Fig. 7.5 mostra chiaramente una concentrazione di eventi nella zona attorno all'energia 1385 MeV. Un aumento di eventi, e quindi di W, con una distribuzione a campana come quella osservata nella proiezione lungo l'asse delle ordinate della figura, comporta un analogo aumento nella sezione d'urto ($\sigma \simeq W$) di formazione. Ricaveremo di seguito l'equazione matematica della curva, detta *formula di Breit-Wigner (BW)*, che è graficata in Fig. 7.6. Si noti che l'energia di risonanza E_R, che corrisponde alla *massa della risonanza*, è localizzata al valore corrispondente al picco della risonanza, mentre la larghezza Γ è definita come la differenza in energia tra i due punti per i quali si ha $\sigma = \sigma_{max}/2$ (larghezza totale a metà altezza).

La curva di BW può essere dimostrata col formalismo delle ampiezze e fasi di onde materiali. Tuttavia, è estremamente istruttivo ricavarla dal fatto che stiamo considerando che la risonanza è una particella instabile, di vita media τ. La dipendenza energetica dell'ampiezza di Fig. 7.6 corrisponde alla trasformata di Fourier di una funzione d'onda che descrive una probabilità di sopravvivenza che decresce in maniera esponenziale nel tempo, con vita media

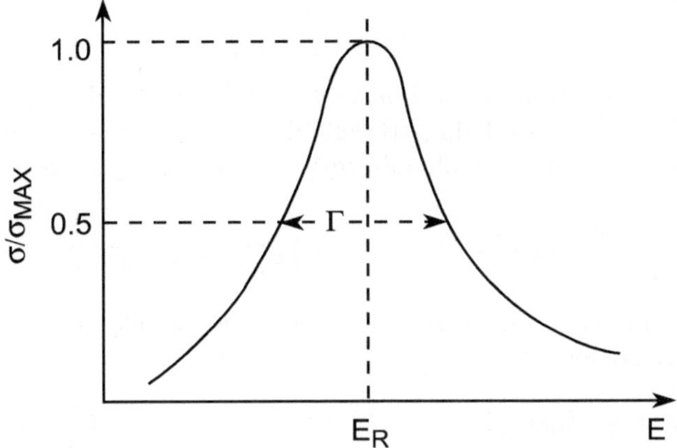

Figura 7.6. Grafico della formula di Breit-Wigner. Il parametro Γ della curva corrisponde alla larghezza della curva in corrispondenza del punto di ordinata in cui $\sigma = \sigma_{max}/2$

τ. La relazione tra semilarghezza in energia $\Gamma/2$ e vita media τ è data dalla relazione di indeterminazione (7.17).

Immaginiamo il processo di formazione *elastico* di una generica risonanza R, che decade con vita media τ nelle stesse particelle originarie, ma diffuse ad angoli e impulsi diversi da quelli iniziali:

$$a + b \to R \to a' + b' \ . \tag{7.18}$$

Trascurando la dipendenza spaziale, la funzione d'onda che descrive la risonanza R sarà quella della particella libera (4.11) moltiplicata per un numero reale che descrive la sua probabilità di decadimento nel tempo:

$$\psi(t) = \psi(0)e^{-i\omega_R t}e^{-\frac{t}{2\tau}} = \psi(0)e^{-\frac{iE_R}{\hbar}t}e^{-\frac{\Gamma}{2\hbar}t} \ . \tag{7.19}$$

Nella seconda equazione si è fatto uso delle relazioni $\omega_R = E_R/\hbar$ e $\tau = \hbar/\Gamma$. Usando ora il sistema in cui $\hbar = c = 1$ si ha che la probabilità di trovare la particella ancora in vita all'istante t è:

$$I(t) = \psi^*\psi = \psi(0)^2 e^{-t/\tau} = I(0)e^{-t/\tau} \tag{7.20}$$

che è esattamente la legge del decadimento radioattivo (§4.5.2). Poiché la coordinata correlata al tempo nel principio di indeterminazione è l'energia, la trasformata di Fourier della (7.19) è:

$$\chi(E) = \int \psi(t)e^{iEt}dt = \psi(0)\int e^{-t[(\Gamma/2)+iE_R-iE]}dt =$$

$$= \frac{K}{(E_R - E) - i\Gamma/2} \qquad (7.21)$$

con K costante da determinarsi. Poiché il modulo quadro della funzione $\chi(E)$ rappresenta la probabilità della particella di trovarsi nello stato energetico E, questo deve essere proporzionale alla sezione d'urto del processo, ovvero:

$$\sigma(E) = \sigma_0 \chi^*(E)\chi(E) = \sigma_0 \frac{K^2}{[(E_R - E)^2 + \Gamma^2/4]} \, . \qquad (7.22)$$

La (7.22) ha massimo in corrispondenza di $E = E_R$, per cui possiamo determinare K come:

$$1 = \chi^*(E_R)\chi(E_R) = 4K^2/\Gamma^2 \quad \longrightarrow \quad K^2 = \Gamma^2/4 \, . \qquad (7.23)$$

La costante di proporzionalità σ_0 dovrà essere legata alla lunghezza d'onda della particella incidente, come detto in inizio paragrafo. Dal punto di vista dimensionale, $\sigma_o \simeq \pi \lambda^2$; i conti dettagliati mostrano che:

$$\sigma_0 = \pi(2\lambda)^2 = 4\pi\lambda^2 \, . \qquad (7.24)$$

Per la formazione e il decadimento di una risonanza di momento angolare totale $J = \ell$ nella collisione di due particelle a, b, con spin s_a, s_b, le sezioni d'urto si intendono mediate sugli spin delle particelle iniziali e moltiplicate (§4.5) per un fattore $(2J + 1)$. Tenuto conto di ciò, della (7.24) e della (7.23), la sezione d'urto elastica in funzione dell'energia diventa:

$$\boxed{\sigma_{el}(E; J) = 4\pi\lambda^2 \frac{(2J + 1)}{(2s_a + 1)(2s_b + 1)} \left[\frac{\Gamma^2/4}{(E_R - E)^2 + \Gamma^2/4} \right]} \qquad (7.25)$$

che è la formula di Breit-Wigner. La formula deve essere ulteriormente modificata (come vedremo in seguito) nel caso di formazione non elastica della risonanza.

7.5.1 La risonanza $\Delta^{++}(1232)$

Nella sezione d'urto totale $\pi^+ p$ a bassa energia, Fig. 7.1 e 7.7, si osserva un grande picco all'energia cinetica del pione incidente $T_{\pi_{lab}} = 191$ MeV, corrispondente ad un'energia totale nel centro di massa E_{cm} e con una larghezza a metà altezza del picco Γ:

$$E_{cm} = 1232 \text{ MeV} \qquad \Gamma = 120 \text{ MeV} \, . \qquad (7.26)$$

Il picco assomiglia chiaramente a quello di una risonanza; in effetti, la $\Delta(1232)$ è la risonanza barionica per antonomasia, quella che ha ricevuto le maggiori attenzioni dal punto di vista sia teorico che sperimentale. Siccome appare nel sistema $\pi^+ p$, è chiaramente uno stato barionico ($B = +1$) con isospin $I = 3/2$.

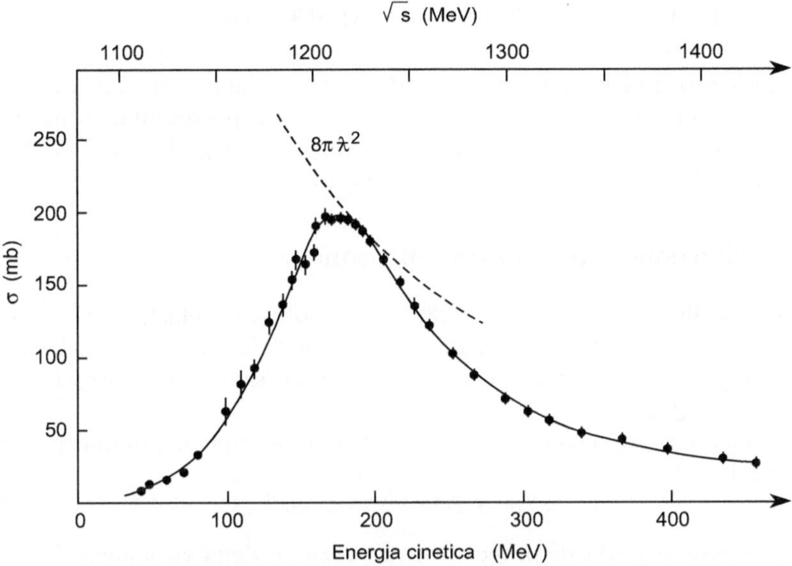

Figura 7.7. Sezione d'urto totale $\pi^+ p$ in funzione dell'energia cinetica del π incidente, indicata nella scala in ascissa in basso, nella regione della risonanza $\Delta^{++}(1232)$. Il valore massimo, al picco, della sezione d'urto è consistente con il valore massimo $8\pi\lambda^2$ previsto per una risonanza elastica con spin 3/2. La scala in ascissa in alto si riferisce all'energia nel c.m., ovvero alla massa effettiva del sistema π p

L'energia e l'impulso ai quali si ha la risonanza sono, per una massa $mc^2 = E_{cm} = 1232$ MeV, $p_{\pi_{lab}} = 300$ MeV/c, $p_{\pi_{cm}} = 228$ MeV/c:

$$E_{\pi_{lab}} = \sqrt{p_\pi^2 + m_\pi^2} = \sqrt{300^2 + 139.6^2} = 330.9 \text{ MeV}$$

$$T_{\pi_{lab}} = E_{\pi_{lab}} - m_\pi = 330 - 139.6 = 191.3 \text{ MeV} .$$

Vediamo di verificare alcune delle affermazioni sopra riportate, utilizzando i valori sperimentali (7.26). Ricordando che $s_p = 1/2$ ed $s_\pi = 0$, la formula di Breit-Wigner (7.25) si scrive nel caso della risonanza $\Delta^{++}(1232)$, ed esprimendo le energie in GeV:

$$\sigma_{el}(E; J) = 4\pi\lambda^2 \left(\frac{(2J+1)}{(2s_p+1)(2s_\pi+1)} \right) \frac{\Gamma^2/4}{(E_R - E)^2 + \Gamma^2/4} = \quad (7.27)$$

$$= 2\pi\lambda^2 (2J+1) \frac{0.120^2/4}{(1.232 - E)^2 + 0.120^2/4} .$$

All'energia di risonanza, e assumendo $J = 3/2$, si ha:

$$\sigma_{max} = \sigma_{el}(E = E_R; J = 3/2) = 8\pi\lambda^2 = \frac{8\pi}{p_{\pi_{cm}}^2} = \frac{8\pi(\hbar c)^2}{(0.228 \text{ GeV})^2} \simeq 188 \text{ mb}$$

(ricordare: 1 mb $= 10^{-27}$cm^2 ; $\hbar c = 197$ MeV fm, $(\hbar c)^2 = 0.388$ GeV^{2}mb; 1 fm$=10^{-15}$ m). Si noti che il valore di σ_{max} corrisponde a quello sperimentalmente mostrato in Fig. 7.7. Inoltre è utile notare che qualsiasi altra assegnazione dello spin della particella, diverso da $J = 3/2$, porterebbe ad un diverso valore di σ_{max}. Ad esempio per $J = 1/2$: $\sigma_{el}(E = E_R; J = 1/2) = 94$ mb, ossia esattamente la metà di quanto osservato.

7.5.2 Formazione e produzione di risonanze

Lo studio della risonanza $\Delta^{++}(1232)$ nella collisione elastica $\pi^+ p \to \pi^+ p$ viene detto studio del processo di *formazione* della risonanza nel canale s di $\pi^+ p$, Fig. 7.8a [2]. Si può pensare a una successione di processi del tipo $\pi^+ p \to \Delta^{++}(1232) \to \pi^+ p$.

La risonanza può essere anche prodotta come una qualunque particella, per esempio:

$$\pi^+ p \to \Delta^{++} \pi^0 \to \pi^+ p \pi^0 \ . \tag{7.28}$$

In questo caso si parla di processo di *produzione* della risonanza, Fig. 7.8b. Anche il caso della $\Sigma^*(1385)$ trattato nel §7.4.2 era un caso di risonanza in produzione. La risonanza $\Delta^{++}(1232)$ ha una vita media così breve che riesce a malapena a fuoriuscire dalla regione d'interazione, a meno che il processo non avvenga ad energie talmente elevate che il fattore relativistico $\gamma = (1-\beta^2)^{-1/2}$, con $\beta = v/c$, risulti enormemente maggiore di 1 (in tal caso $\tau = \gamma\tau_0 \gg \tau_0$). Nel caso di $\gamma = 1$ particelle con vita media di 10^{-23} s percorrono una distanza dell'ordine di $c\tau = 3 \times 10^8 \cdot 10^{-23} = 3 \times 10^{-15}$ m $= 3$ fm.

In termini di quark costituenti, il protone è costituito da tre quark ($p = uud$), il mesone π^+ da un quark e un antiquark ($\pi^+ = u\bar{d}$) e la Δ^{++} da tre quark ($\Delta^{++} = uuu$). La formazione della risonanza Δ^{++} nell'urto elastico $\pi^+ p$ è illustrata in termini di quark nella Fig. 7.8c.

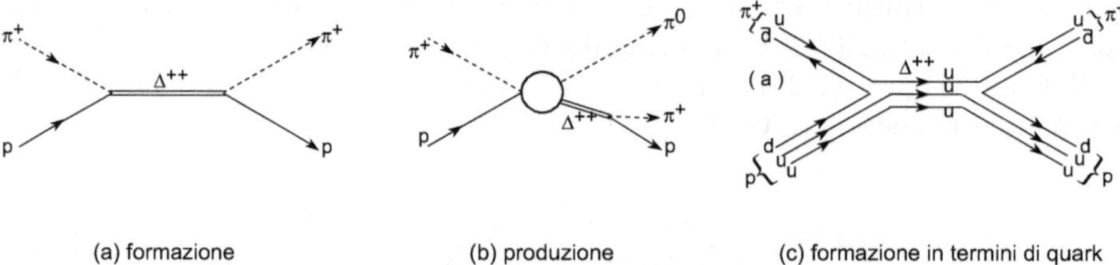

(a) formazione   (b) produzione   (c) formazione in termini di quark

Figura 7.8. Illustrazione del processo (a) di formazione della risonanza $\Delta^{++}(1232)$ nel canale s dell'interazione $\pi^+ p$ e (b) di produzione della $\Delta^{++}(1232)$ nella collisione inelastica con produzione di un pione: $\pi^+ p \to \Delta^{++} \pi^0 \to \pi^+ p \pi^0$. In (c) è illustrata la formazione della risonanza Δ^{++} in termini di quark costituenti

---

[2] Ricordare che si definisce canale s quello ottenuto andando da sinistra a destra nella Fig. 7.8a, cioè $\pi^+ p \to \Delta^{++} \to \pi^+ p$; vedremo che il canale t è quello dal basso verso l'alto di Fig. 7.8a, corrispondente alla reazione $\bar{p} p \to \pi^+ \pi^-$.

7.5.3 Distribuzione angolare del decadimento della risonanza

Questa assegnazione $J = 3/2$ può essere confermata dalla distribuzione angolare del mesone π^+ diffuso all'energia della risonanza[3]. Il nostro interesse è principalmente volto al fatto che sperimentalmente, dalla distribuzione angolare delle particelle emesse dal decadimento della Δ^{++} si possa determinare il suo spin.

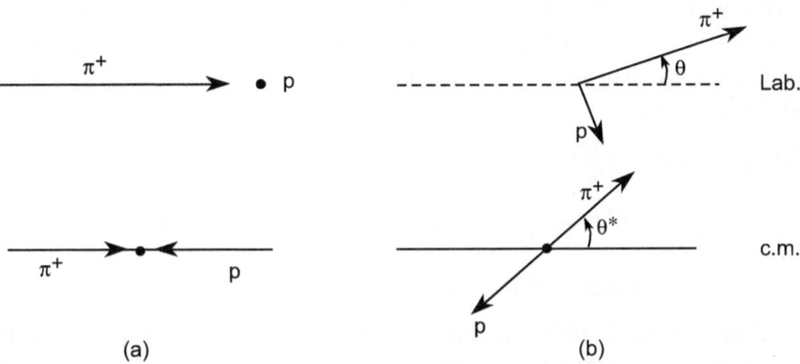

Figura 7.9. Urto elastico $\pi^+ p$: (a) prima dell'urto e (b) dopo l'urto nel sistema del laboratorio e in quello del centro di massa

Consideriamo la situazione nel centro di massa prima dell'urto, come illustrato in Fig. 7.9. Prendendo l'asse di quantizzazione z nella direzione del pione incidente si ha $m_\ell = 0$; lo spin del protone può essere diretto nel verso dell'asse z o in verso opposto. Lo stato iniziale ha una funzione d'onda (ipotizziamo $J = 3/2$; il valore della terza componente m_j dipende da come è polarizzato il protone, dato che il π non ha spin e $m_\ell = 0$):

$$\psi_i(J = 3/2, m_i = \pm 1/2) = \psi(\ell, 0) \cdot X(1/2, \pm 1/2) \qquad (7.29)$$

$\psi(\ell, 0)$ è la funzione d'onda orbitale del sistema πp e $X(1/2, \pm 1/2)$ è la funzione d'onda di spin del protone. Notare che deve essere $\ell = 1$ oppure 2 per poter avere $J = 3/2$. Consideriamo $\ell = 1$ e $m = +1/2$.

Nello stato finale si hanno due possibilità per la funzione d'onda, corrispondenti al fatto che lo spin del protone sia rimasto orientato come prima dell'urto o si sia rovesciato. Si ha, quindi, ricordando che le funzioni d'onda orbitali sono le funzioni armoniche sferiche $Y(\ell, m)$ e ricordando i valori dei coefficienti di Clebsh-Gordan (la funzione d'onda radiale non contribuisce alla distribuzione angolare):

---

[3] In questa sottosezione, che può essere saltata in prima lettura, si usano i coefficienti di Clebsh-Gordan [08P1], Supplemento 7.1 [12B1], che dovrebbero essere noti dalla trattazione degli spin nella fisica atomica.

$$\psi_f(3/2, +1/2) = \sqrt{2/3}\, Y(1,0)X(1/2, +1/2) + \sqrt{1/3}\, Y(1,1)X(1/2, -1/2)$$
$$(7.30)$$

(useremo anche la notazione $X(1/2, +1/2) = X_\uparrow$, $X(1/2, -1/2) = X_\downarrow$). Notare che, per come abbiamo scelto il riferimento, l'angolo di scattering coincide con l'angolo zenitale θ^* che compare nelle Y_ℓ^m. Le funzioni sferiche sono:

$$\begin{cases} Y(1,0) = \sqrt{3/4\pi}\, \cos\theta^* \\ Y(1,+1) = -\sqrt{3/8\pi}\, \sin\theta^* e^{i\varphi^*} \,. \end{cases} \qquad (7.31)$$

La distribuzione angolare del pione, $I(\theta^*)$, è data dalla densità di probabilità $\psi_f^*\psi_f$, dopo aver eseguito il prodotto scalare della parte di spin. Le funzioni d'onda di spin costituiscono un set ortonomale, per cui $X_\uparrow^2 = X_\downarrow^2 = 1$, $X_\uparrow \cdot X_\downarrow = 0$. Si ha dunque:

$$I(\theta^*) = \psi_f\psi_f^* = \tfrac{2}{3}|Y(1,0)|^2\langle X_\uparrow|X_\uparrow\rangle + \tfrac{1}{3}|Y(1,1)|^2\langle X_\downarrow|X_\downarrow\rangle$$

$$= \tfrac{2}{3}\tfrac{3}{4\pi}\cos^2\theta^* + \tfrac{1}{3}\tfrac{3}{8\pi}\sin^2\theta^* = \tfrac{1}{2\pi}\cos^2\theta^* + \tfrac{1}{8\pi}\sin^2\theta^* = \qquad (7.32)$$

$$= \tfrac{1}{8\pi}(1 + 3\cos^2\theta^*) \,.$$

La Fig. 7.10 mostra la distribuzione angolare sperimentale del pione diffuso rispetto al pione incidente nel sistema del centro di massa per l'urto elastico π^+p all'energia della $\Delta^{++}(1232)$ e a due energie vicine. All'energia della Δ^{++}, la distribuzione angolare è proprio del tipo (7.32), confermando così l'assegnazione $J = 3/2$, $\ell = 1$ alla risonanza ($\ell = 2$ darebbe una distribuzione angolare diversa).

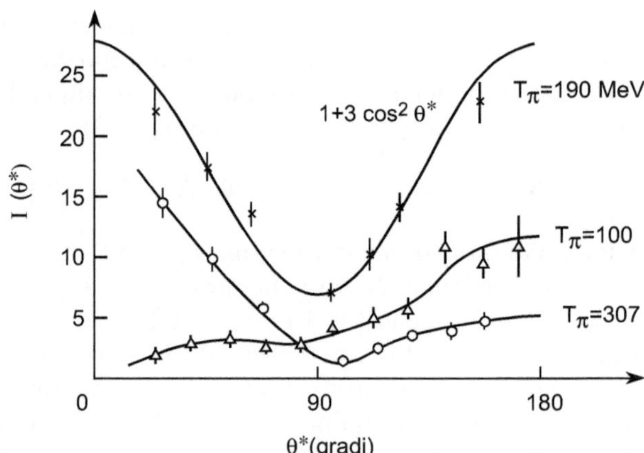

Figura 7.10. Distribuzione angolare, nel sistema del centro di massa, del pione diffuso rispetto a quella del pione incidente nell'urto elastico π^+p all'energia della risonanza $\Delta^{++}(1232)$ e a due energie vicine. Notare come $I(\theta^*)$ si deforma con continuità al variare dell'energia

7.6 Produzione e decadimento di particelle strane

In questo paragrafo introdurremo le cosidette *particelle strane*. Il termine "particella strana" non significa che queste particelle siano veramente strane, nel senso etimologico della parola. Significa che quando furono scoperte il loro comportamento sembrò strano: queste particelle erano prodotte copiosamente, il che implicava che la produzione avveniva tramite l'interazione forte; ci si sarebbe aspettato allora che decadessero rapidamente, tramite la stessa interazione forte. Invece si osservava che avevano vite medie relativamente lunghe, e quindi che decadevano tramite l'interazione debole (le vite medie tipiche di particelle che decadono tramite l'interazione forte sono di 10^{-23} s; per decadimenti dovuti all'interazione elettromagnetica si hanno vite medie di $10^{-16} \div 10^{-20}$ s, mentre i "decadimenti deboli" portano a vite medie di $10^{-6} \div 10^{-13}$ s). Ci si chiedeva perciò: perché sono prodotte abbondantemente ma non decadono rapidamente? Inoltre perché vengono prodotte in coppia? Il nome di "particelle strane" deriva da questi dilemmi. Per ovviarvi fu inventata una nuova legge di conservazione, quella della "stranezza". La camera a bolle si presta molto bene allo studio delle particelle strane, perché queste hanno vite medie corrispondenti a percorsi dell'ordine dei centimetri e danno luogo a prodotti di decadimento ben visibili.

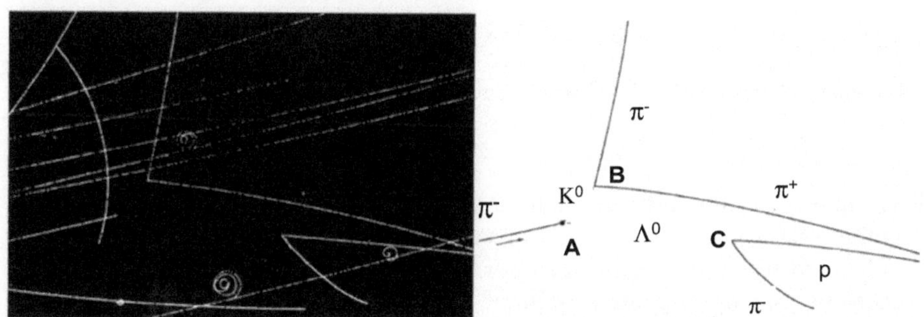

Figura 7.11. Esempio di produzione associata di due particelle strane (il mesone K^0 e il barione Λ^0) e del loro decadimento. In A avviene la produzione associata $\pi^- p \to \Lambda^0 K^0$. Il mesone K^0 viaggia da A a B, dove decade in due particelle cariche ($K^0 \to \pi^+ \pi^-$); il barione Λ^0 viaggia da A a C, dove decade, $\Lambda^0 \to p\pi^-$

Nella Fig. 7.11 un mesone π^- incide da sinistra nella camera a bolle a idrogeno liquido. Oltre al π^- sono visibili due coppie di tracce, ciascuna formante una figura a forma di V. Le due tracce che formano una V corrispondono a due particelle cariche di segno opposto che partono da un unico punto, detto vertice. Nel vertice A un π^- interagisce con un protone producendo due particelle neutre (che non lasciano segnale nel rivelatore):

$$\pi^- p \to due\ particelle\ strane\ neutre\ . \tag{7.33}$$

Queste particelle neutre che provengono dal vertice A non possono essere fotoni o neutroni. Le indicheremo per ora col generico simbolo V^0. Per la conservazione della carica elettrica, il π^- in A non ha interagito con un elettrone (altrimenti: $\pi^- + e^- \to$ *due particelle negative*). Non può neppure trattarsi di un decadimento del π^-, perché una particella carica può solo decadere in un numero dispari di rami carichi. La sola spiegazione è quella data dalla (7.33).

Vediamo ora cosa succede nei vertici B e C di ciascuna V^0. Se al vertice B o C una V^0 avesse un'interazione con un protone sarebbe visibile una sola traccia carica. Poiché è visibile una coppia di particelle cariche, queste sono prodotte dal decadimento della particella neutra V^0, e la conservazione della carica elettrica è soddisfatta:

$$V^0 \to \textit{particella positiva} + \textit{particella negativa} . \tag{7.34}$$

La spiegazione della serie di eventi nei tre vertici distinti della Fig. 7.11 è la seguente: nel vertice A vengono prodotte due particelle strane, il *mesone K^0* (kappa-zero) e il *barione Λ^0* (lambda-zero) secondo la reazione:

$$\pi^- p \to K^0 \Lambda^0 . \tag{7.35}$$

Il mesone K^0 (avente massa $m_{K^0} = 497.7$ MeV) viaggia da A a B; nel punto B decade in due mesoni π carichi:

$$K^0 \to \pi^+ \pi^- . \tag{7.36}$$

Il barione Λ^0 ($m_\Lambda = 1115.7$ MeV) viaggia da A a C; in C decade in un p e in un π^- :

$$\Lambda^0 \to p\pi^- . \tag{7.37}$$

Tutto questo si può verificare nella foto, effettuando misure di curvatura e di angoli e utilizzando i principi di conservazione dell'energia e dell'impulso.

L'evento è anche interessante per illustrare le leggi di conservazione del numero barionico e del numero quantico di stranezza.

Viene definito un numero quantico intero per caratterizzare la *stranezza* di ogni adrone; precisamente -1 per gli adroni strani (come la Λ^0), $+1$ per gli adroni antistrani (come il K^0) e 0 per gli adroni già noti (pioni e nucleoni), che vengono chiamati non strani. La stranezza è un numero quantico conservato nell'interazione forte ed elettromagnetica, ma non in quella debole (come nel decadimento della Λ^0). La spiegazione della stranezza è in termini di costituenti degli adroni, i quark. Un adrone "ordinario" è costituito di quark u, d; un adrone strano contiene almeno un quark s; un antiadrone strano contiene almeno un antiquark $\bar{s}$. Un adrone con un quark strano ha stranezza -1 (es. $\Lambda^0 = sdu$), con due quark strani ha stranezza -2 ($\Xi^- = ssd$), con tre quark strani ha stranezza -3 ($\Omega^- = sss$).

La produzione di Λ^0, K^0 è abbondante; è logico ritenere che sia causata dall'interazione forte e quindi che la reazione avvenga con conservazione di stranezza. Verifichiamola:

$$\pi^- + p \to K^0 + \Lambda^0 \tag{7.38}$$
$$\text{stranezza} \quad 0 \quad 0 \quad +1 \, -1 \quad .$$

La stranezza totale è quindi conservata. Il fenomeno della produzione associata (le particelle strane vengono prodotte sempre in coppia) si spiega quindi con l'esigenza della conservazione della stranezza. Λ^0 e K^0 hanno vite medie relativamente lunghe, tipiche dell'interazione debole. La stranezza può ora essere non conservata nel decadimento dovuto alla interazione debole:

$$\Lambda^0 \to p + \pi^- \tag{7.39}$$
$$\text{stranezza} \quad -1 \quad 0 \ \ 0 \quad .$$

È da ricordare che il sistema dei mesoni K è un sistema complicato: i mesoni K^- e $\overline{K}^0$ hanno $S = -1$; i mesoni K^+ e K^0 hanno stranezza $+1$. Un altro esempio di produzione (e poi di decadimento) di particelle strane è il seguente:

$$K^- + p \to \quad \Omega^- + K^+ + K^0 \tag{7.40}$$
$$\text{stranezza} \quad -1 \quad 0 \quad -3 \ \ +1 \ \ +1 \quad .$$

7.7 Classificazione degli adroni composti dai quark u, d, s

Prima dell'ipotesi dei quark, il numero crescente di particelle adroniche scoperte faceva sospettare una qualche legge o simmetria che ne potesse spiegare il proliferarsi. Il modello a quark risolveva in maniera adeguata questo problema di classificazione degli adroni. Sino alla scoperta dei quark più pesanti (il quark c è stato scoperto agli inizi degli anni '70) erano noti i soli quark u, d e s. Dalle regolarità degli adroni scoperti (tra cui moltissime *risonanze*, ossia particelle a vita media dell'ordine di 10^{-23} s) si è compreso che i quark hanno carica elettrica frazionaria rispetto a quella del protone.

Si è trovato che adroni con lo stesso spin e la stessa parità possono essere raggruppati in famiglie e possono essere rappresentati graficamente in un diagramma S, I_z. La carica Q è in unità della carica del protone e il numero barionico vale $B = +1/3$ per ogni quark. Secondo il modello statico, i quark si raggruppano per formare particelle con carica elettrica *intera* in due maniere:

- i **barioni** sono formati da 3 quark (chiamati *quark di valenza*), gli antibarioni da 3 antiquark;
- i **mesoni** sono formati da un quark e un antiquark.

La materia ordinaria è costituita solo di quark u, d ($p = uud, n = ddu$). Si parla di *quark costituenti* per spiegare la spettroscopia degli adroni. Gli adroni sono considerati autostati di un sistema di quark interagenti tramite la forza forte, allo stesso modo in cui i livelli dell'atomo di idrogeno sono autostati del sistema protone-elettrone nel campo coulombiano.

Illustriamo ora la classificazione degli adroni sulla base del modello statico a quark. Con 3 quark, per i raggruppamenti si usava il formalismo della teoria dei gruppi. Il gruppo unitario di matrici a 3 righe e 3 colonne nello spazio dei quark u, d, s veniva chiamato SU(3) (talvolta si scrive SU(3)$_{uds}$ oppure SU(3)$_f$, dove f sta per *flavour*, sapore). Il gruppo di simmetria SU(3)$_f$ risulta oramai obsoleto per quanto riguarda i tentativi di descrivere la struttura interna degli adroni, visto che ora conosciamo che essa è determinata dal numero quantico di colore. Tuttavia i raggruppamenti di adroni in "multipletti" e la nomenclatura corrispondono ancora alla rappresentazione di SU(3)$_f$ (ed alle estensioni per 4 e 5 quark).

I *barioni* (e analogamente, gli *antibarioni*) possono avere tutti e tre gli spin dei quark allineati ($\uparrow\uparrow\uparrow$), oppure uno dei quark ha spin discorde rispetto a quello degli altri due ($\uparrow\uparrow\downarrow$). Nel primo caso, i barioni hanno spin e parità $J^P = 3/2^+$ e formano un decupletto, rappresentato graficamente da un triangolo, Fig. 7.12. Nel caso di un quark con spin discorde, i barioni hanno $J^P = 1/2^+$ e costituiscono un ottetto (che comprende protone e neutrone), come illustrato nella Fig. 7.14.

I *mesoni* possono formarsi con gli spin dei quark discordi ($\uparrow\downarrow$) o allineati ($\uparrow\uparrow$). Nel primo caso, i mesoni hanno spin nullo e parità negativa, $J^P = 0^-$, formano un nonetto, composto di un singoletto e di un ottetto. L'ottetto è rappresentato graficamente da un esagono con un mesone in ogni vertice e due mesoni nel centro, Fig. 7.15a. Nel caso di spin dei quark allineati, i mesoni formano un nonetto di particelle, Fig. 7.15b.

Se la massa di tutti i *flavour* di quark fosse la stessa, tutti i multipletti sarebbero stati degeneri per l'interazione forte. L'interazione forte dipende da un numero quantico interno ai quark, il *colore*. La forza di colore è indipendente dal sapore. La massa degli adroni composti da quark di tipo u, d, s è molto maggiore della somma delle masse dei quark costituenti. In particolare $m_u \simeq m_d \simeq 5$ MeV, sono piccole rispetto alla massa dei nucleoni. La massa degli adroni non strani è *prevalentemente energia del campo di colore*. Questo spiega perché lo spin isotopico rappresenta una buona simmetria. Le particelle con lo stesso valore di J^P e che differiscono solo per la presenza di un quark u o d hanno quindi praticamente le stesse caratteristiche. Si tratta di *multipletti di isospin* indicati con la stessa lettera dell'alfabeto greco. Piccole differenze di massa tra i membri di un multipletto di isospin sono dovute all'interazione elettromagnetica. L'unica eccezione è segnatamente quella di p e n, indicati con simboli differenti. Il caso dei mesoni neutri al centro dell'esagono di Fig. 7.15 è più complicato. La massa maggiore degli adroni con un quark strano al posto di un quark u o d è dovuta alla maggiore massa m_s rispetto a m_u, m_d.

Nei prossimi paragrafi vedremo in dettagli questi multipletti.

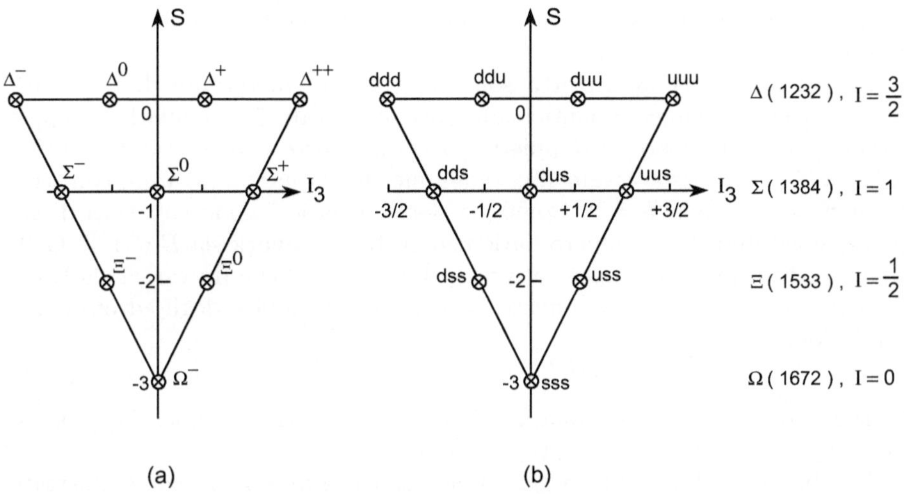

Figura 7.12. Il decupletto barionico con $J^P = 3/2^+$. (a) Assegnazione dei barioni osservati e (b) interpretazione in termini di quark. È indicato lo spin isotopico di ogni multipletto barionico osservato e la sua massa media. Si è usato I_3 come notazione per la terza componente dell'isospin

7.8 Il decupletto barionico $J^P = 3/2^+$

Gli stati barionici possono essere classificati in multipletti con spin e parità uguali per ogni componente del multipletto. Prendiamo in esame le particelle che hanno $J^P = 3/2^+$ e che formano un decupletto. Nella Fig. 7.12a sono mostrati i 10 barioni di massa più bassa, aventi $J^P = 3/2^+$; tali barioni sono:

- la $\Delta(1232)$ che ha isospin $I = 3/2$ ed esiste nei quattro sottostati Δ^{++}, Δ^+, Δ^0, Δ^-;
- l'iperone con stranezza -1, Σ (1385) (ovvero Σ^* (1385)), con $I = 1$ e quindi con i 3 stati Σ^+, Σ^0, Σ^-;
- l'iperone con stranezza -2, Ξ (1530) (ovvero Ξ^* (1530)), con $I = 1/2$ e quindi con 2 sottostati Ξ^0, Ξ^-;
- l'iperone con stranezza -3, Ω^- (1672), con $I = 0$.

Le masse indicate in figura sono le masse medie di ogni multipletto di isospin. Nel grafico sono riportati in ascissa la terza componente dello spin isotopico e in ordinata la stranezza: i 10 barioni si dispongono in una figura regolare a triangolo rovesciato. La differenza di massa fra due multipletti vicini è $m_\Sigma - m_\Delta = 152$ MeV, $m_\Xi - m_\Sigma = 149$ MeV, $m_\Omega - m_\Xi = 139$ MeV, cioè una differenza quasi costante e mediamente di circa 147 MeV. Si può scrivere $m = a + bY$, con $Y = B + S = $ *ipercarica forte*. Si noti che la massa della Ω^-

fu predetta prima di essere scoperta sulla base di questa semplice formula di massa[4].

Le regolarità del multipletto sono interpretate in termini di tre quark (u, d, s) aventi i numeri quantici illustrati nella Tab. 7.1. I quark u (up) e d ($down$) costituiscono un doppietto di isospin forte con $S = 0, I = 1/2$ e $I_3 = +1/2$, $-1/2$ rispettivamente; si assume che il quark s ($strano$) con stranezza $S = -1$ abbia $I = 0$. Come già detto, i barioni sono costituiti di tre quark; si assume che il numero barionico B di ogni quark sia $B = 1/3$. Gell-Mann e Nishijima hanno mostrato nei primi anni '50 che fra carica elettrica, B, stranezza S e terza componente I_z dello spin isotopico degli adroni esiste la relazione:

$$Q = (B + S)/2 + I_z = Y/2 + I_z \ . \tag{7.41}$$

Dalla relazione segue che i quark debbono avere carica frazionaria, precisamente $Q(u) = +2/3$, $Q(d) = Q(s) = -1/3$.

I 10 barioni del decupletto $3/2^+$ sono costituiti di 3 quark come illustrato nella Fig. 7.12b. L'aumento regolare di massa procedendo verso il basso lungo l'asse della stranezza, cioè delle Σ rispetto alle Δ, delle Ξ rispetto alle Σ e dell' Ω^- rispetto alle Ξ, può essere spiegato assumendo che la massa del quark strano s sia di circa 147 MeV più grande della massa dei quark u, d. Questi ultimi dovrebbero avere una massa quasi uguale perché sono membri dello stesso multipletto di isospin; quindi la differenza di massa deve essere dell'ordine della differenza di massa di origine elettromagnetica tra membri dello stesso multipletto di isospin (cioè dell'ordine del MeV). Siccome i quark liberi non sono mai stati osservati, si assume che restino confinati entro gli adroni. Entro la regione di confinamento, un quark può essere considerato come una particella quasi libera; i quark u e d potrebbero avere impulsi dell'ordine di R_0^{-1}, dove $R_0 \simeq 1$ fm è la dimensione tipica di un adrone; in unità con $\hbar = c = 1$ si ha $R_0 \simeq \frac{1}{200}$ MeV^{-1}; quindi l'impulso di Fermi è $R_0^{-1} \simeq 200$ MeV.

Per il decupletto $J^P = 3/2^+$ si assume che i tre quark abbiano momenti angolari orbitali nulli, cioè $\ell = \ell' = 0$ e $L = \ell + \ell' = 0$, Fig. 7.13. Ciò corrisponde ad uno stato spazialmente simmetrico. Per ottenere il momento angolare totale, $J = 3/2$, si assume che gli spin dei tre quark siano allineati: $q_\uparrow q_\uparrow q_\uparrow$. In tal modo si ha $J^P = 3/2^+$; la parità $+$ proviene dalla parità intrinseca $(+)$ di ciascun quark e da $\ell = \ell' = 0$. Ne consegue che il decupletto è descritto da una funzione d'onda simmetrica nello spazio dello spin.

La terza componente del momento angolare totale, m_j, e la parità P di un barione del decupletto $3/2^+$ sono quindi:

$$m_j = m_L + m_{s1} + m_{s2} + m_{s3} = 0 + 1/2 + 1/2 + 1/2 = +3/2 \ \rightarrow \ J = 3/2 \tag{7.42a}$$

---

[4] Il simbolo Ω, che corrisponde a quello dell'ultima lettera dell'alfabeto greco, venne scelto perché in base a SU(3)$_f$ si riteneva questa l'ultima particella che rimaneva da scoprire. Non è stato in realtà così: erano noti sino ad allora solo tre dei sei quark esistenti in natura, SU(3)$_f$ era solo approssimata e nuove sorprese erano in agguato.

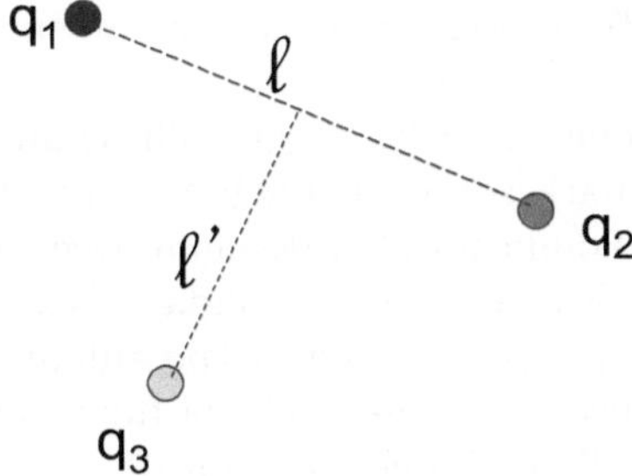

Figura 7.13. Momenti angolati orbitali relativi ℓ, ℓ' di un sistema composto da tre quark

$$P = (-1)^\ell \, (-1)^{\ell'} \, P_{q_1} \, P_{q_2} \, P_{q_3} = + \, . \tag{7.42b}$$

7.8.1 Le prime indicazioni per il numero quantico di colore

Occorre ora fare alcune considerazioni di simmetria. La famiglia di barioni con $J^P = 3/2^+$ può essere interpretata in termini dei soli quark u, d, s, ma esiste una apparente difficoltà. Poiché un barione è costituito da 3 quark e questi esistono in 3 sapori diversi ci sono $3^3 = 27$ combinazioni possibili, mentre qui stiamo considerando solo 10 stati. Ci si può domandare che cosa abbiano di speciale questi 10 barioni. Dobbiamo trovare un principio di simmetria che valga per tutte le funzioni d'onda dei 10 barioni e che giustifichi una tale selezione. I barioni formati da tre quark di ugual sapore, uuu, ddd, sss sono certamente simmetrici. Ciò suggerisce di richiedere che sia la parte spaziale che quella di *sapore* della funzione d'onda dei barioni siano simmetriche nello scambio di una coppia di quark. Gli stati ddu, duu, uss, ecc, debbono essere quindi simmetrizzati. Così ad esempio lo stato udd in Fig. 7.12b indica in realtà uno stato simmetrico per l'interscambio di ogni coppia di quark e si scrive nella forma $(udd + dud + ddu)/\sqrt{3}$; il fattore $1/\sqrt{3}$ è il fattore di normalizzazione.

Procedendo allo stesso modo per gli altri stati si hanno le 10 seguenti combinazioni:

$$\Delta^- = (ddd) \quad \Delta^0 = \frac{(ddu + udd + dud)}{\sqrt{3}} \quad \Delta^+ = \frac{(duu + udu + uud)}{\sqrt{3}} \quad \Delta^{++} = (uuu)$$

$$\Sigma^{*-} = \frac{(dds + sdd + dsd)}{\sqrt{3}} \quad \Sigma^{*0} = \frac{(dsu + uds + sud + sdu + usd + dus)}{\sqrt{6}} \quad \Sigma^{*+} = \frac{(uus + suu + usu)}{\sqrt{3}}$$

$$\Xi^{*-} = \frac{(dss + sds + ssd)}{\sqrt{3}} \quad \Xi^{*0} = \frac{(sus + ssu + uss)}{\sqrt{3}}$$

$$\Omega^- = sss \quad . \tag{7.43}$$

Sono queste le sole 10 combinazioni completamente simmetriche per lo scambio di una qualsiasi coppia di quark.

Questo modello ha una difficoltà legata alla connessione spin-statistica. Adroni costituiti da 3 quark sono certamente fermioni e come tali debbono possedere una funzione d'onda totale *antisimmetrica* rispetto allo scambio di due qualsiasi dei 3 quark. Ma la funzione d'onda $[\psi(spazio)\psi(spin)\psi(sapore)]$ è *simmetrica* rispetto a questo scambio! Se postuliamo che i quark abbiano un ulteriore grado di libertà, il *colore*, e che la funzione d'onda del *colore* sia antisimmetrica si ottiene l'antisimmetria voluta:

$$\psi = \psi(spazio) \; \psi(spin) \; \psi(sapore) \; \psi(colore) \; . \tag{7.44}$$

Si assume che la *carica di colore* di un quark abbia 3 possibili valori, *rosso (r)*, *blu (b)* e *giallo (g)*. Gli antiquark hanno un *anticolore*. Si assume poi che le interazioni fra quark siano invarianti per uno scambio di *colore*, siano cioè descritte dal gruppo di simmetria $SU(3)_C$; in questo gruppo si ha una simmetria esatta, diversamente dal caso dei *sapori*, dove la simmetria $SU(3)_{uds}$ è solo parziale a causa delle differenze di massa dei quark di sapore diverso.

I generatori della simmetria sono otto e corrispondono agli otto modi con cui i colori dei quark possono interagire tra loro

$$r\bar{b} \quad b\bar{g} \quad g\bar{r} \quad (r\bar{r} - b\bar{b})/\sqrt{2}$$
$$b\bar{r} \quad g\bar{b} \quad r\bar{g} \quad (r\bar{r} + b\bar{b} - 2g\bar{g})/\sqrt{3} \; .$$

Ci si riferisca alla Fig. 5.2 per avere una visione intuitiva del modo con cui i quark si scambiano il colore. I colori dei quark sono le sorgenti dell'interazione forte e l'interazione è trasmessa con otto campi bosonici chiamati *gluoni*. Il nome ha origine dalla natura dell'interazione: i quark sono *"incollati"* da questi bosoni per formare adroni.

Si assume poi che *tutti gli adroni debbano essere senza colore* (siano cioè *singoletti di colore*, incolori, *"bianchi"*) (analogia: l'atomo di Bohr è elettricamente neutro, ma è costituito di un protone con carica elettrica positiva e un elettrone con carica elettrica negativa). Se così non fosse esisterebbero stati adronici colorati e il colore sarebbe una quantità misurabile. Gli stati più semplici senza colore sono $q\bar{q}$ (colore,anticolore) per i mesoni e qqq per i barioni. Ciascun barione consiste di un quark rosso, uno giallo ed uno blu; in tal modo esso è senza colore, i tre quark non sono identici ed è soddisfatto il principio di esclusione di Pauli.

Il colore è probabilmente un nome sfortunato (non ha niente a che vedere con quello che comunemente intendiamo per colore) che indica una nuova proprietà dei quark, precisamente la loro carica forte, in modo analogo alla carica elettrica. Precise evidenze in favore del "colore" vengono anche dal rapporto $[\sigma(e^+e^- \to \text{adroni})/\sigma(e^+e^- \to \mu^+\mu^-)]$, §9.3, dalla probabilità del decadimento $\pi^0 \to 2\gamma$, etc. Il tutto è attualmente formalizzato nella teoria dell'interazione forte, la Cromodinamica Quantistica, §11.9.

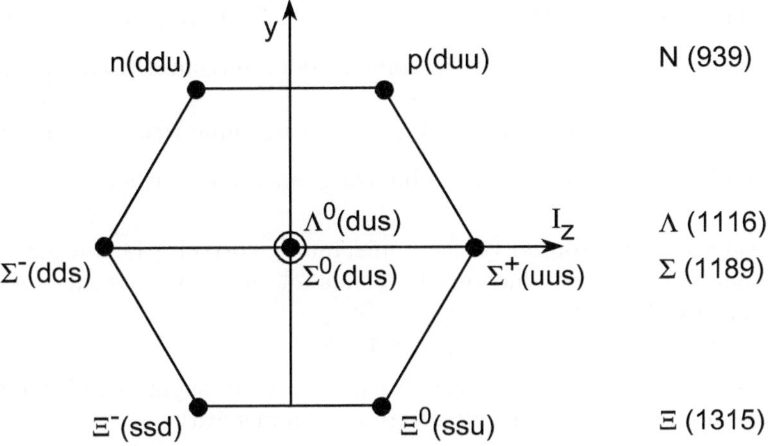

Figura 7.14. La famiglia di barioni con $J^P = 1/2^+$ e interpretazione in termini di quark. Il protone, p, e il neutrone, n, sono costituiti di tre quark di due "sapori" diversi (quark u, d) e di tre "colori" diversi (*rosso, giallo, blu*). Gli altri barioni dell'ottetto richiedono l'esistenza di un altro quark, il quark "strano" s. $Y = B + S$ rappresenta l'ipercarica

7.9 L'ottetto barionico $\mathbf{J^P = 1/2^+}$

Consideriamo ora l'insieme delle possibili combinazioni tra i 3 quark u, d, s in modo che ve ne sia uno con lo spin non allineato rispetto gli altri due. Lo spin complessivo della particella risultante è 1/2. La Fig. 7.14 illustra l'ottetto barionico $1/2^+$. Ne fanno parte:

- il doppietto di isospin forte (neutrone, protone);
- il tripletto di isospin $\Sigma^-, \Sigma^0, \Sigma^+$ (simmetrico per lo scambio dei quark u, d);
- il singoletto di isospin Λ^0 (antisimmetrico per lo scambio dei quark u, d);
- il doppietto Ξ^-, Ξ^0.

Le regolarità di massa già viste nel caso del decupletto $3/2^+$ non sono in questo caso presenti (infatti si ha $m_\Lambda - m_N = 177$ MeV, $m_\Xi - m_\Lambda = 203$ MeV; inoltre ci si sarebbe aspettati $m_\Lambda = m_\Sigma$, invece si ha $m_\Sigma = 1193$ MeV, considerevolmente diversa da $m_\Lambda = 1116$ MeV).

Si possono costruire stati di tre quark che sono simmetrici per lo scambio simultaneo del sapore e dello spin di ogni coppia, ma sono antisimmetrici rispetto allo scambio solo dello spin o del sapore. Questi stati vengono identificati con i membri dell'ottetto barionico con $J^P = 1/2^+$.

Costruiamo la struttura a quark dei membri dell'ottetto barionico $1/2^+$ assumendo:

- funzione d'onda spaziale $\ell = \ell' = 0$, $L = \ell + \ell' = 0$, funzione simmetrica

- funzione d'onda di spin $\uparrow\downarrow\uparrow$ in combinazioni antisimmetriche $\left.\right\}$ globalmente

- funzione d'onda di sapore in combinazioni antisimmetriche $\left.\right/$ simmetrica

- funzione d'onda di colore   in combinazioni antisimmetriche.

Consideriamo il protone (uud) e iniziamo a costruire la funzione d'onda di spin partendo da due quark, ponendoli in uno stato di singoletto antisimmetrico di spin:

$$(\uparrow\downarrow - \downarrow\uparrow)/\sqrt{2} \ .$$

Costruiamo il corrispondente stato antisimmetrico in sapore con i due quark u, d (la combinazione uu non può essere antisimmetrica):

$$(ud \ - \ du)/\ \sqrt{2} \ .$$

Combiniamo le due relazioni trovate per lo spin e il sapore in modo da avere una situazione simmetrica per lo scambio contemporaneo di spin e sapore (trascuriamo per il momento il fattore di normalizzazione)

$$A = u_\uparrow d_\downarrow - u_\downarrow d_\uparrow - d_\uparrow u_\downarrow + d_\downarrow\, u_\uparrow$$

e aggiungiamo il terzo quark nella combinazione: $Au_\uparrow$. L'espressione A è già simmetrica per lo scambio di spin e sapore. Dobbiamo ora fare una simmetrizzazione globale per il sistema di 3 quark tramite una permutazione ciclica. Si ha così per il protone la seguente espressione con 12 termini:

$$
\begin{aligned}
(p, J_z = +1/2) = (&2u_\uparrow u_\uparrow d_\downarrow + 2d_\downarrow u_\uparrow u_\uparrow + 2u_\uparrow d_\downarrow u_\uparrow \\
&-u_\downarrow d_\uparrow u_\uparrow - u_\uparrow u_\downarrow d_\uparrow - u_\downarrow u_\uparrow d_\uparrow \\
&-d_\uparrow u_\downarrow u_\uparrow - u_\uparrow d_\uparrow u_\downarrow - d_\uparrow u_\uparrow u_\downarrow)/\sqrt{18} \ .
\end{aligned}
\tag{7.45}
$$

La moltiplicazione della (7.45) per la funzione antisimmetrica del colore, come fatto per i membri del decupletto $3/2^+$, porta alla funzione d'onda finale antisimmetrica. La composizione in quark dei membri dell'ottetto barionico $1/2^+$ è mostrata in Fig. 7.14 (i barioni dell'ottetto sono indicati semplicemente come uud, ssu, ecc., intendendo con questo una combinazione simmetrica come la (7.45)).

È da notare che nell'ottetto barionico $J^P = 1/2^+$, rappresentato graficamente da un esagono, sono assenti le combinazione simmetriche uuu, ddd e sss, presenti nel decupletto barionico $J^P = 3/2^+$ (vertici del triangolo). Questo fatto si spiega facilmente con argomenti di simmetria. Per questi stati, la funzione d'onda di sapore è obbligatoriamente simmetrica (3 quark identici) e la funzione d'onda di colore deve essere antisimmetrica per salvaguardare il principio di esclusione di Pauli. Ne risulta che la funzione d'onda di spin deve essere simmetrica ($\uparrow\uparrow\uparrow$). Questo è impossibile per l'ottetto barionico $J^P = 1/2^+$ per il quale la funzione d'onda di spin deve essere antisimmetrica ($\uparrow\downarrow\uparrow$) e non si possono avere stati simmetrici in sapore (uuu, ddd, sss).

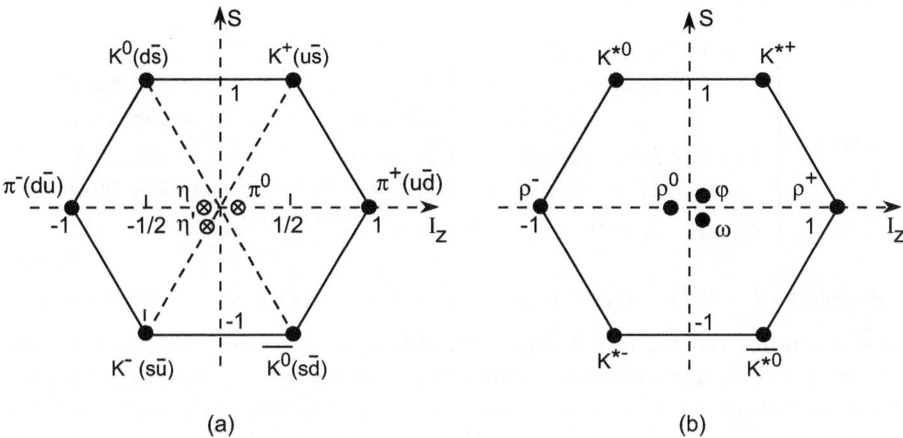

Figura 7.15. (a) Nonetto mesonico con spin parità $J^P = 0^-$ e suo contenuto in quark. (b) Nonetto mesonico con $J^P = 1^-$ (la struttura in termini di quark è come in (a))

7.10 I mesoni pseudoscalari

La Fig. 7.15a illustra i nove mesoni pseudoscalari ($J^P = 0^-$) con massa più bassa. Possono essere considerati come costituenti un ottetto più un singoletto. Il singoletto di isospin è il mesone $\eta'(958)$; l'ottetto include i mesoni non strani $\pi^+, \pi^0, \pi^-, \eta(547)$, i mesoni strani con $S = +1$ (K^0, K^+) e i mesoni strani con $S = -1$ (K^-, $\overline{K}^0$).

In termini di modello a quark, i mesoni sono costituiti di una coppia quark-antiquark. Limitandoci ai tre quark u, d, s, sono possibili $3 \times 3 = 9$ stati, cioè un nonetto di mesoni. La combinazione q $\bar{q}$ per il nonetto di mesoni pseudoscalari ha:

$$J = 0 \qquad \begin{cases} \text{momento angolare orbitale } \ell = 0 \\ \quad \text{spin opposti} \qquad\qquad \uparrow\downarrow \end{cases}$$

$$\tag{7.46}$$

$$P = - \{ \quad P = (-1)^\ell P_q P_{\bar{q}}; \quad P_q = -P_{\bar{q}}, \text{ cioè parità } q, \bar{q} \text{ opposta .}$$

Con i quark non strani d, u si possono formare le $2^2 = 4$ combinazioni seguenti:

$$\begin{cases} \begin{array}{c} I=1 \\ \text{tripletto di isospin} \end{array} & \begin{cases} I_3 = +1 \ \pi^+ = u\bar{d} & m = 139.6 \text{ MeV} \\ I_3 = 0 \quad \pi^0 = (d\bar{d} - u\bar{u})/\sqrt{2} & 135.0 \text{ MeV} \\ I_3 = -1 \ \pi^- = -\overline{ud} & 139.6 \text{ MeV} \end{cases} \\[2em] \begin{array}{c} I=0 \\ \text{singoletto di isospin} \end{array} & I_3 = 0 \ \eta_4 = (d\bar{d} + u\bar{u})/\sqrt{2} \ . \end{cases}$$

$$\tag{7.47}$$

Con l'aggiunta del quark s si hanno altre 5 combinazioni (per un totale di $3^2 = 9$ mesoni pseudoscalari):

$$\text{ottetto} \begin{cases} I = 1 \quad \pi^+, \pi^-, \pi^0 \\ I = 1/2 \; I_3 = +1/2 \; S = +1 \; K^+ = u\bar{s} & m = 494 \text{ MeV} \\ \qquad\quad I_3 = -1/2 \; S = +1 \; K^0 = d\bar{s} & m = 498 \text{ MeV} \\ I = 1/2 \; I_3 = +1/2 \; S = -1 \; \overline{K}^0 = \bar{d}s & m = 498 \text{ MeV} \\ \qquad\quad I_3 = -1/2 \; S = -1 \; K^- = -\bar{u}s & m = 494 \text{ MeV} \\ I = 0 \quad I_3 = 0 \qquad S = 0 \quad \eta_8 = \frac{(d\bar{d}+u\bar{u}-2s\bar{s})}{\sqrt{6}} \; m_\eta = 547 \text{ MeV} \end{cases}$$

$$\tag{7.48}$$

$$\text{singoletto } I = 0 \; I_3 = 0 \; S = 0 \; \eta_1 = (d\bar{d} + u\bar{u} + s\bar{s})/\sqrt{3} \; m_{\eta'} = 958 \text{ MeV} .$$

Lo stato indicato come η_8 e il singoletto di isospin η_1 hanno gli stessi valori di I, I_3, S; essi si distinguono dalla proprietà di simmetria della funzione d'onda. Questi due stati neutri non sono osservati direttamente. Gli stati osservati sono loro combinazioni lineari, indicati con η ed η' ottenuti da η_8 e η_1 con un angolo di mixing $\theta \simeq 11°$. La questione della composizione in sapori di quark dei mesoni pseudoscalari neutri η ed η' è non banale. Il motivo è che la forza di colore induce continue transizioni tra coppie $q\bar{q}$. La descrizione corretta di questo miscelamento complesso tra coppie quark–antiquark e gluoni può essere realizzata solo all'interno della QCD e non può essere svolta ad un livello elementare.

7.11 I mesoni vettoriali

La Fig. 7.15b illustra il "nonetto" di mesoni vettoriali $J^P = 1^-$ con massa più bassa. Si può considerare costituito di un ottetto più un singoletto. L'ottetto include il doppietto di mesoni K^{*0}, K^{*+}, il doppietto $K^{*-}, \overline{K}^{*0}$, il tripletto, ρ^-, ρ^0, ρ^+; i mesoni ω e ϕ si ottengono dal mescolamento del singoletto dell'ottetto φ_8 con il singoletto del nonetto φ_1 (vedi Eq. 7.50). Le masse medie sono $\rho(770), K^*(892), \omega(782), \phi(1020)$.

In termini di quark e antiquark il nonetto di mesoni vettoriali ha una struttura $q\bar{q}$, con:

$$J = 1 \begin{cases} \text{momento angolare orbitale } \ell = 0 \\ \text{spin} \qquad\qquad\qquad\qquad\quad \uparrow\uparrow \end{cases}$$

$$\tag{7.49}$$

$$P = \quad -\{\text{Parità } q, \, \bar{q} \text{ opposta} .$$

Le combinazioni $q\bar{q}$ sono come per il multipletto $J^P = 0^-$ (vedi Fig. 7.15).

Il mescolamento tra particelle è un importante fenomeno quantistico che verrà approfonditamente trattato nel Cap. 12. Qui il mescolamento tra i due stati centrali dell'ottetto e del singoletto è più pronunciato che per i mesoni pseudoscalari. Formalmente si può scrivere

$$\begin{cases} \phi = \varphi_1 \sin\theta - \varphi_8 \cos\theta \\ \omega = \varphi_1 \cos\theta + \varphi_8 \sin\theta \quad . \end{cases} \qquad (7.50)$$

L'angolo di mixing deve essere determinato sperimentalmente (vedere la sezione *14. Quark model* di [08P1]), ed è pari a $\theta \simeq 35°$. Poiché le formule per la composizione in termini di quark dei mesoni vettoriali sono simili alla (7.48), si ha:

$$\begin{cases} \varphi_1 = (d\bar{d} + u\bar{u} + s\bar{s})/\sqrt{3} \\ \varphi_8 = (d\bar{d} + u\bar{u} - 2s\bar{s})/\sqrt{6} \end{cases} \qquad (7.51)$$

da cui:

$$\begin{cases} \phi = s\bar{s} \\ \omega = (u\bar{u} + d\bar{d})/\sqrt{2} \quad . \end{cases} \qquad (7.52)$$

Si può ritenere quindi che la ϕ sia formata da $s\bar{s}$, mentre la ω non contiene quark strani. Ciò spiega i decadimenti osservati, qui sotto riportati con i relativi rapporti di decadimento:

$$\left.\begin{array}{l} \phi(1020) \to K^+K^- \\ \qquad\quad \to K^0\overline{K^0} \end{array}\right\} 83.4\% \qquad\qquad \begin{array}{ll} \omega(782) \to \pi^+\pi^-\pi^0 & 88.8\% \\ \qquad\quad \to \pi^+\pi^- & 2.2\% \\ \qquad\quad \to \pi^0\gamma & 8.5\% \end{array}$$

$$\left.\begin{array}{ll} \to \pi^+\pi^-\pi^0 & 2.5\% \\ \to \rho\pi & 12.9\% \end{array}\right\} 15.4\% \quad .$$

Il fattore spazio delle fasi[5] nel decadimento della ϕ favorisce il decadimento in 3π, perché in questo caso l'energia non di massa, ossia l'energia E_0 a disposizione è $E_0 = m_\phi - 2m_{\pi^+} - m_{\pi^0} = 1020 - 2 \cdot 139.6 - 135 \simeq 606$ MeV; questo è da confrontarsi con $E_0 = m_\phi - 2m_{K^0} \simeq 1020 - 2 \cdot 498 = 24$ MeV nel caso di $\phi \to K\overline{K}$. Ma sperimentalmente il decadimento $\phi \to K\overline{K}$ è dominante. La spiegazione di questo fatto è legata alla composizione in quark del mesone ϕ e ai diagrammi di decadimento (illustrati in Fig. 7.16). È da notare che il diagramma per il decadimento $\phi \to 3\pi$ coinvolge linee non connesse, fra stato iniziale e finale. Si ritiene che, in questo caso, il contributo al decadimento sia fortemente sfavorito *(Regola di Zweig)*.

7.12 Conservazione di stranezza e isospin

Secondo il modello a quark, le particelle strane contengono almeno un quark s, mentre le antiparticelle strane contengono almeno un antiquark $\bar{s}$. Si attribuisce stranezza $S = -1$ al quark s e $S = +1$ a $\bar{s}$; tutti gli altri quark hanno stranezza nulla. Le particelle già note hanno:

---

[5] Si veda il Problema 7.6 sul perché la ϕ non può decadere in due π^0.

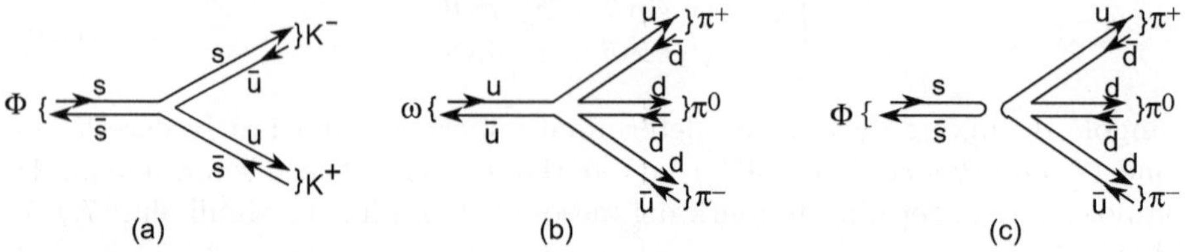

Figura 7.16. (a), (b) Diagrammi (di flusso di quark) illustrativi per i decadimenti dei mesoni ϕ e ω. Non sono veri e propri diagrammi di Feynman. Notare nel diagramma (c) la separazione fra linee dello stato iniziale e dello stato finale: si ritiene che il contributo di diagrammi di questo tipo sia fortemente sfavorito (Regola di Zweig)

$$
\begin{aligned}
S &= 0 && \text{per } \gamma, \pi^0, \pi^+, \pi^-, p, n, N^*, \Delta \\
S &= +1 && \text{per } K^+, K^0, \overline{\Lambda^0}, \overline{\Sigma^+}, \overline{\Sigma^-}, \overline{\Sigma^0} \\
S &= -1 && \text{per } K^-, \overline{K^0}, \Lambda^0, \Sigma^+, \Sigma^-, \Sigma^0 \\
S &= -2 && \text{per } \Xi^-, \Xi^0 \\
S &= -3 && \text{per } \Omega^- \ .
\end{aligned}
\tag{7.53}
$$

Il numero quantico di stranezza è conservato nell'interazione forte ed elettromagnetica, è violato nell'interazione debole. Ciò vuol dire che il quark s rimane lo stesso nei processi dovuti alle prime due interazioni, mentre cambia natura nei processi dovuti all'interazione debole. In effetti si ha spontaneamente il decadimento $s \to u e^- \overline{\nu}_e$. Le grandezze appena definite sono utili nella classificazione di processi dovuti all'interazione forte, elettromagnetica e debole, di cui illustriamo alcuni esempi.

Interazione forte. Nei processi dovuti all'interazione forte si conservano la stranezza e l'isospin, come illustrato nell'esempio seguente:

$$
\begin{array}{llll}
I & \underbrace{\begin{matrix} K^- & + & p \\ 1/2 & & 1/2 \end{matrix}}_{0,1} & \to \underbrace{\begin{matrix} \Lambda^0 & + & \pi^0 \\ 0 & & 1 \end{matrix}}_{1} & \to \Delta I = 0 \quad \text{solo } I = 1 \text{ attiva} \\[2em]
I_z & \underbrace{\begin{matrix} -1/2 & +1/2 \end{matrix}}_{0} & \to \underbrace{\begin{matrix} 0 & \quad & 0 \end{matrix}}_{0} & \to \Delta I_z = 0 \\[2em]
S & \underbrace{\begin{matrix} -1 & \quad & 0 \end{matrix}}_{-1} & \to \underbrace{\begin{matrix} -1 & \quad & 0 \end{matrix}}_{-1} & \to \Delta S = 0 \ .
\end{array}
$$

Interazione elettromagnetica. Nei processi dovuti all'interazione elettromagnetica si conserva la stranezza, ma non l'isospin. Un esempio è il seguente decadimento di un barione dell'ottetto:

$$
\begin{array}{lcccl}
 & \Sigma^0 & \to & \Lambda^0 + & \gamma \\
I & 1 & & 0 & 0 \to \Delta I \neq 0 \\
I_z & 0 & & 0 & 0 \to \Delta I_z = 0 \\
S & -1 & & -1 & 0 \to \Delta S = 0
\end{array}
\tag{7.54}
$$

$(I, I_z, S$ sono definiti per Σ^0, Λ^0; per il fotone si possono considerare nulli). L'interazione elettromagnetica è responsabile delle differenze di massa degli adroni di un multipletto di isospin. Molte indicazioni sperimentali convergono nell'assegnare ai quark u e d la quasi identica massa, dell'ordine di 5 MeV. L'interazione forte dipende da molti fattori, ma non dalla carica elettrica posseduta dai quark. Sotto queste considerazioni, la massa del protone e del neutrone dovrebbero essere identiche. In realtà non lo sono per le differenti interazioni elettromagnetiche, che sono invece legate alla carica dei quark. Questo è vero anche per altre particelle dello stesso multipletto di isospin. Le differenze di massa percentuali sono dell'ordine di $10^{-3} \div 10^{-2}$:

$$
\begin{array}{cccc}
\text{Adroni} & \Delta m \,(\text{MeV}) & \overline{m}\,(\text{MeV}) & \Delta m/\overline{m} \\
n - p & 1.293 & 938.9 & 1.4 \cdot 10^{-3} \\
\Sigma^- - \Sigma^+ & 8.07 & 1193.4 & 6.8 \cdot 10^{-3} \\
\Sigma^- - \Sigma^0 & 4.88 & 1195.0 & 4.1 \cdot 10^{-3} \\
K^0 - K^+ & 4.00 & 495.7 & 8.1 \cdot 10^{-3} \\
\pi^+ - \pi^0 & 4.59 & 137.3 & 3.3 \cdot 10^{-2}
\end{array}
\tag{7.55}
$$

Interazione debole. Nei processi dovuti all'interazione debole non si conserva nè la stranezza nè l'isospin. Un esempio è il seguente:

$$
\begin{array}{llll}
& \Lambda^0 \to & p + \pi^- & \\
I & 0 & \underbrace{1/2,\ 1}_{1/2,3/2} & \to \ \Delta I \neq 0 \\
I_z & 0 & \underbrace{+1/2-1}_{-1/2} & \to \ \Delta I_z \neq 0 \\
S & -1 & \underbrace{0+0}_{0} & \to \ \Delta I_z \neq 0 \ .
\end{array}
\tag{7.56}
$$

7.13 I sei quark

Riassumendo: negli anni '50 furono introdotte varie classificazioni degli adroni; sono queste classificazioni che hanno poi indicato la natura composta degli adroni. I due quark u, d formano un doppietto di isospin forte; la loro differenza di massa è piccola. Se si assume che la forza forte sia indipendente dal sapore dei quark, si ha una simmetria quasi completa fra i due membri del doppietto. Si può ritenere che l'invarianza per rotazioni nello spazio dello spin isotopico sia una conseguenza di questa simmetria. Vedremo poi che l'indipendenza dal sapore è una conseguenza dei principi di invarianza di QCD.

La *"stranezza"* S è un numero quantico introdotto per descrivere le *particelle "strane"* (gli *adroni strani)*, così chiamate a causa della loro produzione abbondante ("produzione forte") e del loro "decadimento debole". S è conservato nei processi dovuti all'interazione forte e in quelli dovuti all'interazione EM ed è violato nell'interazione debole.

Tra i tre quark (u, d, s) con massa più bassa c'è una simmetria SU(3)$_f$ che è solo approssimata, poichè il quark s ha massa maggiore di quella dei quark u, d di circa 150 MeV. A partire dagli anni '70s, tre nuovi *flavour* di quark sono stati scoperti (nel Cap. 9 discuteremo della scoperta dei quark c, b). L'aggiunta del quark c porta a un'estensione della simmetria da SU(3)$_f$ a SU(4)$_f$, ma questa simmetria è rotta fortemente perché la massa del quark c è molto più grande di quelle dei primi tre. D'altra parte, questa simmetria approssimata è sufficiente per determinare il numero di barioni e di mesoni contenenti uno o più quark c.

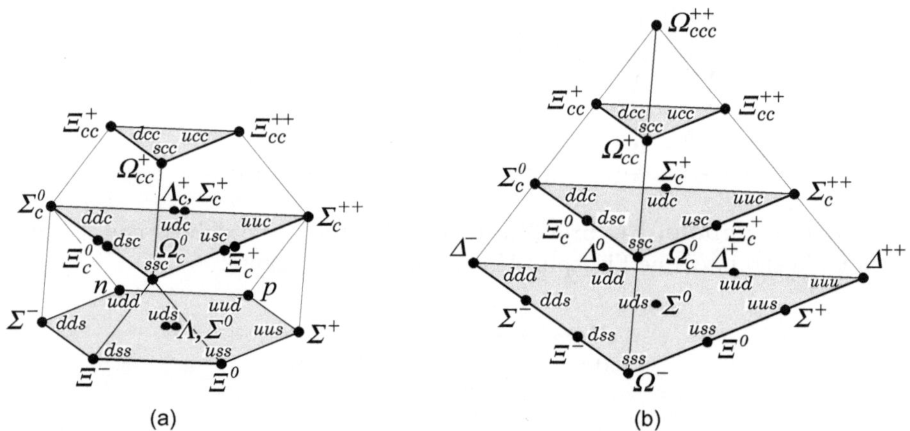

(a)   (b)

Figura 7.17. La struttura SU(4)$_f$ per stati barionici costituiti di quark u, d, s e c. (a) 20-pletto con $J^P = 1/2^+$, contenente nel piano in basso (piano a $c = 0$) l'ottetto SU(3)$_f$. (b) 20-pletto con $J^P = 3/2^+$, contenente nel piano in basso il decupletto SU(3)$_f$ [08P1]

La Fig. 7.17 mostra i barioni con $J^P = 1/2^+$ e con $J^P = 3/2^+$ costituiti di quark u, d, s, c. Le rappresentazioni sono ottenute mettendo sul terzo asse (verticale) il numero quantico di charm c, per cui mesoni e barioni con diverso c stanno su piani diversi. Per i barioni si hanno dei 20-pletti. Il 20-pletto $3/2^+$ è costituito dal decupletto di barioni con quark u, d, s di Fig. 7.12, da un sestetto di barioni contenenti un quark c, da un tripletto con due quark c e da un singoletto ccc. Il 20-pletto $1/2^+$ contiene l'ottetto con i quark u, d, s di Fig. 7.14, due sestetti con un quark c, e un tripletto con due quark c.

La Fig. 7.18 mostra i mesoni 0^- e 1^- che compongono dei 16-pletti, costituiti dal nonetto con quark u, d, s, da due tripletti con un quark c oppure $\bar{c}$, e da un singoletto $\eta_c \simeq c\bar{c}$. Questo singoletto può interferire con gli altri singoletti η, η' del 16-pletto.

L'ulteriore aggiunta del quark b porta alla simmetria SU(5)$_f$, ancora più rotta della simmetria SU(4)$_f$, a causa della massa elevata del quark b.

La Tab. 7.1 riassume i numeri quantici dei 6 quark, che sono detti avere *"sapore"* (*flavour*) diverso. Tali numeri quantici sono legati dalla relazione, che estende la (7.41):

$$Q = I_3 + \frac{B + S + c + b + t}{2} = I_3 + \frac{Y}{2} \tag{7.57}$$

dove, avendo indicato con c, b, t rispettivamente i numeri quantici di *charm*, *bottom* e *top*, la definizione di ipercarica forte è stata estesa da $Y = B + S$ a $Y = B + S + b + c + t$.

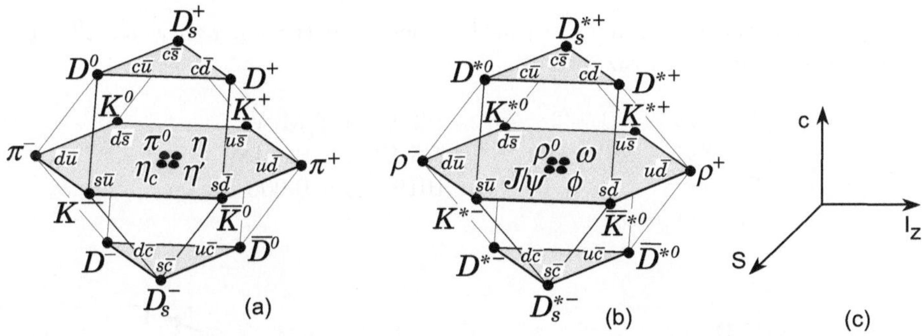

Figura 7.18. La struttura $SU(4)_f$ a 16-pletti per stati mesonici (a) pseudoscalari ($J^P = 0^-$) e (b) vettoriali ($J^P = 1^-$) costituiti da quark u, d, s c. (c) sugli assi x, y, z sono riportati rispettivamente la terza componente dell'isospin, la *stranezza* e il numero quantico di *charm*. Nei piani centrali, $c = 0$, vi sono i nonetti costituiti da quark leggeri u, d, s a cui sono stati aggiunti gli stati $c\bar{c}$. Al centro di questi piani sono localizzati i mesoni neutri dati da mescolamenti degli stati $u\bar{u}, d\bar{d}, s\bar{s}$ e $c\bar{c}$ [08P1]

Sapore (Flavour)	I	I_3	S	c	b	t	Q/e
d	1/2	$-1/2$	0	0	0	0	$-1/3$
u	1/2	$+1/2$	0	0	0	0	$+2/3$
s	0	0	-1	0	0	0	$-1/3$
c	0	0	0	$+1$	0	0	$+2/3$
b	0	0	0	0	-1	0	$-1/3$
t	0	0	0	0	0	$+1$	$+2/3$

Tabella 7.1. Numeri quantici additivi dei 6 quark di "sapore" diverso. S, c, b, t rappresentano rispettivamente i numeri quantici di *stranezza, charm, bottom* e *top*. Gli antiquark hanno gli stessi numeri quantici dei quark, ma con segno opposto, a parte lo spin e l'isospin. Nella tabella le righe sono in ordine di massa crescente, fatta eccezione per u, d

7.14 Alcune verifiche del modello statico a quark

Ci sono molte verifiche dirette e indirette del modello statico a quark. In questa sezione ne citeremo alcune per gli stati con quark u, d, s. Si deve ricordare che il modello è appropriato per spiegare la classificazione degli adroni. Rappresenta invece una semplice approssimazione per quanto riguarda la dinamica, la quale richiede l'esplicito riferimento ai gluoni e alle coppie quark-antiquark, cosidette "del mare", entro gli adroni, come discuteremo nel Cap. 10.

7.14.1 Decadimenti leptonici dei mesoni vettoriali neutri

Si è già detto che nel modello a quark i mesoni vettoriali neutri ρ^0, ω^0 e ϕ^0 hanno le seguenti composizioni:

$$
\begin{aligned}
\rho^0 &= (u\bar{u} - d\bar{d})/\sqrt{2} \quad & m = 769.9 \pm 0.8 \text{ MeV} \\
\omega^0 &= (u\bar{u} + d\bar{d})/\sqrt{2} \quad & 781.94 \pm 0.12 \text{ MeV} \\
\phi^0 &= s\bar{s} \quad & 1019.413 \pm 0.008 \text{ MeV} .
\end{aligned}
\tag{7.58}
$$

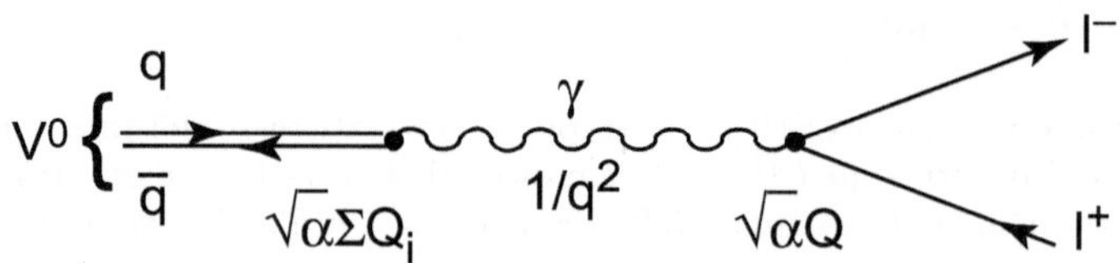

Figura 7.19. Illustrazione del decadimento leptonico di un mesone vettoriale neutro V^0

Indicheremo di seguito l'insieme delle tre particelle col simbolo V^0. Il decadimento di un mesone vettoriale V^0 in una coppia leptone-antileptone carichi, $V^0 \rightarrow \ell^-\ell^+$, procede tramite scambio di un fotone virtuale, come illustrato in Fig. 7.19. Essendo un decadimento elettromagnetico la *probabilità di transizione* W per questo decadimento è facilmente calcolabile (vedi Problema 7.16), ed è data dalla *formula di Weisskopf* ($\hbar = c = 1$)

$$
W(V^0 \rightarrow \ell^+\ell^-) = \frac{16\pi\alpha_{EM}^2(\Sigma_i Q_i)^2}{m_V^2}|\psi(0)|^2
\tag{7.59a}
$$

che può essere considerata come dovuta ai seguenti fattori

$$
W = 16\pi \left| \sqrt{\alpha_{EM}}\Sigma_i Q_i \,(1/q^2) \qquad \sqrt{\alpha_{EM}}Q \right|^2 \quad q^2 \quad |\psi(0)|^2
$$

$$
\begin{array}{ccccc}
& \text{accopp.} & \text{propagatore} & \text{accopp.} & \text{spazio} & \text{funz. d'onda} \\
& q\bar{q}\gamma & \text{fotone} & \ell^+\ell^-\gamma & \text{fasi} & q\bar{q} \text{ all'origine}
\end{array}
\tag{7.59b}
$$

con Q = carica di un leptone = ± 1, Q_i = carica frazionaria dei quark, α_{EM} = $1/137$. Assumendo (per semplicità) che i tre mesoni vettoriali abbiano la stessa massa m_V, la stessa $\psi(0)$ e che $q^2 \simeq m_V^2$, ci si aspetta che $|\psi(0)|^2/m_V^2$ sia circa costante, quindi si ha $W \approx |\Sigma_i Q_i|^2$. Partendo dalle (7.58), che danno la composizione in quark dei mesoni vettoriali, si hanno per $(\Sigma_i Q_i)^2$ i seguenti valori

$$\rho^0 = (u\bar{u} - d\bar{d})/\sqrt{2} \;\rightarrow\; \left[\tfrac{1}{\sqrt{2}}\left(\tfrac{2}{3} - \tfrac{(-1)}{3}\right)\right]^2 = \tfrac{1}{2}$$
$$\omega^0 = (u\bar{u} + d\bar{d})/\sqrt{2} \;\rightarrow\; \left[\tfrac{1}{\sqrt{2}}\left(\tfrac{2}{3} - \tfrac{1}{3}\right)\right]^2 = \tfrac{1}{18} \qquad (7.60)$$
$$\phi^0 = s\bar{s} \qquad\qquad\;\; \rightarrow\; \left(-\tfrac{1}{3}\right)^2 = \tfrac{1}{9}$$

da cui:

$$W(\rho^0) : W(\omega^0) : W(\phi^0) = 9 : 1 : 2 \qquad\qquad\quad \text{predetto}$$
$$= (8.8 \pm 2.6) : 1 : (1.70 \pm 0.4) \;\text{sperimentale .}$$
$$(7.61)$$

Il buon accordo fra le previsioni e i dati sperimentali può essere considerato una verifica del modello statico a quark degli adroni.

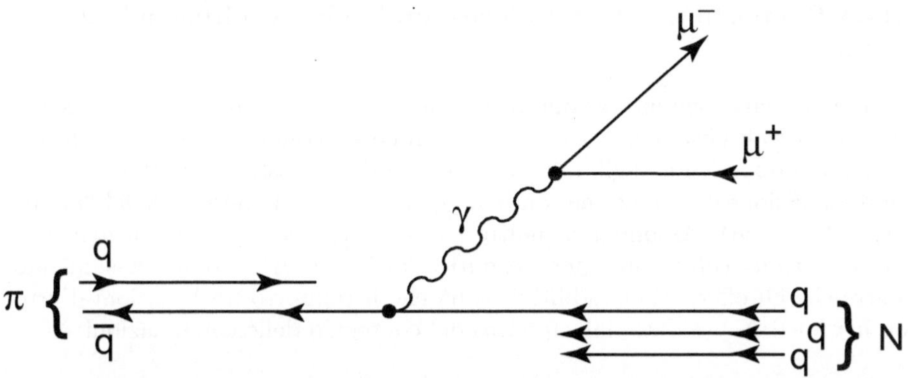

Figura 7.20. Illustrazione della produzione di una coppia di leptoni in una collisione pione-nucleone. Il meccanismo fondamentale è l'annichilazione di un quark con un antiquark in un fotone virtuale che dà luogo alla coppia leptone-antileptone

7.14.2 Produzione di coppie di leptoni

Una seconda verifica del modello a quark è fornita dalla produzione di coppie di leptoni, in particolare di muoni, nelle collisioni pione-nucleone. Il meccanismo è illustrato nella Fig. 7.20: l'antiquark del mesone π si annichila con un quark del nucleone, dando luogo ad un fotone virtuale che si trasforma in una coppia $\mu^-\mu^+$ (*modello di Drell-Yan*). I quark non interagenti agiscono da spettatori. La sezione d'urto del processo è proporzionale ai quadrati delle cariche dei quark.

Consideriamo in particolare l'interazione di un $\pi^-(= \bar{u}d)$ con il nucleo isoscalare ^{12}C $(= 6p + 6n = 18u + 18d)$. In questo caso può solo avvenire l'annichilazione $u\bar{u}$; perciò essendo la sezione d'urto proporzionale ai quadrati delle cariche dei quark, si ottiene:

$$\sigma(\pi^- C \to \mu^- \mu^+ ...) \propto 18Q_u^2 = 18 \cdot 4/9 = 8 \ . \tag{7.62}$$

Nell'interazione di un $\pi^+(= \bar{d}u)$ con il ^{12}C può solo avvenire l'annichilazione $\bar{d}d$:

$$\sigma(\pi^+ C \to \mu^- \mu^+ ...) \propto 18Q_d^2 = 18 \cdot 1/9 = 2 \ . \tag{7.63}$$

Perciò, al di fuori delle regioni corrispondenti a risonanze, si deve avere:

$$\sigma(\pi^- C \to \mu^- \mu^+ X)/\sigma(\pi^+ C \to \mu^- \mu^+ X) = 4 \ .$$

È stato verificato sperimentalmente che tale rapporto è veramente 4, dando quindi conferma del modello a quark e in particolare dell'assegnazione delle cariche dei quark.

7.14.3 Rapporto tra sezioni d'urto totali adrone-adrone ad alta energia

Assumiamo che, nell'interazione di due adroni di alta energia, la collisione avvenga in realtà fra un quark del primo adrone e un quark del secondo adrone, in modo indipendente dagli altri quark presenti (è questa, naturalmente, una approssimazione che non tiene conto di gluoni e di quark-antiquark del "mare" entro gli adroni). Assumiamo inoltre che ad alte energie si abbia $\sigma(uu) = \sigma(ud) = \sigma(dd)$ (invarianza per isospin) e anche $\sigma(q\bar{q}) = \sigma(qq)$. Assumendo inoltre che gli effetti siano additivi, si ha che il rapporto fra le sezioni d'urto totali πN ed NN è dato dal rapporto del conteggio delle combinazioni

$$\frac{\sigma(\pi N)}{\sigma(NN)} = \frac{2 \cdot 3}{3 \cdot 3} = \frac{2}{3} \ .$$

Sperimentalmente si trova che ciò è verificato. Per es., a $E_\pi = 60$ GeV, si ha $\sigma(\pi^+ p) \simeq \sigma(\pi^- p) \simeq 24$ mb, e $\sigma(pp) \simeq \sigma(pn) \simeq 38$ mb; quindi $[\sigma(\pi N)/\sigma(NN)]_{exp} \simeq 24/38 \simeq 2/3$.

7.14.4 Momenti magnetici dei barioni

Nella teoria di Dirac ad un fermione puntiforme di carica q, massa m e spin $1/2$ compete un momento di dipolo magnetico. L'operatore di dipolo magnetico è definito come:

$$\boldsymbol{\mu} = \frac{q\hbar}{2mc}\boldsymbol{\sigma} \xrightarrow{\hbar=c=1} \frac{q}{2m}\boldsymbol{\sigma} \tag{7.64a}$$

dove $\boldsymbol{\sigma}$ sono le matrici di Pauli (Appendice 4). Il valore del momento di dipolo magnetico di un fermione f è il valore di aspettazione (definito dalla Eq. 6.3) dell'operatore (7.64a):

$$\mu_f \equiv \langle f|\boldsymbol{\mu}|f\rangle \tag{7.64b}$$

Nel caso dell'elettrone e del muone, il confronto tra la predizione e la misura del momento di dipolo magnetico rappresenta uno dei successi della teoria e di QED, ed una conferma che i leptoni sono davvero "particelle elementari". Per lo stesso argomento, protone e neutrone non sono "elementari", perché i loro momenti di dipolo magnetici sono molto diversi da quanto predetto dalla teoria di Dirac. In particolare, poiché neutro, la teoria predice $\mu_n = 0$.

Assumiamo ora che ciascun quark sia anch'esso una particella di Dirac con un valore di aspettazione per il momento magnetico $\boldsymbol{\mu}$ dato dalla (7.64b), ossia esplicitamente per i quark u e d:

$$\mu_u = \langle u|\boldsymbol{\mu}|u\rangle = \frac{q_u}{2m_u} \quad ; \quad \mu_d = \langle d|\boldsymbol{\mu}|d\rangle = \frac{q_d}{2m_d} \; . \tag{7.64c}$$

Poiché $m_u \simeq m_d$ e $q_u = -2q_d$ si ottiene

$$\mu_u \simeq -2\mu_d \tag{7.64d}$$

Possiamo ora assumere che il momento magnetico di un barione sia uguale alla somma vettoriale dei momenti magnetici dei quark (e che non ci sia contributo dei momenti orbitali, cioè $\ell = \ell' = 0$). Inoltre non si tiene conto dei gluoni e dei quark del "mare".

Il protone è costituito da uud in combinazione antisimmetrica di spin e sapore. In questo caso, poiché non siamo interessati all'antisimmetria in sapore, possiamo riscrivere la (7.45) evitando le permutazioni tra i sapori:

$$|p\rangle = |2u_\uparrow u_\uparrow d_\downarrow - u_\uparrow u_\downarrow d_\uparrow - u_\downarrow u_\uparrow d_\uparrow\rangle/\sqrt{6} \; . \tag{7.65}$$

Il corrispondente momento di dipolo magnetico si ottiene calcolando il valore di aspettazione (7.64b) sullo stato $|p\rangle$:

$$\mu_p = \langle p|\boldsymbol{\mu}|p\rangle = \frac{[4(\mu_u + \mu_u - \mu_d) + (\mu_u - \mu_u + \mu_d) + (-\mu_u + \mu_u + \mu_d)]}{6}$$

$$= \frac{(8\mu_u - 2\mu_d)}{6} \; . \tag{7.66}$$

I segni nel calcolo tengono conto dell'orientamento relativo degli spin dei quark. Ricordando la (7.64d), si ha:

$$\mu_p \simeq [4\mu_u - (-\mu_u/2)]/3 = (3/2)\mu_u \; . \tag{7.67}$$

In modo analogo si ha per il neutrone

$$|n\rangle = |2d_\uparrow d_\uparrow u_\downarrow - d_\uparrow d_\downarrow u_\uparrow - d_\downarrow d_\uparrow u_\uparrow\rangle/\sqrt{6} \tag{7.68}$$

e quindi

$$\mu_n = [4(\mu_d + \mu_d - \mu_u) + \mu_u + \mu_u]/6 = (4\mu_d - \mu_u)/3 \simeq -\mu_u \ . \qquad (7.69)$$

Il modello prevede $\mu_n/\mu_p = -2/3$, che è in qualitativo accordo con il valore osservato $(= -0.685)$. La Tab. 7.2 fornisce un quadro completo dei momenti magnetici predetti dal modello a quark e di quelli misurati per gli adroni dell'ottetto barionico $J^P = 1/2^+$.

Il modello a quark statico prevede con una certa precisione il rapporto μ_n/μ_p. I valori attesi dei momenti magnetici degli adroni (in unità di magnetoni nucleari (m.n.) $\mu_N = e\hbar/2m_pc$) può essere espresso in termini di μ_u, μ_d, μ_s. Il calcolo dei momenti magnetici dei quark da (7.64c) necessita del valore delle masse e cariche elettriche dei quark. Utilizzando le masse "nude" dei quark ($m_d \simeq m_u \simeq 5$ MeV; $m_s = m_d + 150$ MeV) i valori ottenuti utilizzando le formule nella seconda colonna della Tabella 7.2 sono in completo disaccordo con i valori misurati. Usando le masse "efficaci" ($m_d \simeq m_u = m_p/3$; $m_s = m_d + 150$ MeV) i valori momenti magnetici dei quark sono $\mu_u = 2\mu_N$; $\mu_d = -1\mu_N$; $\mu_s = -0.67\mu_N$, che riproducono meglio i valori osservati. Se momenti magnetici di p, n e Λ sono utilizzati come input, i momenti magnetici dei quark sono $\mu_u = +1.852\mu_N$; $\mu_d = -0.972\mu_N$; $\mu_s = -0.613\mu_N$ [08P1], da cui abbiamo ricavato i valori stimati per gli altri barioni nella tabella.

Il modello statico a quark, anche se qualitativamente riproduce alcune caratteristiche osservate dei momenti magnetici degli adroni, non riesce a riprodurre con precisione i dati sperimentali. Per questo, è necessaria una descrizione "dinamica" dei componenti degli adroni che comprende gluoni e quark del mare, come discusso nel Cap. 10.

BARIONE	MOMENTO MAGNETICO (quark model)	PREDIZIONE (m.n.)	OSSERVATO (m.n.)
p	$\frac{4}{3}\mu_u - \frac{1}{3}\mu_d$	2.793	2.793
n	$\frac{4}{3}\mu_d - \frac{1}{3}\mu_u$	-1.913	-1.913
Λ	μ_s	-0.613	-0.613 ± 0.004
Σ^+	$\frac{4}{3}\mu_u - \frac{1}{3}\mu_s$	2.68	2.46 ± 0.01
Σ^0	$\frac{2}{3}(\mu_u + \mu_d) - \frac{1}{3}\mu_s$	0.791	
Σ^-	$\frac{4}{3}\mu_d - \frac{1}{3}\mu_s$	-1.09	-1.160 ± 0.003
Ξ^0	$\frac{4}{3}\mu_s - \frac{1}{3}\mu_u$	-1.43	-1.250 ± 0.014
Ξ^-	$\frac{4}{3}\mu_s - \frac{1}{3}\mu_d$	-0.49	-0.651 ± 0.003

Tabella 7.2. I momenti magnetici dei barioni "stabili" dell'ottetto $J^P = 1/2^+$ in unità di magnetone nucleare (m.n.) $\mu_0 = e\hbar/2m_pc$. I valori di μ_u, μ_d e μ_s sono ricavati dalle misure dei momenti magnetici di p, n, Λ

7.14.5 Relazioni di massa

Le differenze di massa fra gli adroni di uno stesso multipletto di isospin sono attribuite sia alla differenza di massa $m_u - m_d$ che all'interazione elettromagnetica (che introduce differenze di massa di qualche MeV, Tab. 7.3). Le differenze di massa fra particelle di multipletti diversi sono dovute principalmente alla differenza di massa fra i quark.

Le differenze di massa fra quark u, d, s spiegano molte delle differenze di massa degli adroni normali e strani; non sono però sufficienti a spiegare le differenze di massa osservate fra i membri dell'ottetto barionico $1/2^+$ e i membri del decupletto $3/2^+$, spiegabili invece in termini dell'interazione quark-quark. Come già detto, per molti scopi si può considerare che m_u e m_d abbiano masse di pochi MeV e che $m_s \simeq m_u + 150$ MeV.

Per mesoni e barioni con quark c, b, si considera che le loro masse siano $m_c \simeq 1550$ MeV e $m_b \simeq 4300$ MeV. La grande massa del quark pesante è un fattore dominante. Il quark t non può comporre adroni e mesoni per le ragioni spiegate in §10.2. Il quark t è libero per un tempo molto breve.

I livelli energetici negli atomi e le proprietà elettromagnetiche sono derivate da QED. Calcolare lo spettro di massa degli adroni e determinare proprietà adroniche di base da principi fondamentali di QCD è un problema teorico fondamentale. La scala di energia delle interazioni forti tra quark u, d ed s per costruire adroni corrisponde a valori grandi della costante di accoppiamento α_S (§11.9.4). Come conseguenza, i contributi di ordine crescente ai diagrammi di Feynman non diminuiscono e uno sviluppo perturbativo non è possibile. Il problema è ora studiato con metodi numerici (QCD sul reticolo): sono state sviluppate tecniche teoriche che necessitano di computer con grande potenza di calcolo. La massa del protone è la somma delle piccole masse dei quark costituenti, più il contributo dei gluoni e delle coppie virtuali, Fig. 7.21. La scala di energia corrispondente a quark confinati entro 1 fm è 200-300 MeV (vedere §7.8) e questo è l'ordine di grandezza del lavoro necessario per confinare un quark. Per tre quark ciò corrisponde a ~ 1 GeV.

Un secondo problema non banale è collegato con il raggio nucleone. Fermioni fondamentali (come quark e leptoni) sono puntiformi ad una scala di distanze inferiore a 10^{-16} cm [79B1]. Gli adroni hanno dimensioni dell'ordine di 10^{-13} cm. Anche questo è determinato dalle proprietà della QCD. Come nel caso degli elettroni nel sistema atomico, i tre quark scelgono la reciproca distanza media in modo da minimizzare l'energia.

7.15 La ricerca dei quark liberi e limiti del modello

Ci sono almeno due motivi fondamentali per introdurre i quark. In questo capitolo abbiamo visto che le regolarità e le proprietà di simmetria della spettroscopia adronica portano direttamente al modello statico a quark (quark costituenti).

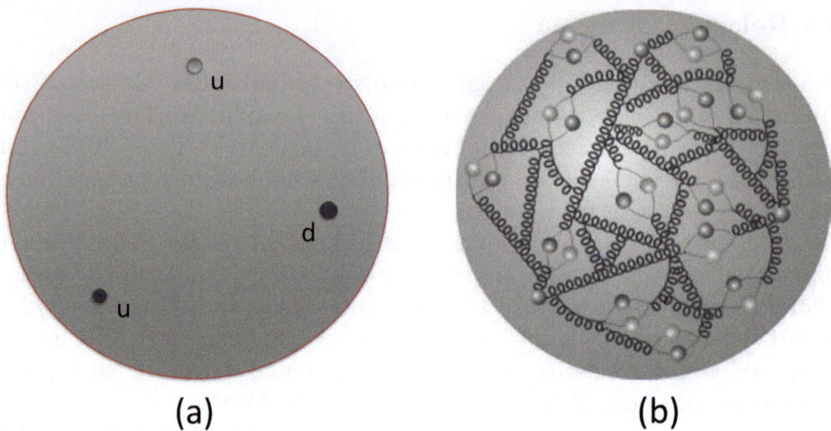

Figura 7.21. (a) Nel semplice modello statico a quark degli adroni, il protone è costituito da tre quark di valenza (u, u, d) che sono molto più leggeri e più piccoli rispetto alla massa e dimensioni del protone. (b) Nel modello dinamico a quark degli adroni, in aggiunta ai tre quark di valenza, la presenza di gluoni e molte coppie quark-antiquark del mare contribuiscono alla massa del protone

MESONI			BARIONI		
quark	Particella (massa) (MeV)	Vita media (s)	quark	Particella (massa) (MeV)	Vita media (s)
$u\bar{d}$	$\pi^+(139.57)$	2.6×10^{-8}	uud	p (938.272)	stabile
$u\bar{u}$, $d\bar{d}$	$\pi^0(134.97)$	8.4×10^{-17}	udd	n (939.566)	886
$d\bar{u}$	$\pi^-(139.57)$	2.6×10^{-8}	uds	Λ^0 (1115.63)	2.6×10^{-10}
$u\bar{u}$, $d\bar{d}$, $s\bar{s}$	$\eta(548.8)$	$\Gamma = 1.18$ keV	uus	$\Sigma^+(1189.37)$	0.8×10^{-10}
$u\bar{u}$, $d\bar{d}$, $s\bar{s}$	$\eta'(957.5)$	$\Gamma = 2.2$ MeV	uds	$\Sigma^0(1192.55)$	7.4×10^{-20}
$u\bar{s}$	$K^+(493.65)$	1.2×10^{-8}	dds	$\Sigma^-(1197.43)$	0.8×10^{-10}
$d\bar{s}$	$K^0(497.67)$	*			
$s\bar{d}$	$\overline{K^0}(497.67)$	*	uss	$\Xi^0(1314.9)$	2.9×10^{-10}
$s\bar{u}$	$K^-(493.65)$	1.2×10^{-8}	dss	$\Xi^-(1321.3)$	1.6×10^{-10}
$c\bar{d}$	$D^+(1869.3)$	1.0×10^{-12}	sss	$\Omega^-(1672.4)$	0.82×10^{-10}
$c\bar{u}$	$D^0(1864.5)$	4.1×10^{-13}	udc	$\Lambda_c^+(2285.0)$	2.0×10^{-13}
$u\bar{c}$	$\overline{D^0}(1864.5)$	$.1 \times 10^{-13}$	usc	$\Xi_c^+(2467)$	1.4×10^{-13}
$d\bar{c}$	$D^-(1869.3)$	1.0×10^{-12}	udb	$\Lambda_b^0(5500)$	1.2×10^{-12}
$c\bar{s}$	$D_s^+(1969)$	4.9×10^{-13}			
$s\bar{c}$	$D_s^-(1969)$	4.9×10^{-13}			
$u\bar{b}$	$B^+(5278)$	1.7×10^{-12}			
$d\bar{b}$	$B^0(5279)$	1.5×10^{-12}			
$b\bar{d}$	$\overline{B^0}(5279)$	1.5×10^{-12}			
$b\bar{u}$	$B^-(5278)$	1.7×10^{-12}			

Tabella 7.3. Il contenuto in quark di alcuni adroni quasi "stabili" (cioè che non decadono tramite l'interazione forte). * Le particelle fisiche sono una combinazione lineare di $K^0, \overline{K}^0$, §12.2

Nel Cap. 10 studieremo il comportamento delle collisioni inelastiche leptone-nucleone e nucleone-nucleone ad alte energie. Queste rivelano una struttura spaziale del protone e del neutrone che è facilmente spiegabile in termini di costituenti puntiformi (quark, antiquark e gluoni). La produzione di adroni in collisioni e^+e^- di alta energia è anch'essa spiegabile in termini di quark (e di gluoni).

Sin dalla prima formulazione del modello statico a quark da parte di Gell-Mann e Zweig nel 1964, ha destato un continuo interesse la questione della possibile esistenza di quark liberi [04P1]. Molti esperimenti sono stati fatti in proposito, tutti senza esito (anche se alcuni hanno indicato possibili segnali, che non sono stati confermati). La QCD è consistente con il confinamento dei quark entro gli adroni. Tuttavia, la ricerca di quark liberi continua, a livelli di precisione sempre maggiori. Le ricerche si basano sul fatto che eventuali quark liberi, oppure legati in nuclei, darebbero luogo alla presenza di particelle o nuclei con carica frazionaria. Due tipi di linee di ricerca sono state seguite: (i) la ricerca di quark nella materia stabile, terrestre ed extraterrestre, e (ii) la ricerca di particelle con carica frazionaria prodotte in collisioni di altissima energia (e anche nella radiazione cosmica penetrante).

Esempi di esperienze del primo tipo sono le esperienze alla Millikan e le esperienze di levitazione magnetica, entrambe su campioni microscopici. I limiti migliori ottenuti sono al livello di meno di un quark su 10^{22} nucleoni della materia stabile.

Particelle con carica frazionaria sono state cercate fra i prodotti delle collisioni inelastiche adrone-adrone, leptone-nucleone e e^+e^-. Le ricerche si basano sul fatto che particelle con carica $\pm 1/3$ e $\pm 2/3$ ionizzano rispettivamente $1/9$ e $4/9$ rispetto alle particelle relativistiche con carica unitaria aventi lo stesso impulso. I migliori limiti ottenuti sono al livello di meno di un quark per molti milioni di particelle normali. Alcune ricerche puntano alla rivelazione di quark dopo la fase di un possibile de-confinamento dei quark in collisioni nucleo-nucleo ad alte energie.

Oltre ai barioni dei multipletti discussi, sono stati osservati multipletti barionici con spin più elevati. Possono essere interpretati come combinazioni di tre quark u, d, s, con momenti angolari ℓ, ℓ' diversi da zero, in modo da ottenere lo spin osservato dei barioni. Ricordare che la quantizzazione separata di spin e momento angolare orbitale è possibile solo nell'approssimazione non relativistica.

Nel semplice modello statico a quark, lo spin del protone (e degli altri barioni con spin $1/2^+$) ha origine nello spin dei tre "quark di valenza", due allineati con spin nello stesso verso e il terzo nel verso opposto. L'effetto dovuto ai momenti angolari orbitali relativi è nullo: $\ell = \ell' = 0$. La situazione dinamica è descritta da modelli più complicati, in cui sono presenti anche quark e antiquark del "mare" e gluoni. Ci si può allora chiedere se il semplice modello statico possa veramente descrivere la situazione reale per quanto riguarda lo spin del protone e del neutrone.

È possibile studiare la struttura interna di spin del protone e del neutrone tramite l'urto inelastico di elettroni e muoni polarizzati su bersagli polarizzati; un elettrone (o un muone) interagisce soltanto con uno dei quark (di valenza o del mare) di un protone scambiando un fotone virtuale. Se l'elettrone è polarizzato, anche il fotone lo è; in tal caso il fotone interagisce in modo diverso con quark aventi polarizzazione diversa. Notare che i fotoni non interagiscono direttamente con i gluoni. Pertanto, le informazioni ottenute dallo studio dell'urto inelastico di elettroni e muoni con i costituenti del protone riguardano soltanto lo spin trasportato dai quark e dagli antiquark. Recenti misure indicano che meno della metà dello spin del protone è dovuto ai quark di valenza e ai quark e antiquark del mare; l'altra metà sarebbe dovuta ai gluoni. Queste considerazioni mostrano le limitazioni del modello statico a quark, che verranno approfondite nel Cap. 10.

Non sono state osservate risonanze negli stati mesonici $\pi^+\pi^+$, $\pi^+\pi^+\pi^+$, K^-K^-, ecc. Se esistessero, sarebbero *risonanze mesoniche esotiche*; nell'ambito del modello statico a quark necessiterebbero di una struttura $qq\overline{q}\overline{q}$. Analogamente, stati barionici del tipo K^+N sarebbero *stati barionici esotici* e richiederebbero una composizione del tipo $qqqq\overline{q}$. Si è parlato anche di stati risonanti di-barionici, tipo pp: anche questi necessiterebbero di una composizione in quark più complicata.

Dovrebbero esistere stati risonanti composti di soli gluoni (le *glueballs* , i *"colloni"*) con spin-parità del tipo 0^+ (mesoni scalari), 2^+ (mesoni tensoriali), ecc. Esistono alcune timide indicazioni sperimentali, non confermate, sulla loro esistenza. Potrebbero esistere anche *stati ibridi* , costituiti, per es., da un quark, antiquark e un "gluone effettivo"; avrebbero spin-parità del tipo 1^{-+}, ecc. [08P1].

Caratteristiche delle interazioni deboli e i neutrini

8.1 Introduzione

In questo capitolo inizieremo a descrivere le *interazioni deboli, week interactions, WI* [1]. Le interazioni deboli sono strettamente connesse con la storia del leptone chiamato da Fermi *neutrino*. Ci soffermeremo sui fenomeni fisici che hanno portato alla formulazione dell'ipotesi del neutrino, sulla sua scoperta sperimentale, sulla scoperta di diversi *sapori* di neutrini. Formuleremo dapprima queste nuove scoperte nell'ambito matematico della teoria iniziata dallo stesso Fermi. In particolare, vedremo che:

(i) Le particelle i cui decadimenti sono causati dall'interazione debole hanno vite medie relativamente lunghe (tipicamente dell'ordine di 10^{-10} s, da confrontare con i 10^{-19} s dei decadimenti via interazione elettromagnetica e 10^{-23} s di quelli via interazione forte).

(ii) Le sezioni d'urto di processi dovuti all'interazione debole sono molto piccole, pur aumentando linearmente con l'energia nel laboratorio. A 1 MeV sono dell'ordine di 10^{-43} cm^2, a 1 GeV sono dell'ordine di 10^{-38} cm^2 (a questa energia sono circa 10^{12} volte più piccole delle sezioni d'urto di processi dovuti all'interazione forte).

(iii) I neutrini sono soggetti alle sole interazioni deboli; i leptoni carichi sono soggetti alle interazioni deboli e a quella elettromagnetica.

(iv) Le interazioni deboli non conservano alcune quantità che sono invece conservate nell'interazione elettromagnetica e/o in quella forte. Per esempio sono violate: la parità P, la coniugazione di carica C, la stranezza S (ma in un decadimento debole si ha una variazione regolare della stranezza, $\Delta S = \pm 1$).

---

[1] *Interazioni* o *interazione* debole? Lo standard viene definito dal Particle Data Group [08P1], che le indica al plurale. Inizialmente poteva sembrare che le interazioni potessero differire leggermente tra le WI di quark e leptoni. Mostreremo che le interazioni deboli sono universali e che potrebbe adattarsi meglio la forma singolare. Il plurale oggi indica che ci sono interazioni deboli a corrente carica (CC) e a corrente neutra (NC). Useremo talvolta la forma singolare quando vorremo evidenziare l'universalità dell'interazione tra quark e leptoni.

Braibant S., Giacomelli G., Spurio M.: Particelle e interazioni fondamentali. Il mondo delle particelle
DOI 10.1007/978-88-470-2754-1_8, © Springer-Verlag Italia 2012

(v) Le interazioni deboli non giocano alcun ruolo nel "legare" sistemi sub-microscopici; giocano un ruolo importante nei decadimenti radioattivi β e a livello cosmico. Per esempio la catena di reazioni nucleari all'interno del sole inizia e dipende criticamente dalla reazione $pp \to de^{+}\nu_{e}$ dovuta all'interazione debole.

Alla fine del capitolo, il formalismo matematico verrà esteso per tenere in considerazione che, a livello fondamentale, la WI avviene tramite lo scambio di bosoni W^{+}, W^{-} (WI a corrente carica) o bosoni Z^{0} (WI a corrente neutra), e che vi è una profonda connessione tra interazioni elettromagnetiche e deboli. Dato che le masse $m_{W}, m_{Z^{0}}$ sono molto grandi (80.3 e 91.2 GeV rispettivamente), l'interazione debole ha un cortissimo raggio d'azione: $R = (\hbar c / m_{W} c^{2}) \simeq 0.197$ GeV fm$/80.3$ GeV $\simeq 2 \cdot 10^{-18}$ m. A basse energie (in realtà a bassi momenti trasferiti) si può ritenere che la WI sia effettivamente locale, ed è quindi approssimabile con la teoria a 4 fermioni di Fermi (vedi Fig. 8.1a e 8.3a).

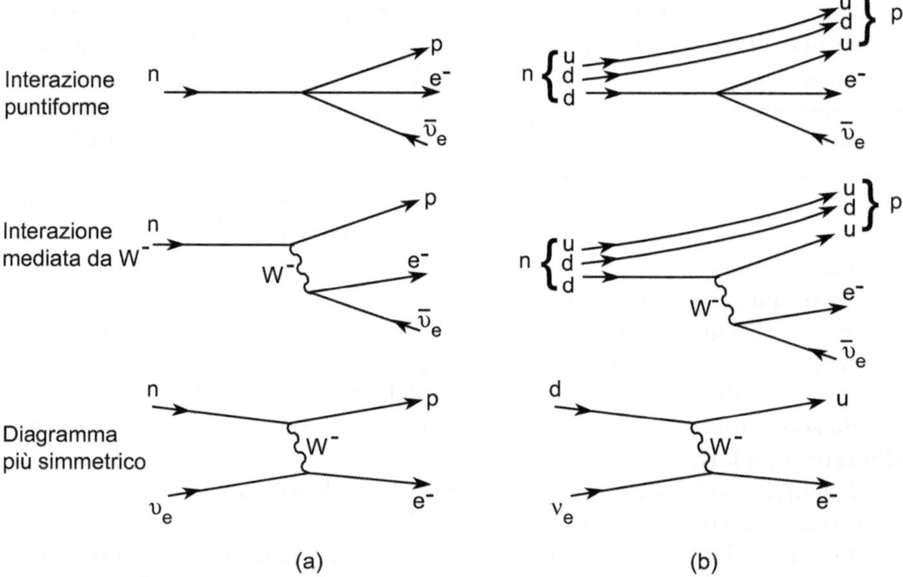

Figura 8.1. Diagrammi di Feynman per il decadimento del neutrone a livello (a) di particelle elementari e (b) di costituenti ultimi. Diagrammi più simmetrici possono essere pensati come ottenuti dai diagrammi delle due figure al centro ruotando la linea dell'antineutrino (che così diventa un neutrino), ottenendo i due diagrammi più simmetrici in basso (vedi anche Fig. 8.3)

8.2 L'ipotesi del neutrino e il decadimento beta

8.2.1 Il decadimento β dei nuclei e l'energia mancante

Il decadimento beta dei nuclei (vedere Cap. 14) rappresenta una trasmutazione di un elemento (Z, N), ove Z è il numero di protoni ed N quello di neutroni del nucleo verso un nucleo con $Z+1$ protoni (decadimento *beta negativo*), oppure con $Z-1$ protoni (decadimento *beta positivo*). Era noto sin dall'inizio del secolo scorso che nel caso di transizioni *beta negative* un elettrone veniva emesso dal nucleo. L'energia posseduta all'elettrone era tipicamente di parecchi MeV, molto maggiore dell'energia a riposo dell'elettrone (0.511 MeV).

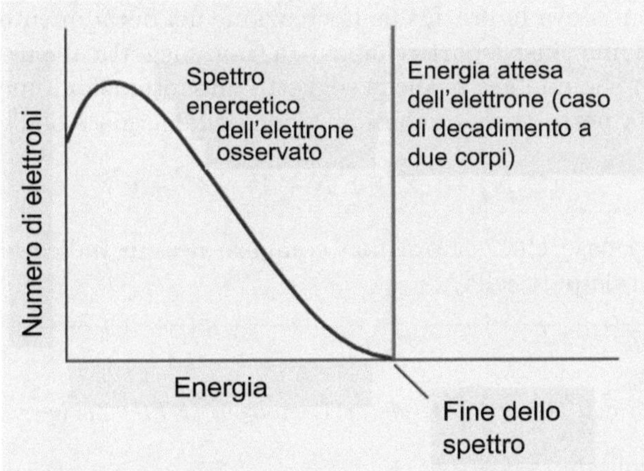

Figura 8.2. Forma della distribuzione dell'energia trasportata dall'elettrone nel decadimento beta di un nucleo. Lo spettro atteso nel caso di decadimento a due corpi coinciderebbe con una riga, al valore che corrisponde alla fine dello spettro della curva continua misurata

Se un nucleo a riposo decade in due corpi nel modo seguente:

$$(Z, N) \to (Z + 1, N - 1) + e^- \tag{8.1}$$

la conservazione dell'energia e dell'impulso impongono che le due particelle rinculino nella stessa direzione e verso opposto. Tuttavia, poiché il nucleo ha massa almeno migliaia di volte maggiore di quella dell'elettrone, la sua velocità di rinculo è trascurabile rispetto a quella dell'elettrone. Quindi l'elettrone deve essere emesso con energia costante, Fig. 8.2, coincidente in pratica con tutta l'energia rilasciata nel decadimento.

Tuttavia, i risultati sperimentali (usando qualsivoglia nucleo) erano in completo disaccordo con quanto sopra. Questo era noto sin dal 1914, grazie alle misure effettuate da Chadwick. Infatti, l'elettrone possedeva uno spettro continuo di energia, sino a raggiungere il valore massimo previsto (ossia,

quello corrispondente al fatto che l'elettrone trasportasse tutta l'energia) .
In pratica, il decadimento (8.1) **sembrava violare** la legge di conservazione
dell'energia.

8.2.2 Il disperato rimedio di Pauli

Nel 1930 Wolfgang Pauli formulò l'ipotesi del *rimedio disperato*, che riportiamo con la traduzione di una famosa lettera inviata da Pauli ai colleghi riuniti
ad un congresso a Tubinga. La lettera, a metà via tra l'aulico e il burlesco,
è datata 1930, e la nuova particella è chiamata *neutrone*. In realtà, due anni dopo Chadwick scoprì quello che oggi noi conosciamo come neutrone; fu
Enrico Fermi a battezzare la particella di Pauli *neutrino* (in italiano). L'ipotesi di Pauli consisteva in pratica nella creazione nel decadimento β, associata
all'elettrone, di una elusiva particella neutra (non soggetta alle interazioni elettromagnetiche) che non era neanche soggetta alle interazioni nucleari forti; la
nuova particella permetteva la conservazione dell'energia e dell'impulso:

$$(Z, N) \to (Z + 1, N - 1) + e^- + \nu \ . \tag{8.2}$$

(Nota: si faccia caso che per ora non compare nessun indice al simbolo ν).
Come rivelare tale particella?

---

4 Dicembre 1930
Gloriastr., Zurigo
Istituto di Fisica dell'Istituto Federale di Tecnologia (ETH) Zurigo

Cari onorevoli colleghi radioattivi,
come le righe di questa lettera (alla quale vi chiedo di porre attenzione) vi spieghe-
ranno, considerando che il problema della "falsa" statistica dei nuclei N-14 e Li-6,
così come quello dello spettro continuo del decadimento β, mi hanno così colpito che
tento di porvi un disperato rimedio per salvare la legge di scambio[2] e quella della
conservazione dell'energia. Vi è cioè la possibilità che esistano nel nucleo particelle
elettricamente neutre che io chiamo neutroni, che hanno spin 1/2 , obbediscono al
principio di esclusione, e, in aggiunta, sono differenti dai quanti di luce (nel senso
che non viaggiano con la velocità della luce). La massa dei neutroni deve essere
dello stesso ordine di grandezza della massa dell'elettrone e, in ogni caso, non più
grande di 0,01 volte la massa del protone. Lo spettro continuo del decadimento
β diverrebbe comprensibile dal presupposto che nel decadimento β un neutrone è
emesso insieme con l'elettrone, in modo tale che la somma delle energie di neutrone
ed elettrone sia costante. Ora, la domanda successiva è: quale forza agisce sui neutroni? La più probabile per il mio modello, sulla base della meccanica quantistica
(ulteriori dettagli sono noti al latore di questa lettera), è che il neutrone a riposo
abbia un dipolo magnetico di momento m. Una possibile rivelazione sperimentale
probabilmente richiederebbe che l'effetto di ionizzazione di un tale neutrone non

---

[2] In una successiva conferenza, Pauli chiarirà che si tratta del problema della statistica di Fermi per i fermioni, e della statistica di Bose per particelle di spin
intero.

sia più grande di quello dei raggi γ, e quindi che il momento di dipolo magnetico m dovrebbe probabilmente essere non superiore a $10^{-13} cm \cdot e$. Poiché non mi sento abbastanza sicuro da pubblicare qualcosa su questa mia idea, mi rivolgo confidenzialmente a voi, cari radioattivi, con una domanda circa la possibilità di rivelare sperimentalmente l'esistenza di un tale neutrone, assumendo che abbia circa 10 volte la capacità di penetrazione dei raggi γ. Ammetto che il mio rimedio possa sembrare a priori improbabile perché i neutroni, se esistessero, sarebbero stati rivelati già da molto tempo. Tuttavia, solo quelli che scommettono possono vincere, e la gravità del problema dello spettro continuo del decadimento β può essere chiarita dicendo che il mio onorato predecessore, il Sig. Debye, mi ha detto poco tempo fa a Bruxelles: *uno farebbe meglio a non pensarci affatto, come a tutte le nuove tasse.* Penso così che si dovrebbe seriamente discutere ogni via di salvezza. Quindi, cari radioattivi, cominciate a pensarci e a prendere la cosa sul serio.
Purtroppo, non posso personalmente apparire a Tubinga, poiché sono indispensabile qui per un ballo che si svolgerà a Zurigo nella notte tra il 6 e il 7 di dicembre.

Con molti saluti a voi, anche a Mr. Back, il vostro umile servo,

W. Pauli

Il timore di Pauli era che la verifica sperimentale della sua ipotesi non fosse realizzabile su breve scala di tempi. Purtroppo proprio in quegli anni in Europa si andavano sviluppando regimi totalitari e militarmente aggressivi, che avrebbero indirettamente accelerato (come vedremo) la possibilità di verificare sperimentalmente l'ipotesi del neutrino.

8.2.3 La storia del neutrino (e non solo)

Immediatamente dopo l'ipotesi di Pauli, Enrico Fermi formulò una teoria matematica del decadimento beta, che è sostanzialmente passata nella successiva formulazione delle interazioni deboli. Il modello di Fermi postulava una nuova interazione fondamentale che agiva nel decadimento beta e inglobava, oltre all'ipotesi di Pauli, la teoria di Dirac della creazione in coppia di particella-antiparticella e l'idea di Heisenberg di simmetria tra protone e neutrone per le interazioni nucleari forti. Svilupperemo nei prossimi paragrafi la teoria di Fermi.

Anche se la teoria di Fermi era *predittiva*, descriveva cioè correttamente la dipendenza della vita media dei nuclei dall'energia a disposizione nello stato finale e lo spettro energetico degli elettroni emessi, rimaneva sempre il problema apparente della non rivelabilità del neutrino. La teoria di Fermi suggeriva una reazione in cui i neutrini potevano interagire con la materia; tuttavia nel 1936 Bethe e Bacher affermavano: *sembra praticamente impossibile rivelare neutrini liberi, ossia dopo che sono stati emessi dall'atomo radioattivo. Esiste una sola reazione che neutrini possono causare: il processo β inverso, cioè la cattura di un neutrino da parte di un nucleo, accompagnata con l'emissione di un elettrone (o positrone).* Sarebbe stata questa la reazione con cui, quasi 20 anni dopo, i neutrini sarebbero stati rivelati.

La II guerra mondiale provocò cataclismi in tutto il mondo, e anche nella Fisica. Fermi, insignito del premio Nobel nel 1938, da Stoccolma si imbarcò direttamente verso gli Stati Uniti: il governo italiano (senza alcuna opposizione del re) stava emanando le infami leggi razziali discriminanti gli ebrei, tra cui la moglie di Fermi [06V1]. Questi (e altri fisici rifugiati europei negli Stati Uniti) ebbe un ruolo rilevante nel progetto Manhattan: quello che avrebbe portato alla realizzazione delle cosiddette *bombe atomiche*, utilizzate dagli Stati Uniti contro i civili giapponesi nell'agosto del 1945. La comprensione dei fenomeni nucleari portò tuttavia anche allo sviluppo di reattori nucleari per la produzione di energia per fini pacifici. Proprio uno di questi reattori, sorgente di un abbondante flusso di neutrini, servì per la loro scoperta.

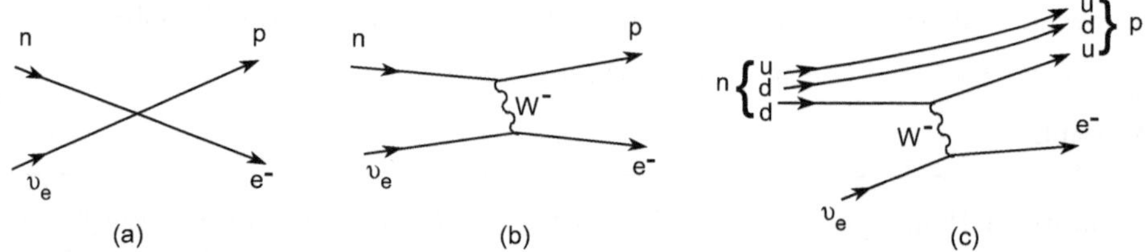

Figura 8.3. Diagrammi di Feynman per la reazione $\nu_e n \to pe^-$, (a) considerata come dovuta all'interazione di quattro fermioni in un punto, (b) come dovuta allo scambio di un bosone W^- e (c) tenendo anche conto della struttura a quark di neutrone e protone

8.3 La teoria di Fermi del decadimento β

La teoria di Fermi fu sviluppata a partire dal 1934 in analogia con quella elettromagnetica. Essa originariamente coinvolge l'interazione di quattro fermioni in un punto. Possiamo considerare come prototipo di questa interazione il decadimento del neutrone.

Nel §4.3 abbiamo ricavato dalla teoria perturbativa la probabilità di transizione W. Nel caso della nuova interazione che produce il decadimento β, non si hanno informazioni sul potenziale. Fermi fece l'ipotesi d'interazione *puntiforme*. Dal punto di vista matematico ciò comporta un potenziale infinito per un raggio di azione nullo. Questa (apparentemente) assurda ipotesi comporta che la trasformata di Fourier del potenziale (il propagatore bosonico di §4.4) sia semplicemente una costante. Quindi Fermi assunse semplicemente che:

$$W = \frac{2\pi}{\hbar} G_F^2 |\mathcal{M}|^2 \frac{dN}{dE_0}$$

$$(8.3)$$

G_F è una costante numerica universale, che occorre determinare; $|\mathcal{M}|^2$ è una costante numerica adimensionale, dell'ordine dell'unità, caratteristica del processo considerato[3]. In prima approssimazione, Fermi assunse che $|\mathcal{M}|^2 = 1$. Vedremo nel §8.16 il valore corretto.

Il problema di Fermi fu che la costante G_F non era nota. L'idea fu quella di trovare un processo fisico con cui determinarne il valore numerico. Una volta determinato G_F, questa poteva essere utilizzata per calcolare la probabilità di transizione di altri processi in cui intervenissero le WI. Il processo scelto da Fermi per determinare G_F fu il decadimento del neutrone, tramite la misura della vita media. La vita media di una particelle è l'inverso della probabilità di transizione per unità di tempo (§4.5.2):

$$\frac{1}{\tau} = W = \frac{2\pi}{\hbar} G_F^2 |\mathcal{M}|^2 \frac{dN}{dE_0} \tag{8.4}$$

dove E_0 è l'energia dello stato finale; dN/dE_0, la densità degli stati finali, è determinata dal numero di modi in cui è possibile dividere l'energia $E_0 \to E_0 + dE$ tra $p, e^-, \overline{\nu}_e$ nel decadimento del neutrone.

8.3.1 Il decadimento del neutrone

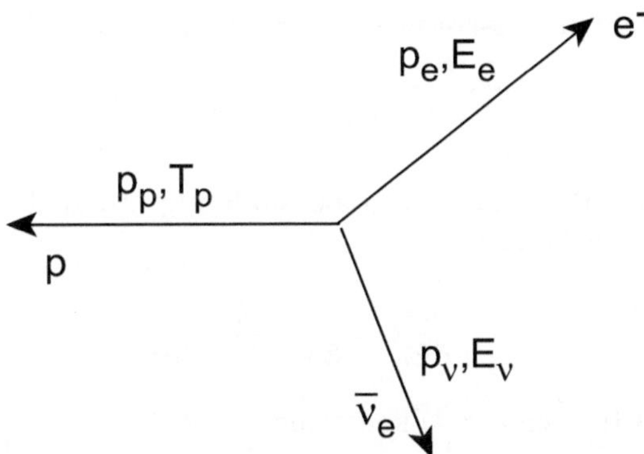

Figura 8.4. Illustrazione della cinematica per le particelle nello stato finale del decadimento a riposo $n \to pe^-\overline{\nu}_e$

La Fig. 8.4 illustra la cinematica dello stato finale del decadimento

$$n \to pe^-\overline{\nu}_e \tag{8.5}$$

nel sistema del centro di massa. Si ha

$$\begin{cases} \mathbf{p}_p + \mathbf{p}_e + \mathbf{p}_\nu = 0 \\ T_p + E_e + E_\nu = E_0 \end{cases}$$

---

[3] Si noti che useremo il simbolo differente $\mathcal{M}$ per distinguere questa costante adimensionale dall'elemento di matrice (4.29).

dove l'energia a disposizione nello stato finale

$$E_0 = [m_n - m_p]c^2 = 939.566 - 938.272 = 1.294 \; MeV \; . \qquad (8.6)$$

In ogni caso l'energia cinetica del protone $T_p \simeq p_p{}^2/2m_p \simeq 10^{-3}$ MeV è trascurabile. Quindi il protone "serve" per conservare l'impulso, per cui $E_0 \simeq E_e + E_\nu$. Il numero di stati nello spazio delle fasi in coordinate cartesiane non è altro che $dN_e = dxdydzdp_xdp_ydp_z/h^3$. In coordinate sferiche per un elettrone in un volume v e nell'intervallo $(p + dp)$ è:

$$dN_e = \frac{\mathrm{v}d\Omega}{h^3}p_e^2 dp_e \xrightarrow[\Omega=4\pi]{\mathrm{v}=1} \frac{p_e{}^2 dp_e}{2\pi^2\hbar^3} \; . \qquad (8.7a)$$

Analogamente per ν_e si ha $dN_\nu = p_\nu^2 dp_\nu/2\pi^2\hbar^3$. Poiché non ci sono correlazioni si ha:

$$dN = dN_e dN_\nu = \frac{1}{4\pi^4\hbar^6}p_e^2 p_\nu^2 dp_e dp_\nu \; . \qquad (8.7b)$$

Fissati p_e, E_e e trascurando T_p si ha $p_\nu = E_\nu/c = (E_0 - E_e)/c$, $dp_\nu = dE_0/c$ e quindi:

$$\frac{dN}{dE_0} = \frac{1}{4\pi^4\hbar^6 c^3}p_e^2(E_0 - E_e)^2 dp_e \; . \qquad (8.8)$$

Questa equazione può essere facilmente integrata (Problema 8.16):

$$\int_0^{E_0/c} p_e^2(E_0 - E_e)^2 dp_e = \frac{E_0^5}{30c^3} \; . \qquad (8.9)$$

L'integrale della (8.8) su tutti i possibili impulsi dell'elettrone fornisce il fattore di spazio delle fasi:

$$\frac{dN}{dE_0} = \frac{E_0^5}{30 \times 4\pi^4\hbar^6 c^6} \; . \qquad (8.10)$$

Inserendo la (8.10) nella (8.4) si ottiene

$$\frac{1}{\tau} = \frac{2\pi G_F^2 |\mathcal{M}|^2}{\hbar} \frac{E_0^5}{30 \times 4\pi^4\hbar^6 c^6} = \left(\frac{G_F|\mathcal{M}|}{\hbar^3 c^3}\right)^2 \frac{E_0^5}{60\pi^3\hbar} \; . \qquad (8.11)$$

Definiamo *la costante di accoppiamento di Fermi* la grandezza $\frac{G_F}{\hbar^3 c^3}$. Si noti che, se avessimo usato le unità naturali ($\hbar = c = 1$) avremmo avuto:

$$G_F \leftrightarrow \frac{G_F}{\hbar^3 c^3} \; . \qquad (8.12)$$

In ogni modo, si ricordi che la costante da utilizzarsi ha le dimensioni di $[Energia]^{-2}$ ($\hbar c$ ha le dimensioni di $[Energia \; Lunghezza]$): si veda quanto è riportato in Appendice 5.

La teoria di Fermi prevede che il protone sia stabile: infatti la sua massa a riposo è inferiore a quella del neutrone, e non vi è energia a disposizione nel decadimento. Tuttavia, erano noti i cosiddetti decadimenti β-positivi in cui ad essere emesso è un positrone. I decadimenti β-positivi (β^+) nei nuclei sono spiegati dal fatto che parte dell'energia di legame nucleare (§14.8) viene utilizzata nel decadimento del protone legato.

Oggi conosciamo che i *"neutrini"* emessi dal decadimento β^+ e β^- sono differenti: nel primo caso, è realmente emesso un neutrino, mentre nel secondo caso la particella emessa è un antineutrino. La differenza consiste nel fatto che il *neutrino* emesso in associazione col β^+, quando interagisce, produce sempre un *elettrone*. L'*antineutrino* emesso in associazione col decadimento β^- produce sempre *positroni*.

8.3.2 La costante di Fermi dal decadimento β del neutrone

Utilizzando la (8.11), possiamo determinare G_F utilizzando la misura sperimentale della vita media del neutrone $\tau_n = 885.7$ s (si noti che siamo nell'ambito dell'approssimazione di calcolo di Fermi, in cui $|\mathcal{M}|^2 = 1$). Il secondo parametro necessario in (8.6) è il valore dell'energia libera a disposizione nel processo, che è $E_0 \sim 1.2$ MeV. Inserendo i valori numerici:

$$G_F^{n\ decay} = \left(\frac{60\pi^3\hbar}{\tau E_0^5 |\mathcal{M}|^2} \right)^{1/2} \simeq 2 \times 10^{-5} \ \mathrm{GeV}^{-2} \ . \tag{8.13}$$

Questo valore è una buona stima, ma non coincide col valore di G_F riportato in Appendice 5, e calcolato tramite la vita media del muone (§8.4.1) ossia:

$$\boxed{G_F \equiv G_F^\mu = (1.16639 \pm 0.00001) \cdot 10^{-5} \ \mathrm{GeV}^{-2}} \tag{8.14a}$$

Ciò è dovuto al fatto che il decadimento del neutrone è in realtà una transizione mista Fermi più Gamow-Teller (§8.6). Tenendo conto di alcuni fattori correttivi da noi trascurati, e tenendo conto che in natura non esistono campioni di neutroni completamente "fermi" (si veda [08B1] per la descrizione delle tecniche sperimentali usate nella misura) la costante di Fermi ottenuta dal decadimento β del neutrone è:

$$G_F^{n\ decay} = (1.140 \pm 0.002) \cdot 10^{-5} \ \mathrm{GeV}^{-2} \ . \tag{8.14b}$$

Tuttavia, anche questo valore discorda da quello ottenuto (Eq. 8.14a) da un decadimento che coinvolge solamente leptoni (si noti, è di poco più *piccola*). Sembrò inizialmente che le interazioni che coinvolgevano leptoni e quark fossero *leggermente differenti*. Vedremo nel §8.12 che questo non è il caso.

8.3.3 La costante α_W dalla teoria di Fermi

Come descritto nel Cap. 5, è conveniente definire una costante adimensionale che determini l'accoppiamento delle particelle con il meccanismo d'interazione (in questo caso, le interazioni deboli). La costante adimensionale dell'interazione debole può essere costruita utilizzando una massa; se prendiamo come riferimento la massa m_p del protone si ha:

$$\alpha_W = (m_p c^2)^2 G_F = 0.932827^2 \cdot 1.1664 \cdot 10^{-5} = 1.027 \cdot 10^{-5} \ . \tag{8.15}$$

Così definita, α_W è circa tre ordini di grandezza più piccola di α_{EM}.

8.4 Universalità delle interazioni deboli (I)

8.4.1 Vita media del muone

Il muone è un leptone, scoperto nei Raggi Cosmici (RC). I RC sono principalmente protoni e nuclei più pesanti, accelerati da sorgenti astrofisiche, che rimangono confinati per lungo tempo nella nostra galassia. Un flusso continuo di RC bombarda quindi la sommità dell'atmosfera terrestre; nell'interazione con i nuclei dell'atmosfera, vengono prodotte molte particelle secondarie instabili, tra le quali sono predominanti i pioni [90G1]. I pioni carichi decadono in muone e neutrino muonico: $\pi^- \to \mu^- \overline{\nu}_\mu$,$\pi^+ \to \mu^+ \nu_\mu$. Il muone (e la sua antiparticella, il μ^+) decade in:

$$\mu^+ \to e^+ \nu_e \overline{\nu}_\mu \qquad , \qquad \mu^- \to e^- \overline{\nu}_e \nu_\mu \ . \tag{8.16}$$

La misura del flusso di muoni atmosferici e la vita media del muone sono oramai una delle esperienze di fisica delle particelle più comuni anche in laboratori didattici. Il flusso di muoni al livello del mare è dell'ordine di $\sim 100 \ m^{-2} s^{-1} sr^{-1}$, e la vita media del muone $\tau_\mu \simeq 2.2 \times 10^{-6} \ s$.

Sappiamo che nel decadimento del muone debbono esserci due particelle invisibili (e quindi, si tratta di un decadimento a 3 corpi) perché altrimenti l'elettrone emesso sarebbe monoenergetico (lo spettro è quindi del tutto analogo a quello di Fig. 8.2). I neutrini hanno ora un indice (e, μ) per ragioni che saranno chiare più avanti.

Tra la vita media del neutrone $\tau_n \simeq 10^3$ s e quella del muone $\tau_\mu \simeq 2 \times 10^{-6}$ s vi sono 9 ordini di grandezza di differenza. Questa differenza è maggiore di quella tra la vita media dei $\pi^\pm$ (che decadono per interazioni deboli in $\sim 10^{-8}$ s), e quella del π^0 (che decade elettromagneticamente in 10^{-16} s). Non poteva essere che muone (un leptone) e neutrone (un adrone) fossero soggetti a *differenti interazioni deboli*? L'enorme forza della teoria di Fermi fu proprio quella di spiegare questi due diversi fenomeni nell'ambito dello stesso modello.

Il punto chiave nella predizione della vita media (8.11) non è solo nella *forza dell'interazione*, contenuta nella costante G_F, ma anche nel *fattore dello spazio delle fasi*. Nel caso di decadimenti a tre corpi (come quello del muone e del neutrone) il fattore spazio delle fasi (8.10) dipende dalla quinta potenza dell'energia a disposizione nello stato finale. Nel caso del neutrone, $E_0^n = m_n -$

$m_p \sim 1$ MeV. Nel caso del muone, le masse delle particelle nello stato finale sono trascurabili, per cui $E_0^\mu \sim m_\mu \sim 100$ MeV. A causa della dipendenza dalla quinta potenza di E_0, i rapporti tra le vite medie di muone e neutrone scalano come:

$$\frac{\tau_\mu}{\tau_n} \sim \left(\frac{E_0^n}{E_0^\mu}\right)^5 \sim (10^{-2})^5 = 10^{-10}$$

in qualitativo accordo con il valore misurato del rapporto tra le due vite medie.

Dal punto di vista sperimentale, la migliore determinazione della costante di accoppiamento di Fermi è determinata usando il decadimento del muone. Il procedimento è esattamente quello descritto per il decadimento del neutrone, solamente il calcolo dello spazio delle fasi è più complicato in quanto non vi è una particella di massa grande con energia di rinculo trascurabile. Il risultato che si ottiene [08P1] è:

$$G_F = \sqrt{\frac{192\pi^3\hbar}{m_\mu^5 \tau_\mu}} = \sqrt{\frac{192\pi^3(6.582122 \cdot 10^{-25})}{(0.1056584)^5(2.197 \cdot 10^{-6})}} = 1.16639(1) \cdot 10^{-5} \text{ GeV}^{-2} \ .$$

$$(8.17)$$

8.4.2 La regola di Sargent

Sia nel caso del neutrone che in quello del muone il decadimento è in tre corpi nello stato finale; in entrambi i casi l'integrale sul numero degli stati finali è proporzionale alla quinta potenza dell'energia a disposizione E_0: $dN/dE_0 \sim K E_0^5$, dove K è una costante d'integrazione. Nel caso del n, alcune approssimazioni (energia di rinculo del protone e massa dell'elettrone trascurabile) rendono il calcolo di K semplice. In gran parte degli altri casi (muone compreso) l'integrale è analiticamente più difficile, oppure deve essere risolto con metodi numerici. In ogni caso, per decadimenti a 3 corpi la dipendenza funzionale da E_0^5 si mantiene. Si può inoltre approssimare l'energia a disposizione E_0 come la differenza Δm tra la massa della particella che decade, e la somma delle masse presenti nello stato finale, $E_0 \simeq \Delta m = m_i - \sum_f m_f$ (Problema 8.5).

Se τ è la vita media di una particella e Γ_i/Γ è il suo branching ratio (§4.5.2) in un particolare decadimento debole a 3 corpi nello stato finale, allora la *regola di Sargent* afferma che la probabilità di transizione W corrisponde a:

$$W = \frac{(\Gamma_i/\Gamma)}{\tau} \simeq G_F^2 E_0^5 \simeq G_F^2 \Delta m^5 \ . \qquad (8.18)$$

8.4.3 Il triangolo di Puppi

La teoria di Fermi permetteva, una volta determinato il valore di G_F da un particolare processo di decadimento, di calcolare le vite medie di altri

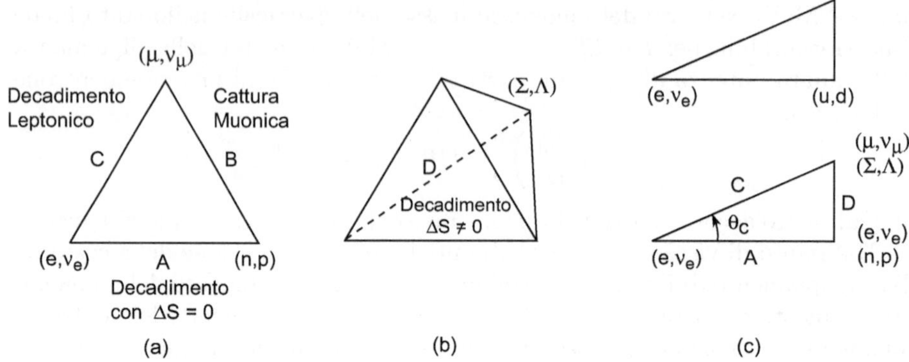

Figura 8.5. (a) Triangolo di Puppi. I fermioni ai vertici del triangolo interagiscono tramite la stessa interazione debole. Il lato A corrisponde al decadimento, $n \to pe^-\overline{\nu}_e$, il lato C a quello del muone, $\mu^- \to e^-\overline{\nu}_e\nu_\mu$ e il lato B alla cattura di un muone da parte di un nucleo $\mu^-p \to n\nu_\mu$. (b) Tetraedro di Dallaporta. Rispetto al triangolo di Puppi è stato aggiunto un quarto vertice per le particelle strane. (c) Triangolo di Cabibbo, dove si tiene conto della differente intensità dell'interazione debole dovuta al mescolamento degli stati dei quark. I lati A, C sono gli stessi di (a), il D è quello indicato in (b). La parte in alto di (c) riguarda l'interpretazione in termini di quark e leptoni

decadimenti deboli, che coinvolgessero nuclei, leptoni o adroni.[4] Ad esempio, per la determinazione della vita media dei pioni carichi (vedi §8.10) oppure per la vita media del muone. Non solo: come si vedrà nel §8.6.1, con la costante di Fermi poteva essere stimata la sezione d'urto per il processo di cattura del neutrino (il decadimento β inverso).

Il fatto che il decadimento β del neutrone, la cattura del muone da parte di un nucleo, il decadimento del muone e altri decadimenti deboli avessero valori simili della costante di accoppiamento fu riconosciuto molto presto, portando allo sviluppo dell'idea dell'*universalità dell'accoppiamento dell'interazione debole*. La formulazione di questa universalità ha storicamente avuto varie manifestazioni. La prima è stata formulata con il *triangolo di Puppi*, in cui le costanti di accoppiamento fra le particelle poste ai vertici del triangolo sono ipotizzate essere le stesse, Fig. 8.5a. Le transizioni fra i vertici corrispondono ai decadimenti $n \to pe^-\overline{\nu}_e$ (lato A), $\mu^- \to e^-\overline{\nu}_e\nu_\mu$ (lato C) e cattura $\mu^-p \to n\nu_\mu$ (lato B). Torneremo su questa universalità nel §8.12, modificando leggermente le conclusioni.

---

[4] Questo, sino alla scoperta delle particelle *strane*. I decadimenti con cambiamento di stranezza $\Delta S = 1$ vengono trattati nel §8.11.

8.5 La scoperta del neutrino elettronico

Come suggerito da Bethe e Baker, dalla teoria di Fermi era chiaro che la possibilità di rivelare sperimentalmente i neutrini era legata alla reazione (detta reazione β-inversa):

$$\bar{\nu}_e p \to e^+ n \ . \tag{8.19}$$

Esistevano però due ordini di problemi:
- la sezione d'urto del processo (8.19) è così piccola che occorre un flusso enorme di antineutrini perché si abbia la possibilità di rivelarne alcuni;
- nello stato finale della reazione (8.19) compare un positrone e un neutrone (particella neutra difficile da rivelare). Sembra che non vi sia quindi la possibilità di discriminare l'interazione di un antineutrino da un comune evento di decadimento β di un nucleo. Si ricordi che nessun rivelatore è perfetto, ossia un rivelatore è composto di materiali (cristalli, metalli, gas, liquidi, etc.) che hanno una piccola contaminazione di elementi radioattivi. Il decadimento di questi costituisce un *fondo irriducibile* per la reazione (8.19) cercata.

Due circostanze hanno permesso di risolvere entrambi i problemi.

8.5.1 Il progetto Poltergeist

Il 6 agosto del 1945 su Hiroshima era esplosa la prima bomba nucleare, seguita pochi giorni dopo da una simile esplosione su Nagasaki, ponendo drammaticamente termine alla II Guerra Mondiale. Come vedremo in §14.9, uno dei processi di base nelle bombe (e nei reattori usati a fini pacifici per la produzione di energia) è quello della fissione dei nuclei di ^{235}U, innescata dalla cattura di un neutrone da parte dell'uranio. In ogni processo di fissione, altri 2 o 3 neutroni vengono emessi, generando un processo di moltiplicazione degli stessi. Se il processo non viene controllato, si ha una bomba; altrimenti, si ha un reattore per produrre energia. Ogni neutrone prodotto dalla fissione, se non catturato da un altro nucleo di uranio, può decadere (8.5) in antineutrini.

Los Alamos, il centro di ricerca che durante la guerra era un laboratorio militare segreto negli Stati Uniti, dopo la guerra divenne un centro di ricerca di eccellenza sulla fisica nucleare. In particolare nel 1951 nacque un progetto di ricerca, condotto da Reines e Cowan, per la rivelazione sperimentale del neutrino, chiamato *Progetto Poltergeist* (Cowan è morto nel 1974; Reines è stato insignito del Premio Nobel nel 1995).

I due ricercatori avevano ben chiaro i due problemi elencati all'inizio del paragrafo. Il primo progetto, che risolveva entrambi, consisteva nell'utilizzare l'esplosione di una bomba nucleare per rivelare neutrini. La bomba avrebbe prodotto:

- un intenso flusso di neutrini, calcolabile dalla potenza dell'esplosione;
- un flusso di tipo impulsivo, ossia in un intervallo di tempo così piccolo che il rapporto segnale/rumore sarebbe stato molto grande. Il *rumore* in questo caso sarebbe stato il fondo di radioattività ambientale nel rivelatore.

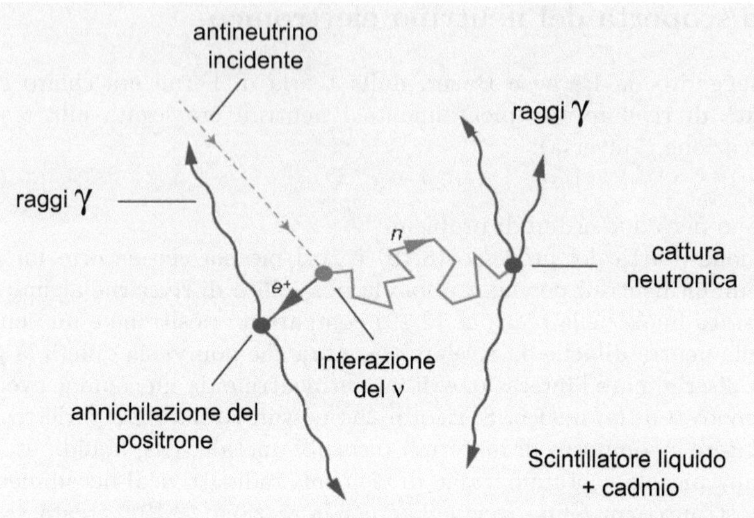

Figura 8.6. Per rivelare una interazione di un antineutrino dalla reazione (8.19) la nuova idea fu quella di rivelare sia l'annichilazione del positrone, sia la cattura del neutrone. L'interazione può avvenire sia su un bersaglio composto da una tanica di acqua, sia di scintillatore liquido: entrambi i materiali hanno molti atomi di idrogeno il cui nucleo funge da bersaglio. Il positrone, una volta prodotto, annichila immediatamente con un elettrone del mezzo, rilasciano due raggi γ di 0.511 MeV. I γ interagiscono con il materiale nei modi descritti nel §2.3, producendo secondari carichi, che propagandosi emettono anche luce visibile che è misurata da fotomoltiplicatori posti all'estremità del rivelatore. Il neutrone (con energia della frazione del MeV) viene rallentato (*moderato*) da continui urti coi nuclei leggeri del materiale, come è schematizzato dalla linea spezzata. Il tempo di moderazione è sino ad alcune decine di microsecondi, che è un tempo lunghissimo rispetto alla risoluzione temporale del rivelatore (nanosecondo). Nel caso in cui nel liquido sia stato sciolto del sale di Cadmio, vi è alta probabilità che il neutrone termalizzato sia catturato da un nucleo di Cd. Questo viene posto in uno stato eccitato, e torna allo stato fondamentale con l'emissione di un γ di 9 MeV. La sequenza di due impulsi luminosi distanziati da alcuni microsecondi è la firma dell'avvenuta cattura dell'antineutrino da parte del protone. Dal punto di vista della tecnica sperimentale, si tratta della cosiddetta *coincidenza ritardata*. La logica di acquisizione ebbe quindi un ruolo decisivo nell'esperimento

L'esplosione di una bomba da 20-kiloton avrebbe generato un flusso di antineutrini sufficientemente elevato da essere rivelato con un apparato interrato a circa 50 metri dal punto dell'esplosione. La bomba sarebbe stata collocata sopra un traliccio alto circa 30 m; ovviamente, il controllo dell'esperimento sarebbe stato a distanza. Il rivelatore immaginato era un enorme contenitore riempito di liquido scintillatore, chiamato "El Mostro".

Nel 1952 una nuova idea avrebbe permesso di risparmiare una esplosione nucleare per rivelare i neutrini. La possibilità era offerta dal flusso (costante, ma meno intenso) di neutrini provenienti da un reattore nucleare. Il problema rimanente era quello di rivelare la reazione (8.19) sul fondo dovuto alla radioattività ambientale. La nuova idea era quella di misurare non solo l'annichilazione del positrone, ma anche la possibile cattura del neutrone. Il neutrone, una volta moderato (ossia, rallentato per urti elastici con altri nuclei) può essere catturato con alta probabilità da alcuni nuclei, che diventano instabili ed emettono γ dopo la cattura nucleare. La tecnica sperimentale è illustrata in Fig. 8.6. Come ebbe a dire Cowan: *invece di rivelare un enorme impulso di neutrini della durata di uno o due secondi, avremmo dovuto attendere pazientemente vicino ad un reattore per catturarne uno o due all'ora. Ma ci sono molte ore in un anno!*

Il reattore scelto per l'esperimento fu quello di Savannah River. Si trattava di un reattore della potenza di circa 150 Megawatt; vi era la possibilità di istallare il rivelatore (visibile in Fig. 8.7) a circa 11 metri dal *core* del reattore, e a circa 12 m di profondità. Il rivelatore consisteva di due contenitori di 200 litri di acqua, disposti tra tre contenitori di scintillatore liquido, ciascuno della capacità di 1400 litri. Si tratta di un esperimento minuscolo sulla scala degli esperimenti attuali: SuperKamiokande (§12.8) funziona oggi con 50000 tonnellate di acqua!

Il reattore offriva un flusso di neutrini sufficientemente elevato. Per stimare il flusso di antineutrini sul rivelatore ci si basa sulla potenza elettrica P prodotta dal reattore. Se $P = 0$, ovviamente $\Phi_{\overline{\nu}} = 0$ e i conteggi eventualmente misurati sono dovuti a coincidenze spurie. Nel caso di potenza massima $P = 150$ MW, occorre tener conto che un antineutrino viene emesso ogni $\overline{E} \simeq 10$ MeV di energia prodotta. Tenuto conto del fattore di conversione $1\ MeV = 1.6 \times 10^{-13}\ J$, il numero R di neutrini al secondo emessi dal reattore corrisponde a:

$$R = 150\ MW/\overline{E} = \frac{1.5 \times 10^8\ \text{J/s}}{\overline{E}} \simeq \frac{10^{21}\text{MeV/s}}{\overline{E}} = 10^{20}\ \nu/s\ .$$

Alla distanza del reattore $D \simeq 10\ m = 10^3\ cm$ il flusso atteso corrisponde a:

$$\Phi_\nu = R/4\pi d^2 \simeq 10^{13}\ cm^{-2}s^{-1}\ .$$

I ricercatori effettuarono numerose prove per assicurarsi che il segnale era autenticamente dovuto alla reazione dell'antineutrino anziché ad altre reazioni di fondo. Uno dei punti importanti fu la stima dell'efficienza ϵ con cui *entrambi* i segnali (annichilazione e^+ + cattura ritardata del n) venivano misurati. Infatti, mentre era piuttosto alta la probabilità di rivelare il primo segnale (annichilazione), il neutrone durante la moderazione poteva anche uscire dalla regione in cui era disciolto il sale di cadmio e non essere rivelato. I ricercatori stimarono che $\epsilon \simeq 10\%$.

L'esperimento di Savannah permise non solo di affermare l'esistenza del neutrino, ma permise anche la misura della sezione d'urto per la reazione

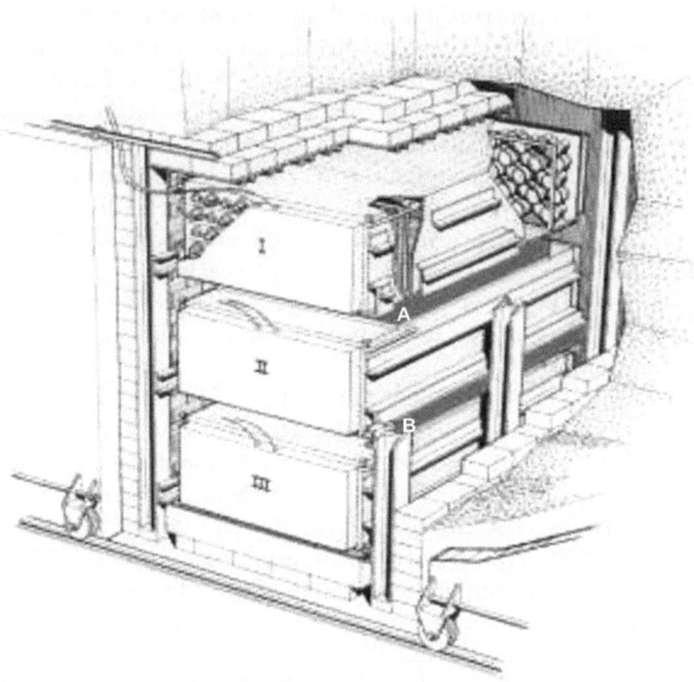

Figura 8.7. Il rivelatore a Savannah River era in una cavità a circa 11 m dal cuore del reattore nucleare; era circondata di piombo che serviva da schermo. Due taniche di plastica (A e B in figura) contenevano ciascuna 200 litri di acqua. 40 kg di un sale (cloruro di cadmio) era disciolto nell'acqua per aumentare la probabilità di cattura-re neutroni. Tre taniche da 1400 litri ciascuna di liquido scintillatore erano disposte sopra e sotto quelle di acqua; su ciascuna tanica erano disposti 110 fotomoltiplicatori per rivelare la luce indotta dai raggi γ. La massa totale, compreso lo schermo, era di circa 10 tonnellate. L'esperimento prese dati per 5 mesi: 900 ore con il reattore alla massima potenza, e 250 ore con il reattore spento. Il numero di protoni bersaglio in 200 kg di acqua corrisponde a $N_T = 0.6 \times 10^{28}$ protoni. L'elettronica di acquisizione era tale da poter acquisire il segnale dovuto all'annichilazione del positrone, e il γ emesso dal cadmio dopo la cattura del neutrone, ritardato di qualche μs. Qualitati-vamente, si vide immediatamente che il numero di eventi in coincidenza erano molto più numerosi (4 o 5 volte maggiori) col reattore *on* anziché col reattore *off*

(8.19). Il numero di interazioni per secondo misurate sperimentalmente (circa 3 eventi per ora) è semplicemente proporzionale al flusso di antineutrini dal reattore Φ_ν, al numero di protoni bersaglio nel rivelatore N_T, all'efficienza ϵ di rivelazione e alla sezione d'urto incognita attraverso la relazione:

$$N(\text{interazioni/s}) = \Phi_\nu \ (\text{cm}^{-2}\text{s}^{-1})\sigma \ (\text{cm}^2)N_T \cdot \epsilon \qquad (8.20)$$

da cui si poté ricavare il valore della sezione d'urto per energie corrispondenti agli antineutrini dal reattore, dell'ordine del MeV:

$$\sigma = \frac{N(\text{interazioni/s})}{\Phi_\nu \cdot N_T \cdot \epsilon} = \frac{(3/3600)}{10^{13} \cdot 0.6 \times 10^{28} \cdot 0.1} = 1.3 \times 10^{-43} \text{ cm}^2 \ . \qquad (8.21)$$

L'errore associato alla misura fu stimato attorno al 25%. In realtà il valore di σ riportato nel primo articolo pubblicato dal gruppo nel 1956 era circa 2 volte più piccolo, per una errata sovrastima di ϵ. In un nuovo articolo del 1960 le procedure di analisi furono ricontrollate e si determinò il valore dell'efficienza sopra riportato. Anche questo si verifica talvolta in fisica. Come si vedrà nel paragrafo successivo, il valore della sezione d'urto (8.21) è in ottimo accordo col valore previsto dalla teoria di Fermi.

8.6 Tipi di transizione nel decadimento β

Veniamo a quello che oggi conosciamo sul decadimento β. La maggior parte delle nostre informazioni sull'interazione debole a basse energie proviene proprio dallo studio dei decadimenti β, in particolare il decadimento β^- del neutrone libero, $[n \to pe^-\overline{\nu}_e]$, legato in nuclei $[(A,Z) \to (A,Z+1)+e^- +\overline{\nu}_e]$, decadimenti $\beta^+ [(A,Z) \to (A,Z-1)+e^+ +\nu_e]$ e cattura di un elettrone atomico da parte di un protone $[pe^- \to n\nu_e]$ in un nucleo $[(A,Z)+e^- \to (A,Z-1)+\nu_e]$. Tali processi possono essere descritti a livello di nuclei e interpretati a livello di particelle elementari e a livello di quark e leptoni, vedi tabella seguente.

A livello di nuclei	di particelle elementari	di costituenti ultimi (quark e leptoni)
$(A,Z) \to (A,Z+1) + e^- + \overline{\nu}_e$	$n \to pe^-\overline{\nu}_e$	$d \to ue^-\overline{\nu}_e$
$(A,Z) \to (A,Z-1) + e^+ + \nu_e$	$p \to ne^+\nu_e$	$u \to de^+\nu_e$
$(A,Z) + e^- \to (A,Z-1) + \nu_e$	$pe^- \to n\nu_e$	$ue^- \to d\nu_e$

Notare che, per considerazioni energetiche, il protone libero non può spontaneamente decadere in $ne^+\nu_e$, mentre può farlo in un nucleo; analogamente non può avvenire a riposo la reazione $pe^- \to n\nu_e$, ma può avvenire con un protone in un nucleo. In termini di diagrammi di Feynman, il decadimento del neutrone è descritto in Fig. 8.1.

I decadimenti dei nuclei sono più difficili da interpretare in modo quantitativo, sia a causa della presenza di nucleoni che non partecipano direttamente al decadimento. Si può pensare che una difficoltà dello stesso tipo si manifesti nel decadimento del neutrone libero, interpretato come dovuto al decadimento di un quark d, mentre gli altri due quark restano spettatori.

Le transizioni nucleari sono state classificate sulla base della variazione di momento angolare totale (di spin) tra nucleo iniziale e nucleo finale. Tale variazione è connessa con lo spin dei due leptoni $e^-, \overline{\nu}_e$ (oppure, e^+, ν_e): entrambi hanno spin 1/2 e quindi la variazione dello spin nucleare può essere nulla (spin di neutrino ed elettrone antiparalleli), oppure ± 1 (spin paralleli). Si tiene conto del numero di stati permessi dal momento angolare della transizione tramite la grandezza $|\mathcal{M}|^2$, che nella (8.13) era stata considerato unitaria. In tal modo il prodotto $G_F^2|\mathcal{M}|^2$ è inversamente proporzionale alla vita media τ della particella tramite la relazione $G_F^2|\mathcal{M}|^2 = \frac{costante}{f\tau}$, dove $f \sim E_0^5$.

decadimento	transizione J^P	τ s	E_0 MeV	$f\tau$	$G_F^2|\mathcal{M}|^2$ $MeV^2 fm^6$
${}^{14}_{8}O \to {}^{14}_{7}N^* e^+\nu$	$0^+ \to 0^+$	102	2.26	4.51×10^3	1.52×10^{-8}
${}^{34}_{17}Cl \to {}^{34}_{16}S\, e^+\nu$	$0^+ \to 0^+$	2.21	4.94	4.54×10^3	1.51×10^{-8}
${}^{6}_{2}He \to {}^{6}_{3}Li\, e^-\bar\nu$	$0^+ \to 1^+$	1.15	3.99	1.17×10^3	7.45×10^{-8}
${}^{13}_{5}B \to {}^{13}_{6}C\, e^-\bar\nu$	$\frac{3}{2}^- \to \frac{1}{2}^-$	2.51×10^{-3}	13.4	1.11×10^3	6.17×10^{-8}
$n \to p e^-\bar\nu$	$\frac{1}{2}^+ \to \frac{1}{2}^+$	890	1.18	1.61×10^3	4.25×10^{-8}
${}^{3}_{1}H \to {}^{3}_{2}He\, e^-\bar\nu$	$\frac{1}{2}^+ \to \frac{1}{2}^+$	5.6×10^8	0.14	1.63×10^3	4.20×10^{-8}

Tabella 8.1. Decadimenti β suddivisi nelle diverse transizioni (Fermi, GT e miste). Sono riportate le vite medie, il fattore $f\tau$ e il valore della costante $G_F^2|\mathcal{M}|^2$. L'elemento di matrice $|\mathcal{M}|$ dipende dalle funzioni d'onda di n e p nel nucleo: in particolare occorre tener conto del principio di esclusione di Pauli che impedisce in una transizione $n \to p$ al nuovo nucleone di andare in uno stato già occupato. In pratica, nel calcolo occorre tener conto, caso per caso, della molteplicità $m_{i,s}$ degli stati di isospin in cui può formarsi il nuovo stato nucleare e la molteplicità degli stati di spin. Ad esempio, $m_{i,s} = 2$ nel caso del decadimento di Fermi ${}^{14}_{8}O$, $m_{i,s} = 6$ nel caso del decadimento GT ${}^{6}_{3}He$

Se esaminiamo in Tab. 8.1 [03C1] i valori misurati in alcuni decadimenti β si può notare che, nonostante la grande variazione della vita media, dovuta alla forte dipendenza di f da E_0, il prodotto $G_F^2|\mathcal{M}|^2$ è approssimativamente lo stesso nei decadimenti. Si osserva tuttavia una dipendenza dalla variazione dello spin nella transizione del nucleo. Si è assunto che l'elettrone e il neutrino siano emessi in uno stato di momento angolare $\ell = 0$. In questo caso la variazione dello spin del nucleo è pari alla somma degli spin dell'elettrone e del neutrino. Per l'orientazione degli spin di elettrone e neutrino: (i) nelle transizioni $0 \to 0$, gli spin sono antiparalleli (stato di singoletto); (ii) nelle transizioni $0 \to 1$ gli spin sono paralleli (stato di tripletto); (iii) nelle transizioni $\frac{1}{2} \to \frac{1}{2}$ gli spin possono essere antiparalleli (lo spin del nucleo non cambia) o paralleli (lo spin del nucleo cambia direzione). Le transizioni del primo tipo sono dette transizioni di Fermi, quelle del secondo tipo transizioni di Gamow-Teller; in entrambi i casi la parità P non cambia. Le terze sono esempi (più complicati) di transizioni di tipo misto.

Transizioni di Fermi: ΔJ (spin nucleare) $= 0$, stato leptonico di singoletto di spin ($\uparrow\downarrow$). Esempio di transizione di Fermi:

$$0^+ \to 0^+, \quad \Delta J = 0: \quad {}^{10}\mathrm{C} \to {}^{10}\mathrm{B}^* + e^- + \bar\nu_e, \quad {}^{14}\mathrm{O} \to {}^{14}\mathrm{N}^* + e^+ + \nu_e \, . \tag{8.22}$$

Nel caso delle transizioni di Fermi, la conservazione del momento angolare impone che gli spin della coppia $e^-, \overline{\nu}_e$ o e^+, ν_e siano antiparalleli. Qui $|\mathcal{M}|^2 \equiv |\mathcal{M}_F|^2 = m_{i,s} g_V^2$ (la grandezza $g_V \simeq 1$ verrà definita in §8.16). L'impulso dell'elettrone può essere facilmente misurato, mentre quello del neutrino può essere stimato tramite la (non semplice) misura dell'impulso dei nuclei di rinculo e usando la legge di conservazione della quantità di moto. Esperimenti condotti sin dalla fine degli anni '50 hanno mostrato che la somma degli impulsi dei leptoni è *grande* e che quindi essi sono emessi prevalentemente in modo parallelo. Definendo θ l'angolo relativo tra la direzione del neutrino e quella dell'elettrone, gli esperimenti mostrano che per transizioni di Fermi la distribuzione angolare dell'elettrone è descritta dalla funzione:

$$f(\theta) = 1 + 1\frac{v}{c}\cos\theta \qquad (8.23)$$

l'emissione presenta un massimo di probabilità in corrispondenza di 0°.

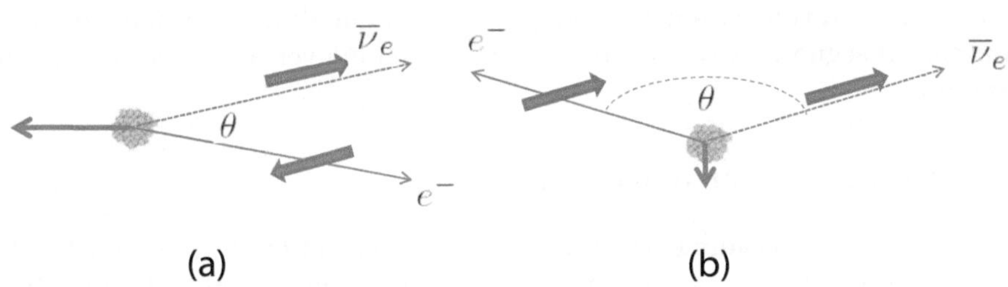

Figura 8.8. (a) In transizioni di Fermi ($\Delta J=0$) il modulo misurato dell'impulso del nucleo è elevato. I due leptoni devono essere quindi emessi quasi paralleli l'uno all'altro (θ piccolo). (b) In transizioni GT ($\Delta J=1$) l'impulso misurato è piccolo. I due leptoni devono essere emessi quasi *back-to-back* (θ grande). In entrambi i casi lo spin (indicato dalla freccia spessa) di $\overline{\nu}_e$ è allineato lungo la direzione dell'impulso; lo spin di e^- è *quasi* antiparallelo al suo impulso. La proiezione dello spin lungo la direzione dell'impulso è l'*elicità* (definita in Appendice 4). Come negli altri esperimenti che coinvolgono leptoni, i decadimento β dei nuclei mostrano che l'elicità di $\overline{\nu}_e$ è +1 mentre l'e^- preferisce avere elicità negativa. Si può verificare facilmente (mantenendo l'elicità di $\overline{\nu}_e$ uguale +1) che per transizioni di Fermi (GT) con grande (piccolo) valore dell'angolo θ l'elicità dell'elettrone sarebbe positiva. La teoria dovrà tenere conto delle preferenze di elicità dei leptoni (incluso il fatto che i ν_e hanno elicità -1 mentre gli e^+ preferiscono valori positivi), e ciò sarà mostrato in §8.16

Transizioni di Gamow-Teller (GT) : ΔJ (spin nucleare) = 1, stato leptonico di tripletto di spin ($\uparrow\uparrow$). Esempio di transizioni di Gamow-Teller:

$$1^+ \to 0^+, \quad \Delta J = 1 : \quad {}^{12}\text{B} \to {}^{12}\text{C} + e^- + \overline{\nu}_e \ . \tag{8.24}$$

Nel caso di transizioni di Gamow-Teller, $|\mathcal{M}|^2 \equiv |\mathcal{M}_{GT}|^2 = m_{i,s}g_A^2$ (g_A verrà definita in §8.16). Anche nel caso di transizioni GT (Fig. 8.8b), misurando l'impulso con cui rincula il nucleo e utilizzando la conservazione del momento angolare, può essere studiata la distribuzione angolare dell'angolo di emissione θ dell'elettrone rispetto al neutrino. In questo caso, si trova che la quantità di moto dei nuclei è *piccola*, ossia che i due leptoni sono prevalentemente antiparalleli. La distribuzione angolare misurata ha la forma:

$$f(\theta) = 1 - \frac{1}{3}\frac{v}{c}\cos\theta \tag{8.25}$$

e l'angolo di emissione presenta un massimo di probabilità in corrispondenza di 180°. Le costanti g_V, g_A sono state misurate in processi di tipo Fermi e GT pure. Sulla base di dati sperimentali (Problema 8.4) si può ricavare il modulo del rapporto tra le due costanti:

$$\left| \frac{g_A}{g_V} \right| = 1.26 \ . \tag{8.26}$$

La costante caratteristica dell'interazione GT è in modulo più grande di quella di Fermi. Il segno relativo tra le due costanti (come verrà illustrato in §8.16) è discorde.

8.6.1 La sezione d'urto del β inverso

Si dà il nome di decadimento β inverso alla reazione (8.19) $\overline{\nu}_e p \to e^+ n$. La sezione d'urto ($\hbar = c = 1$) per questo processo può essere ottenuta dalla formula generale (8.3):

$$\sigma(\overline{\nu}_e p \to n e^+) = \frac{W}{c} = 2\pi G_F^2 |\mathcal{M}|^2 \frac{dN}{dE} = \frac{G_F^2}{\pi}|\mathcal{M}|^2 E^2 \ . \tag{8.27}$$

Nell'ultima uguaglianza abbiamo tenuto conto che nello stato finale si può trascurare al solito l'energia cinetica trasferita alla particella con massa elevata (in questo caso, il neutrone); in tal caso, il numero di stati nello spazio delle fasi per l'elettrone è dato dalla (8.7a). Nel caso di energia del neutrino superiore al MeV, possiamo trascurare anche la massa a riposo dell'elettrone e scrivere $E = p_e$. In questo caso, $dN/dE = E^2/2\pi^2$.

La reazione (8.19) corrisponde a una transizione mista, ossia con contributi di Fermi, $\mathcal{M}_F^2 \simeq 1$, e di Gamow-Teller, $\mathcal{M}_{GT}^2 \simeq 3$, per cui $|\mathcal{M}|^2 \simeq 4$. Inserendo questi fattori nella (8.27), si ottiene:

$$\sigma(\overline{\nu}_e p \to n e^+) = \frac{4}{\pi}G_F^2 E^2 (\hbar c)^2 \tag{8.28}$$

$$= \frac{4}{\pi} \times (1.16 \times 10^{-5})^2 [\text{GeV}^{-2}] \times 0.389 \ [\text{GeV}^2 \ \text{mb}] \times E^2 \ [\text{GeV}^2]$$

$$= 0.67 \times 10^{-37} \ [\text{cm}^2] \times E^2 [\text{GeV}^2] \ .$$

(si noti che è stato reinserito il fattore $(\hbar c)^2 = 0.389$ (GeV^2 mbarn) che ha le corrette dimensioni di [*Energia Lunghezza*]^2). Nel caso di neutrini da ~ 1 MeV ($=10^{-3}$ GeV) si ottiene

$$\sigma(1 \ \text{MeV}) \simeq 7 \ 10^{-44} \ (\text{cm}^2)$$

in buon accordo col risultato sperimentale (8.21).

È questa una sezione d'urto molto piccola corrispondente ad un libero cammino medio (o lunghezza di interazione):

$$\lambda(\text{g cm}^{-2}) = (1/N_A \cdot \sigma) \simeq [(6 \times 10^{23})(7 \times 10^{-44})]^{-1} \simeq 2 \cdot 10^{19} \text{g cm}^{-2} \quad (8.29)$$

che equivalgono a $2 \cdot 10^{19}$ cm di H$_2$O. Un neutrino di 1 MeV può percorrere un tratto di $\simeq 20$ anni luce di acqua (7 parsec) prima di interagire.

8.7 Famiglie di leptoni

Nel 1963 avvenne una ulteriore scoperta a seguito di un esperimento condotto da Lederman, Schwartz e Steinberger (Nobel nel 1988), quando un secondo *tipo* di neutrini venne identificato. Questo secondo neutrino era strettamente apparentato con il muone, esattamente come il neutrino del decadimento β con l'elettrone. L'esperienza era molto semplice: un fascio di pioni carichi (positivi o negativi) veniva selezionato da un dispositivo sperimentale molto simile a quello mostrato in Fig. 8.9. Nel caso (ad esempio) in cui venivano selezionati π^+, questi venivano lasciati decadere in un tunnel vuoto in:

$$\pi^+ \to \mu^+ \nu \ . \quad (8.30)$$

La particella carica veniva facilmente misurata e identificata come un muone positivo. Se esistesse un solo tipo di neutrino, questo nell'interazione con i nucleoni produrrebbe con uguale probabilità sia elettroni che muoni: $\sigma(\nu N \to e^- X) = \sigma(\nu N \to \mu^- X)$. Se invece il neutrino associato al muone è diverso da quello associato all'elettrone, si deve osservare solo la produzione di μ nello stato finale.

L'esperimento consisteva in un massivo apparato sperimentale che permetteva di identificare il leptone nello stato finale prodotto dall'interazione del neutrino. Si determinò che il neutrino produceva sempre muoni, e non elettroni.

Fu necessario quindi definire un nuovo *tipo*, o più correttamente, *sapore* di neutrino, denominato *neutrino muonico*, e simbolicamente rappresentato da ν_μ. Analogamente, nel caso di un decadimento di un π^- la particella prodotta in associazione con il muone negativo produceva, interagendo con la materia, un *muone positivo*. Questa particella neutra venne identificata come l'antineutrino muonico ($\overline{\nu}_\mu$). Occorre quindi che il numero leptonico associato agli elettroni e quello associato ai muoni si conservi separatamente, come è stato già introdotto in §5.5.3. Elettrone e neutrino elettronico, così come muone e neutrino muonico sono stati raggruppati in diverse *famiglie* (o sapori, *flavours*) di leptoni. Una terza famiglia (il tau e il neutrino tauonico) è stata successivamente identificata. Come vedremo nel §9.7, dagli esperimenti al LEP sappiamo che ci sono solo 3 famiglie di leptoni.

La *conservazione del numero leptonico di sapore* è rispettata in ogni processo di decadimento o interazione in Natura (e nelle corrispondenti equazioni di questo libro). Nel Cap. 12 scopriremo un nuovo fenomeno che implica il cambio di sapore durante la propagazione, le *oscillazioni dei neutrini*. Questo imporrà una modifica nell'applicare la legge di conservazione del numero leptonico di sapore.

Fasci di neutrini muonici ed esperimenti. Sono stati moltissimi gli esperimenti che hanno utilizzato fasci di neutrini: interagendo questi solo con processi deboli, si prestano benissimo (ad esempio) per testare la composizione in quark di protone e neutrone (Cap. 10), o per studiare possibili *oscillazioni* di sapore (Cap. 12). Per produrre intensi fasci di neutrini muonici di alta energia i protoni di un sincrotrone vengono accelerati sino all'energia massima (450 GeV al SPS del CERN e 900 GeV al Tevatron di Fermilab) . Al termine del ciclo di accelerazione, i protoni vengono estratti rapidamente e inviati contro un bersaglio di berillio di circa un metro di lunghezza dove producono mesoni π e mesoni K. I mesoni vengono collimati in un fascio e quindi inviati in un tubo a vuoto lungo circa 300 m, dove decadono (vedi Fig. 8.9). Dopo il tubo a vuoto si trova un assorbitore poco più lungo del tubo di decadimento. Nell'assorbitore vengono assorbiti prima i fotoni e gli elettroni, poi gli adroni e infine i muoni; restano quindi i neutrini, che raggiungono l'area sperimentale dove sono spesso presenti, uno dietro l'altro, vari rivelatori.

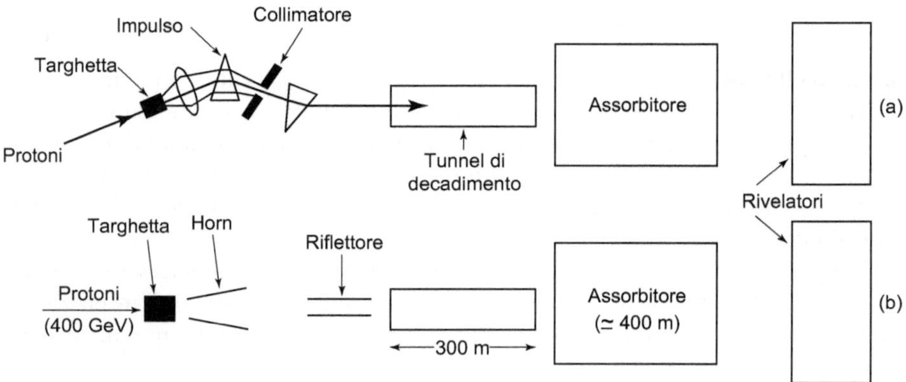

Figura 8.9. Schema di fasci di neutrini all'SPS del CERN: (a) fascio a banda stretta e (b) fascio a banda larga

Il fascio di neutrini non è monocromatico; può essere *a banda stretta* oppure *a banda larga*, a seconda del sistema di focheggiamento degli adroni carichi prodotti nella collisione primaria (vedi Fig. 8.9). Per ottenere il *fascio di neutrini a banda stretta*, viene posto immediatamente dopo il bersaglio un sistema di quadrupoli magnetici e di magneti deflettori: si ottiene un fascio di mesoni π e K definito in impulso, ma con una banda passante abbastanza larga ($\Delta p/p \simeq 10\%$). Il fascio così selezionato passa attraverso un sistema di quadrupoli formando un fascio parallelo ottimizzato per il decadimento nel tubo a vuoto (vedi Fig. 8.9a).

Per ottenere un *fascio di neutrini a banda larga* si usa un sistema di focheggiamento ottimizzato per avere la massima intensità di mesoni π e K; questi poi proseguono verso il tubo di decadimento (vedi Fig. 8.9b).

Il fascio di neutrini a banda stretta ha una distribuzione energetica a "due scatole" (si veda la spiegazione nel Problema 10.9), mentre quello a banda larga ha un massimo a poche decine di GeV (vedi Fig. 8.10). Il fascio a banda stretta ha ovviamente un'intensità inferiore a quella del fascio a banda larga, ma per esso è possibile determinare con maggior precisione l'energia del neutrino per ogni singolo evento; inoltre il fascio a banda stretta è di più facile monitoraggio.

Rivelatori di neutrini. Siccome la sezione d'urto dei neutrini è piccola e i fasci di neutrini sono relativamente poco intensi, il bersaglio deve essere molto massivo, perché solo così si può ottenere un numero adeguato di interazioni. Neutrini di 10 GeV hanno nel ferro un libero cammino medio $\lambda = 2.6 \cdot 10^9$ km ($2.6 \cdot 10^8$ km a 100 GeV e $2.6 \cdot 10^7$ km a 1000 GeV). Ciò significa che la frazione di neutrini da 10 GeV che interagisce in un metro di ferro è solo circa $3 \cdot 10^{-13}$. Con un flusso di 10^{12} neutrini (per 10^{13} protoni dell'acceleratore incidenti sul bersaglio) si hanno solo 0.3 interazioni in un metro di ferro.

Il bersaglio deve essere allo stesso tempo anche un volume sensibile, cioè un rivelatore, in particolare se si vogliono studiare gli adroni prodotti. Le grandi camere a bolle soddisfacevano questa richiesta; per i rivelatori elettronici vengono utilizzati come bersaglio e come rivelatore grandi calorimetri a campionamento, spesso seguiti da un rivelatore di muoni separato. È importante rivelare i muoni prodotti nell'interazione per separare le interazioni a corrente carica da quelle a corrente neutra.

I rivelatori elettronici che sono stati utilizzati all'SPS del CERN e a Fermilab consistono di bersaglio, calorimetro (per misurare l'energia totale degli adroni e dei fotoni), rivelatore di muoni (che misura anche la loro quantità di moto). Questi esperimenti (CDHSW, CHARM, CHORUS e altri) sono stati usati per lo studio sulle proprietà dei neutrini, per la misura delle funzioni di struttura dei nucleoni (§10.5), e per lo studio sulle oscillazioni dei neutrini. Come verrà descritto nel §12.6, le oscillazioni dei neutrini si evidenziano se il neutrino percorre un lungo tratto L dal punto di produzione al punto di rivelazione. Per questo motivo, oggi (2011) esistono tre progetti (*long baseline*, §12.8.1) in cui il neutrino viene prodotto in un laboratorio (CERN in Europa, Fermilab negli USA, K2K in Giappone) e rivelato in esperimenti distanti (OPERA al Gran Sasso per il fascio del CERN, MINOS al laboratorio Soudan per il fascio di Fermilab, entrambi a circa 730 km; Superkamiokande dista 250 km da Tsukuba).

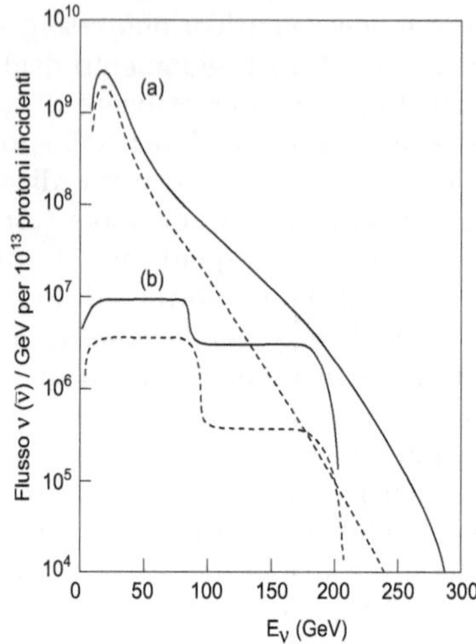

Figura 8.10. Tipici flussi dei fasci di neutrini (linee intere) e di antineutrini (linee tratteggiate) all'SPS del CERN negli anni '80 per protoni incidenti di 400 GeV: (a) fascio a banda larga e (b) fascio a banda stretta per impulsi del π e del K di 200 GeV/c

8.8 Violazione della parità nel decadimento β

Nel 1955 si sviluppò l'idea (allora assolutamente originale) che la parità non si conservasse nell'interazione debole. Questo, a seguito dell'evidenza che una stessa particella, il mesone K, decade in due stati di parità opposta. Nel 1956 T.D.Lee e C.N.Yang (premi Nobel nel 1957) fecero una analisi critica dei risultati ottenuti con lo studio dei processi deboli e conclusero che in nessun esperimento si era studiata la dipendenza dell'interazione da termini pseudoscalari che cambiano segno per trasformazione di parità. Queste grandezze (definite tramite operatori quanto meccanici) possono essere ad es. *l'elicità* dell'elettrone (Appendice 4), o il prodotto dell'impulso e lo spin del nucleo, $\sigma \cdot \mathbf{p_e}$.

Lee e Yang osservarono che la hamiltoniana dell'interazione debole era espressa come sovrapposizione dei termini di Fermi e Gamow-Teller, entrambi scalari e risultava pertanto invariante per parità[5]. Proposero quindi una formulazione più generale. L'inserimento di un termine nell'hamiltoniana con una inversione di segno rispetto all'operatore di parità (quali il termine $\sigma \cdot \mathbf{E}$ oppure $\sigma \cdot \mathbf{p}$) comporterebbe la violazione della parità nell'interazione (vedi Tab. 6.3). Il termine che Lee e Yang suggerirono era quello connesso alla polarizzazione longitudinale. Proposero inoltre anche alcuni esperimenti per mettere in luce una possibile violazione della parità nei decadimenti deboli. Due di questi esperimenti, sul decadimento di nuclei polarizzati e sul decadimento

---

[5] La traduzione di questi concetti nella teoria verrà formalizzata in §8.16.

del muone vennero eseguiti nei mesi successivi e dimostrarono chiaramente che la parità non si conserva nell'interazione debole.

Qui descriveremo sinteticamente il risultato sul decadimento del nucleo di cobalto polarizzato da parte di madame Wu e collaboratori; in §8.10 analizzeremo il secondo esperimento, che coinvolgeva la misura del decadimento $\pi - \mu - e$ al ciclotrone Nevis della Columbia University da parte di R. L. Garwin, L. M. Lederman and M. Weinrich. Gli articoli relativi ad entrambi gli esperimenti furono pubblicato nel 1957 sullo stesso numero di Physical Review Letters (Vol. 105, No. 4, pp.1413-1414 e 1415-1417).

Nel decadimento β del $^{60}_{27}Co$, Fig. 8.11, è possibile mettere in evidenza un termine, $\boldsymbol{\sigma}_{Co} \cdot \mathbf{p}_e$, che cambia segno sotto l'applicazione dell'operatore parità $[P(\boldsymbol{\sigma}_{Co} \cdot \mathbf{p}_e) = -(\boldsymbol{\sigma}_{Co} \cdot \mathbf{p}_e)]$; è quindi una quantità pseudoscalare. La polarizzazione del $^{60}_{27}Co$ è prodotta da un apparato sperimentale che, a temperatura molto bassa, orienta i momenti magnetici dei nuclei (paralleli allo spin nucleare) in un forte campo magnetico $\mathbf{B}$ esterno. Gli elettroni emessi sono conteggiati nella direzione parallela e antiparallela al vettore magnetizzazione nucleare.

Il $^{60}_{27}Co$ $(J = 5)$ decade in uno stato eccitato di $^{60}_{28} Ni^*(J = 4)$ attraverso una transizione GT pura. La vita media è 7.5 anni, e l'energia disponibile è $E_0 = 0.32$ MeV:

$$^{60}_{27}Co(J = 5^+) \rightarrow ^{60}_{28} Ni^*(J = 4^+)\; e^-\overline{\nu}_e \; . \tag{8.31}$$

Per la conservazione del momento angolare, l'elettrone e l'antineutrino sono emessi con spin paralleli allo spin del $^{60}_{27}Co$.

Il nucleo $^{60}_{27}Co$ ha lo spin orientato nella direzione del campo e quindi anche l'elettrone e l'antineutrino. Con un contatore a scintillazione posto in alto, sopra la sorgente radioattiva, si misura l'intensità degli elettroni emessi nella stessa direzione del campo magnetico, e nel verso opposto (Fig. 8.11). I ruoli dei contatori 1 e 2 sono simmetrici: se la fisica è la stessa di quella *allo specchio*, il contatore 1 deve contare allo stesso modo del contatore 2, indipendentemente dall'orientamento del campo magnetico (e, quindi, dell'orientamento dei nuclei di Cobalto). Le misure hanno dimostrato che quando si inverte il campo magnetico cambia il conteggio di elettroni e che questi tendono ad essere emessi prevalentemente con impulso in direzione opposta al vettore magnetizzazione nucleare, ma con lo spin orientato allo stesso modo dello spin del nucleo. Questo corrisponde alla stessa relazione di spin/impulso dell'elettrone mostrata in Fig. 8.8b. L'asimmetria nel conteggio degli elettroni dipende dal grado di magnetizzazione della sorgente (Fig. 8.12). L'intensità degli elettroni emessi in funzione dell'angolo tra la direzione di emissione dell'elettrone e la polarizzazione del campione (distribuzione angolare dell'elettrone emesso) ha la forma:

$$I(\theta) = 1 + \frac{\alpha\boldsymbol{\sigma}_{Co} \cdot \mathbf{p}_e}{E_e} = 1 + \alpha\frac{v_e}{c}\cos\theta \tag{8.32}$$

dove $\mathbf{p}_e, E_e$ = impulso ed energia dell'elettrone, $\boldsymbol{\sigma}_{Co}$ = spin del ^{60}Co, θ = angolo di emissione dell'elettrone rispetto a $\mathbf{J}$. Si è trovato che $\alpha = -1$ e quindi i conteggi per polarizzazione del ^{60}Co diretto verso l'alto e verso il basso erano diversi: la parità era violata. Infatti, nella (8.32), sotto inversione delle coordinate (operazione P) il primo termine, l'unità, non cambia, mentre il termine pseudoscalare, $\boldsymbol{\sigma}_{Co} \cdot \mathbf{p}_e$, cambia segno: $P(\boldsymbol{\sigma}_{Co} \cdot \mathbf{p}_e) = -\boldsymbol{\sigma}_{Co} \cdot \mathbf{p}_e$.

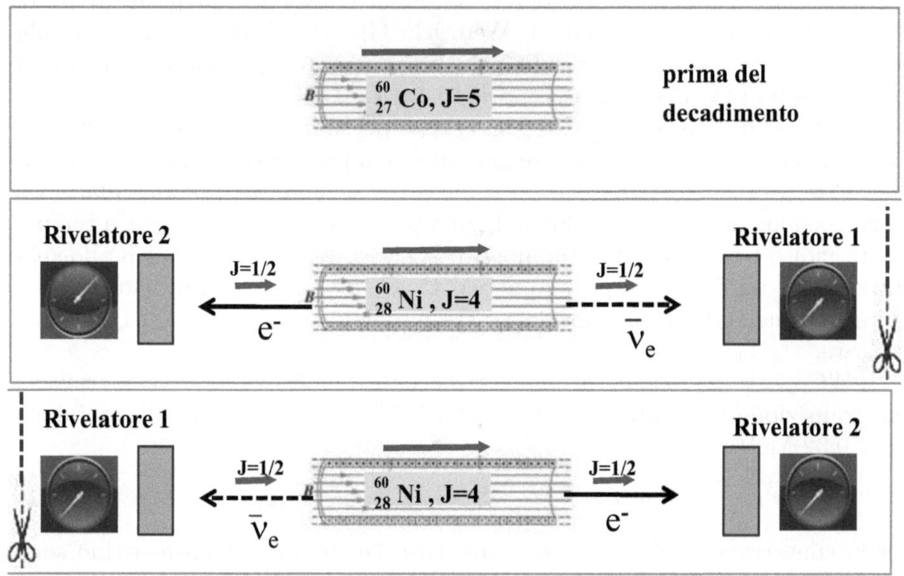

Figura 8.11. Violazione della parità nel decadimento β. Inizialmente (riquadro in alto) gli spin del nucleo di ^{60}Co (indicato dalla freccia, e con modulo J=5) sono allineati dalla presenza di un campo magnetico lungo l'asse del solenoide. Due rivelatori identici sono posti alle estremità del solenoide. Nel riquadro mediano, il rivelatore 2 conta degli eventi: non possono che essere elettroni, con spin allineato come nella figura. Per la conservazione della quantità di moto, gli antineutrini dovranno viaggiare verso il rivelatore 1 (che ovviamente non misura nulla); per la conservazione del momento angolare, il loro spin sarà parallelo alla direzione dell'impulso. Il riquadro in basso rappresenta invece quello che si vedrebbe ad uno specchio, tagliando il riquadro mediano lungo la linea tratteggiata a destra e avvicinando quel lato allo specchio. Diversamente da prima, adesso il contatore 2 NON conta nulla! Infatti, tenendo conto delle proprietà del momento angolare nella riflessione, sul contatore 2 dovrebbero arrivare elettroni destrorsi, perché un antineutrino sinistrorso sta andando verso il contatore 1. Ma gli antineutrini sinistrorsi NON sono mai stati osservati, e quindi il povero contatore 2 non conta nulla. L'immagine riflessa allo specchio di questo processo fisico da risultati completamente diversi dall'esperimento svolto!

L'esperimento con ^{60}Co polarizzato mostrò per la prima volta che l'elettrone è prevalentemente emesso polarizzato longitudinalmente, con verso opposto a quello dell'impulso (l'elettrone è sinistrorso). I processi deboli coinvolgono e^- polarizzati sinistrorsi ed e^+ polarizzati destrorsi. Questa polarizzazione è tanto più netta quanto più i leptoni (e^-, e^+) sono relativistici. L'*elicità* Λ viene definita come la polarizzazione longitudinale netta di un insieme di particelle (vedere Appendice 4) e può essere misurata facendo uso della (8.32):

$$\Lambda = \frac{I_+ - I_-}{I_+ + I_-} = \alpha \frac{v}{c} \tag{8.33}$$

dove I_+ ed I_- rappresentano le intensità relative alla componente con spin parallelo e antiparallelo all'impulso p. α vale -1 per e^- $(\Lambda = -v/c)$ e $+1$ per e^+ $(\Lambda = +v/c)$. Una serie di altre esperienze ha confermato la violazione di parità nei processi dovuti all'interazione debole.

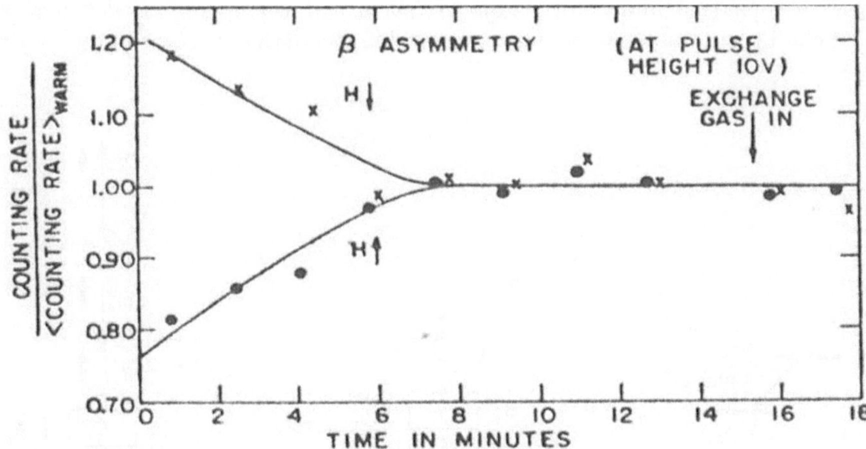

Figura 8.12. Asimmetria misurata degli elettroni emessi dal decadimento del $^{60}_{27}Co$ nell'esperimento di Wu et al. (Phys. Rev. 105 (1957) 1413). Il contatore posto verso l'alto misura una diversa frequenza di conteggi nel caso in cui il campo magnetico sia allineato verso il basso (curva superiore) o verso l'alto (curva inferiore). Al variare del tempo (ascissa), il campione di Co si riscalda, gli spin tendono a perdere l'allineamento e l'asimmetria scompare

8.9 La teoria a due componenti del neutrino

La (8.33) applicata ad un neutrino di massa nulla $(v = c)$ implica che tale particella deve essere completamente polarizzata, vale a dire $\Lambda = +1$ oppure $\Lambda = -1$. Un esperimento effettuato da M. Goldhaber et al. nel 1958 ha mostrato che l'elicità nel neutrino è negativa, cioè lo spin σ_ν del neutrino è antiparallelo rispetto al suo impulso p_ν: schematicamente $(p_\nu \uparrow\Downarrow \sigma_\nu)$. Altre esperienze hanno mostrato che l'antineutrino è destrorso $(\mathbf{p}_{\overline{\nu}} \uparrow\Uparrow \sigma_\nu)$; ad es.

la configurazione degli spin nel decadimento del neutrone polarizzato, è la seguente

$$n \longrightarrow p + e^- + \bar{\nu}_e$$
$$\Uparrow \qquad \Uparrow \quad \Uparrow_{LH} \quad \Downarrow_{RH}$$

dove: LH significa left handed, sinistrorso, cioè con lo spin nella direzione dell'impulso, ma con verso opposto ($\uparrow\Downarrow$); RH, right handed, destrorso, significa che lo spin è nella stessa direzione e verso dell'impulso ($\uparrow\Uparrow$). Dal risultato di molti esperimenti, si conclude che l'elicità per i leptoni e antileptoni è:

$$
\begin{array}{lcccc}
\text{particella} & \nu_e & \bar{\nu}_e & e^- & e^+ \\
\text{Probabilità di Elicità} & -1 & +1 & -v/c & +v/c
\end{array}
\tag{8.34}
$$

Queste considerazioni comportano la *teoria a due componenti del neutrino*, cioè che il neutrino è sinistrorso, mentre l'antineutrino è destrorso.

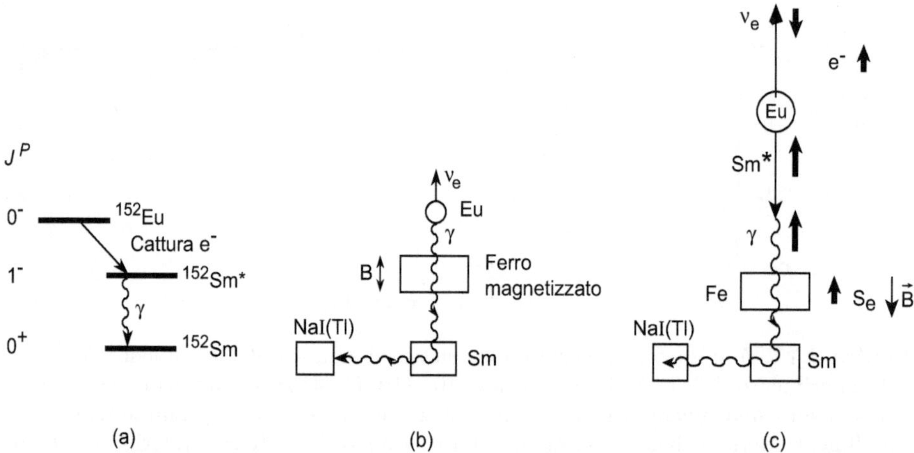

Figura 8.13. (a) Schema dei livelli energetici nel decadimento ^{152}Eu e del ^{152}Sm*. (b) Schema dell'apparato usato per la misura dell'elicità del neutrino. (c) Schema degli spin

Elicità del neutrino. Il processo studiato da Goldhaber [10G1] è stato la cattura elettronica nel nucleo ^{152}Eu

$$
\begin{aligned}
e^- + {}^{152}\text{Eu} &\to {}^{152}\text{Sm}^* + \nu_e \\
&\hookrightarrow {}^{152}\text{Sm} + \gamma \ .
\end{aligned}
\tag{8.35}
$$

Lo stato eccitato del samario decade con emissione di un γ di 960 keV (vedi diagramma di Fig. 8.13a). I raggi γ, emessi nella stessa direzione di rinculo del ^{152}Sm*, vengono rivelati dopo aver subito una diffusione di 90° in un bersaglio di samario; solo i γ emessi in direzione opposta al ν_e hanno energia un poco più elevata di 960 keV e quindi sufficiente per dar luogo ad uno scattering risonante nel bersaglio di samario, cioè $\gamma + \mathrm{Sm} \to \mathrm{Sm}^* \to \mathrm{Sm} + \gamma$. Per un neutrino con elicità negativa si ha una configurazione di spin come illustrato nella Fig. 8.13c. Se nel ferro magnetizzato gli elettroni sono polarizzati nella stessa direzione e con verso uguale a quello del fotone, il fotone riesce a passare; se invece il fotone ha spin opposto a quello dell'elettrone, può essere assorbito in una interazione che rovescia lo spin dell'elettrone. L'elicità del γ è quindi misurata tramite scattering su ferro magnetizzato (rovesciando $\vec{B}$, il senso di polarizzazione si può determinare dal cambiamento nel tasso di conteggi). Si conclude che il neutrino è sinistrorso (cioè lo spin ha verso opposto a quello dell'impulso).

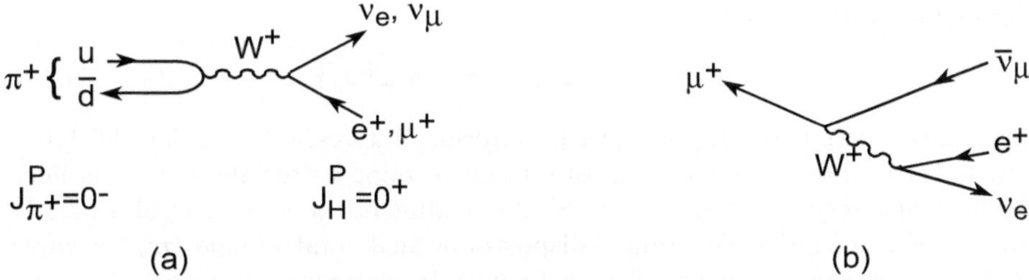

Figura 8.14. Diagrammi di Feynman (a) per il decadimento $\pi^+ \to \mu^+ \nu_\mu$ oppure $\pi^+ \to e^+ \nu_e$ e (b) per il decadimento $\mu^+ \to e^+ \nu_e \overline{\nu}_\mu$

8.10 Il decadimento dei pioni carichi

Il secondo esperimento cruciale per la conferma della non conservazione della parità nelle interazioni deboli, e a una conferma dell'elicità sinistrorsa dei neutrini e destrorsa degli antineutrini, riguardò lo studio del decadimento dei mesoni π carichi. Nella Fig. 8.14a è mostrato il diagramma di Feynman per il decadimento del mesone π^+ : $\pi^+ \to \mu^+ \nu_\mu$ e $\pi^+ \to e^+ \nu_e$. Il mesone π^+ è composto dai quark $u\overline{d}$ e questi si accoppiano al bosone intermedio W^+, che infine decade in $\mu^+ \nu_\mu$ oppure in $e^+ \nu_e$. Nella Fig. 8.15a è mostrata la situazione degli impulsi e degli spin di μ^+ e del ν_μ nel sistema a riposo del π^+. Gli impulsi di ν_μ e μ^+ sono uguali e opposti: $|\mathbf{p}_{\nu_\mu}| = |\mathbf{p}_{\mu^+}| = |\mathbf{p}|$. Se il ν_μ ha elicità $\Lambda = -1$, cioè se è sinistrorso, il suo spin deve essere antiparallelo al suo impulso come illustrato in Fig. 8.15a. Questo implica che per la conservazione del momento angolare, anche il μ^+ deve avere elicità negativa. Nel decadimento successivo, $\mu^+ \to e^+ \nu_e \overline{\nu}_\mu$, si deve quindi avere nel sistema a riposo del μ^+ la configurazione di spin e impulsi illustrata in Fig. 8.15b per il caso limite in cui ν_e e $\overline{\nu}_\mu$ vanno nella stessa direzione. Gli esperimenti effettuati nel 1957 hanno verificato che la distribuzione angolare del positrone è quella prevista dalla teoria a due componenti del neutrino con la configurazione di spin illustrata in Fig. 8.15b.

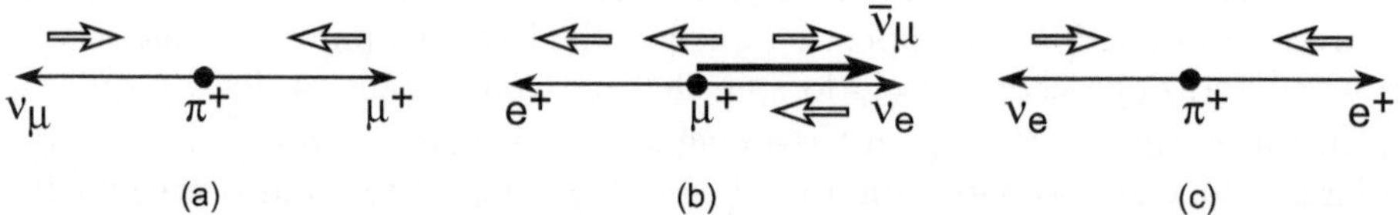

Figura 8.15. Illustrazione degli impulsi e degli spin delle particelle provenienti dai decadimenti (a) $\pi^+ \to \mu^+\nu_\mu$, (b) $\mu^+ \to e^+\nu_e\bar{\nu}_\mu$, (c) $\pi^+ \to e^+\nu_e$

In quanto segue, interessa studiare il rapporto fra le frazioni di decadimento (branching ratio, §4.5.2):

$$\Gamma(\pi^+ \to e^+\nu_e)/\Gamma(\pi^+ \to \mu^+\nu_\mu) \tag{8.36}$$

e verificare come esso rappresenti un'ulteriore interessante verifica del fatto che le correnti deboli sono composte da un termine vettoriale ed uno assiale. In base alla regola di Sargent (8.18) il decadimento $\pi \to e\nu$ sarebbe favorito perché è maggiore l'energia a disposizione nello stato finale ($m_\mu \gg m_e$). Tuttavia, sperimentalmente, il decadimento in elettrone-neutrino è sfavorito (soppresso) di un fattore $\sim 10^4$ rispetto a $\pi \to \mu\nu$. Il motivo è dovuto al fatto che il leptone carico emesso ha elicità *errata*. I neutrini hanno elicità negativa ($\Lambda = -1$) e gli antineutrini elicità positiva ($\Lambda = +1$); di conseguenza e^+, μ^+ debbono avere elicità come illustrato nelle Fig. 8.15a,c. In accordo con la (8.34), le antiparticelle hanno spin parallelo all'impulso con una probabilità $P_{RH} = v/c$ (vedi anche Appendice 4). Le configurazioni di Fig. 8.15a e 8.15c con elicità negativa sia per μ^+ che per e^+ sono configurazioni sfavorite, prodotte con una probabilità $P_{LH} = (1 - v/c)$, poiché $P_{LH} + P_{RH} = 1$. La grandezza P_{LH} è molto più piccola per il positrone rispetto al muone, poiché la sua massa è molto piccola e le velocità quasi relativistiche, $v_e \sim c$. Nel caso di $\pi^+ \to \mu^+\nu_\mu$ la frazione di decadimento è proporzionale a

$$\Gamma_{\pi\to\mu} \simeq \text{(fattore di elicità)(fattore spazio fasi)} \simeq \left(1 - \frac{v_\mu}{c}\right) p^2 \frac{dp}{dE_0} \tag{8.37}$$

dove p è l'impulso del μ^+ oppure del ν_μ e l'energia totale è $E_0 = m_\pi = p + \sqrt{p^2 + m_\mu^2}$ (unità con $c = 1$). Di conseguenza si ha

$$p = \frac{m_\pi^2 - m_\mu^2}{2m_\pi} = \frac{E_0^2 - m_\mu^2}{2E_0}, \; p^2 = \frac{(m_\pi^2 - m_\mu^2)^2}{4m_\pi^2}, \; \frac{dp}{dE_0} = \frac{m_\pi^2 + m_\mu^2}{2m_\pi^2}$$

$$\frac{v_\mu}{c} = \frac{p_\mu}{E_\mu}, \; 1 - \frac{v_\mu}{c} = \frac{2m_\mu^2}{m_\pi^2 + m_\mu^2}$$

e quindi:

$$\Gamma_{\pi\to\mu} \simeq \left(1 - \frac{v_\mu}{c}\right) p^2 \frac{dp}{dE_0} = \frac{2m_\mu^2}{m_\pi^2 + m_\mu^2} \frac{(m_\pi^2 - m_\mu^2)^2}{4m_\pi^2} \frac{m_\pi^2 + m_\mu^2}{2m_\pi^2} = \frac{m_\mu^2}{4}\left(1 - \frac{m_\mu^2}{m_\pi^2}\right)^2 .$$

$$(8.38)$$

Calcolando la grandezza analoga nel caso di decadimento $\pi^+ \to e^+\nu_e$, si ottiene $\Gamma_{\pi\to e}$, da cui si può calcolare il rapporto R delle intensità

$$R = \frac{\Gamma_{\pi\to e}}{\Gamma_{\pi\to\mu}} = \frac{m_e^2\left(1 - \frac{m_e^2}{m_\pi^2}\right)^2}{m_\mu^2\left(1 - \frac{m_\mu^2}{m_\pi^2}\right)^2} \simeq \frac{m_e^2}{m_\mu^2} \cdot \frac{1}{1 - \frac{m_\mu^2}{m_\pi^2}} \simeq 1.27 \cdot 10^{-4} \qquad (8.39)$$

è in ottimo accordo con i risultati sperimentali. Si è quindi spiegato il piccolo valore del rapporto e si è fatta una verifica quantitativa della teoria a due componenti del neutrino e della teoria $V - A$ (§8.16).

8.11 Decadimenti delle particelle strane

Poiché le interazioni deboli coinvolgono sia leptoni che adroni, occorre fare alcune classificazioni, basate sul fatto che nei processi dovuti alla WI siano coinvolti o meno dei leptoni. Nel caso di processi semi-leptonici o non-leptonici, si osservano decadimenti in cui non sono coinvolte particelle strane ($\Delta S = 0$), oppure con decadimenti che violano la stranezza ($\Delta S = 1$). Il decadimento debole delle particelle strane presenta alcune anomalie. Questo, indipendentemente se consideriamo processi leptonici, semi-leptonici o non-leptonici.

$$\text{leptonici:} \qquad \mu^+ \to e^+\nu_e\overline{\nu}_\mu, \qquad \nu_e e^- \to \nu_e e^- \qquad (8.40)$$

$$\text{semi-leptonici:} \quad \Delta S = 0 \begin{cases} n \to pe^-\overline{\nu}_e \\ \overline{\nu}_e p \to ne^+ \end{cases} \Delta S = 1 \begin{cases} K^+ \to \pi^0 e^+\nu_e \\ K^+ \to \mu^+\nu_\mu \end{cases} \quad (8.41)$$

$$\text{non-leptonici:} \quad \Delta S = 0 \ \{NN \to NN \quad \Delta S = 1 \begin{cases} \Lambda^0 \to p\pi^- \\ K^+ \to \pi^+\pi^0 \end{cases} . \quad (8.42)$$

Decadimenti leptonici

Consideriamo il caso di alcuni decadimenti puramente leptonici:

Decadimento		Cambio Stranezza	Vita Media s	$BR = \Gamma_i/\Gamma$
$\pi^- \to \mu^-\overline{\nu}$	$\overline{u}d \to W^- \to \mu^-\overline{\nu}_\mu$	$\Delta S = 0$	2.6×10^{-8}	100%
$K^- \to \mu^-\overline{\nu}$	$\overline{u}s \to W^- \to \mu^-\overline{\nu}_\mu$	$\Delta S = 1$	1.27×10^{-8}	63.5%

Il calcolo della vita media del K^- segue lo stesso procedimento di quello presentato nel paragrafo precedente, in particolare la (8.37). Utilizzando questa relazione per il calcolo della vita media del K e la costante G_F di Fermi, si ottiene una vita media 20 volte più piccola di quanto misurato.

Per spiegare questa nuova "stranezza", possiamo immaginare che, nel caso dei quark, la costante di accoppiamento dipenda dal sapore. Nel caso del π il decadimento coinvolge il quark d, e si può immaginare di utilizzare una costante di accoppiamento $G_d \simeq G_F$, in quanto la vita media calcolata con la costante di Fermi G_F dà risultati adeguati. Nel caso del K il decadimento coinvolge il quark s, e si può immaginare di utilizzare una costante di accoppiamento $G_s < G_d$ in maniera da ottenere il risultato della vita media corretto.

Dalle misure delle vite medie, del calcolo dei fattori di elicità e spazio delle fasi, si ottiene:

$$\frac{G_s^2}{G_d^2} \simeq 0.05 \ . \tag{8.43}$$

Decadimenti semi-leptonici

Anche i mesoni e i barioni con stranezza hanno decadimenti β simili a quelli del neutrone. Esempi dei modi semi-leptonici, che producono sia leptoni che adroni nello stato finale sono:

	Δm (MeV)	$BR = \Gamma_i/\Gamma$	τ (s)
$\Delta S = 0 \ n \to pe^-\overline{\nu}_e$	1.29	1	887
$\Sigma^+ \to \Lambda^0 e^+ \nu_e$	73.7	0.20×10^{-4}	0.80×10^{-10}
$\Sigma^- \to \Lambda^0 e^- \overline{\nu}_e$	81.7	0.57×10^{-4}	1.48×10^{-10}
$\Delta S = 1 \ \Lambda^0 \to pe^- \overline{\nu}_e$	177.4	8.32×10^{-4}	2.63×10^{-10}
$\Sigma^- \to ne^- \overline{\nu}_e$	257.8	1.02×10^{-3}	1.48×10^{-10}
$\Xi^0 \to \Sigma^+ e^- \overline{\nu}_e$	125.5	2.7×10^{-4}	2.90×10^{-10}
$\Xi^- \to \Lambda^0 e^- \overline{\nu}_e$	205.6	5.63×10^{-4}	1.64×10^{-10}
$\Xi^- \to \Sigma^0 e^- \overline{\nu}_e$	128.7	0.87×10^{-4}	1.64×10^{-10}

Gli antibarioni decadono allo stesso modo negli stati coniugati di carica. Per tutti i *decadimenti semi-leptonici*, tra cui quelli sopra riportati, vale la relazione $\Delta Q = \Delta S$, dove ΔQ e ΔS sono le variazioni di carica e di stranezza degli adroni fra stato iniziale e stato finale (finale meno iniziale). Questa relazione implica che in termini di quark il processo è:

$$s \to W^- u \to (e^- \overline{\nu}_e) u \ .$$

I decadimenti che non soddisfano la relazione $\Delta Q = \Delta S$ sono largamente soppressi. Ad esempio, consideriamo i decadimenti β della Σ^- e della Σ^+ e la loro interpretazione in termini di quark:

$$\Sigma^- \to ne^- \overline{\nu}_e \quad dds \to ddue^- \overline{\nu}_e \quad \Delta S = \ \Delta Q = 1 \tag{8.44a}$$

$$\Sigma^+ \to ne^+ \nu_e \quad uus \to udde^+ \nu_e \quad \Delta S = -\Delta Q = 1 \ . \tag{8.44b}$$

Per il primo decadimento, il rapporto di decadimento osservato è $BR = 1.0 \times 10^{-3}$, mentre per il secondo si ha $BR = 5 \times 10^{-6}$. Il secondo decadimento è quindi notevolmente sfavorito rispetto al primo (per un fattore 5×10^{-3}). La spiegazione è connessa col fatto che nel decadimento (8.44b) debbono variare il loro "sapore" due quark ($u \to d$, $s \to u$) e ciò può essere fatto solo con diagrammi di ordine più elevato (vedi Fig. 8.16b).

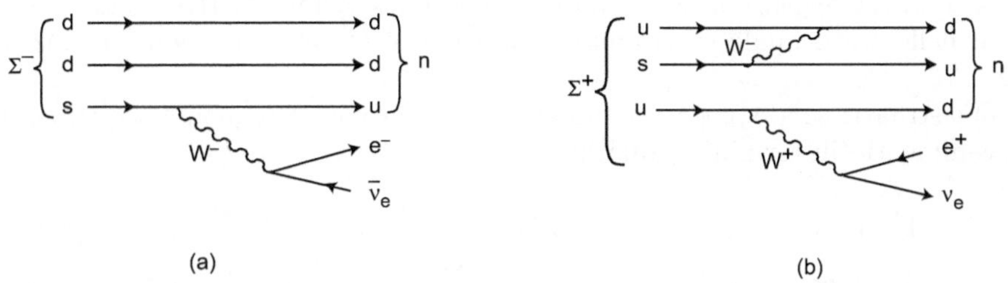

Figura 8.16. Diagrammi di Feynman per i decadimenti semi-leptonici (a) $\Sigma^- \to ne^-\overline{\nu}_e$, (b) $\Sigma^+ \to ne^+\nu_e$

Per tutti i decadimenti mostrati la regola di Sargent (8.18) fornisce una buona approssimazione per il calcolo della vita media. Tuttavia, anche in questo caso i risultati numerici sono corretti per i decadimenti con $\Delta S = 0$, ed errati di un fattore ~ 20 per i decadimenti con $\Delta S = 1$. Possiamo di nuovo immaginare che nel caso di decadimenti senza variazione di stranezza intervenga la costante G_d, mentre in quelli con $\Delta S = 1$ intervenga la costante G_s. Possiamo stimare il rapporto tra le due costanti usando i decadimenti della Σ^-:

$$\frac{G_s^2}{G_d^2} = \frac{\Gamma(\Sigma^- \to ne^-\overline{\nu}_e)/\Delta m_{\Sigma n}^5}{\Gamma(\Sigma^- \to \Lambda^0 e^-\overline{\nu}_e)/\Delta m_{\Sigma \Lambda}^5} = 0.057 \ . \tag{8.45}$$

Anche nel caso di decadimenti semi-leptonici si conferma che gli elementi di matrice delle transizioni $\Delta S = 1, \Delta S = 0$ sono diversi e che il rapporto tra $G_s^2/G_d^2 \simeq 0.05$, indipendentemente dal tipo di transizioni tra adroni: ciò *deve quindi riflettere una proprietà dei quark costituenti.*

Decadimenti non-leptonici

I *decadimenti non-leptonici* permessi delle particelle strane sono caratterizzati dalle regole di selezione $\Delta S = 1$ e $\Delta I = 1/2$ (ΔS è la variazione di stranezza degli adroni, ΔI è la variazione di isospin forte), che corrisponde al solito ad una transizione tra quark $s \to u$. La costante di accoppiamento da usare è quindi G_s. Come esempi di decadimento consideriamo quelli della Λ^0, Fig. 8.17: si ha $\Delta S = S_f - S_i = 1$. Per verificare che sia $\Delta I = 1/2$ occorre fare alcune considerazioni sui rapporti di decadimento delle Λ^0 in $p\pi^+, n\pi^0$:

$$
\begin{aligned}
\Lambda^0 &\longrightarrow p\pi^- &\quad BR &= (2/3 \cdot \text{fattore spazio fasi}) = 0.655, \ \text{Exp} = 0.641 \pm 0.005 \\
&\longrightarrow n\pi^0 &\quad BR &= (1/3 \cdot \text{fattore spazio fasi}) = 0.345, \ \text{Exp} = 0.367 \pm 0.005 \\
I = 0 &\longrightarrow I = 1/2 \ .
\end{aligned}
$$

$$\tag{8.46}$$

Se lo stato finale ha veramente $I = 1/2$ si possono predire i rapporti di decadimento $p\pi^-$ e $n\pi^0$ sulla base dei coefficienti di Clebsh-Gordan (se $I = 1/2$ si ha: $2/3$ per $p\pi^-$, $1/3$ per $n\pi^0$; se $I = 3/2$ si ha: $1/3$ per $p\pi^-$, $2/3$ per $n\pi^0$) e di un fattore che tiene conto della piccola differenza di spazio delle fasi fra $p\pi^-$ e $n\pi^0$. Viene confermata l'assegnazione $I = 1/2$ allo stato finale e quindi $\Delta I = 1/2$. La regola non è assoluta, perché l'interazione elettromagnetica la viola; nello stato finale ci saranno quindi piccole "contaminazioni" di $\Delta I = 3/2$.

Questi fatti sono spiegati assumendo che si abbia la seguente sequenza di "avvenimenti" in termini di quark:

$$\Lambda^0 \to p\pi^- \qquad uds \xrightarrow{\text{WI}} udu\,W^- \xrightarrow{\text{WI+SI}} udu + \bar{u}d \xrightarrow{\text{SI}} p\pi^- \qquad (8.47a)$$

$$\Lambda^0 \to n\pi^0 \qquad uds \xrightarrow{\text{WI}} udu\,W^- \xrightarrow{\text{WI+SI}} udd + \bar{u}u \xrightarrow{\text{SI}} n\pi^0 \ . \qquad (8.47b)$$

In termini di diagrammi di Feynman con scambio di bosoni intermedi $W^{\pm}$ si hanno i diagrammi di Fig. 8.17.

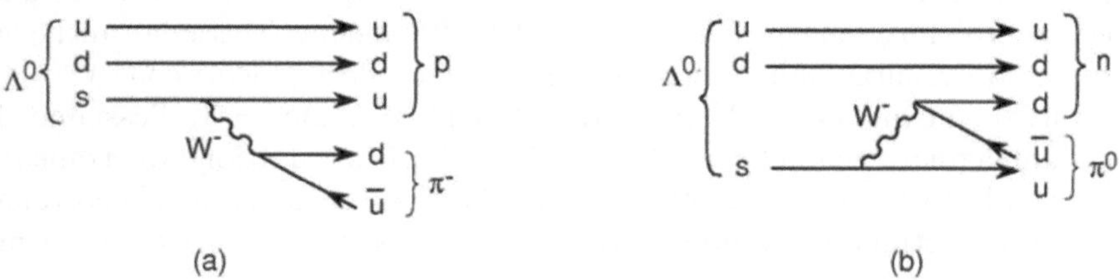

Figura 8.17. Diagrammi di Feynman per i decadimenti non-leptonici (a) $\Lambda^0 \to p\pi^-$, (b) $\Lambda^0 \to n\pi^0$, con lo scambio di un bosone W^-

8.12 Universalità delle interazioni deboli (II). L'angolo di Cabibbo

Il triangolo di Puppi (Fig. 8.5) esprimeva l'universalità delle interazioni deboli che coinvolgono il decadimento del neutrone, quello del muone e la cattura del muone negativo da parte del protone.

L'estensione alle particelle strane ha portato al *tetraedro di Dallaporta* dove si considerano anche i decadimenti semi-leptonici $\Sigma^- \to \Lambda^0 e^- \bar{\nu}_e$, $\Lambda^0 \to pe^- \bar{\nu}_e$, $\Sigma \to ne\nu$, Fig. 8.5b. Questa "universalità" è solo approssimata perché, come abbiamo visto, per i decadimenti $K^+ \to \mu^+ \nu_\mu$ e $\pi^+ \to \mu^+ \nu_\mu$ si trovano costanti di accoppiamento piuttosto diverse, più piccola per il decadimento del K. La stessa situazione si ha per i decadimenti semi-leptonici dei barioni strani ($\Lambda^0 \to pe^- \bar{\nu}_e$, $\Sigma \to ne\nu_e$, $\Xi \to \Lambda^0 e\nu_e$) rispetto al decadimento del neutrone. Le misure di precisione indicano che lo stesso decadimento del neutrone ha una costante di accoppiamento leggermente più piccola rispetto a quella del decadimento del muone (si confrontino 8.14a,b). È inoltre da notare che le altre regole empiriche di selezione, $\Delta S = \pm 1$, $\Delta I = 1/2$, $\Delta Q = \Delta S$, indicano regolarità nei decadimenti delle particelle strane.

I fatti sperimentali sopracitati vennero brillantemente interpretati da Nicola Cabibbo nel 1964. I leptoni sono autostati dell'interazione debole e i quark sono autostati dell'interazione forte. Cabibbo mostrò che i quark sono anche autostati dell'interazione debole, con le seguenti assunzioni:

- l'accoppiamento degli elettroni al campo debole è proporzionale a una *carica debole*, $g_{e\nu}$;
- l'accoppiamento dei muoni è proporzionale a $g_{\mu\nu}$ e questa è identica a quella dell'elettrone: $g_{e\nu} = g_{\mu\nu}$;
- l'accoppiamento dei quark $(u; d)$ genera le transizioni con $\Delta S = 0$ ed è proporzionale a g_{ud};
- l'accoppiamento dei quark $(u; s)$ genera le transizioni $\Delta S = 1$ ed è proporzionale a g_{us}.

In ogni vertice di un diagramma di Feynman, occorre inserire la corrispondente costante. Gli elementi di matrice delle transizioni dell'hamiltoniana debole H_W che coinvolgono solo leptoni (ad esempio: $|i\rangle = |\nu e\rangle$; $\langle f| = \langle e\nu|$) sono proporzionali a quella che chiamiamo costante di Fermi:

$$\langle f|H_W|i\rangle \propto g_{e\nu}^2 = G_F \ . \tag{8.48a}$$

Gli elementi di matrice dei processi semi-leptonici con $\Delta S = 0$, dove $|i\rangle = |\overline{\nu}_e u\rangle$; $\langle f| = \langle e^+ d|$ (Fig. 8.16b) oppure $|i\rangle = |\nu_e d\rangle$; $\langle f| = \langle e^- u|$ (Fig. 8.1b) sono:

$$\langle f|H_W|i\rangle_{\Delta S=0} \propto g_{e\nu} g_{ud} = G_d \tag{8.48b}$$

e per i processi con $\Delta S = 1$ (Fig. 8.16a), dove $|i\rangle = |\nu_e s\rangle$; $\langle f| = \langle e^- u|$:

$$\langle f|H_W|i\rangle_{\Delta S=1} \propto g_{e\nu} g_{us} = G_s \ . \tag{8.48c}$$

L'ipotesi di Cabibbo (mostrata qualitativamente in Fig. 8.5c) è che l'interazione debole sia davvero universale, come immaginata prima della scoperta delle particelle strane, cioè dipendente da un solo parametro, la costante universale di Fermi G_F. Questa descrive l'accoppiamento del campo debole sia verso i leptoni che i quark tramite la relazione:

$$G_F = g_{e\nu}^2 = g_{ud}^2 + g_{us}^2 \longrightarrow g_{ud} = g_{e\nu} \cos\theta_c \quad ; \quad g_{us} = g_{e\nu} \sin\theta_c \ . \tag{8.49}$$

Nel modello di Cabibbo quanto sopra esposto corrisponde al fatto che i quark che partecipano all'interazione debole non sono gli autostati di sapore u, d, s che caratterizzano l'interazione forte, ma una loro combinazione lineare, che può considerarsi come "ruotata", di un angolo θ_c, rispetto ai quark ordinari. In altre parole gli autostati di massa dei quark (u, d, s) non sono uguali agli autostati dell'interazione debole che indichiamo con (u_c, d_c, s_c). Si hanno così, considerando due tipi di leptoni e i tre quark u, d, s, i seguenti "doppietti deboli"

$$\begin{pmatrix} \nu_e \\ e^- \end{pmatrix} , \quad \begin{pmatrix} \nu_\mu \\ \mu^- \end{pmatrix} , \quad \begin{pmatrix} u \\ d_c \end{pmatrix} = \begin{pmatrix} u \\ d\cos\theta_c + s\sin\theta_c \end{pmatrix} \tag{8.50}$$

dove $\theta_c = 0.235$ rad $= 13.5°$ è l'*angolo di Cabibbo*. La scelta di u come stato non mescolato è una convenzione. Per ogni doppietto di leptoni l'accoppiamento debole è specificato dalla costante di Fermi G_F. **L'apparente differenza tra i valori della costante di accoppiamento è dovuta al processo di miscelamento dei quark, poiché gli autostati delle WI non coincidono con quelli delle interazioni forti**, Tab. 8.2. Poiché $\sin\theta_c = 0.235$ e $\cos\theta_c = 0.972$, transizioni con $\Delta S = 0$ hanno una costante di accoppiamento effettiva maggiore di transizioni con $\Delta S = 1$. Così si spiega perché G_F^n (Eq. 8.14b) è più piccola di $G_F^\mu = G_F$ (Eq. 8.14a): in realtà, quello che si misura nel decadimento del neutrone è $G_F \cos\theta_c$.

Decadimento	descrizione con quark	J^P adronici	ΔS	Accoppiamento
$n \to pe^-\overline{\nu}_e$	$d \to ue^-\overline{\nu}_e$	$1/2^+ \to 1/2^+$	0	$G_F^2 \cos^2\theta_c$
$p \to ne^+\nu_e$ (in ^{14}O)	$u \to de^+\nu_e$	$0^+ \to 0^+$	0	$G_F^2 \cos^2\theta_c$
$\pi^- \to \pi^0 e^-\overline{\nu}_e$	$d \to ue^-\overline{\nu}_e$	$0^- \to 0^-$	0	$G_F^2 \cos^2\theta_c$
$K^- \to \pi^0 e^-\overline{\nu}_e$	$s \to ue^-\overline{\nu}_e$	$0^- \to 0^-$	1	$G_F^2 \sin^2\theta_c$
$\mu^+ \to e^+\nu_e\overline{\nu}_\mu$	−	−	−	G_F^2

Tabella 8.2. Accoppiamenti per diversi tipi di decadimenti ($G_F = G_F^\mu$). Il secondo decadimento è relativo al ^{14}O, poiché protoni liberi non decadono

Il valore dell'angolo di Cabibbo può essere ricavato confrontando decadimenti semi-leptonici analoghi con $\Delta S = 1$ e $\Delta S = 0$. Per esempio, possono essere usati i decadimenti $K^+ \to \mu^+\nu_\mu$ ($\propto G_F^2 \sin^2\theta_c$) e $\pi^+ \to \mu^+\nu_\mu$ ($\propto G_F^2 \cos^2\theta_c$). Essi sono simili, salvo per un quark $\overline{s}$ nel K^+ e un quark d nel π^+. Il rapporto tra le frazioni di decadimento fornisce:

$$\frac{\Gamma(K^+ \to \mu^+\nu_\mu)}{\Gamma(\pi^+ \to \mu^+\nu_\mu)} = \frac{m_K^2[1 - (m_\mu^2/m_K^2)]^2}{m_\pi^2[1 - (m_\mu^2/m_\pi^2)]^2} \tan^2\theta_c \tag{8.51}$$

inserendo il valore misurato delle masse di π, μ e K [08P1] si determina $\theta_c = (0.235 \pm 0.006)$. Oggi sono conosciute tre diverse famiglie di quark (§8.14) e diversi metodi sono usati per determinare i diversi angoli di mixing. Il miglior valore del parametro che corrisponde all'angolo di Cabibbo è $\theta_c = (0.2253 \pm 0.0007)$.

8.13 Interazione debole a corrente neutra

A livello fondamentale, i decadimenti e le reazioni sinora considerate avvengono tramite lo scambio di bosoni W^+, W^-: sono detti processi deboli a *corrente carica* (CC). Le reazioni

$$\nu_\mu e^- \to \nu_\mu e^- \qquad (8.52)$$

$$\overline{\nu}_\mu e^- \to \overline{\nu}_\mu e^-$$

possono procedere solo tramite lo scambio del bosone Z^0 (vedi Fig. 8.18).
Si parla di *interazione debole a corrente neutra* che avviene con scambio del
bosone Z^0. Anche nella reazione

$$e^+ e^- \to q\overline{q}(\ell\overline{\ell}) \qquad (8.53)$$

è presente un contributo dovuto all'interazione debole, Fig. 8.18, e di cui si
discuterà nel Cap. 9. Storicamente la corrente neutra debole è stata introdot-

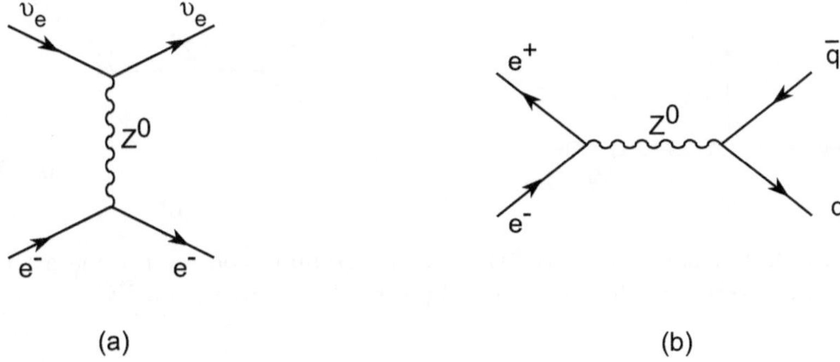

Figura 8.18. Esempi di processi dovuti all'interazione debole a corrente neutra, cioè
tramite lo scambio di Z^0. (a) Scambio nel canale t: la carica elettrica della corrente
leptonica non cambia nel tempo. (b) Scambio nel canale s: particella e antiparticella
si annichilano per formare la particella neutra Z^0

ta per rimuovere divergenze. Per esempio, per la reazione $\nu\overline{\nu} \to W^+W^-$, il
diagramma all'ordine più basso contiene lo scambio di un elettrone e dà luogo
a una divergenza, cancellata dal diagramma contenente lo scambio di una Z^0
(vedi Fig. 8.19).

La Z^0, come il γ, può essere scambiata nel canale t (Fig. 8.18a) dando
luogo a processi dove non varia la carica elettrica nelle particelle interagenti.
Nel canale t l'interazione a corrente neutra neutrino-protone avviene tramite
lo scambio di un bosone Z^0 tra il neutrino incidente ed uno dei quark del
protone (vedi Fig. 10.1). In questo caso il neutrino e il quark (antiquark) interagenti restano gli stessi e l'interazione può avvenire con uno qualsiasi dei
quark (o degli antiquark). Se invece è scambiata nel canale s (Fig. 8.18b), si
ha un processo di annichilazione $f\overline{f} \to Z^0$ seguito dalla creazione di una cop-
pia $f'\overline{f'}$. f, f' sono fermioni; $\overline{f}, \overline{f'}$ sono antifermioni. L'interazione a corrente
neutra fu scoperta nel 1977 utilizzando una camera a bolle a liquido pesante
(Gargamelle, al CERN) esposta a un fascio di neutrini muonici di alta energia; furono osservate le reazioni su elettroni degli atomi $\nu_\mu e^- \to \nu_\mu e^-$ (con un

solo elettrone carico nello stato finale, prodotto da una traccia invisibile) e su nucleoni $\nu_\mu N \to \nu_\mu + adroni$, in cui sono visibili nello stato finale le sole tracce delle particelle cariche (adroni o loro prodotti di decadimento). In entrambi i casi, poiché manca la segnatura caratteristica della presenza di un muone, le reazioni possono procedere solo via NC.

Il rapporto tra le sezioni d'urto dovute all'interazione a corrente neutra rispetto a quelle dovute a corrente carica dei neutrini di alta energia è: $\sigma_{\nu N}^{NC}/\sigma_{\nu N}^{CC} \simeq 0.25$, $\sigma_{\bar{\nu} N}^{NC}/\sigma_{\bar{\nu} N}^{CC} \simeq 0.45$. Le correnti neutre non sono previste dalla teoria di Fermi, e rappresentano uno dei motivi che ne richiedono l'estensione.

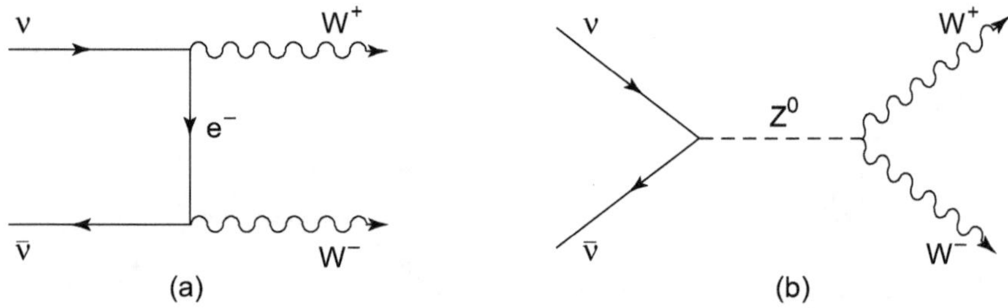

Figura 8.19. Reazione $\nu\bar{\nu} \to W^+W^-$: (a) diagramma con interazione a CC che contiene una divergenza che viene cancellata dal diagramma (b) a NC

8.14 Le interazioni deboli e i quark

8.14.1 L'hamiltoniana debole e il meccanismo GIM

Gell-Mann e Pais nel 1955 osservarono che è possibile formare due combinazioni lineari dei mesoni K neutri che sono autostati della simmetria CP, e quindi dell'interazione debole, e che questi corrispondono alle particelle che decadono nei due diversi stati di CP. Scegliendo le combinazioni lineari:

$$|K_1^0\rangle = 1/\sqrt{2}(|K^0\rangle + |\overline{K}^0\rangle) \quad ; \quad |K_2^0\rangle = 1/\sqrt{2}(|K^0\rangle - |\overline{K}^0\rangle) \tag{8.54}$$

K_1 e K_2 sono due stati distinti, combinazioni degli autostati delle interazioni forti, che hanno masse diverse e decadono in modi diversi:

$$|K_1^0\rangle \quad \frac{1}{\sqrt{2}}(|d\bar{s}\rangle + |s\bar{d}\rangle) \quad CP = +1 \longrightarrow \pi\pi \tag{8.55}$$

$$|K_2^0\rangle \quad \frac{1}{\sqrt{2}}(|d\bar{s}\rangle - |s\bar{d}\rangle) \quad CP = -1 \longrightarrow \pi\pi\pi \, . \tag{8.56}$$

Torneremo su questo nel §12.2; per il momento, è importante sottolineare che i mesoni K^0 e $\overline{K}^0$ sono stati coniugati di carica e hanno la stessa massa.

Ma le combinazioni K_1^0 e K_2^0 rappresentano due particelle diverse con massa diversa. Il valore della differenza di massa Δm tra i due stati si può calcolare nel modello a quark, ed è in particolare proporzionale all'elemento di matrice che descrive la probabilità di transizione $K^0 \leftrightarrow \overline{K}^0$, che ha $\Delta S = 2$ (infatti, K^0 ha stranezza S=1, mentre $\overline{K}^0$ ha S=-1). Si tratta di una transizione debole del secondo ordine. Il calcolo di questo elemento di matrice, considerando il solo contributo dei quark $u; d; s$, dà un valore molto più grande del risultato sperimentale. Deve quindi esistere un qualche nuovo fenomeno che *impedisce le transizioni in cui cambia il sapore dei quark ma non cambia la carica elettrica*. Questo è stato messo in luce da Glashow, Iliopoulos e Maiani nel 1970 che proposero l'esistenza di un quarto quark. In base a questa ipotesi, le proprietà del quarto quark (denominato $c, charm$) dovevano essere:

i) carica elettrica $+2/3$, isospin $I = 0$, stranezza $S = 0$, numero barionico $B = 1/3$;

ii) un nuovo numero quantico C che, in modo analogo alla stranezza, si conserva nell'interazione forte, ma non in quella debole;

iii) è autostato dell'interazione debole e forma un secondo doppietto di quark con il secondo stato ruotato della teoria di Cabibbo $s' = s\cos\theta_c - d\sin\theta_c$. Con questa ipotesi, si ha un nuovo doppietto per l'interazione debole:

$$\begin{pmatrix} c \\ s_c \end{pmatrix} = \begin{pmatrix} c \\ s\cos\theta_c - d\sin\theta_c \end{pmatrix} . \tag{8.57}$$

Torniamo a considerare l'Hamiltoniana debole H_W (8.48). Abbiamo imparato che possiamo considerare H_W come un operatore, che agisce sulle funzioni d'onda delle particelle, composto da 4 termini:

- una costante universale dimensionale G_F, uguale per tutte le particelle;
- degli operatori (adimensionali) O_i che tengano conto delle preferenze dei fermioni coinvolti circa il loro stato di elicità, ossia la proiezione dello spin rispetto al vettore impulso, e il comportamento relativo all'operatore parità. La struttura matematica degli operatori O_i si basa sui risultati degli esperimenti descritti, e verrà introdotta in §8.16;
- un termine moltiplicativo che tenga conto della molteplicità degli stati di spin e di isospin disponibili nello stato finale (il termine $m_{i,s}$ introdotto in §8.6);
- un termine (adimensionale) uguale a 1 se l'interazione è puramente leptonica, e che che dipende dal sapore nel caso dei quark.

Usando le stesse notazioni usate in (8.48) possiamo descrivere i processi semileptonici in cui interviene il quark c ($\Delta C = 1, \Delta Q = 1$) usando l'ipotesi del meccanismo GIM:

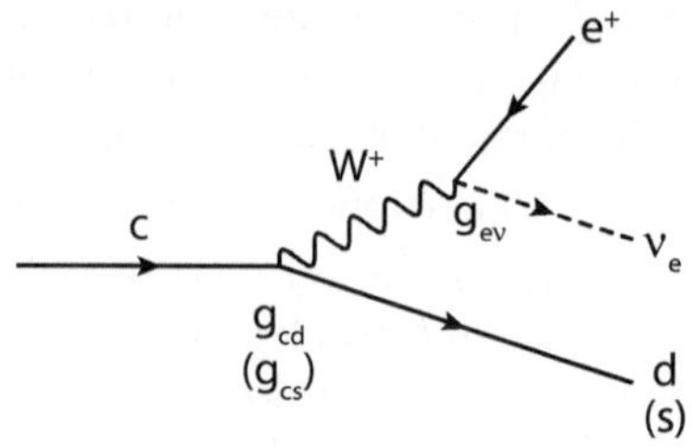

$$\overline{s}c \equiv \langle(\nu_e e^+)s|H_W|c\rangle \propto g_{e\nu}g_{cs} = G_F \cos\theta_c \tag{8.58a}$$

$$\overline{d}c \equiv \langle(\nu_e e^+)d|H_W|c\rangle \propto g_{e\nu}g_{cd} = G_F \sin\theta_c. \tag{8.58b}$$

da cui segue che nei decadimenti di mesoni charmati con $\Delta C = 1$ in mesoni non charmati, le transizioni $c \to s$ (che hanno accoppiamento $\cos^2\theta_c$) dominano sulle transizioni $c \to d$ (accoppiamento $\sin^2\theta_c$). Si noti l'abbreviazione simbolica $\overline{s}c$ per la probabilità di transizione da un quark c ad un quark s (8.58a) e $\overline{d}c$ per la transizione da un quark c a d (8.58b). Fino all'Eq. (8.62c) il simbolo c rappresenta l'operatore che **distrugge** il quark c, mentre il simbolo $\overline{s}$ rappresenta l'operatore che **crea** un quark s, e analogamente per gli altri quark. Occorre quindi non confondere gli oggetto $\overline{s}, \overline{d}$ con gli antiquark s e d.

Con due famiglie di quark, il termine nell'hamiltoniana H_W che dipende dal tipo di quark coinvolto può essere formalmente scritto nel seguente modo (consideriamo ad esempio transizioni da un quark iniziale d_c o s_c ad uno stato finale $\overline{u}$ oppure $\overline{c}$ più una W^-) usando la (8.50) e la (8.57) :

$$(\overline{u},\overline{c})\begin{pmatrix} d_c \\ s_c \end{pmatrix} = (\overline{u},\overline{c})\begin{pmatrix} d\cos\theta_c + s\sin\theta_c \\ s\cos\theta_c - d\sin\theta_c \end{pmatrix} = (\overline{u},\overline{c})\begin{pmatrix} \cos\theta_c & \sin\theta_c \\ -\sin\theta_c & \cos\theta_c \end{pmatrix}\begin{pmatrix} d \\ s \end{pmatrix} =$$

$$= (\overline{u},\overline{c})V_c\begin{pmatrix} d \\ s \end{pmatrix} \tag{8.59}$$

La matrice 2×2 V_c che miscela gli stati tra le prime due famiglie di quark contiene un solo parametro libero, l'angolo di Cabibbo (formalismo di Cabibbo-GIM). I dati sperimentali relativi ai processi deboli che coinvolgono i quark u, d, s, c sono consistenti con un unico valore di θ_c. Gli autostati di H_W dei quark di carica -1/3 non sono gli autostati d, s che caratterizzano l'interazione forte, ma una loro combinazione lineare ruotata di un angolo θ_c. Per convenzione, non sono ruotati i quark di carica +2/3.

8.14.2 Indizi sul quarto quark dalle correnti neutre

Un quarto quark era necessario anche per spiegare alcuni problemi connessi con le correnti neutre (NC). I *processi a corrente neutra* sperimentalmente osservati sono caratterizzati dalla regola di selezione $\Delta S = 0$. Correnti neutre con $\Delta S = 1$ non sono osservati (Problema 8.10 e 8.18). Tuttavia il meccanismo che ruota lo stato dei quark (d, s), postulando l'esistenza dei soli 3 quark u, d, s, produce un termine con $\Delta S = 1$ quando considera NC:

$$(\overline{u}, \overline{d}_c) \begin{pmatrix} u \\ d_c \end{pmatrix} = (\overline{u}, \overline{d} \cos \theta_c + \overline{s} \sin \theta_c) \begin{pmatrix} u \\ d \cos \theta_c + s \sin \theta_c \end{pmatrix} =$$

$$= \underbrace{u\overline{u} + (d\overline{d} \cos^2 \theta_c + s\overline{s} \sin^2 \theta_c)}_{\Delta S = 0} + \underbrace{(s\overline{d} + \overline{s}d) \sin \theta_c \cos \theta_c}_{\Delta S = 1} \ .$$

Ciascun termine $u\overline{u}$, $d\overline{d}$, $s\overline{s}$ rappresenta la densità di probabilità per la transizione di uno stesso sapore di quark da uno stato iniziale a quello finale, con emissione di una Z^0. Sono previsti anche le transizioni mai osservate $s\overline{d}$ e $d\overline{s}$. Con il nuovo doppietto (8.57), la corrente neutra può riscriversi nella forma:

$$(\overline{u}, \overline{d}_c) \begin{pmatrix} u \\ d_c \end{pmatrix} + (\overline{c}, \overline{s}_c) \begin{pmatrix} c \\ s_c \end{pmatrix} =$$
$$= \underbrace{u\overline{u} + c\overline{c} + (d\overline{d} + s\overline{s}) \cos^2 \theta_c + (s\overline{s} + d\overline{d}) \sin^2 \theta_c}_{\Delta S = 0} + \underbrace{(s\overline{d} + \overline{s}d - \overline{s}d - s\overline{d}) \sin \theta_c \cos \theta_c}_{\Delta S = 1}$$
$$(8.60)$$

e i termini che prevedono transizioni con $\Delta S = 1$ sono automaticamente cancellati.

8.14.3 I sei quark e la matrice di Cabibbo-Kobayashi-Maskawa

Oggi conosciamo 6 differenti quark; discuteremo della scoperta dei quark più pesanti nel Cap. 9. La generalizzazione della (8.59) porta alla seguente forma per la corrente debole nel settore dei quark:

$$(\overline{u}, \overline{c}, \overline{t}) \ \mathrm{V}_{CKM} \begin{pmatrix} d \\ s \\ b \end{pmatrix} \tag{8.61}$$

dove la *matrice di Cabibbo-Kobayashi-Maskawa* V_{CKM}, è una matrice a 3 righe e 3 colonne. In letteratura si trovano diverse parametrizzazioni della matrice CKM. La forma proposta originariamente è la seguente ($c_i = \cos \theta_i$, $s_i = \sin \theta_i$):

$$\begin{pmatrix} d_c \\ s_c \\ b_c \end{pmatrix} = V_{CKM} \begin{pmatrix} d \\ s \\ b \end{pmatrix}$$

$$V_{CKM} = \begin{pmatrix} c_1 & c_3 s_1 & s_1 s_3 \\ -c_2 s_1 & c_1 c_2 c_3 - s_2 s_3 e^{i\delta} & c_1 c_2 s_3 + c_3 s_2 e^{i\delta} \\ s_1 s_2 & -c_1 c_3 s_2 - c_2 s_3 e^{i\delta} & -c_1 s_2 s_3 + c_2 c_3 e^{i\delta} \end{pmatrix} \tag{8.62a}$$

dove $\theta_1, \theta_2, \theta_3$ sono tre angoli di mixing e δ è un angolo di fase (notare che alcuni autori usano la forma con $s_1 \to -s_1$). In questa forma, V_{CKM} è simile

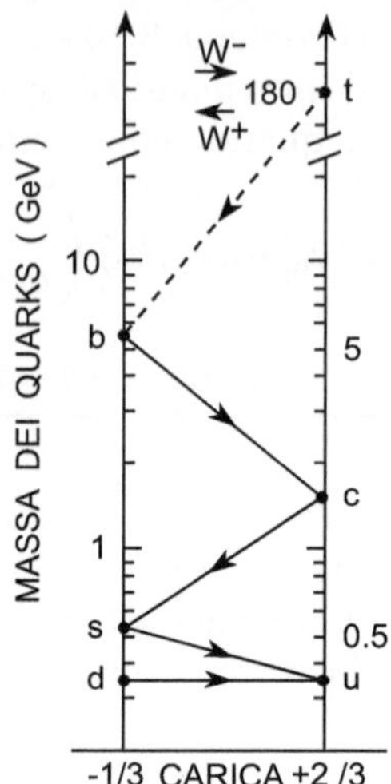

Figura 8.20. Schema dei decadimenti $t \to b \to c \to s \to u$, e $d \to u$, cioè $t \to bW^+$, $b \to cW^-$, $c \to sW^+$, $s \to uW^-$, $d \to uW^-$. La massa dei quark d, u è più piccola (~ 5 MeV) di quanto riportato nella scala; la massa del quark t è circa 172 GeV

alla matrice degli angoli di Eulero che rappresenta un insieme di tre rotazioni composte tra due sistemi di riferimento cartesiani nello spazio. Nel limite $\theta_2 \simeq \theta_3 \simeq 0$ la matrice contiene il solo angolo di Cabibbo. Si usa anche la forma:

$$V_{CKM} = \begin{pmatrix} c_{12}c_{13} & s_{12}c_{13} & s_{13}e^{-i\delta_{13}} \\ -s_{12}c_{23} - c_{12}s_{23}s_{13}e^{i\delta_{13}} & c_{12}c_{23} - s_{12}s_{23}s_{13}e^{i\delta_{13}} & s_{23}c_{13} \\ s_{12}c_{23} - c_{12}s_{23}s_{13}e^{i\delta_{13}} & -c_{12}s_{23} - s_{12}c_{23}s_{13}e^{i\delta_{13}} & +c_{23}c_{13} \end{pmatrix} .$$
(8.62b)

Si ottiene: $s_{12} \simeq 0.23$, $s_{13} \simeq 0.003$, $s_{23} \simeq 0.04$. La fase δ_{13}, se differente da zero, porta alla violazione di CP nell'interazione debole (vedi Cap. 12).

Adesso si preferisce la forma:

$$\begin{pmatrix} d' \\ s' \\ b' \end{pmatrix} = \begin{pmatrix} V_{ud} & V_{us} & V_{ub} \\ V_{cd} & V_{cs} & V_{cb} \\ V_{td} & V_{ts} & V_{tb} \end{pmatrix} \begin{pmatrix} d \\ s \\ b \end{pmatrix}$$
(8.62c)

d', s', b' sono gli autostati relativi all'interazione debole; d, s, b sono gli autostati di massa relativi all'interazione forte (si è convenuto di non variare gli stati u, c, t).

Sperimentalmente si trova che gli elementi non diagonali della matrice CKM, nella forma (8.62c), sono piccoli e quindi che tutti gli angoli sono piccoli (vedi Tab. 8.3). Ne consegue che il modello predice una sequenza specifica di decadimenti: partendo dal quark t, è favorita la catena di decadimenti

$$t \to b \to c \to s \to u$$
(8.63)

(più specificamente $t \to bW^+$, $b \to cW^-$, $c \to sW^+$, $s \to uW^-$, $d \to uW^-$), vedi Fig. 8.20 e Problema 8.14.

Con lo schema di mixing, quark e leptoni hanno lo stesso accoppiamento: si parla così di *universalità quark-leptoni*. Notare che gli elementi della

$$V_{CKM} = \begin{pmatrix} 0.97428 \pm 0.00015 & 0.2253 \pm 0.0007 & 0.00347 \pm 0.00016 \\ 0.2252 \pm 0.0007 & 0.97345 \pm 0.00015 & 0.041 \pm 0.001 \\ 0.0086 \pm 0.0003 & 0.040 \pm 0.001 & 0.99915 \pm 0.00005 \end{pmatrix}$$

Tabella 8.3. Elementi V_{ij} della matrice CKM nella forma (8.62c) (per tener conto della piccola violazione di CP occorre moltiplicare V_{ub} per la fase $e^{-i\gamma}$, e V_{td} per $e^{-i\beta}$ [10P1]

matrice CKM debbono essere determinati sperimentalmente [10P1]. (i) V_{ud} è determinato confrontando il decadimento del neutrone con quello del μ; (ii) V_{us} è determinato dai decadimenti $K^+ \to \pi^0 e^+ \nu_e$, $K_L^0 \to \pi^\pm e^\mp (\overline{\nu}_e)$; (iii) V_{cd} è stato dedotto dalla produzione di particelle con charm in collisioni con quark di valenza d; (iv) V_{cs} è stato dedotto dalla larghezza $\Gamma(D \to \overline{K} e^+ \nu_e)$ e dai decadimenti adronici del $W^\pm$; (v) V_{cb} è stato ottenuto dalla frequenza del decadimento $\overline{B^0} \to D^{*+} \ell^- \overline{\nu}_e$, ecc.

8.15 Produzione dei bosoni vettori $W^\pm$ e Z^0

Le particelle mancanti nel modello sinora sviluppato sono i bosoni vettori intermedi $W^\pm$, Z^0 delle WI. Per la loro scoperta, venne progettato e costruito al CERN il LEP, che ha funzionato dal 1989 al 2001 (Cap. 9). Il LEP ha effettuato misure di altissima precisione sulla fisica delle interazioni elettromagnetiche e deboli (interazioni ElettroDeboli, Cap. 11), tra cui la misura della massa dei bosoni vettori. Tuttavia, la scoperta delle $W^\pm$, Z^0 venne anticipata al 1983 al $Sp\overline{p}S$ del CERN da una fenomenale intuizione di C. Rubbia. Nell'interazione tra protone e antiprotone ad altissime energie, può avvenire una annichilazione $q\overline{q}$ che genera un bosone $W^\pm$, Z^0 reale. Il problema di accumulare un numero sufficientemente elevato di $\overline{p}$ fu risolto da una tecnica di raffreddamento stocastico dovuta a S. van der Meer (Nobel con Rubbia nel 1994). I bosoni intermedi $W^\pm$ e Z^0 sono stati osservati attraverso i seguenti processi elementari:

$$u\overline{d} \to W^+ \to e^+ \nu_e, \to \mu^+ \nu_\mu \tag{8.64a}$$

$$d\overline{u} \to W^- \to e^- \overline{\nu}_e, \to \mu^- \overline{\nu}_\mu \tag{8.64b}$$

$$\left. \begin{matrix} u\overline{u} \\ d\overline{d} \end{matrix} \right\} \to Z^0 \to e^+ e^-, \to \mu^+ \mu^- \ . \tag{8.64c}$$

In questi processi elementari un quark del protone interagisce con un anti-quark dell'antiprotone (Problema 10.6) producendo un W^+, oppure un W^-, oppure una Z^0, che sono osservati tramite decadimenti leptonici, relativamente più facili da osservare sperimentalmente, Fig. 8.21. Occorre avere l'energia sufficiente per produrre un $W^\pm$ o una Z^0 reali, almeno a riposo. È da notare che se si fossero usate collisioni protone-protone (naturalmente con l'energia necessaria) l'antiquark necessario sarebbe stato un "antiquark del mare" (Cap. 10).

Sperimentalmente si possono osservare le reazioni:

$$p\bar{p} \to W^+ + X..., \quad W^+ \to e^+\nu_e$$
$$p\bar{p} \to Z^0 + X..., \quad Z^0 \to e^+e^- \quad .$$

Le sezioni d'urto risultanti sono valutate integrando le sezioni d'urto calcolate per i processi elementari $q\bar{q}$, che sono date dalla formula di Breit-Wigner, modificata per tener conto che il processo non è elastico, vedi §9.3.2. Qui, per la produzione di una W^+ che decade in una coppia $e^+\nu_e$:

$$\sigma(u\bar{d} \to W^+ \to e^+\nu_e) = \frac{1}{N_c} \frac{4\pi\lambda^2 \Gamma_{u\bar{d}}\Gamma_{e\nu}/4}{(2s_d+1)(2s_u+1)[(E-M_W)^2 + \Gamma^2/4]} \frac{2J+1}{3}$$

$$(8.65)$$

dove λ è la lunghezza d'onda di De Broglie nel c.m. dei quark collidenti; $\Gamma, \Gamma_{u\bar{d}}, \Gamma_{e\nu}$ sono le larghezze totale e parziali (per $W \to u\bar{d}, W \to e\nu$), $s_d = s_u = 1/2$ sono gli spin dei quark; sono coinvolti solo stati con elicità definita: fermioni sinistrorsi e antifermioni destrorsi; quindi il fattore di spin per il W è $(2J+1)/3 = 1$. N_c è il fattore di colore: $1/N_c = 1/3$ è la probabilità di avere un "matching" fra un quark del protone e un antiquark dell'antiprotone. Si ha in definitiva all'energia di risonanza $E = M_W$:

$$\sigma_{max}(u\bar{d} \to W^+ \to e^+\nu_e) = \frac{4\pi\Gamma_{u\bar{d}}\Gamma_{e\nu}}{3M_W^2\Gamma^2} = \frac{\pi}{36M_W^2} \simeq 5.2 \text{ nb} \qquad (8.66)$$

con: $M_W = (80.22 \pm 0.26)$ GeV, fattore di colore 3 per $W \to u\bar{d}, c\bar{s}, t\bar{b}$, fattore 1 per $W \to e\nu_e, \mu\nu_\mu, \tau\nu_\tau$, $\Gamma_{u\bar{d}}/\Gamma = 1/4, \Gamma_{e\nu}/\Gamma = 1/12$.

La sezione d'urto per i processi (8.64c) coinvolge la corrente debole neutra e corrisponde (Cap. 11) a una sezione d'urto circa 10 volte più piccola. La produzione dei bosoni vettori è processo raro, al livello di $10^{-8} \div 10^{-9}$ del numero di eventi totale. La sezione d'urto totale protone-antiprotone è $\sigma_t(p\bar{p}) \simeq 60$ mb. La quasi totalità degli eventi (chiamati *eventi di minimum bias*) produce nello stato finale adroni di basso impulso trasverso, §10.7. I decadimenti leptonici dei bosoni vettori $W^\pm$ and Z^0 sono relativamente facile da identificare perché elettroni, muoni e neutrini prodotti hanno altissimi impulsi trasversi: $p_t \leq M_W/2 \simeq 40$ GeV/c senza apprezzabile fondo dovuti ad eventi di minimum bias[6].

---

[6] Per quanto strano, neutrini ad alto impulso trasverso in rivelatori ermetici sono facilmente rivelabili sotto forma di energia mancante. Infatti, in ogni evento, la somma dei vettori $\mathbf{p_t}$ deve essere nulla.

I bosoni vettoriali W si accoppiano con i fermioni che hanno spin antiparallelo alla direzione dell'impulso (ad esempio gli elettroni *sinistrorsi*) e con gli antifermioni destrorsi. Un bosone W non si accoppia né con la particella P-coniugata ad e_L^-, ossia e_R^-, né con la sua C-coniugata, ossia e_L^+. Tuttavia, lo stesso bosone si accoppia con la particella CP-coniugata, ossia e_R^+. Torneremo sulle proprietà dei bosoni vettori intermedi $W^\pm, Z^0$ nel prossimo capitolo.

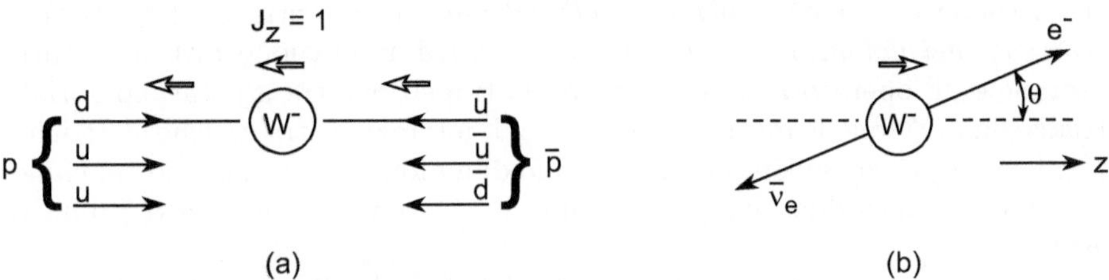

Figura 8.21. Osservazione del bosone W^+ al collisionatore $S\bar{p}pS$ del CERN nel 1983. A livello fondamentale, lo schema del processo è $u\bar{d} \to W^+ \to e^+\nu_e$. (a) Collisione $p\bar{p}$ con un quark $\bar{d}$ dell'antiprotone che urta un quark u del protone producendo un bosone W^+ quasi a riposo; (b) il bosone W^+ decade in $e^+ + \nu_e$

8.16 L'interazione V-A delle interazioni deboli

L'osservazione dell'accoppiamento preferenziale dei bosoni W con fermioni LH (antifermioni RH) implica alcune condizioni sull'hamiltoniana del sistema. Per particelle con spin $1/2$, le funzioni d'onda appropriate sono spinori a quattro componenti che soddisfano l'equazione di Dirac (vedi Appendice 4, che è necessario leggere prima di proseguire questo paragrafo). In questo paragrafo descriveremo l'interazione debole [84S1] come sviluppata a partire dal 1957 da Feynmann e Gell- Mann (Teoria $V - A$) come estensione della teoria di Fermi. L'idea di base è una formalizzazione in analogia con quella dell'interazione elettromagnetica: l'ampiezza del processo è proporzionale al quadrivettore densità di corrente. La teoria $V - A$ non include le correnti neutre e la massa finita dei bosoni vettori. Queste caratteristiche saranno incluse nella teoria elettrodebole del Modello Standard, presentata nel Cap. 11, che estende la teoria $V - A$.

8.16.1 Forme bilineari di fermioni di Dirac

Interazione elettromagnetica. Dobbiamo estendere la definizione di elemento di matrice (4.29), derivato senza tener conto del fatto che i fermioni hanno spin e sono descritti nella teoria di Dirac anche da funzioni spinoriali a 4 componenti. Quando la teoria di Dirac è inclusa, gli elementi di matrice

M_{if} che descrivono la probabilità di transizione dell'interazione EM possono essere rappresentati come il prodotto di due "correnti elettromagnetiche".

Consideriamo per esempio il processo di scattering elastico $e^-\mu^- \to e^-\mu^-$: l'elemento di matrice di questo processo può essere scritto come:

$$M_{if}(e^-\mu^- \to e^-\mu^-) \propto \frac{\alpha_{EM}}{q^2}(\overline{\psi}_e\gamma^\mu\psi_e)(\overline{\psi}_\mu\gamma^\nu\psi_\mu) = \frac{\alpha_{EM}}{q^2}J_\mu J^\mu \qquad (8.67)$$

la transizione $e^- \to e^-$ (*corrente dell'elettrone*) è descritta da $(\overline{\psi}_e\gamma^\mu\psi_e)$ e la *corrente del muone* $\mu^- \to \mu^-$ da $(\overline{\psi}_\mu\gamma^\nu\psi_\mu)$. L'interazione EM ha natura vettoriale e gli operatori che connettono la transizione tra gli stati spinoriali iniziali e finali ψ sono le matrici γ^μ di Dirac. L'interazione tra cariche elettriche dipende da α_{EM} ed avviene con lo scambio di un fotone virtuale; questo, come già sappiamo, introduce un propagatore $\propto \frac{1}{q^2}$, dove q è il quadri–impulso trasferito.

La *corrente* può essere rappresentata dal simbolo J^μ (dove l'indice μ ricorda qui che la quantità è un quadri–vettore: $J^\mu = (J^0, \vec{J})$, con $\vec{J} = (J^1, J^2, J^3)$), indipendentemente che sia dovuta al muone o all'elettrone. L'interazione EM dipende solo dalla carica elettrica.

Se consideriamo lo scattering di un elettrone su un protone, l'elemento di matrice può essere scritto come:

$$M_{if}(e^-p \to e^-p) \approx \frac{\alpha_{EM}}{q^2}J_\mu J^\mu_{barionico} \cdot \qquad (8.68)$$

La corrente dovuta al protone è indicata come $J^\mu_{barionico}$: dovremo tener conto della distribuzione di cariche all'interno del protone.

Per il seguito, vogliamo esplicitamente indicare la natura vettoriale dell'interazione EM. Per questa ragione, indichiamo la corrente in (8.67) come $J^\mu_1 = V^\mu_1$ e $J^\mu_2 = V^\mu_2$:

$$M_{if}(e^-\mu^- \to e^-\mu^-) \propto \frac{\alpha_{EM}}{q^2}J_\mu J^\mu = \eta_{\mu\nu}\frac{\alpha_{EM}}{q^2}V^\mu_1 V^\nu_2 \qquad (8.69)$$

dove $\eta_{\mu\nu}$ è il tensore metrico (Appendice 3). In forma esplicita:

$$\eta_{\mu\nu}V^\mu_1 V^\nu_2 = V^0_1 V^0_2 - \vec{V}_1 \vec{V}_2 \cdot \qquad (8.70)$$

Estensione alle WI. Per estendere nella maniera più generale il concetto di *corrente* alle interazioni deboli, possiamo scrivere le correnti nella forma:

$$J^\mu = \overline{\psi}O_i\psi \cdot \qquad (8.71)$$

$J^\mu = (J^0, \vec{J})$, dove $\vec{J} = (J^1, J^2, J^3)$. O_i è l'operatore che definisce il tipo di interazione; è una combinazione delle matrici di Dirac γ^μ. Le forme bilineari (8.71) si trasformano sotto trasformazioni di Lorentz in modo analogo a una quantità scalare (S), pseudo-scalare (P), vettoriale (V), vettore assiale (A) e tensoriale (T); a seconda dell'operatore scelto, l'indice in O_i può assumere i valori $i = S, P, V, T, A$. Le proprietà di invarianza relativistica (Problema 8.15) stabiliscono restrizioni precise sulla possibile forma delle correnti, come illustrato nella seguente tabella:

		Corrente	Numero Componenti	Comportamento per Parità	Elicità relativa fermione e antiferm. prodotti
S	Scalare	$\overline{\psi}\psi$	1	$+$	stessa
V	Vettore	$\overline{\psi}\gamma^\mu\psi$	4	parte spaziale: $-$	opposta
T	Tensore	$\overline{\psi}\sigma^{\mu\nu}\psi$	6		stessa
A	Vettore assiale	$\overline{\psi}\gamma^\mu\gamma^5\psi$	4	parte spaziale: $+$	opposta
P	Pseudoscalare	$\overline{\psi}\gamma^5\psi$	1	$-$	$-$

L'operatore di una interazione descritta dallo scambio di una particella di spin 1 (come il fotone o i bosoni vettoriali $W^\pm, Z^0$) può avere natura vettoriale o assiale. Mostreremo di seguito che se si vuole che l'interazione conservi la parità, essa deve essere o puramente vettoriale o puramente assiale. Si noti che *conservare la parità* significa che i bosoni vettoriali si possono accoppiare in ugual modo con particelle sinistrorse e destrorse.

Operatore di parità. In Appendice 4 si mostra che, sotto l'operazione di parità P, lo spinore a quattro dimensioni ψ si trasforma come:

$$\psi \xrightarrow{P} \gamma^0\psi \ . \tag{8.72}$$

La matrice γ^0 permette l'inversione delle coordinate spaziali che corrisponde all'operazione di parità. Per $\overline{\psi} = \psi^+\gamma^0$, si ha la trasformazione $\overline{\psi} \xrightarrow{P} (\gamma^0\psi)^+\gamma^0 = \psi^+\gamma^0\gamma^0 = \overline{\psi}\gamma^0$.

Corrente vettoriale. La corrente di tipo vettoriale, come quella elettromagnetica $V^\mu = \overline{\psi}\gamma^\mu\psi$, si trasforma sotto parità come:

$$\overline{\psi}\gamma^\mu\psi \xrightarrow{P} (\overline{\psi}\gamma^0)\gamma^\mu(\gamma^0\psi) \ . \tag{8.73a}$$

Per le coordinate tempo e spazio, si ha separatamente:

$$\overline{\psi}\gamma^0\psi \xrightarrow{P} (\overline{\psi}\gamma^0)\gamma^0(\gamma^0\psi) = \overline{\psi}\gamma^0\psi \tag{8.73b}$$

$$\overline{\psi}\gamma^k\psi \xrightarrow{P} (\overline{\psi}\gamma^0)\gamma^k(\gamma^0\psi) = -\overline{\psi}\gamma^k\psi \tag{8.73c}$$

con k =1,2,3. Le componenti spaziali cambiano segno ma non la componente temporale, $(V^0, \vec{V}) \xrightarrow{P} (V^0, -\vec{V})$. I quadrivettori V^μ che si trasformano in questo modo sono conosciuti come quantità vettoriali. L'elemento di matrice M_{if} (8.70) si trasforma quindi sotto parità come:

$$M_{if} \propto V_1^0 V_2^0 - \vec{V}_1\vec{V}_2 \xrightarrow{P} V_1^0 V_2^0 - (-\vec{V}_1)(-\vec{V}_2) = V_1^0 V_2^0 - \vec{V}_1\vec{V}_2 \ . \tag{8.74}$$

L'elemento di matrice dovuto all'interazione elettromagnetica non cambia sotto l'operazione di parità. La QED è una teoria vettoriale (V) che conserva la parità.

Corrente assiale (pseudo-vettoriale). Consideriamo adesso una corrente assiale della forma

$$A^\mu = \overline{\psi}\gamma^\mu\gamma^5\psi \ . \tag{8.75}$$

Notare che le matrici γ^5 e γ^μ anticommutano: $\gamma^5\gamma^\mu = -\gamma^\mu\gamma^5$. Questa corrente A^μ si trasforma sotto parità come:

$$\overline{\psi}\gamma^\mu\gamma^5\psi \xrightarrow{P} (\overline{\psi}\gamma^0)\gamma^\mu\gamma^5(\gamma^0\psi) \ . \tag{8.76}$$

Per le coordinate tempo e spazio, si ha separatamente:

$$\overline{\psi}\gamma^0\gamma^5\psi \xrightarrow{P} (\overline{\psi}\gamma^0)\gamma^0\gamma^5(\gamma^0\psi) = -\overline{\psi}\gamma^0\gamma^5\psi \tag{8.77a}$$

$$\overline{\psi}\gamma^k\gamma^5\psi \xrightarrow{P} (\overline{\psi}\gamma^0)\gamma^k\gamma^5(\gamma^0\psi) = \overline{\psi}\gamma^k\gamma^5\psi \tag{8.77b}$$

con k =1,2,3. La componente temporale cambia segno ma non le componenti spaziali, $(A^0, \vec{A}) \xrightarrow{P} (-A^0, \vec{A})$, dove $\vec{A} = (A^1, A^2, A^3)$. I quadrivettori A^μ che si trasformano in questo modo sono conosciuti come vettori assiali (vedi Tab. 6.2). L'elemento di matrice M_{if} costruito con correnti assiali si trasforma sotto parità come:

$$M_{if} = A_1^0 A_2^0 - \vec{A}_1 \vec{A}_2 \tag{8.78}$$

$$\xrightarrow{P} M_{if} = (-A_1^0)(-A_2^0) - \vec{A}_1 \vec{A}_2 = A_1^0 A_2^0 - \vec{A}_1 \vec{A}_2 \ . \tag{8.79}$$

Il prodotto scalare di due vettori assiali è ancora invariante sotto l'operazione di parità.

Corrente vettoriale – assiale. Si può ora verificare che un operatore composto da una miscela di V e di A non è invariante sotto l'operazione di parità. L'elemento di matrice di una teoria $V - A$ è:

$$M_{if} \propto \eta_{\mu\nu}(V_1^\mu - A_1^\mu)(V_2^\mu - A_2^\mu) \tag{8.80}$$

$$= (V_1^0 - A_1^0)(V_2^0 - A_2^0) - (\vec{V}_1 - \vec{A}_1)(\vec{V}_2 - \vec{A}_2) \ . \tag{8.81}$$

Sotto parità, M_{if} si trasforma come:

$$M_{if} = (V_1^0 - A_1^0)(V_2^0 - A_2^0) - (\vec{V}_1 - \vec{A}_1)(\vec{V}_2 - \vec{A}_2)$$

$$\xrightarrow{P} M_{if} = (V_1^0 + A_1^0)(V_2^0 + A_2^0) - (-\vec{V}_1 - \vec{A}_1)(-\vec{V}_2 - \vec{A}_2)$$

$$= (V_1^0 + A_1^0)(V_2^0 + A_2^0) - (\vec{V}_1 + \vec{A}_1)(\vec{V}_2 + \vec{A}_2) \ .$$

Dopo la trasformazione, l'elemento di matrice è diverso rispetto ad un semplice cambio di segno della componente spaziale o temporale. Per una quantità costruito da una grandezza assiale ed una vettoriale (qui, $V - A$) (Vettore - vettore Assiale), la parità è violata.

8.16.2 Interazione debole corrente-corrente

L'insieme dei dati sperimentali in nostro possesso, e descritti nelle precedenti sezioni di questo capitolo, mostrano univocamente che il vertice dell'interazione debole (con variazione di carica elettrica del leptone) avviene tramite lo scambio di un bosone vettoriale $W^{\pm}$ ed ha la forma $(V - A)$. La scelta $V - A$ (per esempio, rispetto a V+A o T) è stata guidata da considerazioni sperimentali, vedi per esempio il decadimento di pioni carichi.

Consideriamo quale esempio la reazione $\nu_e n \to e^- p$ (Fig. 8.3) e proviamo a scriverla tramite una formulazione corrente-corrente analoga a quella elettromagnetica (8.68); la forma della corrente *debole* J^μ dovrà necessariamente essere diversa. In $\nu_e n \to e^- p$ possiamo assumere che si abbia simultaneamente la trasformazione $n \to p$ (descritta da $J_{barionico}$), $\nu_e \to e^-$ (descritta da $J_{leptonico}$). Per analogia con la (8.68) si scrive allora per l'elemento di matrice dovuto all'interazione debole:

$$M_{if} = G_F \cdot J_{leptonico} J_{barionico} = G_F \eta_{\mu\nu} J_l^\mu J_b^\nu \ . \tag{8.82}$$

Le correnti deboli leptonica e adronica vengono scritte nella forma:

$$J_{leptonico} = \overline{\psi}_e O_i \psi_\nu \quad ; \quad J_{barionico} = \overline{\psi}_p O_i \psi_n \ . \tag{8.83}$$

Consideriamo ora inizialmente la corrente leptonica.

Corrente debole leptonica

Nel vertice d'interazione della corrente leptonica di Fig. 8.3 **sparisce** un neutrino elettronico e **appare** un elettrone. In tutta generalità, ma tenendo conto che la corrente può avere solo carattere vettoriale o assiale, occorre scrivere la corrente leptonica come:

$$J_{leptonico} \equiv J_l^\mu = (c_V V_l^\mu + c_A A_l^\mu) \tag{8.84}$$

dove V^μ, A^μ sono rispettivamente le parti vettoriali e assiali delle correnti, e c_V, c_A due costanti numeriche. Tuttavia, solo la scelta:

$$c_V = -c_A = 1 \tag{8.85}$$

permette di spiegare i fenomeni già descritti, come ad esempio la non conservazione della parità nel decadimento del cobalto (§8.8), l'elicità del neutrino (§8.9) e il rapporto di decadimento dei pioni in muone ed elettrone (§8.10). Assumendo i citati valori di c_V, c_A, possiamo scrivere la (8.84) in maniera esplicita come:

$$J_l^\mu = \overline{\psi}_e \gamma^\mu \psi_\nu - \overline{\psi}_e \gamma^\mu \gamma^5 \psi_\nu = \overline{\psi}_e \gamma^\mu (1 - \gamma^5) \psi_\nu \ . \tag{8.86}$$

Utilizziamo ora la proprietà delle matrici γ:

$$\gamma^{\mu}(1 - \gamma^5) = \frac{1}{2}(1 + \gamma^5)\gamma^{\mu}(1 - \gamma^5) \tag{8.87}$$

che ci permette di scrivere la (8.86) come:

$$J_l^{\mu} = 2\overline{\psi}_e\left(\frac{1 + \gamma^5}{2}\right)\gamma^{\mu}\left(\frac{1 - \gamma^5}{2}\right)\psi_{\nu} = 2(\overline{\psi}_e)_L\gamma^{\mu}(\psi_{\nu})_L \; . \tag{8.88}$$

In questa ultima forma, la corrente carica debole per i leptoni è formalmente analoga a quella elettromagnetica per lo scambio di un fotone, ma con la fondamentale differenza che **gli stati con cui si accoppiano i bosoni vettoriali** $W^{\pm}$ **sono le componenti sinistrorse** $(\psi)_L$ **dei fermioni**. In maniera analoga, è possibile mostrare che $W^{\pm}$ si accoppiano con le componenti destrorse degli antifermioni. Inoltre, si può considerare ψ_{ν} come l'operatore d'onda che fa sparire il neutrino, mentre $\overline{\psi}_e$ è l'operatore d'onda che crea l'elettrone.

Corrente debole barionica

Osserviamo ora la parte barionica della (8.82). In linea di principio a transizioni che non cambiano il momento angolare del nucleo ($\Delta J = 0$, transizioni di Fermi) possono essere associate correnti di tipo scalare (S) e vettoriale (V). Le interazioni T, A possono invece produrre variazioni di spin e possono quindi descrivere le transizioni Gamow-Teller (con $\Delta J = 1$). L'interazione P (pseudo-scalare) contiene un termine v/c dove v è la velocità del nucleone; nei decadimenti nucleari si ha $v \ll c$; quindi P non dà un contributo importante. Inoltre, nel caso del decadimento del pione (§8.10) l'interazione P darebbe un fattore di elicità pari a $(1 + v_{\mu}/c)$, che porterebbe a un valore dei rapporti di intensità di decadimento definito nell'Eq. (8.39), pari a $R = 5.5$, in completo disaccordo con i risultati sperimentali.

In termini di costituenti elementari protoni e neutroni sono costituiti da fermioni di spin $1/2$ (i quark) che, per quanto riguarda la natura spinoriale, hanno caratteristiche analoghe a quelle dei leptoni. Immaginiamo quindi che anche per la corrente debole barionica gli operatori siano formati da una combinazione lineare dei termini di tipo V, A. Ciò è stato confermato sperimentalmente, tramite decadimenti di nuclei radioattivi, analizzando spettri β, studiando correlazioni fra l'impulso dell'elettrone e quello del neutrino e misurando vite medie.

Poiché (come evidente nella Fig. 8.3c) la corrente barionica considerata è in realtà una transizione dal quark d al quark u (con una variazione di una unità di carica elettrica) $d \to u$, possiamo scrivere la corrente barionica trascurando il contributo dei quark *spettatori* in analogia alla (8.86) come:

$$J_{barionico} \equiv J_b^{\mu} = g_V\overline{\psi}_u\gamma^{\mu}\psi_d + g_A\overline{\psi}_u\gamma^{\mu}\gamma^5\psi_d \tag{8.89}$$

dove g_V, g_A sono costanti di accoppiamento vettoriali e assiali che possiamo riscrivere come:

$$g_V = \cos\theta_c \cdot c_V \qquad\qquad (8.90a)$$

$$g_A = \cos\theta_c \cdot \lambda \cdot c_A \qquad\qquad (8.90b)$$

dove θ_c è l'angolo di Cabibbo (vedi §8.12) e c_V, c_A l'accoppiamento con la componente vettoriale e assiale della corrente. Assumendo l'universalità dei fermioni, abbiamo anche in questo caso $c_V = -c_A = 1$ come in (8.85).

La costante λ che compare nella parte assiale (8.90b) può essere calcolata nell'ambito della teoria a 4 spinori di Dirac, e in tal caso $\lambda = -5/3$ [95P2]. Se assumiamo che non ci sia interferenza tra le ampiezze assiali e vettoriali, il contributo totale alla probabilità di transizione (8.82) sarà:

$$|\mathcal{M}|^2 \equiv |M_{if}|^2/G_F^2 = (g_V^2 + 3g_A^2) \qquad\qquad (8.91)$$

dove il fattore 3 nella parte assiale tiene conto della molteplicità degli stati per spin $=1$ (è il fattore $m_{i,s}$ definito in §8.6). Questo è il termine che occorre inserire nella formula per il decadimento del neutrone (8.11).

Se assumiamo che la costante G_F di Fermi sia nota dal decadimento del muone, dalla misura della vita media del neutrone (poiché i fattori cinematici sono noti) si può determinare il valore di $(g_V^2 + 3g_A^2)$. Per determinare univocamente i valori di g_V, g_A occorre misurare una seconda grandezza fisica indipendente. La grandezza usualmente scelta è la misura dell'asimmetria nel decadimento di neutroni polarizzati [00P1]. La combinazione di queste due misure permette di determinare sperimentalmente (si confronti con la (8.26)):

$$\lambda \equiv \frac{g_A}{g_V} = -1.267 \pm 0.004 \qquad\qquad (8.92)$$

e confermare (noto il valore dell'angolo di Cabibbo θ_c) che $c_V = 1$. Si osservi che il valore sperimentalmente ottenuto per il coefficiente λ della parte assiale non è esattamente quello atteso nel caso di particelle di Dirac puntiformi ($\lambda = -1.666$). Questo è dovuto alla presenza di *interazioni forti* che modificano la parte dipendente dallo spin dell'interazione e che si riflettono quindi sulla parte assiale della corrente debole del barione.

In generale è previsto[7] che nei decadimenti dove sono coinvolti solo leptoni (ad esempio, per quello del muone) si abbia $\lambda = -1$. Nei processi in cui sono coinvolti adroni, l'interazione forte contribuisce a modificare il valore di λ. Nel decadimento ($\Delta S = 0$) $n \to pe^-\overline{\nu}_e$, $\lambda = -1.27$, mentre ad es. nel decadimento ($\Delta S = 1$) $\Lambda^0 \to pe^-\overline{\nu}_e$ si ha $\lambda = -0.69$.

---

[7] Questa parte della teoria dell'interazione debole è denominata PCAC= *Partially conserved axial vector current*.

Scoperte con collisioni positrone-elettrone

9.1 Introduzione

La sperimentazione con collisionatori e^+e^- ha visto l'Italia in prima linea a partire dagli anni '60 dello scorso secolo, inizialmente con la realizzazione del primo prototipo di Anello di Accumulazione, AdA, ai Laboratori Nazionali di Frascati dell'INFN e quindi con Adone (=grosso AdA), a $\sqrt{s} = 3$ GeV. Sono poi seguiti una serie di collisionatori negli USA, in Europa, in Giappone, in Russia e in Cina. Un grosso impeto alla costruzione di macchine acceleratrici e^+e^- di sempre più alta energia è venuto dalla scoperta della particella denominata J/ψ a SLAC (Standford, USA) nel 1974. Si tratta del mesone composto da una coppia $q\bar{q}$ del quarto tipo di quark, il *charm*. In precedenza, le interazioni e^+e^- avevano fornito la prima indicazione sperimentale del numero quantico di colore dei quark. Nel 1977 sempre nel collider e^+e^- a SLAC venne scoperta la terza famiglia di leptoni (leptone τ), immediatamente seguita al Fermilab (questa volta usando un fascio di protoni) dalla evidenza della terza famiglia di quark, con il quark *bottom* nei mesoni Υ. In questo capitolo, tratteremo questa serie di scoperte. Infine, una serie di misure di altissima precisione dei parametri della teoria elettrodebole e di verifica del Modello Standard sono iniziate con l'avvento di quattro esperimenti al LEP del CERN (ALEPH, DELPHI, L3 e OPAL) e di SLD a Stanford. Questi esperimenti, unitamente a quelli ai collisionatori di Fermilab e di DESY, hanno rappresentato una nuova era in termini di grandezza, complessità e accuratezza delle apparecchiature e nel numero di fisici che partecipano a un singolo esperimento (un ulteriore aumento si avrà per gli esperimenti a LHC).

Le collisioni e^+e^- sono più semplici da analizzare rispetto alle collisioni adrone-adrone e leptone-adrone perché l'elettrone e il positrone sono oggetti fondamentali, mentre gli adroni non lo sono. Ad energie elevate i processi base dell'urto e^+e^- sono

$$e^+e^- \rightarrow f\bar{f} \tag{9.1a}$$

$$\rightarrow GG' \, . \tag{9.1b}$$

Braibant S., Giacomelli G., Spurio M.: Particelle e interazioni fondamentali. Il mondo delle particelle
DOI 10.1007/978-88-470-2754-1_9, © Springer-Verlag Italia 2012

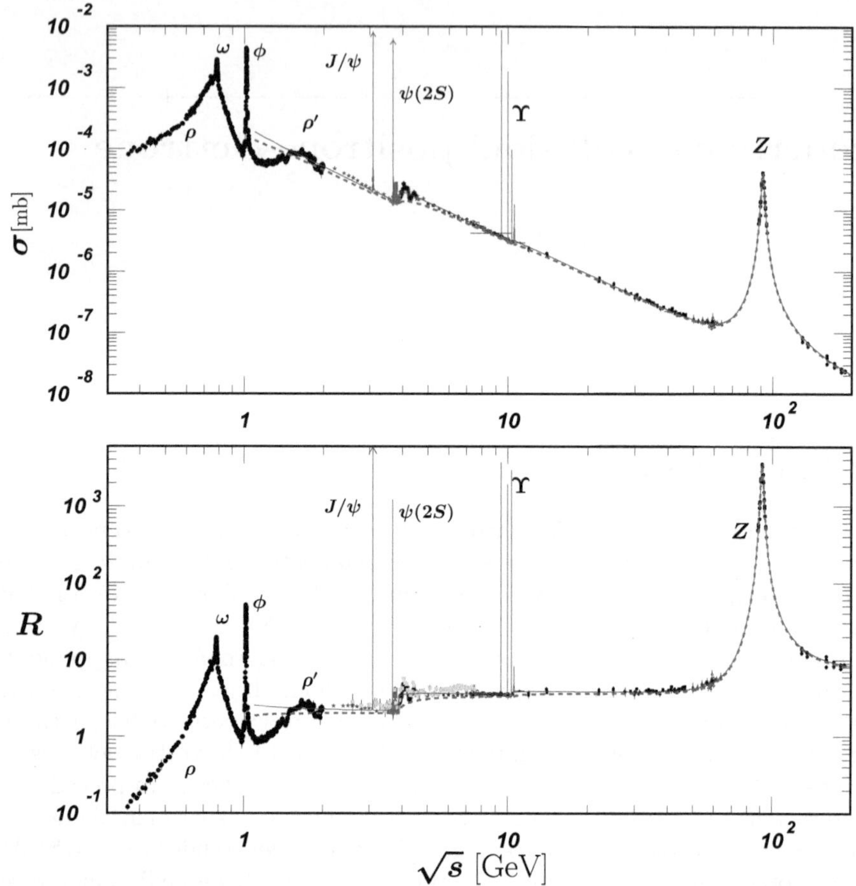

Figura 9.1. (a) Sezioni d'urto per $e^+e^- \to q\bar{q} \to$ *adroni* in funzione dell'energia nel centro di massa. (b) Rapporto $R = [\sigma(e^+e^- \to$ *adroni*$)]_{misurata}/[\sigma(e^+e^- \to \mu^+\mu^-)]_{calcolata}$ in funzione dell'energia nel centro di massa [08P1]

Per la reazione (9.1a), la coppia fermione-antifermione può essere una coppia leptone-antileptone carica (e^-e^+, $\mu^-\mu^+$, $\tau^-\tau^+$) o neutra ($\nu_e\bar{\nu}_e$, $\nu_\mu\bar{\nu}_\mu$, $\nu_\tau\bar{\nu}_\tau$), oppure una coppia quark-antiquark ($u\bar{u}$, $d\bar{d}$, $s\bar{s}$, $c\bar{c}$, $b\bar{b}$; $t\bar{t}$ non è raggiungibile con gli attuali collisionatori e^+e^-). Ogni quark e antiquark *adronizza* in un getto di adroni ("jet"), getto che è tanto meglio identificabile quanto più alta è l'energia degli e^+, e^- che collidono. Il quark e/o l'antiquark può irraggiare un gluone di impulso elevato, dando luogo a un terzo getto. La produzione di una coppia fermione-antifermione procede nel canale s tramite lo scambio di un γ oppure di una Z^0 (vedi Fig. 9.2).

Nella reazione $e^+e^- \to GG'$, il bosone di Gauge G può essere γ, $W^\pm$, Z^0; notare che per $G = \gamma$ o Z^0, $G = G'$. Per $G = W$, si ha $GG' = W^+W^-$.

Al LEP [00B2] si è studiato con precisione il caso $G = \gamma$, e le reazioni $e^+e^- \to W^+W^-$, $e^+e^- \to Z^0Z^0$. Notare che nell'interazione debole esiste il vertice $Z^0W^+W^-$, che è stato studiato per la prima volta a LEP2, fase di funzionamento del LEP nella quale l'energia nel c.m. è stata elevata sino a 209 GeV.

Come già detto, i processi con lo scambio di fotoni sono ben descritti dall'elettrodinamica quantistica (QED). L'inclusione dello scambio della Z^0 richiede l'interazione debole e l'interferenza tra le due interazioni. Ad energie vicine a m_{Z^0} l'interazione elettromagnetica e quella debole si unificano nell'interazione elettrodebole (Cap. 11).

Alcuni processi sono dovuti a un solo tipo di interazione. Per esempio la reazione

$$e^+e^- \to \gamma\gamma \tag{9.2a}$$

è dovuta alla sola interazione elettromagnetica, mentre la reazione

$$e^+e^- \to \nu\bar{\nu} \tag{9.2b}$$

è dovuta alla sola interazione debole. Occorre tener conto di due interazioni, debole (*Weak Interaction, "WI"*) ed elettromagnetica (*Electromagnetic Interaction, "EM"*) per

$$e^+e^- \to \ell^+\ell^- \ . \tag{9.2c}$$

Per $e^+e^- \xrightarrow{\text{WI+EM}} q\bar{q} \xrightarrow{\text{SI}} adroni$, si deve aggiungere l'interazione forte (*Strong Interaction, "SI"*) per l'adronizzazione dei quark. La reazione $e^+e^- \to q\bar{q} \to 2$ *getti di adroni* può essere considerata come una delle migliori manifestazioni dell'esistenza dei quark; la reazione $e^+e^- \to q\bar{q} \to q\bar{q}g \to 3$ getti di adroni fornisce una delle migliori indicazioni dell'esistenza dei gluoni.

Nella prima parte del capitolo analizzeremo l'interazione e^+e^- per spiegare le sezioni d'urto illustrate nelle Fig. 9.1a sino a un energia nel c.m. di circa 30 GeV. Poi ci concentreremo sulle reazioni e^+e^- ad energie vicine al picco della Z^0 al collisionatore LEP del CERN. Il LEP in fase 1 (LEP1) ha acquisito dati dall'inizio del funzionamento della macchina (1989) sino al 1995. In questo periodo l'energia delle particelle nel sistema del centro di massa era tale da poter studiare in maniera ottimale le collisione elettrone-positrone nella regione della Z^0 (ossia, sotto i 100 GeV). Ciò ha permesso uno studio sistematico e di altissima precisione dell'interazione elettrodebole. Infine, presenteremo i risultati ottenuti nella seconda fase (LEP2) con energie nel c.m. maggiori, sino a 209 GeV.

9.2 Sezione d'urto elettrone-positrone

Analizziamo la Fig. 9.1a dove è graficata in funzione dell'energia nel centro di massa la sezione d'urto per il processo $e^+e^- \to adroni$. I punti sperimentali disegnati fino all'energia nel c.m. di 200 GeV sono il risultato di un gran numero di misure sperimentali effettuate con apparati diversi a vari collisionatori e^+e^-. I picchi sono interpretati come dovuti alle reazioni $e^+e^- \to \gamma \to$ mesone vettoriale $\to$ adroni. I mesoni vettoriali costituiti da una coppia quark-antiquark e con gli stessi numeri quantici del fotone possono essere studiati analizzando la sezione d'urto adronica $\sigma(e^+e^- \to adroni)$.

I primi due picchi sono dovuti alle risonanze mesoniche ρ^0, ω^0, che in termini di quark sono del tipo $u\bar{u}$ e $d\bar{d}$ (in combinazioni con somma o differenza). Il terzo picco è dovuto alla risonanza $\phi = s\bar{s}$. Vedremo che il quarto picco è dovuto ad una risonanza, la $J/\psi = c\bar{c}$, in cui interviene un nuovo quark. Infine, gli ultimi picchi sono dovuti al mesone $\Upsilon = b\bar{b}$ prodotto da un quinto quark, seguito dai suoi stati eccitati.

Nella Fig. 9.1b, è mostrato il rapporto

$$R = \frac{\sigma(e^+e^- \to adroni)_{misurato}}{\sigma(e^+e^- \to \mu^+\mu^-)_{calcolato}} \tag{9.3}$$

in funzione dell'energia nel c.m. da 0.3 a 200 GeV.

9.2.1 La reazione $e^+e^- \to \gamma \to \mu^+\mu^-$

La sezione d'urto con il comportamento più semplice è la $\sigma(e^+e^- \to \gamma\gamma)$, dovuta alla sola interazione elettromagnetica, come illustrato nel Cap. 4; la sezione d'urto totale per $e^+e^- \to \gamma\gamma$ in funzione dell'energia non presenta alcuna struttura. La sezione d'urto $\sigma(e^+e^- \to \mu^+\mu^-)$ all'ordine più basso è spiegata dal diagramma di Feynman di Fig. 9.2a: la coppia e^+e^- annichila in un fotone virtuale γ che poi materializza in una coppia $\mu^+\mu^-$. Al di fuori delle risonanze $q\bar{q}$ e Z^0, la sezione d'urto è data dall'equazione (4.62):

$$\sigma(e^+e^- \to \gamma \to \mu^+\mu^-) = \frac{4\pi\alpha_{EM}^2(\hbar c)^2}{3} \frac{1}{s} \tag{9.4}$$

dove $\alpha_{EM} = 1/137$ e $s = E_{cm}^2$. Ponendo nella (9.4) il valore numerico di α_{EM}, ed esprimendo in unità pratiche, si ottiene:

$$\sigma(e^+e^- \to \gamma \to \mu^+\mu^-) \simeq \frac{86.8 \, [\text{nb}]}{s \, [\text{GeV}^2]} \; . \tag{9.5}$$

La sezione d'urto è espressa in $[\text{nb}] = (10^{-33}\text{cm}^2)$ se $E_{cm}^2 = s$ è espressa in $[\text{GeV}^2]$.

Il contributo dovuto all'interazione debole, con scambio della Z^0 come illustrato nella Fig. 9.2b, è importante attorno a $\sqrt{s} \sim m_Z \sim 90$ GeV.

9.2.2 Il numero quantico di colore

Si ritiene che la reazione $e^+e^- \to adroni$ per $\sqrt{s} < 30$ GeV proceda tramite un fotone virtuale che dà luogo a una coppia quark-antiquark, cioè $e^+e^- \to$

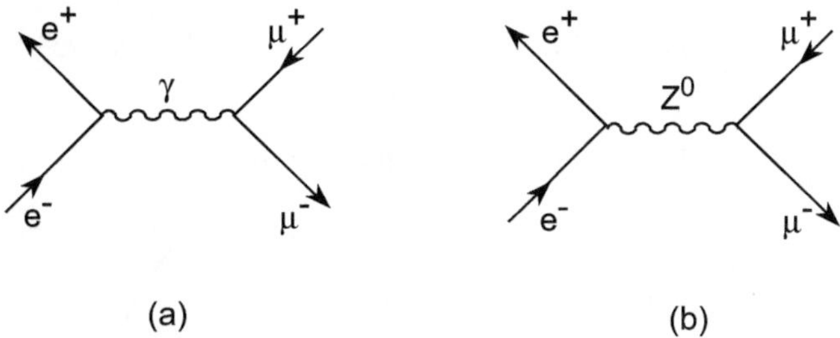

Figura 9.2. Diagrammi di Feynman all'ordine più basso per la reazione $e^+e^- \to \mu^+\mu^-$, (a) con scambio di un fotone virtuale γ, e (b) con scambio di un bosone Z^0

$\gamma \to q\bar{q}$ (vedi Fig. 9.3b). Ma non si possono ottenere quark liberi: il quark e l'antiquark danno luogo a due getti di adroni che diventano facilmente visibili quanto più alta è l'energia. Per ogni tipo di "sapore" di quark la sezione d'urto, al di fuori delle risonanze, è uguale alla (9.4) moltiplicata per la carica Q_q al quadrato del quark considerato:

$$\sigma(e^+e^- \to \gamma \to q\bar{q} \to adroni) = \frac{4\pi\alpha_{EM}^2 Q_q^2}{3}\frac{(\hbar c)^2}{s} \ . \tag{9.6}$$

Come abbiamo visto nel §7.8.1, la statistica fermionica richiedeva che i barioni siano descritti da funzioni d'onda antisimmetriche. Questo richiese l'introduzione di un termine nella funzione d'onda che venne associato ad un nuovo numero quantico, detto di "colore". La prima conferma sperimentale venne proprio dallo studio della (9.6): infatti, la sua predizione differiva proprio di un fattore 3 rispetto ai dati sperimentali. I quark prodotti nello stato finale hanno ciascuno 3 diversi *gradi di libertà*, corrispondenti ai 3 colori. Come conseguenza, nella (9.6) deve esserci un fattore moltiplicativo $N_C = 3$. Inoltre, se ci sono N_f diversi tipi di quark, cioè N_f sapori diversi, per energie superiori alla loro soglia di produzione, si ha:

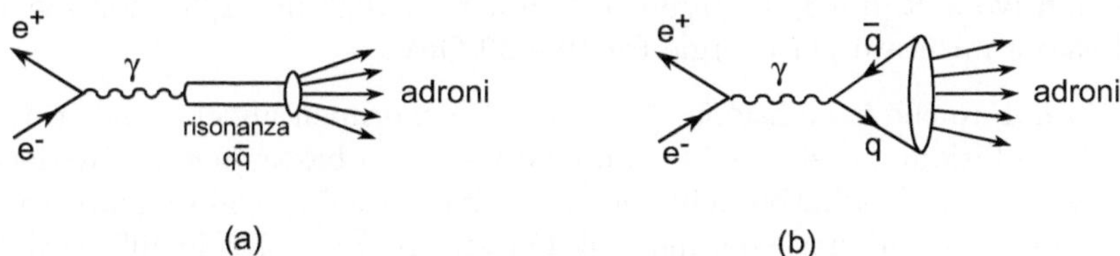

Figura 9.3. Per $\sqrt{s} < 30$ GeV, la produzione di molti adroni procede tramite l'annichilazione $e^+e^- \to \gamma$; (a) all'energia corrispondente a una risonanza $q\bar{q}$, avente spin-parità $J^P = 1^-$, il γ si accoppia direttamente alla risonanza che poi decade in adroni; (b) nelle zone "continue" di Fig. 9.1a, il γ dà luogo a una coppia $q\bar{q}$ che dà poi adroni (due getti ben definiti ad energie elevate)

$$\sigma(e^+ e^- \to \gamma \to q\bar{q} \to \ adroni) = N_C \, \frac{4\pi\alpha_{EM}^2}{3} \, \frac{(\hbar c)^2}{s} \sum_{n=1}^{N_f} Q_n^2 \, . \qquad (9.7)$$

Per il rapporto R tra Eq. (9.7) e (9.4) si ha quindi:

$$R = \frac{\sigma(e^+ e^- \to \gamma \to q\bar{q} \to \ adroni)}{\sigma(e^+ e^- \to \gamma \to \mu^+\mu^-)} = N_C \sum_{n=1}^{N_f} Q_n^2 \, . \qquad (9.8)$$

Per il confronto con i dati sperimentali si considera $\sigma(e^+ e^- \to \ adroni)$ misurata, divisa per $\sigma(e^+ e^- \to \mu^+\mu^-)$ teorica, che corrisponde al valore calcolato con la (9.5).

Osserviamo ora il rapporto misurato R (9.8) in vari intervalli di energia nel c.m. procedendo verso energie sempre più elevate:

- $1.5 < \sqrt{s} < 3$ GeV. In questo caso, sono disponibili cinematicamente i tre quark con massa più bassa: u con carica $+2/3$, d ed s con carica $-1/3$; si ha:

$$R_{3q} = N_C(Q_u^2 + Q_d^2 + Q_s^2) = N_C \left[\left(+\frac{2}{3}\right)^2 + \left(-\frac{1}{3}\right)^2 + \left(-\frac{1}{3}\right)^2 \right] = \frac{2}{3} N_C \, . \qquad (9.9)$$

Il valore misurato è R=2, come si vede nella Fig. 9.1b. L'accordo fra dati sperimentali e la (9.9) si ottiene solamente con N_C=3, che conferma l'esistenza di tre differenti gradi di libertà (il "colore") per ciascun quark.

- $3 < \sqrt{s} < 9$ GeV. Dopo $\sqrt{s} \sim 3$ GeV il valore misurato di R aumenta a $\sim 10/3$. Ciò richiede un ulteriore termine nella somma (9.9). Ciò è spiegato dall'esistenza di un quarto quark (il charm c) e dal fatto che si è raggiunta la soglia per la produzione di una coppia $c\bar{c}$. Il quark c ha carica $+2/3$, quindi al valore (9.9) si aggiunge $3(2/3)^2 = 4/3$ che sommato a 2 dà 10/3.

- $9 < \sqrt{s} < 30$ GeV. A circa 9.5 GeV, si supera la soglia di produzione della coppia $b\bar{b}$ (il quinto quark). Essendo $Q_b = -1/3$, si ha un contributo aggiuntivo a R di $+3/9 = 1/3$ che sommato a 10/3 dà 11/3, molto vicino al valore misurato per energie fra 10 e 30 GeV.

È da notare che la collisione $e^+ e^- \to f\bar{f}$ è sperimentalmente indistinguibile dalla collisione $e^+ e^- \to f\bar{f}\gamma$, quando il γ è di bassa energia. Ne deriva che questi processi radiativi debbono essere inclusi nei calcoli quando si vuol fare il confronto con i dati sperimentali. Questo spiega le piccole differenze tra i valori attesi dalla (9.8) e i dati.

Abbiamo così spiegato le parti continue della sezione d'urto $\sigma(e^+ e^- \to \gamma \to \ adroni)$ mostrata nella Fig. 9.1a, corrispondenti ai gradini di Fig. 9.1b fino a $\sqrt{s} \simeq 30$ GeV. Dobbiamo ora spiegare i picchi osservati nella $\sigma(e^+ e^- \to \gamma \to \ adroni)$ di Fig. 9.1a. Si ritiene che questi picchi siano dovuti a risonanze nei sistemi $q\bar{q}$, come illustrato nella Fig. 9.3a.

9.3 La scoperta dei quark c e b

9.3.1 Mesoni con quark c, $\bar{c}$

Nel 1974 fu osservato per la prima volta un nuovo mesone vettoriale (stato $q\bar{q}$ con spin $= 1$) con una massa molto grande al collider e^+e^- dello Stanford Linear Accelerator Center (SLAC). Il mesone con una massa di 3097 MeV fu osservato da un gruppo di ricerca guidato da Burton Richter (che battezzò la nuova particella ψ) tramite i decadimenti leptonici $e^+e^- \to \psi \to e^+e^-, \mu^+\mu^-$ e tramite il decadimento adronico $e^+e^- \to \psi \to$ adroni.

Il mesone fu anche osservato indipendentemente in collisioni adrone-adrone $p\,\mathrm{Be} \to JX$, $J \to e^+e^-$ presso l'acceleratore di protoni AGS del Brookhaven National Laboratory (BNL), da un gruppo guidato da Samuel Ting (che chiamò la nuova particella J). Richter e Ting (Nobel nel 1976) annunciarono nello stesso giorno la scoperta e la nuova particella venne chiamata J/ψ. La J/ψ si può considerare come uno stato puro $c\bar{c}$, così come il mesone $\phi(1020)$ è considerato un puro stato $s\bar{s}$. Il quark c è il quarto quark predetto dal meccanismo GIM (vedi §8.14). Il mesone J/ψ ha una larghezza molto piccola ($\Gamma = 93$ keV, Problema 9.7) e quindi una vita media ($\tau = \hbar/\Gamma$) relativamente lunga ($\tau \simeq 10^{-20}$ s).

Stati eccitati della J/ψ furono osservati a SLAC, ed il primo di questi fu chiamato ψ'. Ora si preferisce indicarlo come $\psi(2S)$ o $\psi(3686)$, in base rispettivamente ai suo numeri quantici e alla sua massa in MeV. Altri mesoni vettoriali $c\bar{c}$ sono indicate similmente con ψ con in parentesi i suoi numeri quantici (se noti) o massa. Il nome *charmonium* è spesso usato per la J/ψ e altri stati legati charm-anticharm, in analogia con il *positronium*, lo stato legato elettrone–positrone. La Tab. 9.1 presenta le caratteristiche principali dei mesoni vettoriali J/ψ e $\psi(3685)$, formati da quark-antiquark $c\bar{c}$.

Stato	Massa (MeV)	J^P, I	Γ_{tot} (keV)	Rapporti di decadimento	
$J/\psi(3100)$	3096.916 ± 0.011	$1^-, 0$	93.2 ± 2.1	adroni	88%
				[e per lo più $(2n+1)\pi$]	
				e^+e^-	6%
				$\mu^+\mu^-$	6%
$\psi(3685)$	3686.09 ± 0.04	$1^-, 0$	317 ± 9	$J/\psi 2\pi$	49.4%
				$\chi\gamma$	26.5%
				e^+e^-	0.8%
				$\mu^+\mu^-$	0.8%

Tabella 9.1. I mesoni "charmati" vettoriali J/ψ e i loro modi di decadimento

9.3.2 La risonanza J/ψ

Consideriamo la sezione d'urto $\sigma(e^+e^- \to \gamma \to$ *risonanza* $q\bar{q} \to$ *adroni*) ad energie vicine alla produzione risonante di coppie $q\bar{q}$, ossie ad energie in prossimità dei picchi osservati in Fig. 9.3a,b.

In prossimità di risonanze, la sezione d'urto è data dalla consueta formula di Breit-Wigner (7.25). Essa deve essere però modificata per tener conto che i parametri della risonanza non si riferiscono ad un processo elastico. In particolare, dovremo sostituire il Γ^2 che compare al numeratore con $\Gamma_{ee}\Gamma_h$ per tener conto che la produzione risonante avviene tramite l'annichilazione di una coppia elettrone-positrone, e decade in adroni. Γ_{ee} è la larghezza di formazione della risonanza in $e^+e^- \to$ *risonanza*, che coincide con la probabilità di decadimento *risonanza* $\to e^+e^-$. Il rapporto Γ_{ee}/Γ (dove Γ è la larghezza totale) è il *branching ratio (BR)*, §4.5.2. Γ_h/Γ è il BR per il decadimento *risonanza* $\to$ *adroni*. La formula di Breit-Wigner per la formazione di una risonanza con spin $J = 1$, a partire da due particelle (e^+, e^-) con spin $s_1 = s_2 = 1/2$ diviene:

$$\sigma_{adroni} = 4\pi\lambda^2 \frac{(2J+1)}{(2s_1+1)(2s_2+1)} \frac{\Gamma_{ee}\Gamma_h/4}{[(E-E_R)^2 + \Gamma^2/4]} \tag{9.10}$$

dove $\lambda = \hbar/p$ è la lunghezza d'onda di De Broglie di e^+, e^- nel sistema del c.m.

Calcoliamo la sezione d'urto per la formazione della risonanza $J/\psi(3100)$ in $e^+e^- \to J/\psi \to$ *adroni*, da confrontarsi con quanto riportato in Fig. 9.1:

$$\sigma(e^+e^- \to J/\psi \to adroni) = \frac{\pi\lambda^2(2J+1)\Gamma_{ee}\Gamma_h}{(2s_1+1)(2s_2+1)[(E-E_R)^2 + \Gamma^2/4]}$$

$$= \frac{3\pi\lambda^2\Gamma_{ee}\Gamma_h}{4[(E-3097)^2 + \Gamma^2/4]} \tag{9.11}$$

dove $E_R = 3097$ MeV è l'energia corrispondente alla risonanza, λ è la lunghezza d'onda di De Broglie:

$$\lambda = \hbar/p = \hbar c/pc \simeq 197 \text{ MeV fm}/1548 \text{ MeV} \simeq 0.127 \text{ fm} . \tag{9.12}$$

Si è qui tenuto conto che nel collider $p \simeq E_e = \sqrt{s}/2 = 3097/2 = 1548$ MeV. La larghezza totale misurata della risonanza è $\Gamma \simeq 93$ keV. Il rapporto $\Gamma_{ee}\Gamma_h/\Gamma^2 \simeq (0.05) \times (0.88) \simeq 0.04$: nel 5% dei casi la J/ψ decade in (o è formata da) una coppia e^+e^- e nell'87.7% decade in adroni [08P1]. Per un energia nel c.m. uguale all'energia della risonanza ($E = E_R = 3097$ MeV), la sezione d'urto (9.11) è uguale a:

$$\sigma(e^+e^- \to J/\psi \to adroni) = 3\pi\lambda^2[\frac{\Gamma_{ee}\Gamma_h}{\Gamma^2}] = 0.07 \text{ mbarn} . \tag{9.13}$$

Questa sezione d'urto va a *sovrapporsi* a quella prevista dalla (9.7): a 3 GeV, quella elettromagnetica è ~ 20 nb. La sezione d'urto risonante è maggiore di circa 4 ordini di grandezza, come è evidente in Fig. 9.1a. Il fotone si accoppia direttamente alla risonanza se questa ha un un valore J^P uguale a quello del fotone, cioè $J^P = 1^-$. In questo modo si spiegano i picchi principali che appaiono nella sezione d'urto di produzione di adroni per energie fino a 12 GeV. Notare che le risonanze si accoppiano a e^+e^- e $\mu^+\mu^-$ con ugual probabilità. Quindi, picchi sono previsti anche nelle reazioni $e^+e^- \to e^+e^-$, $\mu^+\mu^-$.

Restano da spiegare le strutture che si osservano nella $\sigma(e^+e^- \to adroni)$ fra 4 e 4.5 GeV e nel rapporto R nella regione fra 3.5 e 4.5 GeV. Le strutture attorno a 4.1 GeV sono connesse con il passaggio attraverso la soglia corrispondente a $2m_c$ e alla soglia corrispondente alla produzione di mesoni D^0, $\overline{D^0}$, D^+, D^-. I mesoni D hanno la seguente composizione in termini di quark: $D^+ = c\bar{d}$, $D^- = \bar{c}d$ e quindi hanno un numero quantico di *charm* diverso da zero. Sopra la soglia $2m_c$, la reazione $e^+e^- \to \gamma \to c\bar{c} \to D^+D^-$, per esempio, è ora cinematicamente accessibile.

Si ha una situazione analoga nella regione attorno a $9 \div 10$ GeV per il quark b.

9.3.3 Mesoni con quark b, $\bar{b}$

Nel 1977, tre anni dopo la J/ψ, fu scoperto il mesone vettoriale $\Upsilon(9880)$ e altri mesoni simili. Essi vennero osservati dall'esperimento E288 al Fermilab, guidato da Leon M. Lederman, nella reazione $p\text{Be} \to \Upsilon X \to \mu^+\mu^- X$. Per essere interpretati, questi mesoni richiedono l'esistenza di un quinto quark, il quark *bottom/beauty* b, con massa $m_b \simeq 4300$ MeV ($\Upsilon = b\bar{b}$).

I mesoni vettoriali neutri Υ, formati da $b\bar{b}$, e con massa di 9.46, 10.02, 10.35 e 10.58 GeV, sono poi stati confermati e analizzati con più dettagli nelle collisioni e^+e^-. La Tab. 9.2 mostra gli stati previsti per il sistema $b\bar{b}$ ("bottomonio").

	$\Upsilon(1^3S)$	$\Upsilon'(2^3S)$	$\Upsilon''(3^3S)$	$\Upsilon'''(4^3S)$
Massa (MeV)	9460.30 ± 0.26	10023.26 ± 0.31	10355.2 ± 0.5	10579.4 ± 1.2
$\Gamma_{e^+e^-}$ (keV)	1.340 ± 0.018	0.612 ± 0.011	0.443 ± 0.008	0.272 ± 0.029
Γ_{tot} (keV)	54.02 ± 1.25	31.98 ± 2.63	20.32 ± 1.85	20500 ± 2500

Tabella 9.2. Parametri dei mesoni vettoriali Υ

9.4 Spettroscopia dei mesoni pesanti e stima di α_S

Fisica atomica: analogia con α_{EM}. La scoperta dei quark pesanti c e b, e delle particelle da essi formati, ha portato alla possibilità di studiare l'insieme dei mesoni composti dalla stessa coppia quark-antiquak, ma con differenti stati di spin. In analogia col caso atomico e con l'elettromagnetismo, è nata una sorta di "spettroscopia" degli stati composti da quark pesanti, che ha permesso di ricavare informazioni sul potenziale che unisce i quark e sulla costante di accoppiamento della interazione forte, α_S.

Il positrone e l'elettrone possono formare stati legati analoghi a quelli dell'atomo di idrogeno. Il potenziale coulombiano in cui si trova l'elettrone (o il positrone) è

$$V_{em} = -\alpha_{EM}/r \tag{9.14}$$

dove r è la distanza fra positrone ed elettrone. I livelli energetici, come per l'atomo di Bohr, si ottengono risolvendo l'equazione non relativistica di Schrödinger nel potenziale coulombiano. Si ottiene

$$E_n = -\frac{\alpha_{EM}^2 m_e c^2}{4n^2} \tag{9.15}$$

dove n è il numero quantico totale. Il fattore $1/2$ di differenza rispetto alla formula di Balmer per l'atomo di idrogeno è dovuto al fatto che occorre utilizzare la massa ridotta del sistema $m_e/2$; nell'atomo di idrogeno la massa del protone è molto più grande di m_e. L'interazione spin-orbita divide i livelli: per ogni n si hanno i valori $\ell = 0, 1, ..., n-1$ (*struttura fine*). L'interazione spin-spin produce un'ulteriore suddivisione in un tripletto ($\uparrow\uparrow$, con tre sottostati) e in un singoletto ($\uparrow\downarrow$) (*struttura iperfine*).

La Fig. 9.4a mostra i livelli energetici del "positronio" (energia e numeri quantici). Notare che il livello più basso è il livello $n^{2S+1}L_S = 1^1S_0$, caratterizzato da $n = 1, \ell = 0, J = 0, S = 0$ (singoletto di spin; *orto-positronio*). Il primo livello eccitato è il livello 1^3S_1, con $n = 1, \ell = 0, J = 1, S = 1$ (tripletto di spin; *para-positronio*). La transizione $1^3S_1 \to 1^1S_0$ produce fotoni di frequenza 203286 MHz, in ottimo accordo con la teoria. Lo stato 1^1S_0 ha coniugazione di carica $C = +1$ e dà luogo ad annichilazione rapida ($\tau = 1.25 \cdot 10^{-10}$ s) in due fotoni. Lo stato 1^3S_1 ha $C = -1$ e dà luogo all'annichilazione più lenta ($\tau = 1.4 \cdot 10^{-7}$ s) in 3 fotoni.

La costante di accoppiamento α_S. La Fig. 9.4b mostra i livelli energetici del "charmonio" (stati $c\bar{c}$). Notare la grande somiglianza fra questi livelli e quelli del "positronio".

I livelli dei sistemi $q\bar{q}$ mostrati in Fig. 9.4b possono essere calcolati con ottima approssimazione assumendo che nel sistema $q\bar{q}$ il potenziale prodotto da un quark (o dall'antiquark) sull'altro sia (unità naturali, $\hbar = c = 1$):

$$V_{QCD} = -\frac{4}{3}\frac{\alpha_s}{r} + Kr \tag{9.16}$$

ed utilizzando l'equazione non relativistica di Schrödinger. A piccoli valori di $r (r < 1$ fm) agisce solo il potenziale di tipo coulombiano. Per riprodurre la sequenza sperimentale mostrata in Fig. 9.4, occorre che la costante di accoppiamento forte sia $\alpha_s \simeq 0.3$, Problema 9.1.

Nella (9.16), il fattore 4/3 è un fattore dovuto al *colore*. A grandi distanze $(r > 1\ \text{fm})$, domina il potenziale di tipo elastico Kr con $K \simeq 1\ \text{GeV/fm}$.

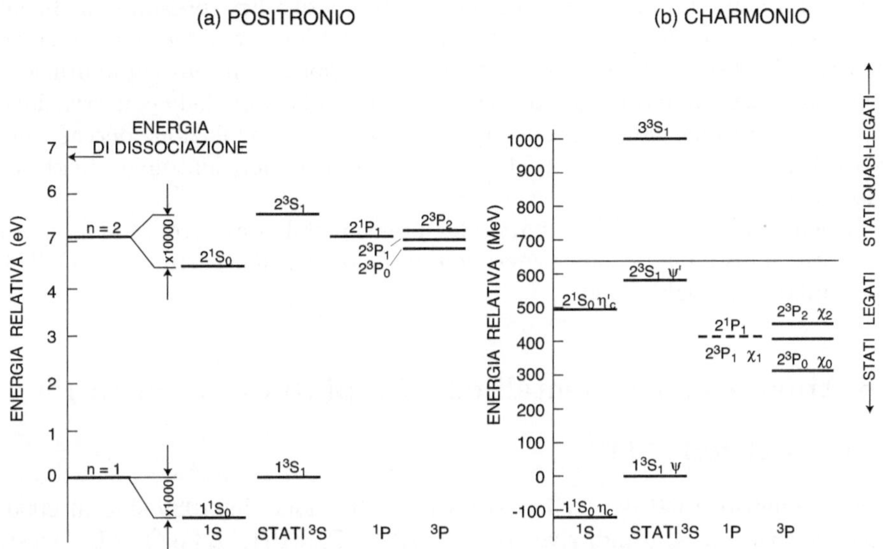

Figura 9.4. Livelli energetici (a) del *positronio* e (b) del *charmonio*. Si noti che la scala in ordinata della figura di sinistra è in eV, mentre in quella di destra è in MeV [82B1]

9.5 Il leptone τ

I leptoni carichi conosciuti sono l'elettrone e^-, il muone μ^- e il leptone τ^-, aventi rispettivamente masse di 0.5110, 105.66, e 1777.1 MeV. Lo studio delle collisioni e^+e^- è stato fatto a partire da $\sqrt{s} > 2m_\mu c^2 \simeq 210$ MeV. Il terzo leptone è stato osservata la prima volta in una serie di esperimenti tra il 1974 e il 1977 da M.L. Perl (Nobel nel 1995) e collaboratori presso il collider SPEAR di SLAC. Il rivelatore, in presenza di campo magnetico, rivelava e distingueva leptoni, adroni e fotoni.

Coppie $\tau^+\tau^-$ sono ottenute dalla reazione $e^+e^- \to \gamma \to \tau^+\tau^-$. La sezione d'urto $\sigma(e^+e^- \to \tau^+\tau^-)$ è zero per $\sqrt{s} < 3700$ MeV; per $\sqrt{s} > 3700$ MeV la sezione d'urto sale rapidamente sino a raggiungere il valore uguale a quello della $\sigma(e^+e^- \to \mu^+\mu^-)$ e poi ne segue l'andamento con l'aumentare dell'energia. L'uguaglianza ad alte energie delle sezioni d'urto $\sigma(e^+e^- \to e^+e^-) = \sigma(e^+e^- \to \mu^+\mu^-) = \sigma(e^+e^- \to \tau^+\tau^-)$ rappresenta un test dell'*universalità leptonica*: i tre leptoni e^-, μ^-, τ^- si comportano in modo del tutto analogo.

Il leptone τ ha una vita media breve, $\tau_\tau = 2.96 \cdot 10^{-13}$ s. Quindi, nelle prime esperienze, ad energie attorno a 4 GeV, i τ sono stati osservati solo tramite i loro prodotti di decadimento. Fra questi sono evidenti i canali leptonici del tipo $\tau^- \to \nu_\tau e^- \overline{\nu}_e$, $\tau^- \to \nu_\tau \mu^- \overline{\nu}_\mu$, ciascuno avente un rapporto di decadimento di circa $\sim 18\%$ (in circa il 64% dei casi, il τ decade in adroni carichi, più il neutrino tau). I decadimenti leptonici di $\tau^+ \tau^-$ possono dar luogo a coppie $e^+ e^-$, $\mu^+ \mu^-$ e a $e^+ \mu^-$, ovvero $e^- \mu^+$. L'osservazione del τ è stata fatta tramite l'osservazione di queste ultime coppie, $e^\pm \mu^\mp$ in configurazioni acoplanari. Esse danno luogo ad una apparente violazione della conservazione dei numeri leptonici elettronico e muonico (non c'è tale violazione perché sono presenti neutrini e antineutrini che trasportano i numeri leptonici giusti per la loro conservazione).

Il neutrino tau è l'ultima particella prevista dal Standard Model sinora osservata; la prima indicazione sperimentale è dovuta all'esperimento DONUT al Fermilab nel Luglio 2000.

9.6 Apparati sperimentali ed esempi di eventi al LEP

9.6.1 I rivelatori al LEP

Al collisionatore LEP del CERN (§3.3.1), in funzione dal 1989 sino al 2000, raccoglievano dati 4 grandi rivelatori: ALEPH, DELPHI, L3 e OPAL. Questi erano rivelatori con struttura cilindrica, con dimensioni $\simeq 10$ m di diametro, $\simeq 10$m di lunghezza almeno; consistevano di un insieme di sottorivelatori, la maggioranza dei quali disposti in una struttura cilindrica concentrica avente l'asse coincidente con il tratto rettilineo dei fasci e^+ ed e^- in una sezione diritta del LEP. Erano chiusi alle estremità da due "tappi" (*end-caps*). Ne seguiva che erano capaci di rivelare ogni tipo di particella prodotta (eccettuati i neutrini) nel punto di collisione $e^+ e^-$ e in qualunque direzione. Esperimenti ermetici di questo tipo vengono talvolta chiamati *rivelatori* 4π; la Fig. 9.5 mostra le caratteristiche generali di un rivelatore al LEP.

Le caratteristiche principali dei 4 rivelatori LEP sono indicate nella Tab. 9.3. Poiché i rivelatori erano strutturalmente simili, nel seguito useremo come esempio il rivelatore OPAL.

Il rivelatore OPAL. Tra gli elementi principali di OPAL figura un grande rivelatore a tracce per particelle cariche (camera a deriva di tipo JET) immerso in un campo magnetico uniforme di 0.44 T, orientato lungo la direzione assiale; questo campo costringe le particelle cariche a muoversi su traiettorie elicoidali attorno alla direzione del campo magnetico, permettendo di misurarne l'impulso tramite la misura della curvatura dell'elicoide. La grande camera a deriva di tipo JET, oltre che rivelare le particelle è capace di identificarle tramite la misura della perdita di energia per ionizzazione. Questo rivelatore è a sua volta racchiuso in una struttura cilindrica lungo la cui superficie esterna è avvolto un conduttore in alluminio (solenoide) percorso da una corrente di 7000 Ampères che genera il campo magnetico richiesto. Il flusso magnetico corrispondente è convogliato e guidato da un circuito di ritorno in ferro, dello spessore di un metro, che costituisce allo stesso tempo la struttura meccanica portante di tutto l'apparato sperimentale. Il giogo magnetico

⇓*Sottorivelatore* *Rivelatore⇒*	*OPAL*	*L3*	*ALEPH*	*DELPHI*
Tracciamento				
micro-vertice				
risoluzioni [μm] $\sigma_{(r,\varphi)}$	5	7	12	8
σ_z	15	14	10	
(*per incidenza normale*)				
camere di vertice				
diametro esterno [mm]	$\oslash = 235$	$\oslash = 180$	$\oslash = 288$	
lunghezza L [m]	1	1	2	
risoluzioni $\sigma_{(r,\varphi)}$ [μm]	50	45	150	< 150
camere centrali	JET	TEC	TPC	TPC
diametro esterno [m]	$\oslash = 3.8$	$\oslash = 0.9$	$\oslash = 3.6$	$\oslash = 1.2$
lunghezza [m]	L = 4.5	L = 1	L = 4.8	L = 2.8
risoluzioni [μm]	$\sigma_{(r,\varphi)} = 135$	$\sigma_{(r,\varphi)} = 45$	$\sigma_{(r,\varphi)} = 150$	$\sigma_{(r,\varphi)} = 250$
risoluzione impulso tracce $\left[\frac{\Delta p}{p^2} \cdot 10^3 (\text{GeV/c})^{-1} \right]$	1.1		0.6	0.7
ottenuta con	JET		TPC $+VTX$	TPC $+VTX$
camere-z [μm]	$\sigma_z = 300$			
dE/dx (π *di* 0.5 GeV/c)	3.2%			
rivelazione di μ (barrel) *risoluzione impulso muoni* $\left[\left(\frac{\Delta p}{p} \right)_{\mu\mu} \% \right]_{45GeV}$	5.5	2.5	3.0	3.5
$\sigma_{r\varphi}$ [mm] ; σ_θ [mr]	1.5 ; 5			
Calorimetri				
elettromagnetici	LGB 11704 blocchi	BGO 7680 blocchi	PWT	HPC
risoluzione in energia $\left[\frac{\Delta E}{E} \% \right]_{45GeV}$	$\frac{6.3}{\sqrt{E}} \oplus 0.2$	$\frac{2}{\sqrt{E}} \oplus 0.9$	$\frac{19.5}{\sqrt{E}} \oplus 1$	$\frac{26}{\sqrt{E}} \oplus 4$
risoluzione spaziale $[\Delta(r,\varphi) \; ; \; \Delta\vartheta]$	$2.3°; 2.3°$	$2.3°; 2,3°$	$1°; 1°$	$1°; 0.1°$
σ [cm]	1	1	3	9
adronici $\left[\frac{\Delta E}{E} \% \right]_{45GeV}$	$\frac{120}{\sqrt{E}}$	$\frac{55}{\sqrt{E}} \oplus 5$	$\frac{100}{\sqrt{E}}$	$\frac{120}{\sqrt{E}}$
risoluzione spaziale $[\Delta(r,\varphi); \Delta\vartheta]$	$7°; 7°$	$2.5°; 2.5°$	$3.7°; 3.7°$	$3°; 4°$
Diametro del barrel [m]	$\simeq 10$	16	$\simeq 10$	$\simeq 10$
Lunghezza del barrel [m]	10	10	12	10
Campo magnetico [T]	0.43	0.4	2	1
Tempo di volo [ns]	0.2			

Tabella 9.3. Tabella di confronto delle principali caratteristiche di alcuni sottorivelatori degli esperimenti al LEP. *Legenda* : TEC $\equiv$ Time Expansion Chamber; TPC $\equiv$ Time Projection Chamber; LGB $\equiv$ Lead Glass Blok; BGO $\equiv$ Bismuth Germanium Oxide; PWT $\equiv$ Proportional Wire Tube; HPC $\equiv$ High density Projection Chamber; RICH $\equiv$ Ring Imaging CHerenkov; JET $\equiv$ *JET-CH*amber; VTX $\equiv$ *VerTeX* (dispositivi di vertice); PRES $\equiv$ *PRE*-Sampler. [Precisioni allineamento radiale degli elementi del luminometro di OPAL: $(\sigma_r)_{assoluta} \simeq 200\mu$m, $(\sigma_r)_{relativa} \simeq 10\mu$m]

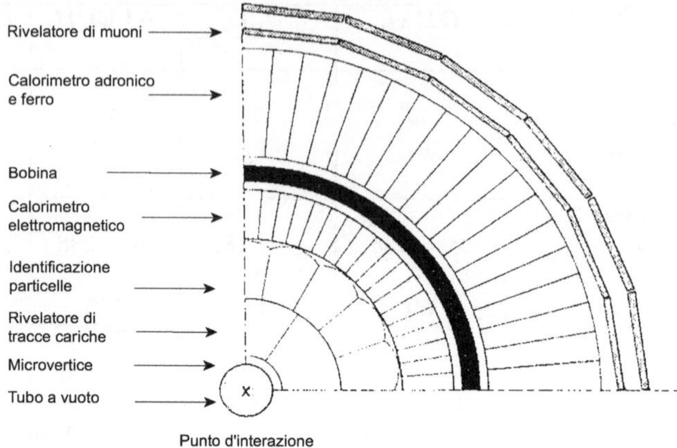

Figura 9.5. Spaccato schematico di un rivelatore al LEP. Il rivelatore per l'identificazione di particelle è presente solo in alcuni esperimenti (ad es. un Cherenkov in DELPHI)

è segmentato in lamine di ferro dello spessore di 10 cm per poter essere utilizzato anche come elemento passivo del calorimetro adronico. Nell'interspazio tra avvolgimento solenoidale e giogo magnetico risiede il calorimetro elettromagnetico, che serve per l'identificazione e la misura dell'energia di ogni fotone o elettrone che vi giunga. Esso è costituito di oltre diecimila cristalli di vetro ad alta percentuale di piombo.

Oltre agli elementi citati, l'apparato ne comprende altri, che descriveremo di seguito partendo dal rivelatore più interno e proseguendo verso l'esterno.

Il primo sottorivelatore è disposto immediatamente attorno al tubo a vuoto contenente i fasci e^+ ed e^- in corrispondenza alla posizione assiale del punto di collisione. Si tratta di un rivelatore di tipo microvertice a stato solido ad elementi di silicio, che permette precisioni di pochi micron nella misura della posizione delle tracce cariche. Questa precisione accurata si traduce in una grande risoluzione nella misura della posizione dei punti di decadimento di particelle instabili rispetto al punto di collisione e^+e^-. Il rivelatore di microvertice può essere considerato come il primo rivelatore del sistema di tracciamento che le particelle elettricamente cariche, prodotte al punto di collisione e^+e^-, incontrano. Il secondo sottorivelatore è un insieme di camere a deriva di grande precisione, le "camere di vertice" *(vertex chambers)*, che circondano il rivelatore di microvertice. Segue la camera JET, e quindi un insieme di camere a deriva, chiamate *camere-z*, che permettono di misurare con maggior precisione la posizione delle tracce lungo la direzione assiale dei fasci (asse z). Segue il solenoide che produce il campo magnetico di 0.44 T diretto lungo l'asse z.

Sulla superficie esterna del solenoide è localizzato il rivelatore di tempo di volo (Time of Flight, TOF), costituito di un insieme di contatori a scintillazione, che permettono di misurare il tempo intercorso tra la produzione di una particella e il suo arrivo in uno scintillatore con una precisione di circa 0.4 ns.

Segue il calorimetro elettromagnetico, che è composto a sua volta da un precampionatore, costituito da sottili camere a deriva disposte attorno al rivelatore TOF, e dal calorimetro principale costituito di cristalli di vetro al piombo; questo ha una parte centrale, il "barile" ("barrel"), e due "tappi" (gli "end-caps").

Il rivelatore successivo è il calorimetro adronico, che serve per la misura dell'energia di tutti gli adroni prodotti nelle collisioni e^+e^-. Si tratta di un calorimetro a campionamento che usa come elementi sensibili tubi a streamer limitato e come elementi passivi le lastre di ferro del giogo magnetico. Questo rivelatore serve anche per il tracciamento dei muoni che lo attraversano.

Il rivelatore più esterno (rivelatore dei muoni) serve per identificare e tracciare i muoni prodotti con energie superiori a 3 GeV, che riescono ad attraversare l'intero spessore dell'apparato ed essere rivelati dai quattro strati di camere a deriva montate esternamente al giogo magnetico.

Per determinare la sezione d'urto di ogni reazione considerata, occorre misurare con precisione la *luminosità* di LEP nel punto di interazione di OPAL. Ciò è fatto misurando la frequenza delle collisioni elastiche positrone-elettrone in una piccola regione angolare a piccoli angoli, dove la sezione d'urto è grande ed è calcolabile con grande precisione. Il rivelatore utilizzato per la misura della diffusione elastica a piccoli angoli è costituito di due calorimetri elettromagnetici montati immediatamente attorno al tubo contenente i fasci di elettroni e positroni, a destra e a sinistra del punto di collisione. Ciascuno di questi è costituito a sua volta di due sezioni, una con elementi sensibili di silicio e assorbitori di tungsteno (copre la regione dei piccoli angoli ed è chiamato *luminometro*) e una seconda con elementi sensibili di scintillatore e assorbitori di piombo (questa sezione è chiamata rivelatore in avanti). Il luminometro misura la luminosità con una precisione migliore del per mille; ciò è molto importante per la misura di precisione dei parametri del bosone Z^0.

La scelta dei vari elementi dell'apparato è stata naturalmente guidata da considerazioni basate sul programma di ricerca al LEP.

9.6.2 Eventi in rivelatori 4π al LEP

Discuteremo alcuni tipi di eventi semplici osservati con il rivelatore OPAL al LEP. Questi eventi sono interessanti dal punto di vista didattico, sia per quanto riguarda la tecnica utilizzata che per illustrare vari aspetti della fisica delle particelle.

Un evento elastico. La Fig. 9.6a mostra la visualizzazione grafica ("event display") di un urto elastico $e^+e^- \rightarrow e^+e^-$ in OPAL. Il positrone e l'elettrone incidenti arrivano perpendicolarmente al piano del foglio e vengono diffusi. Nel rivelatore centrale si osservano due tracce, emesse in direzione opposta. Ogni traccia è in realtà il risultato dell'ottimizzazione di 18 posizioni (punti) misurate nella camera di vertice, 159 punti nella camera a jet e di 6 punti nelle camere-z. Le due tracce, entrambe di 45.6 GeV, sono lievemente curve, poiché le particelle sono sottoposte al campo magnetico di 0.44 T. La curvatura si osserva solo ad un più forte ingrandimento; nei rivelatori ALEPH e DELPHI sarebbe stata più evidente, causa il maggior campo magnetico.

All'interno del calorimetro elettromagnetico, l'elettrone e il positrone generano ciascuno uno sciame elettromagnetico. La rappresentazione grafica nella

Fig. 9.6a, un trapezio ombreggiato, rappresenta il segnale analogico osservato in ognuno dei contatori di vetro al piombo colpito. Il segnale ha base uguale alla dimensione di un vetro al piombo (10 cm) e altezza proporzionale all'energia ivi depositata, in questo caso 45.6 GeV per lato.

Nessun segnale è rivelato nel calorimetro adronico e nel rivelatore per muoni, ciò a riprova del fatto che nello stato finale si ha l'emissione di un solo positrone e un solo elettrone, ciascuno con energia uguale a quella delle particelle incidenti.

L'evento elastico è quindi un evento semplice, caratterizzato principalmente dal rilascio di tutta l'energia in due settori diametralmente opposti del calorimetro elettromagnetico.

La selezione di eventi di questo tipo è basata principalmente sulla presenza di un segnale elettronico in due contatori diametralmente opposti del calorimetro elettromagnetico, con l'ulteriore condizione che ciascun segnale abbia un'energia almeno uguale a metà di quella di ciascun elettrone o positrone incidente. Il numero di eventi elastici, escludendo la regione dei piccoli angoli, è il 3.3% degli eventi osservabili.

Una reazione $e^+e^- \to \gamma\gamma$ dà luogo unicamente a due segnali in settori opposti del calorimetro elettromagnetico, perché i fotoni sono neutri e non lasciano segnali nelle camere.

Interazione $e^+e^- \to \mu^+\mu^-$. La Fig. 9.6b mostra una interazione $e^+e^- \to \mu^+\mu^-$. I due muoni prodotti sono indicati dalle due tracce, emesse in direzioni opposte, nel rivelatore centrale e dai due punti, anche essi diametralmente opposti, nel sistema del tempo di volo. Non ci sono fin qui differenze rispetto all'urto elastico riportato nella Fig. 9.6a. Le differenze iniziano per quanto riguarda i segnali registrati nel calorimetro elettromagnetico. La presenza delle due piccole macchie grigie visibili, in blocchi diametralmente opposti, indica segnali dovuti a particelle che rilasciano in un contatore di vetro al piombo circa 0.2 GeV di energia.

Nel calorimetro adronico si osservano segnali graficamente illustrati da due "torri" in zone diametralmente opposte: si tratta dei segnali analogici raccolti dalla "struttura a torri" del calorimetro; sono segnali relativamente piccoli, prodotti dal passaggio di una sola particella che non interagisce lungo il suo percorso.

Nel rivelatore per muoni, il passaggio di due particelle cariche nei quattro piani di camere è rappresentato da una traccia in settori opposti dei piani di camere di questo rivelatore. Questo tipo di segnale è dovuto a particelle che sono riuscite ad attraversare tutto il rivelatore, ivi incluso oltre un metro di ferro. Dunque, senza alcun dubbio, si tratta di due muoni. Anche le coppie $\mu^+\mu^-$ sono prodotte a livello del 3.3% degli eventi osservabili.

Interazione $e^+e^- \to \tau^+\tau^-$. La Fig. 9.7a illustra una interazione a due corpi $e^+e^- \to \tau^+\tau^-$. Il τ è un leptone instabile, che decade con una vita media di $0.3 \cdot 10^{-12}$ s, corrispondente a un percorso medio tra punto di produzione e punto di decadimento dell'ordine di qualche millimetro[1]. Il decadimento avviene quindi all'interno del tubo a vuoto del LEP. Nel rivelatore si osservano dunque solo i prodotti di decadimento del τ. Ma utilizzando le informazioni fornite dai rivelatori di microvertice a silicio e di vertice è possibile osservare che le tracce cariche provengono da punti all'esterno dei fasci. Si può così misurare la vita media del leptone τ.

Nella Fig. 9.7a, il τ^+ (traccia in basso a sinistra) decade in $\tau^+ \to \pi^+ \bar{\nu}_\tau$. Si osserva una traccia nel rivelatore centrale e un evidente segnale nel calorimetro adronico (torri grigie). Il pione procede circa nella stessa direzione del tau. Il τ^- (traccia in alto a destra) decade in $\tau^- \to \pi^+\pi^-\pi^-\nu_\tau$. Data l'energia elevata del τ^-, i tre pioni danno luogo a un getto ("jet") di tre particelle cariche che prosegue nella direzione originaria del τ^+. Non si osservano segnali nel rivelatore per muoni, perché le particelle cariche prodotte sono adroni e le particelle neutre sono neutrini (che praticamente non interagiscono).

Anche le coppie $\tau^+\tau^-$ sono il 3.3% degli eventi. Il fatto che le coppie e^+e^-, $\mu^+\mu^-$, $\tau^+\tau^-$ siano prodotte allo stesso livello è significativo: si parla di "universalità dei leptoni". È pure significativo il fatto che non si osservano altri leptoni carichi più pesanti.

Interazione $e^+e^- \to$ getti di adroni. La Fig. 9.7b illustra una interazione $e^+e^- \to$ *due getti di adroni* (diametralmente opposti). Nel rivelatore centrale, ciascun getto si presenta come varie tracce cariche, emesse in un angolo solido ristretto. Le tracce sono curvate apprezzabilmente dal campo magnetico. Notare che i getti di particelle contengono tracce dovute sia a particelle con carica elettrica negativa che a particelle con carica elettrica positiva.

Nel sistema di tempo di volo e nel calorimetro elettromagnetico, ciascun getto di adroni è visualizzato da un certo numero di contatori colpiti. Globalmente l'energia rilasciata nel calorimetro elettromagnetico è di circa 15 GeV per getto; parte di essa è dovuta a particelle neutre non osservabili nel rivelatore centrale.

Nel calorimetro adronico, ciascun getto è visualizzato da torri grigie di media grandezza, che rappresentano una tipica cascata adronica, concentrata nella prima metà dello spessore del calorimetro. L'energia rilasciata nel calorimetro adronico è circa $(10 \div 15)$ GeV per getto.

Nessun segnale è registrato dal rivelatore per muoni, a conferma della natura adronica dei due getti di particelle. Caratteristiche importanti dei due getti sono le seguenti: (i) sono emessi in direzioni diametralmente opposte; (ii) ciascun getto rilascia una energia elevata ed esistono forti indicazioni per la natura adronica delle particelle dei due getti; (iii) il cono di particelle nel singolo getto è spazialmente stretto.

---

[1] La lunghezza L di decadimento è data da $L = \beta\gamma c\tau$ dove $\beta\gamma = p/m$, c è la velocità della luce e τ è la vita media della particella considerata. Con $p \simeq 45$ GeV, $m_\tau = 1.7$ GeV e $\tau_\tau = 300\times10^{-15}$ s, si trova $L = \frac{p}{m}c\tau_\tau = 2.5$ mm.

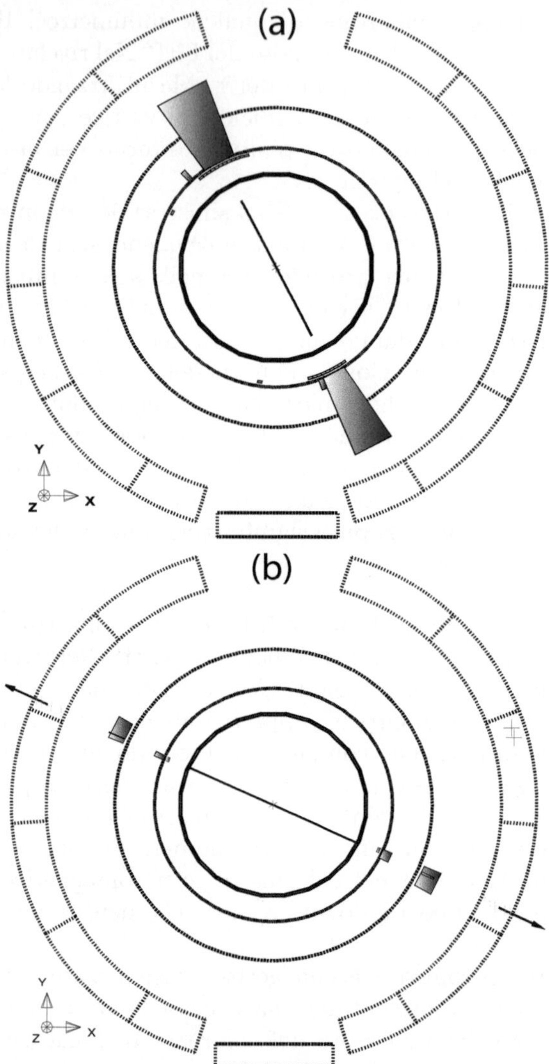

Figura 9.6. (a) Un evento elastico $e^+e^- \to e^+e^-$ in sezione trasversale osservato dal rivelatore OPAL. L'elettrone e il positrone uscenti sono rivelati nel rivelatore centrale, nel sistema del tempo di volo e nel calorimetro elettromagnetico; l'elettrone e il positrone vi rilasciano energie elevate, indicate dai due grandi segnali grigi. (b) Una interazione $e^+e^- \to \mu^+\mu^-$: il μ^+ e il μ^- sono rivelati nel rivelatore centrale, nel sistema del tempo di volo, nel calorimetro elettromagnetico, nel calorimetro adronico (i rettangoli grigi in entrambi i lati) e nel rivelatore per i muoni (le frecce su ogni lato). L'asse z è diretto perpendicolarmente al foglio, con verso uscente dal foglio; il campo magnetico è diretto lungo z

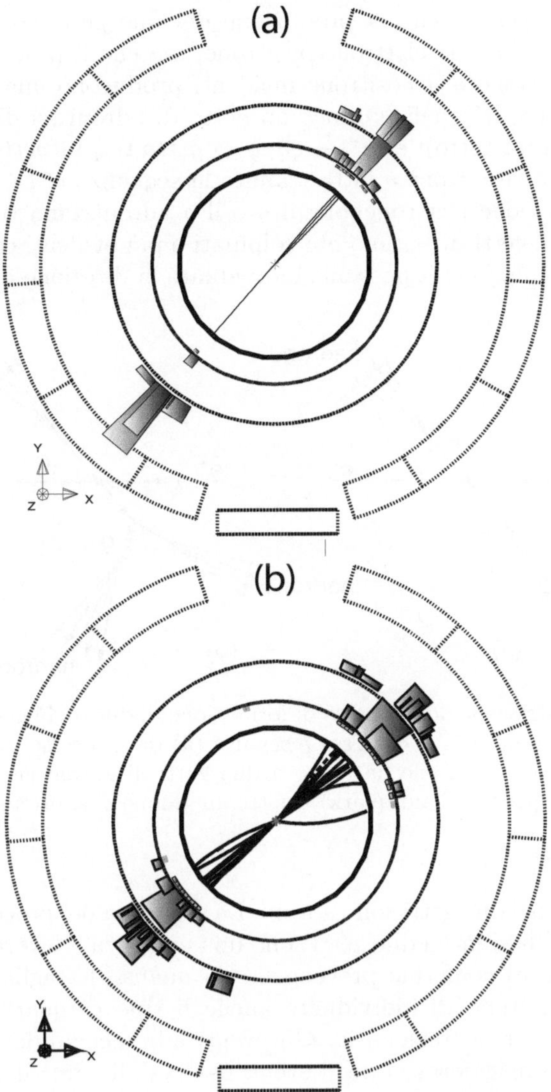

Figura 9.7. (a) Una interazione $e^+e^- \to \tau^+\tau^-$ nel rivelatore OPAL. (b) Una interazione $e^+e^- \to$ due "getti" di particelle (adroni). I prodotti di decadimento sono osservati nel rivelatore centrale, nel calorimetro elettromagnetico e nel calorimetro adronico

Tutto ciò suggerisce che la produzione dei due getti non sia il risultato diretto della collisione elettrone-positrone, ma che il processo avvenga in due tempi: l'elettrone e il positrone incidenti producono una coppia quark-antiquark, ognuno dei quali produce un getto di adroni (si dice che ciascun $q, \bar{q}$ *adronizza* in un getto): $e^+e^- \rightarrow q\bar{q}$, $q \rightarrow getto\,1$, $\bar{q} \rightarrow getto\,2$. L'interpretazione di questa situazione è fatta tramite la sequenza $e^+e^- \rightarrow Z^0/\gamma \rightarrow q\bar{q}$ dovuta all'interazione elettrodebole; il q e il $\bar{q}$ adronizzano tramite l'interazione forte. I due getti diventano più collimati e più evidenti con l'aumentare dell'energia nel c.m.: è così possibile individuare la direzione del q e del $\bar{q}$.

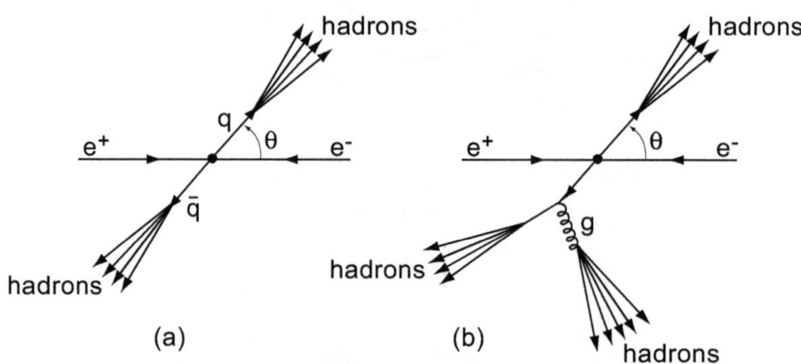

Figura 9.8. Illustrazione del processo di formazione di due o più getti di adroni. La collisione primaria è $e^+e^- \rightarrow q\bar{q}$. Essa è seguita (a) dal processo di adronizzazione del quark e dell'antiquark che dà luogo a due getti di adroni emessi in direzioni opposte; (b) se il quark (o l'antiquark) emette un gluone g, si ottengono tre getti di particelle

Le particelle nei due getti sono adroni. La sequenza dei processi è mostrata nella Fig. 9.8a. Gli eventi a due getti sono una evidenza a favore dell'esistenza dei quark. Ulteriori conferme provengono da analisi dettagliate di tipo statistico che permettono di individuare anche il tipo di quark prodotto e il valore della sua carica frazionaria. Gli eventi adronici prodotti in due getti rappresentano la maggioranza degli eventi osservabili, circa il 70%.

Interazione $e^+e^- \rightarrow$ 3 *getti di adroni*. La Fig. 9.9 mostra una interazione inelastica $e^+e^- \rightarrow 3$ *getti di adroni*. Nel rivelatore centrale sono visibili tracce raggruppabili in tre getti.

Per l'interpretazione degli eventi a tre getti, si deve tener conto dei gluoni, i bosoni mediatori dell'interazione forte. Il quark (o l'antiquark) può irraggiare un gluone e anch'esso dà luogo a un getto di adroni (Fig. 9.8b):

$$e^+e^- \rightarrow q\bar{q} \rightarrow q\bar{q}g, \quad q \rightarrow getto\,1, \quad \bar{q} \rightarrow getto\,2, \quad g \rightarrow getto\,3 \,.$$

L'esistenza di eventi multiadronici a tre jets è stata la prima evidenza sperimentale a favore dell'esistenza dei gluoni. L'emissione di un gluone

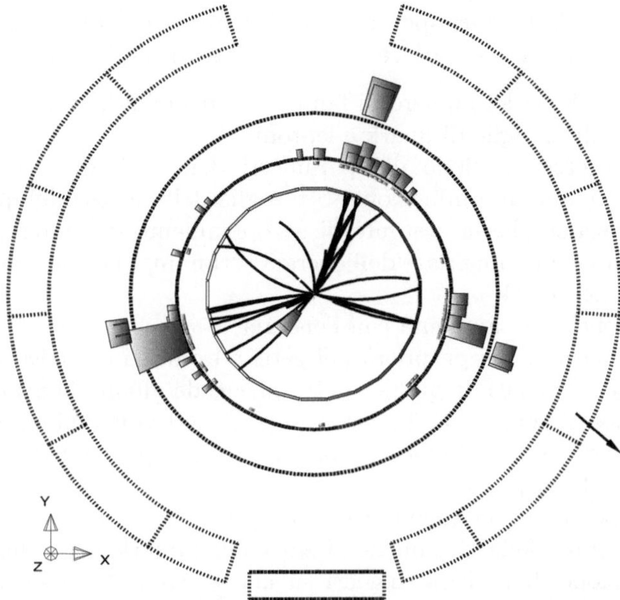

Figura 9.9. Un evento OPAL con tre getti di particelle nello stato finale. I tre getti sono rappresentati come tre raggruppamenti di tracce nel rivelatore centrale e come rettangoli nel calorimetro elettromagnetico. Il terzo getto di particelle è dovuto alla radiazione di un gluone da parte di uno dei due quark prodotti

da parte di un quark è simile all'emissione di radiazione di frenamento ("bremsstrahlung").

Il gluone ha generalmente un'energia bassa e il suo getto è meno energetico e meno definito, al punto da essere talvolta troppo piccolo per essere rivelabile. La distribuzione in energia dei gluoni ricorda quella dei fotoni di bremsstrahlung. Vi sono moltissimi gluoni di bassa energia. Il numero di getti osservabili è legato alla risoluzione dell'apparato e all'algoritmo utilizzato. In un apparato LEP, il numero di eventi a tre getti adronici ben separabili costituisce circa il 15% degli eventi adronici. Il rapporto tra il numero di eventi a tre getti e quello a due getti fornisce informazioni sull'accoppiamento di un gluone a un quark e viene espresso in termini della costante adimensionale di accoppiamento "forte" α_s.

Sono stati osservati anche eventi a quattro e più getti, interpretabili in termini di irraggiamento di più gluoni e dell'adronizzazione dei quark e dei gluoni.

9.7 Collisioni e^+e^- a $E_{cm} \sim 91$ GeV. Il bosone Z^0

Nel seguito discuteremo le collisioni e^+e^- ad energie vicine al picco della Z^0. Verranno presentate sinteticamente le formule necessarie a spiegare la fisica alla Z^0, insieme ai risultati sperimentali. I principali risultati fisici ottenuti nelle collisioni e^+e^- a $\sqrt{s} \simeq 91$ GeV possono essere così riassunti:

- la determinazione del numero di famiglie di neutrini leggeri (tre) e quindi del numero di famiglie di quark e leptoni;
- la precisa determinazione dei parametri della Z^0, di altre grandezze elettrodeboli e la determinazione sottosoglia della massa del quark t;
- la dimostrazione che la costante di accoppiamento dell'interazione forte, α_s, diminuisce all'aumentare dell'energia ("running") e che è indipendente dal sapore del quark;
- la verifica che α_{EM} aumenta con l'energia;
- studi sistematici delle proprietà dei getti adronici, in particolare le differenze fra getti iniziati da quark e getti iniziati da gluoni, la prima evidenza per il vertice a 4 gluoni, la dimostrazione che la teoria dell'interazione forte deve essere non abeliana, e della dipendenza proporzionale a $\ln s$ del numero di adroni prodotti;
- la prima spettroscopia degli adroni con quark b;
- misure accurate delle vite medie di adroni con quark c, b e del leptone τ;
- determinazione di limiti stringenti su nuove particelle e su decadimenti rari, in particolare sulla massa del bosone di Higgs, H^0.

9.7.1 La risonanza Z^0

Lo studio della sezione d'urto per $e^+e^- \to Z^0 \,/\, \gamma \to f\bar{f}$ misurata in funzione dell'energia nel c.m. permette di determinare i parametri che caratterizzano la Z^0, come la sua massa m_Z^0 e la larghezza totale Γ_Z. La sezione d'urto può essere calcolata considerando i diagrammi di Fig. 9.2. Per ogni stato finale $f\bar{f}$, esistono tre diversi contributi alla sezione d'urto:

- un termine dovuto unicamente all'interazione elettromagnetica $e^+e^- \to \gamma \to f\bar{f}$. Esso domina per valori dell'energia nel c.m. inferiori alla massa della Z^0 e mostra una dipendenza $1/s$ tipica dell'annichilazione elettromagnetica;
- un termine dovuto unicamente all'interazione debole $e^+e^- \to Z^0 \to f\bar{f}$. Esso è completamente dominante alla risonanza Z^0 cioè a $\sqrt{s} = m_{Z^0}$, il cosiddetto "picco della Z^0";
- un termine d'interferenza che tende a zero alla risonanza Z^0.

In particolare, al "picco della Z^0" si può studiare la produzione di Z^0 "reali" (*on mass shell*). Questo significa che nel diagramma di Fig. 9.2b, la particella è prodotta con energia ed impulso tali che $E^2 - p^2 = m_Z^2$.

Soffermiamoci ora sul comportamento della sezione d'urto attorno al picco della Z^0 (tralasciando il termine puramente elettromagnetico e i termini dovuti a correzioni radiative); questo comportamento è quello tipico di una risonanza con $J = 1$, descritto da una formula di Breit-Wigner con una larghezza dipendente dal numero di canali cinematicamente accessibili. Dal punto di vista sperimentale, esso è stato studiato (al LEP del CERN) tramite una serie di scansioni attorno alla massa della Z^0 con energie comprese fra 88 e 94 GeV, ripetendo più volte le misure. Analoghe misure sono state effettuate al SLD di Stanford.

La sezione d'urto $\sigma_{f\bar{f}}$ può essere riscritta, attorno alla risonanza Z^0, usando la (7.25), con le stesse modifiche apportate in §9.3.2 quando si è discusso della formazione della risonanza J/ψ. Γ_{ff} indica qui la larghezza parziale corrispondente al decadimento della Z^0 in una qualunque coppia di fermioni $f\bar{f}$, $Z^0 \to f\bar{f}$. Al denominatore, $\Gamma \to \Gamma_Z$ rappresenta la larghezza totale (in MeV) della risonanza. Trascurando la massa dell'elettrone, la lunghezza d'onda di De Broglie $\lambda = \hbar/p \to \hbar/E = \hbar/(\sqrt{s}/2)$. In tal modo, chiamando $\sigma(s) \equiv \sigma(s)_{e^+e^- \to f\bar{f}}$, la (7.25) diviene:

$$\sigma(s) = \frac{4\pi}{(s/4)} \frac{3}{4} \left[\frac{\Gamma_{ee}\Gamma_{ff}/4}{(\sqrt{s} - m_Z)^2 + \Gamma_Z^2/4} \right] = \frac{12\pi}{m_Z^2} s \frac{\Gamma_{ee}\Gamma_{ff}}{(s - m_Z^2)^2 + s^2\Gamma_Z^2/m_Z^2} \tag{9.17}$$

in unità $\hbar = c = 1$; nell'ultimo passaggio, si è usato $s \simeq m_Z^2$. Per avere le dimensioni corrette, si ricordi che la (9.17) deve essere moltiplicata per $(\hbar c)^2$. Il fattore $3/4 = (2J+1)/[(2s_a+1)(2s_b+1)]$ tiene conto del momento angolare $J = 1$ della Z^0 e dello spin $s_a = s_b = 1/2$ dei fermioni finali. A $s = m_Z^2$, la (9.17) diventa:

$$\sigma^0 \equiv \sigma(s = m_Z^2) = \frac{12\pi}{m_Z^2} \frac{\Gamma_{ee}\Gamma_{ff}}{\Gamma_Z^2} \,. \tag{9.18}$$

9.7.2 Larghezze totale e parziali della Z^0

Visto che la Z^0 è instabile, la larghezza del suo picco ha un valore finito correlato al numero di specie di fermioni in cui può decadere. Ogni specie cinematicamente accessibile (cioè con una massa $< \frac{m_{Z^0}}{2}$), che si accoppia alla Z^0, contribuisce alla larghezza della risonanza.

Il contributo di ciascuna coppia fermione–antifermione può essere stimato considerando le consuete regole di Feynman, pensando adesso alla Z^0 come una particella reale che sta decadendo in due corpi nello stato finale. La larghezza Γ è legata alla vita media (e quindi alla probabilità di transizione W) dal principio d'indeterminazione, $\Gamma = \hbar/\tau = \hbar W$. Possiamo stimare la probabilità di transizione (4.28) con considerazioni dimensionali: il decadimento è dovuto all'interazione debole e il vertice contribuisce all'elemento di matrice con $\sqrt{\alpha_W}$. La probabilità di transizione è quindi proporzionale alla costante di Fermi G_F; poiché questa ha le dimensioni di $[Energia^{-2}]$, per avere una larghezza Γ (che ha le dimensioni di una energia) occorre moltiplicare per $[Energia^3]$. L'unica grandezza fisica che interviene nel processo che ha le dimensioni di una energia è la massa del bosone Z^0, per cui la (4.44) si può esprimere come $\hbar W = \Gamma \sim G_F m_Z^3$. Il calcolo del fattore numerico (che proviene dall'integrazione dell'impulso nel fattore dello spazio delle fasi) esula completamente dal livello di difficoltà di questo testo [98M1]; il conto dettagliato porta al fattore $1/6\sqrt{2}\pi$.

Oltre al fattore numerico, per il calcolo delle larghezze parziali Γ_{ff} in coppie di fermioni, occorre tener conto che: (i) nelle interazioni deboli i fermioni interagiscono sia mediante una parte vettoriale che con una parte assiale; (ii) mentre i leptoni non hanno una molteplicità di colore, ciascun quark ha tre effettivi gradi di libertà (uno per ciascun numero quantico di colore). In definitiva, possiamo scrivere

$$\Gamma_{ff} = \frac{G_F m_Z^3}{6\sqrt{2}\pi}(a_f^2 + v_f^2)N_C^f = 330(a_f^2 + v_f^2)N_C^f \text{ MeV} \qquad (9.19)$$

dove v_f e a_f sono rispettivamente le costanti vettoriale e assiale del fermione f (che saranno ricavate dal Standard Model nel Cap. 11, vedi Tab. 11.3). N_C^f è il fattore di colore. È uguale a 3 per i quark e a 1 per i leptoni.

La larghezza parziale definita qui sopra, Γ_{ff}, rappresenta la probabilità di transizione per unità di tempo di un bosone Z^0 in un dato stato finale $f\bar{f}$. La Tab. 9.4 riporta le misure delle larghezze parziali e i rapporti di decadimento per ogni canale. Si noti che la probabilità che la Z^0 decada in $\sum_\ell \nu_\ell \bar{\nu}_\ell$ ($\sim 20\%$) è significativamente maggiore di un decadimento in un particolare leptone $\ell\ell$ ($\sim 3\%$). L'accoppiamento della Z^0 con i fermioni è diverso e più complicato (come vedremo in §11.3) di quello della $W^\pm$, che si accoppia in egual modo ai soli fermioni sinistrorsi.

Processo ($f\bar{f}$)	Γ_{ff} (MeV)	BR (%)
e^+e^-	83.91 ± 0.12	3.363 ± 0.004
$\mu^+\mu^-$	83.99 ± 0.18	3.366 ± 0.007
$\tau^+\tau^-$	84.08 ± 0.22	3.370 ± 0.008
Γ_ℓ , $\ell^+\ell^-$	83.984 ± 0.086	3.3658 ± 0.0023
Γ_h	1744.4 ± 2.0	69.91 ± 0.06
Γ_Z (totale)	2495.2 ± 2.3	100
$\Gamma_{invis}, \sum_{\ell=e,\mu,\tau} \nu_l\nu_l$	499 ± 1.5	20.0 ± 0.06

Tabella 9.4. Larghezze parziali e rapporti di decadimento della Z^0 nei vari canali come misurati da diversi esperimenti, stimati da *fit* globali e riportati in [08P1]. La Γ_{invis} non è misurabile direttamente e si riferisce ai decadimenti in neutrini. Γ_h è la larghezza totale adronica, Γ_ℓ quella in un qualsiasi leptone carico

La larghezza adronica Γ_h è definita in termini delle larghezze parziali dovute ai quark dello stato finale:

$$\Gamma_h \equiv \Gamma_{uu} + \Gamma_{dd} + \Gamma_{ss} + \Gamma_{cc} + \Gamma_{bb} \qquad (9.20)$$

escludendo il quark top, troppo pesante per essere prodotto al picco della Z^0.

Γ_{ee}, $\Gamma_{\mu\mu}$, $\Gamma_{\tau\tau}$, $\Gamma_{\nu\nu}$ sono le larghezze leptoniche. La "larghezza invisibile" Γ_{invis} non è misurabile direttamente e si riferisce ai decadimenti in neutrini:

$$\Gamma_{invis} \equiv N_\nu \Gamma_{\nu\bar{\nu}} \tag{9.21}$$

dove N_ν è il numero di famiglie di neutrini leggeri. Si ottiene Γ_{invis} per differenza dalle altre larghezze:

$$\Gamma_{invis} = \Gamma_Z - \Gamma_h - \Gamma_{ee} - \Gamma_{\mu\mu} - \Gamma_{\tau\tau} = \Gamma_Z - \Gamma_h - N_\nu \Gamma_{\ell\ell} \ . \tag{9.22}$$

Per ottenere l'ultima espressione a destra occorre assumere l'*universalità leptonica*, cioè $\Gamma_{ee} = \Gamma_{\mu\mu} = \Gamma_{\tau\tau} = \Gamma_{\ell\ell}$.

La larghezza totale Γ_Z risulta dalla somma di tutte le larghezze parziali Γ_{ff} di tutti i fermioni conosciuti:

$$\Gamma_Z \equiv \Gamma_h + \Gamma_{ee} + \Gamma_{\mu\mu} + \Gamma_{\tau\tau} + N_\nu \Gamma_\nu = \Gamma_{vis} + \Gamma_{invis} \simeq 2.5 \text{ GeV} \ . \tag{9.23}$$

Dalla Tab. 9.4, è evidente che la Z^0 decade in modo predominante in adroni (circa 70% dei decadimenti).

La vita media della Z^0 può essere stimata tramite il principio di indeterminazione: $\tau_Z \simeq \hbar/\Gamma_Z = 6.58 \cdot 10^{-22}/2495 = 2.7 \cdot 10^{-25}$ s. È una vita media molto piccola: il decadimento è dovuto all'interazione debole, ma il fattore spazio delle fasi è molto grande.

9.7.3 Grandezze misurabili, Γ_{invis} e il numero di famiglie di neutrini leggeri

Non tutte le grandezze sinora definite sono facilmente misurabili. Tra le grandezze meglio misurabili vi sono (Fig. 9.10):

- la massa m_Z (GeV) della risonanza, ottenuta determinando dove la curva di Breit-Wigner della sezione d'urto presenta un massimo;
- la larghezze totale Γ_Z (GeV), sempre dalla curva della risonanza;
- la sezione d'urto in adroni in corrispondenza del massimo della risonanza σ^0_{had} (nb). La percentuale di eventi in adroni è facilmente determinabile dalla topologia degli eventi con getti (Fig. 9.8b). Dalla (9.18), ponendo $\Gamma_{ff} = \Gamma_h$ la sezione d'urto in adroni al picco (chiamato "polo") è:

$$\sigma^0_{had} = \frac{12\pi \Gamma_{ee} \Gamma_h}{m_Z^2 \Gamma_Z^2} \ . \tag{9.24}$$

Inserendo i valori numerici, si ottiene $\sigma^0_{had} = 40.2$ nb. Con la luminosità tipica del LEP $\mathcal{L} \sim 10^{31}$ cm^{-2} s^{-1} (vedi Problema 9.4,9.5), si ottiene una frequenza di eventi in adroni pari a 0.4 Hz;
- in maniera analoga alla precedente, la sezione d'urto in elettroni e muoni;
- le larghezze parziali Γ_{ff}, Γ_{ee}, che sono proporzionali alle sezioni d'urto di picco, $\Gamma_{ff}/\Gamma_{ee} = \sigma_f/\sigma_e$.

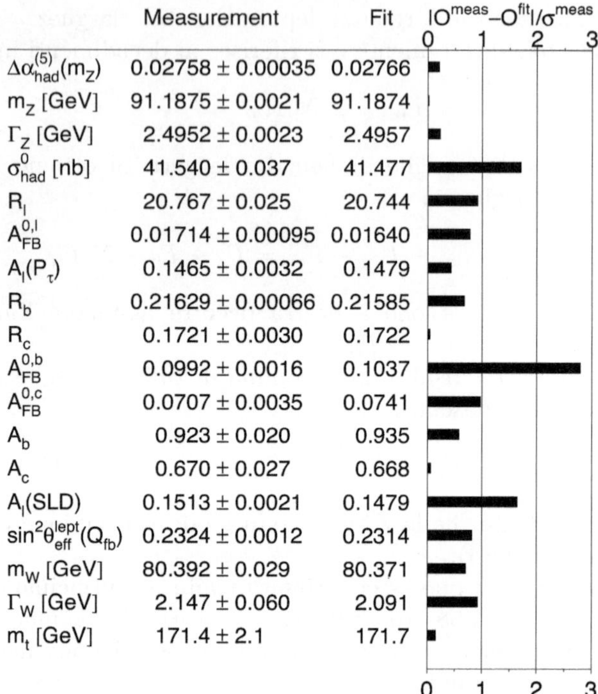

Figura 9.10. Risultati [ww5] ottenuti dai 4 esperimenti LEP, ALEPH, DELPHI, L3, OPAL e dall'esperimento SLD a SLC, nelle collisioni e^+e^- a energie nel c.m. intorno alla massa della Z^0. È anche mostrato il "pull" per ogni misura, dove il "pull" è definito come la differenza tra il valore misurato e il valore atteso nel Modello Standard in unità dell'incertezza sulla misura

Una delle misure fondamentali al LEP e SLD è stata quella del numero di famiglie di leptoni (e quindi, di famiglie di neutrini "leggeri", ossia di massa inferiore alla metà della massa della Z^0). Se fosse esistita una quarta famiglia di quark e leptoni aventi masse inferiori alla metà della massa della Z^0, si sarebbe osservato un aumento del numero di canali in cui la Z^0 poteva decadere; ne sarebbe risultato un aumento della larghezza della Z^0 (corrispondente a una diminuzione della sua vita media) e un abbassamento dell'altezza della sezione d'urto di picco.

Per determinare il numero di famiglie di neutrini leggeri, occorre definire i seguenti rapporti R_f^0:

$$R_e^0 \equiv \Gamma_h/\Gamma_{ee} \qquad R_\mu^0 \equiv \Gamma_h/\Gamma_{\mu\mu} \qquad R_\tau^0 \equiv \Gamma_h/\Gamma_{\tau\tau} \ . \tag{9.25a}$$

Assumendo l'universalità leptonica, questi tre rapporti sono uguali:

$$R_l^0 \equiv \Gamma_h/\Gamma_{\ell\ell} \ . \tag{9.25b}$$

Questa grandezza risulta misurabile usando il rapporto tra le diverse topologie di eventi nello stato finale (con getti di adroni o con leptoni). Possiamo ora definire il rapporto:

$$R^0_{invis} \equiv \frac{\Gamma_{invis}}{\Gamma_{\ell\ell}} = \frac{\Gamma_Z - \Gamma_h - 3\Gamma_{\ell\ell}}{\Gamma_{\ell\ell}} \tag{9.26}$$

avendo usato la (9.23) e l'universalità leptonica. Inoltre, dalla (9.24) si ricava $\Gamma_Z = \sqrt{\frac{12\pi\Gamma_{ee}\Gamma_h}{m_Z^2 \sigma^0_{had}}}$ per cui, tenendo conto della definizione (9.25b):

$$R^0_{invis} = \sqrt{\frac{12\pi R^0_l}{\sigma^0_{had} m_Z^2}} - R^0_l - 3 \ . \tag{9.27}$$

Usando i valori sperimentali di R^0_l, σ^0_{had} e m_Z presentati nella Fig. 9.10, si ottiene $R^0_{invis} = 5.943 \pm 0.016$.

Questo valore può essere confrontato con la predizione del Modello Standard per la determinazione del numero di generazioni di neutrini leggeri, N_ν. Infatti:

$$R^0_{invis} \equiv \frac{\Gamma_{invis}}{\Gamma_{\ell\ell}} = N_\nu \left(\frac{\Gamma_{\nu\bar{\nu}}}{\Gamma_{\ell\ell}} \right)_{SM} \ . \tag{9.28}$$

Il valore del rapporto $(\Gamma_{\nu\bar{\nu}}/\Gamma_{\ell\ell})_{SM}$ nel Modello Standard è 1.99125 ± 0.00083, e può essere ricavato dalla (9.19). Questo risultato porta alla determinazione del numero di generazioni di neutrini leggeri:

$$N_\nu = \frac{5.943 \pm 0.016}{1.99125 \pm 0.00083} = 2.984 \pm 0.008 \ . \tag{9.29}$$

La dipendenza della sezione d'urto adronica dal numero N_ν è chiaramente visibile nella Fig. 9.11. La precisione ottenuta in queste misure permette di porre limiti stringenti sul possibile contributo di qualsiasi decadimento invisibile della Z^0 diverso dai decadimenti dovuti alle 3 generazioni di neutrini leggeri conosciute. In effetti, l'andamento è perfettamente in accordo con l'esistenza di tre famiglie di neutrini.

9.7.4 Le asimmetrie avanti-indietro A_{FB} ("forward-backward")

Ad energie al disotto della risonanza, il processo $e^+e^- \to \gamma/Z^0 \to \mu^+\mu^-$ avviene sia tramite scambio di un fotone (interazione elettromagnetica, con sezione d'urto data dalla (9.5)), sia tramite lo scambio di una Z^0 (interazione debole), sia tramite un termine d'interferenza tra i due processi. La sezione d'urto differenziale al primo ordine per il processo può essere scritta (trascurando le masse dei fermioni):

$$\frac{d\sigma}{d\Omega} = \frac{\alpha^2}{4s} N_C^f [a(1 + \cos^2\theta) + 2b\cos\theta] \tag{9.30}$$

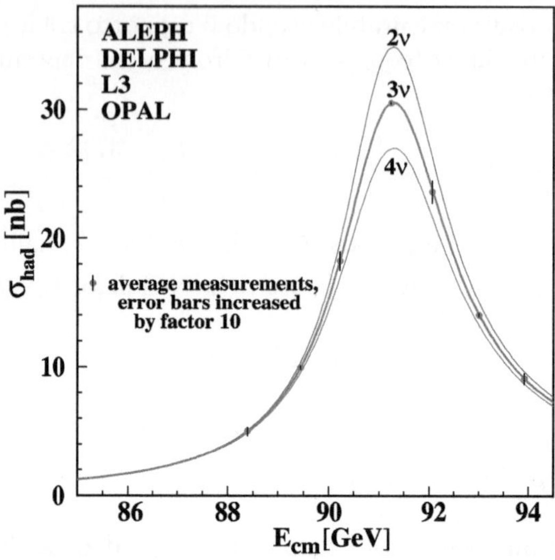

Figura 9.11. Comportamento con l'energia della sezione d'urto per la reazione $e^+e^- \rightarrow$ *adroni* attorno a un energia nel c.m. di 91 GeV. I punti sono i dati sperimentali ottenuti con i 4 esperimenti al collisionatore LEP del CERN; la curva centrale rappresenta la previsione teorica supponendo che esistano 3 tipi di neutrini diversi, quella superiore (inferiore) è per 2 (4) tipi di neutrini [08P1]

dove θ è l'angolo di diffusione dei fermioni uscenti rispetto alla direzione degli e^-. Il Modello Standard predice il valore delle grandezze a e b, vedi dopo. L'integrazione del termine $(1 + \cos^2 \theta)$ della (9.30) fornisce la sezione d'urto totale per ogni tipo di stato finale $f\bar{f}$. Il termine lineare in $\cos\theta$ non contribuisce alla sezione d'urto totale dato che $\int_0^\pi \cos\theta d\theta = 0$, ma contribuisce solo alle cosiddette asimmetrie "forward-backward", ossia "avanti-indietro".

Per quanto riguarda il termine puramente dovuto all'interazione debole, le (9.17,9.18) sembrano apparentemente non contenere il parametro che la contraddistingue, ossia la costante di Fermi. Questa è invece "nascosta" all'interno delle larghezze parziali (9.19), per cui ricordando che $\Gamma_{ee} = \frac{G_F m_Z^3}{6\sqrt{2}\pi}(a_e^2 + v_e^2)$, la (9.17) diventa:

$$\sigma(s) = \frac{12\pi}{m_z^2} \cdot s \left[\frac{G_F^2 m_Z^6}{2 \cdot 6^2 \pi^2}(v_e^2 + a_e^2) \sum_f N_C^f(v_f^2 + a_f^2) \right] \frac{1}{(s - m_Z^2)^2 + s^2 \Gamma_Z^2/m_Z^2} \cdot$$

$$(9.31)$$

Corrispondentemente, al picco $s = m_Z^2$:

$$\sigma^0 = \frac{G_F^2 m_Z^4}{6\pi \Gamma_Z^2}(a_e^2 + v_e^2) \sum_f (a_f^2 + v_f^2) N_C^f$$

dove f rappresenta tutti i fermioni cinematicamente accessibili (cioè con una massa $m_f < \frac{m_{Z^0}}{2}$).

La (9.31) permette di calcolare, per esempio, la sezione d'urto per la produzione di una coppia di muoni nello stato finale. Con $a_e = a_\mu = -1/2$ e trascurando v_e e v_μ (vedi Tab. 11.3), si trova:

$$\sigma(e^+e^- \to Z^0 \to \mu^+\mu^-)_{m_{z^0}} = \frac{G_F^2}{96\pi} \frac{s\, m_Z^4}{(s - m_Z^2)^2 + \Gamma_Z^2 m_Z^2} \; . \tag{9.32}$$

La (9.32) dà una sezione d'urto di 1.6 nb al picco della risonanza. Le correzioni radiative la riducono a circa 1.2 nb. Questo valore è da confrontare con i 0.0105 nb dovuti all'interazione elettromagnetica.

Per energie inferiori a 90 GeV, trascurando s rispetto a m_Z^2 e poiché $\Gamma_Z \ll m_Z$, il contributo della (9.32) si può approssimare a:

$$\sigma(e^+e^- \to Z^0 \to \mu^+\mu^-)_{E_{cm} < 90\text{ GeV}} = \frac{G_F^2}{96\pi}\, (\hbar c)^2 s = 1.8 \cdot 10^{-7} s \; (\text{GeV}^2 nb) \; . \tag{9.33}$$

Quindi, al di fuori del picco della Z^0, la sezione d'urto dovuta all'interazione debole è inferiore a quella dovuta all'interazione elettromagnetica (9.5). Per energie inferiori a 50 GeV possiamo perciò trascurare il contributo dovuto all'interazione debole (Fig. 9.1b).

Poiché il collegamento della Z^0 con i fermioni dipende dalle costanti di accoppiamenti sia vettoriali v_f che assiali a_f, vengono prodotte asimmetrie misurabili nelle distribuzioni angolari dei fermioni dello stato finale, come visibile nella Fig. 4.13. Queste asimmetrie permettono di quantificare la violazione della parità della corrente neutra.

Una delle asimmetrie più facili da misurare è, per esempio, l'asimmetria nella distribuzione angolare del processo $e^+e^- \to \gamma/Z^0 \to \mu^+\mu^-$:

$$A_{FB}^\mu = \frac{N_F^\mu - N_B^\mu}{N_F^\mu + N_B^\mu} = \frac{\sigma_F^\mu - \sigma_B^\mu}{\sigma_F^\mu + \sigma_B^\mu} \tag{9.34}$$

dove "F" sta per "forward" e N_F^μ corrisponde al numero dei muoni prodotti nell'emisfero avanti, cioè con un angolo di diffusione θ tale che $\cos\theta > 0$ rispetto alla direzione del fascio degli e^-. "B" sta per "backward" e N_B^μ corrisponde al numero dei muoni prodotti nell'emisfero indietro, cioè con un angolo di diffusione θ tale che $\cos\theta < 0$. σ_F^μ e σ_B^μ sono le sezioni d'urto corrispondenti. Considerando unicamente la corrente neutra, la sezione d'urto differenziale è data da:

$$\frac{d\sigma}{d\cos\theta} = \frac{3}{8}\, \sigma^0 \left[(1 + \cos^2\theta) + 2\, A_e\, A_f\, \cos\theta \right] \tag{9.35}$$

dove

$$A_f = \frac{2 v_f a_f}{v_f^2 + a_f^2} = 2 \frac{v_f/a_f}{1 + (v_f/a_f)^2} \tag{9.36}$$

e analogamente per A_e. Al solito, i valori delle costanti assiali e vettoriali predette dal Modello Standard sono riportate in Tab. 11.3. Al picco della Z^0, l'asimmetria avanti-indietro per ogni canale $f\bar{f}$ è data da:

$$A^{0,f}_{FB} = \frac{3}{4} A_e A_f \ .$$

(9.37)

Usando altre misure di A_e, i parametri A_μ, A_τ, A_c e A_b (questi ultimi, se si riescono a identificare con i rivelatori di vertice gli eventi in cui sono prodotte coppie di quark $c\bar{c}$, $b\bar{b}$) possono essere misurati a LEP tramite la (9.37). Al picco della Z^0, l'asimmetria avanti-indietro, per esempio, per i canali con una coppia di leptoni carichi nello stato finale $e^+ e^- \to Z^0 \to l^+ l^-$, è (Fig. 4.11):

$$A^{0,l}_{FB} = 0.01714 \pm 0.00095 \ .$$

(9.38)

È significativo il fatto che il valore sia statisticamente diverso da zero: fornisce un'ulteriore prova della violazione della parità nell'interazione debole.

9.7.5 Modello della produzione multiadronica

Abbiamo visto che nelle annichilazioni $e^+ e^- \to \gamma/Z^0 \to q\bar{q}$, il q e il $\bar{q}$ adronizzano tramite l'interazione forte. La produzione multiadronica procede attraverso quattro fasi distinte, come illustrato nella Fig. 9.12.

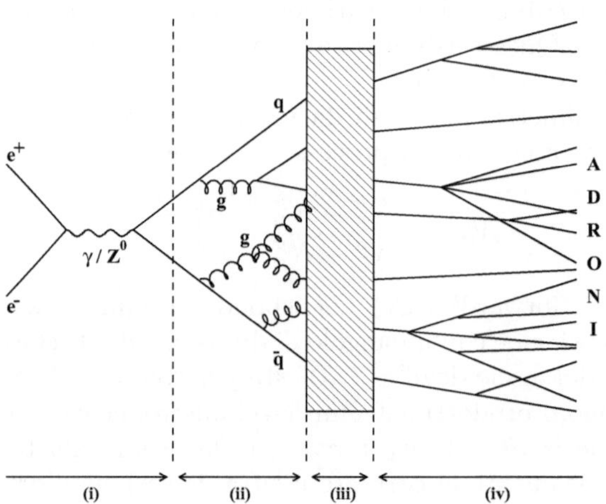

Figura 9.12. Modello della produzione multiadronica

(i) Nella prima fase la coppia $e^+ e^-$ annichila in una Z^0 o in un γ virtuali, che danno luogo alla coppia primaria $q\bar{q}$. Prima dell'annichilazione può avvenire l'emissione di un γ da parte dell'e^+ o dell'e^- iniziali; ciò riduce l'energia totale effettiva nel c.m. La produzione della coppia primaria $q\bar{q}$ è descritta dalla teoria elettrodebole perturbativa e avviene in una scala di distanze dell'ordine di 10^{-17} cm.

(ii) Nella seconda fase il quark o l'antiquark può irraggiare un gluone, che a sua volta può irraggiare un gluone (dando così luogo a un vertice a tre gluoni), oppure può produrre una coppia $q\bar{q}$. Questa fase è descritta dalla cromodinamica quantistica perturbativa e avviene su distanze dell'ordine di 10^{-15} cm.

(iii) Nella terza fase i *partoni colorati* (quark e gluoni), frammentano *(adronizzano)* in adroni incolori. Il processo non può essere trattato con metodi perturbativi; in assenza di un'analisi esatta è trattato con modelli. Avviene su distanze dell'ordine del fm.

(iv) Nella quarta fase, le risonanze adroniche prodotte decadono rapidamente in adroni tramite l'interazione forte (es. $\rho^0 \to \pi^+\pi^-$, $\tau_{\rho^0} \sim 10^{-23}$ s); altri adroni decadono tramite l'interazione elettromagnetica ($\Sigma^0 \to \Lambda^0\gamma$, $\pi^0 \to \gamma\gamma$, $\tau_{\pi^0} \sim 10^{-16}$ s) in adroni quasi stabili. In questa fase la descrizione dei processi è fatta con modelli che includono informazioni sperimentali su rapporti di decadimento e vite medie. Per tempi più lunghi, la maggior parte degli adroni decade tramite l'interazione debole. Torneremo sui processi di adronizzazione in §10.6.1.

Sono disponibili vari programmi di simulazione Monte Carlo, che generano eventi multiadronici completi. Ad esempio, il Monte Carlo JETSET include la cascata partonica per la fase (ii) e la frammentazione a stringhe (detta di Lund) per la fase (iii). I parametri liberi dei modelli sono stati ottimizzati tramite lo studio delle variabili di forma degli eventi multiadronici. Informazioni sui decadimenti sono introdotte dall'esterno sulla base dei dati sperimentali. Tutti questi Monte Carlo hanno in comune il fatto che i processi che si susseguono sono uno indipendente dall'altro, per esempio, il decadimento di un adrone è indipendente dalla sua produzione.

9.8 Collisioni e^+e^- per $\sqrt{s} > 100$ GeV a LEP2

In questa sezione, discuteremo dei processi a $\sqrt{s} > 100$ GeV prodotti nella fase del LEP detta LEP2. I principali risultati ottenuti a LEP2 riguardano:

- la prima misura del triplo vertice bosonico $Z^0 W^+ W^-$;
- la misura di precisione della massa m_W e dei parametri della W;
- la variazione con l'energia di molti parametri adronici, quali la molteplicità carica;
- limiti sull'esistenza di nuove particelle.

9.8.1 Sezioni d'urto $e^+e^- \to W^+, W^-, Z^0 Z^0$

Sono state misurate le sezioni d'urto $e^+e^- \to e^+e^-$, $\mu^+\mu^-$, $\tau^+\tau^-$, *adroni* (vedi Fig. 9.13). È da notare che a queste energie la probabilità di emissione di un fotone dal positrone o dall'elettrone iniziale diventa molto grande quando la Z^0 scambiata è quasi reale; si parla di "ritorno radiativo alla Z^0": gli eventi non sono più collineari, ma acollineari (vedi Fig. 9.14), da confrontare con Fig. 9.6b. Si ha quindi che la reazione $e^+e^- \to \gamma$ + (sistema $\ell\bar{\ell}$, $q\bar{q}$ con la massa della Z^0), è quasi 2 volte più abbondante di quella in cui il sistema finale (escluso il γ) ha energia uguale a due volte l'energia del fascio. Definendo s' l'energia del sistema $\ell\bar{\ell}$, $q\bar{q}$ e s l'energia del centro di massa, nella Fig. 9.13 sono trascurati gli eventi radiativi con la condizione $s'/s > 0.7225$.

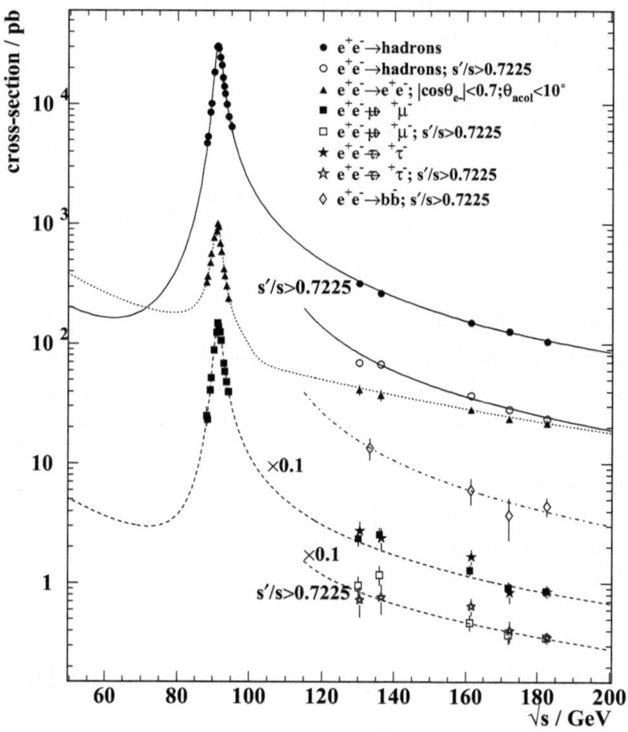

Figura 9.13. Comportamento con l'energia delle sezioni d'urto $\sigma(e^+e^- \to adroni)$, $\sigma(e^+e^- \to \mu^+\mu^-)$ e $\sigma(e^+e^- \to \tau^+\tau^-)$ per $80 < \sqrt{s} < 183$ GeV. Le sezioni d'urto per la produzione di $\mu^+\mu^-$ e $\tau^+\tau^-$ sono ridotte di un fattore 10. (I dati per $s'/s > 0.7225$ escludono gli eventi radiativi)

LEP2 ha permesso di esplorare la regione energetica $130 < E_{cm} < 209$ GeV. Questa regione è di grande interesse perché diventa possibile studiare le reazioni

$$e^+e^- \to W^+W^- \tag{9.39a}$$

$$e^+e^- \to Z^0 Z^0 \tag{9.39b}$$

che hanno soglia di produzione rispettivamente a $E_{cm} = 2m_W = 160.7$ GeV e $2m_Z = 182.4$ GeV. La Fig. 9.15 mostra un evento $e^+e^- \to Z^0 \to W^+W^- \to 4q \to 4\ jet$ all'energia di soglia $\sqrt{s} = 161$ GeV. Notare che i W^+W^- sono prodotti quasi a riposo e quindi decadono ciascuno in due getti emessi in direzioni opposte.

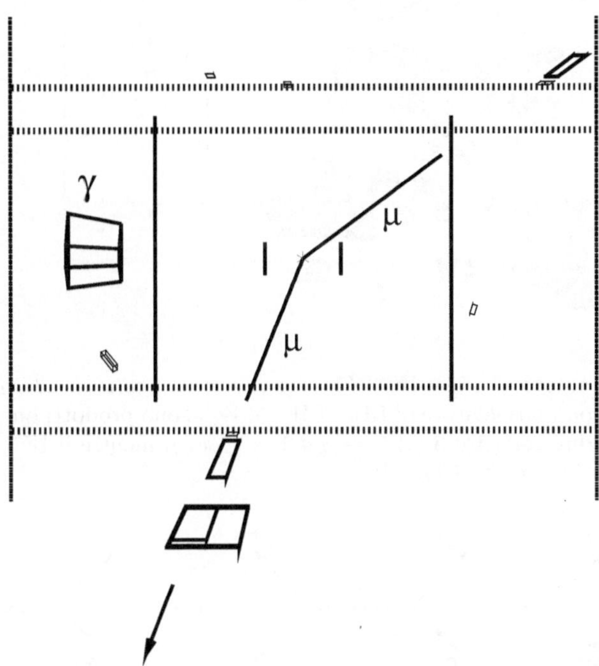

Figura 9.14. Un evento radiativo $e^+e^- \to e^+e^-\gamma \to Z^0\gamma \to \mu^+\mu^-\gamma$ osservato a $\sqrt{s} = 130$ GeV con un rivelatore al LEP. Si noti che la figura rappresenta il rivelatore nel piano perpendicolare a quello di Fig. 9.6

Le sezioni d'urto per le reazioni (9.39) possono essere calcolate tramite i diagrammi di Feynman illustrati in Fig. 9.16. Di questi il più interessante è il diagramma di Fig. 9.16c, che contiene il triplo vertice bosonico $Z^0W^+W^-$. Notare anche il diagramma con il bosone di Higgs H^0 (Fig. 9.16d) che è importante per eliminare divergenze.

La Fig. 9.17a mostra in funzione di $\sqrt{s}$ la sezione d'urto per la reazione (9.39a): notare che la crescita inizia "sottosoglia" a causa della grande larghezza Γ_W dei bosoni W^+, W^-; notare anche che la sezione d'urto aumenta rapidamente al crescere di $\sqrt{s}$: questo è un tipico andamento di soglia per ogni nuovo "canale". La sezione d'urto per la reazione (9.39b) presenta un andamento simile (vedi Fig. 9.17b).

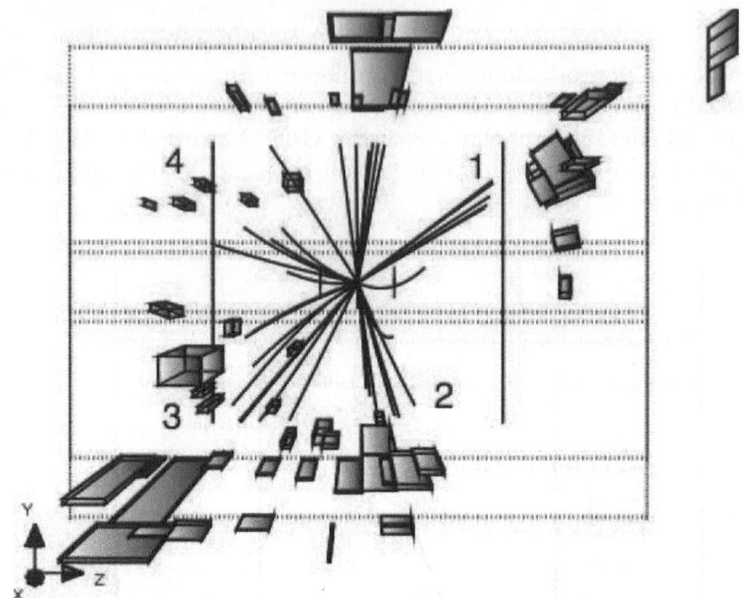

Figura 9.15. Un evento $e^+e^- \to W^+W^- \to 4\,quark \to 4\,getti\;di\;adroni$ osservato a $\sqrt{s} = 161$ GeV con un rivelatore al LEP. I W^+ e W^- sono prodotti quasi a riposo; il W^+ decade nei due getti 1 e 3 ($W^+ \to jet\;1\; +\; jet\;3$), mentre il W^- decade nei due getti 2 e 4 ($W^- \to jet\;2\; +\; jet\;4$)

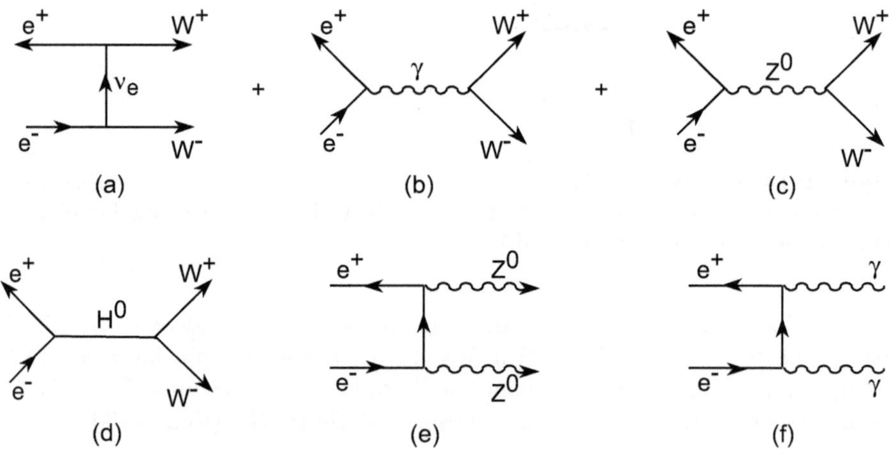

Figura 9.16. Diagrammi di Feynman all'ordine più basso per (a), (b), (c), (d) la reazione $e^+e^- \to W^+W^-$, (e) la produzione di Z^0Z^0 e (f) l'annichilazione in due fotoni

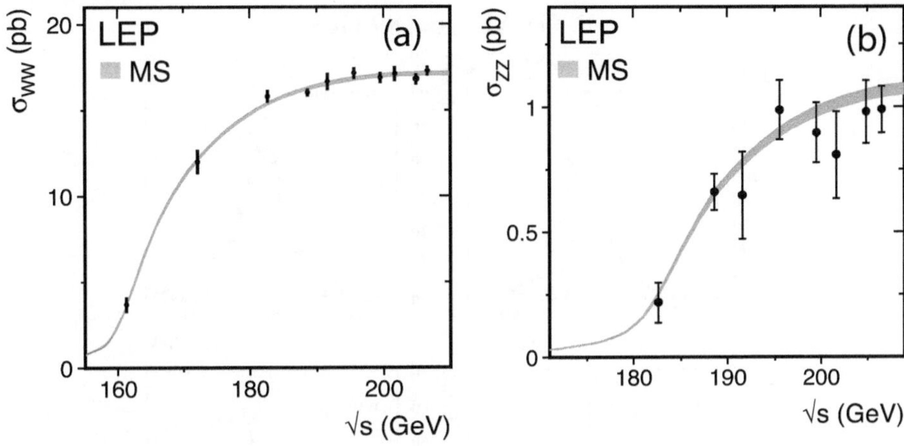

Figura 9.17. Sezioni d'urto (a) per la reazione $e^+e^- \to W^+W^-$ e (b) per la reazione $e^+e^- \to Z^0Z^0$. I punti risultano delle combinazioni [03L1] dei dati sperimentali dei 4 esperimenti LEP, confrontati con la previsione della teoria elettrodebole (area ombreggiata)

9.8.2 La massa e la larghezza del bosone W

La massa del bosone W è stata misurata usando i seguenti canali:

- Il canale adronico che rappresenta il 46% dei decadimenti:

$$e^+e^- \to W^+W^- \to qqqq \ .$$
(9.40a)

- Il canale semi-leptonico che rappresenta il 44% dei decadimenti:

$$e^+e^- \to W^+W^- \to qql\nu_l \ .$$
(9.40b)

La massa invariante dei prodotti di decadimento del W è ricostruita evento per evento. La Fig 9.18 mostra le masse invarianti ricostruite con il canale adronico e con i tre canali semi-leptonici. Gli eventi di fondo sono soprattutto presenti nel canale a 4 getti adronici; sono in maggior parte dovuti ad un assegnazione incorretta dei jet a ciascun W ("combinatorial background").

Gli spettri delle masse invarianti sono poi adoperati per ricostruire la massa del bosone W. Si applica un fit cinematico che impone i 4 vincoli della conservazione dell'energia e dell'impulso. Si richiede inoltre che le masse dei 2 bosoni siano uguali (quinto vincolo).

La combinazione delle misure dei 4 esperimenti LEP fornisce i seguenti risultati:

$$m_W = 80.376 \pm 0.033 \ GeV$$
(9.41a)

$$\Gamma_W = 2.196 \pm 0.083 \ GeV \ .$$
(9.41b)

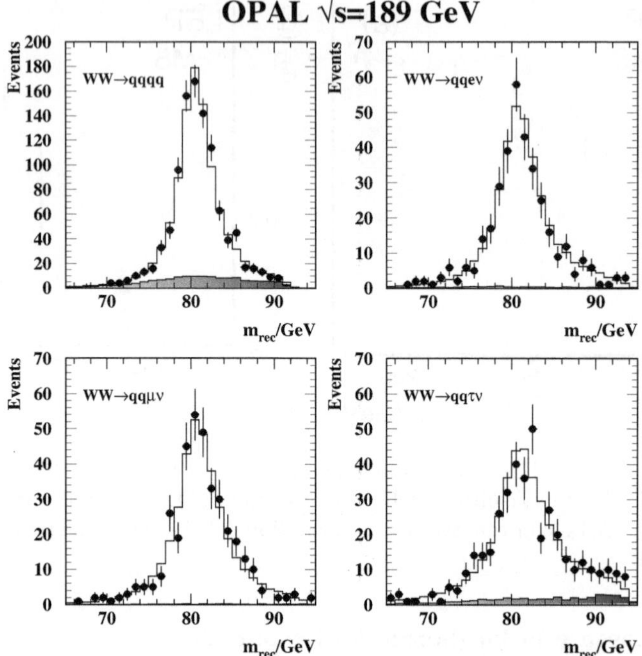

Figura 9.18. Istogrammi [01A2] della massa invariante ricostruita con il canale adronico e con i tre canali semi-leptonici. I punti corrispondono ai dati di OPAL. Il contributo del fondo non-WW è indicato come istogrammi ombreggiati

9.8.3 La misura di α_S

Gli esperimenti LEP hanno condotto molti studi sulle proprietà globali degli stati finali multiadronici, sia al picco della Z^0 che con energie nel c.m. $\sqrt{s} >$ 100 GeV. In particolare, sono stati studiati in modo dettagliato la struttura globale di un evento multiadronico tramite delle variabili di forma ("event shape"), la frequenza relativa di eventi a più getti adronici rispetto alla produzione totale multiadronica ("jet rate"), la molteplicità adronica carica. La distribuzione della molteplicità adronica carica in funzione dell'energia $\sqrt{s}$ nel c.m. è mostrata in Fig. 9.19. Sono riportati i risultati per collider e^+e^-, $p(\overline{p})p$ e ep.

Vari metodi sperimentali basati su questi studi permettono di misurare il valore di α_S e di verificare le previsioni di QCD (discusse in §11.9.4), tra le quali assume particolare interesse, il "running" di α_S, cioè il fatto che α_S diminuisce con l'aumentare di E_{cm}. Combinando i risultati [ww6] ottenuti dai 4 esperimenti LEP, i valori di α_S sono:

$$\alpha_S(\sqrt{s} = m_Z) = 0.1199 \pm 0.0052$$
$$\alpha_S(\sqrt{s} = 206 \; GeV) = 0.1079 \pm 0.0014 \; .$$

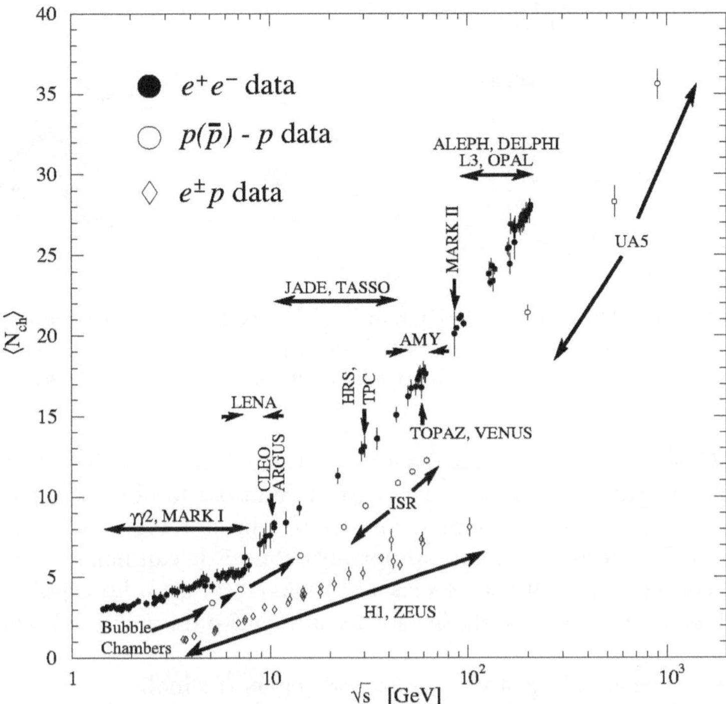

Figura 9.19. Molteplicità adronica carica misurata in diversi esperimenti in collider e^+e^-, $p(\bar{p})p$ e ep in funzione dell'energia $\sqrt{s}$ nel centro di massa. Le misure sperimentali (punti) riportano errori statistici e sistematici sommati in quadratura [10P1]

Le misure di α_S a LEP2 hanno confermato il carattere "running" di α_S.

9.8.4 Ricerche del bosone di Higgs al LEP

Un'altra motivazione importante per lo studio sperimentale di collisioni e^+e^- in questa regione energetica (così come ad energie più elevate) è la ricerca di nuove particelle, in particolare la ricerca del bosone di Higgs.

Come discuteremo nel Cap. 11, il bosone di Higgs è una particella essenziale del Modello Standard dell'interazione elettrodebole. Almeno un bosone neutro H^0 rimane dopo la rottura spontanea della simmetria per fornire le masse dei bosoni $W^\pm$ e Z^0, mantenendo al tempo stesso le teoria rinormalizzabile. Il modello minimale predice gli accoppiamenti del bosone di Higgs, ma non la sua massa. La sezione d'urto di produzione dell'H^0 è prevista diminuire rapidamente all'aumentare di m_{H^0}.

Al LEP il bosone di Higgs avrebbe potuto essere prodotto principalmente tramite il processo di "Higgsstrahlung" $e^+e^- \to Z^* \to HZ$ (vedi Fig. 9.20a). Il limite cinematico per questo processo è dato da $M_H^{max} \simeq \sqrt{s} - m_Z$; essendo

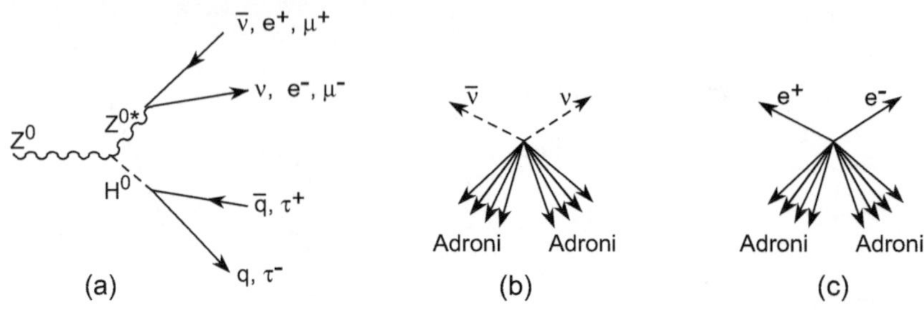

Figura 9.20. (a) Diagramma di Feyman per la produzione e il decadimento di un bosone di Higgs neutro, H^0. (b) Sketch del tipo di eventi previsti per il canale $Z^* \to \nu\bar{\nu}$ e $H^0 \to q\bar{q}$. (c) Come in (b) per il canale $Z^0 \to e^+e^-$, $H^0 \to q\bar{q}$

$m_Z = 91$ GeV, per $\sqrt{s} = 206 \div 207$ GeV si ottiene $M_H^{max} \simeq 115 \div 116$ GeV. Si prevede che un Higgs di massa ~ 115 GeV decada per lo più in coppie $b\bar{b}$ (nel 74% dei casi), dato che l'accoppiamento di H è proporzionale alla massa del fermione a cui si accoppia; meno importanti sono i decadimenti in coppie di τ, WW^*, coppie di gluoni ($\approx 7\%$ ciascuno) e in $c\bar{c}$ ($\approx 4\%$). Le topologie degli stati finali sono determinate da questi decadimenti e da quelli del bosone Z^0 associato.

A LEP il bosone H^0 è stato cercato nei seguenti canali:

(i) canale a 4 getti adronici: $e^+e^- \to H^0Z^0 \to b\bar{b}q\bar{q}$;

(ii) canale con energia mancante: $e^+e^- \to H^0Z^0 \to b\bar{b}\nu\bar{\nu}$;

(iii) canale τ: $e^+e^- \to H^0Z^0 \to \tau^+\tau^-q\bar{q}, \to q\bar{q}\tau^+\tau^-$;

(iv) canale leptonico: $e^+e^- \to H^0Z^0 \to b\bar{b}e^+e^-, \to b\bar{b}\mu^+\mu^-$.

Le Fig. 9.20b e 9.20c mostrano la configurazione degli eventi nel canale con energia mancante e in quello leptonico con $Z^0 \to e^+e^-$. I canali $Z^0 \to \nu\bar{\nu}$, $H^0 \to q\bar{q}$, $\tau^+\tau^-$ sono caratterizzati da una topologia asimmetrica, con due getti adronici in un emisfero e una gran quantità di energia mancante nell'emisfero opposto. Sono canali sensibili perché il rapporto di decadimento $Z^0 \to \nu\bar{\nu}$ è elevato ($\sim 20\%$). Anche i canali $Z^0 \to e^+e^-$, $\mu^+\mu^-$ e $H^0 \to q\bar{q}$, $\tau^+\tau^-$ hanno "segnature" caratteristiche e semplici, con un'alta efficienza di rivelazione, tuttavia hanno piccoli rapporti di decadimento. Il fondo è costituito da eventi del Modello Standard del tipo $e^+e^- \to Z^0Z^0$, W^+W^-, $f\bar{f}f'\bar{f'}$, che sono molto simili agli eventi candidati Higgs dato che la massa M_H è così simile a m_Z. Tale fondo viene ridotto applicando tagli che sfruttano le differenze cinematiche con il segnale (proprietà dei getti adronici e dell'evento) e variano da esperimento a esperimento e da canale a canale.

Combinando i risultati dei quattro esperimenti LEP è stato ricavato un limite inferiore per la massa del bosone di Higgs del Modello Standard pari a 114.4 GeV al 95% di livello di confidenza. Un piccolo eccesso (2.1σ) sul fondo previsto dal Modello Standard è stato osservato, principalmente da ALEPH e nel canale a 4-jet, nei dati raccolti a $E_{CM} > 206$ GeV.

Interazioni ad alta energia e il modello dinamico a quark

10.1 Introduzione

Nella prima parte del presente capitolo studieremo le interazioni *profondamente inelastiche* (in inglese: *deep inelastic scattering, DIS*) tra leptoni e nucleoni. Il processo fondamentale consiste nell'interazione tra il leptone ed uno dei *quark* che costituiscono i nucleoni. Questi esperimenti hanno storicamente rappresentato la conferma sperimentale del fatto che i quark non sono solo un fittizio modello matematico. I processi di *deep inelastic scattering* comportano un alto impulso trasferito dal leptone al costituente dell'adrone; in questo caso la Cromodinamica Quantistica (la teoria di campo che descrive l'interazione forte) prevede una costante di accoppiamento α_S relativamente piccola. I processi a grande impulso trasferito generalmente si manifestano con grande impulso trasverso, ossia in direzione perpendicolare al fascio, e sono detti ad *alto p_t*. Tali processi possono quindi essere calcolati tramite una teoria perturbativa analoga a quella sviluppata per l'interazione elettromagnetica e debole.

Nella seconda parte studieremo le collisioni adrone-adrone. Questi processi sono caratterizzati da sezioni d'urto relativamente grandi che variano lentamente con l'energia a disposizione nel sistema del centro di massa. La maggior parte degli eventi presenta bassi impulsi trasferiti (basso p_t). In tal caso, si può immaginare che l'interazione avvenga a livello di adroni nella loro interezza, e non tra i sub-costituenti. La teoria perturbativa non può essere utilizzata per le interazioni a basso p_t. I risultati sperimentali debbono quindi essere interpretati nell'ambito di vari modelli fenomenologici, che presentano talvolta aspetti contraddittori. Infine, verranno presentate le prospettive del collider LHC nella ricerca del bosone di Higgs.

Braibant S., Giacomelli G., Spurio M.: Particelle e interazioni fondamentali. Il mondo delle particelle
DOI 10.1007/978-88-470-2754-1_10, © Springer-Verlag Italia 2012

10.2 Collisioni leptone-nucleone ad alta energia

Le collisioni profondamente inelastiche leptone-nucleone hanno fornito importanti informazioni sulla struttura del protone e del neutrone. Storicamente, il primo studio sperimentale è stato l'urto elastico elettrone-nuclei atomici, che ha permesso di misurare la distribuzione di carica elettrica dei nuclei (Cap. 14). È seguita la serie di esperienze sull'urto inelastico profondo di elettroni sui nucleoni, che ha rivelato la loro struttura a partoni. Sono poi arrivati i fasci di muoni, che progressivamente sono diventati di miglior qualità (senza mai arrivare alla qualità dei fasci di elettroni) e poi di maggior energia (è da ricordare che è più facile accelerare protoni che elettroni e che i muoni sono fasci terziari). Si è poi avuto l'avvento di fasci di neutrini muonici, i quali, insieme con lo sviluppo di grandi rivelatori, hanno portato a studi dettagliati dell'interazione neutrino-nucleone (Problemi 10.9 e 10.10). Nell'urto inelastico ep (μp), compaiono due funzioni di struttura corrispondenti ai due stati di elicità del fotone intermedio (corrispondenti ad urto elettrico e magnetico); nell'urto inelastico $\nu_\mu + N \to \mu^- + X$ vi sono tre funzioni di struttura connesse con i tre stati di elicità del bosone W^+ o W^-. Infine a metà degli anni '90 è entrato in funzione, presso Amburgo, il collisionatore ep HERA, che ha permesso di studiare processi inelastici in un ampio intervallo dei parametri cinematici.

Le reazioni studiate nei processi inelastici sono del tipo:

$$\ell + N \to \ell' + X \tag{10.1}$$

dove ℓ ed ℓ' sono leptoni carichi o neutri; N è il protone o il neutrone; il sistema adronico X può essere osservato, non osservato, oppure parzialmente osservato. Il risultato più importante è connesso con la scoperta che le collisioni inelastiche ℓN possono essere interpretate come urto del leptone incidente con un costituente del nucleone, un *partone*, un fermione puntiforme più tardi identificato come un quark o un antiquark. Nel modello originario a partoni del protone, i partoni erano visti come costituenti fermionici puntiformi non interagenti fra loro. In realtà i partoni sono confinati entro i protoni e debbono quindi interagire fra loro. Il modello a partoni è una rappresentazione "naive" della struttura del protone su cui si può poi "innestare" l'interazione forte. Riferendoci a un sistema di riferimento in cui il protone ha impulso elevato (*infinite momentum frame*), si possono trascurare le masse e gli impulsi trasversi dei partoni. Inoltre il quark, colpito dal leptone, trasporta la frazione x dell'impulso del protone.

Le reazioni profondamente inelastiche più studiate sono:

$$ep: \quad e^\pm + p \to e^\pm + X^+ \tag{10.2a}$$

$$\mu p: \quad \mu^\pm + p \to \mu^\pm + X^+ \tag{10.2b}$$

$$\nu_\mu p(CC): \nu_\mu + p \to \mu^- + X^{++} \ , \quad \overline{\nu}_\mu + p \to \mu^+ + X^0 \tag{10.2c}$$

$$\nu_\mu p(NC): \quad \nu_\mu + p \to \nu_\mu + X^+ \ , \quad \overline{\nu}_\mu + p \to \overline{\nu}_\mu + X^+ \ . \tag{10.2d}$$

Qui X rappresenta un generico stato finale, di cui solo la carica totale è rilevante. Le prime due reazioni procedono con lo scambio di un fotone (lo scambio del bosone Z^0 dà un importante contributo solo ad alte energie); la terza reazione procede con lo scambio di un bosone $W^\pm$ (urto profondamente inelastico a corrente debole carica, CC); l'ultima reazione richiede lo scambio del bosone intermedio neutro Z^0 (interazione a corrente debole neutra, NC). Le quattro reazioni sono illustrate in Fig. 10.1a a livello di particelle elementari e nella Fig. 10.1b in termini del più semplice modello a quark, il modello che considera solo i cosiddetti "quark di valenza".

Uno dei modi migliori per studiare la struttura di un oggetto submicroscopico sfrutta l'interazione con un fotone, reale o virtuale. La scala delle dimensioni che possono essere studiate è inversamente proporzionale al momento trasferito. L'urto inelastico di un elettrone o di un muone su di un protone avviene tramite lo scambio di un fotone virtuale, come illustrato in Fig. 10.1(i). Si può quindi pensare che stiamo essenzialmente studiando l'interazione di un fotone con un nucleone oppure, a livello più fondamentale, con un quark. L'urto profondamente inelastico è caratterizzato da un elevato momento trasferito al quadrato, Q^2; man mano che si sale in Q^2, si possono esplorare distanze sempre più piccole, secondo la relazione di indeterminazione $\Delta x \Delta pc \simeq \Delta x Qc \simeq \hbar c \sim 197$ MeV fm; per $Q^2 = 400$ GeV$^2/c^2$ si ha $\Delta x \simeq 10^{-17}$ m; per $Q^2 = 40000$ GeV$^2/c^2$ (valore massimo pratico raggiungibile a HERA) si ha $\Delta x \sim 10^{-18}$ m.

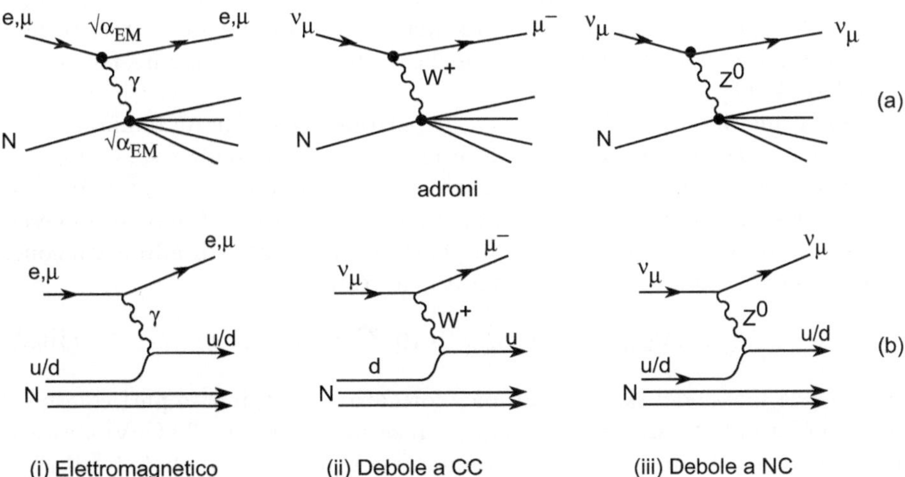

Figura 10.1. Illustrazione dell'urto inelastico leptone-nucleone a livello (a) di particelle elementari e (b) del più semplice modello a quark; il modello più completo deve tener conto anche dei quark e antiquark del mare, e dei gluoni presenti entro il nucleone. I due restanti quark del protone sono "spettatori" e adronizzano in un getto di adroni di basso p_t

Le Fig. 10.1b (a sinistra) e Fig. 10.2 illustrano il modo in cui immaginiamo il processo di urto inelastico nell'ambito del semplice modello a quark. L'elettrone incidente diffonde emettendo un fotone di alto Q^2, che interagisce con un quark (di valenza) del protone. In questo modello vengono trascurati gli altri costituenti, come i quark e antiquark del "mare" e i gluoni.

La Fig. 10.2 mostra come la collisione inelastica ℓN sia in realtà un processo a due stadi: il primo stadio è un urto quasi elastico del leptone con un partone, che porta una frazione x del quadrimpulso del protone (ovvero un assorbimento del fotone virtuale da parte di un quark). La corrispondente *funzione di struttura* $F(x)$ descrive la distribuzione in impulso dei costituenti entro il protone: il costituente colpito ha la frazione di impulso longitudinale x del protone. Il fotone e i bosoni intermedi W^+, W^-, Z^0 non interagiscono direttamente con i gluoni, che possiamo pensare siano presenti nel protone perché continuamente scambiati fra quark. Il secondo stadio del processo consiste nella *"frammentazione"* dei partoni in due getti (jets) di adroni (cioè consiste nell'interazione forte fra quark e gluoni per formare gli adroni dello stato finale). Il primo, il *jet (getto) della corrente*, proviene dalla frammentazione del partone colpito; il secondo, il *getto spettatore* o *del bersaglio*, proviene dai partoni spettatori (il primo jet è a grandi angoli, il secondo è nella stessa direzione del protone incidente). La distribuzione in energia di ciascun tipo di adrone proveniente dal partone colpito è chiamata *funzione di frammentazione* $D(z, Q^2)$. Essa dà la probabilità che un certo tipo di adrone trasporti una frazione z dell'energia del partone colpito che rincula (l'energia del partone colpito non è misurabile sperimentalmente e va stimata). In questo secondo stadio interviene l'interazione forte fra quark e giocano un ruolo importante i gluoni. L'interazione forte modifica anche la funzione di struttura facendola dipendere da Q^2, $F(x, Q^2)$.

Nella prima fase, la collisione $\gamma_{virtuale}$-partone avviene in un tempo $\Delta t_1 \sim \hbar/\nu$, dove $\nu = E - E'$ è l'energia trasferita nell'urto. La seconda fase, l'adronizzazione del quark diffuso, è caratterizzata dal tempo $\Delta t_2 \sim \hbar/m_p c^2 \simeq 10^{-24} s$ (m_p = massa del protone). Se $\nu \gg m_p$ si ha $\Delta t_1 \ll \Delta t_2$ e i due sottoprocessi possono essere considerati distinti. In generale, il processo di adronizzazione (o *rivestimento* dei quark) ha una durata caratteristica:

$$\Delta t_{adroniz} \sim \hbar/Mc^2 \simeq 10^{-23} \div 10^{-24} s \tag{10.3}$$

dove M è la massa del sistema adronico formato. Si noti il caso particolare in cui venga formato un quark top (t), la cui massa è attorno a 170 GeV: a causa della massa elevata, il tempo di decadimento per interazione debole (vedi Fig. 8.20) è molto piccolo, inferiore al tempo di adronizzazione. A differenza degli altri, quindi, il quark t non ha tempo di rivestirsi prima di decadere.

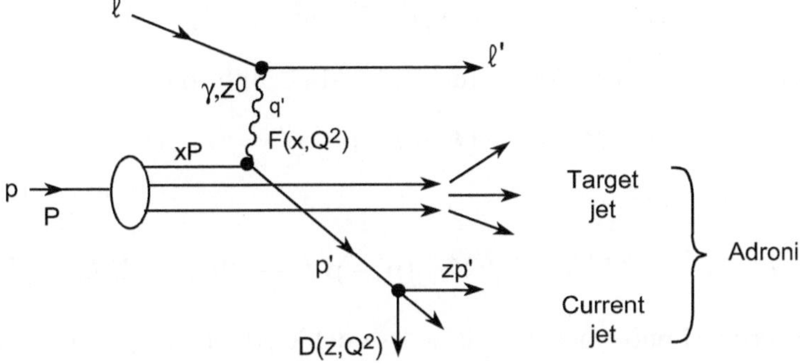

Figura 10.2. Illustrazione dell'urto inelastico leptone-nucleone come un processo a due stadi. Il partone colpito trasporta la frazione x del quadrimpulso P del protone. Nel primo stadio interviene la funzione di struttura $F(x, Q^2)$. Nel secondo stadio il partone diffuso, con quadrimpulso Q, dà luogo a un getto di adroni (current jet), ciascuno con frazione di energia z; qui interviene la funzione di frammentazione $D(z, Q^2)$ per ciascun tipo di adrone prodotto. I due restanti quark del protone sono "spettatori" e adronizzano in un getto (target jet) in avanti

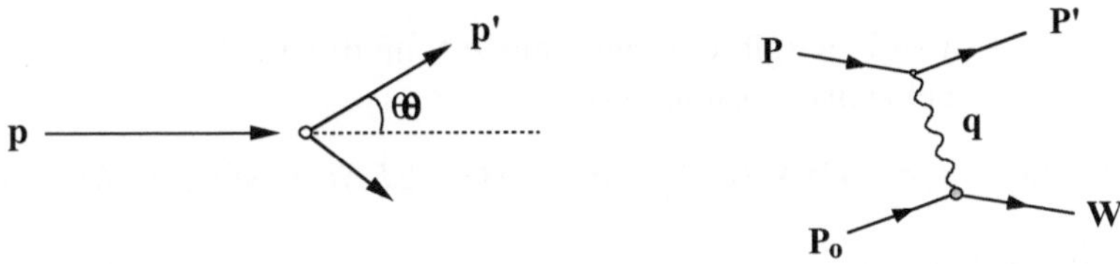

Figura 10.3. A sinistra: Cinematica dell'urto elastico $e^-p \to e^-p$ nel sistema del laboratorio. **p** e **p$'$** rappresentano l'impulso dell'elettrone prima e dopo l'urto, θ l'angolo di scattering. A destra: grafico di Feynman corrispondente: P, P' sono i quadrivettori energia-impulso dell'elettrone prima e dopo l'urto; P_0, W sono i quadrivettori del sistema adronico prima e dopo l'urto. q è il quadrimpulso trasferito

10.3 Diffusione elastica elettrone-protone

10.3.1 Variabili cinematiche

La Fig. 10.3 illustra la cinematica dell'urto elastico ep nel sistema del laboratorio, utilizzando quadrivettori energia-impulso covarianti, con $\hbar = c = 1$. I quadrimpulsi delle particelle coinvolte sono:

$$P = (E, \mathbf{p}) \quad ; \quad P' = (E', \mathbf{p}') \qquad \text{per l'elettrone incidente e diffuso} \qquad (10.4)$$

$$P_0 = (M, 0) \quad ; \quad W = (E'_0, \mathbf{p}'_0) \qquad \text{per il protone prima e dopo l'urto} \qquad (10.5)$$

dove M è la massa del protone.

Ad esempio si ha per il quadrato del quadrimpulso dell'elettrone incidente e del protone in quiete:

$$P^2 = (E^2/c^2 - \mathbf{p}^2) = m_e^2 c^2 \xrightarrow{c=1} m_e^2 \quad ; \quad P_0^2 = M^2 \ . \qquad (10.6)$$

Il quadrimpulso trasferito fra e^- incidente ed e^- diffuso è:

$$q = P - P' = (E - E', \mathbf{p} - \mathbf{p}') = (\nu, \mathbf{q}) \qquad (10.7)$$

ed ha quadrato $t = q^2$:

$$t = q^2 = (P' - P)^2 = (E'/c - E/c)^2 - (\mathbf{p}' - \mathbf{p})^2 \xrightarrow{c=1} 2m_e^2 - 2E'E + 2p'p\cos\theta \ . \tag{10.8}$$

Ad alte energie si può trascurare la massa dell'elettrone ($m_e = 0, p \simeq E$):

$$\boxed{q^2 = -Q^2 \simeq -2EE'(1 - \cos\theta) = -4EE'\sin^2(\theta/2)} \ . \qquad (10.9)$$

Poiché q^2 è negativo, spesso lo indicheremo con $Q^2 = -q^2$. Per diffusione ad alta energia a piccoli angoli si ha $p' \simeq p, \sin\theta \simeq \theta$ e quindi $t = q^2 \simeq -p^2\theta^2$. In termini di quadrimpulso trasferito al protone si ha:

$$t = q^2 = (M - E_0')^2 - (0 - \vec{p}')^2 = 2M^2 - 2MW = -2MT_p \qquad (10.10)$$

dove $T_p = W - M$ è l'energia cinetica del protone di rinculo.
L'energia totale nel centro di massa è:

$$s = (P + P_0)^2 = p^2 + P_0^2 + 2PP_0 = m_e^2 + M^2 + 2EM \simeq M^2 + 2EM \ . \quad (10.11)$$

Infine, vale la relazione

$$P_0 \cdot q = M\nu \quad \text{con} \quad \boxed{\nu = E - E'} \qquad (10.12)$$

che determina il fatto che lo scattering è elastico.

I valori numerici dei quadrati dei quadrivettori, ad esempio q^2 ed s, sono gli stessi in tutti i sistemi di riferimento (possono quindi essere calcolati nel sistema del laboratorio come fatto qui). Per gli urti elastici qui studiati si ha $q^2 < 0$; tale situazione viene chiamata di *tipo spazio*. Nel caso di processo di annichilazione si ha $q^2 > 0$: si dice che si ha una situazione di *tipo tempo*. La sezione d'urto differenziale per l'urto elastico ep può essere calcolata utilizzando una serie di approssimazioni successive.

10.3.2 Fattori di forma del protone

Formula di Rutherford. Il calcolo più semplice riguarda la diffusione elastica di un elettrone puntiforme, senza spin, con massa m_e e carica $-e$ da parte di una carica puntiforme Ze infinitamente massiva. La sezione d'urto elastica è descritta dalla formula di Rutherford, che abbiamo già visto in §4.7.1 (qui $z = 1$):

$$\left(\frac{d\sigma}{d\Omega}\right)_R = \frac{Z^2 e^4}{q^4} = \frac{Z^2 e^4}{t^2} = \frac{Z^2 e^4}{4E_0^2 \sin^4\frac{\theta}{2}} \ . \qquad (10.13)$$

La formula e il diagramma di Feynman corrispondente sono schematizzati nel riquadro. Notare che il fotone termina (a destra) nella carica massiva Ze.

Formula di Mott. L'approssimazione successiva è quella di introdurre lo spin dell'elettrone (trascurando ancora lo spin del protone): si può dire che consideriamo un elettrone di Dirac, poiché viene descritto dall'equazione relativistica di Dirac. In questo caso, per elettroni veloci relativistici, il vettore di spin $\boldsymbol{\sigma}$ è allineato con l'impulso $\mathbf{p}$. L'*elicità* è la proiezione dello spin lungo la direzione del vettore impulso (Appendice 4). L'elettrone può avere valori dell'elicità $\Lambda = \pm 1$. Se $\Lambda = +1$ l'elettrone è destrorso, se $\Lambda = -1$ sinistrorso. Il punto importante è che *l'interazione elettromagnetica conserva l'elicità*: questo comporta dei vincoli sulla forma della funzione d'onda nello stato finale [87P1] che introducono un fattore $\cos^2(\frac{\theta}{2})$ nella sezione d'urto:

$$\left(\frac{d\sigma}{d\Omega}\right)_M = \left(\frac{d\sigma}{d\Omega}\right)_R (1 - \beta^2 \sin^2 \theta/2) \simeq \left(\frac{d\sigma}{d\Omega}\right)_R \cos^2(\theta/2) \ . \qquad (10.14)$$

Protone di massa M. Il considerare un protone non infinitamente massivo, ma con la propria massa M, porta a una modifica del diagramma di Feynman (vedi Riquadro) e la formula seguente:

$$\left(\frac{d\sigma}{d\Omega}\right)_{NS} = \left(\frac{d\sigma}{d\Omega}\right)_M \frac{1}{1 + (2E_0/M)\sin^2(\theta/2)} \qquad (10.15)$$

che ritorna come la (10.14) nel caso di massa infinita.

Protone con spin. L'approssimazione successiva include lo spin del protone (protone di Dirac; si considera però ancora il protone come puntiforme). In termini semplici si può pensare che ci sia un potenziale di interazione addizionale, aggiuntivo al termine coulombiano, dovuto all'interazione di dipolo magnetico μ tra elettrone e nucleo alla distanza r, del tipo: $\frac{\mu_0}{4\pi}\frac{\boldsymbol{\mu}\times\mathbf{r}}{r^3}$. Questo comporta un altro termine nell'elemento di matrice, per cui la sezione d'urto diviene:

$$\left(\frac{d\sigma}{d\Omega}\right) = \left(\frac{d\sigma}{d\Omega}\right)_{NS}\left[1 + \frac{q^2}{2M^2}\tan^2(\theta/2)\right] \ . \qquad (10.16a)$$

Tuttavia, il momento magnetico del protone (o neutrone) è differente da quello previsto dalla teoria di Dirac per particelle di spin $1/2$, ossia $\mu_0 = e\hbar/2Mc$ (§7.14.4). Rosenbluth nel 1950 ottenne per un nucleo "puntiforme":

$$\left(\frac{d\sigma}{d\Omega}\right) = \left(\frac{d\sigma}{d\Omega}\right)_{NS}\left\{1 + \frac{q^2}{4M^2}\left[2(1 + \kappa)^2\tan^2(\theta/2) + \kappa^2\right]\right\} \qquad (10.16b)$$

dove κ è la parte *anomala* del momento magnetico, pari a 1.79 per il protone e -2.91 per il neutrone:

$$\mu_{p,n} = (1 + \kappa)\mu_0 \ . \qquad (10.17)$$

La formula (10.16b) può essere estesa al caso di nucleone con una struttura (oppure, in maniera perfettamente analoga, nel caso dei nuclei) introducendo i cosiddetti *fattori di forma* $F_1(q^2)$ e $F_2(q^2)$.

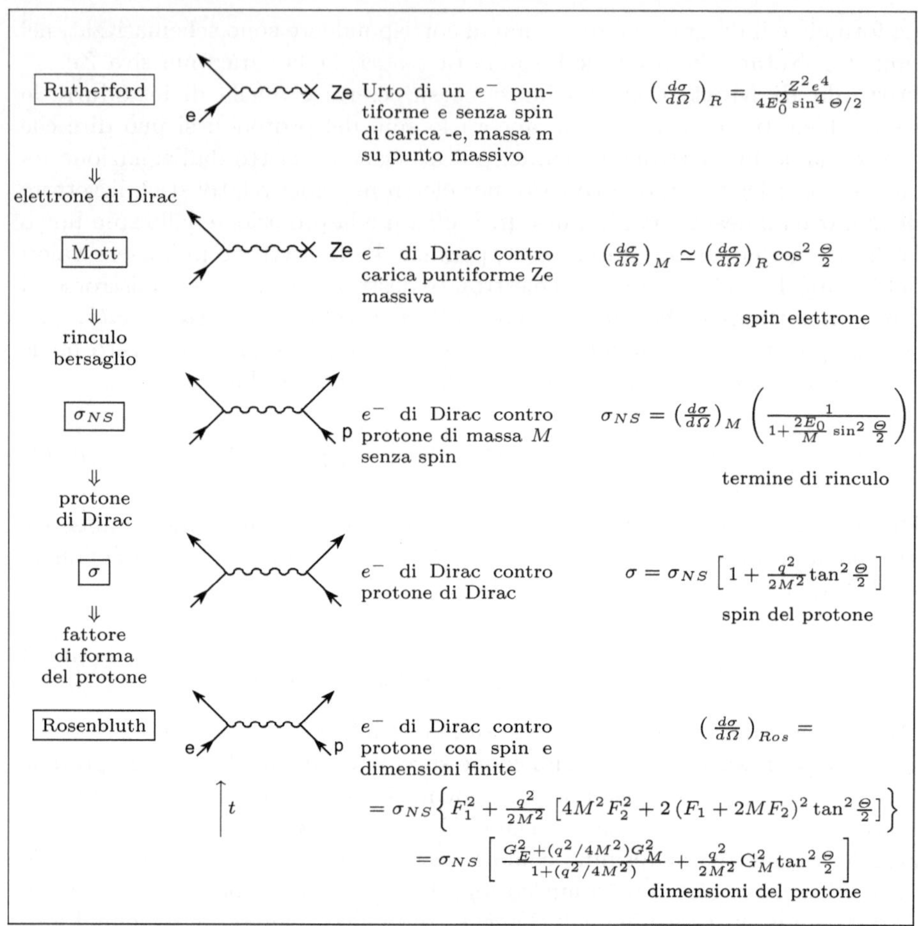

Riquadro. Classificazione in ordine di approssimazione successiva dell'urto elastico e^-p (notare che in questi diagrammi di Feynman il tempo va dal basso verso l'alto).

Protone di dimensione finita. Rimuoviamo infine l'approssimazione relativa alla dimensione puntiforme del protone: il protone reale è un oggetto avente dimensione dell'ordine del fm. Si introduce un *fattore di forma spaziale* $f(r)$ per la distribuzione spaziale di carica elettrica, che rimpiazza la carica puntiforme con una distribuzione di carica

$$\varrho(r) = ef(r) \tag{10.18}$$

dove $\varrho = dq/dv$, con la normalizzazione $\int f(r)dv = 1$, cioè $\int \varrho(r)dv = e$.

Nel caso più semplice, la funzione di distribuzione $f(r)$ può essere interpretata come la distribuzione di carica spaziale classica, oppure come una distribuzione di probabilità di trovare costituenti puntiformi del protone. Il *fattore di forma* $F(\mathbf{q})$, corrispondente alla funzione di distribuzione spaziale $f(r)$, è definito come la trasformata di Fourier della distribuzione spaziale $f(r)$:

$$F(\mathbf{q}) = \int e^{i\mathbf{q}\cdot\mathbf{x}} f(r) d^3 x \ . \tag{10.19}$$

Esempi dei più comuni fattori di forma sono elencati nella Tab. 10.1 e mostrati nella Fig. 10.4.

In tutti i casi si assume simmetria sferica della funzione $f(r)$. La trasformata di Fourier della (10.19) è stata esplicitamente ricavata nel §4.4 nel caso del potenziale di Yukawa; questo, a meno di costanti numeriche, ha la dipendenza da r analoga alla distribuzione spaziale di carica detta di Yukawa nella Tab. 10.1. Si può notare che $F(\mathbf{q})$ dipende in questo caso unicamente dallo scalare q^2. Si può ricavare che anche nel caso di distribuzione di carica di tipo esponenziale o gaussiano $F(\mathbf{q}) = F(q^2)$, come riportato nella tabella. Nel seguito indicheremo sempre il fattore di forma come $F(q^2)$.

La (10.16b) può essere generalizzata per tener conto della struttura (distribuzione di carica e di magnetizzazione) di protone e neutrone:

$$\left(\frac{d\sigma}{d\Omega}\right) = \left(\frac{d\sigma}{d\Omega}\right)_{NS} \left\{ F_1(q^2) + \frac{q^2}{4M^2} \left[2(F_1(q^2) + \kappa F_2(q^2))^2 \tan^2 \frac{\theta}{2} + \kappa^2 F_2^2(q^2) \right] \right\}. \tag{10.20}$$

I fattori di forma sono differenti nel caso di urti di elettroni su protoni e neutroni, per cui sono indicati nel seguito con un p o n in apice. La dipendenza da q^2 indica che ci si aspetta una variazione della funzione al variare del quadrato del quadrimpulso trasferito. Nel caso di bassi q^2, i fattori di forma possono normalizzarsi ai valori:

$$F_1^p(0) = F_2^p(0) = F_2^n(0) = 1 \quad ; \quad F_1^n(0) = 0 \ .$$

I fattori di forma F_1^p, F_2^p e F_1^n, F_2^n, sono detti di Dirac e di Pauli. Risulta talvolta più conveniente usare una loro combinazione lineare attraverso i fattori di forma elettrico e magnetico di protone e neutrone, definiti come:

$$G_E^{p,n}(q^2) = F_1^{p,n}(q^2) - \frac{q^2}{4M^2} \kappa F_2^{p,n}(q^2) \tag{10.21a}$$

$$G_M^{p,n}(q^2) = F_1^{p,n}(q^2) + \kappa F_2^{p,n}(q^2) \ . \tag{10.21b}$$

Il *fattore di forma elettrico* $G_E(q^2)$ descrive la distribuzione di carica elettrica nel protone o nel neutrone. Il *fattore di forma magnetico* $G_M(q^2)$ descrive la distribuzione di momento di dipolo magnetico. Si deve notare che l'interpretazione dei fattori di forma in termini di distribuzioni spaziali di carica perde di significato nel limite delle altissime energie, perché l'elettrone incidente non vede una distribuzione statica di carica, ma una distribuzione accelerata. I fattori di forma elettrico e magnetico sono normalizzati alla carica elettrica e al momento magnetico di ogni particella:

Distribuzione spaziale di carica	Fattore di forma
puntiforme $\quad f(r) = \delta(r - r_0)$	$F(q^2) = 1$ $\qquad$ unità
esponenziale $f(r) = \frac{a^3}{8\pi} e^{-ar}$	$F(q^2) = \left[\frac{1}{1+q^2/a^2}\right]^2$ dipolo
Yukawa $\qquad f(r) = \frac{a^2}{4\pi r} e^{-ar}$	$F(q^2) = \frac{1}{1+q^2/a^2}$ $\quad$ polo
Gaussiana $\quad f(r) = \left(\frac{a^2}{2\pi}\right)^{\frac{1}{2}} e^{-(a^2 r^2/2)}$	$F(q^2) = e^{-(q^2/2a^2)}$ Gaussiano

Tabella 10.1. Distribuzioni spaziali di carica e fattori di forma corrispondenti espressi in funzione del quadrimpulso trasferito $q = \sqrt{|t|}$

$$
\begin{aligned}
G_E^p(q^2) \quad &\text{è normalizzato a:} \quad G_E^p(0) = 1 \\
G_M^p(q^2) \quad &\qquad\qquad '' \qquad\qquad G_M^p(0) = 2.79 \\
G_E^n(q^2) \quad &\qquad\qquad '' \qquad\qquad G_E^n(0) = 0 \\
G_M^n(q^2) \quad &\qquad\qquad '' \qquad\qquad G_M^n(0) = -1.91 \quad .
\end{aligned}
\tag{10.22}
$$

Con l'introduzione dei fattori di forma nella (10.20) si giunge alla formula di Rosenbluth per l'urto elastico ep:

$$
\left(\frac{d\sigma}{d\Omega}\right)_{Ros} = \left(\frac{d\sigma}{d\Omega}\right)_{NS} \left[\frac{G_E^2 + (q^2/4M^2)G_M^2}{1+(q^2/4M^2)} + \frac{q^2}{2M^2}G_M^2 \tan^2\frac{\theta}{2}\right] .
\tag{10.23}
$$

è da notare che non c'è interferenza tra i fattori di forma elettrico e magnetico. Inoltre se si grafica la sezione d'urto di Rosenbluth a diverse energie e diversi angoli d'urto, ma in modo che q^2 resti costante, si ottiene una dipendenza lineare da $\tan^2(\theta/2)$:

$$
\left(\frac{d\sigma}{d\Omega}\right)_{Ros} \Big/ \left(\frac{d\sigma}{d\Omega}\right)_{NS} = A(q^2) + B(q^2)\tan^2\frac{\theta}{2} .
\tag{10.24}
$$

La verifica di una tale dipendenza lineare da $\tan^2(\theta/2)$ è una prova che l'urto è mediato dallo scambio di un solo fotone. Nel caso del protone, le misure sono state effettuate a partire dagli anni 1960 da parte di R. Hofstadter. Per i neutroni, visto che non sono disponibili liberi in natura, la cosa migliore che si riesce a fare è quella di usare il deuterio (stato legato pn) e sottrarre il contributo del protone.

La Fig. 10.4 mostra i fattori di forma del protone e del neutrone determinati dalla misura dell'urto elastico ep ed en. I risultati possono essere parametrizzati tramite le seguenti espressioni empiriche, che, si dice, contengono una *legge di scala* e la *formula di dipolo*.

Legge di scala:

$$G(q^2) = G_E^p(q^2) = \frac{G_M^p(q^2)}{\mu_p} = \frac{G_M^n(q^2)}{|\mu_n|} \qquad (10.25a)$$

$$G_E^n(q^2) = 0 \ . \qquad (10.25b)$$

Formula di dipolo:

$$G(q^2) = \left(\frac{1}{1+(q^2/0.71)}\right)^2 \ [q^2 \text{ in } (\text{GeV}/c)^2] \ . \qquad (10.26)$$

La trasformata del fattore di forma di dipolo nello spazio delle coordinate dà (vedi Tab. 10.1, r in fm):

$$f(r)_{dipolo} = 3.06 \ e^{-4.25r} \ . \qquad (10.27)$$

Per piccoli momenti trasferiti si può scrivere:

$$G_E^p(q^2) \simeq f(0)[1 - (1/6)q^2\langle r^2\rangle] \qquad (10.28)$$

con $\sqrt{\langle r^2\rangle} = 0.81$ fm. Ad alti momenti trasferiti, i fattori di forma elastici sono molto piccoli e la diffusione inelastica dell'elettrone incidente diventa molto più probabile della diffusione elastica.

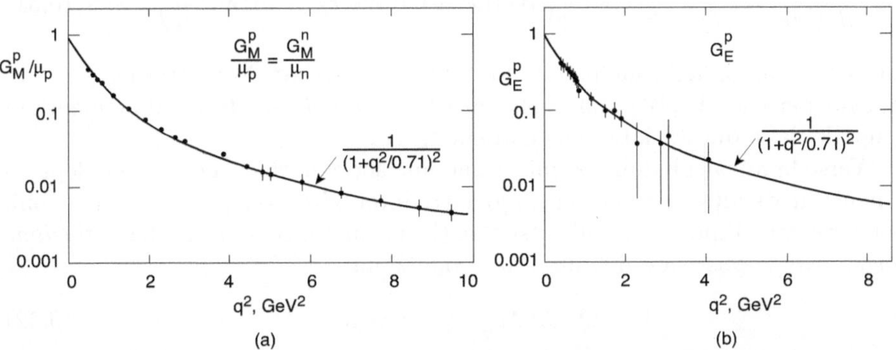

Figura 10.4. Fattori di forma elettrico e magnetico del protone e magnetico del neutrone. La linea continua rappresenta un *fit* con un fattore di forma di tipo dipolo (Tab. 10.1), corrispondente ad una distribuzione spaziale di carica del tipo *funzione di Yukawa*

10.4 Sezione d'urto inelastica ep

Nel caso che la reazione (10.1) sia di diffusione inelastica, il bersaglio frammenta in uno stato di massa $W > M$. L'energia e l'angolo di diffusione del leptone

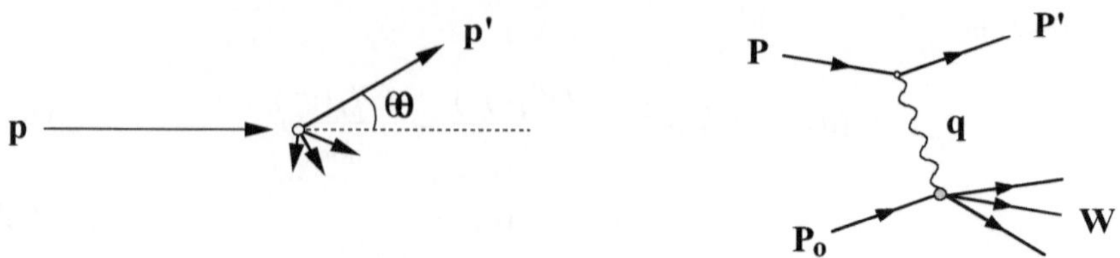

Figura 10.5. Cinematica dell'urto inelastico $e^-p \to e^-p$ nel sistema del laboratorio e come grafico di Feynman. Si veda la Fig. 10.3 per la descrizione delle variabili

(nei casi più semplici, l'elettrone) nello stato finale sono variabili indipendenti (Fig. 10.5). La massa del sistema X è:

$$W^2 = (P_0 + q)^2 = M^2 + q^2 + 2M\nu = M^2 - Q^2 + 2M\nu > M^2 \ . \qquad (10.29)$$

In tal caso:

$$2M\nu > Q^2 \ . \qquad (10.30)$$

Per lo scattering inelastico, il quadrato del quadrimpulso trasferito q^2 e l'energia trasferita ν sono variabili indipendenti. Il limite elastico è dettato dalla condizione $W^2 = M^2$, ossia la $2M\nu = Q^2$. La sezione d'urto inelastica può essere espressa proprio in termini di queste due variabili come:

$$\frac{d^2\sigma}{dQ^2 d\nu} = \frac{4\pi\alpha^2}{Q^4}\frac{E'}{E}\cos^2\frac{\theta}{2}\left(W_2(Q^2,\nu) + W_1(Q^2,\nu)2\tan^2\frac{\theta}{2}\right) \ . \qquad (10.31)$$

La (10.31) assomiglia molto alla formula (10.16a) per lo scattering elastico. Adesso però le W_1, W_2 sono arbitrarie *funzioni di struttura*, dipendenti in generale dalle due variabili cinematiche Q^2, ν.

Verso la fine degli anni '60 iniziarono una serie di esperimenti in cui leptoni e neutrini di alta energia venivano fatti interagire con protoni e neutroni, per verificare l'ipotesi di sub-costituenti dei nucleoni (quark). La *diffusione fortemente inelastica* è definita dalle condizioni:

$$Q^2 \gg M^2 \quad ; \quad \nu \gg M \ . \qquad (10.32)$$

Se il nucleone è costituito di particelle puntiformi l'interazione fortemente inelastica con una particella *elementare* quale elettrone, muone o neutrino sarà il risultato della diffusione elastica con i costituenti. Se questi costituenti (inizialmente chiamati *partoni*) hanno massa m e se l'energia trasferita è molto maggiore della loro energia di legame, la sezione d'urto (10.31) sarà data dalla somma incoerente dei vari *contributi elastici sui differenti partoni*:

$$\left(\frac{d^2\sigma}{dQ^2 d\nu}\right)_{ela} = \frac{4\pi\alpha^2}{Q^4}\frac{E'}{E}\cos^2\frac{\theta}{2}\left(1 + \frac{Q^2}{4m^2}2\tan^2\frac{\theta}{2}\right)\delta(\nu - Q^2/2m) \ . \qquad (10.33)$$

Si noti che: (i) la $\delta(\nu - Q^2/2m)$ esprime la condizione che l'urto sia elastico ($W = m$) dalla (10.29); (ii) poiché l'urto è elastico sul partone, la (10.33) ha la stessa struttura della sezione d'urto elastica di elettrone su protone (10.16a), rimpiazzando la massa M con la massa m del partone; (iii) confrontando la (10.33) con la (10.31) possiamo scrivere delle condizioni per le funzioni di struttura:

$$W_2(Q^2, \nu) \to \frac{1}{\nu}\delta(\nu - Q^2/2m) \quad ; \quad W_1(Q^2, \nu) \to \frac{Q^2}{4m^2\nu}\delta(\nu - Q^2/2m) \; .$$

$$(10.34)$$

Partendo dall'ipotesi che l'urto di elettroni, muoni e neutrini su p e n avvenga su costituenti fermionici puntiformi, nel 1967 Bjorken dimostrò che in interazioni fortemente inelastiche le funzioni che descrivono la struttura del nucleone non dipendono da variabili che hanno dimensioni fisiche. Esse cioè non dipendono, come nel caso della diffusione elastica, dal quadrimpulso trasferito Q^2, dall'energia trasferita ν e dalle dimensioni del nucleone. Questa proprietà è chiamata *legge di scala di Bjorken*, ed è espressa dalla condizione che, definendo per $Q^2 \to \infty$, $\nu \to \infty$ la grandezza

$$x = \frac{Q^2}{2M\nu} \quad \text{rimane finita} \; . \qquad (10.35)$$

Supponendo di avere un ipotetico partone di massa m in quiete nel sistema di riferimento del laboratorio, per cui sia valida la condizione di scattering elastico $Q^2 = 2m\nu$: la (10.35) dà $x = m/M$. In questo modo, la variabile x può essere interpretata come la frazione di massa del nucleone trasportata dal partone su cui avviene l'interazione. Di conseguenza, le funzioni di struttura W_1, W_2 hanno limiti finiti che non dipendono separatamente da Q^2 e ν, ma solo dal rapporto adimensionale x

$$\nu W_2(Q^2, \nu) \overset{Q^2 \to \infty, \nu \to \infty}{\longrightarrow} F_2(x) \quad ; \quad MW_1(Q^2, \nu) \overset{Q^2 \to \infty, \nu \to \infty}{\longrightarrow} F_1(x) \; . \quad (10.36)$$

La verifica di questa ipotesi avvenne a partire da una serie di esperimenti del 1968 da parte di Friedman, Kendall e Taylor (Nobel nel 1990) e collaboratori a SLAC (presso l'Università di Stanford in California). Qui, un acceleratore lineare di elettroni della lunghezza di circa 3 km, accelerava elettroni fino a 20 GeV contro bersagli di idrogeno e deuterio. In questi esperimenti si misura l'energia E' e l'angolo θ dell'elettrone nello stato finale: da questi valori si determinano le variabili Q^2, ν e W. La Fig. 10.6 mostra la sezione d'urto differenziale $d\sigma^2/d\Omega dE'$ in funzione dell'energia dello stato adronico W. Il picco dell'interazione elastica sul protone ($W = M$) è stato rimosso per chiarezza. A valori $W \sim 1.2 \div 1.8$ GeV si nota l'eccitazione di risonanze barioniche (la prima è la ormai familiare Δ di massa 1230 MeV) e una distribuzione continua per valori $W > 1.8$ GeV. In questa regione di W, la sezione d'urto diminuisce rapidamente all'aumentare di Q^2 per effetto del fattore di forma $F(Q^2)$. Essendo ora gli urti considerati *elastici sui partoni*, ci si aspetta che la sezione d'urto decresca all'aumentare di Q^2, in maniera analoga ai fattori di forma elastici (Fig. 10.4).

Con l'aumentare del quadrimpulso trasferito, la sezione d'urto totale elettrone-protone diminuisce, ma diventa sempre più importante il contributo inelastico rispetto alla diffusione elastica e alla formazione di risonanze. Il confronto tra la sezione d'urto inelastica e quella elastica è mostrato nella Fig. 10.7 in funzione del quadrimpulso trasferito. La sezione d'urto inelastica diventa maggiore di quella elastica per valori di Q^2 più grandi di quelli corrispondenti alla formazione di risonanze ($Q^2 \sim O(1\ GeV^2)$). Inoltre, per valori fissati di $W^2 = M^2 + 2M\nu - Q^2$, la sezione d'urto inelastica si mantiene approssimativamente costante e non dipende da Q^2, come si può vedere in Fig. 10.7 nel caso di $W = 3$ GeV. La legge di scala di Bjorken è quindi soddisfatta nella regione del continuo inelastico dove non è più importante l'eccitazione di risonanze barioniche.

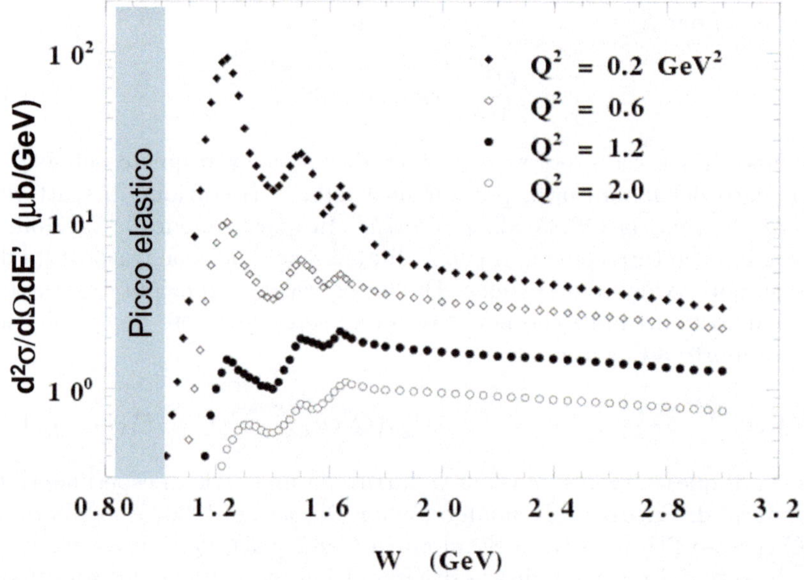

Figura 10.6. Sezione d'urto differenziale in funzione dell'energia dello stato adronico W per interazioni ep

10.4.1 I partoni nei nucleoni: natura e spin

Per interpretare il significato della variabile x di Bjorken (10.35) e delle funzioni $F_2(x), F_1(x)$, conviene esprimere la sezione d'urto (10.31) in funzione di x [1]:

---

[1] Si tenga conto che il cambio di variabile $x = Q^2/2M\nu$ comporta che $\frac{dx}{d\nu} = \frac{x}{\nu}$ e quindi $\frac{d}{dx} = \frac{\nu}{x}\frac{d}{d\nu}$.

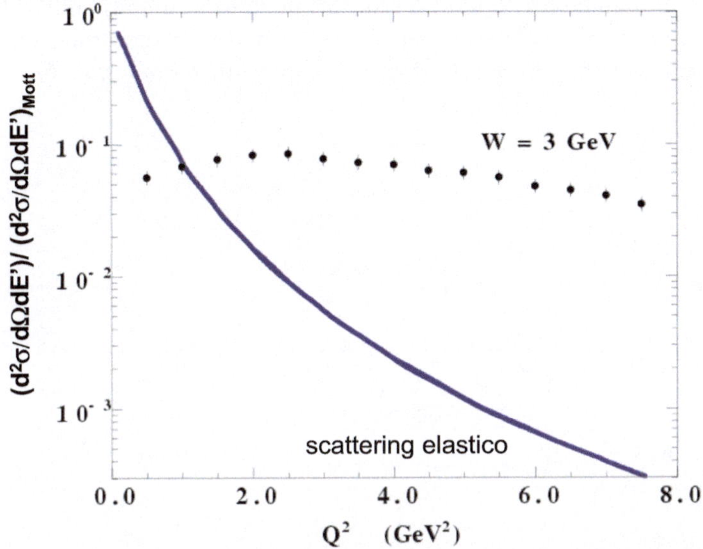

Figura 10.7. Interazione *ep*: rapporto tra la sezione d'urto elastica (curva continua) e inelastica (punti) e la sezione d'urto di Mott (prevista nel caso di bersaglio puntiforme e senza spin) in funzione del quadrimpulso trasferito

$$\frac{d^2\sigma}{dQ^2dx} = \frac{\nu}{x}\frac{d^2\sigma}{dQ^2d\nu} = \frac{4\pi\alpha^2}{Q^4}\frac{E'}{E}\frac{1}{x}\cos^2\frac{\theta}{2}\left(\nu W_2(Q^2,\nu)+\nu W_1(Q^2,\nu)2\tan^2\frac{\theta}{2}\right) =$$

$$= \frac{4\pi\alpha^2}{Q^4}\frac{E'}{E}\frac{1}{x}\cos^2\frac{\theta}{2}\left(F_2(x) + \frac{\nu F_1(x)}{M}2\tan^2\frac{\theta}{2}\right) =$$

$$= \frac{4\pi\alpha^2}{Q^4}\frac{E'}{E}\frac{1}{x}\cos^2\frac{\theta}{2}\left(F_2(x) + 2xF_1(x)\frac{Q^2}{4M^2x^2}2\tan^2\frac{\theta}{2}\right) . \tag{10.37}$$

Se i costituenti del nucleone sono fermioni di spin $1/2$ le due funzioni di struttura F_1, F_2 di Bjorken non sono indipendenti. Infatti confrontando la forma della sezione d'urto (10.37) con quella della interazione elastica di leptoni su particelle di spin 0 (10.14) o su particelle di spin $1/2$ (10.16a) con massa $m = Mx$, si conclude che:

- per costituenti di spin 0 si deve avere $F_1(x) = 0$;
- per costituenti di spin $1/2$ si deve avere

$$\boxed{F_2(x) = 2xF_1(x)} \tag{10.38}$$

Questa uguaglianza è nota col nome di *relazione di Callan-Gross*.

La Fig. 10.8 mostra il valore del rapporto $2xF_1(x)/F_2(x)$ misurato per diversi valori di Q^2 e ν: il rapporto è chiaramente diverso da zero e si mantiene costante e circa uguale a 1. Quindi i risultati degli esperimenti sulla diffusione fortemente inelastica di elettroni su protoni e neutroni mostrano che questi *sono costituiti di particelle puntiformi e i costituenti hanno spin 1/2.*

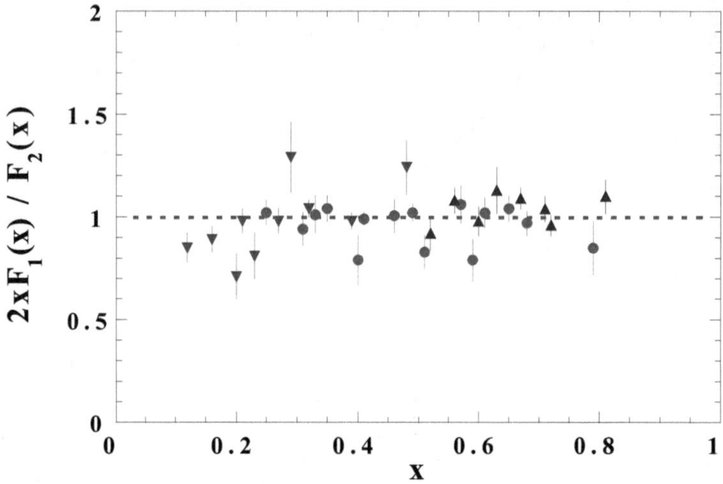

Figura 10.8. Rapporto $2xF_1(x)/F_2(x)$ in funzione della variabile x per diversi valori di Q^2. La figura si riferisce a dati sperimentali di SLAC, con ($\blacktriangledown$)$1.5 < Q^2 < 4\ GeV^2$; ($\bullet$)$5 < Q^2 < 11\ GeV^2$; ($\blacktriangle$)$12 < Q^2 < 16\ GeV^2$

Tenendo conto della relazione di Callan-Gross, la (10.37) può essere scritta come:

$$\frac{d^2\sigma}{dQ^2dx} = \frac{4\pi\alpha^2}{Q^4}\frac{E'}{E}\frac{F_2(x)}{x}\cos^2\frac{\theta}{2}\left(1 + \frac{Q^2}{4M^2x^2}2\tan^2\frac{\theta}{2}\right). \qquad (10.39)$$

Questa relazione ha una suggestiva interpretazione nel modello a partoni introdotto da Feynman nel 1969, considerando la collisione inelastica in un riferimento in cui l'adrone bersaglio ha impulso elevato ($|\mathbf{p}| \gg M$) in modo da poter trascurare la massa e l'impulso trasverso dei costituenti:

- l'adrone è costituito da particelle puntiformi cariche chiamati partoni;
- il quadrimpulso dell'adrone P_o è distribuito tra i partoni;
- l'interazione inelastica con quadrimpulso trasferito Q e energia trasferita ν è il risultato dell'interazione elastica con un partone che ha quadrimpulso xP_o;
- la funzione di struttura $F_2(x)/x$ rappresenta la funzione di distribuzione dei partoni nel nucleone.

Questo è il meccanismo descritto nella Fig. 10.2. Il quadrato dell'energia totale elettrone-partone è:

$$s = (P + xP_o)^2 = 2EMx + x^2M^2 + M^2 \simeq 2EMx \qquad (E \gg M) \quad (10.40)$$

e il quadrimpulso Q è scambiato tra l'elettrone e il partone che dopo l'interazione ha quadrimpulso (ricordando la 10.35):

$$(q+xP_o)^2 = -Q^2+2M\nu x+x^2M^2 = -Q^2+2M\nu\frac{Q^2}{2M\nu}+(xM)^2 = m^2 \ll W^2$$

$$(10.41)$$

e l'adrone frammenta in uno stato finale di massa invariante W, formato dal partone interessato e dagli altri partoni che trasportano il rimanente quadrimpulso $(1-x)P_o$. La funzione $F_2(x)$ misurata nella diffusione fortemente inelastica elettrone-protone è mostrata in Fig. 10.9.

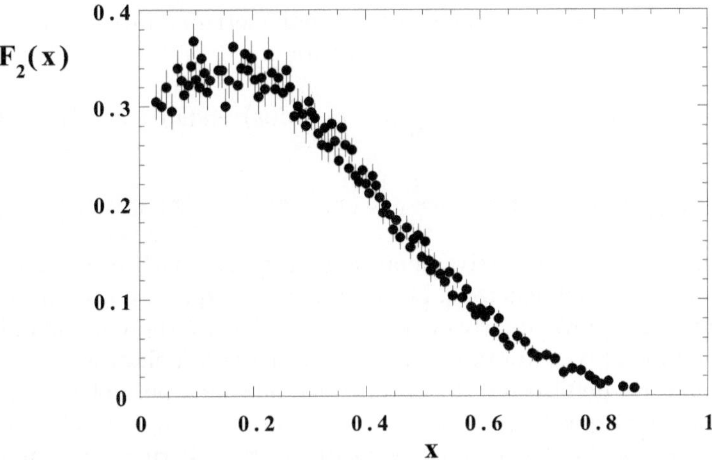

Figura 10.9. Misure sperimentali della funzione di struttura del protone, $F_2^{ep}(x)$, in funzione della variabile x. Si noti che $\int_0^1 F_2(x)dx \simeq 0.14$

10.4.2 Carica elettrica dei partoni

Il nucleone è quindi costituito di partoni puntiformi di spin 1/2. Il passo successivo è stato quello di verificare se si potevano identificare i partoni con i quark. Questi hanno carica elettrica frazionaria, $e_u = 2/3; e_d = e_s = -1/3$ in unità della carica elementare. La sezione d'urto d'interazione elettromagnetica è proporzionale al quadrato delle cariche elettriche interagenti: l'interazione di un elettrone con un partone di carica elettrica 2/3 ha una probabilità maggiore di avvenire rispetto all'interazione con un partone di carica 1/3 di un fattore $e_u^2/e_d^2 = 4$. Se si indica con $f_k(x)$ la densità dei quark di sapore k all'interno del nucleone, la funzione di struttura $F_2(x)$ deve tener conto dei diversi accoppiamenti con le cariche elettriche dei partoni tramite le costanti $e_k = e_u, e_d, e_s$:

$$F_2(x) = \sum_k e_k^2 \cdot x \cdot f_k(x) \ . \tag{10.42}$$

In una interazione fortemente inelastica si possono formare anche coppie quark-antiquark dello stesso sapore e l'interazione elettromagnetica ha lo stesso accoppiamento per quark e per antiquark. Conviene definire i *quark di valenza* quelli che definiscono i numeri quantici dell'adrone; ad esempio il protone $|p\rangle = |uud\rangle$ ha 2 quark u ed 1 quark d, $|n\rangle = |udd\rangle$ ha 1 quark u ed 2 quark d. I *quark del mare (sea-quark)* sono invece quelli costituiti dalle possibili coppie virtuali quark-antiquark prodotte nell'interazione. L'idea è che queste coppie quark-antiquark di massa m_q siano create in continuazione all'interno del nucleone per un intervallo di tempo Δt tale che $\Delta t \cdot 2m_q < \hbar$, come le coppie virtuali e^+e^- di Fig. 4.2f. In tal caso, la creazione di coppie di quark di massa più elevata di quella del quark s è sfavorita.

Partendo dalla (10.42), nelle interazioni elettrone-protone e elettrone-neutrone si misurano le funzioni di struttura:

$$F_2^{ep} = x\left[\frac{4}{9}[(u_p(x) + \overline{u}(x)] + \frac{1}{9}[(d_p(x) + \overline{d}(x) + s(x) + \overline{s}(x)]\right] \qquad (10.43a)$$

$$F_2^{en} = x\left[\frac{4}{9}[(u_n(x) + \overline{u}(x)] + \frac{1}{9}[(d_n(x) + \overline{d}(x) + s(x) + \overline{s}(x)]\right] \qquad (10.43b)$$

ove $u_p(x), d_p(x)$ sono rispettivamente le densità di quark u e d del protone, $u_n(x), d_n(x)$ quelle del neutrone. Le possibili coppie quark-antiquark del mare, $u\overline{u}, d\overline{d}, s\overline{s}$ hanno approssimativamente la stessa densità (non hanno indice n, p) e si è trascurato il contributo dei quark con massa più elevata.

La simmetria dell'isospin dell'interazione adronica permette di ipotizzare che la densità di quark di valenza u del protone sia uguale alla densità di quark di valenza d del neutrone, ossia di invertire il ruolo dei quark u nel protone con quelli d nel neutrone:

$$u_p(x) = d_n(x) = u_v(x) \quad ; \quad d_p(x) = u_n(x) = d_v(x) \ . \qquad (10.43c)$$

Con queste ipotesi le funzioni di struttura di protone e neutrone diventano:

$$F_2^{ep} = x\left[\frac{4}{9}(u_v+\overline{u})+\frac{1}{9}(d_v+\overline{d}+s+\overline{s})\right]; \quad F_2^{en} = x\left[\frac{4}{9}(d_v+\overline{d})+\frac{1}{9}(u_v+\overline{u}+s+\overline{s})\right] \ . \qquad (10.44)$$

In un bersaglio con ugual numero di protoni e neutroni (spesso chiamato *bersaglio isoscalare*) come ad esempio il deuterio, il numero di quark u coincide con quello di d e si ottiene una funzione di struttura mediata sul contenuto di quark di valenza e del mare pari a:

$$F_2^{eN} = \frac{F_2^{ep} + F_2^{en}}{2} = x\left[\frac{5}{18}(u_v+\overline{u})+\frac{5}{18}(d_v+\overline{d})+\frac{2}{18}(s+\overline{s})\right] \simeq \frac{5}{18}x\left[q(x)+\overline{q}(x)\right] \qquad (10.45)$$

ove nell'ultima eguaglianza abbiamo semplicemente definito con $q(x)$ la somma delle densità dei quark di qualsiasi tipo, e con $\overline{q}(x)$ quella degli antiquark.

L'integrale della funzione $x[q(x) + \overline{q}(x)]$ su tutti i valori della variabile x rappresenta il contributo di tutti i quark e gli antiquark all'interazione e deve essere uguale a 1. Il valore sperimentale dell'integrale di F_2^{eN} con i primi esperimenti effettuati nella regione $1 < Q^2 < 10$ $(\mathrm{GeV}/c)^2$ fu circa 0.14 (Fig. 10.9). Quindi:

$$\int_0^1 x[q(x) + \bar{q}(x)]dx \simeq \frac{18}{5} \int_0^1 F_2^{eN}(x)dx \simeq (0.50 \pm 0.05) \ . \qquad (10.46)$$

Questo valore è stato ottenuto da misure della diffusione fortemente inelastica, oltre che di elettroni, anche di muoni (i quali possono raggiungere energie più elevate) su diversi bersagli con ugual numero di protoni e neutroni (deuterio, carbonio,...). Il risultato è approssimativamente indipendente dai valori di Q^2 e ν. In pratica, i partoni (fermioni di spin 1/2) trasportano circa il 50% dell'impulso totale del nucleone. Una ipotesi per spiegare questo risultato è che *non tutti i partoni del nucleone si accoppiano con il campo elettromagnetico*, ovvero che nel nucleone ci sono altri oggetti diversi dai quark. È possibile verificare questa ipotesi studiando l'interazione fortemente inelastica neutrino-nucleone: infatti in questo caso l'interazione *non* dipende dalla carica elettrica dei quark.

10.5 Sezione d'urto per collisioni ν_μN a CC

I neutrini muonici sono quelli comunemente utilizzati per studiare le reazioni di diffusione fortemente inelastica. Come descritto nel §8.7, i ν_μ sono ottenuti dal decadimento di pioni carichi; nel caso di interazione a corrente carica, viene generato nello stato finale un muone, che è semplice da rivelare. Le reazioni utilizzate sono state:

$$\nu_\mu p \to \mu^- + X^{++} \ , \quad \bar{\nu}_\mu p \to \mu^+ + X^0 \qquad (10.47)$$

$$\nu_\mu n \to \mu^- + X^+ \ , \quad \bar{\nu}_\mu n \to \mu^+ + X^- \ . \qquad (10.48)$$

Poiché si tratta di reazioni che avvengono per interazione debole con sezioni d'urto molto piccole, negli esperimenti occorre avere bersagli molto grandi. Generalmente, di un fascio di neutrini si conosce il flusso per unità di energia, $d\Phi/dE_\nu$, ma non si conosce l'energia dei singoli neutrini. Quindi per stimare l'energia dei neutrini che interagiscono occorre misurare sia la direzione e l'energia del muone che la direzione e l'energia del sistema adronico X che si forma nella frammentazione del nucleone.

La sezione d'urto differenziale (con grandezze cinematiche espresse nel sistema del laboratorio) per neutrini (o antineutrini) si scrive in una forma che contiene tre funzioni $W_1(Q^2,\nu), W_2(Q^2,\nu)$ e $W_3(Q^2,\nu)$ del quadrato del quadrimpulso Q^2 e dell'energia ν trasferiti:

$$\frac{d^2\sigma^{\nu p}}{dQ^2 d\nu} = \frac{G_F^2}{2\pi}\frac{E_\mu}{E_\nu}\left\{\cos^2\frac{\theta}{2}W_2 + 2\sin^2\frac{\theta}{2}W_1 \mp \frac{E_\nu + E_\mu}{M}\sin^2\frac{\theta}{2}W_3\right\} \ . \quad (10.49)$$

Rispetto all'equazione (10.31) del caso elettromagnetico, nella (10.49) si è sostituito $4\pi\alpha^2/Q^4 \to G_F^2/2\pi$, dove G_F è la costante di Fermi. Inoltre, per maggior chiarezza, abbiamo indicato l'energia della particella incidente E con E_ν, e quella del leptone finale E' con E_μ. Nel terzo addendo, il segno $-$ nella (10.49) si applica a ν_μ, il segno $+$ a $\overline{\nu}_\mu$. La (10.49) contiene ora tre funzioni di struttura $W_i(Q^2,\nu)$ nel caso del protone, e altre tre per il neutrone. Queste corrispondono ai tre stati di elicità del bosone W^+ o W^-. La differenza con l'interazione elettromagnetica è che l'interazione debole è costruita a partire da una corrente vettoriale e una assiale (§8.16). Si hanno quindi quattro termini che corrispondono alle ampiezze per cui il nucleone cambia ($\propto \sin\frac{\theta}{2}$) oppure non cambia ($\propto \cos\frac{\theta}{2}$) direzione dello spin. Neutrini e antineutrini sono autostati di elicità con valori opposti e questo origina la differenza di segno nel termine con W_3.

Le funzioni W_2 e $2W_1 \mp W_3(E_\nu + E_\mu)/M$ possono essere misurate grazie al fatto che la sezione d'urto differenziale ha una dipendenza dall'angolo di emissione del muone, θ. La misura di interazioni di neutrini e antineutrini permette di determinare le funzioni W_1 e W_3. Come nel caso del fotone, la legge di scala di Bjorken prevede che nel limite $Q^2 \gg M^2$, $\nu \gg M$, le funzioni di struttura siano funzioni solo di $x = Q^2/2M\nu$ e quindi:

$$\nu W_2(Q^2,\nu) \to F_2(x) \; ; \; MW_1(Q^2,\nu) \to F_1(x) \; ; \; \nu W_3(Q^2,\nu) \to F_3(x) \ .$$
$$(10.50)$$

La sezione d'urto differenziale (10.49) può ora essere espressa in funzione di due variabili adimensionali; oltre alla variabile x, definiamo la variabile *inelasticità*:

$$y = \frac{\nu}{E} \tag{10.51}$$

(in questo caso, $E = E_\nu$, $E' = E_\mu$). L'inelasticità è una variabile cinematica che talvolta sostituisce Q^2. Nell'urto elastico vi è una relazione (10.9) tra quadrato del quadrimpulso trasferito Q^2, l'angolo di diffusione θ e l'energia iniziale e finale. Utilizzando la definizione della variabile x (10.35) si ha $\nu = Q^2/2Mx$, ossia anche $y = Q^2/2MxE$. Per questo, a x fissata si ha $dQ^2 = 2MExdy$ ossia: $\frac{d^2\sigma}{dxdy} = 2MxE\frac{d^2\sigma}{dxdQ^2}$. Inoltre dalla (10.9) si ha:

$$Q^2 = 2Mx\nu = 2E_\nu E_\mu(1-\cos\theta) \tag{10.52a}$$

da cui:

$$\frac{\nu}{E_\nu} = \frac{E_\mu}{Mx}(1-\cos\theta) \tag{10.52b}$$

$$y = \frac{E_\mu}{Mx}(1-\cos\theta) = 2\frac{E_\mu}{Mx}\sin^2\frac{\theta}{2} \ . \tag{10.52c}$$

In termini delle variabili adimensionali x e y, la (10.49) si scrive così:

$$\frac{d^2\sigma^{\nu,\overline{\nu}}}{dxdy} = \frac{G_F^2 ME_\nu}{\pi}\left\{\left(1-y-\frac{Mxy}{2E_\nu}\right)F_2 + xy^2 F_1 \mp xy\left(1-\frac{y}{2}\right)F_3\right\} \ . \tag{10.53}$$

Per $E_\nu \gg M$ si può trascurare il termine $Mxy/2E_\nu$. La costante all'inizio della formula ha valore:

$$\sigma_0 = G_F^2 M/\pi = [(1.1664{\cdot}10^{-5})^2 0.93827/\pi](\hbar c)^2 \mathrm{cm}^2 = 1.58{\cdot}10^{-38} \mathrm{cm}^2 \mathrm{GeV}^{-1} \ . \tag{10.54}$$

Per costituenti di spin $1/2$, facciamo uso della relazione di Callan-Gross: $F_2(x) = 2xF_1(x)$. Di conseguenza la relazione (10.53) può essere riscritta come:

$$\frac{d^2\sigma^{\nu,\overline{\nu}}}{dxdy} = \frac{\sigma_0}{2} E_\nu \left\{ \left[F_2(x) \mp xF_3(x) \right](1-y)^2 + \left[F_2(x) \pm xF_3(x) \right] \right\} \ . \tag{10.55}$$

Notare che la struttura di questa equazione è del tipo:

$$\frac{d^2\sigma}{dxdy} = A(x)(1-y)^2 + B(x) \ . \tag{10.56}$$

Questa relazione acquista un significato più esplicito esaminando l'interazione nel sistema del centro di massa neutrino-partone. In questo riferimento, nell'ipotesi che abbiano massa trascurabile, i quark che si accoppiano con il bosone vettoriale W devono avere elicità negativa e gli antiquark elicità positiva. I neutrini e gli antineutrini sono autostati di elicità. Le sole possibili interazioni tra neutrini e quark/antiquark di valenza e del mare sono riportate in Fig. 10.10 e si riferiscono a:

$$
\begin{aligned}
\nu_\mu d \to \mu^- u \quad &\Leftleftarrows\Rightrightarrows \quad J = 0 \\[4pt]
\nu_\mu \overline{u} \to \mu^- \overline{d} \quad &\Leftarrow\Leftarrow \quad J = 1 \\[4pt]
\overline{\nu}_\mu u \to \mu^+ d \quad &\Rightarrow\Rightarrow \quad J = 1 \\[4pt]
\overline{\nu}_\mu \overline{d} \to \mu^+ \overline{u} \quad &\Rightarrow\Leftarrow \quad J = 0.
\end{aligned}
\tag{10.57}
$$

Le frecce rappresentano la direzione relativa tra gli spin delle particelle incidenti, e quindi il momento angolare totale prima dell'urto. Si ricordi che:

- nel caso in cui le due particelle nello stato finale hanno spin opposti ($\Rightarrow \Leftarrow$; $\Leftarrow \Rightarrow$) il momento angolare totale è $J = 0$ e la distribuzione angolare di emissione nel sistema del c.m. è isotropa: $F(\theta) = 1$. Quindi, la distribuzione angolare della sezione d'urto (anche in termini della variabile *inelasticità*) non contiene dipendenze angolari:

$$\frac{d\sigma}{d\Omega} = \frac{G_F^2}{4\pi^2} s \quad ; \quad \frac{d\sigma}{dy} = \frac{G_F^2}{\pi} s \ . \tag{10.58}$$

Si può lasciare come esercizio la dimostrazione che, usando la (10.52) si ha $\frac{dy}{d\Omega} = \frac{1}{4\pi}$.

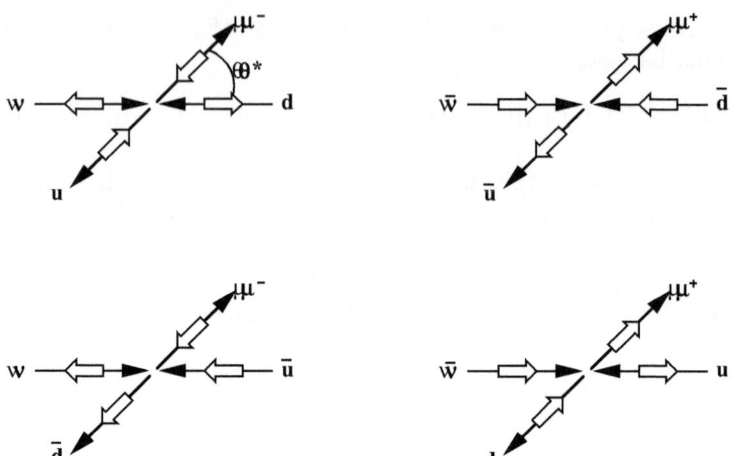

Figura 10.10. Scattering elastico (anti)neutrino-(anti)quark nel riferimento del centro di massa. Le frecce nere indicano la direzione dell'impulso delle particelle coinvolte, mentre le frecce bianche rappresentano la direzione dello spin

- nel caso in cui le due particelle nello stato finale hanno spin paralleli ($\Rightarrow \Rightarrow$; $\Leftarrow \Leftarrow$) il momento angolare totale è $J = 1$ e la distribuzione angolare di emissione è descritta dalle autofunzioni di rotazione di spin 1 (come nel caso discusso per la Δ^{++} in §7.5.1) e: $F(\theta) = (\frac{1+\cos\theta}{2})$. La distribuzione angolare della sezione d'urto:

$$\frac{d\sigma}{d\Omega} = \frac{G_F^2}{4\pi^2}s\left(\frac{1+\cos\theta}{2}\right)^2 \quad ; \quad \frac{d\sigma}{dy} = \frac{G_F^2}{\pi}s(1-y)^2 \ . \tag{10.59}$$

Passiamo ora dal sistema del centro di massa a quello del laboratorio. In questo sistema, ad alte energie dalla (10.11) si ottiene che la variabile invariante s corrisponde a $s \simeq 2ME_\nu$. Nel caso di urto con un partone di massa $m = xM$ e densità di distribuzione all'interno del nucleone $q(x)$ (nel caso si tratti di quark) o $\overline{q}(x)$ (nel caso di antiquark) si ha, tenendo conto degli accoppiamenti (10.57) di neutrini e antineutrini con quark e antiquark:

$$\frac{d^2\sigma^\nu}{dxdy} \simeq \frac{2G_F^2 ME_\nu}{\pi}[xq(x) + x\overline{q}(x)(1-y)^2] \tag{10.60}$$

$$\frac{d^2\sigma^{\overline{\nu}}}{dxdy} \simeq \frac{2G_F^2 ME_\nu}{\pi}[xq(x)(1-y)^2 + x\overline{q}(x)] \tag{10.61}$$

che, confrontata con la (10.55), dà:

$$\frac{1}{2}(F_2^\nu(x) - xF_3^\nu(x)) = 2x\overline{q}(x) \tag{10.62a}$$

$$\frac{1}{2}(F_2^\nu(x) + xF_3^\nu(x)) = 2xq(x) \tag{10.62b}$$

ossia:

$$F_2^\nu(x) = 2x[q(x) + \overline{q}(x)] \qquad (10.62c)$$

$$xF_3^\nu(x) = 2x[q(x) - \overline{q}(x)] \ . \qquad (10.62d)$$

Si conclude che le funzioni di struttura F_2 e F_3/x che descrivono la diffusione di neutrini con protoni sono proporzionali alla somma o alla differenza delle densità di partoni. Il fattore x può al solito essere pensato come la frazione di impulso del protone portato dai partoni (e dagli antipartoni).

Identificazione dei partoni fermionici con i quark di valenza e del mare. Se identifichiamo i partoni con i quark u, d, $\overline{u}$, $\overline{d}$, si può pensare che le reazioni a corrente carica di neutrini e antineutrini su protone corrispondano alle reazioni elementari (10.57):

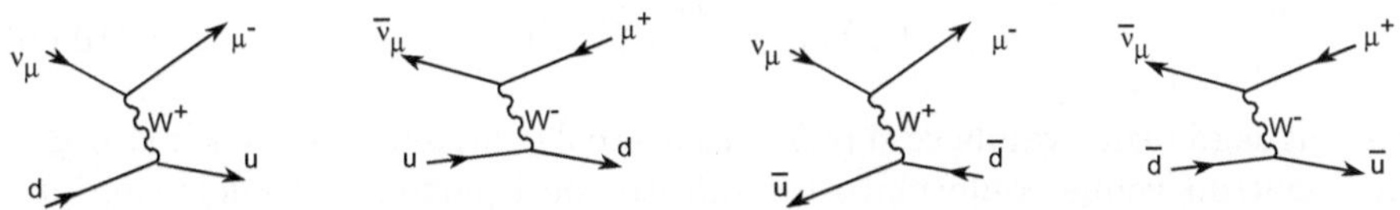

In pratica, considerando solo la prima famiglia, il ν_μ interagisce con un quark d, oppure con un $\overline{u}$; il $\overline{\nu}_\mu$ interagisce con un quark u oppure con $\overline{d}$. Non sono possibili altre combinazioni. Indichiamo con $u(x)$, $d(x)$, $\overline{u}(x)$, $\overline{d}(x)$ le funzioni di distribuzione dei quark e degli antiquark nel protone. Si può allora scrivere le (10.62c,d), indicando che ora consideriamo lo scattering su protone, come:

$$F_2^{\nu p}(x) = 2x[d(x) + \overline{u}(x)] \qquad (10.63a)$$

$$xF_3^{\nu p}(x) = 2x[d(x) - \overline{u}(x)] \qquad (10.63b)$$

$$F_2^{\overline{\nu} p}(x) = 2x[u(x) + \overline{d}(x)] \qquad (10.63c)$$

$$xF_3^{\overline{\nu} p}(x) = 2x[u(x) - \overline{d}(x)] \ . \qquad (10.63d)$$

Vi è la possibilità di avere entro il protone anche coppie quark-antiquark s del mare; dobbiamo quindi aggiungere nelle (10.63) i termini $+s(x)$ nel caso di interazioni di neutrini e $+\overline{s}(x)$ nel caso degli antineutrini.

Bersagli isoscalari. Per i bersagli isoscalari (cioè per nuclei con ugual numero di neutroni e protoni), tenendo conto delle (10.43c), si ha $F_2^{\nu N} = F_2^{\overline{\nu} N}$ e $F_3^{\nu N} = F_3^{\overline{\nu} N}$. Quindi si hanno due sole funzioni di struttura indipendenti: scegliamo $F_2^{\nu N}$ e $F_3^{\nu N}$. Si ha perciò

$$\begin{cases} F_2^{\nu N} & = x(q + \overline{q}) = x[u(x) + d(x) + \overline{u}(x) + \overline{d}(x) + s(x) + \overline{s}(x)] \\ xF_3^{\nu N} & = x(q - \overline{q}) = x[u(x) + d(x) + s(x) - \overline{u}(x) - \overline{d}(x) - \overline{s}(x)] \\ & = x[u_v(x) + d_v(x)] \end{cases} \qquad (10.64)$$

dove u_v, d_v denotano quark di valenza; s, $\overline{s}$ sono quark e antiquark strani del mare. In pratica, il contributo dei quark c, b, t e dei corrispondenti antiquark è trascurabile. F_2 dipende da quark e antiquark; F_3 dipende solo dai quark di valenza, assumendo uguali i contributi tra quark up e down del mare, e che le funzioni di distribuzione di quark e antiquark strani siano uguali, $s(x) = \overline{s}(x)$.

10.5.1 Confronto coi risultati sperimentali

Numero di quark di valenza nel nucleone. Integrando su x la seconda delle (10.64) si deve ottenere il numero di quark di valenza di un nucleone:

$$n = \int_0^1 \frac{xF_3^{\nu N}}{x} dx = \int_0^1 [u_v(x) + d_v(x)]dx \qquad (10.65)$$

dalle misure sperimentali, si ottiene $n \simeq 2.9$, consistente con i tre quark di valenza.

Confronto tra $F_2^{\nu N}$, F_2^{eN} e i gluoni. Nella (10.45) avevamo determinato la funzione di struttura F_2^{eN} determinata con sonde elettromagnetiche (fotoni). Il confronto della (10.45) con l'analoga per νN (10.64), $F_2^{\nu N}$, porta a

$$F_2^{\nu N}(x) \simeq \frac{18}{5} F_2^{eN}(x) \qquad (10.66)$$

dove l'uguaglianza è valida se si può trascurare il contributo dei quark s. Anche con i neutrini venne confermato il risultato che i partoni del nucleone, interagenti attraverso le loro cariche elettriche e deboli, trasportano solo la metà dell'impulso del nucleone. Si pensò per un attimo di abbandonare il modello utilizzato. Poi si cercarono quali altri costituenti nel protone non interagissero né elettricamente né debolmente con i leptoni. Tali costituenti furono individuati nei *gluoni*, i mediatori dell'interazione forte. Sono costituenti con massa nulla, carica elettrica e debole nulla, hanno carica forte di colore e spin 1. I gluoni interagiscono tra loro o con i quark attraverso l'interazione forte. Non c'è un motivo specifico per cui essi trasportino circa la metà dell'impulso del protone, nella regione dei Q^2 relativamente modesti.

Si conclude che si può ritenere provato sperimentalmente che i costituenti "attivi" del protone siano quark e antiquark, puntiformi e con spin 1/2. Essi trasportano solo la metà dell'impulso del protone. L'altra metà è trasportata dai gluoni; questi ultimi sono pertanto importanti costituenti della materia entro il nucleone.

Integrale in x delle funzioni di distribuzione. Dalle (10.62) sappiamo che la funzione F_2 contiene tutti i contributi di quark e antiquark, la F_3 i contributi di $q - \bar{q} = q_{valenza}$. Dalle misure, si possono dunque ricavare le distribuzioni delle funzioni $q(x)$ e $\bar{q}(x)$, riportate in Fig. 10.11. Integrando la distribuzione di un certo tipo di $q, \bar{q}$ nell'intervallo $0 \leq x \leq 1$, si trova la frazione di impulso del protone associato ad esso. Così si sono ottenute le seguenti relazioni:

$$
\begin{array}{llllll}
\int dx\, xu_v \simeq 0.2 & (a) & , \int dx\, xd_v \simeq 0.1 & (b) & , \int dx\, x(u_v + d_v) \simeq 0.3 & (c) \\
\int dx\, x\bar{q} \simeq 0.06 & (d) & , \int dx\, 2x\bar{s} \simeq 0.02 & (e) & , \int dx\, 2x\bar{c} \stackrel{<}{\sim} 0.01 & (f) \\
\int dx\, F_2^{\nu N} \simeq 0.5 & (g) & , \int dx\, xg \simeq 0.5 & (h) & .
\end{array}
$$

$$(10.67)$$

Si può notare, anche aiutandosi con la Fig. 10.11, che: (*i*) $u_v(x) \simeq 2d_v(x)$; (*ii*) le distribuzioni degli antiquark $\bar{d}, \bar{u}$ non sono completamente uguali; (*iii*)

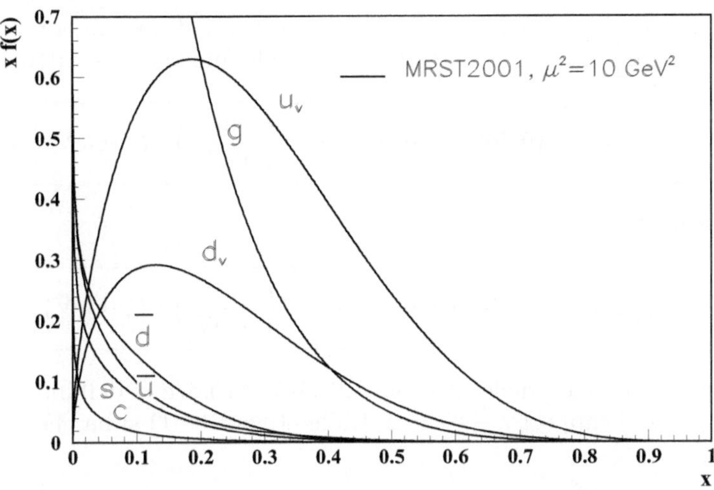

Figura 10.11. Distribuzioni della grandezza $xf(x)$ dove $f(x)$ rappresentano la densità di partoni ($f = u_v; d_v; \overline{u}; \overline{d}; s; c; g$) ottenute usando una parametrizzazione dei risultati sperimentali [02P1]. Figure a colori possono essere visualizzate sul sito del Particle Data Group [08P1]

il contributo degli antiquark s, c è dell'ordine del percento; (iv) per $x < 0.2$ domina il contributo dei gluoni.

10.5.2 La sezione d'urto neutrino-nucleone

Una delle dimostrazioni più semplici della validità del modello a partoni puntiformi del nucleone è proprio rappresentata dalla dipendenza energetica lineare della sezione d'urto totale per i processi a corrente carica:

$$\nu_\mu + N \to \mu^- + adroni \ , \quad \overline{\nu}_\mu + N \to \mu^+ + adroni \ . \tag{10.68}$$

Ricaviamo la sezione d'urto totale νN. L'integrazione della relazione (10.55) sulla variabile y comporta il calcolo dell'integrale $\int_0^1 (1 - y)^2 dy = 1/3$. Ciò corrisponde al fatto che la reazione avviene attraverso uno stato iniziale di momento angolare $J = 1$; la conservazione della terza componente del momento angolare permette solo uno dei possibili $(2J + 1) = 3$ sottostati. La sezione d'urto è dunque soppressa di un fattore $1/3$ rispetto quella che avviene attraverso lo stato $J = 0$. Dopo l'integrazione nella variabile y si ottiene:

$$\frac{d\sigma^{\nu,\overline{\nu}}}{dx} = \frac{\sigma_0}{2} E_\nu \left\{ \frac{1}{3} \left[F_2(x) \mp xF_3(x) \right] + \left[F_2(x) \pm xF_3(x) \right] \right\} \ . \tag{10.69}$$

L'integrazione sulla variabile x dei termini entro parentesi graffa della (10.69) permette di calcolare le sezioni d'urto totali per neutrini e antineutrini, che risultano linearmente dipendenti da E_ν. La costante di proporzionalità viene determinata tramite la misura sperimentale delle funzioni di struttura F_2, F_3:

$$\sigma_{\nu_\mu N} = a_{\nu_\mu N} E_\nu = (0.667 \pm 0.014) \cdot 10^{-38} \left(\frac{\text{cm}^2}{\text{GeV}} \right) \cdot E_\nu(\text{GeV}) \qquad (10.70)$$

Per gli antineutrini:

$$\sigma_{\overline{\nu}_\mu N} = a_{\overline{\nu}_\mu N} E_\nu = (0.334 \pm 0.008) \cdot 10^{-38} \left(\frac{\text{cm}^2}{\text{GeV}} \right) \cdot E_{\overline{\nu}}(\text{GeV}) \qquad (10.71)$$

Mostriamo, facendo uso delle relazioni (10.67c) e (10.67d) e dell'integrale sulla variabile y, che il rapporto $\frac{\sigma_{\nu_\mu N}}{\sigma_{\overline{\nu}_\mu N}} = 2$. Dalle (10.60,10.61) si ha che:

$$\int \frac{d^2\sigma^\nu}{dxdy} dxdy = \sigma_0 \int [xq(x) + x\overline{q}(x)(1-y)^2] dxdy = \sigma_0[0.3 + 0.06\frac{1}{3}] = 0.32\sigma_0$$

$$(10.72a)$$

$$\int \frac{d^2\sigma^{\overline{\nu}}}{dxdy} dxdy = \sigma_0 \int [xq(x)(1-y)^2 + x\overline{q}(x)] dxdy = \sigma_0[0.3\frac{1}{3} + 0.06] = 0.16\sigma_0$$

$$(10.72b)$$

in eccellente accordo con i dati sperimentali. La Fig. 10.12 mostra la dipendenza dall'energia del rapporto $\sigma_{tot}^{CC}/E_\nu = a_\nu$ per neutrini e antineutrini. Tali rapporti sono costanti fino a $E_{\nu_{lab}} \simeq 250$ GeV. Si ritiene che le sezioni d'urto νN aumentino linearmente con l'energia fino ad energie nel centro di massa $\sqrt{s} \sim m_W$; per energie superiori le sezioni d'urto devono tener conto del termine di massa dei bosoni vettori intermedi nel propagatore bosonico, Cap. 11.

10.6 Modello dinamico a quark "naive" ed "evoluto"

Le funzioni di struttura sono state determinate con grande precisione in vari esperimenti, e particolare al collider ep HERA a Desy, in un amplissimo intervallo dei parametri x, Q^2, W. Per apprezzarne il contributo, si confronti le misure sulla funzione $F_2(x)$, che dipende dalla densità dei quark all'interno dei nucleoni, riportata in Fig. 10.9 e quella ottenuta in HERA, in Fig. 10.16.

È istruttivo vedere cosa possiamo imparare da queste misure. Nel modello statico a quark (3 quark di valenza non interagenti) la funzione di struttura F_2, se misurata da un ideale esperimento a risoluzione infinita, dovrebbe essere come quella riportata in Fig. 10.13a. In pratica ciascun partone trasporterebbe 1/3 dell'impulso del nucleone. Quando consideriamo le possibili interazioni tra quark, che avvengono con scambi di gluoni che trasportano impulso, ciascuno dei quark può trasportare una frazione maggiore o minore dell'impulso del protone, rispetto alla precedente suddivisione *democratica*.

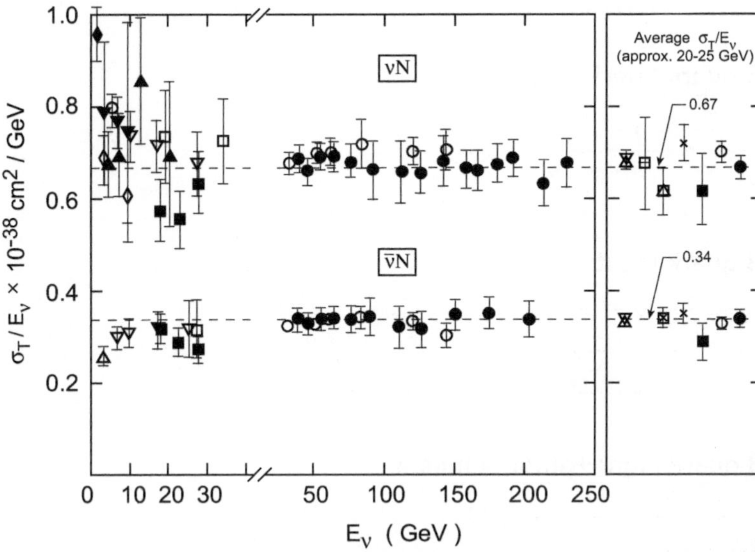

Figura 10.12. Sezioni d'urto totali $\nu_\mu N$ e $\overline{\nu}_\mu N$ in funzione dell'energia del neutrino nel laboratorio E_ν. In realtà sono graficate le costanti $a_{\nu_\mu N} = \sigma_{tot}^{CC}/E_{\nu_\mu}$ e $a_{\overline{\nu}_\mu N} = \sigma_{tot}^{CC}/E_{\overline{\nu}_\mu}$ [08P1]

La $F_2(x)$ misurata sarebbe quella indicata in Fig. 10.13b. Se infine consideriamo che ciascun quark può irradiare *gluoni soffici (soft gluons)* che creano molte coppie $q\overline{q}$ virtuali che trasportano una piccola frazione dell'impulso, ci aspettiamo una situazione come quella descritta in Fig. 10.13c, che coincide con quanto riportato dalle misure in Fig. 10.9.

10.6.1 Dipendenza da Q^2 delle funzioni di struttura

Mentre i primi esperimenti mostravano una invarianza di scala delle funzioni di struttura al variare di Q^2 *(scaling di Bjorken)*, esperimenti ad energia via via crescenti dalla fine degli anni '70 al CERN e Fermilab hanno evidenziato che $F_2(x)$ ha una dipendenza da Q^2, che corrisponde a una violazione delle leggi di scala (*"scale breaking effect"*) dovuta all'interazione forte, come illustrato in Fig. 10.14. In particolare $F_2(x)$ aumenta con Q^2 a bassi x (regione dei quark del *mare*); diminuisce con Q^2 per alti valori di x (regione dei quark di valenza). All'aumentare del quadrimpulso trasferito Q^2 migliora il *potere risolutivo* con cui si studia la struttura del nucleone e si osserva che diminuisce il numero di partoni con impulso grande ($x > 0.25$) che interagiscono con il campo elettromagnetico o debole, mentre aumenta il numero di partoni con impulso piccolo ($x < 0.15$). Per $0.15 < x < 0.25$ la legge di scala di Bjorken è rispettata con buona approssimazione.

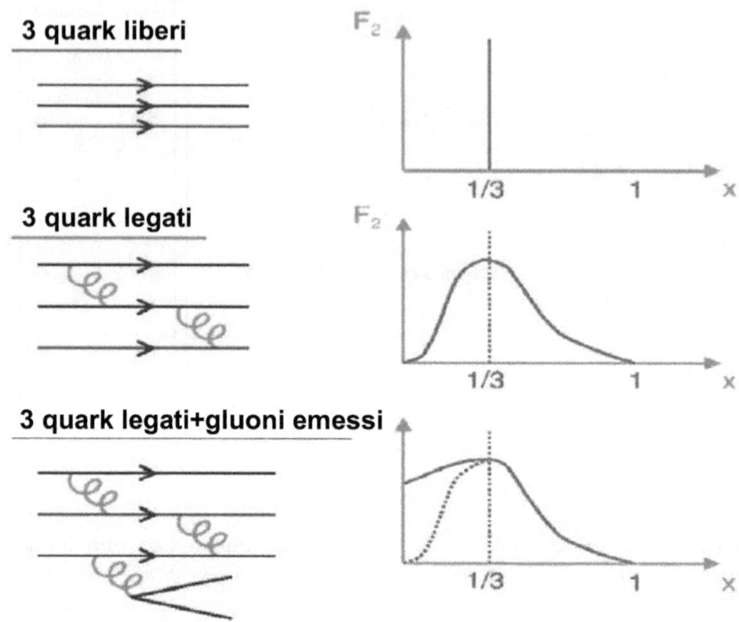

Figura 10.13. Interpretazione della funzione $F_2(x)$. Dall'alto: (a) 3 quark non interagenti trasportano esattamente $x = 1/3$ dell'impulso del nucleone; (b) le interazioni tra quark producono variazioni della frazione x di impulso trasportato; (c) i quark creano, attraverso la radiazione di gluoni, coppie virtuali $q\bar{q}$ che trasportano ognuna un basso valore di x

Oltre alla violazione dello scaling a la Bjorken, il modello a partoni "naive" non è in grado di spiegare la produzione di adroni ad alto momento trasverso rispetto alla direzione del bosone virtuale e gli eventi a più getti di adroni.

Dalla dipendenza delle funzioni di struttura da Q^2 si può determinare il valore della costante di accoppiamento $\alpha_S(Q^2)$. La violazione di scaling è spiegabile nell'ambito di una teoria "evoluta" in cui i quark sono interagenti, e facendo intervenire la teoria dell'interazione forte. Per $Q^2 \gg \Lambda^2_{QCD} \simeq (200 \text{ MeV})^2$, α_S è piccola (vedi §11.9.2), e quindi è possibile utilizzare lo sviluppo perturbativo per calcolare grandezze fisiche, quali la sezione d'urto. Per piccoli Q^2, α_S diventa invece grande.

Le dipendenze dalla scala di energia delle densità dei quark può avere la seguente interpretazione: all'aumentare di Q^2 migliora la risoluzione spaziale del bosone virtuale che sonda il protone. Ad alti Q^2 si può osservare la nuvola di partoni che circonda ogni quark: il processo più semplice è l'emissione di un gluone (il quark si "veste" della sua nuvola di partoni). L'emissione di un gluone energetico dà luogo ad un getto di adroni (come è evidenziato in Fig.

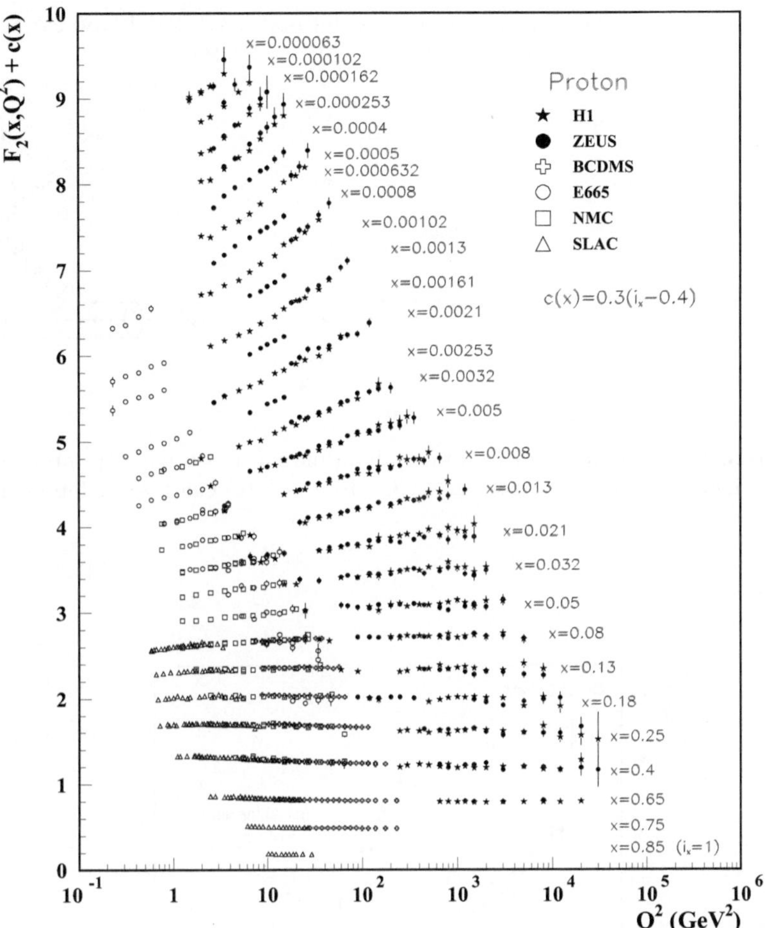

Figura 10.14. La funzione F_2^p in funzione del quadrato del quadrimpulso trasferito Q^2 per vari valori di x. F_2^p è stata ottenuta da misure di urto inelastico profondo al collider ep HERA nella regione cinematica $x > 0.00006$ e con diffusione su bersaglio fisso fasci di elettroni (SLAC) e muoni (BCDMS,E665,NMC) [98P1]. Notare che i valori corrispondenti ad ogni valore di x sono traslati sulla scala di un fattore $c(x)$ in ordinata in maniera da rendere più chiara la figura

10.15) e quindi a una topologia facilmente osservabile, che non è spiegabile nel semplice modello a quark non interagenti.

Nelle collisioni $ep \rightarrow e + X$ a piccoli valori della variabile x di Bjorken ($x < 10^{-3}$) il contributo principale al processo di scattering inelastico viene dall'interazione del fotone virtuale con i quark del mare (Fig. 10.11). Le funzioni di struttura dipendono a piccoli x principalmente per i contributi dei quark del mare e dai gluoni. Il numero di coppie virtuali a x piccoli aumenta, e così il valore di F_2. In questo limite di piccoli x il comportamento atteso per le distribuzioni di gluoni, xg, e dei quark del mare, $x\overline{q}$, è del tipo $xg \simeq x^{-\lambda_1}$, $x\overline{q} \simeq x^{-\lambda_2}$ (vedi Fig. 10.16) dai dati acquisiti ad HERA.

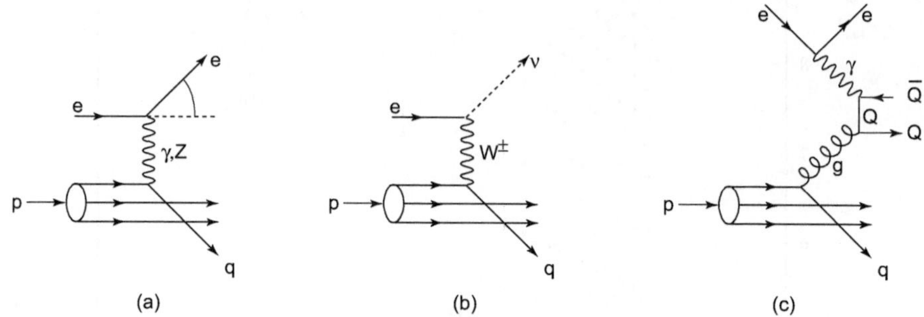

Figura 10.15. Diagrammi di Feynman all'ordine più basso per i tre processi base dell'urto inelastico *ep*: (a) scattering a NC, (b) a CC, (c) con fusione fotone-gluone

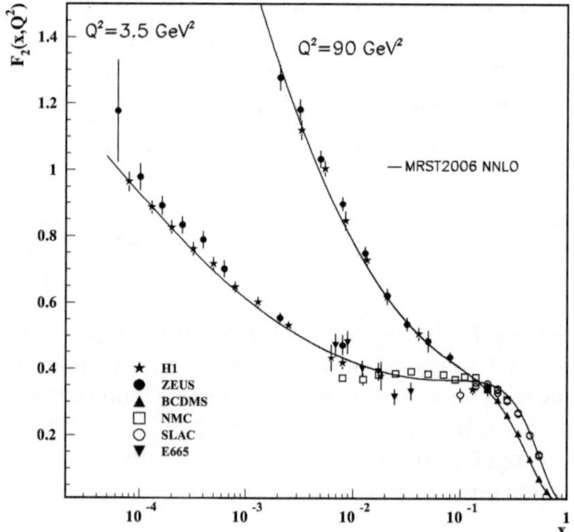

Figura 10.16. La funzione di struttura F_2^p in funzione della variabile x per due valori di Q^2 (3.5 GeV^2 e 90 GeV^2), che coincidono per $x \sim 0.14$, insieme ad una parametrizzazione della funzione usando un modello di QCD-evoluta [08P1]

Frammentazione del sistema adronico

Abbiamo illustrato solo alcuni aspetti delle collisioni inelastiche profonde leptone-nucleone. Le funzioni di struttura hanno una dipendenza da Q^2, che corrisponde a una violazione delle leggi di scala (*"scale breaking effect"*) dovuta all'interazione forte, come illustrato in Fig. 10.14. Non abbiamo discusso le proprietà del sistema adronico prodotto; tali proprietà sono legate all'interazione forte, in particolare al processo di adronizzazione. La reazione inclusiva singola $a + b \rightarrow c + X$ richiede la presenza dello specifico adrone c nello stato finale, e non importa quale rimanente sistema X. Essa è definita dall'energia nel c.m. e dalle variabili cinematiche x e Q^2. Se il primo e il secondo stadio del processo d'urto sono veramente indipendenti, la sezione d'urto differenziale per il processo inclusivo singolo è fattorizzabile

$$\frac{d^3\sigma}{dx\,dQ^2 dz} \simeq F(x, Q^2)D(z, Q^2) \tag{10.73}$$

con $F(x, Q^2) \simeq F(x)$, $D(z, Q^2) \simeq D(z)$. In realtà la fattorizzazione è solo un'approssimazione perché ci sono effetti di interazione forte con "cross talk" fra gli adroni dei due getti prodotti. Quindi la situazione è molto simile a quella che si ha nelle collisioni adrone-adrone ed e^+e^- ad alte energie.

Ad esempio, la *funzione di frammentazione* di un quark q in un pione π è definita come:

$$D_q^\pi(z) = \frac{1}{N}\frac{dN}{dz} \tag{10.74}$$

dove $z = E_\pi/\nu = E_\pi/E_q = $ frazione dell'energia del quark trasferita al pione finale π. La variabile z ha per la funzione di frammentazione un ruolo simile a quello della variabile x per le funzioni di struttura.

In HERA, elettroni oppure positroni di 27.5 GeV collidevano frontalmente con protoni di 820 GeV ($\sqrt{s} \simeq 300$ GeV, $L \sim 1.4 \cdot 10^{31}$ cm^{-2}s^{-1} di progetto): si aveva così una situazione altamente asimmetrica in energia (Problema 3.12). Inoltre un gran numero di adroni prodotti nelle collisioni ep andava nella stessa direzione del protone incidente. Ad HERA erano in funzione due grandi rivelatori a 4π: ZEUS e H1. La situazione asimmetrica si rifletteva anche nello schema dei rivelatori. Tra il 1992 e il 2000 gli esperimenti ZEUS e H1 hanno raccolto una luminosità integrata di circa 130 pb^{-1}, producendo numerosi risultati sulle funzioni di struttura del protone, sulla produzione di quark pesanti, su fenomeni diffrattivi e in generale su misure di QCD. Dopo il 2000 si è provveduto a un importante aggiornamento dell'acceleratore, per ottenere un aumento di luminosità di circa un fattore 5 e provvedere fasci di leptoni polarizzati longitudinalmente, e dalla fine 2003 sono stati di nuovo in presa dati, sino al 2007.

La Fig. 10.17 illustra il rivelatore ZEUS. Schematicamente era formato da (i) un insieme di rivelatori per misurare la traiettoria in campo magnetico delle particelle cariche prodotte, (ii) un calorimetro a campionamento a lastre di uranio-scintillatore, che fungeva sia da calorimetro elettromagnetico (la prima parte) che adronico, (iii) un assorbitore di ferro (il circuito di ritorno del campo magnetico); (iv) i rivelatori di muoni, prima e dopo l'assorbitore di ferro; (v) un rivelatore in avanti, nella direzione

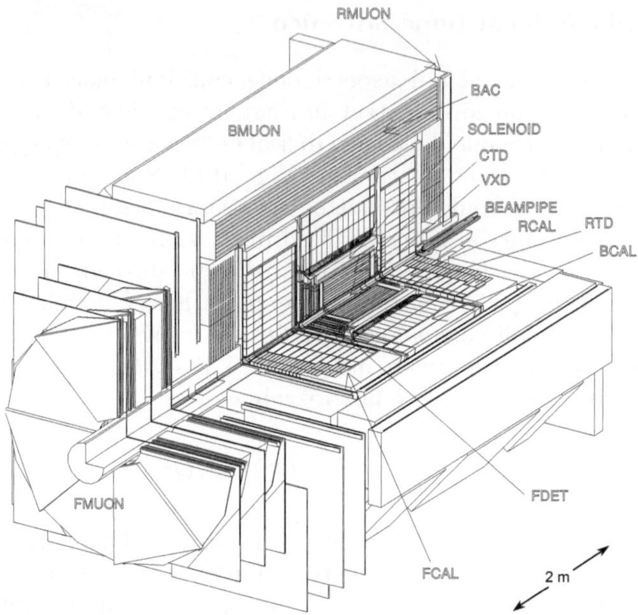

Figura 10.17. Schema del rivelatore ZEUS utilizzato al collisionatore HERA ad Amburgo

dei protoni, che rivelava i *"protoni leading"*. La misura della luminosità era effettuata tramite un rivelatore della radiazione di bremsstrahlung $ep \rightarrow e\gamma p$, a piccolo angolo rispetto alla direzione degli elettroni incidenti.

Una difficoltà era connessa con il fatto che elettroni (oppure positroni) e protoni circolavano in pacchetti che si incontravano ogni 96 ns, il che equivale a 10^7 incroci al secondo. Tale frequenza di eventi, unitamente all'alto fondo, poneva problemi particolari al trigger, che era a 3 (4) stadi per ridurre ad una frequenza di pochi Hz gli eventi da registrare.

10.6.2 Riepilogo dei risultati del DIS

Richiamiamo brevemente i risultati principali dello studio dell'urto leptone-nucleone. Lo studio dell'urto elastico e^--*nucleo* ad energie relativamente basse ha messo in evidenza la distribuzione della carica elettrica nei nuclei ed ha rivelato dettagli nella struttura nucleare. L'osservazione dei picchi quasi elastici nell'urto inelastico elettrone-nucleo ha rivelato la presenza dei nucleoni nei nuclei. La diffusione inelastica profonda ad alte energie di elettrone-nucleone, muone-nucleone e neutrino-nucleone ha messo in evidenza che il protone e il neutrone sono costituiti da quark con carica frazionaria (e che il neutrone non è uniformemente elettricamente neutro). L'analisi dettagliata ha mostrato che il protone e il neutrone contengono quark del mare e quindi coppie quark-antiquark. Si è messo in evidenza che nei nucleoni debbono esserci costituenti neutri con spin intero, i gluoni, che trasportano all'incirca la metà dell'impulso del nucleone.

Con HERA è iniziato lo studio delle funzioni di struttura a piccoli x. La Fig. 10.18 illustra qualitativamente la situazione: notare l'aumento dei partoni al diminuire di x. Tra vari altri effetti che sarebbero da trattare, citiamo brevemente che lo studio degli effetti di polarizzazione, effettuati con muoni ed elettroni polarizzati contro protoni polarizzati, ha permesso di determinare che solo il 25% circa dello spin del protone è dovuto ai quark; il resto deve venire dai gluoni.

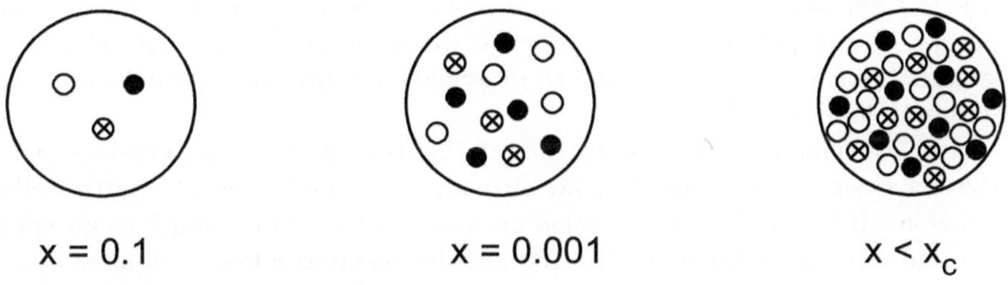

Figura 10.18. Illustrazione qualitativa della densità dei partoni nel protone per valori differenti della variabile x

10.7 Collisioni adrone-adrone alle alte energie

Nei successivi paragrafi considereremo collisioni adroniche ad energie nel centro di massa superiori a 10 GeV e ci riferiremo soprattutto a collisioni pp e $\bar{p}p$. Come già detto, per energie nel centro di massa inferiore a circa 3 GeV si ha la regione delle risonanze; le sezioni d'urto totali ed elastiche variano rapidamente e sono caratterizzate da picchi la cui altezza diminuisce con l'aumentare dell'energia. Per energie nel centro di massa comprese fra 3 e 10 GeV, le sezioni d'urto decrescono monotonicamente, raggiungono un minimo e poi iniziano ad aumentare, Fig. 10.19. Per $E_{cm} > 10$ GeV (20 GeV per $\bar{p}p$) le sezioni d'urto totali aumentano all'aumentare dell'energia, in modo logaritmico. È stata questa una scoperta dei primi anni '70, prima con K^+p a Serpukhov, in Russia, poi con pp agli ISR *(Intersecting Storage Rings)* del CERN e poi con tutte le altre sezioni d'urto totali a Fermilab. Non è ancora completamente chiaro a cosa sia dovuto questo aumento delle sezioni d'urto totali con l'energia.

La sezione d'urto differenziale elastica aumenta molto a bassi momenti trasferiti: si dice che si ha un picco elastico e si trova che tale picco si restringe all'aumentare dell'energia. Ad alte energie, i processi anelastici sono dominanti e la *molteplicità media carica* (cioè il numero medio di adroni carichi prodotti) aumenta logaritmicamente con l'energia nel centro di massa.

La Fig. 10.20 illustra schematicamente i vari tipi di processi considerati: urto elastico, diffrattivo singolo e doppio, urti anelastici. L'urto diffrattivo ha caratteristiche molto simili a quelle dell'urto elastico; si pensa che l'urto elastico e quello diffrattivo avvengano tramite lo scambio di un *pomerone*, un "oggetto" pseudoparticellare che ha i numeri quantici del vuoto.

I processi elastici, diffrattivi e inelastici con *bassi impulsi trasversi* prendono il nome di *fisica* ln$s$: sono caratterizzati da sezioni d'urto relativamente grandi che variano lentamente con l'energia, come ln$s$. In contrasto, i processi con *alti momenti trasversi*, che abbiamo visto nelle sezioni precedenti, danno luogo a sezioni d'urto relativamente piccole, che variano rapidamente con l'energia. Si può pensare che nei processi ln$s$ intervengano adroni nella loro interezza, mentre nei processi ad alto p_t avvengano direttamente collisioni fra costituenti degli adroni.

La teoria della cromodinamica quantistica (QCD) nella sua versione perturbativa spiega bene i processi ad alto p_t, ossia quella piccola parte della produzione di particelle che coinvolge un urto frontale fra un quark (o gluone) del primo adrone ed un quark (o gluone) del secondo adrone. Non esistono invece predizioni numeriche precise per la parte a bassi p_t, a causa del grande valore della costante d'accoppiamento forte. In questa regione occorre introdurre effetti non perturbativi, il che complica enormemente i calcoli. Si deve allora ricorrere a modelli, che presentano aspetti talvolta contraddittori, ognuno dei quali spiega molti punti rilevanti della produzione di particelle, ma non tutti. I modelli fenomenologici che descrivono processi a basso p_t sono usati per estrapolare le caratteristiche delle collisioni adrone-adrone ad energie non ancora raggiunte dagli acceleratori (per esempio, per predire il comportamento ad LHC) o che non è possibile raggiungere (come per i raggi cosmici di energia ultraelevata [90G1]).

Prima del 1975, gli apparati sperimentali usati per analizzare la produzione di particelle erano molto semplici: di solito erano costituiti di uno o più telescopi di contatori a scintillazione con uno o più contatori di Cherenkov per misurare la velocità della particella osservata e quindi identificarla, misurandone la massa. Gli apparati più grandi avevano anche sistemi di camere che coprivano un piccolo angolo solido; un primo rivelatore che copriva quasi l'intero angolo è stato lo SFM (Split Field Magnet) agli ISR del CERN. L'energia nel centro di massa (c.m.) corrispondeva a $\sqrt{s} \simeq 53$ GeV; nelle figure seguenti, i dati a questa energia corrispondono a quelli acquisiti agli ISR. A partire dal 1975 sono stati costruiti apparati e rivelatori più grandi, che coprono quasi tutto l'angolo solido. La vera generazione di rivelatori "universali" è quella nata al Collider $S\bar{p}pS$ ($\sqrt{s} \simeq 540$ GeV) del CERN con i grandi esperimenti UA1 e UA2. È poi proseguita al collider di Fermilab ($\sqrt{s} \simeq 1800$ GeV) con la Collider Detector Facility (CDF) e l'esperimento D0. Questi rivelatori (analoghi a quelli delle macchine e^+e^- discussi nel Cap. 9), che operano effettivamente nel sistema del c.m., cercano di coprire l'intero angolo solido, con una serie di sottorivelatori concentrici. Partendo dal punto di interazione si ha un rivelatore di tracce in campo magnetico, un sistema di tempo di volo, un calorimetro EM, un calorimetro adronico e infine un rilevatore di muoni.

Se si è interessati all'osservazione di tutte le interazioni adroniche, senza porre condizione alcuna, il "trigger" più generale degli apparati sperimentali è un trigger di *minimum bias*, che richiede almeno una traccia carica uscente dalla regione di interazione. I trigger più selettivi possono richiedere per esempio una particella ad alto p_t, un "getto" di particelle, etc.

Il maggior risultato ottenuto nella fisica adrone-adrone ad alti impulsi trasversi è stato nel 1983 la scoperta dei bosoni vettoriali (si veda il Problema 10.6) delle interazioni deboli all'$Sp\bar{p}S$ del CERN, come abbiamo descritto nel §8.15. Nel seguito, ci soffermeremo principalmente sui processi $\ln s$, discutendo anche alcuni modelli interpretativi.

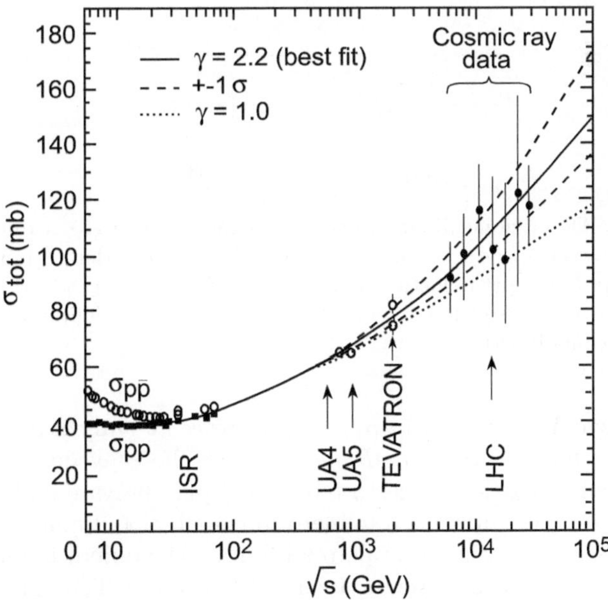

Figura 10.19. Misure di sezioni d'urto totali $\bar{p}p$ e pp includendo dati dei raggi cosmici di più alta energia

10.8 Sezioni d'urto elastiche e totali ad alta energia

La Fig. 10.19 mostra una compilazione delle sezioni d'urto totali protone-protone per $\sqrt{s} > 5$ GeV. In maniera analoga, le sezioni d'urto per tutti i sei adroni carichi a lunga vita media ($\pi^\pm$, $K^\pm$, oltre a $p, \overline{p}$) decrescono all'aumentare dell'energia, raggiungono un minimo e poi aumentano con l'energia. Per $\overline{p}p$ e pp l'aumento è del tipo $\ln^2 s$. Notare che l'argomento di un logaritmo deve essere adimensionale; scrivendo $\ln^2 s$ si intende in realtà $\ln^2(s/s_0)$ con $s_0 = 1$ GeV^2. Useremo questa convenzione in altri punti del testo, anche per altre grandezze fisiche, come ad esempio l'impulso p, solitamente espresso in GeV/c. Le sezioni d'urto per antiparticella-protone, $\sigma_{tot}(\overline{x}p)$, con $\overline{x} = \pi^-, K^-, \overline{p}$ sono maggiori di quelle per particella-protone $\sigma_{tot}(xp)$, con $x = \pi^+, K^+, p$.

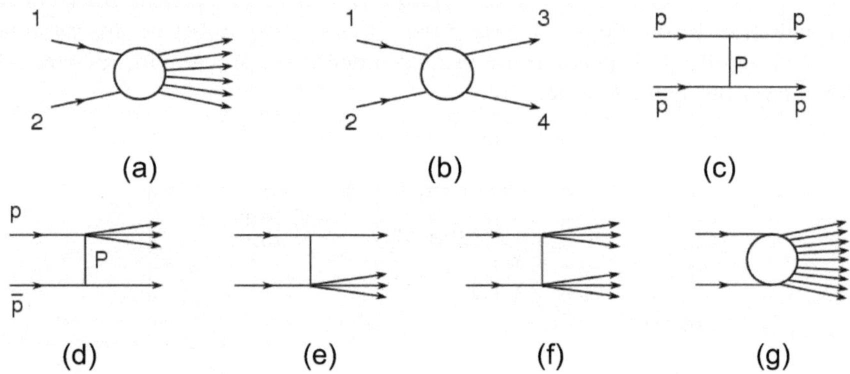

Figura 10.20. Descrizione di un processo (a) inelastico e (b) a due corpi (se è elastico si ha $1 = 3$ e $2 = 4$). Un'ulteriore suddivisione, considerata poi in dettaglio per collisioni $\overline{p}p$, è: (c) urto elastico, con scambio di Pomerone P; (d) urto singolo diffrattivo del protone, (e) urto singolo diffrattivo del $\overline{p}$, (f) doppia diffrazione, (g) urto inelastico come in (a)

La differenza $\Delta\sigma = \sigma_{tot}(\overline{x}p) - \sigma_{tot}(xp)$ decresce all'aumentare dell'energia, in accordo con il 1° *teorema di Pomeranchuck* che prevede che, nel limite $s \to \infty$, $\sigma_{tot}(\overline{x}p) = \sigma_{tot}(xp)$. Questo teorema si può derivare dall' ipotesi che, aumentando l'energia, aumenti il numero di canali, cioè il numero di reazioni possibili, che la sezione d'urto totale resti finita e che quindi la sezione d'urto per ogni canale diminuisca e tenda a zero al crescere dell'energia. In tal caso le reazioni di annichilazione, possibili per $\overline{x}p$ e non per xp, sono relativamente poche (in percentuale) e ad alte energie vengono globalmente ad avere una sezione d'urto trascurabile rispetto a quella di tutti gli altri canali.

Non è ancora chiaro perché le sezioni d'urto totali aumentino all'aumentare dell'energia. È probabile che ciò sia dovuto *all'aumentare del contributo dei gluoni che si manifesta con la presenza di "mini-jets" di particelle prodotte.* Secondo altri è invece dovuto all'aumentare di fenomeni di tipo diffrattivo.

10.8.1 Sezioni d'urto differenziali elastiche

La sezione d'urto elastica per l'urto tra due adroni non polarizzati dipende da due variabili: l'energia nel c.m., $\sqrt{s}$, e una variabile angolare quale il quadrato del quadrimpulso trasferito $Q^2 = |t|$. La sezione d'urto differenziale elastica $d\sigma/dt$ per le reazioni pp, $p\bar{p}$ agli ISR e all'Sp$\bar{p}$S è riportata in Fig. 10.21. La variabile t dipende dall'angolo di emissione e corrisponde ad una variabile angolare, con una distribuzione piccata a piccoli angoli. La distribuzione può essere suddivisa in quattro regioni angolari (di cui solo le ultime due sono evidenti nella figura):

(i) La regione *Coulombiana* per $|t| < 0.001$ $(\text{GeV/c})^2$. Qui la collisione è dovuta alla sola interazione elettromagnetica e la sezione d'urto è calcolabile. $(t \simeq -p^2\theta^2$ a piccoli $\theta)$.

(ii) La regione dell'*interferenza Coulombiana-Nucleare* per $0.001 < |t| < 0.01$ $(\text{GeV/c})^2$.

(iii) La regione *diffrattiva* nucleare per $0.01 < |t| < 0.5$ $(\text{GeV/c})^2$. È in pratica dovuta alla sola interazione forte; il parametro più importante in questa regione è la pendenza b della figura di diffrazione. Per un intervallo limitato di t, la forma della sezione d'urto è un'esponenziale in t:

$$d\sigma/dt = Ae^{bt} \ . \tag{10.75}$$

All'aumentare dell'energia, b aumenta secondo la formula approssimata $b \simeq 8 + 0.56 \ln s$; si ha così un restringimento del picco elastico in avanti. Per un intervallo più ampio di t occorrono due esponenziali, oppure una dipendenza del tipo Ae^{bt+ct^2}.

(iv) La regione dei *grandi angoli* per $|t| > 0.5$ $(\text{GeV/c})^2$. Essa è caratterizzata da sezioni d'urto molto piccole e, per pp a $\sqrt{s} \simeq 53$ GeV, da una struttura valle-picco, analoga a una figura di diffrazione ottica. La struttura è meno appariscente in $\bar{p}p$.

In un esperimento per la determinazione della sezione d'urto differenziale elastica si misurano il numero di interazioni per unità di quadrimpulso trasferito t e per unità di tempo. Per un collisionatore, la *luminosità* $\mathcal{L}$ è quel numero che, moltiplicato per la sezione d'urto totale, dà il numero N di interazioni per unità di tempo: $N = \mathcal{L}\sigma$. La luminosità integrata su un intervallo di tempo dt è:

$$L = \int \mathcal{L} dt \ . \tag{10.76}$$

La luminosità integrata L risulta utile per le misure effettuate in un esperimento. Per definizione, le sue unità di misura sono quelle inverse della sezione d'urto (ad esempio nb^{-1}, pb^{-1}). Con una luminosità integrata di 1 pb^{-1} ci si aspetta 1 evento per un processo che ha una sezione d'urto di 1 $pb = 10^{-36}$ cm^2.

La Fig. 10.22 mostra la dipendenza energetica della pendenza b della (10.75) misurata nell'intervallo $0.15 < |t| < 0.4$ $(\text{GeV/c})^2$, con valore me-

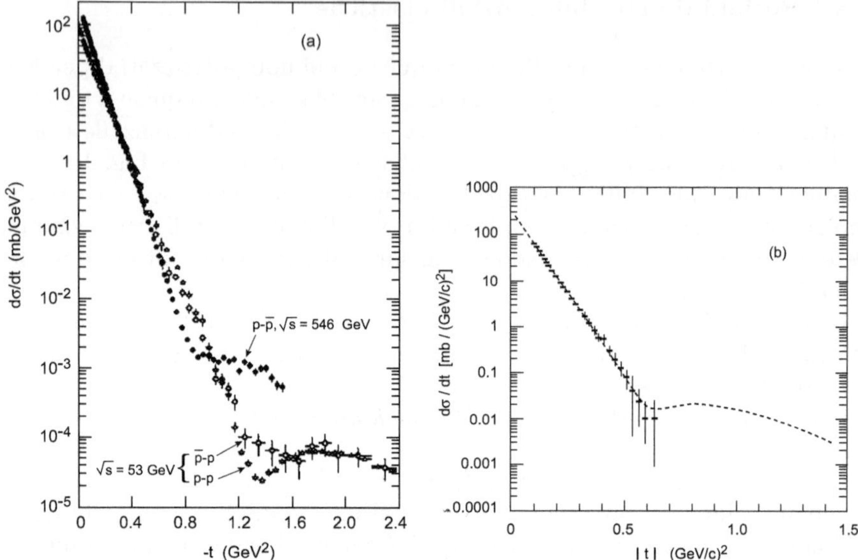

Figura 10.21. Sezione d'urto differenziale elastica, $d\sigma/dt$, graficata in funzione di $|t|$, per urti elastici (a) pp e $\bar{p}p$ a $\sqrt{s} = 53$ e 546 GeV e (b) $\bar{p}p$ a $\sqrt{s} = 1.8$ TeV [94G1]

dio $|t| \simeq 0.2$ $(\mathrm{GeV/c})^2$. Si osservi che $b_{\bar{p}p}$ prima decresce e poi aumenta con $\sqrt{s}$ tendendo a diventare uguale a b_{pp}.

I dati mostrati si accordano con un modello di adrone che sia sostanzialmente un *disco nero* per le interazioni a bassi impulsi trasversi. Usando l'analogia con l'ottica classica, la figura di diffrazione da disco opaco di raggio R e opacità a ($a = 0$ per un disco completamente nero, assorbente; $a = 1$ per un disco completamente trasparente) è descritta dalla funzione di Bessel di ordine 1 (J_1):

$$\frac{d\sigma}{dt} \simeq (1-a)\pi R^2 \left| \frac{J_1(R\sqrt{|t|})}{R\sqrt{|t|}} \right|^2 \simeq (1-a)\frac{\pi R^4}{4} e^{\frac{-R^2|t|}{4}} \ . \tag{10.77}$$

L'approssimazione è valida per $|t| < 0.2$ $(\mathrm{GeV/c})^2$; dal confronto di questa espressione con $d\sigma/dt \approx e^{bt}$ (10.75) si ottiene $b = R^2/4$, da cui si può ricavare che il raggio R del disco:

$$R \simeq 2\sqrt{b} \ (GeV^{-1}) \to 2\sqrt{b}(\hbar c) \simeq 0.4\sqrt{b} \ (fm) \ . \tag{10.78}$$

In pratica, si evidenzia come il *raggio apparente* del protone cresca all'aumentare dell'energia nel centro di massa della reazione, poiché $b \sim \ln s$ così come schematicamente illustrato nella Fig. 10.23.

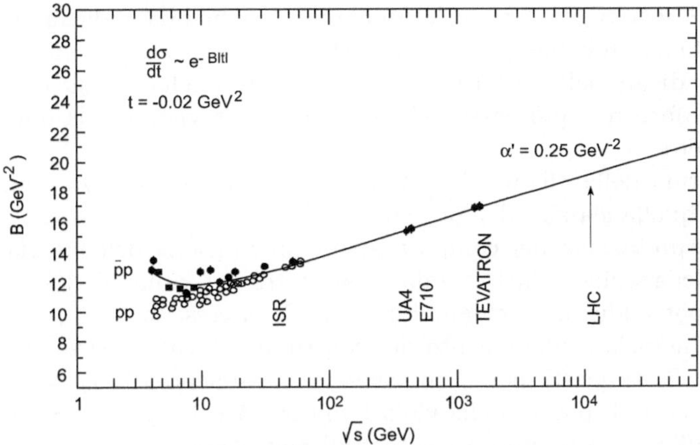

Figura 10.22. Per le collisioni elastiche pp e $\bar{p}p$: le pendenze $B = b_{pp}$ e $b_{\bar{p}p}$ graficate in funzione dell'impulso nel laboratorio

10.8.2 Misure di sezioni d'urto totali

Si può dimostrare con il teorema ottico (ossia, con il modello di diffrazione dell'onda incidente su un bersaglio analogo a quello dell'ottica classica) che la sezione d'urto totale σ_{tot} può essere collegata alla misura della sezione d'urto differenziale elastica a $t \to 0$. Un secondo metodo per la misura di σ_{tot} è basato sulla misura del numero totale di collisioni, sia elastiche che inelastiche, e sulla misura della luminosità integrata L:

$$\sigma_{tot} = \frac{N_{tot}}{L} = \frac{N_{el} + N_{inel}}{L} \ . \tag{10.79}$$

In pratica sono state fatte misure combinate con i metodi sopra citati per le collisioni $\bar{p}p$ al $S\bar{p}pS$ del CERN e al Tevatron collider di Fermilab, ottenendo misure di σ_{tot} con precisioni finali di circa il 5%. È da notare che la luminosità, misurata tramite la forma trasversa dei fasci collidenti, le intensità dei fasci e la geometria del collider non è nota con precisione migliore del 10%.

Riassumendo i risultati ottenuti:

(i) La sezione d'urto totale e la pendenza b della sezione d'urto differenziale elastica nella regione diffrattiva aumentano [2] con l'energia: il protone sembra diventare sempre più grande (Eq. 10.78, Fig. 10.23).

---

[2] Un aneddoto. Nel 1969, alla mensa del CERN, prima che iniziassero a Serpukhov, in Russia, una serie di misure di sezioni d'urto totali, vi fu una discussione sul possibile comportamento delle σ_{tot} alle alte energie. La maggior parte dei fisici sperimentali pensava che tendessero a un valore costante; alcuni teorici propendevano per un valore asintotico nullo. Nel mezzo della discussione arrivò Giuseppe Cocconi: dopo aver ascoltato le diverse opinioni intervenne: *Sono tutte balle! Scommetto un caffè che le sezioni d'urto aumenteranno!*. Era una previsione non ortodossa e molti accettarono la scommessa. Due anni dopo, il gruppo CERN-

(ii) Anche l'opacità $a = 2\sigma_{el}/\sigma_{tot}$, aumenta con l'energia, indicando che il protone diventa non solo più grande, ma anche più "nero" all'aumentare dell'energia; come indicato nella Fig. 10.23. A $\sqrt{s} = 1.8$ TeV si ha $a = 2\sigma_{el}/\sigma_{tot} \simeq 0.50$, che è di un fattore 2 più basso del valore $a = 1$ previsto per la diffrazione da un disco nero.

(iii) La forma della "figura di diffrazione per l'urto elastico", Fig. 10.21, si avvicina a quella classica dell'ottica.

(iv) L'interpretazione del comportamento in funzione dell'energia dell'urto elastico e della sezione d'urto totale è stata fatta in termini di differenti modelli, anche contraddittori. Nell'ambito di QCD, la crescita di σ_{tot} con l'energia può essere associata all'aumento del contributo dovuto a scambio di gluoni non soffici. Tutti questi modelli prevedono un aumento di $\sigma_{tot} \approx s^{\alpha_0}$, cioè un comportamento di potenza che viola l'unitarietà nel canale s. Si può ovviare a queste difficoltà con appropriati metodi matematici.

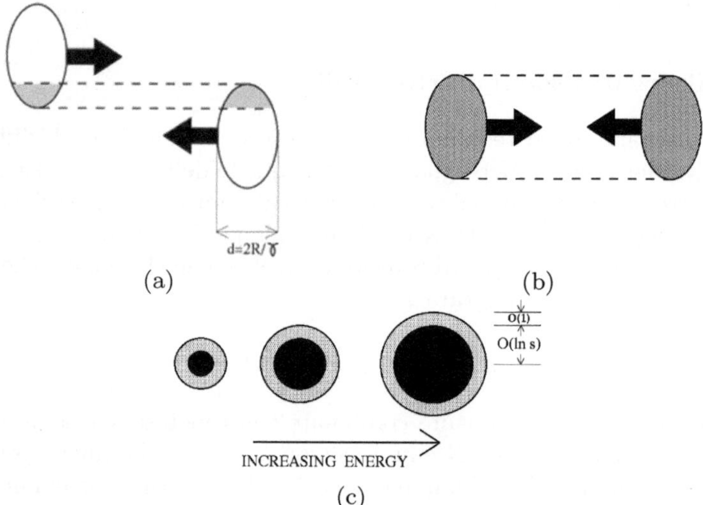

Figura 10.23. Rappresentazione schematica della situazione di due adroni prima dell'urto per collisioni (a) periferiche e (b) centrali. A causa degli effetti relativistici, i due adroni sono contratti nella direzione del moto. (c) Rappresentazione schematica dell'aumento delle dimensioni e dell'opacità di un adrone di alta energia (non è mostrata la contrazione relativistica)

Serpukhov scoprì che la sezione d'urto K^+p aumenta con l'energia, e Cocconi pretese, a ragione, di ricevere il caffè.

10.9 Collisioni adroniche inelastiche ad alta energia e a basso p_t

Nelle collisioni fra due adroni di alta energia il grosso della produzione di particelle riguarda processi in cui l'impulso trasverso medio p_t è piccolo. Negli anni che vanno dal 1970 al 1980 si riteneva di aver compreso le caratteristiche fondamentali di questi processi, che possono essere così riassunte:

i) il numero di particelle cariche prodotte, cioè la molteplicità carica, aumenta logaritmicamente con l'energia nel centro di massa. ii) La dipendenza della sezione d'urto differenziale dall'impulso trasverso è esponenziale. L'impulso trasverso medio delle particelle prodotte vale $\langle p_t \rangle \simeq 350$ MeV/c, praticamente costante, indipendente dall'energia e dal tipo di adroni che collidono.

L'aumento del numero medio di adroni prodotti in un'interazione adronica quando l'energia di collisione aumenta è una delle caratteristiche principali delle collisioni di alta energia. È anche una delle caratteristiche più evidenti e più facilmente misurabili.

Solo una piccola frazione dell'energia a disposizione viene trasformata in energia di massa delle particelle prodotte; la maggior parte rimane sotto forma di energia cinetica delle particelle uscenti. Per esempio, a $\sqrt{s} = 62$ GeV, la molteplicità media carica è solo di 12 adroni carichi, quasi tutti pioni, mentre l'energia a disposizione permetterebbe la produzione di alcune centinaia di pioni.

L'analisi della molteplicità carica prodotta in diversi tipi di collisioni adroniche e anche in collisioni leptone-nucleone e in e^+e^- mostra che il numero medio di particelle prodotte è sostanzialmente lo stesso in ogni tipo di collisione e che dipende essenzialmente solo dall'energia a disposizione $\sqrt{s}$ (vedi Fig. 9.19). La Tab. 10.2 indica il numero medio di adroni prodotti in collisioni inelastiche pp a $\sqrt{s} = 53$ GeV e $\bar{p}p$ a $\sqrt{s} = 540$ e 1800 GeV. A $\sqrt{s} = 1.8$ TeV la molteplicità media carica è 40; il numero di adroni neutri è la metà di quelli carichi. Notare anche la predominanza della produzione di pioni.

L'impulso trasverso medio in un singolo evento $(\bar{p}_t)$ in cui sono presenti n adroni carichi, ciascuno di momento $|p_t|_i$, e l'impulso trasverso medio di N eventi $(\langle \bar{p}_t \rangle)$ sono rispettivamente definiti come

$$\bar{p}_t = \frac{1}{n} \sum_{i=1}^{n} |p_t|_i \quad ; \quad \langle \bar{p}_t \rangle = \frac{1}{N} \sum_{j=1}^{N} \bar{p}_{tj} \ . \tag{10.80}$$

La Fig. 10.24 mostra, in funzione di $\sqrt{s}$, l'impulso trasverso medio degli adroni carichi prodotti in collisioni pp e $\bar{p}p$ ad alte energie: si osserva che $\langle \bar{p}_t \rangle$ aumenta, anche se lentamente, con $\sqrt{s}$, restando comunque piccolo.

10.9.1 Cenni sulle collisioni nucleo-nucleo ad alte energie

Solo recentemente è stato possibile studiare le collisioni nucleo-nucleo nel sistema del laboratorio. Sono stati ottenuti fasci estratti di ioni ^{8}O, ^{16}S e ^{82}Pb

Tipo di particelle $\sqrt{s}$(GeV)	pp 53	$\bar{p}p$ 540	$\bar{p}p$ 1800
Cariche	12.0	29.0	40
Neutre	6.0	14.5	20
π^+	4.7	} 23.9	
π^-	4.3		
π^0	4.5	12	
$K^\pm$	0.46	} 2.24	
K^0	0.33		
$K^0 + \overline{K^0}$	0.79	2.24	
p	1.6	} 1.45	
$\bar{p}$	0.15		
$n + \bar{n}$	1.75	1.45	
$\Lambda + \overline{\Lambda} + \Sigma^0 + \overline{\Sigma^0}$	–	0.53	
$\Sigma^+ + \Sigma^- + \overline{\Sigma^+} + \overline{\Sigma^-}$	–	0.27	
$\Xi^- + \overline{\Xi^-} + \Xi^0 + \overline{\Xi^0}$	–	0.20	

Tabella 10.2. Numero medio di particelle (adroni) prodotte in collisioni inelastiche pp a $\sqrt{s} = 53$ GeV e in $\bar{p}p$ a $\sqrt{s} = 540$ e 1800 GeV. Alle energie più alte il numero di particelle neutre prodotte è uguale alla metà di quelle cariche. Ad LHC ($\sqrt{s} = 14$ TeV) il numero stimato di adroni carichi è ~ 80 per collisione

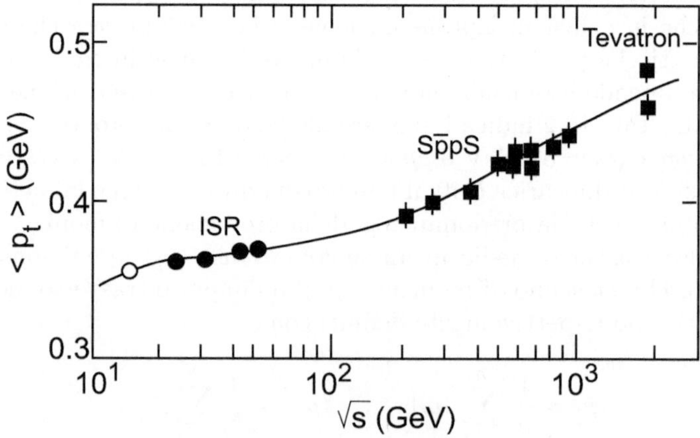

Figura 10.24. Impulso trasverso medio degli adroni carichi prodotti in collisioni adroniche di alta energia in funzione dell'energia nel centro di massa

con energie di circa 15 GeV/nucleone a Brookhaven e 200 (158 per ^{82}Pb) GeV/nucleone all'SPS del CERN. I risultati indicano che si può ricondurre la collisione nucleo-nucleo a una serie di collisioni del tipo adrone-nucleo (*modello di sovrapposizione*). Solo pochi nucleoni del proiettile (o del bersaglio) interagiscono anelasticamente, producendo frammenti nucleari, tra cui un frammento pesante, e diversi nucleoni spettatori. Circa il 20% dei nucleoni liberati nell'interazione, interagisce dentro il nucleo bersaglio. A sua volta per trattare l'interazione adrone-nucleo viene cercata la relazione che esiste con l'interazione adrone-adrone. Si usa il modello della *diffusione multipla nucleare* di Glauber, secondo cui un adrone che attraversa un nucleo può subire più di una interazione; in ciascuna interazione vengono prodotti adroni che possono a loro volta interagire nuovamente all'interno del nucleo stesso dando luogo a una *cascata intranucleare*. Sono disponibili formule semplificate del modello di Glauber.

La miglior trattazione di tutto il processo è quella numerica via metodo di Montecarlo. Il problema è particolarmente importante nello studio delle interazioni dei raggi cosmici di alta energia (protoni, nuclei di elio e nuclei più pesanti) con i nuclei di ossigeno e di azoto dell'alta atmosfera.

Lo studio delle collisioni nucleo-nucleo di alta energia è anche importante per la ricerca del possibile *stato di quark e gluoni della materia (quark-gluon plasma)*, che è predetto esistere per condizioni elevate di energia e di densità di materia. A tale scopo è entrato in funzione nel giugno del 2000 a Brookhaven il Relativistic Heavy Ion Collider (RHIC), in cui ioni oro vengono fatti collidere ad energie di 56-130 GeV/nucleone. Sono state trovate indicazioni per uno stato di quark–gluon plasma che si comporterebbe in modo più simile a un liquido che a un gas [ww11] A LHC, l'esperimento ALICE è dedicato proprio allo studio di interazioni tra nuclei pesanti ad energie sino a 5.5 TeV/nucleone. Le altissime temperature e densità raggiunte nelle collisioni dovrebbero, per un tempo molto breve, permettere a quark e gluoni di esistere allo stato libero, vale a dire non più confinati in adroni, in una specie di "zuppa primordiale" o plasma; è questo uno stato della materia che si pensa sia esistito qualche milionesimo di secondo dopo il Big Bang. Lo studio dettagliato delle proprietà del plasma di quark e gluoni, come la sua temperatura, energia e densità di particelle, potrà aiutare a comprendere l'origine delle particelle quali protoni e neutroni, e potrebbe anche avere importanti implicazioni per le nostre conoscenze di cosmologia.

10.10 LHC e la ricerca del bosone di Higgs

Misure di precisione che hanno accuratamente verificato il Modello Standard sono state eseguite (come illustrato nel Cap. 9) a partire dal 1989 dai quattro esperimenti al LEP del CERN (ALEPH, DELPHI, L3 ed OPAL) e dell'esperimento SLD a Stanford. Tuttavia il bosone di Higgs neutro, che è l'ingrediente indispensabile al Modello Standard per spiegare l'origine delle masse di tutte le particelle note (come sarà descritto in §11.5), sta ancora eludendo la scoperta sperimentale.

L'avvento del Large Hadron Collider (LHC) al CERN (vedi §3.3), l'acceleratore di particelle di energia più elevata attualmente in funzione, permette di ricercare il bosone di Higgs in regioni cinematiche ben più estese di quelle raggiunte in esperimenti precedenti. A LHC sono inoltre cercate nuove particelle previste da estensioni del Modello Standard, come quelle per esempio previste dai modelli supersimmetrici (§13.2).

I fasci di protoni hanno circolato con successo negli anelli principali di LHC il 10 settembre 2008, ma nove giorni dopo le operazioni sono state sospese a causa di un grave danneggiamento della macchina. Dopo la riparazione e un lungo periodo di prova, LHC è stato riavviato nel marzo 2010 con un'energia dei protoni nel fascio fino a 3.5 TeV (ovvero, la metà dell'energia nominale di progettazione). Le collisioni tra protoni a $\sqrt{s} = 7$ TeV sono stati immediatamente registrati dai quattro esperimenti installati attorno ai punti di collisione di LHC: ATLAS, CMS, ALICE e LHCb. I primi due esperimenti sono grandi rivelatori ermetici universali (studiati cioè per la ricerca di ogni tipo di particella), mentre ALICE è principalmente dedicato alla ricerca del plasma di quark e gluoni (§10.9.1). L'esperimento LHCb è invece progettato in particolare per lo studio ad alta statistica di processi che violino CP (§12.5). LHC probabilmente continuerà a funzionare a questa energia per alcuni anni ma con una luminosità istantanea sempre crescente (nel 2011 ha raggiunto 3×10^{33} cm^{-2} s^{-1}). LHC funzionerà all'energia di collisione di $\sqrt{s} = 14$ TeV di progetto a partire dal 2014.

Una prova della qualità raggiunta dai rivelatori di LHC già nei primi mesi di presa dati è per esempio lo spettro di massa invariante di coppie muone-antimuone ottenuto con CMS, Fig. 10.25. Una coppia $\mu^+\mu^-$ può essere prodotto dalla combinazione di eventi di fondo, o da un processo di tipo Drell-Yan, vedi §7.14.2. Facendo riferimento alla Fig. 7.20, all'energia del centro di massa di LHC, in aggiunta al γ, è possibile anche lo scambio di una Z^0.

Nel caso del meccanismo di Drell-Yan, si osservano sezioni d'urto risonanti per la produzione dei mesoni vettoriali (spin=1) e di Z^0 reali (*on mass-shell*), come visibile in Fig. 10.25.

10.10.1 Produzione del bosone di Higgs in collisioni pp

Nell'ambito del Modello Standard, gli accoppiamenti del bosone di Higgs con tutti i quark, leptoni e bosoni di gauge sono conosciuti con grande precisione, mentre la massa del bosone non è predicibile. Questa ignoranza comporta ricerche sperimentali sulla più ampia regione possibile per la massa: abbiamo bisogno di considerare i diversi stati che possono portare alla produzione di un H^0 e i suoi diversi modi di decadimento in particelle osservabili.

Ricerche dirette del bosone di Higgs al LEP (§9.8.4) si basavano sul processo di "Higgsstrahlung" $e^+e^- \to Z^* \to HZ$ mostrato in Fig. 9.20a. Combinando i risultati dei quattro esperimenti al LEP, è stato ottenuto un limite inferiore per la massa del bosone di Higgs del Modello Standard al 95% di livello di confidenza pari a $M_H > 114.4$ GeV. Di conseguenza, gli esperimenti ad LHC devono cercare il bosone di Higgs in un ampio intervallo di massa: 100 GeV $< M_H < 1$ TeV.

In un collisore adronico quale LHC, i meccanismi di produzione del bosone di Higgs sono completamente diversi da quelli del LEP. Questi sono:

- il processo di fusione tra gluoni $gg \to H$, mostrato in Fig. 10.26a;
- la fusione tra bosoni vettori $qq \to qqV^*V^* \to qqH$ (VBF), mostrata in Fig. 10.26b.

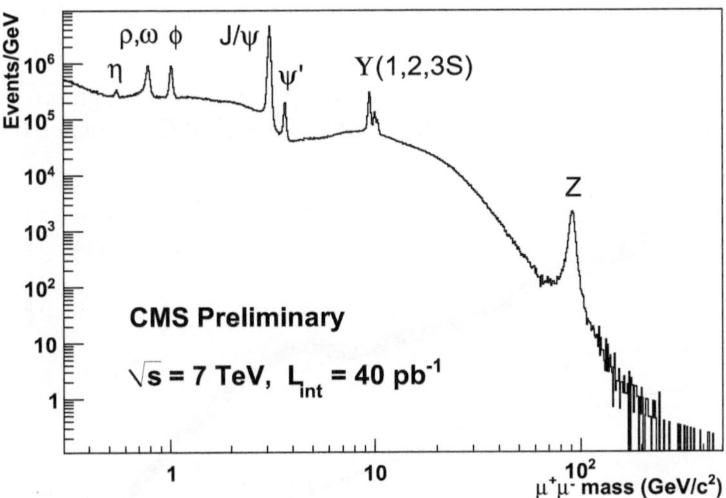

Figura 10.25. Spettro di massa invariante di coppie $\mu^+\mu^-$ misurate dall'esperimento CMS. Diversi sotto-rivelatori sono coinvolti nella misura dell'energia dei muoni dalla regione di energia $\sim$100 MeV sino a centinaia di GeV. La figura contiene dati che corrispondono ad una luminosità integrata di 40 pb^{-1} a $\sqrt{s} = 7$ TeV [10C2]

Va ricordato che ricerche del bosone di Higgs sono anche effettuate al Collider $p\bar{p}$ Tevatron al Fermilab. Qui, il secondo meccanismo dominante di produzione di Higgs, dopo la fusione tra gluoni, è dovuto all'annichilazione di coppie quark-antiquark. In un collider antiprotone-protone, gli antiquark sono disponibili come quark di valenza, trasportando una frazione significativa dell'energia totale dell'antiprotone. Ad un collider protone-protone come LHC, gli antiquark dal mare trasportano, in media, molta meno energia rispetto ai quark (Fig. 10.11).

La sezione d'urto per la formazione di un bosone di Higgs attraverso i due meccanismi di produzione dominanti a LHC (la fusione di gluoni e il VBF) è mostrata in Fig. 10.27 in funzione della massa M_H dell'Higgs, per energie

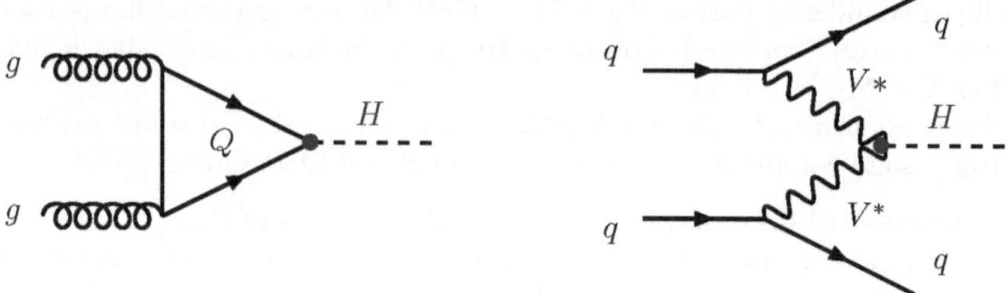

Figura 10.26. Meccanismi dominanti di produzione a LHC del bosone di Higgs nel Modello Standard: (a) fusione tra gluoni e (b) *Vector Boson Fusion* (VBF)

$\sqrt{s} = 14$ TeV. A $\sqrt{s} = 7$ TeV, la sezione d'urto di fusione tra gluoni è di circa un fattore 3, 5 e 10 minore per $M_H = 100$, 400 e 1000 GeV, rispettivamente.

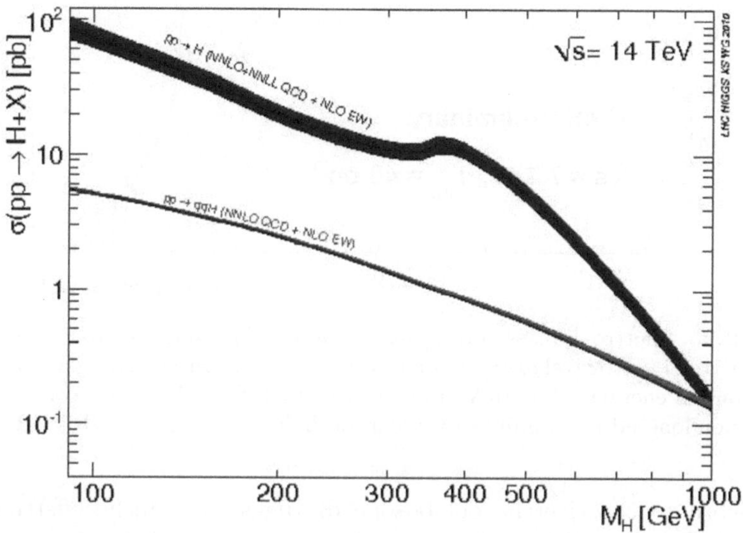

Figura 10.27. Sezione d'urto per la formazione di un bosone di Higgs nel Modello Standard Higgs con incluse le incertezze sistematiche (rappresentate dallo spessore della linea) per i processi di fusione tra gluoni ($pp \to H$) e la fusione tra bosoni vettori ($pp \to qqH$) [10L1]

La fusione tra gluoni gg $\to$ H: la dinamica del meccanismo di fusione tra gluoni è controllata dalle interazioni forti. Studi approfonditi degli effetti delle correzioni radiative di QCD sono quindi necessari per ottenere previsioni teoriche accurate [10L1]. In QCD perturbativa, al primo ordine il contributo alla sezione d'urto del processo di fusione tra gluoni è proporzionale a α_S^2. Questo deriva dallo scambio virtuale tramite il quark top (vedi diagramma di Feynman in 10.26a) che consente l'accoppiamento del bosone di Higgs ai gluoni privi di massa. Infatti, come si è visto in §9.8.4, l'accoppiamento dell'Higgs è proporzionale alla massa del fermione con cui si accoppia. L'ordine più basso riceve contributi rilevanti all'ordine successivo (*next–to–leading order, NLO*), le cui difficoltà di calcolo rappresentano una delle principali fonti di incertezza sulla previsione. I termini NLO aumentano la sezione d'urto di circa l'80-100%. Un'altra fonte di incertezza è legata alla conoscenza della funzione di struttura dei gluoni nella regione a basso x. Facendo riferimento alla Fig. 10.11, il contributo dei gluoni alla funzione di struttura domina per $x < 0.2$. Ciò significa che l'energia disponibile per la formazione del bosone di Higgs è nella maggior parte dei casi minore di $\sim 0.2^2 = 4\%$ dell'energia nel centro di massa della collisione pp. La diminuzione della funzione di struttura del gluone con l'aumento x è l'origine principale del calo di $\sigma(pp \to H)$ con l'aumento della massa M_H dell'Higgs.

La fusione tra bosoni vettore (VBF) qq $\to$ qqV*V* $\to$ qqH: il V^* può essere sia una $W^\pm$ che una Z^0. L'apice * (come nel seguito) significa che la particella è virtuale (*off–mass shell*), ossia vale $E^2 \neq m^2 c^4 + p^2 c^2$ (vedi §4.6). Il calcolo della sezione d'urto per il processo VBF necessita l'operazione di convoluzione con le funzioni di struttura dei quark del protone. Per tutti i possibili valori di M_H, la sezione d'urto VBF è inferiore a quella del processo di fusione di gluoni (vedi Fig. 10.27). Tuttavia, vi è la firma topologica aggiuntiva dei due quark uscenti che partecipano al processo di formazione di *getti*, la cui identificazione potrebbe essere più facile in questo canale di produzione.

10.10.2 I modi di decadimento del bosone di Higgs

Una volta prodotto, il bosone di Higgs può decadere in una coppia fermione-antifermione o di bosoni vettore, rispettivamente con un accoppiamento proporzionale al quadrato della massa dei fermioni o del bosone. I principali canali di decadimento e relative frazioni di decadimento (branching ratios BR, §4.5.2) sono mostrati in Fig. 10.28. I BR cambiano in maniera rilevante al variare della massa M_H nell'intervallo considerato, producendo diverse topologie di stati finali. Per questo motivo e poiché la massa di Higgs non è nota, sono necessarie diverse strategie di ricerca per consentire un'efficiente selezione e identificazione dell'Higgs. Notare che la strana forma della BR per il bosone Z^0 attorno $130 \text{ GeV} < M_H < 2M_Z$ è dovuta ad un effetto di soglia per il possibile decadimento in due bosoni W reali (*on mass-shell*).

Siccome l'Higgs si accoppia con tutti i fermioni proporzionalmente alla loro massa, il decadimento in quark top è dominante. Se $M_H < 2M_{top} \simeq 350$ GeV, il decadimento dominante in fermioni sarà quello nel quark bottom.

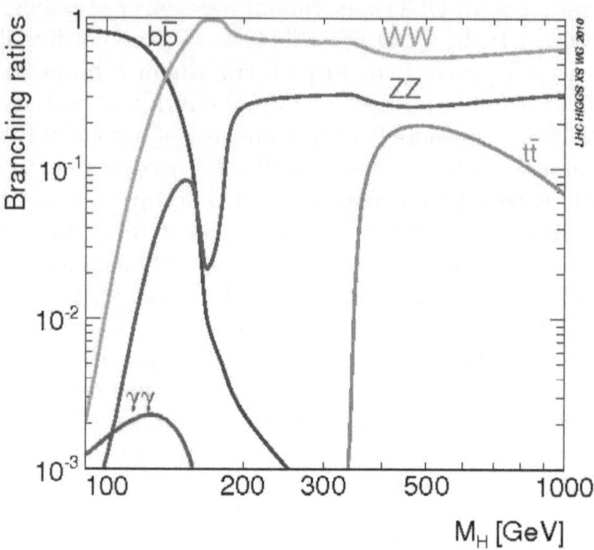

Figura 10.28. Branching ratio per il decadimento del bosone di Higgs in funzione della sua massa M_H [10L1]

Il decadimento in $\tau^+\tau^-$, il leptone con massa più elevata, è un ordine di grandezza inferiore a quello in $b\bar{b}$.

Sopra le soglie cinematiche di produzione di coppie WW e ZZ (~ 200 GeV), il bosone di Higgs dovrebbe soprattutto decadere in una coppia di bosoni di gauge. Per M_H abbastanza grande, quando i fattori di fase spazio possono essere ignorati, il branching ratio in bosoni WW è due volte più grande di quello in ZZ.

Dato che il fotone è senza massa, non si accoppia col bosone di Higgs. Tuttavia, il decadimento di Higgs in una coppia di fotoni è possibile attraverso un fermione virtuale (loop bosonico). Come si può vedere nella Fig. 10.28, il branching ratio $H \to \gamma\gamma$ è al massimo 0.3% del decadimento dominante $H \to b\bar{b}$. Questo è comunque un importante canale di decadimento studiato all'LHC, perché i due fotoni dello stato finale rappresentano una chiara segnatura dell'Higgs, soprattutto nella regione di bassa massa.

Infine, va notato che la larghezza totale Γ_H è fortemente dipendente da M_H: vale $\Gamma_H = 3 \times 10^{-3}$, 0.1 e 200 GeV rispettivamente a $M_H =$120, 160 e 400 GeV. Questo fatto ha importanti conseguenze sulle strategie di ricerca, come discusso in §10.10.3.

10.10.3 Strategie di ricerca a LHC

Per stimare il numero di eventi attesi di Higgs, la sezione d'urto di Fig. 10.27 deve essere moltiplicata per le frazioni di decadimento della Fig. 10.28. Per scoprire il bosone di Higgs a LHC, sono ricercate differenti segnature. Tuttavia, quelle che presentano leptoni e fotoni negli stati finali sono favorite rispetto a quelle puramente con adroni, a causa del fondo elevato di eventi dovuti a processi di QCD presente nei collider adronici. Inoltre, l'energia dei leptoni e fotoni è misurata meglio rispetto all'energia dei jet adronici.

Bassa massa dell'Higgs ($M_H < 130$ GeV/c^2). Misure di precisione a LEP e a Fermilab della teoria elettrodebole sembrano favorire masse del bosone di Higgs al di sotto di 155 GeV/c^2 [10A1]. La regione con $M_H < 130$ GeV/c^2 è particolarmente interessante, ma è la più difficile da esplorare. Il decadimento $H \to b\bar{b}$ è quello principale, ed è dominato dal fondo a causa della enorme produzione di due getti di adroni prevista da QCD (con sezione d'urto di sei ordini di grandezza più elevata).

Il canale più promettente è il decadimento $H \to \gamma\gamma$. Il segnale in questo canale è rappresentato da un picco risonante nella distribuzione di massa invariante $\gamma\gamma$. Una risoluzione molto buona sulla misura dell'energia del fotone è necessaria per discriminare il picco del segnale di due fotoni dovuto alla produzione diretta e da quelli provenienti da decadimenti di particelle neutre in getti di adroni. Poiché la larghezza del bosone di Higgs è piccola in questo intervallo di massa (pochi MeV per massa dell'Higgs compresa tra 110 e 140 GeV), la larghezza del picco di massa invariante misurato è interamente dominato dalla risoluzione sperimentale.

Regione di massa intermedia (130 GeV/c$^2 < M_H < 2M_Z$). In questa regione di massa, il branching ratio per il decadimento di Higgs in una coppia di bosoni vettore diventa importante (vedi Fig. 10.28). Il decadimento totalmente leptonico $H \to ZZ^* \to \ell^+\ell^-\ell'^+\ell'^-$ produce la firma sperimentale più pulita al di sotto di $M_H \simeq 150$ GeV/c^2, in particolare nel canale con quattro muoni. Uno solo dei due bosoni vettore è *on mass-shell*. La selezione del segnale si basa sulla ricostruzione della massa della Z^0 da una delle coppie di leptoni. Il principale fondo irriducibile è dovuto al continuum di coppie ZZ prodotte da altri processi.

Per $150 < M_H < 180$ GeV/c^2, il modo di rivelazione più promettente è rappresentato dal decadimento leptonico di entrambi i bosoni W: $H \to WW^* \to \ell^+\nu_\ell\ell'^-\bar{\nu}_{\ell'}$. Il BR$(W \to \ell\nu)$ vale circa 32%, dove $\ell = e, \mu, \tau$ (68% in adroni). Il decadimento leptonico simultaneo di entrambe le W si verifica in circa il 10% dei casi. Sperimentalmente è necessario identificare muoni ed elettroni isolati ad alto impulso trasverso e identificare i neutrini attraverso l'energia trasversa mancante, ottenuta tramite un calorimetro di precisione con copertura ermetica. Poiché la massa dell'Higgs non può essere ricostruita come un picco di massa (la risoluzione energetica è relativamente piccola in questo canale e $\Gamma_H \sim \mathcal{O}(1$ GeV$)$ in questo intervallo di M_H), il segnale deve essere osservato come un eccesso di eventi sopra il fondo, che quindi deve essere conosciuto il più accuratamente possibile.

Masse elevate ($M_H > 2M_Z$). Se $M_H > 2M_Z$, il canale $H \to ZZ^* \to 4\ell$ fornisce una firma molto chiara, poiché un picco di massa può essere ricostruito con i quattro leptoni. Il decadimento in elettroni e muoni è considerato come il canale "gold-plated". Entrambe le coppie leptone avrebbero un valore corrispondente a quella di una Z^0 (prodotta *on mass-shell*), il che rende possibile abbattere in maniera significativa il possibile fondo. Le limitazioni per eventualmente individuare il bosone di Higgs in questo canale di decadimento sono dovute al ridotto tasso di produzione (BR($H \to ZZ \to 4\ell$) $\sim 0.1\%$ per $\ell = e, \mu$) e alla grande larghezza totale Γ_H del bosone di Higgs in questo intervallo di massa (ad esempio $\Gamma_H = 200$ GeV per $M_H = 400$ GeV). In un anno di presa dati ad alta luminosità (10^{34} cm^{-2}s^{-1}), il numero di bosoni di Higgs con $M_H = 700$ GeV/c^2 che decadano in 4 ℓ, è dell'ordine di 100 eventi. Questo, unito al grande valore di Γ_H rende l'osservazione di un picco di massa molto difficile.

Per i valori più elevati di M_H, il decadimento in bosoni vettori è completamente dominante e il canale di rivelazione principale è $H \to WW \to \ell\nu jj$ dove j denota un jet originati da un quark. Questo decadimento WW ha un branching ratio di $\sim 30\%$, fornendo un numero di eventi ~ 50 volte superiore rispetto al canale con quattro leptoni dal decadimento $H \to ZZ$.

Aspettative di scoperta a LHC

Da marzo 2010 al marzo 2011, la macchina ha erogato una luminosità integrata di ~ 50 pb^{-1} a $\sqrt{s} = 7$ TeV. Questa luminosità è più piccola di un fattore ~ 20 rispetto a quella prevista dal progetto nel primo anno di presa dati.

La rivelazione di eventi candidati si basa principalmente sul meccanismo di produzione $gg \to H$ con il successivo decadimento $H \to \gamma\gamma, WW^*$ e ZZ^*. Il valore della sezione d'urto σ (Fig. 10.27) moltiplicato per il BR (Fig. 10.28) varia da un paio di fb (per $H \to ZZ \to 4\ell$) a ~ 1 pb (per $H \to WW \to \ell^+\nu\ell^-\bar{\nu}$ in caso di massa grande dell'Higgs). Includendo le efficienze di rivelazione, e con una luminosità di pochi fb^{-1}, solo il canale $gg \to H \to WW \to \ell^+\nu\ell^-\bar{\nu}$ è accessibile, mentre per le altre regioni di massa sono solo possibili labili indicazioni. Nessuna evidenza di segnale è per il momento segnalata [10C2].

Il bosone di Higgs previsto dal Modello Standard dovrebbe essere trovato al LHC, a condizione che la luminosità integrata raccolta sia $L \sim 30$ fb^{-1} e che i rivelatori funzionino come previsto. Ad una maggiore luminosità erogata, più canali possono essere utilizzati, rafforzando così il segnale e fornendo risposte certe alla domanda se davvero un bosone di Higgs scalare esiste in natura.

Il Modello Standard del Microcosmo

11.1 Introduzione

Per definire il Modello Standard (abbreviato in SM) del microcosmo occorre determinare i costituenti fondamentali della materia e le interazioni a cui sono soggetti. Consideriamo come costituenti fermionici fondamentali (vedi Tab. 1.1 e 1.4):

$$\left.\begin{array}{l} 6 \text{ Leptoni con Spin} = \frac{1}{2} \\[2mm] 6 \text{ Quark \ \ con Spin} = \frac{1}{2} \end{array}\right\} \text{ e le relative antiparticelle .} \qquad (11.1)$$

I fermioni fondamentali si raggruppano in tre famiglie, ciascuna composta da due leptoni e due quark; i sei quark compaiono ognuno in 3 colori diversi. Gli antifermioni hanno numeri quantici di segno opposto ai fermioni corrispondenti. Il numero totale di costituenti fermionici fondamentali è pertanto di 24 fermioni e 24 antifermioni.

Un problema importante per la fisica è sempre stato quello di determinare quali siano le forze fondamentali che agiscono in natura e di stabilire se queste forze siano in realtà riconducibili a manifestazioni diverse di un'unica forza. Il problema dell'unificazione delle forze fu già affrontato all'inizio dello scorso secolo da Einstein, senza però giungere a una risposta. Negli ultimi anni sono stati compiuti enormi passi in avanti. Le interazioni fondamentali identificabili alla scala di energia normalmente raggiungibile nei laboratori sono quattro: debole, elettromagnetica, forte e gravitazionale. L'interazione debole e quella elettromagnetica appaiono unificate nell'interazione elettrodebole già alle energie più elevate raggiunte con gli acceleratori. La teoria che descrive l'interazione unificata elettrodebole è il Modello Standard Elettrodebole; insieme alla Cromodinamica Quantistica (QCD) che descrive l'interazione forte, forma il *Modello Standard delle interazioni elettrodebole e forte*. Con i termini Modello Standard o Modello Standard del Microcosmo ci riferiamo a quest'ultima definizione, inclusiva delle interazioni elettrodebole e forte. I campi di forze

Braibant S., Giacomelli G., Spurio M.: Particelle e interazioni fondamentali. Il mondo delle particelle
DOI 10.1007/978-88-470-2754-1_11, © Springer-Verlag Italia 2012

sono quantizzati e i loro mediatori sono 12 bosoni vettoriali fondamentali: il fotone γ; i bosoni W^+, W^-, Z^0; gli 8 gluoni.

Oltre ai costituenti ultimi e ai bosoni mediatori delle interazioni fondamentali, nel Modello Standard Elettrodebole è prevista la presenza del *bosone scalare di Higgs*, con spin $= 0$, necessario per il processo di rottura spontanea della simmetria (Spontaneous Symmetry Breaking) attraverso cui si dà massa ai bosoni W^+, W^-, Z^0, e ai fermioni. Questo processo di rottura spontanea della simmetria avviene come conseguenza dell'esistenza di un doppietto complesso di campi scalari. Le particelle massive acquistano la loro massa tramite l'interazione con questo campo scalare. Tre dei quattro gradi di libertà dovuti alla presenza del doppietto complesso sono "assorbiti" e danno massa ai bosoni W^+, W^- e Z^0, mentre l'ultimo grado di libertà dà origine a un nuovo bosone, indicato come bosone di Higgs. Il bosone di Higgs interagisce/decade in una coppia fermione–antifermione e dà origine alla loro massa. In totale abbiamo a che fare con 24 fermioni + 24 antifermioni + 12 bosoni vettori + 1 bosone di Higgs = 61 particelle fondamentali.

È probabile che ad energie molto più elevate l'interazione elettrodebole e quella forte si unifichino nell'Interazione di Grande Unificazione. A energie ancora superiori anche l'interazione gravitazionale dovrebbe rientrare nello schema di unificazione. È anche possibile che esista una scala energetica intermedia cui corrispondano possibilità che vanno al di là dello SM, per es. la supersimmetria (vedi §13.2).

In questo capitolo verranno richiamate alcune considerazioni che hanno portato all'unificazione elettrodebole, verrà descritto il modello elettrodebole e di seguito alcuni concetti di cromodinamica quantistica. Ripeteremo alcuni concetti fondamentali, anche se già presentati nei capitoli precedenti.

11.2 Divergenze nelle WI e il problema dell'unitarietà

La teoria dell'interazione debole sinora descritta funziona bene a basse energie e al primo ordine, ma agli ordini successivi presenta divergenze che possono essere cancellate solo introducendo un numero indefinitamente grande di costanti arbitrarie; in questo modo, però, si perde essenzialmente qualsiasi capacità predittiva della teoria. Si dice quindi che la teoria $V - A$ è divergente. Ricordiamo che nella teoria di Fermi si assume che i fermioni coinvolti abbiano una interazione di contatto specificata dalla costante di Fermi G_F. Consideriamo ad esempio il processo $\nu_e + e^- \longrightarrow \nu_e + e^-$. L'elemento di matrice per la sola interazione debole, considerata come puntiforme, si scrive:

$$M_{fi} = \frac{G_F}{\sqrt{2}} [\overline{\psi}_\nu \gamma^\mu (1 - \gamma^5) \psi_e][\overline{\psi}_e \gamma^\mu (1 - \gamma^5) \psi_\nu] \ . \tag{11.2}$$

La sezione d'urto per questa reazione elastica è data da (per $E_{cm} \gg m_e$):

$$\sigma(\nu_e e^- \to \nu_e e^-) \simeq \frac{G_F^2}{\pi} q_{max}^2 = \frac{2 G_F^2 m_e E_{lab}}{\pi} = \frac{G_F^2 s}{\pi} = \frac{4 G_F^2 p^{*2}}{\pi} \ . \tag{11.3}$$

E_{lab} è l'energia del ν_e nel sistema del laboratorio, $q^2_{max} = 2m_e E_{lab}$, $s = E^2_{cm}$, p^* è la quantità di moto del ν_e oppure dell' e^- nel c.m.. La sezione d'urto dipende da G_F^2 e dal fattore spazio delle fasi. È una sezione d'urto che aumenta con il quadrato di p^* e supera il limite dell'unitarietà (tale limite è determinato, in analogia con l'ottica, dalla condizione che per ogni onda di momento angolare l, l'intensità dell'onda diffusa non possa essere superiore all'intensità dell'onda incidente). Per particelle con spin $s = 1/2$, lo sviluppo in onde parziali per la sezione d'urto conduce a:

$$\sigma_{\ell=0} = \frac{\pi \lambda^2}{2} = \frac{\pi}{2p^{*2}} \ . \tag{11.4}$$

La sezione d'urto (11.3) supera la sezione d'urto (11.4) per $\frac{4G_F^2 p^{*2}}{\pi} > \frac{\pi}{2p^{*2}}$, cioè per:

$$p^* > \left(\frac{\pi^2}{8G_F^2} \right)^{1/4} = \left(\frac{\pi}{\sqrt{8}G_F} \right)^{1/2} = \left(\frac{\pi}{\sqrt{8} \cdot 1.17 \cdot 10^{-5}} \right)^{1/2} \simeq 300 \ \text{GeV/c} \ .$$

Quindi, per $p^* > 300$ GeV/c, la sezione d'urto (11.3) prevista dall'interazione debole di Fermi supera il limite dell'unitarietà.

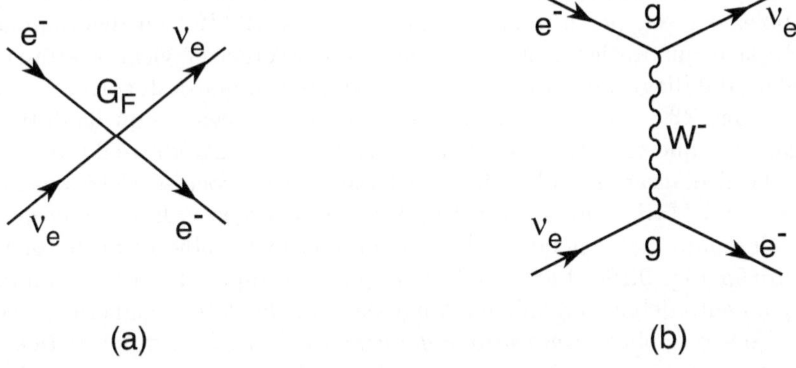

Figura 11.1. Diagrammi di Feynman per la reazione $\nu_e e^- \to \nu_e e^-$: (a) per l'interazione locale di Fermi e (b) per l'interazione a CC con scambio di un bosone W

La modifica da apportare è immediata con l'introduzione dei bosoni vettori $W^\pm$. I bosoni massivi portano alla presenza di un propagatore del tipo $\frac{1}{q^2+m_W^2}$ (vedi Fig. 11.1b).

Con l'introduzione del propagatore, l'elemento di matrice si scrive:

$$M_{fi} = [\frac{g}{\sqrt{2}}(\overline{\psi}_\nu \gamma^\mu \frac{(1-\gamma^5)}{2} \psi_e)] \frac{1}{q^2+m_W^2} [\frac{g}{\sqrt{2}}(\overline{\psi}_e \gamma^\mu \frac{(1-\gamma^5)}{2} \psi_\nu)] \tag{11.5}$$

e la sezione d'urto (11.3) risulta modificata nel modo seguente: $G_F \to \frac{G_F m_W^2}{q^2 + m_W^2}$, diventando:

$$\sigma(\nu_e e^- \to \nu_e e^-) = \frac{4G_F^2 m_W^4 p^{*2}}{\pi(q^2 + m_W^2)^2} \ . \tag{11.6}$$

Per $q^2 \sim p^{*2} \gg m_W^2$, si ha:

$$\sigma(\nu_e e^- \to \nu_e e^-) \simeq \frac{4G_F^2}{\pi} \frac{m_W^4}{p^{*2}} \ . \tag{11.7}$$

Quindi la sezione d'urto per $\nu_e e^- \to \nu_e e^-$ cresce con p^{*2} fino a $p^* \sim 300$ GeV/c, poi diventa quasi costante e quindi diminuisce con l'aumentare di p^{*2}. Si risolve così il problema della violazione dell'unitarietà.

Nel limite dei bassi q^2 ($q^2 \to 0$) l'interazione con scambio di un bosone W si può identificare con l'interazione locale di Fermi. Per $q^2 \ll m_W^2$, si ritrova in effetti la sezione d'urto (11.3). Paragonando gli elementi di matrice, (11.2) e (11.5), si trova allora:

$$\lim_{q^2 \to 0} \frac{g^2}{8} \frac{1}{(q^2 + m_W^2)} \simeq \frac{g^2}{8m_W^2} = \frac{G_F}{\sqrt{2}} \ . \tag{11.8}$$

Anche dopo aver introdotto i bosoni $W^\pm$, vi sono divergenze nell'interazione debole; per es., per la sezione d'urto $\nu_e \bar{\nu}_e \to W^+ W^-$, il diagramma di Fig. 8.19a è quadraticamente divergente. La divergenza viene esattamente cancellata dal diagramma di Fig. 8.19b, cioè dalla presenza di correnti neutre con il bosone Z^0 con costante di accoppiamento $Z^0 \ell\bar{\ell}$ legata a quella di $W^\pm \ell\bar{\ell}$. Storicamente questa è stata una delle motivazioni per introdurre il bosone Z^0.

Anche il diagramma all'ordine più basso per il processo elettromagnetico $e^+ e^- \to W^+ W^-$ mostrato in Fig. 9.16b è divergente; la divergenza può essere eliminata aggiungendo il diagramma con lo scambio di un bosone Z^0 mostrato in Fig. 9.16c. La cancellazione può avvenire solo se la costante di accoppiamento debole g è all'incirca uguale a quella elettromagnetica, cioè se $g \simeq e$. Questo implica l'*unificazione dei campi deboli ed elettromagnetici*.

Applichiamo quest'ultima considerazione alla reazione $\nu_e e^- \to \nu_e e^-$ descritta dai diagrammi di Fig. 11.1. Ponendo $g \simeq e$ nella (11.8), si ha $m_W \simeq m_{Z^0} \simeq 100$ GeV. Questa è stata la prima stima delle masse dei bosoni $W^\pm, Z^0$: debbono avere queste masse elevate se si vuole una unificazione con la stessa costante di accoppiamento e affinché l'interazione si riconduca a quella di Fermi al limite delle basse energie.

11.3 Le teorie di gauge

Il Modello Standard include la descrizione dell'interazione elettrodebole e dell'interazione forte. La teoria elettrodebole e quella della QCD sono entrambe teorie di gauge (vedi di seguito), ognuna con un gruppo di simmetria che caratterizza l'interazione [76M1].

Mostriamo che, per costruire una teoria di gauge, è necessario:

- scegliere il gruppo che descrive la simmetria che caratterizza le interazioni in esame;
- richiedere l'invarianza di gauge locale per trasformazioni del gruppo di simmetria;
- scegliere il settore di Higgs che introduca la rottura spontanea della simmetria. Questo permette di dare massa alle particelle senza rompere esplicitamente l'invarianza di gauge;
- rinormalizzare gli accoppiamenti e le masse della teoria in modo che corrispondano ai dati sperimentali noti. Lo studio della rinormalizzazione conduce al concetto di "running", vale a dire la dipendenza dall'energia delle costanti di accoppiamento.

11.3.1 Scelta del gruppo di simmetria

Varie particelle che si osservano in natura mostrano proprietà molto simili, il che suggerisce l'esistenza di simmetrie. Per esempio, i quark compaiono in tre colori e le proprietà dell'interazione debole suggeriscono il raggruppamento delle particelle in doppietti; questo conduce naturalmente ad adottare la struttura dei gruppi $SU(3)_C$ e $SU(2)_L$ rispettivamente per le interazioni forte e debole. L'interazione elettromagnetica non cambia i numeri quantici delle particelle interagenti, quindi può essere descritta dal gruppo $U(1)_Y$.

In definitiva, il Modello Standard per l'interazione forte ed elettrodebole è basato sulla simmetria dei gruppi unitari [1]:

$$SU(3)_C \otimes [SU(2)_L \otimes U(1)_Y] \ .$$

Storicamente la necessità per i quark di comparire in tre colori fu prodotta per salvaguardare il principio di esclusione di Pauli nel caso di adroni formati da tre quark con gli stessi numeri quantici (§7.8.1). In seguito divenne evidente che il ruolo del colore era molto più importante di quanto si pensasse all'inizio, cioè che la "carica di colore" agisce come sorgente del campo dell' interazione forte (il *campo di colore*), proprio come la carica elettrica è la sorgente del campo elettrico.

La "carica" per l'interazione debole è la terza componente della grandezza chiamata *isospin debole*, I_3. L'interazione debole a corrente carica opera soltanto su particelle sinistrorse, cioè con lo spin antiparallelo al momento (elicità negativa), quindi si assegna isospin debole uguale a $\pm 1/2$ solamente alle particelle sinistrorse, mentre quelle destrorse sono messe in singoletti di

---

[1] Le trasformazioni unitarie ruotano i vettori, ma ne lasciano invariata la lunghezza. I gruppi di simmetria $SU(N)$ sono gruppi Unitari Speciali con determinante uguale a $+1$.

isospin (vedi Tab. 11.1). **Nel limite di massa nulla, la natura $(V - A)$ dell'interazione debole a corrente carica coinvolge solo i fermioni sinistrorsi.** Per particelle massive, la forma dell'interazione coinvolge preferenzialmente particelle sinistrorse. Nell'ipotesi che i neutrini abbiano massa nulla[2], gli accoppiamenti deboli dei neutrini destrorsi e degli antineutrini sinistrorsi sarebbero nulli. Quindi per ogni generazione si hanno 15 campi materia: 2 leptoni sinistrorsi e uno destrorso, 2×3 quark sinistrorsi e 2×3 quark destrorsi (il fattore tre tiene conto del colore).

	Multipletti fermionici			I	I_3	Q	Y_W
Leptoni	$\begin{pmatrix} \nu_e \\ e \end{pmatrix}_L$	$\begin{pmatrix} \nu_\mu \\ \mu \end{pmatrix}_L$	$\begin{pmatrix} \nu_\tau \\ \tau \end{pmatrix}_L$	$1/2$	$\begin{matrix}+1/2 \\ -1/2\end{matrix}$	$\begin{matrix}0 \\ -1\end{matrix}$	$\begin{matrix}-1 \\ -1\end{matrix}$
	e_R	μ_R	τ_R	0	0	-1	-2
Quark	$\begin{pmatrix} u \\ d' \end{pmatrix}_L$	$\begin{pmatrix} c \\ s' \end{pmatrix}_L$	$\begin{pmatrix} t \\ b' \end{pmatrix}_L$	$1/2$	$\begin{matrix}+1/2 \\ -1/2\end{matrix}$	$\begin{matrix}+2/3 \\ -1/3\end{matrix}$	$\begin{matrix}+1/3 \\ +1/3\end{matrix}$
	$\begin{matrix}u_R \\ d'_R\end{matrix}$	$\begin{matrix}c_R \\ s'_R\end{matrix}$	$\begin{matrix}t_R \\ b'_R\end{matrix}$	$\begin{matrix}0 \\ 0\end{matrix}$	$\begin{matrix}0 \\ 0\end{matrix}$	$\begin{matrix}+2/3 \\ -1/3\end{matrix}$	$\begin{matrix}+4/3 \\ -2/3\end{matrix}$

Tabella 11.1. Riepilogo dei multipletti fermionici dell'interazione elettrodebole. I doppietti sinistrorsi dell'isospin debole sono mostrati in parentesi; i singoletti destrorsi sono stati separati. Per i quark sinistrorsi si è scelto di usare i quark u, c, t dell'interazione forte e quelli "ruotati" d', s', b', secondo la matrice CKM, che generalizza la "rotazione" di Cabibbo. Le cariche elettriche Q dei due stati di ciascun doppietto differiscono di una unità; la differenza $Q - I_3 = Y_W/2$ è la stessa entro ogni doppietto ($-1/2$ per i leptoni sinistrorsi, $+1/6$ per i quark)

Le interazioni elettromagnetiche hanno origine sia nello scambio del bosone di gauge neutro del gruppo $SU(2)_L$ che di quello del gruppo $U(1)_Y$, quindi la "carica" del gruppo $U(1)_Y$ non può coincidere con la carica elettrica; rappresenta invece l'ipercarica debole Y_W, definita tramite la relazione di Gell-Mann-Nishijima:

$$Q = I_3 + \frac{1}{2} Y_W \tag{11.9}$$

Y_W è uguale a $B - L$ per i doppietti sinistrorsi e $2Q$ per i singoletti destrorsi (B è il numero barionico, vale $1/3$ per i quark e 0 per i leptoni; L è il numero leptonico, vale 1 per i leptoni e 0 per i quark). Dato che I_3 e Q sono entrambi conservati, anche Y_W è un numero quantico conservato.

---

[2] Recenti risultati sperimentali sulle oscillazioni dei neutrini privilegiano l'ipotesi che i neutrini abbiano una massa molto piccola ma non nulla (§12.6).

11.3.2 Invarianza di gauge

Invarianza di gauge in QED

Una *trasformazione di gauge globale* è una trasformazione di fase (ovvero una rotazione di fase) del campo materiale ψ del tipo:

$$\psi_\mu \to \psi'_\mu = \psi_\mu e^{i\alpha/\hbar c} \to (1 + i\alpha/\hbar c)\psi_\mu \tag{11.10a}$$

$$\psi^*_\mu \to \psi^{*\prime}_\mu = \psi^*_\mu e^{-i\alpha/\hbar c} \to (1 - i\alpha/\hbar c)\psi^*_\mu \tag{11.10b}$$

dove le ultime relazioni sono valide per trasformazioni infinitesime e α è uno scalare che ha lo stesso valore in tutti i punti dello spazio-tempo. L'invarianza per questa trasformazione implica che la fase della funzione d'onda è arbitraria e non osservabile. La derivata della funzione d'onda si trasforma come la funzione d'onda, $\partial\psi'/\partial x^\mu = \partial_\mu\psi' = e^{i\alpha}\partial_\mu\psi$.

La trasformazione di gauge può essere generalizzata considerando che α sia una funzione dello spazio-tempo, $\alpha = \alpha(x)$. Si ha allora una *trasformazione di gauge locale*, che può essere differente da punto a punto. La teoria dell'elettromagnetismo ha la proprietà di essere invariante per trasformazioni di gauge locali. Se la funzione d'onda ψ e la sua derivata $\partial\psi/\partial x^\mu = \partial_\mu\psi$ si trasformassero allo stesso modo, la lagrangiana sarebbe invariante per trasformazioni di gauge, dato che essa include termini $[\psi^*(x)\partial_\mu\psi(x)]$. Scriviamo la trasformazione di gauge nella forma

$$\psi \to \psi' = e^{i\alpha(x)}\psi \ . \tag{11.11}$$

La derivata di $\psi(x)$ diventa:

$$\frac{\partial\psi'(x)}{\partial x^\mu} = \partial_\mu\psi'(x) = e^{i\alpha(x)}[\partial_\mu\psi(x) + i\psi(x)\partial_\mu\alpha(x)] \tag{11.12}$$

$$\neq e^{i\alpha(x)}\partial_\mu\psi(x) \ . \tag{11.13}$$

Si ha che la derivata non si trasforma come la funzione d'onda; quindi la lagrangiana non è invariante per trasformazione di gauge. L'interazione dei fermioni con il campo elettromagnetico B_μ è introdotta tramite la *derivata covariante* del campo elettromagnetico [3]

$$\partial_\mu \to D_\mu = \partial_\mu + ieB_\mu \ . \tag{11.14}$$

Inoltre, per garantire l'invarianza di gauge della lagrangiana, il potenziale quadrivettoriale del campo elettromagnetico B_μ deve trasformarsi secondo la relazione

$$B_\mu \to B'_\mu(x) = B_\mu(x) - \frac{1}{e}\partial_\mu\alpha(x) \ . \tag{11.15}$$

---

[3] Usiamo la notazione B_μ anziché A_μ per distinguere il campo elettromagnetico dal campo isovettoriale $\mathbf{A}_\mu$ introdotto per l'interazione debole nel paragrafo seguente.

Con le trasformazioni definite in (11.11), (11.14) e (11.15), la derivata covariante del campo elettromagnetico gode della proprietà:

$$D_\mu\psi'(x) = e^{i\alpha(x)}[\partial_\mu\psi(x) + i\psi(x)\partial_\mu\alpha(x) + ieB_\mu(x)\psi(x) - i\psi(x)\partial_\mu\alpha(x)]$$
$$= e^{i\alpha(x)}D_\mu\psi(x) \ .$$

$$(11.16)$$

Perciò il termine $[\psi^*(x)D_\mu\psi(x)]$ è invariante per trasformazioni di gauge locali. Il fatto che dobbiamo usare la derivata covariante per ottenere questo risultato è legato alla forma dell'interazione di una carica elettrica e con il campo B_μ, cioè eB_μ. L'invarianza di gauge per il campo elettromagnetico conduce a una corrente conservata (e quindi alla conservazione della carica elettrica). Il set infinito di trasformazioni di fase (11.11) forma un gruppo unitario U(1)*abeliano*. La QED è quindi invariante per trasformazioni di gauge di questo gruppo.

Invarianza di gauge in SU(2)

Sulla scia di QED sono stati proposti gruppi più complicati specificati da operatori non commutativi per introdurre altre interazioni a partire da un principio di gauge, cioè un principio di invarianza locale. Per lo spin isotopico, associato inizialmente all'interazione forte, è stato proposto il gruppo SU(2). La conservazione dello spin isotopico debole implica l'invarianza per rotazioni nello spazio dell'isospin

$$\psi_j \to \psi'_j = e^{i\varepsilon^a \frac{\sigma_a}{2}}\psi_j \simeq \psi_j + i\varepsilon^a \frac{\sigma_a}{2}\psi_j \qquad (a = 1, 2, 3) \qquad (11.17)$$

dove l'indice j rappresenta ogni tipo di leptone, ε^a sono parametri infinitesimi arbitrari e σ_a sono le matrici non commutative di Pauli (Appendice 4) che obbediscono alla relazione:

$$[\frac{\sigma_a}{2}, \frac{\sigma_b}{2}] = i\,\varepsilon_{abc}\,\frac{\sigma_c}{2} \qquad (11.18)$$

dove ε_{abc} è il tensore totalmente antisimmetrico, $\psi(x)$ sono isospinori di SU(2). Richiediamo ora che $\varepsilon^a = \varepsilon^a(x)$ cioè che possa essere scelto in modo diverso in ogni punto dello spazio-tempo. Procedendo come per la QED, si può ottenere una descrizione gauge-invariante introducendo un *campo isovettoriale* senza massa $\mathbf{A}_\mu$ con componenti cariche e neutre e avente una costante di accoppiamento g, analoga a e. L'invarianza per i termini $\psi^*D_\mu\psi$ sotto la trasformazione (11.17) implica l'introduzione di una derivata covariante della forma:

$$\partial_\mu \to \nabla_\mu \equiv \partial_\mu + igA_\mu^a\frac{\sigma_a}{2} \ . \qquad (11.19)$$

La natura vettoriale di questi campi porta alla trasformazione di gauge:

$$A_\mu^a \to A_\mu^a - \frac{1}{g}\partial_\mu\varepsilon^a(x) - \varepsilon_{abc}\varepsilon^b(x)A_\mu^c \ . \qquad (11.20)$$

Il termine aggiuntivo, rispetto alla (11.15), è associato al fatto che le matrici σ non commutano. Ciò implica, inoltre, che ci sia interazione tra $\mathbf{A}_\mu$ e tutte le particelle che hanno isospin, includendo $\mathbf{A}_\mu$ stesso: in questo modo gli $\mathbf{A}_\mu$ sono sia le sorgenti che i portatori del campo di isospin. Notiamo però che gli ipotetici bosoni intermedi carichi del campo di isospin sono senza massa, proprio come il fotone per il campo elettromagnetico.

Invarianza di gauge in SU(3)

Si può generalizzare richiedendo che la densità di lagrangiana sia invariante per rotazioni SU(N), cioè si deve avere $\mathcal{L}(\psi') = \mathcal{L}(\psi)$, $\psi' = U\psi$, dove U è una matrice unitaria ($U^+U = 1$) che può essere scritta nella forma

$$U = \exp\left(-i \sum_{K=1}^{N^2-1} \alpha_K \cdot F_K\right) \tag{11.21}$$

dove gli α_K sono i parametri di rotazione, F_K sono le matrici di rotazione, ($N^2 - 1$) è il numero di gradi di libertà. Per SU(2) le F_K sono le tre matrici (2×2) di Pauli; per SU(3) le F_K sono le otto matrici λ_a (3×3) di Gell-Mann. L'invarianza di gauge locale viene quindi introdotta rimpiazzando la derivata ∂_μ con la derivata covariante D_μ ($= \partial_\mu + ieB_\mu$ per esempio in QED), che ha la seguente proprietà:

$$D'\psi' = UD\psi \ . \tag{11.22}$$

Ha quindi le stesse proprietà di trasformazione del campo materia ψ, diversamente dalla derivata usuale che si trasforma in modo differente. La richiesta teorica riguarda l'invarianza per trasformazioni (rotazioni) locali anziché globali, cioè le interazioni dovrebbero essere invarianti per rotazioni del gruppo di simmetria per ciascuna particella separatamente. La richiesta dell'invarianza di gauge locale porta all'introduzione di bosoni vettori intermedi i cui numeri quantici determinano le interazioni fra i campi materia, come fu mostrato per la prima volta da Yang e Mills nel 1957 per la simmetria in isospin dell'interazione forte. Nel quadro della QCD, si assume che l'interazione fra due quark sia mediata dallo scambio di gluoni con massa nulla e con spin 1. Si assume inoltre che l'interazione fra due quark sia invariante per lo scambio di colore. Ciò implica che i tre quark di colore diverso siano descritti dal gruppo di simmetria SU(3)$_C$, dove C sta per colore. La simmetria SU(3)$_C$ dei quark è considerata essere esatta. La Fig. 11.2 illustra qualitativamente la differenza fra rotazioni globali e locali nello "spazio del colore" nel caso di un barione incolore costituito di tre quark di colore diverso. Le cariche di colore dei gluoni implicano la natura non abeliana di SU(3) (e viceversa), ossia che rotazioni nello "spazio del colore" non commutano, come illustrato in Fig. 11.3.

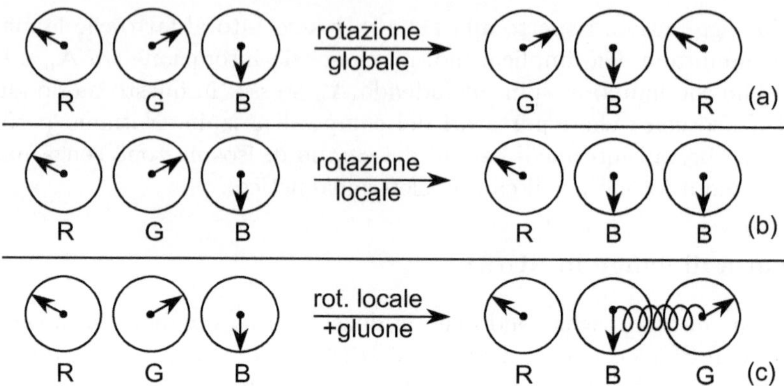

Figura 11.2. Illustrazione qualitativa della differenza fra rotazioni globali e locali nello "spazio del colore". Lo stato iniziale a sinistra è un barione incolore costituito da tre quark di colore diverso. (a) Una rotazione globale ruota contemporaneamente i tre quark, cambiando il colore di tutti e tre, lasciando così il barione incolore. (b) Rotazioni locali, diverse per ogni quark, possono cambiare il colore localmente, cambiando il colore del barione a meno che (c) il colore sia rimesso a posto dallo scambio di un gluone

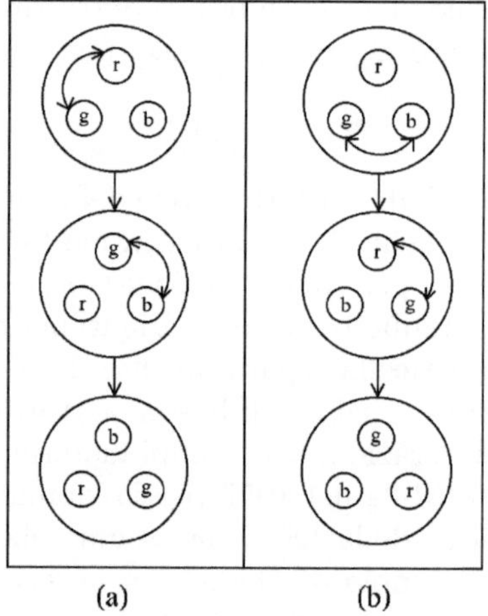

Figura 11.3. Illustrazione del carattere non abeliano di rotazioni SU(3) entro un barione incolore. Partendo dallo stesso adrone, in (a) vengono prima cambiati i quark r e g, scambiando un gluone rosso-giallo (più precisamente $r\overline{g}$ oppure $g\overline{r}$) e quindi g e b (scambiando un gluone giallo-blu). In (b) l'ordine dello scambio è invertito. Il risultato finale in basso non è lo stesso, pertanto queste operazioni di scambio di colore non commutano (non abeliano significa che $A \cdot B \neq B \cdot A$)

11.4 Invarianza di gauge nell'interazione elettrodebole

La derivata covariante del Modello Standard dell'interazione elettrodebole può essere scritta nella forma:

$$\nabla_\mu = \partial_\mu + \frac{ig'}{2} B_\mu \mathbf{1} + \frac{ig}{2} A_\mu^a \sigma_a \tag{11.23}$$

dove B_μ è il quanto senza massa mediatore del campo per il gruppo U(1), con costante di accoppiamento g'. A_μ^a sono i tre quanti senza massa di SU(2) con costante di accoppiamento g. Questa derivata covariante può essere estesa per includere l'interazione forte; in tal caso è scritta nella forma più generale:

$$D_\mu = \nabla_\mu + \frac{ig_s}{2} G_\mu^a \lambda_a \tag{11.24}$$

dove G_μ^a sono gli otto quanti (senza massa) di SU(3) con costante di accoppiamento g_s. Non includeremo qui questa trattazione.

Nella (11.23), il termine $A_\mu^a \sigma_a$ si può scrivere esplicitamente nella forma:

$$A_\mu^1 \cdot \sigma_1 + A_\mu^2 \cdot \sigma_2 + A_\mu^3 \cdot \sigma_3 = A_\mu^1 \begin{pmatrix} 0 & 1 \\ 1 & 0 \end{pmatrix} + A_\mu^2 \begin{pmatrix} 0 & -i \\ i & 0 \end{pmatrix} + A_\mu^3 \begin{pmatrix} 1 & 0 \\ 0 & -1 \end{pmatrix} =$$

$$\begin{pmatrix} A_\mu^3 & A_\mu^1 - iA_\mu^2 \\ A_\mu^1 + iA_\mu^2 & -A_\mu^3 \end{pmatrix} = \begin{pmatrix} A_\mu^3 & \sqrt{2}W_\mu^+ \\ \sqrt{2}W_\mu^- & -A_\mu^3 \end{pmatrix} \tag{11.25}$$

dove

$$W_\mu^- = \frac{1}{\sqrt{2}}(A_\mu^1 + iA_\mu^2) \tag{11.26}$$

$$W_\mu^+ = \frac{1}{\sqrt{2}}(A_\mu^1 - iA_\mu^2) \ . \tag{11.27}$$

Quindi il termine $\frac{i}{2}(g'B_\mu \mathbf{1} + gA_\mu^a \sigma_a)$ della (11.23) diviene esplicitamente:

$$\frac{i}{2} \begin{pmatrix} g'B_\mu + gA_\mu^3 & \sqrt{2}gW_\mu^+ \\ \sqrt{2}gW_\mu^- & g'B_\mu - gA_\mu^3 \end{pmatrix} \ . \tag{11.28}$$

Gli elementi lungo la diagonale corrispondono ad operatori per transizioni in cui la carica elettrica del fermione non viene cambiata (correnti neutre). Gli elementi non diagonali W_μ^+, W_μ^- agiscono come operatori "alza" e "abbassa" per l'isospin debole e trasformano per esempio un elettrone nel suo neutrino (o viceversa). I campi reali γ, Z° e $W^\pm$ si ottengono dai campi di gauge dopo rottura spontanea della simmetria (vedi §11.4.1).

11.4.1 Densità di lagrangiana della teoria elettrodebole

La procedura per costruire una teoria di gauge invariante può essere generalizzata a qualsiasi gruppo di simmetria e in particolare, al gruppo SU(2) × U(1) in modo da descrivere le interazioni elettromagnetica e debole in un unico modello unificato. La densità di lagrangiana di Dirac $\mathcal{L}$ di un fermione libero è:

$$\mathcal{L} = i\overline{\psi}\gamma^\mu \partial_\mu \psi - m\overline{\psi}\psi = \overline{\psi}(x)(i\gamma^\mu \partial_\mu - m)\psi(x) \ . \tag{11.29}$$

Il primo termine rappresenta l'energia cinetica del campo materia ψ avente massa m; il secondo termine, bilineare in ψ, è l'energia di massa, proporzionale alla massa m del fermione. Per un bosone massivo, la densità di lagrangiana è data dall'equazione di Klein-Gordon:

$$\mathcal{L} = (\partial_\mu \varphi^+)(\partial^\mu \varphi) - m^2 \varphi^+ \varphi \ . \tag{11.30}$$

In questo caso, il termine bilineare in φ è proporzionale a m^2, massa al quadrato del bosone. La densità di lagrangiana (11.29) deve essere invariante per rotazioni SU(N), cioè si deve avere $\mathcal{L}(\psi') = \mathcal{L}(\psi)$, $\psi' = U\psi$, dove U è una matrice unitaria ($U^+ U = 1$). Per il termine di massa, si può verificare l'invarianza per rotazioni:

$$m\overline{\psi}'\psi' = m\overline{\psi}U^+ U\psi = m\overline{\psi}\psi \tag{11.31}$$

poiché $U^+ U = 1$. Il termine cinetico di (11.29) è invariante per trasformazioni (rotazioni) globali, per le quali U è indipendente da x e può quindi essere trattato come una costante:

$$\mathcal{L}'_{cin} = \overline{\psi}U^+ \gamma^\mu \partial_\mu U\psi = \overline{\psi}U^+ U\gamma^\mu \partial_\mu \psi = \overline{\psi}\gamma^\mu \partial_\mu \psi = \mathcal{L}_{cin} \ . \tag{11.32}$$

L'invarianza di gauge locale viene introdotta rimpiazzando la derivata ∂_μ con la derivata covariante del gruppo $[\text{SU}(2)_L \times \text{U}(1)_Y]$: $\nabla_\mu = \partial_\mu + \frac{ig'}{2}B_\mu \mathbf{1} + \frac{ig}{2}A_\mu^a \sigma_a$. Quindi la densità di lagrangiana (11.29):

$$\mathcal{L} = i\overline{\psi}\gamma^\mu \nabla_\mu \psi - m\overline{\psi}\psi \tag{11.33}$$

si trasforma nel modo seguente:

$$\mathcal{L}'(\psi') = i\overline{\psi}U^+ \gamma^\mu U\nabla\psi - m\overline{\psi}U^+ U\psi = i\overline{\psi}\gamma^\mu \nabla\psi - m\overline{\psi}\psi = \mathcal{L}(\psi) \ . \tag{11.34}$$

La nuova densità di lagrangiana descrive l'interazione tra le particelle di materia tramite lo scambio di bosoni di gauge associati ai campi di gauge, con costanti di accoppiamento g e g'. La densità di lagrangiana risultante, $\mathcal{L}(\psi, \nabla_\mu)$, deve essere completata aggiungendo la densità di lagrangiana di Yang-Mills, $\mathcal{L}_{YM}$, che descrive la propagazione dei campi di gauge:

$$\mathcal{L}_{YM} = -\frac{1}{4}F_{\mu\nu}^a (F^a)^{\mu\nu} - \frac{1}{4}G_{\mu\nu}G^{\mu\nu} \tag{11.35}$$

dove

$$F^a_{\mu\nu} = \partial_\mu A^a_\nu - \partial_\nu A^a_\mu - g\varepsilon_{abc}A^b_\mu A^c_\nu \qquad (11.36)$$

$$G_{\mu\nu} = \partial_\mu B_\nu - \partial_\nu B_\mu \ . \qquad (11.37)$$

Con uno sviluppo completo della densità di lagrangiana, si può vedere che essa non contiene termini quadratici per i campi di gauge, tale $m^2 B_\mu B^\mu$ o $m^2 A^a_\mu (A^a)^\mu$, vedi anche (11.30). Quindi i bosoni di gauge associati a questi campi di gauge sono senza massa. I campi di materia reali γ, Z^0 e $W^\pm$ si ottengono dai campi di gauge dopo rottura spontanea della simmetria.

11.5 Rottura spontanea della simmetria. Il meccanismo di Higgs

La teoria di gauge dell'interazione elettrodebole descritta sopra si applica a campi con propagatori senza massa; ma i bosoni mediatori dell'interazione debole, $W^\pm$, Z^0, hanno massa non nulla, anzi molto grande. Higgs ha proposto un meccanismo che genera bosoni $W^\pm$ e Z^0 massivi partendo da quanti senza massa, lasciando il fotone senza massa. È il meccanismo di rottura spontanea della simmetria che mantiene la densità di lagrangiana invariante per trasformazioni di gauge del gruppo considerato, $[\mathrm{SU}(2)_L \times \mathrm{U}(1)_Y]$. Questo meccanismo richiede l'introduzione di un bosone scalare, detto di Higgs, la cui auto-interazione debole modifichi lo stato di vuoto (lo stato a energia minima) in modo da non renderlo più autostato dell'ipercarica o dell'isospin debole; in questa maniera la simmetria dell'interazione rispetto al vuoto è rotta. Al bosone di Higgs corrisponde il campo di Higgs; la massa del bosone di Higgs non è predetta dalla teoria. Si assume che le masse dei bosoni intermedi deboli e dei fermioni siano generate dinamicamente tramite la loro interazione con un campo scalare che è ipotizzato essere presente dovunque nello spazio-tempo in cui le interazioni avvengono.

Il meccanismo di Higgs considera una densità di lagrangiana, invariante per trasformazioni di gauge, $\mathcal{L}_H$, che corrisponde a un campo scalare, φ, che auto-interagisce. Questa densità di lagrangiana è composta da tre termini e può essere scritta in modo simbolico:

$$\mathcal{L}_H = \mathcal{L}_\nabla - \mathcal{L}_V + \mathcal{L}_{YM} \qquad (11.38a)$$

dove

$$\mathcal{L}_\nabla = (\nabla_\mu \varphi)^+ (\nabla^\mu \varphi) \qquad (11.38b)$$

$$\mathcal{L}_V = V(\varphi^+ \varphi) \qquad (11.38c)$$

$$\mathcal{L}_{YM} = -\frac{1}{4}F^a_{\mu\nu}(F^a)^{\mu\nu} - \frac{1}{4}G_{\mu\nu}G^{\mu\nu} \ . \qquad (11.38d)$$

La teoria della superconduttività è stata presa come modello per questa parte essenziale del Modello Standard del microcosmo. Per il potenziale di Higgs,

$\mathcal{L}_V = V(\varphi^+\varphi)$, si utilizza il potenziale proposto da Ginzburg-Landau per la superconduttività:

$$V(\varphi^+\varphi) = \mu^2\varphi^+\varphi + \lambda(\varphi^+\varphi)^2 \tag{11.39}$$

dove μ e λ sono costanti complesse. Per $\mu^2 > 0$ il potenziale ha una forma parabolica, mentre per $\mu^2 < 0$ ha la forma del "cappello messicano", come illustrato in Fig. 11.4. In quest'ultimo caso lo stato di vuoto con $\varphi = 0$ corrisponde a un massimo locale del potenziale e quindi a un equilibrio instabile.

Questo sistema è ancora invariante per rotazioni globali ma non per rotazioni locali. La rottura della simmetria può essere fatta scegliendo come φ un

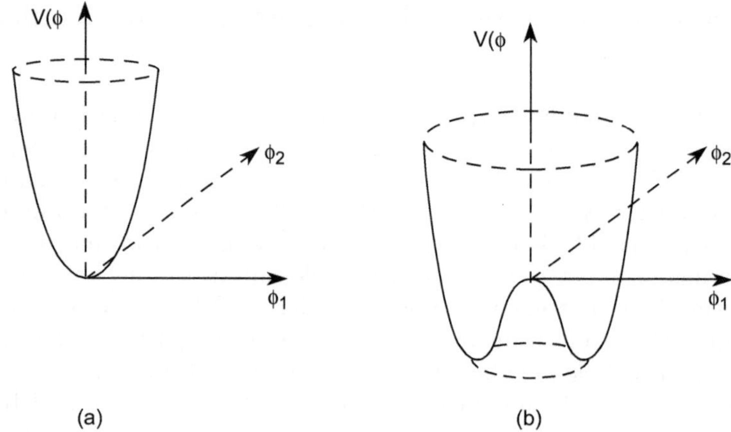

Figura 11.4. Forma del potenziale di Higgs (11.39), in funzione di $\phi_1 = \mathrm{Re}(\phi)$ e di $\phi_2 = \mathrm{Im}(\phi)$. (a) Per $\mu^2 > 0$, $V(\phi)$ ha una forma parabolica con minimo per $V(\phi) = 0$ a $\phi_1 = \phi_2 = 0$. (b) Per $\mu^2 < 0$ si ha la forma di "cappello messicano"

doppietto complesso con ipercarica definita ($Y_W = 1$):

$$\varphi = \begin{pmatrix} \varphi^a \\ \varphi^b \end{pmatrix} \tag{11.40}$$

con

$$\varphi^a = \frac{1}{\sqrt{2}}(\varphi_1 + i\varphi_2) \qquad \varphi^b = \frac{1}{\sqrt{2}}(\varphi_3 + i\varphi_4) \; . \tag{11.41}$$

Dato che la densità di lagrangiana è invariante per trasformazioni di gauge e che il vuoto è uno stato neutro, possiamo scegliere la forma del campo φ, e in particolare lo stato di vuoto φ_0, in qualsiasi punto dello spazio-tempo x, in modo da avere uno spinore della forma $\begin{pmatrix} 0 \\ v \end{pmatrix}$. Con $\varphi_1 = \varphi_2 = \varphi_4 = 0$ e $\varphi_3 = \sqrt{\frac{-\mu^2}{2\lambda}}$, si ha:

$$\varphi_0 = \sqrt{\frac{1}{2}} \begin{pmatrix} 0 \\ v \end{pmatrix} \qquad \text{con } v = \sqrt{\frac{-\mu^2}{\lambda}} \tag{11.42}$$

dove v è il valore di aspettazione nel vuoto del campo di Higgs. Attorno al minimo del potenziale si possono avere fluttuazioni quantistiche, che possono essere parametrizzate come segue:

$$\varphi = e^{i\boldsymbol{\xi}(x)\cdot\boldsymbol{\sigma}} \begin{pmatrix} 0 \\ v + h(x) \end{pmatrix} . \tag{11.43}$$

I campi reali $\xi(x)$ rappresentano eccitazioni lungo il minimo del potenziale. Nel caso di simmetria globale corrispondono ai cosidetti *bosoni di Goldstone* (senza massa). Nelle teorie di gauge locali possono essere eliminati tramite un'opportuna rotazione:

$$\varphi' = e^{-\boldsymbol{\xi}(x)\cdot\boldsymbol{\sigma}}\phi(x) = \begin{pmatrix} 0 \\ v + h(x) \end{pmatrix} . \tag{11.44}$$

Ne consegue che i campi ξ non hanno significato fisico in quanto scompaiono in seguito a una trasformazione di gauge. Solo il campo reale $h(x)$ può essere interpretato come una particella reale, il bosone di Higgs. Questo campo scalare $\varphi(x)$ può adesso essere introdotto nella densità di lagrangiana (11.38) invariante per trasformazioni di gauge in modo da determinare le masse dei vari bosoni, date da tutti i termini di secondo ordine nei campi A_μ^a, B_μ e h. Questi termini bilineari possono essere estratti separatamente per le tre densità di lagrangiana definite nelle equazione (11.38). Quindi, trascurando i termini di ordine superiore, i vari contributi sono:

1. Il contributo di $\mathcal{L}_\nabla$ al secondo ordine nei campi A_μ^a, B_μ e h:

$$\mathcal{L}_\nabla = (\nabla_\mu\varphi)^+ (\nabla^\mu\varphi) \xrightarrow{\;2^o \text{ ordine}\;} \frac{1}{2}(\partial_\mu h)(\partial^\mu h)$$

$$+ \quad \frac{1}{2}\left(\frac{g^2 v^2}{4}\right)(A_\mu^1 A^{1\mu} + A_\mu^2 A^{2\mu})$$

$$+ \quad \frac{1}{8}v^2(g A_\mu^3 - g' B_\mu)(g A^{3\mu} - g' B^\mu) . \tag{11.45}$$

2. Il contributo di $\mathcal{L}_V$ al secondo ordine nei campi A_μ^a, B_μ e h:

$$\mathcal{L}_V = V(\varphi^+\varphi) \xrightarrow{\;2^o \text{ ordine}\;} costante + \frac{1}{2}(-2\mu^2)h^2 . \tag{11.46}$$

3. Il contributo di $\mathcal{L}_{YM}$ al secondo ordine nei campi A_μ^a, B_μ e h:

$$\mathcal{L}_{YM} \xrightarrow{\;2^o \text{ ordine}\;} -\frac{1}{4}A_{\mu\nu}^a A^{a\mu\nu} - \frac{1}{4}G_{\mu\nu}G^{\mu\nu} \tag{11.47}$$

dove

$$A_{\mu\nu}^a \equiv \partial_\mu A_\nu^a - \partial_\nu A_\mu^a . \tag{11.48}$$

Tenendo conto solo dei termini del secondo ordine, si può notare che $F_{\mu\nu}^a$ si è semplificato in $A_{\mu\nu}^a$.

Dato che il termine (11.45) contiene prodotti misti dei campi di gauge A_μ^3 e B_μ, i corrispondenti bosoni non possono apparire con una massa fisica. Si devono definire due combinazioni ortogonali di A_μ^3 e B_μ:

$$\mathcal{Z}_\mu = \cos\theta_w \; A_\mu^3 - \sin\theta_w \; B_\mu \tag{11.49}$$

$$\mathcal{A}_\mu = \sin\theta_w \; A_\mu^3 + \cos\theta_w \; B_\mu \tag{11.50}$$

dove θ_w, chiamato *angolo di Weinberg*, è l'angolo di mixing debole, scelto in modo da far scomparire i prodotti misti di $\mathcal{Z}_\mu$ e $\mathcal{A}_\mu$:

$$\tan\theta_w = \frac{g'}{g} \; . \tag{11.51}$$

Infine, la densità di lagrangiana per tutti i campi si scrive:

$$\begin{aligned}
\mathcal{L}_H = {} & \frac{1}{2}(\partial_\mu h)(\partial^\mu h) - \frac{1}{2}(-2\mu^2)h^2 \\
& - \frac{1}{4}A_{\mu\nu}^1 A^{1\mu\nu} + \frac{1}{2}\left(\frac{g^2 v^2}{4}\right)A_\mu^1 A^{1\mu} \\
& - \frac{1}{4}A_{\mu\nu}^2 A^{2\mu\nu} + \frac{1}{2}\left(\frac{g^2 v^2}{4}\right)A_\mu^2 A^{2\mu} \\
& - \frac{1}{4}Z_{\mu\nu} Z^{\mu\nu} + \frac{1}{2}\left(\frac{g^2 v^2}{4\cos^2\theta_w}\right)\mathcal{Z}_\mu \mathcal{Z}^\mu \\
& - \frac{1}{4}A_{\mu\nu} A^{\mu\nu} + 0\mathcal{A}_\mu \mathcal{A}^\mu \tag{11.52} \\
& + \mathcal{L}_{VVH} \; . \tag{11.53}
\end{aligned}$$

Il termine $\mathcal{L}_{VVH}$ descritto in seguito (vedi (11.61) e (11.62)) contiene termini misti $hA_\mu^1 A^{1\mu}$, $hA_\mu^2 A^{2\mu}$, $h\mathcal{Z}_\mu \mathcal{Z}^\mu$ e $h\mathcal{A}_\mu \mathcal{A}^\mu$.

Dall'equazione precedente, si vede che il meccanismo di Higgs ha permesso di associare particelle massive a certi campi di gauge senza avere introdotto esplicitamente un termine di massa nella densità di lagrangiana (operazione che non avrebbe mantenuto la simmetria richiesta). I termini di massa sono comparsi in modo implicito e lo scopo di descrivere l'interazione debole tramite lo scambio di bosoni massivi è stato raggiunto. I termini di massa sono:

$$m_W^2 = \frac{g^2 v^2}{4} \qquad\qquad \text{per } A_\mu^1 \text{ e } A_\mu^2 \tag{11.54a}$$

$$m_Z^2 = \frac{g^2 v^2}{4\cos^2\theta_w} = \frac{m_W^2}{\cos^2\theta_w} \qquad\qquad \text{per } \mathcal{Z}_\mu \tag{11.54b}$$

$$m_A^2 = 0 \qquad\qquad \text{per } \mathcal{A}_\mu \; . \tag{11.54c}$$

C'è una nuova particella scalare massiva aggiuntiva (il termine moltiplicativo davanti al campo h^2), il bosone di Higgs H^0, con massa:

$$m_{H^0} = \sqrt{-2\mu^2} = \sqrt{2\lambda}v \; . \tag{11.55}$$

I campi di gauge A^1_μ e A^2_μ possono essere rimpiazzati dai campi complessi W^+_μ e W^-_μ rispettivamente definiti in (11.26) e (11.27):

- W^-_μ e W^+_μ sono identificati come i campi associati ai bosoni carichi W^- e W^+;
- $\mathcal{Z}_\mu$ è identificato come il campo associato al bosone neutro Z^0;
- $\mathcal{A}_\mu$ senza massa è il campo elettromagnetico associato al fotone.

Consideriamo adesso la costante di accoppiamento del campo senza massa $\mathcal{A}_\mu$. Dalle equazioni (11.49) e (11.50), si trova che $A^3_\mu = \mathcal{A}_\mu \sin\theta_w + \mathcal{Z}_\mu \cos\theta_w$ e $B_\mu = \mathcal{A}_\mu \cos\theta_w - \mathcal{Z}_\mu \sin\theta_w$. Estraendo i termini lungo la diagonale della (11.28) ed esprimendoli come funzione dei campi $\mathcal{A}_\mu$ e $\mathcal{Z}_\mu$ come formulato qui sopra, possiamo scrivere la seguente identità:

$$g A^3_\mu \frac{\sigma_3}{2} + \frac{g'}{2} B_\mu \mathbf{1} = g\,\sin\theta_w\, Q\, \mathcal{A}_\mu + \frac{g}{\cos\theta_w}\left(\frac{\sigma_3}{2} - Q\sin^2\theta_w\right)\mathcal{Z}_\mu \qquad (11.56)$$

con la definizione $Q \equiv \frac{1+\sigma_3}{2}$. La costante di accoppiamento associata al campo senza massa $\mathcal{A}_\mu$ (la carica elettrica) è adesso uguale a $g\,\sin\theta_w$. Ne segue che:

$$\boxed{g\,\sin\theta_w = e} \qquad (11.57)$$

La Fig. 11.5 illustra geometricamente le relazioni fra le costanti di accoppiamento elettrodeboli. Seguono le seguenti importanti relazioni:

$$\boxed{\tan\theta_w = \frac{g'}{g}, \quad \sin\theta_w = \frac{g'}{\sqrt{g^2 + g'^2}}, \quad \cos\theta_w = \frac{g}{\sqrt{g^2 + g'^2}}, \quad e = \frac{gg'}{\sqrt{g^2 + g'^2}}}$$
$$(11.58)$$

Si ha così un legame profondo fra le costanti di accoppiamento e, g e g'. Il valore numerico dell'angolo di Weinberg è stato determinato dallo scattering νe, dall'interferenza elettrodebole nell'urto e^+e^-, dalle misure di precisione della Z^0 e dai rapporti tra le masse $m_{W^\pm}$ e m_{Z^0}. Il valore più preciso di $\sin^2\theta_w$ si ricava dalla combinazione di tutte queste misure, ottenendo $\sin^2\theta_w = 0.2319 \pm 0.0005$. Dalle (11.54a) e (11.54b) si ha anche:

$$\boxed{m_W = m_Z \cos\theta_w, \quad \sin^2\theta_w = 1 - \frac{m_W^2}{m_Z^2}} \qquad (11.59)$$

Tutte le relazioni qui sopra riportate sono al livello fondamentale ("tree level") e vengono modificate in modo sostanziale dalle correzioni radiative, che dipendono in modo importante dalla massa del quark top e logaritmicamente dalla massa del bosone di Higgs.

Usando le equazioni (11.8) e (11.54a), si può mostrare che:

$$v = (\sqrt{2}G_F)^{-\frac{1}{2}} = 246 \text{ GeV} . \qquad (11.60)$$

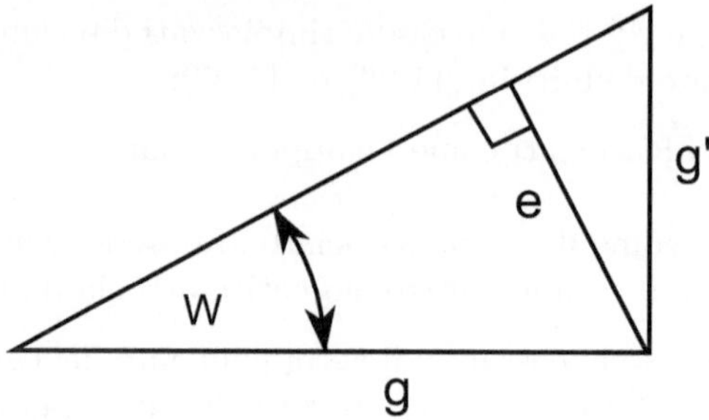

Figura 11.5. Illustrazione geometrica delle relazioni tra costanti di accoppiamento elettrodeboli e, g, g', θ_w

Dalle equazioni (11.54a) e (11.54b), la masse dei bosoni intermedi $W^\pm$ e Z^0 possono essere calcolate utilizzando il valore sperimentale della costante di accoppiamento di Fermi G_F e $\sin^2\theta_w$. Nel 1984, i bosoni intermedi sono stati scoperti con successo dalle collaborazioni UA1 e UA2 con le rispettive masse predette dalla teoria. Dobbiamo notare che il valore di λ nel potenziale di Higgs (11.39) non è predetto e non può essere collegato a nessuna quantità fisica misurabile. Ne risulta che la massa del bosone di Higgs non è predetta della teoria e deve essere determinata sperimentalmente.

Possiamo ora considerare gli accoppiamenti del bosone di Higgs (associato al campo h) ai bosoni di gauge W^-, W^+ e Z^0 (associati rispettivamente ai campi W_μ^-, W_μ^+ e $\mathcal{Z}_\mu$). Si procede come prima introducendo il campo scalare (11.43) nella densità di lagrangiana di gauge (11.38), estraendo adesso i termini $hA_\mu^1 A^{1\mu}$, $hA_\mu^2 A^{2\mu}$, $h\mathcal{Z}_\mu \mathcal{Z}^\mu$ e $h\mathcal{A}_\mu \mathcal{A}^\mu$. Dopo qualche passaggio algebrico, si ottiene:

$$\mathcal{L}_{VVH} = \frac{g^2 v}{4} h A_\mu^1 A^{1\mu} + \frac{g^2 v}{4} h A_\mu^2 A^{2\mu} + \frac{g^2 v}{4\cos^2\theta_w} h\mathcal{Z}_\mu \mathcal{Z}^\mu \qquad (11.61)$$

dove V indica W e Z. Infine, con l'introduzione nella densità di lagrangiana $\mathcal{L}_{VVH}$ dei campi complessi W_μ^- (11.26) e W_μ^+ (11.27), si trova:

$$\mathcal{L}_{VVH} = \frac{g^2 v}{2} h W_\mu^- W^{-\mu} + \frac{g^2 v}{2} h W_\mu^+ W^{+\mu} + \frac{g^2 v}{4\cos^2\theta_w} h\mathcal{Z}_\mu \mathcal{Z}^\mu \; . \qquad (11.62)$$

È importante notare che non è sopravvissuto nessun termine collegato all'accoppiamento del bosone di Higgs al campo di gauge $\mathcal{A}_\mu$ senza massa. Ne consegue che il bosone di Higgs non si accoppia direttamente con il fotone. Dall'equazione (11.62), possono essere estratte le costanti di accoppiamento del bosone di Higgs con i bosoni di gauge massivi $W^\pm$ e Z^0. Dalle (11.54a) e (11.54b), si trova:

$$g_{WWH} \equiv \frac{g^2 v}{2} = \frac{2m_W^2}{v} \qquad (11.63)$$

$$g_{ZZH} \equiv \frac{g^2 v}{4 \cos^2 \theta_w} = \frac{m_Z^2}{v} \,. \tag{11.64}$$

L'accoppiamento del bosone di Higgs ai bosoni vettoriali è proporzionale alla loro massa al quadrato.

La teoria di gauge $SU(2) \times U(1)$ deve adesso essere modificata in modo da tenere conto della natura $(V - A)$ dell'interazione debole a corrente carica, come descritto in §8.16, e dell'interazione a corrente neutra.

11.6 La corrente neutra

La rappresentazione delle interazioni elettrodeboli in termini di un gruppo di simmetria $SU(2)_L \times U(1)_Y$ richiede (§11.3.1) per $U(1)$ l'introduzione della *ipercarica debole* Y_W e per $SU(2)$ dell'*isospin debole* I; tutti i membri dello stesso multipletto di isospin hanno la stessa ipercarica debole:

$$Y_W \equiv 2(Q - I_3) \tag{11.65}$$

(vedi Tab. 11.1). Abbiamo visto in §8.16 che la corrente debole carica è di natura $V-A$ pura e coinvolge solo i leptoni sinistrorsi e gli antileptoni destrorsi corrispondenti. Teniamo conto di questo assegnando ai leptoni sinistrorsi (L) i due valori della terza componente del doppietto di isospin debole $I = 1/2$:

$$\begin{pmatrix} I_3 = +1/2 \\ I_3 = -1/2 \end{pmatrix} = \begin{pmatrix} \nu_{eL} \\ e_L^- \end{pmatrix} \begin{pmatrix} \nu_{\mu L} \\ \mu_L^- \end{pmatrix} \begin{pmatrix} \nu_{\tau L} \\ \tau_L^- \end{pmatrix} \,. \tag{11.66}$$

Contrariamente alle interazioni di corrente carica, le correnti neutre (§8.13) interagiscono anche con i leptoni carichi *destrorsi (R)*, a cui possiamo quindi assegnare uno stato di singoletto di isospin debole:

$$(I = I_3 = 0) \quad (e_R^-) \quad , \quad (\mu_R^-) \quad , \quad (\tau_R^-) \quad . \tag{11.67}$$

La situazione è analoga per i quark, fermo restando che si considerano gli stati ruotati per la matrice CKM: i quark sinistrorsi della stessa famiglia sono raggruppati in doppietti di isospin debole:

$$\begin{pmatrix} I_3 = +1/2 \\ I_3 = -1/2 \end{pmatrix} = \begin{pmatrix} u_L \\ d_L' \end{pmatrix} \begin{pmatrix} c_L \\ s_L' \end{pmatrix} \begin{pmatrix} t_L \\ b_L' \end{pmatrix} \tag{11.68}$$

ed analogamente per gli stati di singoletto:

$$(I = I_3 = 0) \quad (d_R') \,, \, (u_R) \,, \, (s_R') \,, \, (c_R) \,, \, (b_R') \,, \, (t_R) \,. \tag{11.69}$$

Per le antiparticelle, valgono le stesse considerazioni ma cambiando il ruolo delle particelle L con quelle R.

Una *corrente neutra* dovrà essere descritta da una forma bilineare, analoga alla (8.71), in cui il fermione rimane inalterato (esempio $e \to e$, $\nu_e \to \nu_e$).

Nel caso di correnti neutre tra quark, si assume che i quark mantengano il proprio colore: il bosone Z^0, analogamente ai $W^\pm$ non trasporta *carica di colore*. Inoltre, gli esperimenti mostrano che le correnti neutre non hanno una struttura spazio–temporale del tipo V–A.

Il gruppo di simmetria $SU(2)_L$ e $U(1)_Y$ suggerisce, per l'interazione debole a corrente neutra, una densità di lagrangiana data dalla somma dei due campi A_μ^3 (con accoppiamento g) e B_μ (con accoppiamento g') definiti lungo la diagonale della (11.28):

$$\mathcal{L}_{NC} = -\bar{f}\gamma^\mu(gA_\mu^3 I_3 + \frac{1}{2}g'B_\mu Y)f \ . \tag{11.70}$$

Riscrivendo adesso A_μ^3 e B_μ usando $\mathcal{A}_\mu$ (definito in 11.50) e $\mathcal{Z}_\mu$ (definito in (11.49)), si trova:

$$\mathcal{L}_{NC} = -\bar{f}\gamma^\mu \left[g \, \sin\theta_w \, \mathcal{A}_\mu(I_3 + \frac{1}{2}Y) + \frac{g}{\cos\theta_w}\mathcal{Z}_\mu(I_3 - \sin^2\theta_w(I_3 + \frac{1}{2}Y)) \right] f \ . \tag{11.71}$$

La lagrangiana si intende sommata su tutti i fermioni e gli stati f possono essere ora o un doppietto L o un singoletto R di isospin debole. La carica elettrica è definita come $Q = I_3 + \frac{Y}{2}$; valgono sempre le proprietà di proiezione (già usate in §8.16):

$$\overline{f_L}\gamma^\mu f_L = \frac{1}{2}\bar{f}\gamma^\mu(1 - \gamma^5)f \tag{11.72a}$$

$$\overline{f_R}\gamma^\mu f_R = \frac{1}{2}\bar{f}\gamma^\mu(1 + \gamma^5)f \tag{11.72b}$$

dove abbiamo definito in modo generico le funzioni d'onda f_L e f_R, rispettivamente per i fermioni sinistrorsi e i fermioni destrorsi.

Utilizzando queste equazioni e la (11.71) per l'interazione a corrente neutra, le densità di lagrangiana per i campi $\mathcal{A}_\mu$ e $\mathcal{Z}_\mu$ separatamente si scrivono:

$$\mathcal{L}_{NC}^{\mathcal{A}_\mu} = -eQ\mathcal{A}_\mu\bar{f}\gamma^\mu \left[(\frac{1 - \gamma^5}{2}) + (\frac{1 + \gamma^5}{2}) \right] f = -eQ\mathcal{A}_\mu\bar{f}\gamma^\mu f \tag{11.73}$$

$$\mathcal{L}_{NC}^{\mathcal{Z}_\mu} = -\frac{g}{2\cos\theta_w}\mathcal{Z}_\mu\bar{f}\gamma^\mu \left[(I_3 - Q \, \sin^2\theta_w)(1 - \gamma^5) - Q \, \sin^2\theta_w(1 + \gamma^5) \right] f \ . \tag{11.74}$$

Si noti come la (11.73) corrisponde esattamente al caso della densità di lagrangiana elettromagnetica!

Nel caso della (11.74), possiamo osservare che l'interazione debole a corrente neutra effettiva non è un'interazione $V - A$ pura ma una sovrapposizione d'interazioni del tipo $V - A$ e $V + A$. Le costanti di accoppiamento sinistrorse e destrorse del bosone intermedio Z^0 ai fermioni sono dedotte da (11.74):

$$C_L = I_3 - Q \, \sin^2\theta_w \tag{11.75a}$$

$$C_R = -Q \sin^2 \theta_w \ . \tag{11.75b}$$

In maniera esplicita, l'accoppiamento della Z^0 con neutrini, leptoni carichi, quark di tipo u e quark di tipo d' rispettivamente sinistrorsi (L) e destrorsi (R) è:

	ν	ℓ	u, c, t	d', s', b'
$C_L = I_3 - Q \sin^2 \theta_w$	$\frac{1}{2}$	$-\frac{1}{2} + \sin^2 \theta_w$	$\frac{1}{2} - \frac{2}{3} \sin^2 \theta_w$	$-\frac{1}{2} + \frac{1}{3} \sin^2 \theta_w$
$C_R = -Q \sin^2 \theta_w$	0	$+\sin^2 \theta_w$	$-\frac{2}{3} \sin^2 \theta_w$	$+\frac{1}{3} \sin^2 \theta_w$

Tabella 11.2. Costanti di accoppiamento sinistrorsa C_L e destrorsa C_R della Z^0 con leptoni neutri e carichi, e i quark

È spesso conveniente specificare queste costanti in termini delle cosiddette componenti assiale e vettoriale definite come:

$$a_f \equiv C_L - C_R = I_3 \tag{11.76a}$$

$$v_f \equiv C_L + C_R = I_3 - 2Q_f \sin^2 \theta_w \tag{11.76b}$$

dove Q_f è la carica Q del fermione f. La Tab. 11.3 fornisce i valori delle costanti di accoppiamento vettoriale e assiale usando il valore di $\sin^2 \theta_w = 0.232$. Nell'ultima colonna è riportata la grandezza $N_C^f(a_f^2 + v_f^2)$ che serve per il calcolo delle larghezze parziali del decadimento della Z^0 riportate in Tab. 9.4: queste sono ottenute moltiplicando per la costante $\frac{G_F m_Z^3}{6\sqrt{2}\pi} = 330$ MeV.

Fermione	a_f	v_f	$N_C^f(a_f^2 + v_f^2)$
e, μ, τ	$-\frac{1}{2}$	-0.040	0.252
ν_e, ν_μ, ν_τ	$+\frac{1}{2}$	$+\frac{1}{2}$	0.5
u, c, t	$+\frac{1}{2}$	0.193	0.861
d', s', b'	$-\frac{1}{2}$	-0.347	1.110

Tabella 11.3. Costanti di accoppiamento vettoriale e assiale calcolate con un valore di $\sin^2 \theta_w = 0.232$. Nell'ultima colonna è riportato il valore della somma dei quadrati delle costanti per la molteplicità di colore $N_C^f = 3$ (quark) e 1 (leptoni) come in (9.19)

Infine, la densità di lagrangiana (11.74) si scrive in maniera più compatta usando a_f e v_f :

$$\mathcal{L}_{NC}^{Z_\mu} = -\frac{g}{2\cos\theta_w} Z_\mu \bar{f}\gamma^\mu (v_f - a_f\gamma^5)f \ . \tag{11.77}$$

11.7 Le masse dei fermioni

I fermioni (leptoni e quark) sono introdotti nella teoria con una massa uguale a zero. La teoria deve quindi essere completata in modo da conferire una massa non nulla ai fermioni. Come già detto, il campo di Higgs risolve il problema delle masse, che sono generate tramite l'accoppiamento del campo di Higgs ai fermioni. Si completa quindi il Modello Standard con l'introduzione della densità di lagrangiana di Yukawa:

$$\mathcal{L}_{\varphi-f_i} = -g_{si}\varphi\overline{\psi_i}\psi_i \ . \tag{11.78}$$

L'indice i rappresenta ogni tipo di fermione. Le costanti di accoppiamento sono arbitrarie e vengono scelte in modo da riprodurre le masse fisiche conosciute. Se il campo di Higgs è espresso secondo (11.43), si ottiene simbolicamente per ogni tipo di fermione i:

$$\mathcal{L}_{\varphi-f_i} = -g_{si}\frac{v}{\sqrt{2}}\overline{\psi_i}\psi_i - g_{si}\frac{h}{\sqrt{2}}\overline{\psi_i}\psi_i \ . \tag{11.79}$$

Il primo termine è il termine di massa del fermione corrispondente i. Quindi, la sua massa si scrive:

$$m_{f_i} = g_{si}\frac{v}{\sqrt{2}} \rightarrow \frac{g_{si}}{\sqrt{2}} = \frac{m_{f_i}}{v} \ . \tag{11.80}$$

Il secondo termine esprime l'accoppiamento tra il campo del fermione considerato e il campo di Higgs. L'accoppiamento è uguale a $\frac{g_{si}}{\sqrt{2}}$ e dall'equazione (11.80), si può vedere che **le costanti di accoppiamento sono proporzionali alle masse fermioniche**. Quindi, si può concludere che il campo di Higgs si accoppia preferibilmente ai fermioni più massivi disponibili cinematicamente. Il rapporto di decadimento in una certa coppia $f\bar{f}$ è proporzionale alla massa al quadrato del fermione considerato. Questi termini che descrivono una interazione di Yukawa debbono essere aggiunti ai termini dell'interazione debole che descrivono l'accoppiamento tra i bosoni di gauge, $W^\pm$ e Z^0, e i fermioni materiali.

11.8 I parametri dell'Interazione Elettrodebole

L'elettrodinamica quantistica richiede come input una sola quantità da determinare sperimentalmente, la carica elettrica fondamentale e, oppure una grandezza ad essa associata, come la costante di accoppiamento α a energia zero (costante di struttura fine): $\alpha = e^2/4\pi = 1/137.0359895(6)$ (notare che l'incertezza sperimentale riguarda l'ottava cifra decimale).

La teoria dell'interazione elettrodebole richiede come input tre parametri sperimentali. La loro scelta è arbitraria e nella letteratura si trovano terne diverse: (1) g, g', v;   (2) e, G_F, θ_w;   (3) e, G_F, m_Z;   (4) e, m_W, m_Z.

1. La prima scelta include la costante di accoppiamento isovettoriale g, quella scalare g' e l'autovalore nel vuoto del campo di Higgs, v. I due parametri g e g' sono associati all'invarianza dell'interazione elettrodebole rispetto a due trasformazioni: g è legato alla simmetria rispetto all'isospin debole e g' alla simmetria relativa all'ipercarica debole. Sono quantità molto importanti dal punto di vista teorico, ma "lontane" dalle grandezze misurabili sperimentalmente.

2. La seconda terna contiene la carica elettrica e, la costante di Fermi dell'interazione debole, G_F e l'angolo di Weinberg θ_w.

3. La terza scelta richiede e, G_F e la massa della Z^0.

4. La quarta scelta è (e, m_Z, m_W).

Le ultime due corrispondono alla scelte attualmente favorite. A livello base (*tree level*) sono valide molte relazioni tra le quantità elencate sopra. Dalle equazioni (11.54a), (11.54b), (11.57) e (11.60), si trova:

$$m_{W^\pm}^2 = \frac{\pi\alpha}{\sqrt{2}G_F \, \sin^2\theta_w} \tag{11.81}$$

$$m_{Z^0}^2 = \frac{m_W^2}{\cos^2\theta_w} = \frac{\pi\alpha}{\sqrt{2}G_F \, \sin^2\theta_w \, \cos^2\theta_w} \, . \tag{11.82}$$

Sono valide molte relazioni già viste:

$$\sin^2\theta_w = 1 - \frac{m_W^2}{m_Z^2} = \frac{\pi\alpha}{\sqrt{2}G_F m_W^2} = \frac{e^2}{g^2} = 1 - \frac{e^2}{g'^2} = \frac{g'^2}{g^2 + g'^2} \, . \tag{11.83}$$

Le relazioni $e = g\sin\theta_w = g'\cos\theta_w$ vengono spesso chiamate *Relazioni di Unificazione*: implicano che l'accoppiamento della $W^\pm$ e della Z^0 sia lo stesso che nel caso puramente elettromagnetico; l'apparente differenza tra interazione debole e elettromagnetica è associata all'alta massa di $W^\pm$ e Z^0 rispetto alla massa nulla del γ.

Le correzioni radiative e la rinormalizzazione della teoria modificano le relazioni base che non sono più valide nella semplice formulazione della (11.83) con l'introduzione di un termine Δr. Occorre anche ricordare che le costanti di accoppiamento variano con l'energia. È quindi opportuno scegliere uno *schema di rinormalizzazione* e considerare le *correzioni radiative*. Per la rinormalizzazione occorre scegliere quali costanti fondamentali utilizzare e porre attenzione a quale energia sono misurati i valori numerici. Per la carica elettrica, oppure la costante α, si sceglie l'energia zero, $e(0)$ oppure $\alpha(0)$. Ad alte energie i valori cambiano perché $\alpha = \alpha(Q^2)$ a causa della polarizzazione del vuoto $(\alpha(m_Z) \simeq 1/128)$, vedi §11.9.4.

Si scelgono poi le masse dei bosoni $W^\pm$ e Z^0, uguagliandole alle masse misurate sperimentalmente. Si può poi definire: $\sin^2\theta_w = 1 - m_W^2/m_Z^2 =$ costante indipendente dall'energia. Si può ottenere ad esempio:

$$G_F = \frac{\pi\alpha}{\sqrt{2}m_W^2} \frac{m_Z^2}{m_Z^2 - m_W^2} \frac{1}{1 - \Delta r} \qquad (11.84)$$

dove la prima parte rappresenta le relazione con G_F al "tree level"; l'aggiunta delle correzioni radiative inglobate nel termine $(1 - \Delta r)^{-1}$ permette di riscrivere l'uguaglianza (11.84) a livello sperimentale. Oppure per un altra scelta dei parametri, si ha:

$$\sin^2\theta_w = \frac{\pi\alpha}{\sqrt{2}G_F m_W^2(1 - \Delta r)} \qquad (11.85)$$

$$\sin^2\theta_w \, \cos^2\theta_w = \frac{\pi\alpha}{\sqrt{2}G_F m_Z^2(1 - \Delta r)} \; . \qquad (11.86)$$

Il contributo principale a Δr risulta da due origini diversi: la correzione $\Delta\alpha$ e la correzione $\Delta\rho$. La correzione $\Delta\alpha$ è dovuta alla presenza di un loop di fermione nel propagatore fotonico (vedi Fig. 11.7b), dove si sommano i contributi di tutti i fermioni con una massa inferiore a m_Z. La correzione $\Delta\rho$ è dovuta alle correzioni radiative nel propagatore del bosone vettore Z dovute al quark top e al bosone di Higgs.

11.8.1 Schermatura della carica elettrica in QED

Una carica elettrica isolata, per esempio un elettrone posto nel vuoto, può emettere fotoni virtuali che possono dar luogo a coppie e^+e^- virtuali. Si può quindi pensare che una carica sia circondata da una nube (o un mare) di queste coppie. A causa dell'attrazione elettrostatica, i positroni delle coppie virtuali tendono a essere più vicini all'elettrone di quanto non lo siano gli elettroni virtuali. In termini del più semplice diagramma di Feynman si ha la situazione di Fig. 11.6a; la situazione risultante è schematizzata in Fig. 11.6b. Se andiamo a misurare la carica elettrica dell'elettrone, per es. tramite l'urto con un'altra particella carica, il risultato che otterremo dipenderà da quanto la particella carica entra nella nube, cioè da r e quindi dal quadrimomento trasferito Q^2. Per piccole distanze (corrispondenti ad alti Q^2) si osserva una carica elevata dell'elettrone; per grandi distanze (bassi Q^2) si osserva una piccola carica (vedi Fig. 11.6c). Nel limite di altissimi Q^2 la carica dell'elettrone tende all'infinito. Si ottiene algebricamente un valore finito facendo un'opportuna rinormalizzazione della carica dell'elettrone, definita a una scala arbitraria $Q^2 = \mu^2$. Resta il fatto che la carica elettrica, e quindi la costante di accoppiamento elettromagnetica α, non è costante, ma varia con Q^2 secondo la relazione:

$$\alpha(Q^2) = \frac{\alpha(\mu^2)}{1 - \frac{\alpha(\mu^2)}{3\pi}\ln\left(\frac{Q^2}{\mu^2}\right)} \; . \qquad (11.87)$$

Ricordiamo che si trova $\alpha(m_e) \simeq 1/137$ e $\alpha(m_Z) \simeq 1/128$.

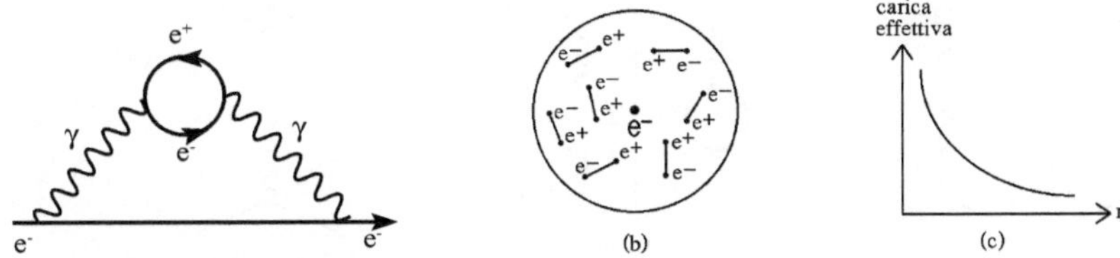

Figura 11.6. (a) Il più semplice diagramma di Feynman per la produzione di coppie e^+e^- virtuali attorno a un elettrone libero. (b) Illustrazione della nube di cariche e^+e^- virtuali attorno a un elettrone libero. (c) Carica effettiva dell'elettrone in funzione della distanza dal suo centro. Il valore misurato è quello asintotico per grandi r

11.8.2 Diagrammi di Feynman di ordine superiore, infiniti e rinormalizzazione in QED

La Fig.11.7a mostra il diagramma di Feynman all'ordine più basso per l'urto di Rutherford tra un elettrone e un nucleo Ze. All'ordine successivo è presente un diagramma del tipo di quello di Fig. 11.7b con un "loop" fermionico (e^+e^-). Si può pensare a una variazione del propagatore fotonico di Fig. 11.7c a quello di Fig. 11.7d (*polarizzazione del vuoto*). Includendo ordini più elevati si ha una modifica del propagatore fotonico che porta a una divergenza per alti Q^2. Si può dimostrare che tale divergenza può essere eliminata da un'opportuna *rinormalizzazione della carica elettrica*, come illustrato in Fig. 11.8: e_0 è la carica *"elettrica nuda"*, $e(Q^2)$ è la carica elettrica osservata a un certo valore di Q^2. Questa trattazione spiega esattamente il valore misurato del *Lamb shift* e del *rapporto giromagnetico* dell'elettrone e del muone.

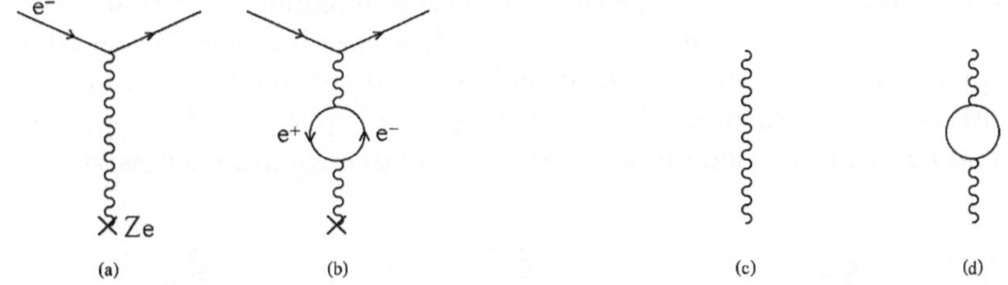

Figura 11.7. Diffusione di Rutherford (a) all'ordine più basso e (b) all'ordine successivo. La variazione corrisponde alla modifica del propagatore fotonico da (c) a (d)

Oltre al propagatore fotonico, agli ordini più elevati viene modificato anche il vertice elettromagnetico come mostrato in Fig. 11.9 all'ordine più basso (a) e all'ordine successivo (b), (c), (d). Si dimostra che l'∞ presente nel diagramma di Fig. 11.9b è esattamente compensato dalla somma dei grafici (c)

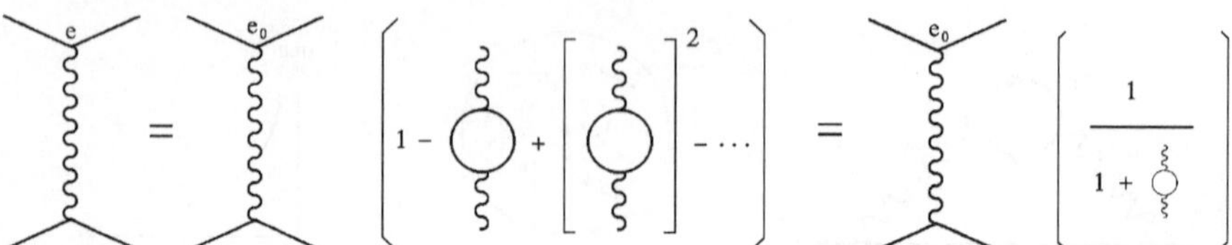

Figura 11.8. Urto elastico coinvolgente la "carica effettiva" $e(Q^2)$, espressa in termini di urto elastico coinvolgente la "carica nuda" e_0, più termini correttivi

+ (d). Questa cancellazione avviene a tutti gli ordini della teoria perturbativa e prende il nome di *identità di Ward*.

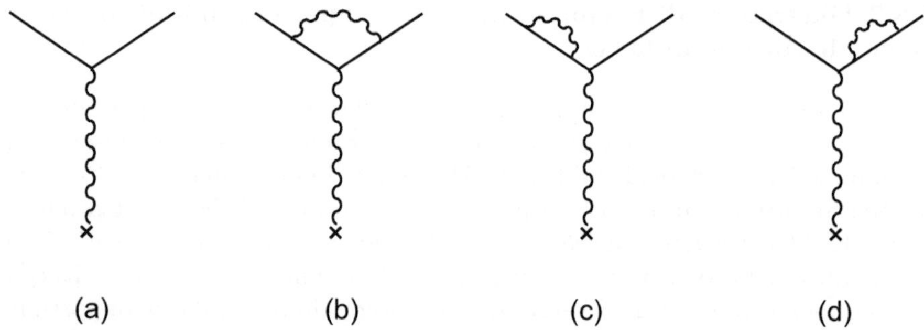

(a)   (b)   (c)   (d)

Figura 11.9. Modifica del vertice elettromagnetico: (a) all'ordine più basso e (b), (c), (d) all'ordine successivo

Un altro modo di vedere le cose è illustrato in Fig. 11.10: supponendo di osservare un vertice elettromagnetico con sempre maggior risoluzione spaziale, cioè con sempre più alti momenti trasferiti Q^2, si osserverebbero le caratteristiche mostrate successivamente nel secondo e nel terzo diagramma. Quello che si misura è la combinazione di questi diagrammi; pertanto l'accoppiamento nel primo diagramma viene modificato dai due diagrammi successivi.

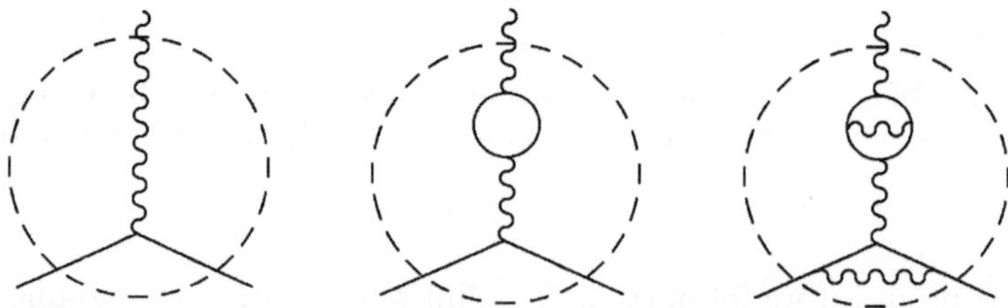

Figura 11.10. Procedendo da sinistra a destra: "osservazione" del diagramma di vertice di QED con "microscopi" di sempre maggior risoluzione spaziale, cioè per sempre più alti Q^2

11.9 L'interazione forte

11.9.1 La Cromodinamica Quantistica (QCD)

Nello studio del modello statico a quark degli adroni siamo stati costretti a introdurre i quark per spiegare lo spettro degli adroni e successivamente il concetto di tre colori per i quark per costruire la funzione d'onda anti-simmetrica per i barioni costituiti di 3 quark dello stesso sapore (per es. $\Delta^{++} = uuu$). L'ipotesi è stata confermata tramite lo studio del rapporto $R = [\sigma(e^+e^- \to adroni)/\sigma(e^+e^- \to \mu^+\mu^-)]$: si deve introdurre quark di 3 colori diversi per spiegare il valore di R determinato sperimentalmente (vedi §9.3).

Si conclude pertanto che sia staticamente che dinamicamente i quark debbano avere colori diversi (rosso, giallo, blu o *red, green, blu; r, g, b*) oltre che carica elettrica frazionaria. Gli antiquark compaiono in tre anticolori.

Nello studio delle collisioni inelastiche leptone-nucleone si è osservato (§10.4) che solo la metà dell'impulso trasportato dal nucleone è attribuibile a quark (di valenza e del mare); l'altra metà è trasportata da oggetti punti-formi con carica elettrica nulla e che non interagiscono tramite l'interazione elettromagnetica, né tramite quella debole. Questi oggetti li abbiamo chiamati *"gluoni"*.

Nella cromodinamica quantistica (QCD) si assume che il *colore* sia l'e-quivalente della carica elettrica in QED e quindi che l'interazione fra due quark colorati avvenga tramite lo scambio di un gluone bi-colorato. In QCD, il vertice quark-antiquark-gluone (qqg), mostrato nella Fig. 11.11b, ha la stessa struttura del vertice della QED, $ee\gamma$, mostrato nella Fig. 11.11a; l'ampiezza di probabilità connessa con il vertice EM $ee\gamma$ è proporzionale a $\sqrt{\alpha}$, mentre quella del vertice QCD è proporzionale a $\sqrt{\alpha_S}$. È da notare che la costante di accoppiamento forte è la stessa per tutti i quark di sapore diverso. È quindi indipendente dal loro "sapore" (vedi Fig. 11.11b,c,d). L'interpretazione di un vertice qqg in termini di linee di colore è mostrata nella Fig. 11.11e.

Si assume che l'interazione fra due quark sia mediata dallo scambio di gluoni con massa nulla e con spin 1. Si assume inoltre che l'interazione fra due quark sia invariante per lo scambio di colore. Ciò implica che i tre quark di colore diverso siano descritti dal gruppo di simmetria $SU(3)_C$. Notare che le classificazioni in multipletti (ottetti, decupletti) degli adroni nel modello statico a quark (§7.7) sono basate sul sapore dei quark e sulla simmetria, ap-prossimata, $SU(3)_{sapore}$. La simmetria $SU(3)_C$ dei quark è considerata essere esatta.

I bosoni che mediano l'interazione forte fra quark, i gluoni, debbono neces-sariamente avere carica di colore e di anticolore; solo così si spiega la neutralità degli adroni. Vi sono tre colori e tre anticolori. Perciò ciascun gluone ha un *colore* (r, b, g) e un *anticolore* $(\bar{r}, \bar{b}, \bar{g})$:

$$r\bar{b}, r\bar{g}, b\bar{g}, b\bar{r}, g\bar{r}, g\bar{b}, (r\bar{r} - g\bar{g})\sqrt{2}, (r\bar{r} + g\bar{g} - 2b\bar{b})/\sqrt{6} \ . \tag{11.88}$$

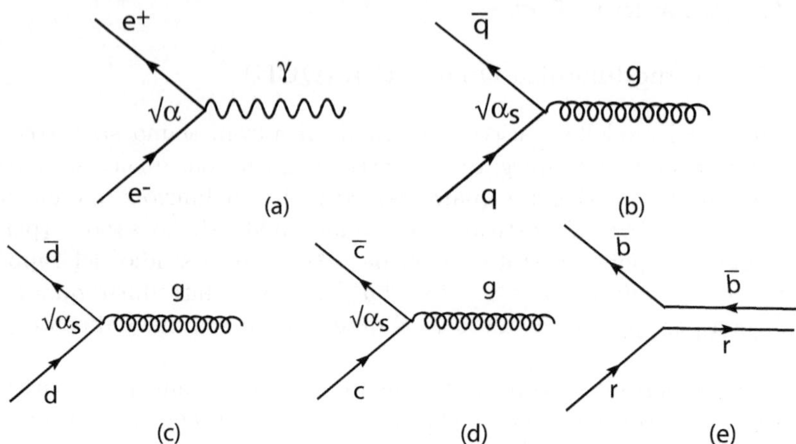

Figura 11.11. (a) Vertice elettromagnetico $ee\gamma$: l'ampiezza di probabilità per l'emissione di un fotone è proporzionale a $\sqrt{\alpha}$. (b) Vertice qqg in QCD; q è il quark con carica di colore, g è un gluone mediatore della forza di colore; l'ampiezza di probabilità per l'emissione di un gluone è proporzionale a $\sqrt{\alpha_S}$, la stessa per tutti i sapori dei quark, come illustrato in (c) e (d). (e) Vertice come in (c) e (d), ma illustrato con linee di colore

Con tre colori e tre anticolori ci si aspetta di ottenere un ottetto più un singoletto di colore. Il singoletto di colore

$$\frac{r\bar{r} + g\bar{g} + b\bar{b}}{\sqrt{3}} \tag{11.89}$$

non comporta alcuna variazione di colore e non può perciò mediare l'interazione fra cariche di colore; restiamo quindi con 8 gluoni.

Si è già detto che la carica di colore per l'interazione forte è l'analogo della carica elettrica per l'interazione elettromagnetica. Entrambe le forze sono mediate da bosoni vettori senza massa (un fotone, un gluone); ma mentre nell'elettromagnetismo vi sono 2×1 tipo di carica (positiva e negativa) e un bosone mediatore *neutro* (il fotone), in QCD vi sono 2×3 tipi di cariche (tre di colore e tre di anticolore) e otto bosoni mediatori *colorati* (dotati di colore e anticolore), cioè non *neutri*. Ciò porta a notevoli differenze fra QCD e QED.

Una differenza fondamentale fra QED e QCD è dovuta al fatto che i gluoni portano carica e anticarica di colore: possono perciò interagire fra loro. È previsto un vertice ggg oltre a qqg, come illustrato nella Fig. 5.3, ed un vertice $gggg$, vedi Fig. 11.12a,b. Questi vertici rendono la QCD molto più ricca della QED e permettono la possibilità di stati adronici formati da soli gluoni (le *glueballs*, i *"colloni"*) e di stati ibridi $q\bar{q}g$; ma rendono la QCD anche matematicamente molto più complessa. Occorre ricordare che in QED si possono avere interazioni "fotone-fotone" non direttamente ma solo tramite coppie di cariche elettriche, per es. come illustrato nel diagramma di Fig. 11.13.

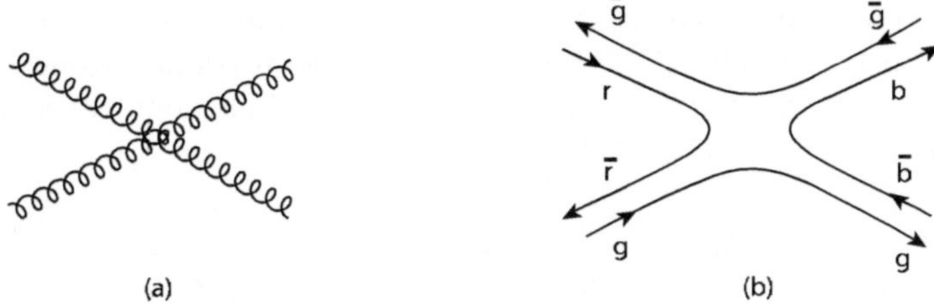

Figura 11.12. (a) Vertice $gggg$ e (b) sua notazione in termini di linee di colore

Oltre ai casi analoghi alla QED, come la forza repulsiva fra due quark dello stesso colore e attrattiva fra colore e anticolore, in QCD c'è la possibilità che colori differenti diano luogo a una forza attrattiva se lo stato quantico è antisimmetrico e repulsiva se lo stato quantico è simmetrico per l'interscambio di quark. Questo significa che lo stato di tre quark favorito è lo stato con tre quark di colore diverso, $q_r q_b q_g$ che è lo stato incolore dei barioni.

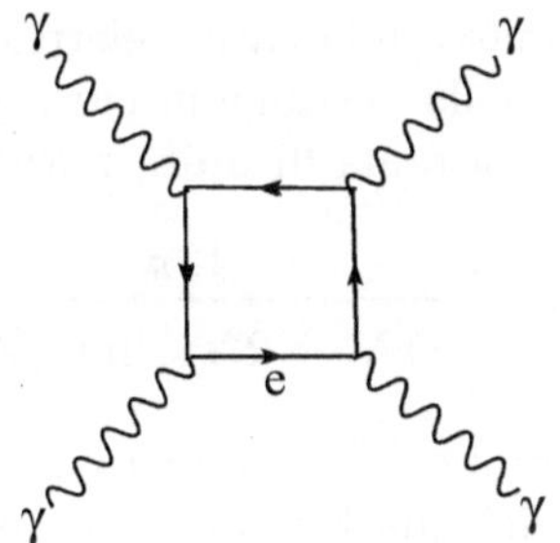

Figura 11.13. Interazione $\gamma\gamma$ tramite linee fermioniche cariche

A piccole distanze (corrispondenti a grandi momenti trasferiti, cioè ad alti Q^2) α_S è sufficientemente piccola da permettere metodi perturbativi di calcolo, in analogia con la QED. Ma a grandi distanze (bassi Q^2) si ha $\alpha_S \sim 1$. Ciò vuol dire che non sono più applicabili metodi perturbativi (e diagrammi di Feynman al 1° ordine) per fare calcoli. Non si riesce quindi a calcolare le masse degli adroni, ivi inclusi i vari livelli energetici superiori. Inoltre non sono calcolabili la maggior parte dei processi adronici a bassi Q^2.

11.9.2 Schermatura della carica di colore in QCD

In QCD vi sono effetti di schermatura della carica di colore analoghi a quelli della carica elettrica in QED; ma oltre a loop fermionici vi sono anche loop bosonici che producono un "antischermaggio" che domina la situazione (vedi Fig. 11.14).

Ne consegue che anche α_S è una "running coupling constant" [04W1]. All'ordine più basso della QCD perturbativa (cioè al primo ordine in α_S) le funzioni di struttura ricevono contributi dai processi elementari seguenti (V^* è un bosone virtuale $\gamma, Z^0, W^\pm$):

Urto elastico $\qquad V^*q \to q$

QCD Compton $\qquad V^*q \to qg$

Fusione bosone-gluone $\quad V^*g \to q\bar{q}$

Diverse parametrizzazioni di α_S in funzione del Q^2 sono possibili, ma tutte dipendono da un parametro libero che deve essere determinato sperimentalmente, in quanto (come la massa e la carica elettrica dell'elettrone in QED) non deducibile dalla teoria. Nella versione in cui il parametro libero (dimensionalmente, una energia nel sistema di unità naturali) è chiamato Λ_{QCD} si ha:

$$\alpha_S(Q^2) = \frac{12\pi}{(11N_c - 2N_f)\ln\left(\frac{Q^2}{\Lambda_{QCD}^2}\right)} \qquad (11.90)$$

con N_c = numero di colori = 3 e N_f = numero di sapori attivi (ad esempio, = 5 a $Q^2 = m_Z^2$: la massa del quark *top* è infatti maggiore della massa del bosone Z^0). Dagli esperimenti (vedi §11.9.4) risulta che $\Lambda_{QCD} \simeq 200$ MeV e che α_S diminuisce con l'aumentare di Q^2: mentre assume valori ~ 10 (1) per energie dell'ordine di 100 (1000) MeV, si ha: $\alpha_S(m_\tau) \simeq 0.36$, $\alpha_S(m_Z) \simeq 0.12$ (Fig. 11.15). Nel caso limite di $Q^2 \to \infty$ si ha $\alpha_S \to 0$: si parla di *libertà asintotica*. È una verifica fondamentale della natura non abeliana della QCD (dovuta al termine di interazione fra gluoni).

L'aumento della carica effettiva di colore con la distanza di separazione dei quark si può ritenere come un effetto dovuto al vuoto; potrebbe essere la causa del *confinamento* dei quark e dei gluoni negli adroni. Per $r \geq 10^{-13}$ cm, la forza attrattiva fra due quark è grande e resta all'incirca costante al variare di r (situazione come in elettromagnetismo fra le due piastre di un condensatore). Si parla di *infrared slavery*.

L'effetto di antischermatura rende instabile il vuoto intorno a una carica di colore isolata: si ha quindi (forse) come conseguenza il fenomeno dell'adronizzazione, cioè la trasformazione di un quark in adroni. Il confinamento resta però una proprietà non compresa a livello fondamentale e la possibilità di quark liberi non è esclusa in modo assoluto. È opportuno notare che

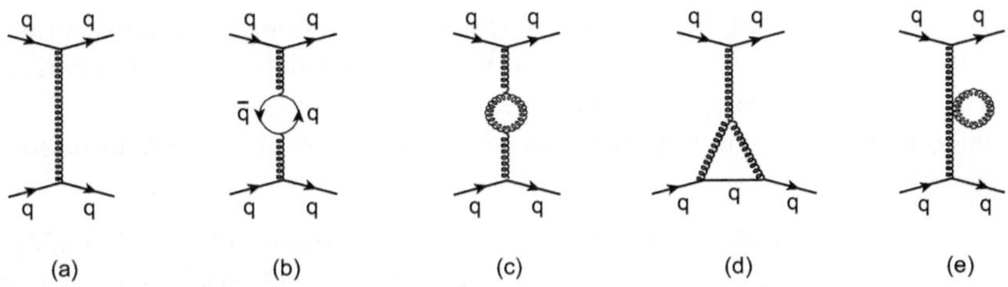

Figura 11.14. Modifiche al più semplice propagatore gluonico (a). In (b) si ha un loop fermionico ($q\overline{q}$) come in QED. In (c), (d), (e) vi sono contributi bosonici non presenti in QED

in condizioni di alta energia e di alta densità si dovrebbe avere la fase di deconfinamento con la formazione di un *plasma di quark e gluoni.*

11.9.3 Fattori di colore

In QED la "forza" dell'accoppiamento EM fra due quark di carica elettrica e_1, e_2 è data da $e_1 e_2 \alpha$ ($e_1, e_2 = +2/3$ oppure $-1/3$). Analogamente in QCD la "forza" dell'accoppiamento forte fra due cariche di colore per lo scambio di un gluone è $\frac{1}{2}|c_1 c_2| \alpha_S = C_F \alpha_S$, dove C_F è detto *fattore di colore.*

Il fattore di colore per l'interazione fra due quark di colore blu può essere calcolato nel modo seguente: intervengono solo i gluoni che contengono il termine di colore $b\overline{b}$, cioè solo $(r\overline{r} + g\overline{g} - 2b\overline{b})\sqrt{6}$; in questo caso si ha: $c_1 c_2 = \left(-\frac{2}{\sqrt{6}}\right)\left(-\frac{2}{\sqrt{6}}\right) = \frac{4}{6} = \frac{2}{3}$; perciò $C_F = \frac{1}{2}|c_1 c_2| = \frac{1}{2} \cdot \frac{2}{3} = \frac{1}{3}$. Analizzando le altre possibilità si trova per due quark dello stesso colore (oppure di diverso colore) $c_1 c_2 = P - \frac{1}{3}$, con $P = \pm 1$ a seconda che i due quark siano in uno stato di colore simmetrico o antisimmetrico.

In un barione l'interazione fra ogni coppia di quark è relativa a stati antisimmetrici perché occorre avere uno stato finale antisimmetrico. Si ha perciò per ogni coppia $c_1 c_2 = -\frac{4}{3}$ e quindi $C_F = \frac{2}{3}$.

Per un mesone costituito da $b\overline{b}$ che si muta in $r\overline{r}$, oppure in $g\overline{g}$, si ottiene un fattore di colore $C_F = \frac{1}{2}$. Invece per un mesone in cui si ha lo scambio di un gluone nello stato di singoletto di colore si ha $C_F = \frac{4}{3}$. Quindi in generale:

$$\begin{cases} \text{per } q\overline{q} \text{ si sostituisce } -\alpha_S \text{ con } -\frac{4}{3}\alpha_S \\ \text{per } qqq \text{ si sostituisce } -\alpha_S \text{ con } -\frac{2}{3}\alpha_S \ . \end{cases}$$

11.9.4 La costante di accoppiamento forte α_S

La costante di accoppiamento dell'interazione forte, α_S, come la costante di struttura fine e la costante universale di Fermi, è un parametro libero del modello teorico e deve quindi essere determinato sperimentalmente. La QCD prescrive una precisa dipendenza di α_S dalla scala di energia trasferita nell'interazione, e fa previsioni su diversi fenomeni che permettono di determinarne il valore. I metodi sperimentali che permettono di misurare α_S e di verificare le previsioni di QCD sono (è indicato anche il valore di Q corrispondente al processo):

- decadimenti adronici del leptone τ: $\tau \to \nu_\tau + adroni$ (Q = 1.77 GeV);
- evoluzione delle funzioni di struttura del nucleone misurate in esperimenti di diffusione inelastica di e, μ, ν su nucleoni (Q = 2 ÷ 50 GeV);
- produzione di jet nella diffusione inelastica $ep \to eX$ (Q = 2 ÷ 50 GeV);
- analisi dei livelli energetici degli stati legati $q\bar{q}$ (quarkonio) (Q = 1.5 ÷ 5 GeV);
- decadimenti dei mesoni vettori Υ (Q = 5 GeV);
- sezione d'urto di annichilazione $e^+e^- \to adroni$ (Q = 10÷ 200 GeV);
- funzione di frammentazione dei jet prodotti in $e^+e^- \to adroni$ (Q = 10÷ 200 GeV);
- decadimenti adronici del bosone Z^0 (Q = 91 GeV);
- produzione di jet in interazioni $pp, p\bar{p}$ (Q = 50 ÷ 300 GeV);
- produzione di fotoni in interazioni $pp, p\bar{p}$ (Q = 30 ÷ 150 GeV).

I risultati per alcuni di questi processi sono riportati in Fig. 11.15, che mostra come la "costante" α_S diminuisce all'aumentare di Q.

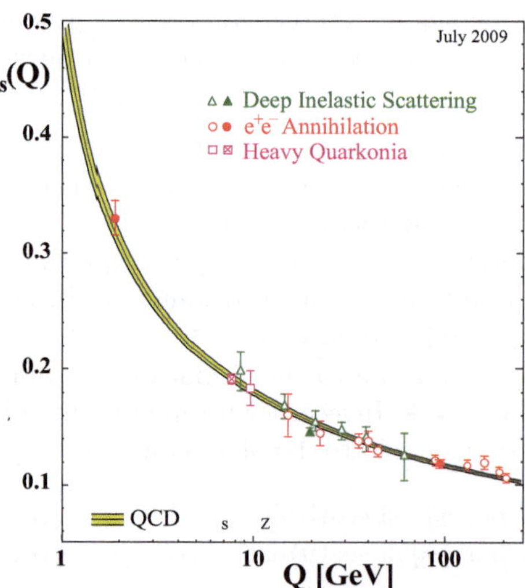

Figura 11.15. La "costante" di accoppiamento dell'interazione forte, α_s, in funzione della scala di energia Q. La linea mostra un adattamento ai dati sperimentali [10P1]

11.10 Il Modello Standard: riepilogo

Riassumiamo i punti salienti del Modello Standard (SM) del microcosmo. Esso include l'interazione elettrodebole descritta dal gruppo di simmetria $[SU(2)_L \times SU(1)_Y]$ e l'interazione forte descritta dal gruppo di simmetria $SU(3)_C$.

Vertice	Accoppiamento proporzionale a:
$\gamma f \bar{f}$	$e \gamma^\mu Q_f$
$Z f \bar{f}$	$\dfrac{e}{2 \cos\theta_w \, \sin\theta_w} \gamma^\mu (v_f - a_f \gamma^5)$
$H f \bar{f}$	m_f / v
$H Z^0 Z^0$	m_Z^2 / v
$H W^+ W^-$	$2 m_W^2 / v$

Tabella 11.4. Accoppiamenti nel Modello Standard

Nella Tab. 11.4 sono riassunti gli accoppiamenti dei bosoni vettoriali Z^0 ai fermioni e gli accoppiamenti del bosone scalare H^0 ai bosoni $W^\pm$ e Z^0. Le interazioni elettrodebole e forte hanno strutture simili e sono mediate dai bosoni vettori illustrati nella Tab. 11.5. Ricordare che i gluoni trasportano carica e anticarica di colore e quindi interagiscono tra loro, dando luogo a vertici $ggg, gggg$. Anche i bosoni mediatori dell'interazione debole trasportano carica debole e interagiscono fra loro (vertice $Z^0 W^+ W^-$). Nel SM non è inclusa l'interazione gravitazionale.

L'interazione elettromagnetica e l'interazione debole sono interpretate come due aspetti diversi di una interazione unificata, l'interazione elettrodebole. La carica EM e quella debole sono connesse via l'angolo di Weinberg.

Il raggio d'azione dell'interazione EM è infinito perché il fotone ha massa nulla. Il raggio d'azione dell'interazione debole a basse energie è di circa 10^{-3} fm $= 10^{-16}$ cm a causa della grande massa dei bosoni mediatori $W^\pm, Z^0$. I mediatori dell'interazione forte, i gluoni, hanno massa nulla. Ma il raggio d'azione della forza forte è limitato a circa 1 fm a causa dell'interazione forte fra gluoni. Questa interazione è responsabile del confinamento di quark e gluoni negli adroni e della non esistenza di quark e gluoni liberi.

I fermioni fondamentali sono i quark e i leptoni, illustrati nella Tab. 11.1. Sono fermioni di spin 1/2; si presentano in tre *famiglie* (*generazioni*), come illustrato nella Tab. 11.6. Si deve ricordare che a ogni fermione corrisponde un antifermione come detto nell'introduzione di questo capitolo. Sulla base della misura di precisione della larghezza della Z^0 si può concludere che vi

Interazione	Accoppiamento con	Bosoni scambiati	Massa (GeV/c^2)	J^P
EM	carica elettrica	fotone (γ)	0	1^-
debole	carica debole	$W^\pm, Z^0$	$\sim 10^2$	1
forte	carica di colore	8 gluoni (g)	0	1^-

Tabella 11.5. Le tre interazioni fondamentali del SM del microcosmo si accoppiano con cariche diverse e sono mediate da bosoni vettori ($J = 1$) aventi massa nulla o di circa 100 GeV; la parità P è conservata in due delle tre interazioni

Fermioni	Famiglia 1 2 3	Carica elettrica	Colore	Isospin debole sinistrorsi destrorsi		Spin
Leptoni	ν_e ν_μ ν_τ	0	–	1/2	–	1/2
	e μ τ	-1	–	1/2	0	1/2
Quark	u c t	$+2/3$	r, b, g	1/2	0	1/2
	d s b	$-1/3$	r, b, g	1/2	0	1/2

Tabella 11.6. I fermioni fondamentali del SM sono i leptoni e i quark. Sono fermioni di spin 1/2 e sono raggruppati in tre "famiglie" (tre "generazioni"). I quark hanno carica elettrica frazionaria e carica di colore rossa, oppure blu, oppure giallo. Notare che non vi sono neutrini destrorsi e che quark e leptoni carichi destrorsi hanno $I_W = 0$

sono solo tre famiglie di neutrini senza massa (o leggeri). L'isospin forte è importante solo per l'interazione forte; per quanto riguarda l'isospin forte i 6 quark di sapore diverso costituiscono un doppietto ($I = 1/2$, quark u, d) e quattro singoletti ($I = 0$, quark s, c, b, t).

Il Modello Standard ha ricevuto conferme sperimentali molto forti. Ma non è stato ancora osservato un elemento fondamentale del SM: il Bosone di Higgs (H^0). Le misure di precisione in collisioni e^+e^- a $\sqrt{s} \sim m_Z$ hanno vincolato la massa del H^0 a masse relativamente basse. La ricerca è aperta in LHC, come descritto in §10.10. Vi sono però molte questioni aperte nel Modello Standard e che vanno al di là dello stesso: i) vi è un gran numero di parametri liberi (circa 18, a seconda di come si contano; sono le masse dei fermioni e dei bosoni fondamentali, le costanti di accoppiamento g, g', α_S, i coefficienti della matrice CKM; questi parametri non sono dati dal SM e debbono essere misurati sperimentalmente). ii) Perché vi sono esattamente 3 famiglie di fermioni? iii) Come introdurre la massa dei neutrini? iv) Esiste veramente il bosone di Higgs? v) Nello spazio vuoto, il campo di Higgs acquisisce un valore non-zero (11.60) che permea tutto lo spazio: ha un qualche effetto sulla densità di energia dell'universo?

Violazione di CP e oscillazioni di particelle

12.1 Il problema dell'asimmetria materia-antimateria

La trasformazione CP (§6.8) combina l'operatore di coniugazione di carica C e quello di parità P. Rispetto a CP, un elettrone sinistrorso (e_L^-) diviene un positrone destrorso (e_R^+). Se CP fosse una simmetria esatta, le leggi di Natura sarebbero completamente identiche per la materia e l'antimateria. Gran parte dei fenomeni che si osservano sono simmetrici rispetto a C e P, quindi sono simmetrici rispetto a CP. Fanno eccezione le interazioni deboli (WI), che violano C e P in modo *massimale*. Ciò significa che un bosone W si accoppia con un elettrone sinistrorso e_L^-, ma *non* si accoppia con la particella P-coniugata (e_R^-) o C-coniugata (e_L^+). Tuttavia, lo stesso bosone si accoppia con la particella CP-coniugata, ossia e_R^+. Questo sembra prospettare che le interazioni deboli preservino CP.

Tuttavia da molti anni è noto che la simmetria CP è violata in certi processi rari, come scoperto nel caso del K neutro nel 1964 e recentemente confermato nel caso dei mesoni con quark b. In particolare, il mesone K_L^0 decade più spesso in $\pi^- e^+ \overline{\nu}_e$ che in $\pi^+ e^- \nu_e$, con una asimmetria molto piccola di circa 0.3%. Nel caso di alcuni mesoni con *beauty*, l'effetto è percentualmente maggiore.

Strettamente connessa con l'invarianza CP vi è la trasformazione T di inversione temporale $(t \rightarrow -t)$, in quanto la trasformazione CPT è una simmetria fondamentale delle leggi fisiche. La violazione della simmetria T è anch'essa stata osservata nel decadimento di K neutri. Nell'ambito del Modello Standard descritto nel capitolo precedente, la rottura della simmetria CP avviene con l'introduzione di fasi complesse nell'accoppiamento dei quark con il campo scalare di Higgs. In particolare, un semplice fattore di fase appare nella matrice unitaria 3×3 CKM (§8.14.3) che descrive l'accoppiamento del bosone vettoriale W con un quark di tipo *up* e un quark di tipo *down*.

Nel 1967 Sakharov intuì che la violazione di CP è una condizione necessaria per la *bariogenesi* (§13.6), ossia il processo dinamico di generazione

Braibant S., Giacomelli G., Spurio M.: Particelle e interazioni fondamentali. Il mondo delle particelle
DOI 10.1007/978-88-470-2754-1_12, © Springer-Verlag Italia 2012

dell'asimmetria materia-antimateria nell'Universo. **L'universo sembra infatti formato da materia, praticamente senza antimateria.** Ciò implica un'asimmetria particella-antiparticella e suggerisce che CP possa *non* essere una simmetria di tutte le interazioni fondamentali. Nonostante il successo fenomenologico del meccanismo che descrive la violazione di CP nel Modello Standard (e che è in buon accordo col presente quadro sperimentale), perché l'asimmetria universale materia-antimateria sia spiegata, devono probabilmente esistere sorgenti addizionali di violazione di CP oltre quelle attualmente conosciute.

La recente scoperta del fatto che i neutrini hanno una piccola massa sembra implicare che vi sia una sorgente di violazione di CP anche nel settore leptonico, oltre che nel settore adronico. La ricerca di nuovi processi che possano violare la simmetria CP è attualmente uno degli aspetti sperimentali più importanti della fisica delle particelle. Coinvolge studi sul decadimento di mesoni, sul momento di dipolo elettrico di neutrone, elettrone e nuclei, e le oscillazioni dei neutrini. In particolare, gli studi sulle oscillazioni dei neutrini coinvolgono possibili sorgenti di violazione di CP fuori dal settore dei quark e possono fornire informazioni sulla *leptogenesi*.

Nel §12.2 e §12.3 tratteremo prima il sistema $K^0 - \overline{K}^0$ e passeremo poi a trattare (§12.5) in modo analogo il sistema $B^0 - \overline{B}^0$. Affronteremo infine le oscillazioni dei neutrini (§12.6), cioè la possibile trasformazione di un neutrino di un tipo in quello di un altro tipo (per esempio $\nu_\mu \to \nu_\tau$), violando contemporaneamente due numeri leptonici (quello muonico e quello del τ). Mentre i mescolamenti $K^0 - \overline{K}^0$, $B^0 - \overline{B}^0$ sono contenuti nell'ambito del Modello Standard, ciò non è vero per le oscillazioni dei neutrini, previste solo in teorie che estendono in qualche modo il Modello Standard e in cui i neutrini abbiano massa non nulla.

12.2 Il sistema $K^0 - \overline{K}^0$

I mesoni K^0 e $\overline{K}^0$ fanno parte del nonetto mesonico 0^- e sono autostati della stranezza. Una proprietà importante per i due mesoni neutri è che hanno diversa energia di soglia per la loro produzione. Il mesone K^0 può essere prodotto in associazione con l'iperone Λ^0 nella reazione dovuta a interazione forte (SI):

$$\pi^- p \to \Lambda^0 K^0 \ . \tag{12.1}$$

L'energia di soglia nel c.m. di questa reazione è 0.91 GeV. Il mesone $\overline{K}^0$ può essere prodotto solo ad energie maggiori, attraverso la reazione (anch'essa dovuta a SI)

$$\pi^+ p \to \overline{K}^0 K^+ p \tag{12.2}$$

che ha un'energia di soglia nel c.m. di 1.5 GeV. Energie ancor più elevate sono necessarie per produrre un $\overline{K}^0$ in associazione con un anti-iperone. K^0 e $\overline{K}^0$ sono quindi distinguibili: è possibile conoscere se si è prodotto un K^0 oppure un $\overline{K}^0$, osservando le particelle associate. Inoltre, una volta prodotti, è possibile distinguerli perché nelle interazioni con bersagli di nuclei producono particelle con stranezza opposta e con sezioni d'urto diverse, $\sigma(K^0 N) < \sigma(\overline{K}^0 N)$ perché nel secondo caso esistono più stati finali. Per il K^0:

$$K^0 p \to K^0 p, K^+ n$$

$$K^0 n \to K^0 n \quad .$$

Per $\overline{K}^0$:

$$\overline{K}^0 p \to \overline{K}^0 p, \pi^+ \Lambda^0, \pi^+ \Sigma^0, \pi^0 \Sigma^+$$

$$\overline{K}^0 n \to \overline{K}^0 n, K^- p, \pi^0 \Lambda^0, \pi^+ \Sigma^-, \pi^0 \Sigma^0, \pi^- \Sigma^+ \ .$$

Il $\overline{K}^0$ può essere considerato come l'antiparticella del K^0, il K^- come l'antiparticella di K^+: ciò si vede meglio esprimendo i K in termini dei loro quark e antiquark di valenza: $K^+ = u\bar{s}$, $K^- = \bar{u}s$; $K^0 = d\bar{s}$, $\overline{K}^0 = \bar{d}s$. K^0 è differente dal $\overline{K}^0$ perché ha stranezza opposta (sono *autostati della stranezza*).

Entrambi i mesoni K neutri decadono per interazione debole e seguono le stesse leggi osservate per i decadimenti degli altri mesoni e dei barioni. Possono decadere in stati $\pi\pi$ oppure in stati $\pi\pi\pi$, che in effetti si osservano; tuttavia i decadimenti che hanno due pioni nello stato finale avvengono con vita media molto più breve di quella dei decadimenti con tre pioni nello stato finale:

$$\begin{cases} K^0 \ (\overline{K}^0) \to \pi\pi & \tau = 0.89 \ 10^{-10} s \\ K^0 \ (\overline{K}^0) \to \pi\pi\pi & \tau = 5.2 \ 10^{-8} s \ . \end{cases}$$

Ma questo non è possibile se a decadere è la stessa particella. In effetti K^0 e $\overline{K}^0$ non sono autostati di CP e quindi non possono decadere per interazione debole, che conserva CP. Invece gli stati finali in due e tre pioni sono autostati di CP con autovalori diversi. I pioni sono prodotti in uno stato di momento angolare totale J = 0. Nel §6.5 abbiamo visto che per uno stato con n pioni la parità dello stato equivale a $P(n\pi) = (-1)^n$, mentre i pioni sono autostati dell'operatore C con autovalore $(+1)$. Lo stato $\pi\pi$ è quindi autostato di CP con ha autovalore $+1$, mentre lo stato $\pi\pi\pi$ è autostato con autovalore di CP -1.

Fra K^0 e $\overline{K}^0$ possono esserci transizioni virtuali via interazione debole. Transizioni virtuali fra una particella carica e la corrispondente antiparticella sono proibite dalla conservazione della carica elettrica; tra un barione e il corrispondente antibarione sono proibite dalla conservazione del numero barionico; transizioni tra K^0 e $\overline{K}^0$ violano la stranezza ($\Delta S = 2$), che è conservata nelle interazioni elettromagnetica (EM) e forte, ma non nella WI. Transizioni virtuali $K^0 \leftrightarrow \overline{K}^0$ possono avvenire tramite particolari diagrammi di Feynman, come vedremo nella prossima sezione.

Come conseguenza della possibilità di transizioni virtuali per interazione debole fra K^0 e $\overline{K}^0$ si ha che, se si parte al tempo $t = 0$ con un fascio puro di K^0, dopo un certo tempo si ha una sovrapposizione di K^0 e $\overline{K}^0$. Un puro fascio di K^0 si può ottenere ad energie di 1 GeV nel c.m., poco sopra la soglia della reazione (12.1), ma sotto la soglia per la reazione (12.2)). Quindi lo stato diventa:

$$|K(t)\rangle = \alpha(t)|K^0\rangle + \beta(t)|\overline{K}^0\rangle \ . \tag{12.3}$$

D'altra parte, sappiamo che gli stati che decadono tramite l'interazione debole non sono autostati di C, né di P oppure della stranezza S. Al più potrebbero essere autostati di CP; se assumiamo ciò, si può scegliere la fase opportuna in modo che l'applicazione di CP agli stati K^0 e $\overline{K}^0$ a riposo dia:

$$CP|K^0\rangle = +|\overline{K}^0\rangle \tag{12.4}$$

$$CP|\overline{K}^0\rangle = +|K^0\rangle \ . \tag{12.5}$$

Dalle (12.4) e (12.5) si vede che K^0 e $\overline{K}^0$ non sono autostati di CP. Vogliamo costruire due combinazioni lineari che siano autostati di CP, per esempio:

$$|K_1^0\rangle = (|K^0\rangle + |\overline{K}^0\rangle)/\sqrt{2}, \quad |K_2^0\rangle = (|K^0\rangle - |\overline{K}^0\rangle)/\sqrt{2} \tag{12.6a}$$

(alcuni autori hanno i segni invertiti, altri introducono $i = \sqrt{-1}$; corrispondono a una diversa scelta di fase per l'operazione coniugazione di carica C). Dalle (12.6a) si ha:

$$K^0 = \frac{|K_1^0\rangle + |K_2^0\rangle}{\sqrt{2}}, \quad \overline{K}^0 = \frac{|K_1^0\rangle - |K_2^0\rangle}{\sqrt{2}} \ . \tag{12.6b}$$

Verifichiamo che $|K_1^0\rangle$ e $|K_2^0\rangle$ sono autostati di CP con autovalori $+1$ e -1:

$$\begin{cases} CP|K_1^0\rangle = (CP|K^0\rangle + CP|\overline{K}^0\rangle)/\sqrt{2} = (+|\overline{K}^0\rangle + K^0\rangle)/\sqrt{2} = |K_1^0\rangle \\ CP|K_2^0\rangle = (CP|K^0\rangle - CP|\overline{K}^0\rangle)/\sqrt{2} = (|\overline{K}^0\rangle - |K^0\rangle)/\sqrt{2} = -|K_2^0\rangle \end{cases} \tag{12.7}$$

K_1^0 e K_2^0 non hanno stranezza definita.

Lo stato $\pi\pi$ ($\pi\pi\pi$) ha $S = 0$ ed è autostato di CP con autovalore $+1$ (-1): per questo motivo, se CP è conservata nell'interazione debole, il K_1^0 decade in 2π, il K_2^0 decade in 3π. A causa del maggior spazio delle fasi disponibile per $K_1^0 \to 2\pi$ che per $K_2^0 \to 3\pi$ la vita media del K_1^0 è molto più piccola di quella del K_2^0.

12.2.1 Sviluppo temporale di un fascio di K^0. Rigenerazione di K_1^0. Oscillazioni in stranezza

Supponiamo di avere inizialmente un fascio di soli K^0, prodotti nella reazione (12.1) appena sopra soglia (vedi Fig. 12.1). Per l'interazione forte, il fascio di

K^0 è un fascio puro con stranezza $S = +1$. Per l'interazione debole, il fascio va visto come costituito per il 50% di mesoni K_1^0 e per il 50% di K_2^0. Dopo circa 10^{-9} s, misurati nel sistema a riposo del K^0, quasi tutti i K_1^0 sono scomparsi (ciò corrisponde nel sistema del laboratorio a 30 cm, se non sono presenti effetti relativistici): ora il fascio di K^0 ha intensità dimezzata ed è prevalentemente composto di K_2^0. Per l'interazione forte, il fascio è ora composto per il 50% di K^0 e per il 50% di $\overline{K}^0$: possiamo pensare che si siano generati dei $\overline{K}^0$. Se ora facciamo interagire questo fascio con la materia, tramite l'interazione forte, verrà preferenzialmente assorbita la componente $\overline{K}^0$ perché ha una sezione d'urto superiore a quella dei K^0. Verranno così rigenerati i K_1^0 (Problema 12.3).

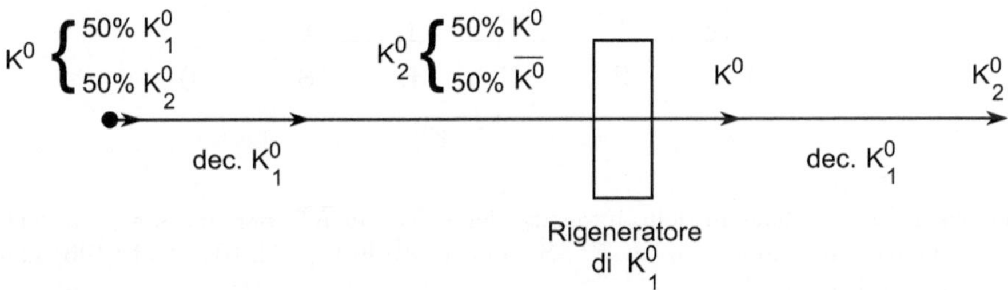

Figura 12.1. Schema di principio di un esperimento per mettere in evidenza le oscillazioni in stranezza

La descrizione dello sviluppo temporale del fascio di K^0 richiede l'inclusione di ampiezze complesse. La fase relativa dei K_1^0 e K_2^0 a una certa energia resterebbe costante se queste due particelle avessero la stessa massa. Ma K_1^0 e K_2^0 hanno masse lievemente diverse a causa della loro differenza di accoppiamento debole. Ciò va visto nella stessa ottica nella quale si dice che il neutrone e il protone hanno masse diverse a causa dell'interazione EM.

La funzione d'onda di uno stato stazionario di massa m contiene il termine di fase $e^{-i\frac{E}{\hbar}t}$. Nel sistema a riposo, si ha $E = mc^2$. Nel caso di uno stato che decade con vita media $\tau = \hbar/\Gamma$, vi è un fattore di fase addizionale $e^{-\Gamma t/2\hbar} = e^{-t/2\tau}$ che al quadrato dà $e^{-t/\tau}$ (vedere discussione in §7.5). Nel sistema a riposo (usando qui e nel seguito $\hbar = c = 1$, per cui $\tau = 1/\Gamma$), la fase totale è e^{-iMt}, dove M è una grandezza complessa, $M = m - i\Gamma/2$. Al tempo $t = 0$, quando sono generati K^0 attraverso la (12.1), si ha:

$$|K^0(0)\rangle = [|K_1^0(0)\rangle + |K_2^0(0)\rangle]/\sqrt{2} \quad ; \quad |\overline{K}^0(0)\rangle = 0 \ . \tag{12.8}$$

Al tempo t si ha

$$|K_1^0(t)\rangle = |K_1^0(0)\rangle e^{-iM_1 t}, \quad |K_2^0(t)\rangle = |K_2^0(0)\rangle e^{-iM_2 t} \tag{12.9a}$$

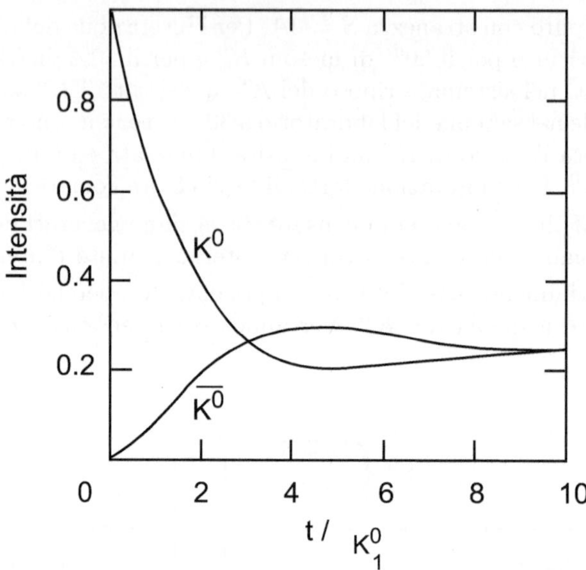

Figura 12.2. Oscillazioni delle intensità del K^0 e del $\overline{K}^0$, per uno stato che originariamente è un fascio puro di K^0. Si sono usate le Eq. (12.10a) e (12.10b) con $\Delta m_K/m_K = 0.7 \cdot 10^{-14}$

$$|K^0(t)\rangle = \frac{1}{\sqrt{2}}\left[|K^0_1(0)\rangle e^{-iM_1 t} + |K^0_2(0)\rangle e^{-iM_2 t}\right] \qquad (12.9b)$$

con $M_1 = m_1 - i\Gamma_1/2 = m_1 - i/2\tau_1$, $M_2 = m_2 - i\Gamma_2/2 = m_2 - i/2\tau_2$; m_1 ed m_2 sono le masse del K^0_1 e del K^0_2, τ_1 e τ_2 sono le rispettive vite medie.

Come conseguenza delle (12.9), si ha una serie di effetti di interferenza, in particolare le *oscillazioni in stranezza*. L'intensità del fascio è data dalla funzione d'onda per il suo complesso coniugato. Iniziando con uno stato puro di K^0 e quindi $K^0_1(0) = K^0_2(0) = K^0(0)/\sqrt{2}$, si ha al tempo t:

$$I_{K^0_1}(t) = \langle K^0_1(t)|K^{0*}_1(t)\rangle = \langle K^0_1(0)|K^{0*}_1(0)\rangle e^{-\Gamma_1 t} = I_1(0)e^{-\Gamma_1 t}\ .$$

Per l'intensità relativa del K^0 si ha quindi ($I_{K^0}(0) = \langle K^0(0)|K^{0*}(0)\rangle = 1$):

$$P_{K^0 \to K^0}(t) = \frac{I_{K^0}(t)}{I_{K^0}(0)} = \langle K^0(t)|K^{0*}(t)\rangle =$$

$$= \left[\frac{(\langle K^0_1(t)| + \langle K^0_2(t)|}{\sqrt{2}}\frac{(|K^{0*}_1(t)\rangle + |K^{0*}_2(t)\rangle)}{\sqrt{2}}\right] =$$

$$= \frac{1}{4}\left[e^{-\Gamma_1 t} + e^{-\Gamma_2 t} + 2e^{-[(\Gamma_1+\Gamma_2)/2]t}\cos(\Delta m\, t)\right] \qquad (12.10a)$$

dove $\Delta m = m_2 - m_1$, $I_{\overline{K}^0}(0) = 0$, $I_{K^0}(0) = 1$. Nell'ultimo passaggio della equazione precedente, abbiamo usato la proprietà dell'esponenziale complesso: $e^{iy} = \cos y + i\sin y$. In modo analogo si ha:

$$P_{K^0 \to \overline{K}^0}(t) = \frac{I_{\overline{K}^0}(t)}{I_{\overline{K}^0}(0)} = \frac{1}{4}\left[e^{-\Gamma_1 t} + e^{-\Gamma_2 t} - 2e^{-[(\Gamma_1+\Gamma_2)/2]t}\cos(\Delta m\, t)\right] .$$

$$(12.10\text{b})$$

Per illustrare il significato delle (12.10a, 12.10b), si assuma che K^0 e $\overline{K}^0$ siano particelle stabili; ciò comporta (dalla definizione di $M_{1,2}$ in (12.9)) che $\Gamma_1 = \Gamma_2 = 0$. Allora:

$$P_{K^0 \to K^0}(t) = \frac{1}{2}\left[1 + \cos(\Delta mt)\right] = \cos^2\left(\frac{\Delta mt}{2}\right) \qquad (12.10\text{c})$$

$$P_{K^0 \to \overline{K}^0}(t) = \frac{1}{2}\left[1 - \cos(\Delta mt)\right] = \sin^2\left(\frac{\Delta mt}{2}\right) . \qquad (12.10\text{d})$$

All'istante iniziale ($t = 0$), si hanno solo K^0; all'aumentare del tempo (ossia, allontanandosi le particelle dal punto di produzione) cresce la probabilità di trovare dei $\overline{K}^0$, tanto che per $t = \pi/\Delta m$ (in unità naturali) nel fascio si trovano solo $\overline{K}^0$, per tornare nuovamente a soli K^0 a $t = 2\pi/\Delta m$. Per questo motivo si parla di *oscillazioni*. Il fatto che Γ_1, Γ_2 siano numeri reali non nulli provoca una diminuzione esponenziale dell'intensità (come nei fenomeni oscillatori smorzati), ma non cambia la frequenza dei battimenti, la cui misura fornisce il valore di Δm. L'evoluzione temporale delle intensità dei K^0 e $\overline{K}^0$ è illustrata nella Fig. 12.2. Sperimentalmente, la differenza tra le masse di K_1^0 e K_2^0 ($\Delta m = 3.7 \times 10^{-6}$ eV) è estremamente piccola. Le vite medie sono invece molto diverse: $\tau_{K_2^0} \simeq 600 \tau_{K_1^0}$, dovuto alla cinematica del processo, ossia all'energia libera a disposizione nel decadimento in tre ($K_2^0 \to 3\pi$) o due particelle ($K_1^0 \to 2\pi$). Quanto detto finora è valido solo approssimativamente, perché si è trovata sperimentalmente una piccola violazione di CP che modifica il quadro generale.

Per meglio capire come uno sfasamento delle onde possa mutare l'autostato di sapore, ricorriamo a un'analogia. In ottica distinguiamo fra "colori base" (rosso, blu e giallo) e "colori composti". Ad esempio, il violetto è un miscuglio di rosso e di blu. Immaginiamo che una certa sorgente *generi* un'onda "violetta". Il violetto (corrispondente nell'analogia ad un autostato di sapore) è in realtà un colore composto, formato dal mescolamento dei colori base (corrispondenti agli autostati di massa) rosso e blu. L'onda emessa è quindi composta da un'onda rossa e da una blu con valori iniziali tali da dare, nel loro miscuglio, la giusta tonalità di violetto. Per la *propagazione*, consideriamo quindi i colori base rosso e blu. Se le onde rossa e blu si propagano con la stessa frequenza, la loro sovrapposizione dà ovunque lo stesso colore violetto. Se invece si propagano con velocità diversa, la loro proporzione è diversa da punto a punto, e parimenti lo è il colore risultante *visto* dall'osservatore, il cui occhio è globalmente sensibile non ai colori base isolati, ma al loro miscuglio o sovrapposizione. Il fatto che il colore di partenza sia in realtà composto da due diversi colori base (autostati di massa) e che questi si propaghino diversamente, dà luogo all'osservazione di un colore composto (autostato di sapore), diverso da quello di partenza e variabile da punto a punto. La parola "oscillazione" non si riferisce, in effetti, al fatto che le particelle sono rappresentate da onde, ma piuttosto al fatto che il colore osservato (autostato di sapore) cambia allontanandosi dalla sorgente, con legge oscillatoria. In certi punti, l'onda potrà apparire ad un osservatore addirittura come puramente rossa o blu.

12.3 Violazione di CP nel sistema $K^0 - \overline{K}^0$

Nel 1964 Cronin, Fitch (Nobel nel 1980) e colleghi osservarono sperimentalmente che il K_2^0 a vita media lunga decade in una piccola frazione di casi in 2π. Questo è in contraddizione col fatto che il K_2^0 sia autostato di CP, in quanto dovrebbe sempre decadere in tre pioni. Nell'esperimento, un fascio di K^0 puri di circa 1 GeV/c di impulso veniva inviato in un tubo a vuoto di 15 m di lunghezza. Tutti i K_1^0 decadevano prima di arrivare alla fine del tubo, dato che $l_{K_1^0} = \gamma\beta c\tau_{K_S^0} \simeq 6$ cm. Alla fine del tubo furono osservati decadimenti in $\pi^+\pi^-$, e $\pi^0\pi^0$; rappresentarono la prima evidenza sperimentale della violazione di CP. La violazione è molto piccola e non inficia in modo sostanziale la trattazione sopra fatta. Sulla base di tale violazione si preferì chiamare K_L^0 lo stato osservato a vita media più lunga e K_S^0 lo stato a corta vita media (considerati come *autostati di massa*), con vite medie rispettivamente:

$$\tau_S = (89.53 \pm 0.05) \times 10^{-12} \text{ s} \quad ; \quad \tau_L = (51.14 \pm 0.21) \times 10^{-9} \text{ s} .$$

I nomi K_2^0, K_1^0 sono riservati ora per gli *autostati di CP* [95B1]. Oltre all'osservazione del decadimento $K_L^0 \to 2\pi$ è stata osservata anche una asimmetria in carica nei decadimenti semi-leptonici del K_L^0.

La violazione di CP osservata in K_L^0 è un piccolo effetto. Si può pensare che il sistema $K^0 - \overline{K}^0$, $K_L^0 - \overline{K}_S^0$ rappresenti un interferometro sensibilissimo, che può mettere in evidenza effetti molto piccoli. Il formalismo delle oscillazioni con due componenti necessario per descrivere l'evoluzione temporale del sistema è nel seguito specializzato, vista l'importanza anche dal punto di vista storico, al caso del $K^0 - \overline{K}^0$. Tuttavia, può essere facilmente generalizzato anche per gli altri mesoni con quark più pesanti che sono recentemente diventati oggetto di studio sperimentale (i mesoni D, B, B_S) [08P1].

12.3.1 Il formalismo e i parametri della violazione di CP

Un modo di includere la violazione di CP nelle equazioni di base del fenomeno delle oscillazioni dei mesoni, è quello di assumere che l'Hamiltoniana dell'interazione debole non sia invariante per trasformazioni CP. Possiamo generalizzare la trattazione svolta in §12.2, assumendo che gli autostati dell'Hamiltoniana non siano autostati di CP e che gli stati fisici siano sovrapposizioni di stati con autovalori dell'operatore CP pari a +1 e -1.

L'evoluzione temporale del sistema $\psi = \left(\begin{smallmatrix} K^0 \\ \overline{K}^0 \end{smallmatrix}\right)$ (autostati delle interazioni forti) è data dall'equazione:

$$i\frac{\partial \psi(t)}{\partial t} = H\psi(t)$$

con:

$$H = M = m - \frac{i}{2}\Gamma \qquad (12.11a)$$

che scriviamo ora nella forma esplicita:

$$M = \begin{pmatrix} m_{11} - i\Gamma_{11}/2 & m_{12} - i\Gamma_{12}/2 \\ m_{21} + i\Gamma_{21}/2 & m_{22} - i\Gamma_{22}/2 \end{pmatrix} . \qquad (12.11b)$$

Per invarianza CPT si ha $\langle K^0|M|K^0\rangle = \langle \overline{K}^0|M|\overline{K}^0\rangle$, ossia: $m_{11} = m_{22}$, $\Gamma_{11} = \Gamma_{22}$. Nel caso CP fosse conservato si avrebbe $m_{12} = m_{12}^*$, $\Gamma_{12} = \Gamma_{12}^*$, e si riotterrebbero le (12.10a,12.10b).

Questo può essere esplicitato definendo i due autostati della nuova Hamiltoniana (12.11a) (chiamati gli *autostati di massa*) come:

$$|K_S^0\rangle = p|K^0\rangle + q|\overline{K}^0\rangle \qquad (12.12)$$

$$|K_L^0\rangle = p|K^0\rangle - q|\overline{K}^0\rangle . \qquad (12.13)$$

Poiché a loro volta $|K^0\rangle$ e $|\overline{K}^0\rangle$ sono combinazione lineare di $|K_1^0\rangle$ e $|K_2^0\rangle$ (quelli che rappresentano gli autostati di CP), gli autostati di massa possono essere espressi anche come combinazione lineare degli autostati di CP:

$$|K_S^0\rangle = \frac{|K_1^0\rangle + \varepsilon|K_2^0\rangle}{\sqrt{1+|\varepsilon|^2}} = \frac{1}{\sqrt{2(1+|\varepsilon|^2)}}\left[(1+\varepsilon)|K^0\rangle + (1-\varepsilon)|\overline{K}^0\rangle\right] \quad (12.14)$$

$$|K_L^0\rangle = \frac{|K_2^0\rangle - \varepsilon|K_1^0\rangle}{\sqrt{1+|\varepsilon|^2}} = \frac{1}{\sqrt{2(1+|\varepsilon|^2)}}\left[(1+\varepsilon)|K^0\rangle - (1-\varepsilon)|\overline{K}^0\rangle\right] \quad (12.15)$$

In questo modo risulta chiaro che se CP fosse conservata, si avrebbe $\varepsilon = 0$ (ovvero $p = q$) e $|K_S^0\rangle = |K_1^0\rangle$, $|K_L^0\rangle = |K_2^0\rangle$.

Il parametro ε è complesso ($\varepsilon = |\varepsilon|e^{i\varphi}$) e rappresenta la deviazione degli stati K_L^0 e K_S^0 dagli autostati di CP; ε rappresenta quindi il grado di violazione di CP.

Violazione di CP diretta ed indiretta

Il decadimento del K_L^0 in 2π avviene attraverso la violazione di CP nel mescolamento durante la propagazione degli autostati dell'interazione forte. Si tratta di una oscillazione al secondo ordine delle WI (perché occorre lo scambio di due bosoni vettori W, con cambio di stranezza $\Delta S = 2$) che avviene con i diagrammi di Feynman chiamati *a scatola*, Fig. 12.3. La violazione di

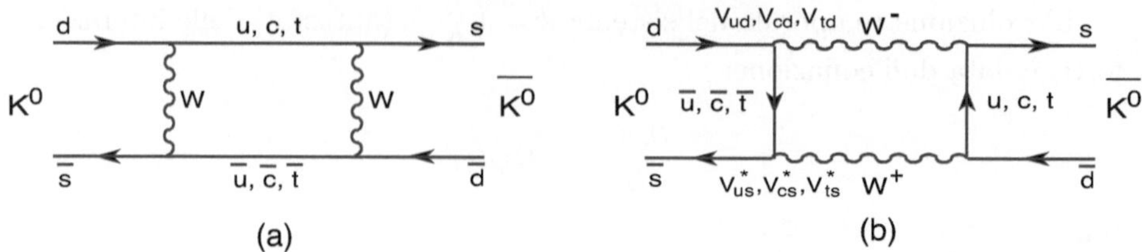

Figura 12.3. (a), (b) Diagrammi a "scatola" che illustrano le transizioni $K^0 \leftrightarrow \overline{K}^0$; notare gli elementi $V_{ud}, ..., V_{us}^*, ...$

CP proveniente dal termine di mixing durante le oscillazioni con $\Delta S = 2$ viene chiamata *indiretta*, e viene misurata attraverso la grandezza (complessa) ε nelle (12.14, 12.15).

Tuttavia, in generale la violazione di CP può avvenire anche attraverso un termine nell'hamiltoniana (e, di conseguenza, nei diagrammi di Feynman) di un termine con $\Delta S = 1$, ossia con una conversione $s \to d$. Questa transizione avviene con un diagramma particolare (definito *diagramma pinguino*) mostrato in Fig. 12.4. Si tratta in realtà di un insieme di diagrammi (il gluone mostrato in figura può essere rimpiazzato da un fotone o da una Z^0), dominati dallo scambio di un quark t. Il diagramma con scambio di un gluone è dominante, in quanto $\alpha_s \gg \alpha_{EM}, \alpha_{WI}$. Tuttavia, per masse del *top* $m_t \simeq 180$ GeV, lo scambio di una Z^0 aumenta di probabilità e interferisce distruttivamente con lo scambio di gluone. In virtù di ciò, il valore corrispondente alla violazione di CP dovuto ai diagrammi pinguino è relativamente piccolo, e viene misurata attraverso la grandezza (complessa) ε', di seguito definita. La violazione di CP dovuta a transizioni $\Delta S = 1$ viene chiamata *diretta*.

Dal punto di vista sperimentale, la violazione di CP può essere evidenziata sia nel decadimento non-leptonico che in quello semi-leptonico dei mesoni.

Decadimento non-leptonico

Consideriamo le ampiezze di decadimento non-leptonico $A(K^0 \to \pi\pi) = \langle K^0 \to \pi\pi|$, $A(\overline{K}^0 \to \pi\pi) = \langle \overline{K}^0 \to \pi\pi|$. I rapporti delle ampiezze per i decadimenti in $\pi^+\pi^-$ e in $\pi^0\pi^0$ sono definiti come:

$$\eta_{+-} = |\eta_{+-}|e^{i\varphi_{+-}} = \frac{A(K_L^0 \to \pi^+\pi^-)}{A(K_S^0 \to \pi^+\pi^-)} \tag{12.16}$$

$$\eta_{00} = |\eta_{00}|e^{i\varphi_{00}} = \frac{A(K_L^0 \to \pi^0\pi^0)}{A(K_S^0 \to \pi^0\pi^0)}. \tag{12.17}$$

Si può dimostrare [08P1] che questi rapporti di ampiezze di decadimento sono in relazione con entrambi i parametri di violazione di CP $(\varepsilon, \varepsilon')$ con le relazione:

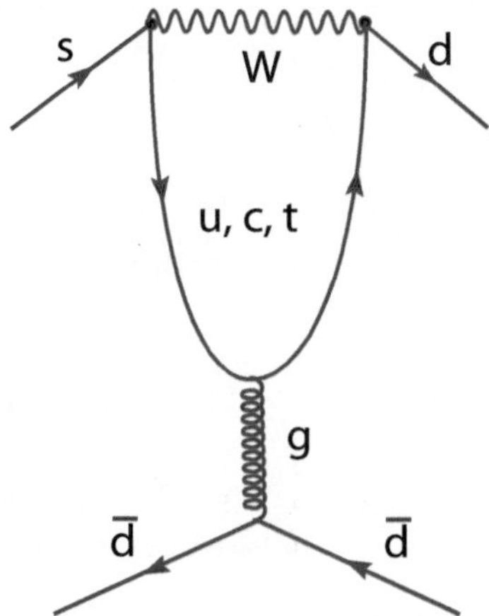

Figura 12.4. Diagramma chiamato *pinguino*: transizione con $\Delta S = 1$ ($s \to d$) la cui ampiezza di probabilità contiene un termine che comporta una piccola violazione di CP

$$\eta_{+-} = |\eta_{+-}|e^{i\varphi_{+-}} = \varepsilon + \varepsilon' \tag{12.18}$$

$$\eta_{00} = |\eta_{00}|e^{i\varphi_{00}} = \varepsilon - 2\varepsilon' \ . \tag{12.19}$$

con $\varepsilon' \ll \varepsilon$. Sperimentalmente, sia il modulo che la fase delle ampiezze (12.16,12.17) possono essere misurati attraverso l'interferenza dei decadimenti in $\pi^+\pi^-$ (e in $\pi^0\pi^0$) in funzione del tempo proprio, nella grandezza asimmetria (o interferenza) definita come:

$$A_{\pi\pi}(t) = \frac{P_{K^0 \to \pi\pi}(t) - P_{\overline{K}^0 \to \pi\pi}(t)}{P_{K^0 \to \pi\pi}(t) + P_{\overline{K}^0 \to \pi\pi}(t)} \tag{12.20}$$

dove $P_{K^0 \to \pi\pi}(t) \equiv \langle K^0 \to \pi\pi | K^0 \rangle$ e $P_{\overline{K}^0 \to \pi\pi}(t) \equiv \langle \overline{K}^0 \to \pi\pi | \overline{K}^0 \rangle$, da cui si può ricavare, dopo alcuni passaggi algebrici, che:

$$A_{\pi\pi}(t) = 2\mathrm{Re}\varepsilon + \frac{2|\eta_{\pi\pi}|e^{[(\Gamma_S - \Gamma_L)t/2]}}{1 + |\eta_{\pi\pi}|^2 e^{[(\Gamma_S - \Gamma_L)t]}} \cos(\Delta m\, t - \varphi_{\pi\pi}) \tag{12.21}$$

($\pi\pi$ significa qui lo stato $\pi^0\pi^0$ oppure lo stato $\pi^+\pi^-$). La Fig. 12.5 mostra un esempio di tale interferenza nel caso di $\pi^+\pi^-$. Poiché le (12.14) e (12.15) non rappresentano autostati di CP, si può pensare che siano ancora i K_1^0 a decadere in 2π: lo stato K_L^0 contiene una piccola frazione di K_1^0 (12.15) ed è quella minuscola frazione che decade in 2π. Da misure effettuate al CERN, Brookhaven, Argonne e SLAC si ha $|\varepsilon| \simeq 2.3 \cdot 10^{-3}$ e $\phi \simeq 45°$ (ossia $\mathrm{Re}\varepsilon \simeq \mathrm{Im}\varepsilon$).

Mentre era stato misurato sin dal 1964 che $|\varepsilon| > 0$, per molti anni si sono avute discrepanze sperimentali sul fatto che ε' fosse differente da zero. Oggi la questione si è risolta. Il rapporto ε'/ε può essere determinato tramite la misura del doppio rapporto R (Problema 12.4):

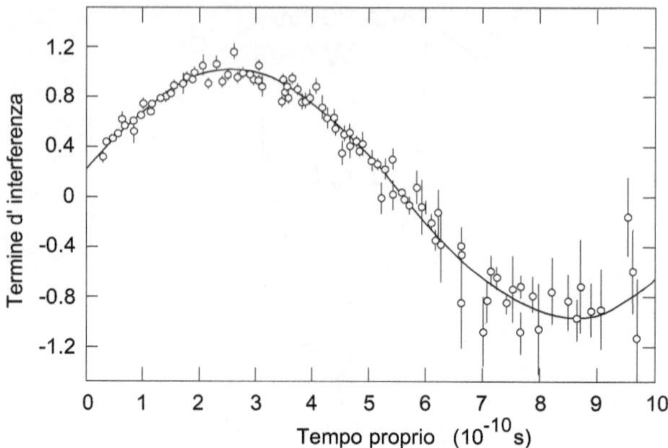

Figura 12.5. Termine di interferenza (asimmetria) nel decadimento di K_L^0 e K_S^0 in $\pi^+\pi^-$ in funzione del tempo proprio del K_S (vedi Eq. 12.20)

$$R = \frac{|\eta_{00}|^2}{|\eta_{+-}|^2} = \frac{\Gamma(K_L \to \pi^0\pi^0)}{\Gamma(K_S \to \pi^0\pi^0)} \Big/ \frac{\Gamma(K_L \to \pi^+\pi^-)}{\Gamma(K_S \to \pi^+\pi^-)} \simeq 1 - 6\frac{\varepsilon'}{\varepsilon} \ . \qquad (12.22)$$

Pochi anni fa sono stati effettuati due esperimenti di precisione (KTeV a Fermilab, NA48 all'SPS del CERN) finalizzati alla misura di $\mathrm{Re}(\frac{\varepsilon'}{\varepsilon})$ con una precisione di almeno $2 \cdot 10^{-4}$, tramite la misura dei decadimenti di K_S^0 e K_L^0 in $\pi^+\pi^-$, $\pi^0\pi^0$, determinando così il rapporto (12.22). I due esperimenti concordano su un valore non nullo di $(\frac{\varepsilon'}{\varepsilon})$ che prova l'esistenza di una violazione diretta di CP. Sperimentalmente si è trovato [08P1]:

$$\begin{cases} |\eta_{+-}| = (2.233 \pm 0.010) \cdot 10^{-3} \\ \varphi_{+-} = \ (43.52 \pm 0.05)^\circ \end{cases} \begin{cases} |\eta_{00}| = (2.222 \pm 0.010) \cdot 10^{-3} \\ \varphi_{00} = \ (43.50 \pm 0.06)^\circ \end{cases} \qquad (12.23)$$

ricavando dalle (12.18,12.19), si ottiene:

$$|\varepsilon| = (2.229 \pm 0.010) \cdot 10^{-3} \qquad (12.24)$$

$$Re(\varepsilon'/\varepsilon) = (1.65 \pm 0.26) \cdot 10^{-3} \ . \qquad (12.25)$$

Riportiamo qui brevemente lo schema, gli scopi, e il metodo sperimentale dell'esperimento NA48. L'esperimento usava contemporaneamente due fasci quasi collineari di K_S e K_L e misurava i 4 canali di decadimento che compaiono nel rapporto R della (12.22). I due fasci neutri erano prodotti da protoni da 450 GeV estratti dall'SPS del CERN. A causa delle differenti lunghezze medie di decadimento dei K_L ($\lambda_L = 3.4$ km) e K_S ($\lambda_S = 5.4$ m), all'impulso di 110 GeV/c, i K_L e K_S erano prodotti in due bersagli separati, il primo a 126 m e il secondo a 6 m prima della regione di decadimento. Ogni impulso di protoni dall'SPS (circa 10^{12} protoni per impulso, ppi, per una durata di 2.4 s) veniva diviso in due; la maggior parte colpiva il primo bersaglio: i K_S decadevano rapidamente, e a 126 m vi erano solo K_L (circa 10^7 per impulso). Una piccola frazione dei protoni (circa $3 \cdot 10^7$ ppi) giungeva a un secondo bersaglio dove veniva prodotto un fascio di circa 10^2 K_S per impulso.

I decadimenti $K \to \pi^+\pi^-$ erano misurati con uno spettrometro magnetico che utilizza un magnete e un sistema di camere a deriva. Per i decadimenti $K \to \pi^0\pi^0$, i γ provenienti dai decadimenti dei π^0 erano misurati in un calorimetro omogeneo con krypton liquido avente un volume di 10 m^3; questo rivelatore aveva una segmentazione fine, una risoluzione energetica $\leq 1\%$ per energie superiori a 10 GeV e una risoluzione temporale ≤ 1 ns.

Decadimento semi-leptonico

Il decadimento semi-leptonico è un canale che può essere studiato attraverso la misura dell'asimmetria (l indica il muone o l'elettrone):

$$A_L = \frac{\Gamma(K_L \to \pi^- l^+ \nu_l) - \Gamma(K_L \to \pi^+ l^- \overline{\nu}_l)}{\Gamma(K_L \to \pi^- l^+ \nu_l) + \Gamma(K_L \to \pi^+ l^- \overline{\nu}_l)} \ . \tag{12.26}$$

Prendendo come riferimento il segno del leptone carico, un valore non nullo di A_L mostrerebbe in maniera indipendente che il decadimento di K_L in "materia" e "antimateria" è differente. In termini dei parametri di violazione di CP (vedi Problema 12.5) le misure sperimentali (mediate tra muoni ed elettroni) forniscono:

$$A_L \simeq 2Re(\varepsilon) = (3.32 \pm 0.06) \cdot 10^{-3} \tag{12.27}$$

che è consistente con quanto ricavato con i decadimenti non-leptonici.

12.4 A cosa è dovuta la violazione di CP?

Nell'ambito del Modello Standard, la violazione di CP viene inclusa nel cosiddetto meccanismo di Kobayashi-Maskawa; questo meccanismo prevede l'esistenza di un fattore di fase nella matrice 3×3 (8.62b) che descrive il mescolamento delle tre generazioni di quark nell'interazione debole. Il valore diverso da zero della fase è la *sorgente dominante* di violazione di CP nel decadimento dei mesoni.

La probabilità di ciascuno dei possibili cambiamenti di sapore dei quark dovuti alle WI (nove cambiamenti in tutto) è descritta da una matrice 3×3 chiamata *matrice di Cabibbo-Kobayashi-Maskawa* (CKM). Nel Cap. 8 abbiamo visto due possibili parametrizzazioni della matrice CKM. Per esempio, il quadrato dell'elemento di matrice V_{ud} fornisce la probabilità che un quark *up* si converta in un quark *down*. L'interazione debole tra *antiquark* è governata dalla matrice CKM complessa-coniugata. Quindi, se la matrice CKM non contiene elementi immaginari (ossia, tutti gli elementi di matrice sono numeri reali), i quark e gli antiquark si comporterebbero esattamente allo stesso modo per le WI.

I nove elementi della matrice CKM non sono tutti indipendenti. Per esempio, un quark di tipo *up* può convertire con scambio di un W^+ in uno dei tre quark con carica elettrica $-1/3$ (ossia, d, s, b); la somma delle tre probabilità deve essere uguale a uno. In virtù di questi *vincoli*, la matrice CKM può essere espressa in termini di soli 4 parametri: tre numeri reali che descrivono gli angoli di mixing, e un angolo di fase immaginario, che produce la violazione di CP.

Una approssimazione molto usata della matrice CKM (8.62b) è dovuta a Wolfenstein e mette in evidenza la gerarchia dei tre angoli di mixing $\theta_{12}, \theta_{23}, \theta_{13}$, i quali hanno $s_{12} \gg s_{23} \gg s_{13}$. Qui come altrove si usa l'abbreviazione $s_{12} = \sin\theta_{12}, c_{12} = \cos\theta_{12}$ e così via. Ponendo il seno dell'angolo di Cabibbo $s_{12} = \lambda(\simeq 0.23)$, che funge da parametro di espansione in serie, e scrivendo gli altri elementi in termini di potenze di λ si ottiene

$$V = \begin{pmatrix} V_{ud} & V_{us} & V_{ub} \\ V_{cd} & V_{cs} & V_{cb} \\ V_{td} & V_{ts} & V_{tb} \end{pmatrix} = \begin{pmatrix} 1 - \frac{1}{2}\lambda^2 & \lambda & A\lambda^3(\rho - i\eta) \\ -\lambda & 1 - \frac{1}{2}\lambda^2 & A\lambda^2 \\ A\lambda^3(1 - \rho - i\eta) & -A\lambda^2 & 1 \end{pmatrix} + O(\lambda^4)$$

$$(12.28)$$

dove A, ρ, η sono numeri reali che, con λ, rappresentano i 4 parametri indipendenti dell'espansione; in particolare η rappresenta la fase per la violazione di CP.

Un modo semplice per visualizzare in un diagramma le relazioni tra gli elementi della matrice CKM venne proposta da J. Bjorken e C. Jarlskog nel 1988 attraverso i cosiddetti *triangoli unitari*. La richiesta dell'unitarietà per la matrice CKM porta a relazioni tra i suoi elementi, ad esempio:

$$V_{ud}V_{ub}^* + V_{cd}V_{cb}^* + V_{td}V_{tb}^* = 0 \ . \tag{12.29}$$

Ciascun addendo della (12.29) è un numero complesso che può essere rappresentato in un piano cartesiano in cui lungo l'asse delle ascisse compare la parte reale, e su quello delle ordinate la parte complessa. La somma degli addendi si comporta esattamente come la somma di tre vettori che deve dare zero: la punta del terzo vettore termina dove inizia il primo, disegnando un triangolo. I tre angoli (denominati α, β, γ) e la lunghezza dei lati corrisponde a certe combinazioni degli elementi della matrice CKM (vedi Fig. 12.6). L'altezza del triangolo dipende dal valore della fase immaginaria η in (12.28): se questa fosse zero, i tre addendi (12.29) sarebbero numeri reali e non ci sarebbe nessun triangolo, bensì un segmento lungo l'asse delle ascisse.

A causa dei valori degli elementi della matrice CKM, si prevede che la violazione di CP sia maggiore per le particelle formate dal quark *bottom* rispetto al sistema dei kaoni, dove la violazione di CP venne per la prima volta osservata. Ciò comporta che le particelle con quark b si comportano in maniera differente rispetto alle antiparticelle con antiquark $\bar{b}$.

I primi studi sul mescolamento $B^0 - \overline{B}^0$ sono stati effettuati da UA1, ARGUS e dagli esperimenti al LEP. Attualmente, grazie anche alle misure di precisione effettuate presso le B-factories, illustrate nel prossimo paragrafo, le previsioni del Modello Standard sono state verificate con un elevato grado di precisione. Tuttavia, si ha l'impressione che qualche tassello rimanga ancora fuori posto, o è sconosciuto. Infatti, il grado di violazione misurato di CP non

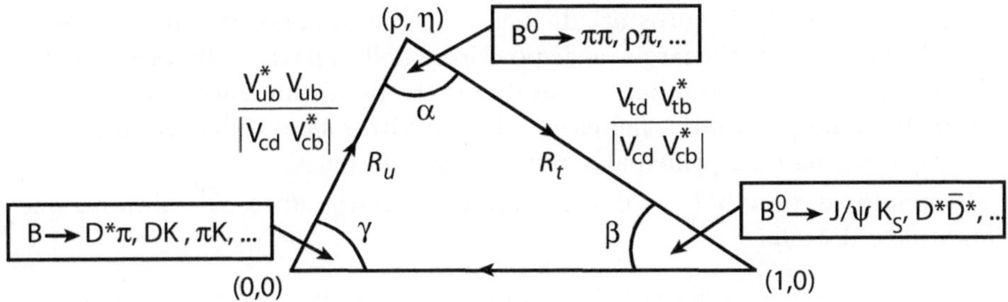

Figura 12.6. Triangolo dell'unitarietà. Gli angoli interni α, β, γ possono essere determinati da misure della violazione di CP nei decadimenti del B

può in nessun modo spiegare l'asimmetria osservata nell'Universo tra materia e antimateria.

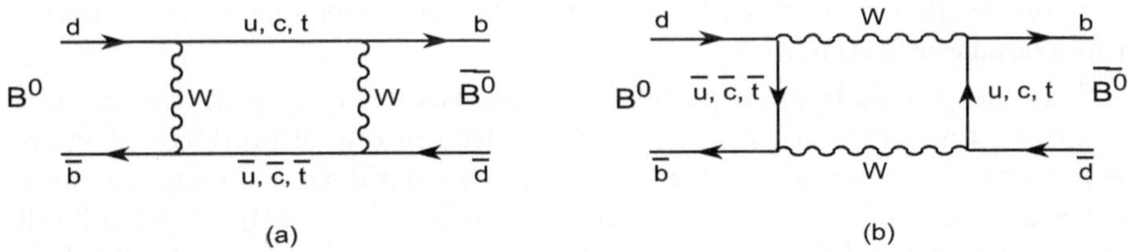

Figura 12.7. Diagrammi a "scatola" che illustrano le transizioni (*mixing*) $B^0 \leftrightarrow \overline{B}^0$

12.5 Violazione di CP nel sistema $B^0 - \overline{B}^0$

Applichiamo il formalismo già incontrato nel sistema $K^0 - \overline{K}^0$ al caso $B^0 - \overline{B}^0$. Ricordiamo che esistono due tipi di mesoni B^0, quelli "normali" B_d^0 e quelli "strani" B_s^0:

$$B_d^0 = \overline{b}d \ , \ \overline{B}_d^0 = b\overline{d} \tag{12.30}$$

$$B_s^0 = \overline{b}s \ , \ \overline{B}_s^0 = b\overline{s} \ . \tag{12.31}$$

Limitiamoci a considerare il sistema $B_d^0 - \overline{B}_d^0$ (che chiameremo $B^0 - \overline{B}^0$ per semplificare la notazione). Transizioni $B^0 \leftrightarrow \overline{B}^0$ possono avvenire secondo i diagrammi di Fig. 12.7.

Come nel caso dei mesoni neutri K, anche i mesoni neutri B hanno autostati di massa diversi dagli autostati di sapore forte $B^0, \overline{B}^0$. Gli autostati di massa sono dati da:

$$|B_\pm\rangle = p|B^0\rangle \pm q|\overline{B}^0\rangle \ . \tag{12.32}$$

Mentre per i kaoni gli autostati di massa si distinguono principalmente in base alla vita media (l'energia a disposizione nello spazio delle fasi è molto differente nel caso di decadimento in due o tre pioni, influenzando molto la vita media delle particelle), nel caso dei B la vita media differisce di poco e gli stati si distinguono principalmente in base alla massa.

Partendo al tempo $t = 0$ con uno stato puro B^0 o $\overline{B}^0$, l'evoluzione temporale è data da

$$|B^0(t)\rangle = g_+(t)|B^0\rangle + \frac{q}{p}g_-(t)|\overline{B}^0\rangle \qquad (12.33\text{a})$$

$$|\overline{B}^0(t)\rangle = g_+(t)|\overline{B}^0\rangle + \frac{p}{q}g_-(t)|B^0\rangle \qquad (12.33\text{b})$$

dove:

$$g_\pm(t) = \frac{1}{2}e^{-iM_+t}\,e^{-\frac{1}{2}\Gamma_+t}[1 \pm e^{-i\Delta Mt}\,e^{\frac{1}{2}\Delta\Gamma t}] \qquad (12.34)$$

e $\Delta M = |M_+ - M_-|$, $\Delta\Gamma = |\Gamma_+ - \Gamma_-|$. Questo significa che gli autostati di sapore oscillano l'uno nell'altro con probabilità dipendente dal tempo e proporzionale a $|g_\pm(t)|^2$.

Solo una piccola frazione di $B^0, \overline{B}^0$ è soggetta a decadimenti interessanti, ossia ove è prevista una violazione di CP. Occorre quindi produrre un enorme numero di mesoni B attraverso macchine acceleratrici dedicate, chiamate *fabbriche di B (B-factories)*. L'obiettivo primario delle B-factories è quello di misurare i parametri del triangolo unitario, e in particolare l'angolo β di Fig. 12.6.

Il processo specifico che permette la misura dell'angolo β è l'asimmetria dipendente dal tempo nel decadimento di una coppia iniziale $B^0\overline{B}^0$, prodotta dal decadimento di una risonanza $\Upsilon(4S)$, in un particolare autostato di CP. La coppia $B^0\overline{B}^0$ si propaga coerentemente sino a quando uno dei due mesoni, che indichiamo con B_{tag}, decade al tempo t_1 in uno stato finale f_{tag}. Se il mesone B^0 è B_{tag} (come nel caso di Fig. 12.8), il secondo mesone deve essere un $\overline{B}^0$ all'istante t_1; esso potrà decadere in un autostato di CP, indicato con f_{CP}, all'istante t_2. f_{CP} può essere uno stato raro, ma facilmente identificabile, quale quello composto da una J/ψ (il mesone formato da $c\bar{c}$) più K_S. Il BR di questo stato è $\sim 0.5 \times 10^{-3}$, ed avviene una volta su 2000 decadimenti. Poiché a decadere in $J/\psi K_S$ è sia il B^0 che il $\overline{B}^0$, i prodotti di decadimento di B_{tag} devono essere identificati in modo da identificare se a t_1 è decaduto un B^0 o un $\overline{B}^0$. Nella figura, la presenza di un μ^+ nel vertice identifica univocamente il B^0 (vedere Problema 12.6).

L'intervallo di tempo $\Delta t = t_2 - t_1$ è misurabile se la $\Upsilon(4S)$ è prodotta con un "boost" relativistico $\beta\gamma \gg 1$ lungo la direzione del fascio; ciò può essere ottenuto con un collider asimmetrico. Δt è calcolato tramite la distanza tra i due vertici di decadimento: $\Delta t \simeq (z_2 - z_1)/\beta\gamma c$.

Il Modello Standard predice che i mesoni B^0 in media decadono leggermente dopo i $\overline{B}^0$, e questo tempo dipende dall'angolo β del triangolo unitario.

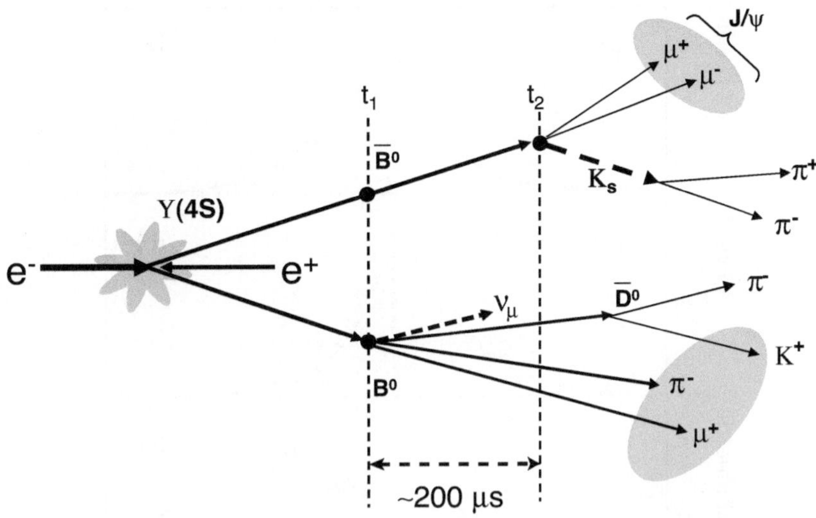

Figura 12.8. In una B-factory, elettroni e positroni collidono con energia sufficiente per produrre una $\Upsilon(4S)$, che immediatamente decade (per interazione forte) in $B^0, \overline{B}^0$. L'e^- ha una energia superiore rispetto a quella del e^+ (collider asimmetrico), in maniera tale che i due mesoni B si muovono lungo la direzione del fascio di elettroni prima di decadere in pochi ps (10^{-12} s). Il decadimento interessante per misurare la violazione di CP è quello in cui un mesone B decade in J/ψ più K_S. La J/ψ decade in due muoni e il K_S in due pioni. Poiché sia B^0 che $\overline{B}^0$ possono produrre il decadimento in $J/\psi K_S$ (nel caso della figura, il $\overline{B}^0$ al tempo t_2), occorre studiare (etichettare, *tag*) il decadimento della particella compagna per capire *chi è chi*. Nel caso della figura, il decadimento in $\mu^+(\nu_\mu)$ nel vertice al tempo t_1 identifica il B^0. La posizione in cui avviene il decadimento di entrambe le particelle $B^0, \overline{B}^0$ deve essere determinato in maniera da poter calcolare la differenza tra le vite medie (t_1, t_2) [07G1]

Questa asimmetria può essere calcolata in funzione del tempo e in base ai parametri della matrice CKM (12.28) come:

$$A(t) = \frac{\Gamma(\overline{B}^0 \to f_{CP}) - \Gamma(B^0 \to f_{CP})}{\Gamma(\overline{B}^0 \to f_{CP}) + \Gamma(B^0 \to f_{CP})} = -\eta_{CP} \sin 2\beta \sin \Delta M_d t \quad (12.35)$$

dove $\Gamma(\overline{B}^0 (B^0) \to f_{CP})$ è l'ampiezza di decadimento per $\overline{B}^0 (B^0)$ in $f_{CP} = J/\psi K_S$ a un certo tempo t dopo la produzione, $\eta_{CP} = \pm 1$ è l'autovalore di CP dello stato f_{CP}, ΔM_d è la differenza di massa tra i due autostati di massa determinati dal mixing $B^0 - \overline{B}^0$.

Misure dei parametri del triangolo unitario, e in particolare di $\sin 2\beta$ sono state recentemente compiute tramite il rivelatore Belle al collisionatore asimmetrico $e^+ e^-$ KEKB in Giappone (in cui il fascio di positroni di 3.5 GeV si scontra con un fascio di elettroni di 8 GeV) [01A1] e con il rivelatore BaBar

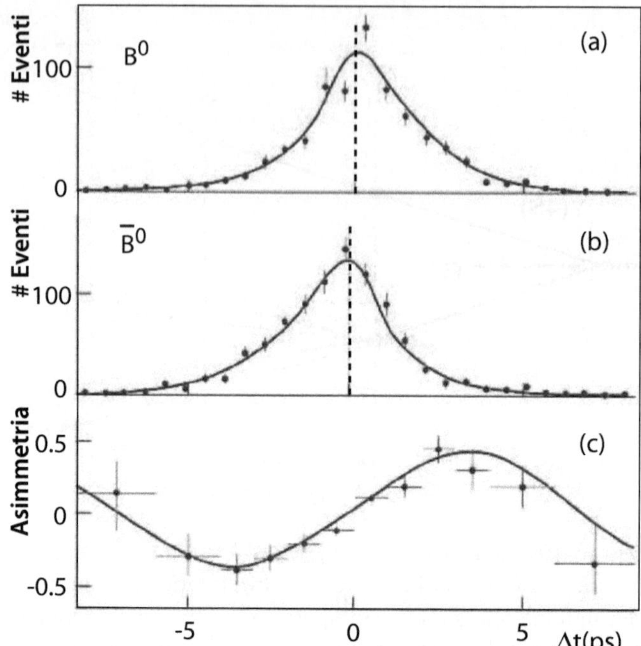

Figura 12.9. I mesoni $B^0, \overline{B}^0$ si comportano in maniera differente quando decadono. La legge di decadimento del B^0 (a) e $\overline{B}^0$ (b) è descritta da una curva esponenziale. Ma la violazione di CP, unita con le proprietà di mescolamento di $B^0, \overline{B}^0$ produce una modulazione sinusoidale nel decadimento esponenziale. La modulazione cambia di segno nel caso di $\overline{B}^0$ rispetto a B^0, e quindi può essere evidenziata in (c), dove è rappresentata l'asimmetria (12.35) [03H1]

al collisionatore asimmetrico e^+e^- PEP-II a Stanford negli USA (fascio di 3.1 contro 9 GeV per $e^+ e^-$, rispettivamente) [01D1].

La differenza nella distribuzione dei tempi di decadimento tra eventi in cui il *tagging* apparteneva al B^0 oppure al $\overline{B}^0$ è mostrata in Fig. 12.9 per l'esperimento BaBar. L'asimmetria può essere chiaramente evidenziata dividendo la differenza tra le due distribuzioni con la loro somma. La modulazione sinusoidale può essere misurata con un adattamento (*fit*) dei dati sperimentali. Entrambi gli esperimenti (Belle, BaBar) trovano valori consistenti entro gli errori, e il valore dato dalla combinazione dei due esperimenti [08P1]:

$$\sin 2\beta = 0.681 \pm 0.025 .$$

(12.36)

Il valore dell'angolo $\beta = 21.0° \pm 1.0°$ è compatibile con quanto ottenuto dalla violazione di CP nei kaoni neutri. Gli altri angoli del triangolo, che coinvolgono altri elementi della matrice CKM, sono più difficili da misurare. Ad esempio, $\sin 2\alpha$ non può essere semplicemente misurato usando come *tag* il decadimento $B^0 \to \pi^+\pi^-$, in quanto l'asimmetria provocata da questo decadimento non è semplicemente proporzionale a $\sin 2\alpha$. Il terzo angolo, γ, può essere invece determinato dalla misura dell'asimmetria nel decadimento $B^0 \to DK$ (dove D è un mesone contenente il quark c). Tuttavia, la misura è estremamente difficile a causa del piccolissimo BR in questo canale ($BR \sim 10^{-6}$). I valori dei due angoli sono attualmente $\alpha = 92° \pm 7°$ e $\gamma = 82° \pm 20°$ [07G1]. Entro gli errori, la somma dei tre angoli è uguale a $180°$.

Il parametro η di violazione di CP in (12.28) può essere stimato, oltre che dalla misura dei tre angoli del triangolo unitario, dall'area del triangolo stesso. La lunghezza dei lati del triangolo è proporzionale al numero di decadimenti nei canali appropriati. Dal punto di vista sperimentale, la misura del lato R_u tra gli angoli α e γ è reso estremamente difficile a causa del piccolo valore dell'elemento di matrice $|V_{ub}| = (3.5 \pm 0.2) \times 10^{-3}$ (vedi Fig. 12.6). Ciò implica che i decadimenti di un mesone B in mesoni che contengono quark up sono estremamente rari (si veda anche Fig. 8.20). Anche la misura del lato R_t compreso tra gli angoli α e β presenta complicazioni, in quanto implica l'elemento di matrice V_{td} (anch'esso molto piccolo) per la transizione di un mesone con quark t in mesoni con quark d. Inoltre, le energie delle B-factories sono molto lontane dal produrre mesoni con quark t, e questo canale è studiato a collider di più alta energia.

12.5.1 Prossimi esperimenti per violazione di CP

Il nuovo acceleratore LHC permetterà di avere ulteriori informazioni sulla violazione di CP nei mesoni B. Le B-factories attuali (con gli esperimenti BaBar e Belle) arrivano a produrre un milione di mesoni B al giorno; ad LHC ci si aspetta più di 10^6 mesoni per secondo. L'esperimento LHCb (uno dei quattro rivelatori istallati per LHC) permetterà di misurare con grande precisione alcuni parametri del triangolo unitario, in particolare l'angolo γ. Le collisioni protone-protone, tuttavia, hanno un fondo di eventi maggiore rispetto alle macchine e^+e^- e gli eventi interessanti saranno più difficili da selezionare.

Indipendentemente da possibili discrepanze con le attese del Modello Standard in LHC, occorre comprendere l'insorgere dell'asimmetria materia-antimateria nell'Universo. Un *Super Flavour Factory*, ossia un collider asimmetrico e^+e^- simile alle attuali B-factories con una luminosità 100 volte maggiore, per misure di precisione del triangolo unitario, è stato proposto dalla comunità scientifica internazionale.

12.6 Oscillazioni dei neutrini

Nel Modello Standard del microcosmo i tre neutrini ν_e, ν_μ, ν_τ hanno massa nulla, sono sinistrorsi e un neutrino di un tipo non può trasformarsi in un neutrino di un altro tipo. Ma in un certo senso, masse nulle sono sorprendenti perché non si comprende ciò che differenzia la conservazione dei tre numeri leptonici L_e, L_μ, L_τ. In certi modelli di Grande Unificazione dell'interazione elettrodebole con quella forte (Cap. 13) i neutrini hanno masse diverse da zero, anche se piccole, con una possibile relazione del tipo $m_{\nu_e} : m_{\nu_\mu} : m_{\nu_\tau} = m_e^2 : m_\mu^2 : m_\tau^2$. È stato il fisico Bruno Pontecorvo nel 1957 ad ipotizzare la possibilità di oscillazioni dei neutrini (in realtà $\nu \rightleftharpoons \overline{\nu}$); poco più tardi si è ipotizzata la trasformazione di un neutrino di un certo sapore in un neutrino di sapore differente; è stato poi fatto notare che da questo deriva che i neutrini debbano avere masse non nulle. Tali mescolamenti e oscillazioni si possono formalmente trattare in modo analogo a quanto già visto per i sistemi $K^0 - \overline{K}^0$, $B^0 - \overline{B}^0$.

In realtà non è corretto parlare di massa dei neutrini ν_e, ν_μ, ν_τ. Definiamo ν_e, ν_μ, ν_τ come *"autostati di sapore debole"*: sono gli stati da considerare nei decadimenti, per esempio $\pi^+ \to \mu^+ \nu_\mu$, e nelle interazioni, esempio $\nu_\mu n \to \mu^- p$. Nella propagazione nel vuoto, dobbiamo considerare gli *autostati di massa* che chiameremo ν_1, ν_2, ν_3. Supponiamo che gli autostati di sapore, $|\nu_f\rangle$ ($f = e, \mu, \tau$), siano combinazioni lineari degli autostati di massa $|\nu_j\rangle$ ($j = 1, 2, 3$):

$$|\nu_f(t)\rangle = \sum_j U_{fj} |\nu_j(t)\rangle \ . \tag{12.37}$$

Nel vuoto, gli autostati di massa $|\nu_j\rangle$ si propagano in modo indipendente:

$$|\nu_j(t)\rangle = e^{-E_j t} |\nu_j(0)\rangle \ . \tag{12.38}$$

A parità di quantità di moto, gli autostati $|\nu_j\rangle$ hanno frequenze differenti a causa delle piccole differenze di massa: in (12.38) le energie $E_j = \sqrt{p^2 + m_j}$ (in unità naturali) degli autostati di massa sono lievemente differenti per ν_1, ν_2, ν_3.

12.6.1 Il caso particolare di oscillazione tra due sapori

Consideriamo il caso più semplice di due soli neutrini, ad esempio la coppia ν_μ, ν_τ [1]. Ognuno di essi è una combinazione lineare dei due autostati di massa ν_2, ν_3. Gli autostati di sapore e di massa sono legati da una trasformazione unitaria che coinvolge nel vuoto un angolo di mescolamento θ:

$$\begin{pmatrix} \nu_\mu \\ \nu_\tau \end{pmatrix} = \begin{pmatrix} \cos\theta & \sin\theta \\ -\sin\theta & \cos\theta \end{pmatrix} \begin{pmatrix} \nu_2 \\ \nu_3 \end{pmatrix} \ . \tag{12.39}$$

Quindi:

$$\begin{cases} |\nu_\mu\rangle = \cos\theta |\nu_2\rangle + \sin\theta |\nu_3\rangle \\ |\nu_\tau\rangle = -\sin\theta |\nu_2\rangle + \cos\theta |\nu_3\rangle \end{cases} \tag{12.40}$$

Gli autostati di sapore ν_μ, ν_τ sono generati in decadimenti (e possono essere osservati tramite interazione); invece la propagazione nel vuoto è determinata dalle energie degli autostati di massa (12.38):

---

[1] Lo stesso formalismo si applica al caso di ν_e, ν_μ oppure ν_e, ν_x, con $x = \mu, \tau$.

$$\begin{cases} |\nu_2(t)\rangle = e^{-iE_2 t}|\nu_2(0)\rangle \\ |\nu_3(t)\rangle = e^{-iE_3 t}|\nu_3(0)\rangle \end{cases} . \tag{12.41}$$

Consideriamo il caso in cui nello stato iniziale a $t = 0$ vi siano solo ν_μ e non ν_τ:

$$\begin{cases} |\nu_\mu(0)\rangle = \cos\theta|\nu_2(0)\rangle + \sin\theta|\nu_3(0)\rangle \\ |\nu_\tau(0)\rangle = -\sin\theta|\nu_2(0)\rangle + \cos\theta|\nu_3(0)\rangle = 0 \end{cases} . \tag{12.42}$$

Da queste equazioni, con semplici passaggi algebrici, si ottiene:

$$\begin{cases} |\nu_2(0)\rangle = \cos\theta|\nu_\mu(0)\rangle \\ |\nu_3(0)\rangle = \sin\theta|\nu_\mu(0)\rangle \end{cases} . \tag{12.43}$$

A un certo tempo t si ha dalle (12.40):

$$|\nu_\mu(t)\rangle = \cos\theta|\nu_2(t)\rangle + \sin\theta|\nu_3(t)\rangle . \tag{12.44}$$

Inserendo le (12.41) nella (12.44) si ha

$$|\nu_\mu(t)\rangle = \cos\theta e^{-iE_2 t}|\nu_2(0)\rangle + \sin\theta e^{-iE_3 t}|\nu_3(0)\rangle \tag{12.45}$$

e usando le (12.43):

$$|\nu_\mu(t)\rangle = \cos^2\theta e^{-iE_2 t}|\nu_\mu(0)\rangle + \sin^2\theta e^{-iE_3 t}|\nu_\mu(0)\rangle . \tag{12.46}$$

Consideriamo l'intensità moltiplicando (12.46) per il suo complesso coniugato

$$|\langle\nu_\mu(t)|\nu_\mu(t)\rangle| = I_\mu^0\{\cos^4\theta + \sin^4\theta + \sin^2\theta\cos^2\theta[e^{i(E_3-E_2)t} + e^{-i(E_3-E_2)t}]\} =$$

$$= I_\mu^0\left\{1 - \sin^2 2\theta \cdot \sin^2\left[\frac{(E_3-E_2)t}{2}\right]\right\} \tag{12.47}$$

dove $I_\mu^0 = |\langle\nu_\mu(0)|\nu_\mu(0)\rangle|$. Poiché sicuramente $m_j \ll E_j$ si può scrivere $E_j \simeq p + \frac{m_j^2}{2p}$; p è lo stesso per i due autostati di massa e quindi:

$$E_3 - E_2 \simeq (m_3^2 - m_2^2)/2p \simeq \Delta m^2/2E \tag{12.48}$$

avendo posto $\Delta m^2 = (m_3^2 - m_2^2)$. La probabilità che il ν_μ resti ν_μ, $P(\nu_\mu \to \nu_\mu) = |\langle\nu_\mu(t)|\nu_\mu(t)\rangle|$, e quella che il ν_μ si trasformi in ν_τ, $P(\nu_\mu \to \nu_\tau)$, sono (ponendo $I_\mu^0 = 1$)

$$\begin{cases} P(\nu_\mu \to \nu_\mu) = 1 - \sin^2 2\theta \cdot \left[\sin^2\left(\frac{E_3-E_2}{2}\right)t\right] = 1 - \sin^2 2\theta \cdot \sin^2\left(\pi\frac{L}{L_{osc}}\right) \\ \\ P(\nu_\mu \to \nu_\tau) = 1 - P(\nu_\mu \to \nu_\mu) = \sin^2 2\theta \cdot \sin^2\left(\pi\frac{L}{L_{osc}}\right) \end{cases} \tag{12.49}$$

dove è definita come *lunghezza di oscillazione del neutrino* la grandezza

$$L_{osc} = \frac{4\pi p}{\Delta m^2} \simeq \frac{4\pi E}{\Delta m^2} = 2.48[\text{km}]\frac{E[\text{GeV}]}{\Delta m^2[\text{eV}]^2}. \qquad (12.50)$$

Δm^2 è in espresso in eV^2, la lunghezza L nel vuoto ($L \simeq ct$) fra produzione di ν_μ e osservazione di ν_μ, (o di ν_τ), è espressa in km, l'energia del neutrino E è in GeV. Il fattore 2.48 proviene dalla scelta delle unità di misura. Di conseguenza, nella (12.49):

$$\left(\pi\frac{L}{L_{osc}}\right) = \left(1.27\frac{\Delta m^2[\text{eV}]^2 L[\text{km}]}{E[\text{GeV}]}\right).$$

Per massimizzare la probabilità di scomparsa di ν_μ (o di apparizione di ν_τ) l'argomento della funzione seno deve essere uguale a $\pi/2$. Per $E \simeq 1$ GeV, $\Delta m \simeq 0.05$ eV, la distanza tra l'osservatore e il punto di produzione del neutrino deve essere uguale a $L \simeq 10^3$ km.

Non ci sono previsioni per θ; si potrebbe pensare che θ sia dell'ordine di $\theta_{Cabibbo}$. In realtà le evidenze per le oscillazioni dei neutrini, come vedremo, sono per il valore massimo: $\sin^2 2\theta \sim 1$, $\theta \sim 45°$.

Per chiarire il concetto di mescolamento dei neutrini, consideriamo un sistema di coordinate cartesiane ortogonali i cui assi x e y corrispondono agli autostati di sapore ν_μ e ν_τ e un sistema di coordinate cartesiane x', y' (con x' e y' corrispondenti agli autostati di massa ν_2 e ν_3) ruotato di un angolo θ rispetto al sistema x, y. Un punto $P(\nu_\mu, 0)$ sull'asse x del primo sistema (corrispondente ad un *puro* autostato di sapore ν_μ) ha nel secondo sistema una componente lungo x' e una componente lungo y'. In altre parole, esso viene rappresentato nel secondo sistema da P(x'_0, y'_0), cioè da un mescolamento di due componenti. L'entità del mescolamento è determinata dall'angolo θ di cui è ruotato il secondo sistema rispetto al primo. Questo angolo, detto *angolo di mescolamento*, viene utilizzato come parametro quantitativo per descrivere la situazione. Se l'angolo di mescolamento è piccolo, gli autostati di massa sono quasi puri autostati di sapore e viceversa.

A parità di quantità di moto, l'energia che possiamo associare agli autostati di massa è tanto più grande quanto maggiore è la loro massa a riposo; infatti, secondo l'equivalenza massa-energia, la massa a riposo di una particella contribuisce alla sua energia totale, assieme all'energia cinetica. Come tutte le particelle, nella loro propagazione gli autostati di massa dei neutrini vengono rappresentati da onde, la cui frequenza cresce con l'energia. Quindi, se i neutrini hanno massa, e questa è differente per i diversi neutrini, anche le loro frequenze sono differenti. Seguendo il percorso ad esempio di un fascio di ν_μ, possiamo visualizzare gli autostati di massa dei neutrini come onde che si propagano con frequenza diversa a seconda della massa. Se gli autovalori degli autostati di massa fossero degeneri (uguali masse), le relative onde si propagherebbero con la stessa fase. Tali onde possono quindi essere *ricombinate* per dare di nuovo esattamente un ν_μ come autostato di sapore, quello che viene visto nell'interazione (debole) con l'apparato sperimentale. Per autovalori non degeneri (masse diverse), le relative onde si propagano con diversa frequenza e quindi non arriverebbero al rivelatore con la stessa relazione temporale di partenza.

Le onde, ricombinandosi, non danno più il puro autostato di sapore di partenza ν_μ. Si ha piuttosto un mescolamento di ν_μ e ν_x. Questo è il singolare fenomeno delle oscillazioni dei neutrini, secondo cui a un osservatore ad una opportuna distanza potrebbe capitare di vedere l'apparizione di un ν_τ.

12.6.2 Oscillazioni tra tre sapori

Nel caso di tre sapori [01L1], il miscelamento tra gli autostati di sapore e quelli di massa avviene con la matrice unitaria 3×3 (12.37). Esattamente come nel caso del miscelamento tra quark, si può scegliere di parametrizzare la matrice unitaria come le (8.62b), che per semplicità riportiamo[2]:

$$U_{fj} = \begin{pmatrix} c_{12}c_{13} & s_{12}c_{13} & s_{13}e^{-i\delta} \\ -s_{12}c_{23} - c_{12}s_{23}s_{13}e^{i\delta} & c_{12}c_{23} - s_{12}s_{23}s_{13}e^{i\delta} & s_{23}c_{13} \\ s_{12}c_{23} - c_{12}s_{23}s_{13}e^{i\delta} & -c_{12}s_{23} - s_{12}c_{23}s_{13}e^{i\delta_{13}} & +c_{23}c_{13} \end{pmatrix} \quad (12.51)$$

(è usata la consueta abbreviazione $s_{13} = \sin\theta_{13}$). I valori numerici degli elementi della matrice sono stati misurati in vari esperimenti. Esiste anche nel settore leptonico la possibilità che vi sia violazione di CP, nel caso in cui δ sia non nullo. La possibilità di una futura misura dipende anche dal valore di s_{13}, che determina l'ampiezza della violazione.

Sperimentalmente ci sono prove convincenti delle oscillazioni dei neutrini in esperimenti con:

- *"neutrini atmosferici"* ($\nu_\mu \to \nu_\tau$), cioè neutrini prodotti dall'interazione dei raggi cosmici con l'atmosfera;
- neutrini elettronici prodotti dalle reazioni nucleari nel sole;
- neutrini muonici prodotti presso acceleratori, con rivelatori posti a $L \simeq 250$ e $\simeq 735$ km di distanza;
- antineutrini elettronici prodotti presso reattori nucleari, con $\overline{L} \sim 180$ km.

I risultati sperimentali (schematicamente riassunti in Tab. 12.1, che indica il valore minimo di Δm^2 che i diversi esperimenti potevano raggiungere) verranno discussi nelle seguenti sezioni, e possono essere con buona approssimazione trattati con il formalismo di oscillazioni tra due sapori, nel caso in cui la massa di uno dei neutrini sia dominante.

12.6.3 L'approssimazione di neutrino con massa dominante

Le formule per la probabilità di oscillazioni dei tre sapori di neutrini, ottenute dalla (12.37), dove la matrice U ha tre angoli di mixing ed una fase complessa,

---

[2] La matrice di miscelamento dei neutrini differisce da quella dei quark poiché vi sono, oltre ad un angolo di fase che permetterebbe la violazione di CP, due altri angoli di fase che hanno conseguenze se i neutrini fossero particelle di Majorana, ossia identici alle proprie antiparticelle (si veda il Supplemento 12.2 [12B1]). Non approfondiamo il problema, rimandando a [08P1] per spiegazioni dettagliate.

Sorgente	Esperimenti	Vedi §	Sapore del neutrino	$\overline{E}$ (GeV)	L (km)	Δm^2_{min} (eV^2)
Reattore[1]	Chooz, ...	12.9	$\overline{\nu}_e$	10^{-3}	1	10^{-3}
Reattori	KamLand	12.7	$\overline{\nu}_e$	10^{-3}	100	10^{-5}
Acceleratore	Chorus, Nomad	12.8.1	$\nu_\mu, \overline{\nu}_\mu$	1	1	~ 1
Acceleratore	K2K, MINOS, Opera	12.8.1	$\nu_\mu, \overline{\nu}_\mu$	1	$300 \div 700$	10^{-3}
Atmosferici [2]	SK,Soudan	12.8	$\nu_{\mu,e}, \overline{\nu}_{\mu,e}$	1	$10 \div 10^4$	$10^{-1} \div 10^{-4}$
Atmosferici [3]	SK,MACRO	12.8	$\nu_\mu, \overline{\nu}_\mu$	10	$10^2 \div 10^4$	$10^{-1} \div 10^{-3}$
Sole	SK,SNO,Gallex,...	12.7	ν_e	10^{-3}	10^8	10^{-11}

Tabella 12.1. Esperimenti che hanno determinato i parametri delle oscillazioni dei neutrini. Le diverse colonne indicano: la sorgente dei neutrini; alcuni degli esperimenti più significativi; la sezione del libro in cui sono descritti; il flavour di neutrino prodotto alla sorgente; il cammino caratteristico dalla sorgente al rivelatore; il minimo valore Δm^2 che può essere misurato dall'esperimento. [1] Gli esperimenti Double Chooz, Reno e Daya Bay sono in preparazione. Sono principalmente finalizzati alla misura di θ_{13}. [2] Il flavour del neutrino viene riconosciuto dalla topologia degli eventi che sono totalmente contenuti. [3] Misurato attraverso i muoni diretti dal basso verso l'alto, prodotti da interazioni CC di ν_μ, che attraversano completamente i rivelatori

sono piuttosto complicate. Tuttavia, può essere estremamente semplificata nel caso in cui ci sia una *gerarchia* tra le masse dei neutrini, ad esempio:

$$m_3 \gg m_2 > m_1 \ . \tag{12.52}$$

Si avrebbe quindi (vedi anche la Fig. 12.17):

$$|\Delta m^2_{13}| \simeq |\Delta m^2_{23}| \gg |\Delta m^2_{12}| \ . \tag{12.53}$$

In questa situazione, sostanzialmente vi sono due lunghezze di oscillazione caratteristiche, date dalla (12.50), di cui quella relativa a $|\Delta m^2_{12}|$ ($L_{12} \simeq E/\Delta m^2_{12}$) è più grande. In tal caso, vi è un intervallo di valori delle grandezze E ed L tale che le oscillazioni *brevi* (ossia, quelle relative a $|\Delta m^2_{23}|$) siano attive, mentre le oscillazioni *lunghe* non siano ancora sviluppate. La probabilità delle oscillazioni *brevi* può in questo caso essere approssimata dalla formula:

$$P(\nu_\alpha \to \nu_\beta) = 4|U_{\alpha 3}|^2 |U_{\beta 3}|^2 \sin^2\left(\frac{\Delta m^2_{13}}{4E}L\right) \ . \tag{12.54}$$

Questa formula è simile a quella del caso dei due sapori (12.49), e la probabilità oscilla con una singola frequenza, correlata alla differenza di massa $|\Delta m^2_{13}| \simeq |\Delta m^2_{23}|$. L'ampiezza di probabilità dipende solo dagli elementi della terza colonna della matrice di mixing U. In maniera esplicita:

$$P(\nu_e \to \nu_\mu) = 4|U_{e3}|^2 |U_{\mu 3}|^2 \sin^2\left(\frac{\Delta m^2_{13}}{4E}L\right) = s^2_{23} \sin^2 2\theta_{13} \sin^2\left(\frac{\Delta m^2_{13}}{4E}L\right) \tag{12.55a}$$

$$P(\nu_e \to \nu_\tau) = 4|U_{e3}|^2 |U_{\tau 3}|^2 \sin^2\left(\frac{\Delta m_{13}^2}{4E}L\right) = c_{23}^2 \sin^2 2\theta_{13} \sin^2\left(\frac{\Delta m_{13}^2}{4E}L\right)$$
$$(12.55\mathrm{b})$$

$$P(\nu_\mu \to \nu_\tau) = 4|U_{\mu 3}|^2 |U_{\tau 3}|^2 \sin^2\left(\frac{\Delta m_{13}^2}{4E}L\right) = c_{13}^2 \sin^2 2\theta_{23} \sin^2\left(\frac{\Delta m_{13}^2}{4E}L\right).$$
$$(12.55\mathrm{c})$$

Come vedremo nella discussione dei dati sperimentali (§12.8), la condizione (12.53) è verificata nel caso dei neutrini atmosferici (atm) e neutrini solari ($\odot$), dove $\Delta m_{atm}^2 \gg \Delta m_{\odot}^2$. Inoltre, i risultati sperimentali attuali prevedono un valore di θ_{13} molto piccolo ($< 10°$). Quindi, nelle (12.55) il termine $\sin^2 2\theta_{13} \sim 0$, e solamente la terza equazione è non nulla.

La situazione descritta dalle (12.55c) è quella relativa alle oscillazioni dei neutrini atmosferici, in cui $\Delta m_{23}^2 \simeq \Delta m_{atm}^2$ e $\theta_{23} \simeq \theta_{atm}$. Nel caso dei neutrini atmosferici, i neutrini muonici oscillano in neutrini del τ, mentre i neutrini elettronici praticamente sono non influenzati dalle oscillazioni.

L'altro caso limite corrisponde alla situazione in cui $\frac{\Delta m_{13}^2}{4E}L \gg 1$ (sempre assumendo $\Delta m_{13}^2 \simeq \Delta m_{23}^2$). In questa situazione, che corrisponde al caso dei neutrini elettronici provenienti da un reattore nucleare (ad esempio Kam-LAND), le oscillazioni *brevi* sono attive, e la grandezza $x = (\Delta m_{13}^2 L/4E) \simeq (\Delta m_{23}^2 L/4E)$ compare come argomento della funzione $\sin^2(x)$. Come conseguenza, questa funzione è rapidamente oscillante e l'osservabile è solamente il suo valore medio. Sono invece osservabili le oscillazioni *lunghe* dove la probabilità di sopravvivenza dei neutrini elettronici è data da:

$$P(\nu_e \to \nu_e) \simeq c_{13}^4 P + s_{13}^4 \qquad (12.56)$$

con

$$P = 1 - \sin^2 2\theta_{12} \sin^2\left(\frac{\Delta m_{12}^2}{4E}L\right). \qquad (12.57)$$

Ancora una volta, a causa del piccolo valore di θ_{13}, nella (12.56) $c_{13}^4 = 1$, $s_{13}^4 = 0$ e praticamente le oscillazioni dovute ai neutrini elettronici possono essere descritte dalla stessa formula (12.57) che descrive lo oscillazioni tra due sapori.

Dobbiamo notare che le oscillazioni dei neutrini elettronici sono state osservate prima usando neutrini provenienti dal sole piuttosto che neutrini provenienti da un reattore, e vedremo che i risultati concordano con i valori $\Delta m_{12}^2 = \Delta m_{\odot}^2$ e $\theta_{12} = \theta_{\odot}$. Tuttavia, i neutrini solari comportano una complicazione, dovuta alla propagazione degli stessi non solo nel vuoto (durante il tragitto verso la terra), ma anche nella materia solare.

12.6.4 Oscillazioni dei neutrini nella materia

Quando si considera la propagazione di neutrini nella materia bisogna tener conto del differente comportamento del ν_e rispetto a ν_μ e ν_τ. Per una discussione completa, si rimanda a [89B1]. I diagrammi di Feynman con scambio della

Z^0 sono identici per ν_e, ν_μ e ν_τ, mentre quello con lo scambio di $W^\pm$ esiste solo per il ν_e (vedi Fig. 12.10). Potremmo dire che questo diverso contributo all'ampiezza di scattering corrisponde ad un differente *indice di rifrazione* per il ν_e rispetto al ν_μ e al ν_τ (effetto MSW, dai nomi degli scopritori Mikheyev-Smirnov-Wolfenstein) [79M1]. Consideriamo il caso di due soli neutrini ν_e e ν_μ; in materia densa, gli autostati di massa ν_1, ν_2 non sono più legati agli autostati di sapore dalle relazioni (12.40), ma da combinazioni lineari con coefficienti che dipendono dalla densità ρ degli elettroni nella materia. Il mixing effettivo è modificato dalla presenza di materia e, sotto certe condizioni, si può avere un effetto *risonante*. Ad esempio, i ν_e potrebbero trasformarsi tutti nell'autostato di massa ν_2. I ν_2 continuerebbero a propagarsi come tali, senza oscillare ulteriormente.

Questo sembra effettivamente il caso dei neutrini elettronici con energie dell'ordine del MeV (o frazione) prodotti nel centro del sole. Seguendo i ν_e nel loro viaggio verso la terra, essi prima attraversano 700000 km di materia solare, poi 150 milioni di km nel vuoto. Entro il sole incontrano una materia con grande densità di elettroni, densità che diminuisce di vari ordini di grandezza procedendo verso l'esterno del sole. A causa dell'effetto MSW i neutrini cambiano lentamente natura, e quando attraversano una regione solare con densità opportuna avviene una conversione risonante dei ν_e in ν_2. La probabilità di conversione dipende anche dall'energia del neutrino, ed è meno probabile per i neutrini di più alta energia. In tal modo, una frazione di ν_e si trasforma nel neutrino ν_2. Questi neutrini viaggiano poi nel vuoto fra sole e terra, praticamente senza oscillare (sono già autostati di massa).

Quando i ν_2 arrivano sulla terra, essi interagiscono con una certa probabilità come ν_e, ν_μ, ν_τ; la probabilità è fissata dalla *composizione* di ν_2 in termini degli autostati di sapore (vedremo che è circa il 33% per ciascuno stato). I ν_μ o ν_τ non possono poi essere osservati dai rivelatori terrestri, perché non hanno energia sufficiente per produrre un muone oppure un τ. Questo effetto contribuisce a spiegare il deficit di neutrini solari.

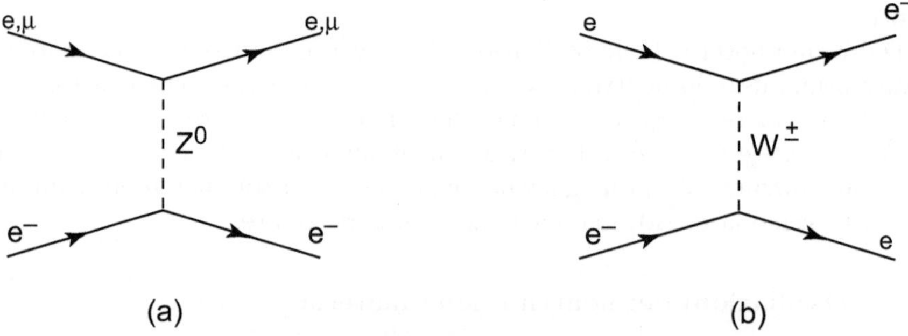

Figura 12.10. (a) Diagrammi di Feynman per la diffusione elastica di ν_e, ν_μ e ν_τ su elettroni (e nuclei) con interazione debole a corrente neutra. (b) Diagramma per la diffusione elastica a corrente carica di ν_e su e^-

12.7 Neutrini dal sole e studi sulle oscillazioni

Secondo il Modello Standard del sole, tutta l'energia emessa proviene da una serie di reazioni termonucleari che avvengono al centro del sole. Questo "reattore termonucleare" è molto più piccolo delle dimensioni solari. I fotoni emessi al centro del sole hanno energie dell'ordine del MeV. Tali fotoni subiscono un gran numero di collisioni e impiegano di fatto un lunghissimo tempo per giungere alla superficie del sole (~ 0.2 milioni di anni). La luce visibile emessa dal sole proviene da una superficie ben definita, la fotosfera solare. Una frazione importante dell'energia emessa dal sole è in forma di neutrini, con uno spettro energetico come mostrato in Fig. 12.11b, dovuti alla serie di reazioni illustrate nella Fig. 12.11a. La maggior parte dei neutrini emessi proviene dalla reazione $pp \to de^+ \nu_e$, che produce neutrini con energie comprese fra 0 e 0.42 MeV. I pochi neutrini di maggior energia (fino a 14.06 MeV) provengono dal decadimento del ^{8}B. Vi sono anche neutrini monocromatici, per esempio quelli dovuti al decadimento del ^{7}Be.

La maggior parte degli esperimenti sui neutrini solari misura il flusso di neutrini solari ν_e che investe la terra. Il primo esperimento, ideato da R. Davis (Nobel nel 2002) iniziò a prendere dati all'inizio degli anni '70. Il flusso di neutrini solari risultò inferiore a quello previsto dai modelli solari basati sulle conoscenze di astrofisica e di fisica nucleare (Problema 12.7). Questa osservazione aveva inizialmente due interpretazioni possibili (sempre che l'esperimento fosse corretto). Una, astrofisica, è che il modello solare sovrastimasse la produzione di neutrini, e dovesse essere perfezionato. L'altra, di fisica particellare, è che tra il centro del sole e la terra avvenissero oscillazioni dei ν_e in neutrini di diverso sapore (ν_μ, ν_τ) non osservabili negli esperimenti. Col passare degli anni, è risultato che il modello del sole è corretto, e che i neutrini oscillano.

Diversi esperimenti hanno rivelato neutrini solari: quello di R. Davis e collaboratori nella miniera di Homestake negli USA, era un esperimento radiochimico che usava come bersaglio un grande rivelatore contenente una soluzione di cloro, dove avveniva la reazione $\nu_e + {}^{37}\text{Cl} \to {}^{37}\text{Ar} + e^-$. Questa reazione ha una soglia energetica di 814 keV; quindi solo i neutrini provenienti dal decadimento del ^{8}B e dalla cattura elettronica nel ^{7}Be possono essere rivelati (vedi Fig. 12.11). I risultati sperimentali con il ^{37}Cl indicavano un flusso di neutrini ν_e pari a un terzo di quelli predetti dal modello standard del sole. Con questo risultato iniziò il problema dei neutrini solari.

All'inizio degli anni '90 sono entrati in funzione due altri esperimenti radiochimici (Gallex, poi GNO, al Gran Sasso e Sage in Russia) che utilizzavano il ^{71}Ga, ed erano sensibili a neutrini con energia superiore a 233 keV, tramite l'interazione a corrente carica $\nu_e + {}^{71}\text{Ga} \to {}^{71}\text{Ge} + e^-$. La rivelazione dei neutrini solari con $E_\nu > 233$ keV include i neutrini prodotti nella reazione $p + p \to d + e^+ + \nu_e$ e ha dimostrato che effettivamente il sole ha al suo centro una "centrale a fusione nucleare". Anche questi esperimenti radiochimici hanno riportato un significativo deficit di neutrini solari.

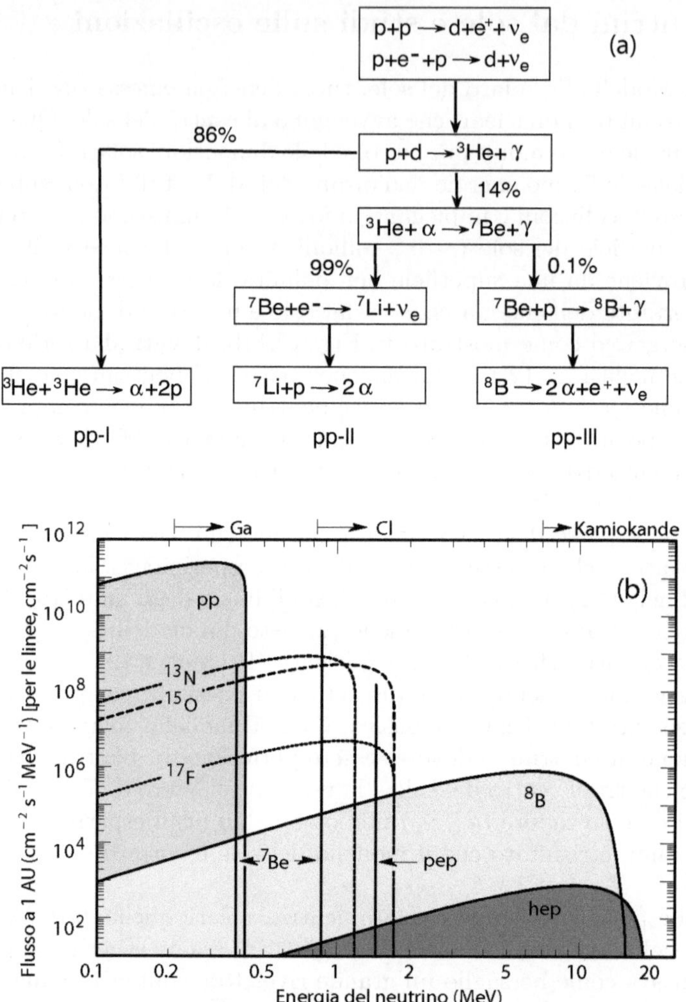

Figura 12.11. (a) Catena delle principali reazioni nucleari che avvengono al centro del sole. (b) Spettro energetico dei neutrini solari in arrivo sulla terra: le linee solide indicano i neutrini provenienti dalle reazioni del ciclo più importante (ciclo *pp*), le linee tratteggiate indicano i neutrini provenienti dal ciclo CNO, §14.10

Due esperimenti differenti, in cui i neutrini interagiscono tramite scattering elastico sugli elettroni in una grande massa d'acqua, $\nu_x e^- \to \nu_x e^-$, confermarono il deficit (esperimenti Kamiokande e SuperKamiokande, in Giappone). La soglia energetica di questi esperimenti è circa 7 MeV; quindi solo i neutrini provenienti dal ^{8}B sono rivelati (Fig. 12.11).

La combinazione dei risultati degli esperimenti indica che "mancano neutrini" provenienti dal sole rispetto ai modelli teorici. Tuttavia, nessuno degli esperimenti sopra citati ha potuto provare in maniera conclusiva che la mancanza di neutrini elettronici solari era dovuta al fenomeno delle oscillazioni. Tutti quelli menzionati erano *esperimenti di scomparsa* dei neutrini ν_e generati nel sole. Per contro, gli *esperimenti di apparizione* debbono utilizzare apparati sperimentali capaci di osservare neutrini di sapore diverso da quello generato. Nel caso dei neutrini solari, si tratterebbe di indagare sull'apparizione dei ν_μ o ν_τ. Negli esperimenti diretti di apparizione di ν_μ (o ν_τ) si dovrebbero considerare interazioni a corrente carica (CC) che producano il leptone carico corrispondente, il muone $\mu^-(\tau^-)$, la cui massa a riposo è però molto superiore all'energia dei neutrini solari, per cui la reazione non può avvenire.

Il problema è stato infine risolto in maniera originale dall'esperimento SNO, che ha misurato il contributo dei ν_μ , ν_τ oscillati dal flusso di neutrini solari tramite interazioni a corrente neutra.

L'esperimento SNO

L'esperimento che in maniera decisiva ha fornito questa prova (*smoking gun*, come piace dire agli statunitensi) ha funzionato dal 1999 sino al 2006 in Canada: si trattava di SNO (Sudbury Neutrino Observatory), un esperimento capace di rivelare la luce Cherenkov emessa dalle particelle cariche attraversanti il rivelatore, riempito con 1000 t di acqua pesante (D_2O) e circondato da 1500 t di acqua normale (che fungeva da schermo). Permetteva di rivelare le reazioni che avvengono in acqua normale, cioè:
i) urto elastico su elettrone (ES) (come in SuperKamiokande):

$$ES: \qquad \nu_x + e^- \rightarrow \nu_x + e^- \ . \qquad (12.58)$$

L'ES può avvenire sia tramite scambio di Z^0 (per tutti i tipi x di neutrini) sia tramite scambio di $W^\pm$ (ma in questo caso, solo per i ν_e). Per questo motivo, con l'ES si possono rivelare neutrini di tutti i sapori. Tuttavia, la sezione d'urto per i neutrini non elettronici è fortemente ridotta: $\sigma(\nu_{\mu,\tau}e \rightarrow \nu_{\mu,\tau}e) \simeq \sigma(\nu_e e \rightarrow \nu_e e)/6.5$. In pratica, questo canale è dominato dalle interazioni di ν_e, e il flusso di neutrini solari misurato è $\phi(\nu_e) + [\phi(\nu_{\mu,\tau})/6.5]$;
ii) interazione a corrente carica (CC) ν_e su protone (decadimento β inverso) (vedi §8.6.1):

$$CC: \qquad \nu_e + p \rightarrow e^- + n \qquad (12.59)$$

che avviene solo per i ν_e tramite scambio di $W^\pm$.
In aggiunta, nel deuterio presente nell'acqua pesante, può avvenire per tutti i tipi di neutrini la reazione a corrente neutra:
iii) dissociazione del deuterio, tramite scambio di Z^0:

$$NC: \qquad \nu_x + d \rightarrow \nu_x + p + n, \qquad \nu_x = \nu_e, \nu_\mu, \nu_\tau \ . \qquad (12.60)$$

Un fotone di energia $\sim 2\ MeV$ è emesso a seguito della dissociazione del d in $p+n$. Nel rivelatore era disciolto un sale che aumenta la probabilità di cattura del neutrone (esattamente come nell'esperimento di Cowans e Raines, §8.5). Il γ da 8 MeV emesso dopo la cattura neutronica dà luogo a una coppia di e^+e^-, che producono luce Cherenkov e possono essere rivelati.

Le sezioni d'urto per i processi (12.59) e (12.60) sono calcolabili. Quindi tramite la reazione (12.60) si può misurare il flusso incidente totale, $\nu_e+\nu_\mu+\nu_\tau$, indipendentemente da ogni possibile tipo di oscillazione. Tramite la reazione (12.59), si può invece misurare solo il flusso dei ν_e. SNO ha riportato questo confronto diretto che permette di misurare il rapporto

$R = [(\phi(\nu_e)$ che arrivano a terra$)/(\phi_{tot} = \phi(\nu_e + \nu_\mu + \nu_\tau))]$.

Il flusso dei neutrini solari dalla reazione che coinvolge il ^8B risulta essere:

$$R = \frac{\phi(\nu_e)}{\phi(\nu_e + \nu_\mu + \nu_\tau)} = 0.340 \pm 0.023_{stat} \pm 0.030_{sist} \ . \tag{12.61}$$

Questo risultato indica chiaramente che $\phi(\nu_\mu + \nu_\tau)$ è non nullo e fornisce una prova definitiva del fatto che una parte dei neutrini elettronici solari, nel loro tragitto verso la terra, cambia sapore. Il numero *totale* di neutrini solari si conserva. Il Modello Solare Standard [89B1] prevede un flusso di neutrini dal sole dalla reazione del ^8B pari a:

$$\phi_{tot}(\nu)^{SSM} = 5.49^{+0.95}_{-0.89} \times 10^6 \ \text{cm}^{-2}\text{s}^{-1} \tag{12.62}$$

(da confrontarsi con 6.5×10^{10} cm^{-2}s^{-1} dovuti alla somma di tutte le reazioni nucleari all'interno del sole). Per confronto, il numero totale di neutrini dal sole misurati da SNO tramite la reazione (12.60) è:

$$\phi(\nu_e + \nu_\mu + \nu_\tau)^{SNO} = 4.94 \pm 0.21_{stat} \pm 0.36_{sist} \times 10^6 \ \text{cm}^{-2}\text{s}^{-1} \ . \tag{12.63}$$

Il risultato sperimentale di SNO e degli esperimenti precedentemente citati indica che il flusso di neutrini elettronici è ridotto di oltre la metà. In pratica, l'effetto materia nel sole per i neutrini del ^8B che hanno energia iniziale di $\sim 6 - 7$ MeV gioca un ruolo significativo.

Gli esperimenti KamLAND e Borexino

La misura del flusso di neutrini solari conferma le nostre conoscenze dell'astrofisica stellare! Da un altro punto di vista, il sole è il reattore nucleare che ci ha permesso di capire che i neutrini hanno massa diversa da zero. Lo straordinario risultato è stato confermato dall'esperimento KamLAND in Giappone. In Giappone, gran parte dell'energia elettrica viene prodotta da centrali nucleari (oltre 60 GW, quantità maggiore della potenza elettrica totale consumata dall'Italia). I reattori nucleari producono $\bar{\nu}_e$ nel decadimento β^- dei frammenti di fissione ricchi di neutroni. Il flusso e lo spettro degli antineutrini dipende, in pratica, solo dalla composizione in termini di isotopi del materiale che viene fissionato nel reattore. KamLAND è un esperimento *long baseline* (vedi §12.8.1) che rivela $\bar{\nu}_e$ prodotti da un gran numero di reattori distribuiti nella regione centrale del Giappone (è situato in media a 180 km dai reattori), e ha studiato la scomparsa di $\overline{\nu}_e$ e lo spettro energetico dei positroni prodotti nell'interazione. Il rivelatore consiste di 1000 tonnellate di scintillatore liquido ed è situato nella miniera di Kamioka, dove si trova anche SuperKamiokande. I risultati di KamLAND (in questo caso, le oscillazioni avvengono praticamente nel vuoto) sono in perfetto accordo coi risultati dei neutrini solari (Fig. 12.12).

Recentemente (2007) ai Laboratori del Gran Sasso è entrato in funzione Borexino, che ha iniziato a misurare i neutrini monocromatici ($E_\nu = 0.862$ MeV) provenienti dalla cattura elettronica del ^7Be. Borexino usa scintillatore liquido e la rivelazione dei neutrini avviene tramite l'urto elastico sull'elettrone (ES). I neutrini del ^7Be partono dal sole con energia pari a 0.862 MeV. Per energie così basse, l'effetto materia diviene trascurabile, e la probabilità di oscillazione di questi neutrini è descritta dalla (12.49) (sostituendo μ con e) nel vuoto. In pratica, ci si aspetta che per i neutrini del ^7Be, $P(\nu_e \to \nu_e) = 0.6$. I primi dati di Borexino [08B1] (assumendo un rivelatore di 100 tonnellate) riportano $47 \pm 7_{stat} \pm 12_{sist}$ conteggi/giorno. Assumendo le oscillazioni, e col fattore di riduzione sopra riportato, ci si aspetta 49 ± 4 conteggi/giorno, in ottimo accordo (ancorché gli errori sperimentali siano ancora molto grandi).

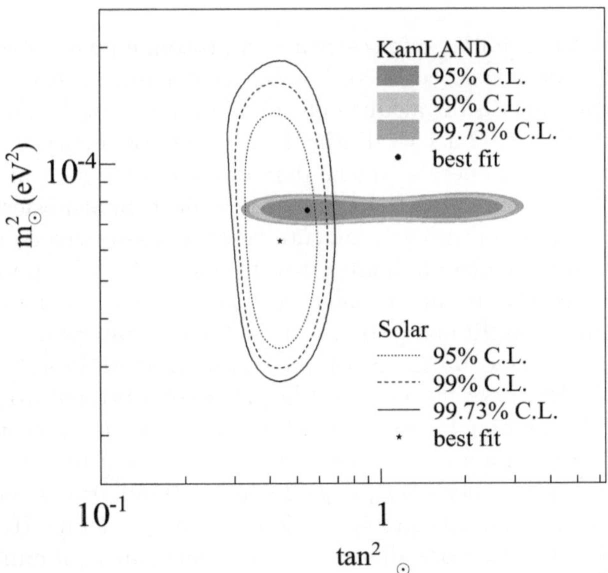

Figura 12.12. Compendio della situazione attuale per le oscillazioni dei neutrini solari. In ascissa compare il valore del quadrato della tangente dell'angolo di mixing e in ordinata il valore della differenza di masse al quadrato. I risultati ottenuti da KamLAND sono sovrapposti [08P1]

Discussione dei risultati dei neutrini solari

Se consideriamo la formula delle oscillazioni dei neutrini nel vuoto (12.49) si nota che essa dipende da due parametri incogniti (Δm^2 e θ), che in linea di principio possono essere nulli (in tal caso, oscillazioni non ci sono). Inoltre, la formula dipende da altri due parametri (la distanza L percorsa dal neutrino, e la sua energia) che possono essere stimati o misurati dagli esperimenti. Poiché i risultati degli esperimenti dei neutrini solari e di KamLAND soddisfano le condizione di *neutrino con massa dominante* precedentemente discusse, la formula che descrive le oscillazioni è la (12.57), con $\Delta m_{12}^2 = \Delta m_\odot^2$ e $\theta_{12} = \theta_\odot$. L'insieme dei valori nello spazio dei parametri che riproduce (entro gli errori) i risultati sperimentali è riportato in Fig. 12.12, in maniera separata per la combinazione degli esperimenti che usano neutrini solari e per KamLAND. Si nota che vi è una regione di sovrapposizione, permessa da tutti gli esperimenti. In pratica, l'analisi combinata di tutti gli esperimenti fornisce i valori preferiti (punto indicato come *best fit* in figura):

$$\Delta m_\odot^2 = (7.59 \pm 0.21) \times 10^{-5} \ eV^2 \quad ; \quad tan^2\theta_\odot = 0.47 \pm 0.06 \ . \tag{12.64}$$

12.8 Oscillazioni dei neutrini atmosferici ed esperimenti

I raggi cosmici [90G1], [90B1]sono costituiti da protoni e nuclei atomici veloci che, provenienti dallo spazio cosmico, bombardano l'alta atmosfera terrestre producendovi molte particelle, alcune delle quali decadendo, danno luogo a ν_μ e ν_e nel rapporto di circa 2 a 1 (vedi Fig. 12.13a). Questi neutrini (detti *neutrini atmosferici*) hanno energie tipiche dell'ordine del GeV o più elevate. Si può ritenere che i neutrini atmosferici vengano prodotti in atmosfera a $10 \div 20$ km di altezza e che si muovano velocemente verso il basso. Diversi anni fa, gli esperimenti IMB e Kamiokande hanno trovato anomalie nel rapporto ν_μ/ν_e, mentre altri esperimenti, di dimensione minore, non trovavano deviazioni. Nel 1995, l'esperimento MACRO ha pubblicato risultati sperimentali su un deficit di ν_μ provenienti dal basso [95A2]. Nel 1998, gli esperimenti SuperKamiokande (SK) [98F1], MACRO [98A2]e Soudan 2 [98G1] hanno presentato nuovi dati con definitive indicazioni a favore di oscillazioni. Le osservazioni riguardano il numero di neutrini muonici in diverse direzioni; SK e Soudan 2 misurano anche il rapporto tra il numero di ν_μ e quello dei ν_e. Il numero di neutrini elettronici è all'incirca in accordo con le previsioni; il numero dei neutrini muonici provenienti dal basso è inferiore alle previsioni, mentre anche il numero dei ν_μ provenienti dall'alto è in accordo con le previsioni (Problemi 12.8, 12.9,12.10).

La formula per le oscillazioni tra due stati di sapore di neutrini (12.49) indica che la probabilità di osservare il neutrino dipende dal rapporto $L/\langle E_\nu \rangle$, dove L è la distanza percorsa dal neutrino prima di essere rivelato (ossia, $L \sim 10$ km per neutrini dall'alto, $L \sim 10^4$ km per neutrini provenienti dal basso). Poiché l'energia E_ν del singolo neutrino non è misurabile, in genere la grandezza utilizzata è $\langle E_\nu \rangle$, ossia l'energia media di una certa topologia di neutrini rivelati, dedotta da simulazioni Monte Carlo. Gli eventi di CC in cui le particelle prodotte sono totalmente contenute hanno $\langle E_\nu \rangle \sim 0.5$ GeV; gli eventi parzialmente contenuti (in genere, il muone fuoriesce dal rivelatore) hanno $\langle E_\nu \rangle \sim 5$ GeV. Gli eventi in cui il neutrino interagisce fuori dal rivelatore con un muone che lo attraversa completamente dal basso verso l'alto hanno $\langle E_\nu \rangle \sim 50$ GeV.

In accordo con le oscillazioni, il rapporto del numero di eventi ν_μ misurati e previsti diminuisce all'aumentare di $L/\langle E_\nu \rangle$ (vedi Fig. 12.14). È perciò ragionevole pensare che durante il tragitto attraverso la terra una parte dei ν_μ si trasformi in neutrini di un altro tipo [01G1].

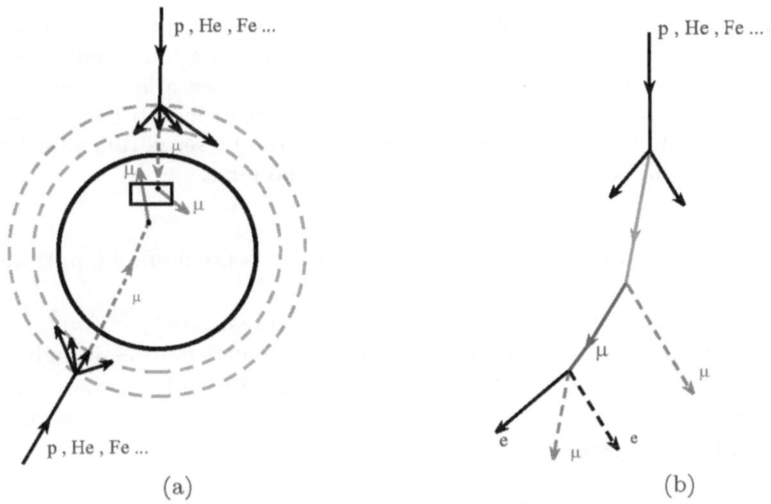

Figura 12.13. Neutrini atmosferici. I raggi cosmici interagiscono nell'alta atmosfera producendo sciami di particelle che decadono dando luogo a ν_μ, ν_e. I neutrini atmosferici originano da uno strato di atmosfera avente spessore di $10 \div 20$ km. Un grande rivelatore sotterraneo può rivelare neutrini provenienti dall'alto che hanno viaggiato per alcune decine di chilometri: tali neutrini non hanno avuto il tempo di oscillare. Invece, i neutrini provenienti dall'altro emisfero, che hanno viaggiato per circa L=13000 km, hanno *spazio* per oscillare. In (a) sono indicate solo le interazioni a CC dei ν_μ; possono essere rivelate anche interazioni $\nu_e \to e$ all'interno dei rivelatori. In (b) la sequenza di decadimenti: $\pi^+ \to \mu^+ \nu_\mu; \mu^+ \to e^+ \nu_e \overline{\nu}_\mu$ oppure $\pi^- \to \mu^- \overline{\nu}_\mu; \mu^- \to e^- \overline{\nu}_e \nu_\mu$

In maniera analoga con quanto fatto con i neutrini solari, le misure dei neutrini atmosferici forniscono informazioni sulla differenza di massa dei neutrini che partecipano all'oscillazione. In questo caso, *non* sono interessati i ν_e (si vede in Fig. 12.14a che i neutrini elettronici non sembrano mancare). In pratica, l'oscillazione sembra riguardare in questo caso solo ν_μ e ν_τ. Poiché

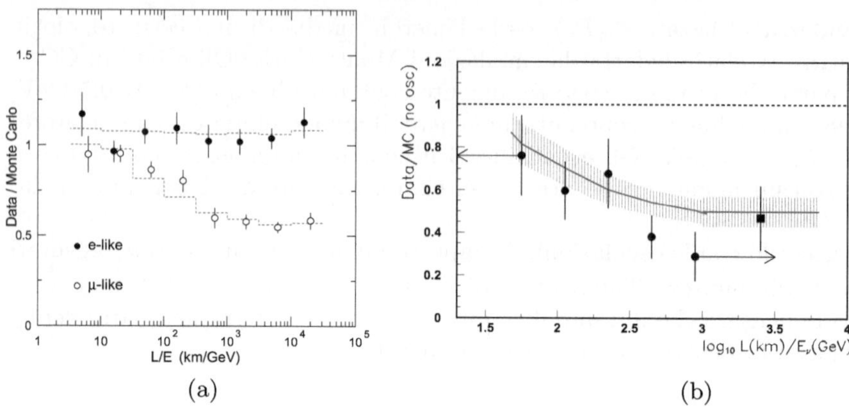

Figura 12.14. (a) Rapporto del numero di eventi "*e*-like"/"*μ*-like" misurati e previsti dal Monte Carlo in assenza di oscillazioni in funzione di $L/\langle E_\nu \rangle$ dell'esperimento SuperKamiokande. La linea tratteggiata in basso rappresenta la previsione per oscillazioni $\nu_\mu \to \nu_\tau$. (b) Rapporto R del numero di eventi indotti da ν_μ misurati e previsti dal Monte Carlo con (linea con banda di errore) e senza (linea tratteggiata a R=1) oscillazioni in MACRO. I punti rapresentano i dati

inoltre $\Delta m^2_{atm} \gg \Delta m^2_\odot$, si applicano di nuovo le condizioni che portano alla (12.55).

Dai dati sperimentali si ottengono informazioni su $\Delta m^2_{23} = \Delta m^2_{atm}$ e l'angolo $\theta_{23} = \theta_{atm}$. La regione dello spazio dei parametri permessi dagli esperimenti MACRO, SK e Soudan 2 è riportata in Fig. 12.15. I dati indicano che i valori preferiti corrispondono a una differenza di massa $\Delta m^2_{atm} = 0.0025$ eV^2 e ad un grado di mescolamento massimo $\sin^2 2\theta_{atm} = 1$.

L'esperimento SuperKamiokande (SK) utilizza un grande rivelatore cilindrico contenente 50000 tonnellate d'acqua. Il rivelatore è diviso in due regioni, interna ed esterna; nella superficie interna, sono posti 11200 grandi fotomoltiplicatori (PMT) in grado di rivelare deboli flash di luce emessa per effetto Cherenkov nell'acqua del rivelatore prodotti da particelle elettricamente cariche che l'attraversano. La parte esterna è un'anticoincidenza. La massa fiduciale del rivelatore è di 22500 t. Super-Kamiokande è situato in una miniera giapponese. Come già detto, l'esperimento misura anche i neutrini solari. Nel 2001 SK ha avuto un incidente che ha distrutto più della metà dei fotomoltiplicatori. È rientrato in funzione nel 2003 utilizzando solo la metà circa dei PMT, con una risoluzione energetica leggermente inferiore.

MACRO (1994-2000) usava un apparato di grandi dimensioni (12 m×9.3 m×76.6 m) posto nel Laboratorio Sotterraneo del Gran Sasso. Aveva una struttura modulare in 6 supermoduli di $12 \times 12 \times 9.4$ m^3. La parte inferiore era formata da tubi a *streamer limitato* intercalati con materiale passivo più due piani di scintillatori e un piano di rivelatori nucleari a tracce, la parte superiore era vuota e aveva un "tetto" di 4 piani orizzontali di tubi a streamer e un piano di scintillatori. Verticalmente l'apparato era circondato da un piano di scintillatori liquidi e 6 piani laterali di tubi a streamer in modo da formare una scatola chiusa.

12.8.1 Esperimenti long baseline

Dai risultati ottenuti con i neutrini atmosferici e dalla (12.49), risulta chiaro che, per sondare Δm^2 sufficientemente piccoli utilizzando fasci controllati di ν_μ generati da un acceleratore, è necessario progettare esperimenti a *long baseline* con neutrini muonici di relativamente bassa energia. I valori tipici $L \sim 1000$ km e $E_\nu \sim 1$ GeV permettono di essere sensibili a valori di $\Delta m^2 \geq 10^{-3}$ eV^2.

In precedenza avevano funzionato al CERN due esperimenti detti *short baseline*, denominati CHORUS e NOMAD. Questi erano esposti a un fascio di ν_μ di alta energia, avevano $L \sim 1$ km e avevano ricercato oscillazioni dei neutrini con $\Delta m^2 \sim 1$ eV, effettuando esperimenti di scomparsa e di comparsa. I risultati erano stati nulli, in quanto erano progettati per esplorare un intervallo di valori di Δm^2 che la Natura non aveva scelto.

A seguito dei risultati di MACRO, Soudan2 e SK, sono entrati in funzione diversi esperimenti di *long baseline*. In Giappone K2K: neutrini muonici prodotti e "sparati" dal protosincrotone KEK di 12 GeV, sono rivelati a 250 km di distanza dal rivelatore SK. Se i ν_μ oscillano in ν_τ durante il percorso da KEK a Kamioka, il numero di ν_μ osservati da SK sarà più piccolo di quanto ci si aspetterebbe senza oscillazioni. Negli USA l'esperimento MINOS: un intenso fascio di ν_μ è inviato dal Main Injector del Fermilab fino ad un rivelatore nella miniera Soudan (Minnesota) distante circa 730 km. Il rivelatore è un calorimetro a tracciamento di forma ottagonale largo 8 m, formato da strati di acciaio intercalati con scintillatori, e provvisto di un campo magnetico toroidale di ~ 1 T. I due esperimenti hanno fornito i primi risultati, perfettamente in accordo con quanto misurato dagli esperimenti *underground*. Sia MINOS che K2K misurano uno spettro energetico dei ν_μ distorto in modo consistente con quanto atteso delle oscillazioni dei neutrini.

Dal 2008 è in funzione il progetto *long baseline* del CERN (CNGS), dove vengono sparati ν_μ verso il Gran Sasso. L'energia dei neutrini è piuttosto ben determinata e la distanza è $L \simeq 730$ km fissa. Al Gran Sasso l'esperimento OPERA [07M1] misura ν_μ ed (eventualmente) l'apparizione di ν_τ previsti dai risultati di MACRO, SK, K2K e MINOS. La particolarità del progetto CNGS e di OPERA in particolare è proprio la possibilità di misurare *l'apparizione* dei ν_τ, rimuovendo ogni ipotesi alternativa all'oscillazione dei neutrini atmosferici in ν_τ.

OPERA è un rivelatore ibrido che utilizza l'alta precisione nel tracciamento delle particelle tipica delle emulsioni nucleari (Emulsion Cloud Chamber, ECC), con rivelatori elettronici e una notevole massa disponibile per le interazioni dei neutrini (~ 1.3 kt in totale). Ciascuna cella, mostrata in Fig. 12.16, consiste di una sottile lastra di piombo (1 mm di spessore), alternata con una coppia di strati di emulsione, ciascuno di spessore 44 μm, poste sui due lati di un supporto di plastica di spessore

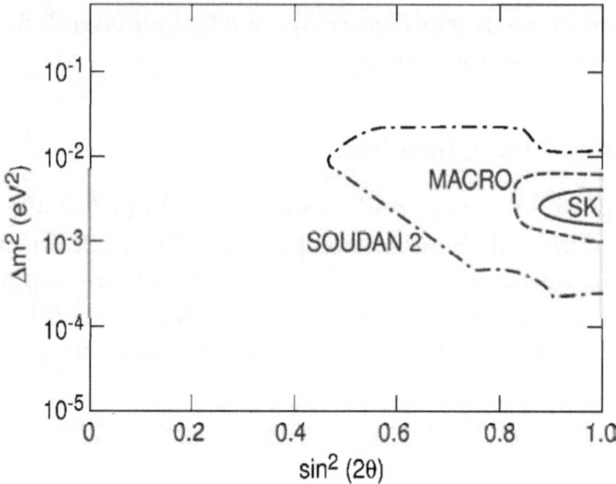

Figura 12.15. Regione permessa per le oscillazioni dei neutrini atmosferici. In ascissa il valore di $sin^2 2\theta_{atm}$ e in ordinata il valore di Δm^2_{atm} compatibile coi risultati di SK, MACRO e Soudan2

200 μm. L'elemento base, chiamato mattone (*brick*), consiste di 56 celle: ha dimensioni trasverse (10.2×12.7) cm^2 e uno spessore di 7.5 cm. Ogni mattone è seguito da due piani di scintillatori, che agiscono da tracciatore elettronico. Gli scintillatori ricostruiscono il vertice di interazione del neutrino muonico con una precisione dell'ordine del cm, sufficiente per localizzare il mattone in cui è avvenuta l'interazione. L'esperimento è organizzato in 2 supermoduli, per un totale di circa 150000 mattoni. Ciascun supermodulo è seguito da uno spettrometro magnetico per muoni, da tubi a deriva e da camere a piani resistivi (RPC). Lo spettromentro identifica i muoni e ne misura la quantità di moto e il segno della carica.

La ricerca di τ^- è effettuata sia nei canali di decadimento leptonici ($\tau^- \to e^- + \nu_\tau + \overline{\nu}_e$), ($\tau^- \to \mu^- + \nu_\tau + \overline{\nu}_\mu$) sia nel canale $\tau^- \to \pi^- + \nu_\tau$.

Nelle interazioni dei ν_μ, possono essere prodotti adroni che contengono il quark charm, ad esempio Λ_c^+, D^+. La vita media e la cinematica del decadimento di tali particelle sono simili a quelle del τ^-. Se nell'evento, oltre a tali adroni, è rivelato anche un muone, è chiaro che si tratta di una interazione di un ν_μ e pertanto l'evento non è considerato un candidato ν_τ. Gli spettrometri permettono di stabilire la carica del muone: se proviene dal decadimento di una particella con charm è positivo, quello atteso dal decadimento del τ^- è negativo. Per $\Delta m^2_{23} = 2.5 \times 10^{-3}$ eV^2 e $\sin^2 2\theta_{23} = 1$, il numero di τ atteso è 11 in 5 anni (con un fondo di 0.5 eventi). A Luglio 2010 è stato trovato il primo evento candidato ν_τ [1O1] (vedi Fig. 12.16).

12.9 Conseguenze delle oscillazioni dei neutrini

Il fatto che i neutrini abbiano massa, anche se piccola, è significativo e richiede modifiche nel Modello Standard del Microcosmo. Con tre autostati di massa del neutrino, ν_1, ν_2, ν_3 ci sono tre differenze di massa Δm^2_{ij}, con ovviamente:

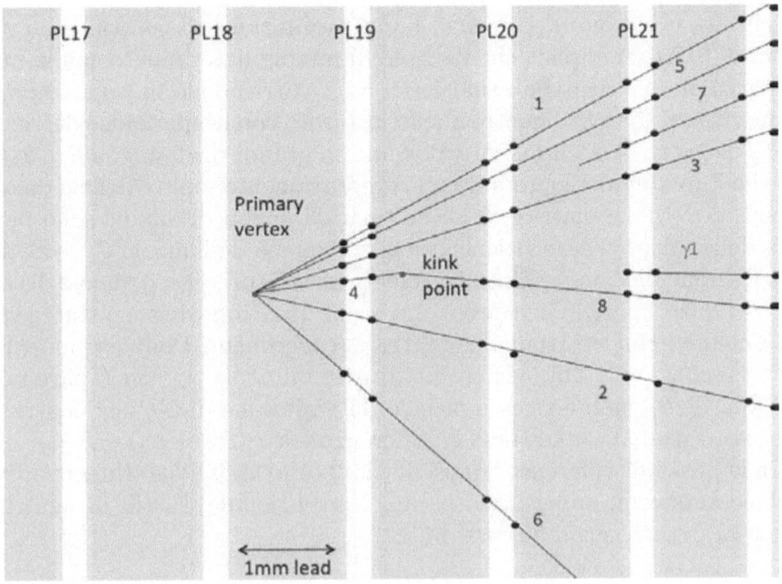

Figura 12.16. Display del primo candidato τ^- dell'esperimento OPERA Nel vertice d'interazione del neutrino (primary vertex) si ha la reazione $\nu_\tau + N \to \tau^- + 5$ *tracce cariche*. Il τ^- (traccia 4) decade dopo ~ 1 mm producendo un visibile e caratteristico "gomito" [1001]

$$\Delta m_{23}^2 + \Delta m_{12}^2 + \Delta m_{31}^2 = 0 \ . \tag{12.65}$$

Le misure attuali hanno permesso di determinare due delle tre differenze di massa: $\Delta m_\odot^2$ nel caso dei neutrini solari (e KamLAND), Fig. 12.12, e Δm_{atm}^2 nel caso degli atmosferici (e K2K, MINOS), Fig. 12.15. Gli esperimenti non possono indicare se i due autostati di massa che si propagano dal sole (separati da $\Delta m_\odot^2$) sono *sopra* o *sotto* rispetto a Δm_{atm}^2 (in Fig. 12.17 si assume che siano *sotto*). Queste due possibilità sono indicate talvolta come spettro *normale* o *invertito*. La possibilità di discriminare tra le due opzioni potrebbe essere risolta con un fascio di neutrini da acceleratori che passino attraverso la materia. In Fig. 12.17 è schematizzato anche il contenuto dei diversi sapori di neutrino per ciascun autostato di massa, dato da $|\langle \nu_f | \nu_i \rangle|^2 = |U_{fi}|^2$. Per semplicità, nella figura si trascura la piccola (e ancora sconosciuta) frazione di ν_e in ν_3.

La frazione di ν_e in ν_3, ossia $|U_{e3}|^2 = |U_{13}|^2 = s_{13}^2$ nella matrice (12.51), è attualmente solo vincolata superiormente dai dati ($|U_{e3}|^2 < 0.032$, si veda anche il Problema 12.12). Una futura misura di precisione di questa grandezza è fondamentale: nella matrice (12.51) la fase δ che può portare alla violazione di CP nelle oscillazioni dei neutrini, entra nella matrice U solo in combinazione con s_{13}. La possibile scoperta di tale violazione è molto complicata dal punto di vista sperimentale.

Poiché s_{13} è piccolo ($\theta_{13} < 10°$), l'approssimazione di neutrino con massa dominante (§12.6.2) implica che l'angolo di mixing determinato con la misura della sparizione dei neutrini atmosferici θ_{atm} corrisponde in buona approssimazione a $\theta_{23} \simeq 45° \pm 8°$, mentre quello misurato con la sparizione dei neutrini solari $\theta_{\odot} \simeq \theta_{12} \simeq 34.5° \pm 1.7°$. I valori molto grandi degli angoli θ_{12}, θ_{23} mostrano che il mixing dei leptoni ha un comportamento molto diverso da quello dei quark, dove nella matrice di CKM tutti gli angoli di mixing sono piccoli.

Una delle misure che si ritiene cruciale, è quella dell'angolo θ_{13}, che determina la frazione di ν_e in ν_3. Un esperimento che misuri questo angolo deve avere $L/E \sim O(10^3 \text{ km/GeV})$, e deve coinvolgere ν_e. Proposte sono state avanzate per (anti)neutrini elettronici da reattore (esperimenti Double Chooz, Reno, Daya Bay), con $L \sim 1$ km, e lo studio di possibili $\nu_\mu \to \nu_e$ con L pari a centinaia di km. Se θ_{13} non è troppo piccolo, la violazione di CP nei neutrini potrebbe essere studiata attraverso la differenza tra $P(\nu_\alpha \to \nu_\beta) - P(\overline{\nu}_\alpha \to \overline{\nu}_\beta)$, ossia tra le possibili differenze tra oscillazioni di *neutrino* e *antineutrino*. Questo richiederebbe un super-intenso (ma convenzionale) fascio di neutrini (o antineutrini), come quelli discussi in §8.7.

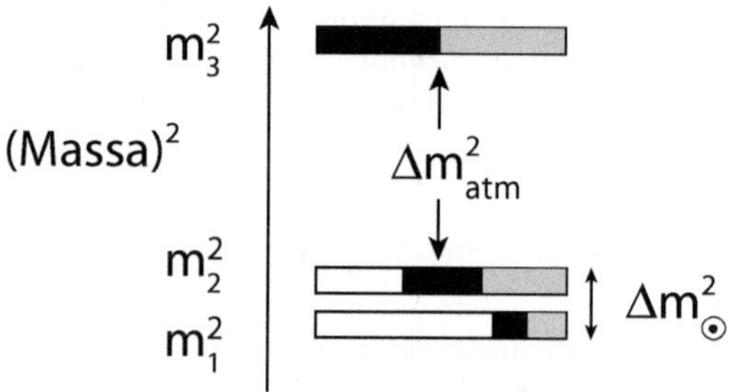

Figura 12.17. Spettro di massa dei tre neutrini ν_1, ν_2, ν_3 (dal basso verso l'alto), assumendo $m_{\nu_3} > m_{\nu_2} > m_{\nu_1}$. Poiché gli autostati delle interazioni deboli ν_e, ν_μ, ν_τ sono combinazione lineare degli autostati di massa, dagli esperimenti (ν dal sole, reattori, atmosferici, long baseline) si può determinare la percentuale di ν_e, ν_μ, ν_τ in ν_1, ν_2, ν_3. Questa percentuale è rappresentata dalle ombreggiature nel disegno. Il ν_3 è 50% ν_μ (in nero) e 50% ν_τ (grigio). Il ν_2 è circa 1/3 ν_e (bianco), 1/3 ν_μ, 1/3 ν_τ. Infine, nel ν_1 domina il ν_e [08P1]

Occorre infine rimarcare che le oscillazioni dei neutrini permettono di misurare *le differenze di massa* dei neutrini, ma non le *masse* dei neutrini. Con 3 neutrini, e la gerarchia di masse mostrate in Fig. 12.17 (o anche quella invertita), si può stimare che la massa del più pesante dei tre autostati di massa sia pari a $\sqrt{\Delta m^2_{atm}} \simeq 0.04$ eV. In tal caso, i neutrini che sono così abbondanti nell'universo, giocherebbero un ruolo marginale come massa e quindi non riuscirebbero a spiegare tutta la "massa mancante" dell'universo (Cap. 13). Potrebbe però anche darsi che i tre neutrini abbiano massa comune relativamente più elevata, con piccole differenze di massa. In tale caso, la loro massa giocherebbe un ruolo importante nell'universo. I dati che provengono dalla cosmologia pongono un limite superiore alle masse dei neutrini:

$$\sum_i m_i < (0.17 \div 2.0)eV \ . \tag{12.66}$$

L'intervallo di valori riflette la dipendenza dalle assunzioni dei diversi modelli cosmologici.

L'asimmetria tra barioni e antibarioni nell'universo non può essersi sviluppata senza una qualche violazione di CP durante le prime fasi dell'universo (che descriveremo nel prossimo capitolo). La sola sorgente nota di violazione di CP (nel settore del mixing dei quark) non è sufficiente per spiegare le osservazioni. Dunque, una violazione di CP nel settore leptonico potrebbe essere responsabile dell'asimmetria, e questo rende lo studio delle oscillazioni dei neutrini uno dei più importanti campi di studio che connettono microcosmo e macrocosmo.

Microcosmo e Macrocosmo

Il Modello Standard (*"Standard Model"*, *SM*) del microcosmo, il modello delle interazioni forte ed elettrodebole, è una teoria di gauge in cui i fermioni fondamentali sono quark e leptoni; è basata sul gruppo di simmetria $SU(3)_C \times \{SU(2)_L \times U(1)_Y\}$. Per energie inferiori a circa 100 GeV, la simmetria $\{SU(2)_L \times U(1)_Y\}$ è rotta spontaneamente attraverso il meccanismo di Higgs, con la conseguenza che i 3 bosoni vettori mediatori dell'interazione debole (W^+, W^-, Z^0) acquistano massa. I bosoni vettoriali mediatori dell'interazione forte (8 gluoni) e dell'interazione elettromagnetica (il fotone) restano senza massa.

Le previsioni dello SM sono state verificate con grande precisione, in particolare al LEP alle energie della Z^0 (vedi Capitolo 9). Si può quindi concludere che, almeno fino a $\sqrt{s} \simeq$ alcune centinaia di GeV, lo SM fornisca un'ottima descrizione dei fenomeni del microcosmo, anche se un elemento essenziale quale il bosone di Higgs resta da scoprire e da studiare.

Ci sono molte motivazioni, tuttavia, per ritenere che lo SM sia incompleto e che rappresenti una teoria valida a energie relativamente basse. Elenchiamo alcune di queste motivazioni:

(i) presenta molti parametri i cui valori numerici non sono giustificabili teoricamente (le masse dei leptoni, dei quark e dei bosoni di gauge, la massa del bosone di Higgs, gli accoppiamenti e altri parametri);

(ii) ha una struttura in tre famiglie che resta non spiegata;

(iii) in una stessa famiglia sono posti due leptoni e due quark senza una vera giustificazione, anche se tale parallelismo dà luogo alla cancellazione di divergenze;

(iv) non contiene la gravità, che è una interazione fondamentale;

(v) ci sono vari problemi di "estetica" matematica e fisica non risolti. Per esempio, la carica elettrica dei fermioni e bosoni fondamentali appare quantizzata in multipli di $\frac{1}{3}e$, senza una profonda giustificazione;

(vi) vi è il problema della *gerarchia*. La scala di un'eventuale unificazione con la gravità è dell'ordine di 10^{19} GeV. Ci si domanda com'è possibile che le masse dei bosoni vettori (circa 100 GeV) possano essere tanto più piccole;

Braibant S., Giacomelli G., Spurio M.: Particelle e interazioni fondamentali. Il mondo delle particelle
DOI 10.1007/978-88-470-2754-1_13, © Springer-Verlag Italia 2012

(*vii*) l'asimmetria materia-antimateria osservata nell'universo non è giustificata dalla violazione di CP prevista nell'ambito dello SM.

Per tali motivi sono stati ricercati modelli più completi che contengano al loro interno, alle energie più basse, lo SM. Alcuni di questi modelli considerano quark e leptoni come oggetti composti da particelle ancora più elementari (*Modelli composti, "compositi", "Composite Models"*), altri considerano composti il bosone di Higgs o i bosoni $W^\pm$, Z^0, altri modelli ricercano simmetrie più complete, quali *la Supersimmetria*, oppure ricercano una vera unificazione elettrodebole e forte in termini di un unico gruppo di simmetria (*Teorie della Grande Unificazione*, GUT), altri cercano di mettere insieme anche la gravità (*Supergravità*). In seguito verranno brevemente discussi, in modo qualitativo e semplificato, alcuni di questi modelli.

È da notare che la scala energetica naturale di alcuni modelli è il TeV (Supersimmetria, Modelli composti), mentre quella di altri è molto più elevata, dell'ordine di 10^{15} GeV (GUT) e 10^{19} GeV (Supergravità). Potrebbero esservi anche scale intermedie dell'ordine dei 10^{10} eV. Le ricerche connesse con particelle supersimmetriche riguardano energie dell'ordine del TeV, cioè energie accessibili con LHC. Le energie connesse con le teorie GUT sono invece dell'ordine di 10^{15} GeV. Non è pensabile che esse possano essere raggiunte con acceleratori sulla Terra. Occorre quindi cercare particelle "fossili" prodotte nei primi istanti dell'universo (per esempio, i monopoli magnetici, Problema 13.12) oppure cercare fenomeni molto rari, quali il decadimento del protone.

Nel passato sono state messe in evidenza alcune connessioni fra microcosmo e macrocosmo, ma solo recentemente tali connessioni sono state comprese in tutta la loro importanza. Si può dire, in generale, che la nostra conoscenza dei fenomeni submicroscopici ci permette di capire l'universo, anche se talvolta è avvenuto proprio il contrario. Sicuramente, la connessione più importante è quella necessaria per comprendere cosa sia avvenuto nei primi istanti dell'universo, subito dopo il Big Bang [88G1]. In quegli attimi, l'universo aveva dimensioni piccolissime e si poteva considerare come un gas caldissimo di particelle estremamente energetiche. Con il passare del tempo l'universo si espandeva (in quattro dimensioni), si raffreddava (cioè l'energia media dei suoi costituenti diminuiva) e passava attraverso varie transizioni di fase; la temperatura diminuiva e la natura delle particelle coinvolte nel "gas universo" variava [08W1].

Le teorie unificate delle interazioni fondamentali sono state sviluppate nel contesto della fisica delle particelle, e subito applicate per descrivere l'evoluzione dell'universo dopo il Big Bang. D'altra parte per i fisici subnucleari, i primi attimi dell'universo rappresentano l'equivalente di un acceleratore senza limiti di energia. Le collisioni al LEP hanno riprodotto situazioni che erano tipiche circa $10^{-10} \div 10^{-9}$ s dopo il Big Bang, mentre le collisioni che verranno studiate a LHC ($\sqrt{s} = 14$ TeV) corrispondono a situazioni tipiche di circa $10^{-12} \div 10^{-11}$ s dopo il Big Bang.

13.1 La Grande Unificazione

Come detto nell'introduzione al punto (*iii*), in una stessa famiglia di fermioni del Modello Standard sono posti due quark e due leptoni senza darne una spiegazione. Possiamo pensare che i quark e i leptoni siano manifestazioni differenti di una stessa particella. Ciò porterebbe a ritenere che esista un collegamento tra l'interazione forte, che agisce fra quark, e l'interazione elettrodebole che agisce fra leptoni e fra quark. Si può pensare ad un raggruppamento di quark e leptoni e a un raggruppamento delle forze fondamentali. Fra i membri del multipletto di due quark e due leptoni ci dovrebbe perciò essere sia l'interazione forte e debole fra due quark, sia quella debole fra due leptoni e una nuova interazione fra un quark e un leptone. In questo modo si può pensare a una vera unificazione delle tre forze fondamentali, l'elettrodebole e quella forte (resterebbe fuori solo la gravità).

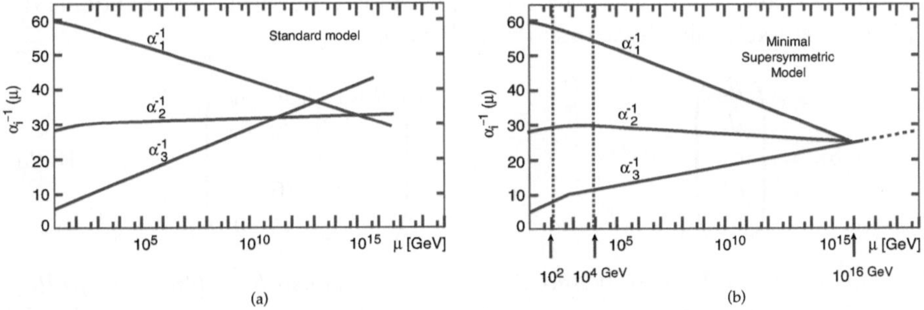

Figura 13.1. Dipendenza energetica degli inversi delle costanti di accoppiamento $g, g', g_S (= \alpha_1, \alpha_2, \alpha_3)$ fino a 100 GeV e loro *estrapolazione* all'energia di 10^{15} GeV, (a) secondo il Modello più semplice e (b) includendovi la Supersimmetria nella forma del Modello Supersimmetrico Minimale (MSSM)

Un'altra indicazione a favore della *Teoria della Grande Unificazione* viene dall'evoluzione con l'energia degli inversi delle tre costanti di accoppiamento $g = e/\sin\theta_w$, $g' = e/\cos\theta_w$, $g_S = \sqrt{4\pi\alpha_S}$ (vedi Fig. 13.1a). All'aumentare dell'energia le tre costanti si avvicinano e, se la dipendenza dall'energia non varia, come potrebbe succedere nel passaggio attraverso una certa soglia energetica, dovrebbero diventare quasi uguali all'enorme energia [1] di circa 10^{15} GeV [94D2, 94L2].

Per incorporare quark e leptoni in una singola famiglia, dobbiamo allargare il gruppo di simmetria. Questo gruppo dovrebbe contenere le particelle fondamentali note, spiegare la Grande Unificazione delle interazioni e, tramite rottura spontanea della simmetria, all'energia di circa 10^{15} GeV, deve dar luogo alle simmetrie dello SM. Qundi, si deve avere:

---

[1] Questa estrapolazione su 13 ordini di grandezza è una pura ipotesi di lavoro.

$$\mathrm{SU(5)} \xrightarrow{10^{15}\,\mathrm{GeV}} \mathrm{SU(3)}_C \times \mathrm{SU(2)}_L \times \mathrm{U(1)}_Y \xrightarrow{10^{2}\,\mathrm{GeV}} \mathrm{SU(3)}_C \times \mathrm{U(1)}_{EM} \ . \qquad (13.1)$$

Il gruppo speciale di simmetria unitaria SU(5) è il più semplice gruppo di simmetria GUT a cui si può pensare; corrisponde a simmetria per rotazioni in uno spazio interno a 5 dimensioni. Le rotture spontanee presenti nella (13.1) spiegano come un'unica forza unificata alle altissime energie si separi spontaneamente prima, a 10^{15} GeV, nelle interazioni forte ed elettrodebole, e poi, a 10^2 GeV, nelle tre interazioni che conosciamo bene. Per spiegare la rottura della simmetria a 10^{15} GeV occorre introdurre un meccanismo di rottura spontanea della simmetria simile al meccanismo di Higgs; per spiegare la simmetria GUT occorre introdurre altri bosoni vettori.

Nel gruppo di simmetria SU(5), sono naturalmente contenuti quark e leptoni della prima famiglia. Il gruppo SU(5) ha una rappresentazione contenente un multipletto a 5 dimensioni e una matrice 5×5. Il multipletto a 5 oggetti è del tipo R, cioè con particelle destrorse (*"right-handed"*). La matrice 5×5 è una matrice antisimmetrica, che ha quindi solo 10 particelle indipendenti del tipo L, cioè particelle sinistrorse (*"left-handed"*):

$$5_R = \begin{pmatrix} d_r \\ d_b \\ d_g \\ e^+ \\ \overline{\nu}_e \end{pmatrix}_R \qquad (5 \times 5)_L = \begin{pmatrix} 0 & \overline{u}_g & \overline{u}_b & u_r & d_r \\ & 0 & \overline{u}_r & u_b & d_b \\ & & 0 & u_g & d_g \\ & & & 0 & e^+ \\ & & & & 0 \end{pmatrix}_L \qquad (13.2a)$$

dove gli indici r, b, g indicano il colore ($r = rosso, b = blu, g = giallo$). Altri multipletti si riferiscono alle antiparticelle corrispondenti a quelle dei multipletti (13.2a) e sono del tipo:

$$\overline{5}_L = \begin{pmatrix} \overline{d}_r \\ \overline{d}_b \\ \overline{d}_g \\ e^- \\ \nu_e \end{pmatrix}_L \qquad (5 \times 5)_R = \begin{pmatrix} 0 & u_g & u_b & \overline{u}_r & \overline{d}_r \\ & 0 & u_r & \overline{u}_b & \overline{d}_b \\ & & 0 & \overline{u}_g & \overline{d}_g \\ & & & 0 & e^- \\ & & & & 0 \end{pmatrix}_L \ . \qquad (13.2b)$$

Carica frazionaria dei quark. La carica totale delle particelle di ciascun multipletto deve essere nulla, cioè $Q(d_r + d_b + d_g + e^+ + \overline{\nu}_e) = (-1/3 - 1/3 - 1/3 + 1 + 0) = 0$, e analogamente, per il determinante delle matrici (13.2a, 13.2b) a destra. Ciò implica che la carica dei quark sia frazionaria e che la carica del protone sia uguale e di segno contrario a quella dell'elettrone, $Q_p = -Q_e$.

Doppietti $(\nu_e, e^-)_L$, $(u, d')_L$**.** Le teorie GUT spiegano la somiglianza della classificazione in doppietti deboli di leptoni e quark, per esempio, $(\nu_e, e)_L$, $(u, d')_L$ e spiegano il fatto che, per le loro cariche elettriche, si abbia $Q(\nu) - Q(e) = Q(u) - Q(d)$.

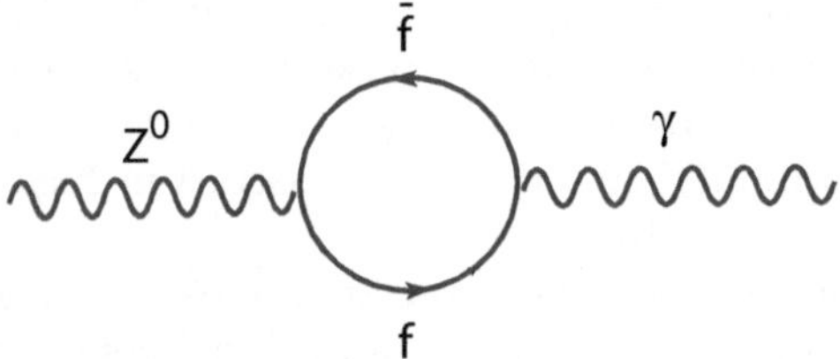

Figura 13.2. Accoppiamento $Z^0\gamma$ attraverso una coppia di fermioni

Predizione di sin²θ_w. Il diagramma di Fig. 13.2 mostra il mescolamento del bosone Z^0 con il fotone γ attraverso una coppia fermione-antifermione (può essere considerato un mescolamento analogo a quello $K^0 - \overline{K^0}$ presentato nel §12.2).

L'accoppiamento della Z^0 alla coppia $f\bar{f}$ è $I_3 - Q\sin^2\theta_w$ (11.75a); l'accoppiamento del γ alla coppia $f\bar{f}$ è Q; per la rappresentazione $\bar{5}$ di GUT, si ha (gli stati L degli antiquark hanno $I_3 = 0$):

$$
\begin{array}{ccc}
\text{Particelle} & I_3 & Q \\
\\
\begin{pmatrix} \bar{d}_r \\ \bar{d}_b \\ \bar{d}_g \\ e \\ \nu_e \end{pmatrix}_L &
\begin{array}{c} 0 \\ 0 \\ 0 \\ -1/2 \\ +1/2 \end{array} &
\begin{array}{c} +1/3 \\ +1/3 \\ +1/3 \\ -1 \\ 0 \end{array}
\end{array}\ .
$$

La somma degli accoppiamenti per i 5 membri del multipletto è

$$\Sigma_5 Q(I_3 - Q\sin^2\theta_w) = 0 \tag{13.3a}$$

perché Z^0, γ sono stati ortonormali e si deve avere $\langle Z^0|\gamma\rangle = 0$. Dalla (13.3a) si ottiene:

$$\sin^2\theta_w = \frac{\Sigma Q I_3}{\Sigma Q^2} = \frac{3}{8}\ . \tag{13.3b}$$

È un valore grande rispetto a quello misurato a $\sqrt{s} = 91$ GeV ($\sin^2\theta_w \simeq 0.23$), ma si riferisce all'energia di unificazione GUT, $\sim 10^{15}$ GeV. Se applichiamo alle costanti di accoppiamento g, g' le correzioni indicate in Fig. 13.1, si trova $\sin^2\theta_w(\sqrt{s} = 91$ GeV$) \simeq 0.21$, che dimostra un miglior accordo con il valore misurato.

13.1.1 Decadimento del protone

I bosoni di gauge generano transizioni fra i membri di un multipletto: per esempio, nel quintetto $\bar{5}$ nell'Eq. 13.2b, i gluoni generano transizioni fra i quark, i bosoni $W^\pm$ generano transizioni fra e^- e $\bar{\nu}_e$ (e fra quark di sapore diverso).

In SU(5) debbono esistere bosoni massivi (denotati X, Y) che generano transizioni fra quark e leptoni, violando la conservazione sia del numero barionico che del numero leptonico. Deve quindi essere possibile il decadimento del protone tramite diagrammi del tipo di quelli illustrati in Fig. 13.3, con scambio di bosoni massivi ($m_{X,Y} \sim 10^{15}$ GeV).

I risultati sperimentali ottenuti con grandi rivelatori sotterranei, contenenti migliaia di tonnellate di acqua (contatori di Cherenkov ad acqua) e con calorimetri a campionamento con circa 1000 t di ferro, hanno mostrato che la vita media del protone è lunghissima $\tau_p(p \to \pi^0 e^+) > 8.2 \cdot 10^{33}$ anni. I calcoli basati sui diagrammi di Fig. 13.3, utilizzando SU(5), prevedono una vita media inferiore, circa 10^{30} anni. Nonostante la sua bellezza, sembra quindi che il più semplice modello GUT, basato su SU(5), sia da scartare. Esistono in effetti altri modelli basati su gruppi più complessi, per esempio, SO(10), che hanno un maggior numero di parametri e prevedono vite medie più lunghe. L'abbinamento della Supersimmetria a GUT porta a considerare, come decadimenti più probabili, decadimenti del tipo $p \to K^+ \nu$, e porta a una vita media più lunga, circa 10^{33} anni (l'attuale limite sperimentale è $\tau_p > 6.7 \cdot 10^{32}$ anni).

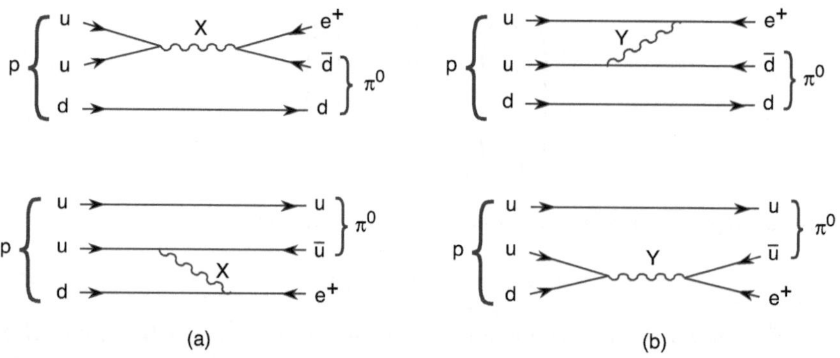

Figura 13.3. Esempi di diagrammi illustrativi del decadimento del protone, $p \to e^+ \pi^0$, in teorie GUT, tramite lo scambio (a) del bosone X (avente carica elettrica $+4/3$) e (b) del bosone Y (con carica $+1/3$) di SU(5)

13.1.2 Monopoli magnetici

Le teorie GUT prevedono l'esistenza di *monopoli magnetici* supermassivi che sarebbero stati creati come difetti topologici puntiformi al momento della rottura della simmetria Grand-Unificata in sottogruppi, uno dei quali è il gruppo U(1)$_Y$, quindi all'energia di 10^{15} GeV (13.1). Tali monopoli magnetici dovrebbero avere una massa m_M uguale alla massa dei bosoni massivi X, Y, divisa per la costante di accoppiamento unificata, α, a 10^{15} GeV:

$$m_M \simeq \frac{m_X}{\alpha} \sim \frac{10^{15}}{0.03} \sim 3 \times 10^{16} \text{ GeV} . \tag{13.4}$$

La carica magnetica g posseduta dai monopoli magnetici è quella prevista dalla relazione di Dirac

$$e\,g = n\,\hbar c \tag{13.5}$$

dove n è un numero intero. Se si prende come carica elettrica elementare quella dell'elettrone, ed $n = 1$, si ha $g = 68.5e$ nel sistema di unità di misura simmetrico di Gauss. La carica g è quindi una carica magnetica enorme. L'introduzione dei monopoli magnetici porta a una completa simmetria fra cariche elettriche e cariche magnetiche; la simmetria è numericamente "guastata" dal valore della carica magnetica fondamentale, molto maggiore di quella elettrica, e dalla massa incredibilmente grande dei monopoli, $m_M \sim 10^{17}$ GeV.

Il problema successivo è quello della produzione dei monopoli magnetici e della loro abbondanza attuale nell'universo. Monopoli con masse così grandi non possono essere prodotti con nessun acceleratore terrestre, né quelli attuali, né quelli prevedibili anche per un lontano futuro; potrebbero essere stati prodotti soltanto nel primo universo, pochi istanti dopo il Big Bang, nella transizione di fase avvenuta al momento della rottura della simmetria GUT in sottogruppi contenenti un gruppo U(1). In questo caso, i monopoli magnetici sarebbero stati prodotti come difetti topologici. Il numero di monopoli prodotti secondo questo meccanismo dipende dal numero di regioni causalmente disconnesse: nella cosmologia senza *inflazione* (vedi §13.6) il numero era elevato, quindi si sarebbe dovuto produrre un grande numero di monopoli magnetici. Se l'universo è passato attraverso una fase inflattiva, allora il numero di regioni non causalmente connesse è uno o piccolo e il numero di monopoli sarebbe molto basso.

Un altro modo di produzione è quello in collisioni di alta energia subito dopo la transizione di fase, per esempio, $e^+e^- \rightarrow M\overline{M}$. Questo meccanismo può persistere per un tempo limitato dopo la transizione di fase, perché l'energia media per ogni particella diminuiva rapidamente al passare del tempo.

Tutte le ricerche sinora effettuate sui monopoli magnetici hanno dato esiti negativi [84G1].

13.1.3 Cosmologia. Primi attimi dell'universo

Come già accennato nel caso dei monopoli magnetici, le idee che sono alla base delle Teorie di Grande Unificazione portano ad influenzare la cosmologia nei *primi attimi dell'universo*. L'ipotesi di un universo che ha avuto un'origine puntiforme (il *Big Bang*) e che ha iniziato subito ad espandersi, porta a pensare a temperature iniziali colossali che diminuiscono col passare del tempo. Si può pensare che la durata corrispondente alla validità dell'unificazione delle interazioni elettrodebole e forte vada da 10^{-44} s a 10^{-35}s, quando l'universo presentava un elevato stato di simmetria. Con l'abbassamento della temperatura si possono avere transizioni di fase. Ciò avviene ad esempio per una sostanza magnetica che, al di sotto della temperatura di Curie, perde la simmetria rotazionale e viene a presentare domini magnetici, cioè una fase molto più ordinata, ma con minor grado di simmetria. Quindi si hanno le maggiori simmetrie a temperature elevate. Si può pensare che qualcosa di questo tipo sia successo a $t = 10^{-35}$ s, corrispondente alla temperatura di 10^{15} GeV ($\simeq 10^{28}$ K). In questa transizione di fase, quasi sicuramente esotermica, dovrebbero essere avvenuti molti fatti importanti per l'evoluzione dell'universo. Può esserci stata un'espansione esponenziale dell'universo; possono essere stati creati monopoli magnetici e altre particelle; il decadimento dei mediatori X e Y può aver dato inizio alla generazione dell'asimmetria barionica dell'universo, ecc.

Analizziamo brevemente questo ultimo punto. Le teorie GUT prevedono processi con violazione del numero barionico (e di quello leptonico). A queste violazioni può unirsi anche una piccola violazione di CP, ciò vuol dire che nei decadimenti dei bosoni X, Y è stato prodotto un numero di particelle lievemente superiore al numero di antiparticelle. Quando più tardi nell'evoluzione dell'universo si giunge alle fasi di annichilazione, prima dei quark con gli antiquark e poi dei positroni con gli elettroni, alla fine resta quella frazione di particelle in più (piccola in percentuale, ma grande in numero) che darà poi luogo all'universo fatto di materia, senza antimateria. Queste considerazioni portano alla spiegazione dell'attuale rapporto fra numero di barioni e numero di fotoni, che ha il valore $\eta = n_B/n_\gamma \simeq 10^{-9} \div 10^{-10}$. I fotoni sono principalmente i fotoni della radiazione cosmica di fondo che riempie tutto l'universo. Hanno una temperatura di 2.7 K, corrispondente a energie tipiche di circa 10^{-4} eV. Quindi, mentre il numero di fotoni è molto maggiore di quello dei barioni, l'energia di massa dei barioni (~ 940 MeV per barione) domina l'energia visibile totale. Le teorie GUT sono attualmente le uniche che spiegano il piccolo valore di n_B/n_γ.

13.2 Supersimmetria (SUSY)

Le trasformazioni finora viste collegano particelle dello stesso tipo; si può dire, in generale, che "ruotano" stati bosonici in altri stati bosonici, oppure stati fermionici in altri stati fermionici. Le *trasformazioni supersimmetriche* trasformano (ruotano) uno stato bosonico in uno fermionico e viceversa. Se queste trasformazioni esistessero, ciò implicherebbe che bosoni e fermioni siano manifestazioni diverse di stati unificati: nello stesso multipletto esisterebbero fermioni e bosoni. Alle trasformazioni supersimmetriche corrispondono teorie invarianti rispetto a tali trasformazioni; queste teorie sono chiamate *teorie supersimmetriche*. Esse rappresentano una nuova forma di unificazione. L'operazione di Supersimmetria cambia di 1/2 lo spin delle particelle, lasciando invariate la carica elettrica e la carica di colore.

La Supersimmetria presenta un interesse culturale in se stessa; inoltre risolve alcune delle difficoltà delle teorie Grand-Unificate. Senza la Supersimmetria è infatti difficile capire perché le particelle fondamentali note siano così leggere rispetto alla scala di Grand-Unificazione che è di circa 10^{15} GeV. La Supersimmetria è in grado di risolvere questo problema di *gerarchia*. Ci sono altre motivazioni, quali la soluzione del problema di divergenze (per esempio, le correzioni radiative relative alla massa del bosone di Higgs), che hanno portato a studiare le teorie Grand-Unificate supersimmetriche [94L2]. C'è inoltre interesse nelle teorie di *supergravità* dove i concetti supersimmetrici portano all'unificazione con la gravità.

Secondo la Supersimmetria, ad ogni bosone fondamentale noto deve corrispondere un partner fermionico con spin che differisce di 1/2 e ad ogni fermione fondamentale un partner bosonico con spin anch'esso differente di 1/2: i partner delle particelle sono chiamati *sparticelle*. Non sembra però possibile collegare tra loro i bosoni e fermioni fondamentali noti: ci deve essere quindi una rottura di SUSY perché le particelle e sparticelle corrispondenti dovrebbero avere altrimenti la stessa massa. Perciò tutti i partner supersimmetrici debbono essere nuove particelle; tutte le nuove *sparticelle* sono previste essere più pesanti delle particelle note. D'altra parte non possono essere più pesanti di circa un TeV, se debbono contribuire a risolvere il *problema della gerarchia*.

Si può postulare l'esistenza di un operatore U che trasformi un fermione in un bosone variando lo spin di 1/2 e viceversa:

$$U|\text{fermione}\rangle = |\text{bosone}\rangle$$
$$U|\text{bosone}\rangle = |\text{fermione}\rangle \ . \tag{13.6}$$

La simmetria fermione-bosone implica che esistano doppietti contenenti un quark q e il suo partner supersimmetrico, denotato *squark* $\tilde{q}$ (quark scalare), e analogamente per un leptone e il bosone corrispondente, lo *sleptone* $\tilde{l}$ (leptone scalare):

$$\begin{pmatrix} q \\ \tilde{q} \end{pmatrix}, \begin{pmatrix} l \\ \tilde{l} \end{pmatrix} \quad \text{aventi spin} \quad \begin{pmatrix} 1/2 \\ 0 \end{pmatrix} \ . \tag{13.7}$$

Le sparticelle si accoppiano ai campi con la stessa costante di accoppiamento delle particelle. Per esempio, gli accoppiamenti qqg, $\tilde{q}\tilde{q}g$, ggg, $\tilde{g}\tilde{g}\tilde{g}$ sono tutti determinati da α_S. In modo analogo, si hanno doppietti per un bosone vettoriale e il suo partner supersimmetrico:

$$\begin{pmatrix} \gamma \\ \tilde{\gamma} \end{pmatrix}, \begin{pmatrix} Z^0 \\ \tilde{Z}^0 \end{pmatrix}, \begin{pmatrix} W^+ \\ \tilde{W}^+ \end{pmatrix}, \begin{pmatrix} W^- \\ \tilde{W}^- \end{pmatrix} \text{aventi spin} \begin{pmatrix} 1 \\ 1/2 \end{pmatrix} \ . \tag{13.8}$$

Il bosone di Higgs ha spin $S = 0$; il suo partner supersimmetrico ha spin $S = 1/2$.

La notazione dei partner dei bosoni è la seguente: partendo dal nome ordinario si aggiunge il suffisso *ino*: fotone $\rightarrow$ *fotino*, $Z^0 \rightarrow$ *zino*, $W^+ \rightarrow$ *wino*, Higgs $\rightarrow$ *higgsino*.

Particelle, $R = +1$			Sparticelle, $R = -1$		
Particelle	Spin	Carica	Sparticelle	Spin	S-nome
e	$1/2$	-1	$\tilde{e}$	0	selectron
μ	$1/2$	-1	$\tilde{\mu}$	0	smu
τ	$1/2$	-1	$\tilde{\tau}$	0	stau
ν	$1/2$	0	$\tilde{\nu}$	0	sneutrino
q	$1/2$	$2/3, -1/3$	$\tilde{q}$	0	squark
g	1	0	$\tilde{g}$	$1/2$	gluino
γ	1	0	$\tilde{\gamma}$	$1/2$	photino
Z^0	1	0	$\tilde{Z}$	$1/2$	zino
$H_u^0,\ H_d^0$	0	0	$\tilde{H}_u^0,\ \tilde{H}_d^0$	$1/2$	neutral higgsino
$H_u^+,\ H_d^-$	0	± 1	$\tilde{H}_u^+,\ \tilde{H}_d^-$	$1/2$	charged higgsino
$W^\pm$	1	± 1	$\tilde{W}$	$1/2$	wino
G	2	0	$\tilde{G}$	$3/2$	gravitino

Tabella 13.1. Particelle fondamentali e rispettivi partner supersimmetrici [93G1]. Si sono considerati solo i bosoni di Higgs del MSSM

13.2.1 Modello Standard Supersimmetrico Minimale (MSSM)

La Tab. 13.1 dà un quadro generale delle particelle fondamentali e dei loro partner supersimmetrici. Si riferisce al Modello Standard Supersimmetrico Minimale (MSSM), il modello supersimmetrico più semplice; ci limiteremo a fare alcune considerazioni solo su questo modello. Le Tabb. 13.1 e 13.2 si riferiscono al MSSM. In questo modello, occorre introdurre un minimo di due doppietti complessi di bosoni di Higgs $\left(\begin{smallmatrix} H_u^+, \\ H_d^0 \end{smallmatrix}\right)$ e $\left(\begin{smallmatrix} H_u^0, \\ H_d^- \end{smallmatrix}\right)$, per generare le masse dei quark di tipo "up" e "down" e le masse dei leptoni carichi. Gli stati supersimmetrici neutri dovrebbero mescolarsi in modo analogo a quanto visto nel Cap. 12 per altri sistemi. I quattro fermioni neutri $\tilde{\gamma}$, $\tilde{Z}$, $\tilde{H}_u^0$, $\tilde{H}_d^0$ non sono autostati di massa; questi ultimi sono i *neutralini* $\tilde{\chi}_1^0$, $\tilde{\chi}_2^0$, $\tilde{\chi}_3^0$, $\tilde{\chi}_4^0$, espressi con un mescolamento del tipo:

$$\tilde{\chi}_{1,2,3,4}^0 = a\tilde{\gamma} + b\tilde{Z} + c\tilde{H}_u^0 + d\tilde{H}_d^0 \tag{13.9}$$

con coefficienti diversi per $\tilde{\chi}_1^0$, $\tilde{\chi}_2^0$, $\tilde{\chi}_3^0$, $\tilde{\chi}_4^0$. In modo analogo i due higgsini carichi $\tilde{H}_u^+$, $\tilde{H}_d^-$ e i due wini $\tilde{W}^+$, $\tilde{W}^-$ non sono autostati di massa; gli autostati di massa sono i *chargini* e si hanno mescolamenti del tipo:

$$\tilde{\chi}^+ = a'\tilde{W}^+ + b'\tilde{H}_u^+ \quad , \quad \tilde{\chi}^- = a''\tilde{W}^- + b''\tilde{H}_d^- \ . \tag{13.10}$$

Un nuovo numero quantico, la *R-parità R*, è stato introdotto per attribuire alle particelle supersimmetriche una proprietà che le rendesse (attualmente) inaccessibili, dal momento che fino ad oggi nessuna di esse è stata osservata sperimentalmente. La R-parità è uguale a $R = (-1)^{3B+L+2S}$, dove B è il numero barionico, L il numero leptonico, S lo spin. La maggior parte dei modelli SUSY prevede la conservazione di R e quindi prevede l'esistenza di una particella supersimmetrica con massa minima ("Lightest Supersymmetric Particle", LSP) stabile. Vi sono però diversi modelli in cui R può essere violato. Nel MSSM, la R-parità è conservata e si considera $R = +1$ per le particelle note ed $R = -1$ per i partner supersimmetrici:

$$R|\text{particella supersimmetrica}\rangle = -|\text{particella supersimmetrica}\rangle$$
$$R|\text{particella}\rangle = +|\text{particella}\rangle \quad .$$

Questo quadro generale deve essere completato; in effetti, la situazione è più complessa perché gli stati destrorsi, come e_R, q_R, danno luogo a sparticelle diverse da quelle sinistrorse come illustrato in Tab. 13.2.

Quark			Squark		
(spin 1/2)	$\begin{pmatrix} u \\ d \end{pmatrix}_L$	$u_R\ d_R$	(spin 0)	$\begin{pmatrix} \tilde{u} \\ \tilde{d} \end{pmatrix}_L$	$\tilde{u}_R\ \tilde{d}_R$
	$\begin{pmatrix} c \\ s \end{pmatrix}_L$	$c_R\ s_R$		$\begin{pmatrix} \tilde{c} \\ \tilde{s} \end{pmatrix}_L$	$\tilde{c}_R\ \tilde{s}_R$
	$\begin{pmatrix} t \\ b \end{pmatrix}_L$	$t_R\ b_R$		$\begin{pmatrix} \tilde{t} \\ \tilde{b} \end{pmatrix}_L$	$\tilde{t}_R\ \tilde{b}_R \longrightarrow \tilde{t}_{1,2},\ \tilde{b}_{1,2}$
Leptoni			Sleptoni		
(spin 1/2)	$\begin{pmatrix} \nu_e \\ e \end{pmatrix}_L$	e_R	(spin 0)	$\begin{pmatrix} \tilde{\nu}_e \\ \tilde{e} \end{pmatrix}_L$	$\tilde{e}_R$
	$\begin{pmatrix} \nu_\mu \\ \mu \end{pmatrix}_L$	μ_R		$\begin{pmatrix} \tilde{\nu}_\mu \\ \tilde{\mu} \end{pmatrix}_L$	$\tilde{\mu}_R$
	$\begin{pmatrix} \nu_\tau \\ \tau \end{pmatrix}_L$	τ_R		$\begin{pmatrix} \tilde{\nu}_\tau \\ \tilde{\tau} \end{pmatrix}_L$	$\tilde{\tau}_R \longrightarrow \tilde{\tau}_{1,2}$
Bosoni di gauge			Gaugini		
(spin 1)	g		(spin 1/2)	$\tilde{g}$	
	γ			$\tilde{\gamma}$	Neutralini
	Z			$\tilde{Z}$	$\longrightarrow \chi^0_{1,2,3,4}$
	$W^\pm$			$\tilde{W}^\pm$	$\{\tilde{\gamma}, \tilde{Z}, \tilde{H}^0_u, \tilde{H}^0_d\}$
Bosoni di Higgs			Higgsini		Chargini
(spin 0)	h^0, H^0, A^0		(spin 1/2)	$\tilde{H}^0_u, \tilde{H}^0_d$	$\longrightarrow \chi^\pm_{1,2}$
	H^+, H^-			$\tilde{H}^+_u, \tilde{H}^-_d$	$\{\tilde{W}^\pm, \tilde{H}^\pm\}$

Tabella 13.2. Particelle fondamentali normali e partner supersimmetrici; sono incluse le particelle destrorse. Sono anche indicati gli autostati di massa che risultano dai mescolamenti fra sparticelle

Il settore di Higgs del MSSM

Nel modello MSSM, i due doppietti complessi di bosoni di Higgs forniscono un totale di 8 gradi di libertà. Tre gradi di libertà vengono spesi per dare massa a W^+, W^-, Z^0. Il settore di Higgs del MSSM contiene 5 bosoni (e i loro partner supersimmetrici) che corrispondono ai 5 gradi di libertà che rimangono. I bosoni di Higgs sono gli stati denominati h^0, H^0, H^+, H^- con CP pari e il bosone A^0 con CP dispari. Con $m_{h^0} < m_{H^0} < m_{H^\pm}$, il bosone h^0 può essere identificato con il bosone di Higgs scalare del Modello Standard (H^0 introdotto nel Cap. 11).

Riassumendo, notiamo nella Tab. 13.2 che (i) il numero di particelle raddoppia; (ii) ai bosoni di gauge noti corrispondono i *gaugini*; (iii) ai fermioni delle tre famiglie corrispondono *sfermioni* di tre famiglie; (iv) per il settore di Higgs, si hanno due doppietti che portano a 5 bosoni di Higgs e 5 higgsini.

Fenomenologia

Per fare i calcoli nel MSSM si usano le stesse regole di Feynman del Modello Standard, considerando, oltre al contributo delle particelle, anche quello delle sparticelle. Per fare questo, è sufficiente aggiungere i diagrammi in cui si sostituiscono le particelle con i loro superpartner. La sostituzione deve essere fatta per coppie per conservare il momento angolare nelle transizioni. Gli accoppiamenti bosoni-fermioni sono illustrati in Fig. 13.4. Le costanti di accoppiamento sono le stesse che già conosciamo.

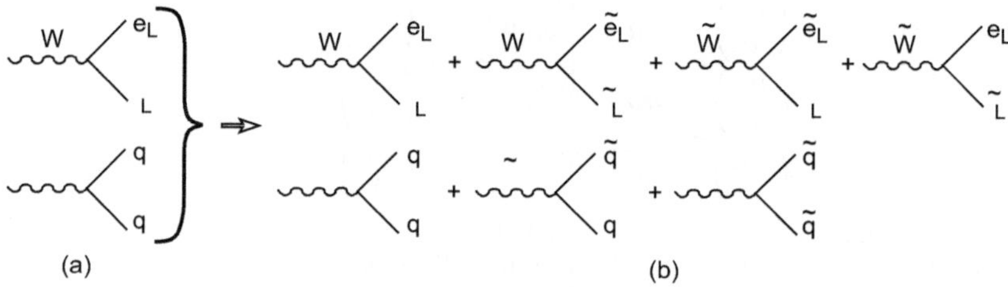

Figura 13.4. (a) Diagrammi di Feynman fondamentali nello SM e (b) con i partner supersimmetrici. Non sono indicate le antiparticelle

Poiché nel modello MSSM, la R-parità è conservata, tutti i vertici scrivibili comprendono coppie di superpartner e possiamo trarre tre conclusioni importanti:

(i) i partner supersimmetrici sono prodotti in coppie a partire da particelle normali;

(ii) nei prodotti di decadimento di una particella supersimmetrica c'è sempre una particella supersimmetrica;

(iii) la più leggera delle particelle supersimmetriche è stabile; si ritiene che sia il neutralino $\tilde{\chi}_1^0$, neutro per carica elettrica e per carica di colore; potrebbe quindi essere una componente importante della materia oscura nell'universo (vedi §13.6). Per particolari condizioni di mescolamento, la LSP potrebbe corrispondere allo *sneutrino*.

La Supersimmetria non è realizzata in natura, cioè è "rotta", almeno alle energie attualmente accessibili. Come nel Modello Standard, la teoria supersimmetrica non è in grado di prevedere i valori delle masse; ma una volta che essi siano stati determinati sperimentalmente si può calcolare il valore di tutte le altre grandezze. I recenti modelli fenomenologici supersimmetrici prevedono particelle supersimmetriche con masse comprese fra 100 e 1000 GeV.

Sono state effettuate molte ricerche di particelle supersimmetriche ai colliders $\bar{p}p$, ep, e^+e^-, tutte finora con esito negativo, permettendo di porre limiti inferiori sulla loro massa. Questi limiti sono presentati in Tab. 13.3 al 95% di livello di confidenza.

Con l'introduzione della Supersimmetria, l'estrapolazione delle tre costanti di accoppiamento all'energia di 10^{15} GeV sembra presentare un migliore comportamento, nel senso che le tre costanti sembrano convergere meglio verso un punto comune, come indicato in Fig. 13.1b. La Grande Unificazione può essere effettuata in modo migliore con l'aiuto delle teorie supersimmetriche.

Ricerca di sleptoni carichi

Discutiamo brevemente un esempio di ricerca di particelle SUSY. La Fig. 13.5a illustra il diagramma di Feynman relativo alla produzione di leptoni scalari carichi [2] $e^+e^- \to \gamma, Z^0 \to \tilde{e}^+\tilde{e}^-, \to \tilde{\mu}^+\tilde{\mu}^-$. Gli sleptoni decadono nei corrispondenti leptoni carichi più un neutralino, $\tilde{\ell}^\pm \to \ell^\pm \tilde{\chi}^0$; i $\tilde{\chi}^0$, soggetti alla sola interazione debole, escono dal rivelatore senza essere osservati. Quindi la topologia degli eventi cercati consiste in due leptoni carichi acollineari e acoplanari più energia e impulso mancante, come indicato in Fig. 13.5b. Gli sleptoni $\tilde{\ell}_R$ ed $\tilde{\ell}_L$ sono particelle diverse, con masse diverse. I limiti sperimentali più stringenti si applicano di solito agli $\tilde{\ell}_R$ che hanno masse inferiori agli $\tilde{\ell}_L$. Vi possono essere anche condizioni particolari nei parametri del MSSM per le quali $m_{\tilde{\ell}_L} = m_{\tilde{\ell}_R}$.

13.2.2 Supergravità. SUGRA. Supercorde

Le teorie GUT, anche includendovi le teorie supersimmetriche normali, non includono l'interazione gravitazionale. Questa diventa importante per energie dell'ordine della massa di Planck, 10^{19} GeV, corrispondenti a dimensioni di 10^{-33} cm. Energie di questo tipo esistevano nel primo universo fino al tempo di Planck, 10^{-43} s.

Una teoria completa deve includere la gravità, espressa in modo quantistico. La sua inclusione presenta difficoltà, connesse sia con la quantizzazione che con divergenze non facilmente eliminabili con procedure di rinormalizzazione. Le teorie supersimmetriche presentano divergenze trattabili. Inoltre, la teoria

---

[2] Per la reazione $e^+e^- \to \tilde{e}^+\tilde{e}^-$, contribuisce anche il diagramma di Feynman in cui viene scambiato un $\tilde{\chi}_1^0$ nel canale t.

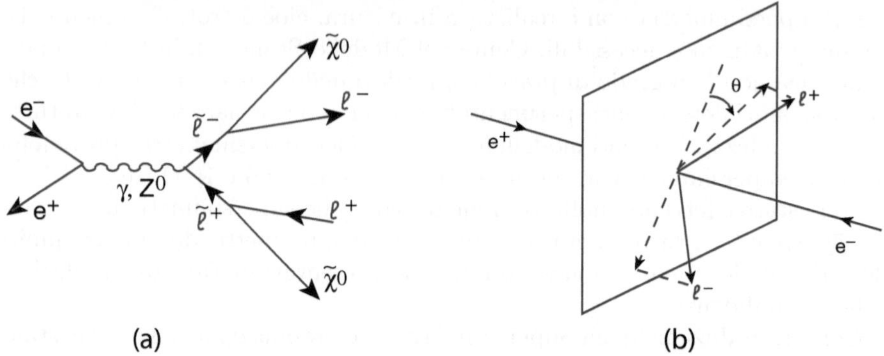

(a)   (b)

Figura 13.5. (a) Diagramma di Feynman per la produzione di una coppia sleptone-antisleptone, che decadono $\tilde{\ell}^- \rightarrow \ell^- \tilde{\chi}^0, \tilde{\ell}^+ \rightarrow \ell^+ \tilde{\chi}^0$ ($\ell = e, \mu, \tau$). Per $\ell = e$, si ha anche il diagramma in cui si scambia un $\tilde{\chi}_1^0$ nel canale t. (b) Sketch di un evento in cui si produce una coppia *acoplanare* sleptone-antisleptone. L'angolo di *acoplanarità* θ è l'angolo tra le proiezioni degli impulsi di ℓ^- e ℓ^+ nel piano perpendicolare ai fasci e^+ ed e^-

supersimmetrica della gravità, chiamata *supergravità quantistica*, ha un'invarianza di gauge locale. La supergravità è quindi una teoria interessante, anche se presenta ancora delle difficoltà. In certi modelli, si ipotizza che la particella supersimmetrica con massa minima (la LSP) possa essere il gravitino.

Sono state formulate teorie in cui le particelle sono oggetti del tipo *corda* di piccolissima dimensione, in particolare una corda chiusa. Queste teorie riescono ad inglobare la gravità quantistica in modo relativamente semplice. Le *teorie delle corde* riguardano sia stati bosonici che teorie supersimmetriche (*teorie delle supercorde*). Entrambe le teorie debbono essere formulate in uno spazio a molte dimensioni (almeno 10) e non è ovvio come passare alle 4 dimensioni dello spazio ordinario (le altre dimensioni sarebbero "nascoste") [00G1].

13.3 Modelli composti (compositi)

L'esistenza di tre famiglie di quark e leptoni è una buona motivazione per considerare possibili sottostrutture di quark e leptoni. La situazione potrebbe essere simile a quella già incontrata con atomi, nuclei e adroni. Ci sono altri motivi, in parte già illustrati nell'introduzione di questo capitolo, per considerare sottostrutture. In alcuni modelli i quark, i leptoni e i bosoni di gauge sono oggetti composti. Per esempio, nel modello di Pati e Salam [81P1], i quark e i leptoni sono costituiti di tre oggetti chiamati *prequark* o *preons*; nel modello di Harari [79H1] sono composti di tre oggetti chiamati *rishons*, che significa "primari" (o fondamentali) in ebreo. Ci sono però varie difficoltà nel formulare queste teorie, difficoltà connesse con l'esistenza di quark e leptoni di tre generazioni, con le dimensioni veramente piccole dei prequark (molto minori di 10^{-16} cm; anche le loro orbite debbono essere inferiori a 10^{-16} cm), con le necessità di un'ulteriore forza che leghi i prequark. In un altro modello, i prequark sono *dioni*, cioè particelle con carica elettrica e magnetica; in altri modelli, i prequark sono così piccoli che interviene la forza gravitazionale. Sono state effettuate varie ricerche per sottostrutture. Ne richiamiamo alcune. Tutte le ricerche di particelle previste in questi modelli hanno dato un esito negativo. I limiti inferiori sulla loro massa sono presentati in Tab. 13.3.

Leptoni eccitati. Sarebbero *stati eccitati* dei leptoni conosciuti; potrebbero essere prodotti in coppia o singolarmente, $e^+e^- \to e^{*+}e^{*-}$, $e^+e^- \to e^{*+}e^-$, e potrebbero decadere elettromagneticamente

$$e^* \to e\gamma, \quad \mu^* \to \mu\gamma, \quad \tau^* \to \tau\gamma \tag{13.11}$$

senza violare i tre numeri leptonici. Questi decadimenti non sono stati osservati, a un livello di sensibilità di circa 10^{-4}.

Decadimenti con violazione dei numeri leptonici. Si potrebbe pensare che i quark e i leptoni della seconda e terza famiglia siano stati eccitati dei quark e leptoni della prima famiglia. In tal caso, dovrebbero essere possibili decadimenti del tipo

$$\mu \to e\gamma, \quad \tau \to e\gamma, \quad \mu \to eee \tag{13.12}$$

cioè decadimenti in cui sono violati il numero leptonico elettronico e quello muonico, oppure il numero elettronico e quello tauonico. Questi decadimenti non sono stati osservati, ottenendo limiti stringenti [10M1]:

$$\frac{\Gamma(\mu \to e\gamma)}{\Gamma(\mu \to e\nu\nu)} < 3\ 10^{-11} \ . \tag{13.13}$$

Il τ potrebbe decadere anche in $\mu\pi$, $\tau \to \mu\pi$, violando i numeri leptonici tauonico e muonico (anche questo canale non è stato osservato).

Neutrini eccitati. Potrebbero essere i partner di isospin debole dei leptoni carichi eccitati. Come questi ultimi, potrebbero essere prodotti in coppia o singolarmente e decadere con emissione di un fotone: $e^+e^- \to \nu^*\overline{\nu}^* \to \nu\overline{\nu}\gamma\gamma$, $e^+e^- \to \nu^*\overline{\nu} \to \nu\overline{\nu}\gamma$.

Quark eccitati. Un quark eccitato dovrebbe decadere in un quark e un fotone, $q^* \to q\gamma$, oppure in un quark e un gluone, $q^* \to qg$; la frequenza relativa dei due tipi di decadimento dovrebbe essere circa di 1 a 10. Nel primo caso, $q^* \to q\gamma$, si ha (nello stato finale) un fotone energetico isolato; in collisioni e^+e^-, eventi con uno o più fotoni energetici potrebbero venire da quark eccitati oppure da bremsstrahlung da un e^- (e^+) iniziale o da un $q(\overline{q})$ dello stato finale.

Leptoquark. Come già detto, i leptoni e i quark sono classificati in modo simile per quanto riguarda la struttura in famiglie e in multipletti di isospin

Particella	Simbolo	Limiti LEP (gEv)	Altri limiti (GeV)
Sleptone* carichi	$\tilde{e}, \tilde{\mu}, \tilde{\tau}$	99.9, 94.9, 86.6	
Sneutrino	$\tilde{\nu}$	94 (DELPHI)	
Neutralino (LSP)	$\tilde{\chi}^0$	50.3	
Chargini	$\tilde{\chi}^{\pm}$	103.5	117 (D0)
Quark scalari	$\tilde{b}, \tilde{t}$	99, 98	222, 176 (D0)
Gluini	$\tilde{g}$	26.9**	308 (D0)
SM Higgs	H^0_{SM}	114.4	
MSSM Higgs	h^0	92.8	100 (CDF)
	A^0	93.4	100 (CDF)
	$H^{\pm}$	78.6	
Higgs (carica 2)	$H^{\pm\pm}$	99 (OPAL)	136 (CDF)
Leptoni eccitati	e^*, μ^*, τ^*	208, 190, 185 (OPAL)	255 (H1), 221 (CDF)
Neutrini eccitati	ν^*	190 (L3)	158 (ZEUS)
Quark eccitati	q^*	200	775 (D0)
Leptoquark scalari***	LQ	98 (OPAL)	229 (D0)
Leptoquark Vettori***	LQ	98 (OPAL)	240 (D0)

* Per le particelle supersimmetriche, i limiti sono generalmente ottenuti nell'ambito del MSSM; in certi casi, i limiti possono essere dati nell'ambito di uno specifico modello.

** Limite per un gluino leggero (stabile).

*** Produzione in coppia.

Tabella 13.3. Ricerche di nuove particelle. Limiti [08P1], [ww7], [ww8] in massa (al 95% di livello di confidenza.) ottenuti in ricerche effettuate al LEP e ad altri collisionatori di alta energia (Tevatron ed HERA). I limiti ottenuti al LEP risultano dalla combinazione dei risultati dei 4 esperimenti LEP. Nel caso in cui non sia stata calcolata tale combinazione, si fa riferimento al limite migliore ottenuto da un singolo esperimento

debole. Il Modello Standard non spiega tale parallellismo, nonostante esso sia necessario per la cancellazione di termini divergenti. Tutto ciò suggerisce che deve esistere una correlazione più profonda fra quark e leptoni. Ci si attende che, in modelli che vanno al di là dello SM, possano esistere nuove particelle che mediano l'interazione fra quark e leptoni. Ciò avviene naturalmente nei modelli GUT, a grandi energie. Ma esistono anche alcune estensioni dello SM in cui sono previsti dei *bosoni leptoquark* (LQ) che sono tripletti di colore, hanno numero leptonico e barionico, carica elettrica 1/3, 2/3 e potrebbero avere masse relativamente basse. Tali LQ decadono e si accoppiano con un leptone e un quark. Secondo i vari modelli, i LQ sono particelle scalari (con spin = 0) o vettoriali (con spin = 1); il loro accoppiamento con leptoni e quark dipende dal modello. I LQ sono stati introdotti per la prima volta

[74P1] nel tentativo di considerare il numero leptonico come un quarto colore. Nel modello più semplice, le interazioni che coinvolgono LQ conservano il numero barionico e i numeri leptonici e rispettano la simmetria del Modello Standard. In questo caso, gli unici parametri liberi sono le masse dei LQ e i loro accoppiamenti con i fermioni.

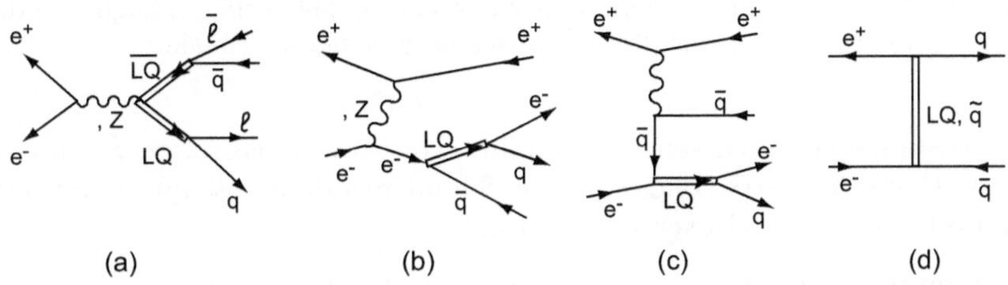

Figura 13.6. Diagrammi di Feynman per la produzione e decadimento di leptoquark in collisioni e^+e^-. I leptoquark possono essere prodotti (a) in coppia (ogni tipo di LQ), (b), (c) singolarmente (in questo caso sono leptoquark della sola prima famiglia e che si accoppiano con leptoni carichi). (d) Effetti indiretti dovuti allo scambio di un leptoquark (virtuale) della prima famiglia nel canale t

I LQ sono stati cercati in collisioni e^+e^-, prodotti in coppia, come illustrato nella Fig. 13.6a:

$$e^+ + e^- \rightarrow LQ + \overline{LQ} \ , \quad LQ \rightarrow \ell + q \ , \quad \overline{LQ} \rightarrow \bar{\ell} + \bar{q} \ . \tag{13.14}$$

In questo caso, si possono cercare LQ che decadono in eq, μq, τq. In queste combinazioni si cerca di conservare il numero di famiglia, cioè le coppie che coinvolgono ℓ, q della stessa famiglia. Inoltre, sono stati cercati LQ prodotti Singolarmente (vedi Fig. 13.6b,c):

$$e^+ + e^- \rightarrow e^+ + q + LQ \rightarrow e^+ + e^- + q + \bar{q} \tag{13.15}$$

e anche gli effetti indiretti dovuti allo scambio di un leptoquark della prima famiglia nel canale t (Fig. 13.6d). Le collisioni ep offrono un modo più semplice per cercare leptoquark della prima famiglia (vedi Fig. 13.7):

$$e + p \rightarrow LQ + q + q \rightarrow e^+ + d + q + q \ . \tag{13.16}$$

In questo caso si può pensare di ottenere un sistema risonante (eq). Gli eventi risultanti dovrebbero presentare un leptone energetico, un getto di adroni a grandi angoli e un "getto spettatore". Sono quindi eventi analoghi a quelli di una tipica collisione inelastica profonda.

13.4 Particelle, astrofisica e cosmologia

Recentemente la cosmologia ha maggiormente acquisito le caratteristiche di disciplina sperimentale [06D1], e interazioni fondamentali e particelle, astro-

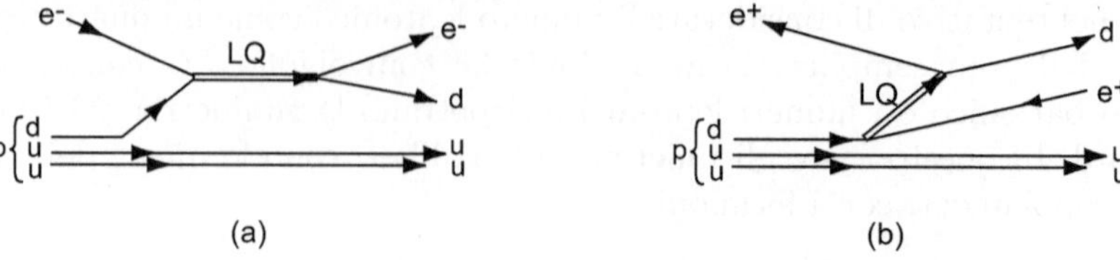

(a)   (b)

Figura 13.7. Diagrammi di Feynman per leptoquark della prima famiglia prodotti in collisioni *ep*: (a) formazione di LQ, (b) scambio di LQ nel canale t

fisica e cosmologia sono divenute discipline strettamente correlate. Si può dire, in generale, che la nostra conoscenza dei fenomeni submicroscopici ci permette di capire l'universo, e viceversa. Ad esempio:

- la comprensione dei fenomeni atomici e molecolari ha spiegato lo spettro luminoso emesso dal sole (e più in generale dalle stelle), alla determinazione della composizione chimica dell'atmosfera solare e a scoprirvi l'elio;
- la comprensione dei fenomeni nucleari spiega quale è la sorgente di energia del sole e delle stelle. Una stella ha al suo centro una "fornace" dove avvengono reazioni di fusione nucleare (§14.10);
- la fisica nucleare e la fisica subnucleare ci permettono di comprendere la struttura di particolari corpi celesti in condizioni estreme, quali le nane bianche, le stelle di neutroni e i collassi gravitazionali stellari, Problema 13.6.

Una connessione profonda esiste tra *raggi cosmici* e fisica subnucleare [90G1]. I raggi cosmici sono costituiti di protoni e nuclei atomici di alta energia, che, provenendo dall'esterno del sistema solare, interagiscono nell'atmosfera terrestre dando luogo a particelle instabili. Quindi, la comprensione dell'origine dei raggi cosmici, dei meccanismi di accelerazione e delle interazioni con il materiale interstellare e dell'atmosfera terrestre è legata alla conoscenza della fisica subnucleare. Ma è vero anche il viceversa: molte particelle sono state scoperte nei raggi cosmici secondari.

Particelle e astrofisica: l'esempio dei telescopi a neutrini. L'astrofisica ha conosciuto uno straordinario sviluppo negli ultimi decenni, grazie all'utilizzo di nuove tecniche che hanno consentito la transizione da osservazioni limitate alla zona visibile dello spettro elettromagnetico ad altre che si estendono alle onde radio e all'infrarosso da un lato, ai raggi X e γ per energie più elevate. L'informazione che tali osservazioni possono fornire sui meccanismi che hanno luogo in oggetti astrofisici quali le *supernovae remnants* (SNR), le *pulsars* (PLS), i *nuclei galattici attivi* (AGN) e altri è purtroppo incompleta, in quanto limitata ai soli processi elettromagnetici.

Sono tuttora non completamente note le sorgenti acceleratrici (nella Galassia e nell'universo) di protoni e nuclei come osservati nei Raggi Cosmici (RC), si veda Supplemento 13.1 [12B1]. Lo spettro dei raggi cosmici si estende infatti con incredibile regolarità fino ad oltre 10^{20} eV, con una legge di potenza del tipo $d\Phi/dE \simeq E^{-\gamma}$, con $\gamma = 2.7$ per energie sino a $\sim 10^{15}$ eV. Tale andamento è spiegabile da un processo di accelerazione chiamato "meccanismo di Fermi". I protoni e nuclei così accelerati possono interagire con altri nuclei o con il gas di fotoni in prossimità della regione di accelerazione dando luogo a mesoni π e K. Questi decadono in tempi molto brevi dando luogo nel caso dei mesoni π^0 a coppie di fotoni, in quello dei $\pi^\pm$ a leptoni carichi, neutrini e antineutrini (*processi adronici*). Non è facile distinguere i fotoni prodotti dai processi adronici da quelli prodotti nei processi puramente elettromagnetici. Una chiara evidenza della presenza di processi adronici potrebbe solo venire dall'osservazione dei neutrini provenienti dal decadimento di pioni carichi. Si ritiene quindi che la rivelazione dei neutrini e antineutrini di alta energia [10C1] sia necessaria per un'esauriente comprensione di molti processi astrofisici che avvengono nella Galassia e in particolari oggetti extragalattici, quali gli AGN e quelli che danno origine ai lampi di raggi gamma (*gamma ray bursts, GRB*).

La piccolissima sezione d'urto dei neutrini fa sì che essi subiscano una modesta attenuazione nell'attraversare i densi strati attorno agli oggetti astrofisici dove essi sono prodotti, nonché il materiale galattico/intergalattico che ci separa da tali oggetti. Purtroppo però, tale sezione d'urto pone severi limiti circa la possibilità di rivelarli. Un neutrino avente energia di 100 GeV ha una sezione d'urto su nucleone di appena $6.7 \times 10^{-7}\,\mu$b; ciò vuol dire che esso potrà attraversare uno spessore di 24 milioni di chilometri in acqua prima di subire una interazione.

I processi a CC dei ν_μ producono un muone, che è la particella a più lungo *range*: a 200 GeV, può percorrere circa un chilometro di acqua. Inoltre, ad alte energie, il muone conserva la direzione di provenienza del neutrino. Un rivelatore che consenta una determinazione accurata della direzione del μ prodotto nell'interazione è utilizzabile quindi per risalire, con discreta risoluzione angolare, alla sorgente di emissione.

La rivelazione del μ e la determinazione della sua direzione è resa possibile dalla luce Cherenkov che esso genera nell'attraversare un mezzo trasparente e denso, quale l'acqua del mare o il ghiaccio. Quindi è sufficiente utilizzare una opportuna matrice di fotomoltiplicatori per la rivelazione dei fotoni emessi dal muone e, dalla misura delle posizioni e tempi di arrivo di questi, risalire alla sua direzione e quindi a quella del neutrino. I muoni originati da neutrini sono sicuramente quelli che provengono dal basso. Infatti, anche un rivelatore sotto 2-3 km di acqua misurerà molti muoni prodotti dalle interazioni di raggi cosmici nell'atmosfera sopra il rivelatore. Al contrario dell'astronomia tradizionale, l'*astronomia con neutrini* osserva il cielo posto sotto i piedi. La piccola sezione d'urto dei neutrini rende necessario l'utilizzo di un rivelatore di grande massa, quale quella costituita da un grande volume di acqua (del mare o di un lago) o anche di ghiaccio. Si stima che sia necessario un volume d'acqua di circa 1 km^3 per essere sensibili al flusso di neutrini provenienti da una sorgente celeste (Problema 13.9).

Recentemente è terminata la costruzione di un telescopio di neutrini nel ghiaccio dell'Antartide; questo telescopio potrà osservare l'emisfero nord del cielo. Per osservare l'emisfero celeste sud (dove tra l'altro è situato il centro galattico, con potenziali sorgenti interessanti) è in progettazione la costruzione di un telescopio di neutrini nel Mar Mediterraneo da 1 km^3 nei prossimi anni [07M2]. Un esperimento (ANTARES) a più piccola scala ($\sim 1/50\ km^3$) è in funzione dal Maggio 2008 [07F1].

Particelle e cosmologia. Lo studio del comportamento dinamico delle stelle negli aloni delle galassie e delle galassie nei gruppi di galassie ha messo in evidenza che deve esistere molta più materia di quella osservabile con i telescopi ottici. A questa materia è stato dato il nome di *materia oscura* (*dark matter*), e la sua natura non è ancora nota (vedi §13.5). È probabile che una parte della materia oscura sia costituita di corpi celesti come il pianeta Giove e di nubi di gas (*materia barionica*); un'altra parte potrebbe essere costituita di un "gas" di particelle più o meno esotiche che potrebbe essere localizzato negli aloni attorno alle galassie e attorno agli ammassi di galassie. Attorno alle galassie dovrebbe esserci un "gas" di particelle "fredde" e massive, per esempio, particelle supersimmetriche, come i neutralini; attorno ad ammassi di galassie si troverebbe un gas di particelle "calde" e leggere.

La conoscenza delle interazioni fondamentali tra particelle è necessaria per comprendere la dinamica dei primi attimi dell'universo.

Come conseguenza di quanto avvenuto nei primi attimi, potrebbero ora esservi nell'universo vari tipi di particelle "fossili", come discusso ad esempio nel caso dei monopoli magnetici (§13.1.2). A seguito della transizione di fase corrispondente alla formazione di atomi, avvenuta circa 300000 anni dopo il Big Bang, si è avuto il disaccoppiamento tra radiazione elettromagnetica e materia. La radiazione elettromagnetica ha avuto da allora una vita indipendente, si è "raffreddata", cioè è aumentata la sua lunghezza d'onda. Come conseguenza l'universo attuale è pieno in modo quasi uniforme di radiazione elettromagnetica a microonde (*radiazione cosmica di fondo*), avente una distribuzione in frequenza tipica di quella di una radiazione di corpo nero a 2.7 K. Il numero di fotoni corrispondenti, circa 400 cm^{-3}, distribuiti in modo quasi uniforme, rappresenta il maggior numero di particelle nell'universo e quindi ne domina l'entropia [06D1].

In modo analogo, il disaccoppiamento dei neutrini dal resto della materia e della radiazione, avvenuto circa 1 s dopo il Big Bang, ha lasciato i neutrini come particelle indipendenti; attualmente questi neutrini dovrebbero avere una temperatura di 2 K e sarebbero in numero di circa 300 cm^{-3} (circa 50 per ogni tipo di neutrino e antineutrino). Questi neutrini non sono attualmente osservabili. Se hanno massa molto piccola dovrebbero essere distribuiti in modo quasi uniforme nell'universo; se hanno massa di qualche eV formerebbero aloni attorno ai gruppi di galassie. Come si è visto nel §12.9, la cosmologia permette di porre dei limiti superiori alla massa dei neutrini.

13.5 La materia oscura

L'universo è stato sinora osservato tramite le onde elettromagnetiche di diversa frequenza emesse dai corpi celesti (prima la luce, poi le onde radio, gli infrarossi, i raggi X e γ). Ma è molto probabile che una gran parte della materia nell'universo non emetta radiazione elettromagnetica. L'esistenza di questa materia invisibile, la *materia oscura, Dark Matter* (DM), è stata messa in evidenza indirettamente tramite la sua interazione gravitazionale con la materia che emette onde elettromagnetiche.

Evidenza per l'esistenza di materia oscura nelle galassie a spirale si ricava dall'analisi delle velocità di rivoluzione delle stelle e di nubi di gas nell'alone di una galassia in funzione della distanza dal centro della galassia. Le galassie a spirale, come la nostra galassia, sono un agglomerato di $\sim 10^{11}$ stelle disposte in una forma di un nucleo centrale e di un disco schiacciato e ruotante. La velocità di rivoluzione di una stella di massa m attorno al centro della galassia è determinata dalla condizione di orbita stabile, uguagliando la forza gravitazionale con la forza centrifuga:

$$\frac{G_N m M_r}{r^2} = \frac{m v^2}{r} \tag{13.17}$$

da cui:

$$v(r) = \sqrt{\frac{G_N M_r}{r}} \; . \tag{13.18}$$

M_r è la massa totale di stelle e materiale interstellare entro il raggio r a partire dal centro della galassia. La maggior parte delle stelle di una galassia spirale si trova nel rigonfiamento sferico di raggio r_s al suo centro. Se $\overline{\rho}$ è la densità media delle stelle nel rigonfiamento si ha $M_r = \overline{\rho} \cdot \frac{4}{3} \pi r^3$ per $r < r_s$; segue:

$$v(r) = \sqrt{\frac{4}{3} \pi G_N \overline{\rho} r} \approx r \;\; \text{per } r < r_s \; . \tag{13.19a}$$

Se ci fosse solo il nucleo, per $r > r_s$, $M_r \simeq$ costante, quindi:

$$v(r) \approx 1/\sqrt{r} \;\text{per } r > r_s \; . \tag{13.19b}$$

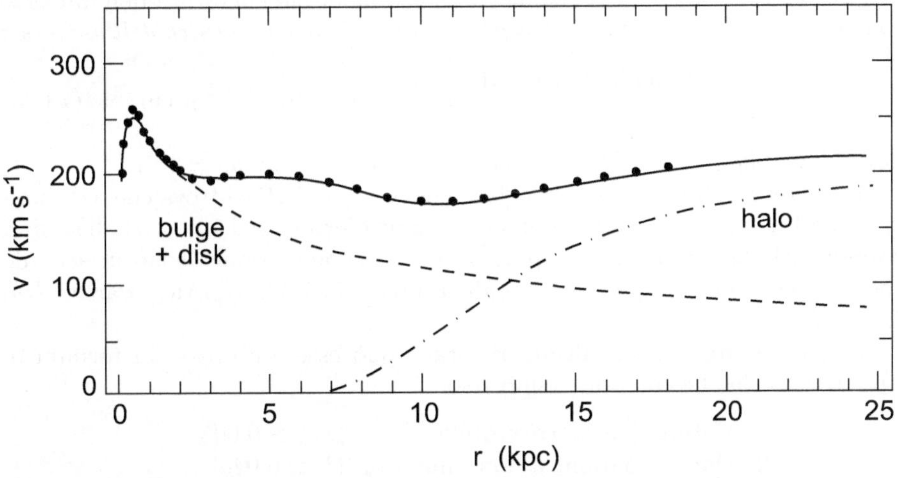

Figura 13.8. I punti neri indicano le velocità di rotazione misurate per stelle della galassia spirale NGC3198, rispetto alla distanza r dal loro centro galattico. La linea tratteggiata rappresenta il contributo atteso sulla base della materia nel nucleo galattico (*bulge*) e nel disco galattico (*disk*); la linea punto-trattino è il contributo di un alone (*halo*) di materia oscura. La linea intera è un fit ai dati sperimentali ipotizzando materia visibile nel bulge e nel disco e materia oscura nell'alone

L'insieme del rigonfiamento e del disco portano a velocità di rivoluzione delle stelle come indicato dalla linea tratteggiata di Fig. 13.8 per la galassia spirale

NGC3198. La figura mostra anche il contributo di un alone di materia oscura. I dati sperimentali, ottenuti via effetto Doppler, sono indicati con punti neri. Dalla figura è evidente che le velocità misurate ad alti valori di r, $v \simeq 200$ km s^{-1}, sono più grandi di quelle previste dalla (13.18), anche con l'aggiunta del contributo delle stelle nel disco. Deve esserci un contributo di un alone di materia oscura. Risultati analoghi si ottengono dalle misure delle velocità delle stelle in altre galassie a spirale. Evidenza per materia oscura si ha anche nelle galassie ellittiche. Dalla dinamica dei gruppi di galassie si ha ulteriore evidenza per altra materia oscura. Un'altra conferma proviene da effetti di "lente gravitazionale".

Uno dei successi della "cosmologia sperimentale" è la serie di misure di precisione del fondo cosmico a microonde (*Cosmic Microwave Background, CMB*). Nel 1992 grazie al satellite COBE si è misurato che la radiazione di fondo ha natura di corpo nero a 2.725 K, e che eventuali deviazioni da una curva di Plank sono inferiori ad 1/10000 (Nobel nel 2006 a J.C. Mather e G.F Smoot). Negli ultimi anni, si è potuto studiare queste deviazioni con esperimenti di alta precisione posti su palloni (BOOMERanG [00B1], MAXIMA) e satelliti (WMAP). Le deviazioni da uno spettro di corpo nero sono connesse con lo studio delle scale più piccole dell'orizzonte causale all'epoca della formazione degli atomi. Queste misure hanno permesso di stimare la curvatura dell'universo. La cosmologia connette strettamente la curvatura dell'universo con la sua densità di materia $\Omega = \rho/\rho_c$, dove ρ_c è *densità critica dell'universo*:

$$\rho_c = \frac{3H^2}{8\pi G_N} = \frac{3(100 \ \mathrm{h_0} \ \mathrm{km} \ \mathrm{s}^{-1}\mathrm{Mpc}^{-1})^2}{8\pi G_N} \simeq 1.9 \cdot 10^{-29} \ \mathrm{h_0^2} \ \mathrm{g} \ \mathrm{cm}^{-3} \quad (13.20)$$

dove $H = 100 h_0 \ kms^{-1}Mpc^{-1}$ è la costante di Hubble, $h_0 \simeq 0.71$.

Dalle recenti misure, in particolare quelle di WMAP, si trova che: (*i*) l'universo ha 13.7 miliardi di anni (con un margine d'errore dell'1%); (*ii*) gli scenari cosmologici che prevedono un periodo di inflazione cosmica sono in accordo con le osservazioni; (*iii*) la costante di Hubble è 71 ± 4 km/s/MegaParsec; (*iv*) $\Omega_{tot} = 1$.

In particolare, questo ultimo risultato può essere espresso in termini di tipo di materia che compone l'universo:

1. Materia barionica visibile: $\Omega_{vis} \simeq 0.005$
2. Materia barionica non luminosa: $\Omega_b \simeq 0.046$
3. Materia oscura non barionica: $\Omega_{DM} \sim 0.23$
4. (della quale in neutrini: $\Omega_\nu \sim 0.003 - 0.1$)
5. "Quintessenza"(energia oscura) $\Omega_Q \sim 0.72$.

Nessuna delle osservazioni citate fornisce informazioni dirette sulla natura della materia oscura. La frazione *barionica* della DM potrebbe essere sotto forma di corpi celesti nella fase terminale, (*remnants*) come nane bianche, stelle di neutroni e buchi neri. Oppure potrebbe consistere di oggetti astrofisici più piccoli che non sono mai diventati stelle (come il pianeta Giove) e che quindi hanno masse inferiori a 0.1 $m_\odot$, dove $m_\odot$ indica la massa del sole; questi oggetti massivi compatti sono chiamati *MACHO*. I risultati di ricerche negli aloni galattici (via effetti tipo *lente gravitazionale*) indica che tali oggetti (con $m < 0.1 m_\odot$) esistono, ma la loro massa totale è molto inferiore a quella dell'alone di materia oscura, per cui essi non sono importanti a livello cosmologico; inoltre essi sono quasi sicuramente trascurabili anche al livello della dinamica interna delle galassie.

Ci sono altri argomenti a favore dell'esistenza di DM non barionica. Per esempio, lo studio della nucleosintesi dei nuclei leggeri al tempo cosmico $t \simeq 200$ s porta al valore $\Omega < 0.02$ se si usa solo materia barionica. È da notare che senza DM non barionica è difficile costruire modelli della formazione delle galassie partendo da piccole fluttuazioni, tipo quelle osservate nel fondo cosmico a microonde. Infine vari modelli teorici, come quelli inflazionari, predicono $\Omega_{tot} = 1$. La DM non barionica potrebbe essere un gas di particelle soggette soltanto all'interazione debole, classificate in *calde* e *fredde* a seconda che fossero relativistiche o non relativistiche al momento della formazione di una galassia. Se queste particelle sono in equilibrio termico con i barioni e con la radiazione, la massa di una particella di DM è sufficiente a distinguere tra la DM calda o fredda (essendo la linea di separazione $m \simeq 1$ keV). Modelli con DM fredda (*Cold Dark Matter*) sono più facili da costruire per riprodurre le strutture a grande scala del nostro universo.

Un candidato interessante per la DM fredda potrebbe essere la particella SUSY stabile, probabilmente il neutralino più leggero, con massa dell'ordine del centinaio di GeV; si manifesterebbe come un *Weakly Interacting Massive Particle, (WIMP)*. Un WIMP potrebbe essere rivelato direttamente tramite interazione in scintillatori, rivelatori a stato solido, ecc.: interagendo elasticamente, il nucleo di rinculo depositerebbe qualche keV di energia.

L'esperimento DAMA [04B1,08B2] al Gran Sasso utilizza questa tecnica per ricercare i WIMP con masse comprese tra alcuni GeV e diverse centinaia di GeV. Per cercare di distinguere in modo non ambiguo un possibile segnale di WIMP dal fondo, si può sfruttare la peculiarità del "vento" di WIMP che produce una modulazione annuale. La nostra galassia dovrebbe essere immersa in un alone di WIMP e il nostro sistema solare (che si muove ad una velocità di circa 230 km/s rispetto al sistema galattico) dovrebbe essere continuamente colpito da un "vento" di WIMP. Dato che la Terra gira attorno al Sole, il flusso di WIMP, se esiste, deve essere maggiore in giugno (quando la velocità di rivoluzione della terra si somma alla velocità del sistema solare nella galassia) e minore in dicembre (quando le due velocità hanno direzioni opposte). DAMA sta ricercando questa segnatura sperimentale tramite un rivelatore di circa 100 kg ($\sim$ 250 kg dal 2005) di NaI(Tl). I dati raccolti in sette anni suggeriscono la presenza di una modulazione annuale spiegabile con un contributo di WIMPs aventi massa di circa 10 GeV, indipendentemente dalla loro natura e modalità di accoppiamento con la materia ordinaria. Altri esperimenti (che usano tecniche sperimentali diverse) non confermano tale segnale.

Vi è attualmente un grosso sviluppo di rivelatori più raffinati e più grandi, in particolare i rivelatori criogenici che potranno fornire misure di aumento di temperatura e di perdita di energia per ionizzazione o per eccitazione.

Per rivelazioni indirette si ipotizza che un WIMP possa essere catturato da un corpo celeste come la terra, che venga rallentato tramite collisioni elastiche e che si concentri al centro della Terra, dove possa avvenire un'annichilazione WIMP-ANTIWIMP. Tale annichilazione produrrebbe particelle che decadono in ν_μ di alta energia che potrebbero essere rivelati in grandi rivelatori sotterranei e nei telescopi per neutrini, dando luogo a muoni di alta energia, $\nu_\mu N \to \mu^- + X$, con direzione proveniente dal centro della Terra (in modo analogo dal sole).

Un'altra particella cercata è l'*assione*, predetto teoricamente in modelli al di là del SM. La massa dell'assione dovrebbe essere $\sim 10^{-5}$ eV. Nel primo universo poteva esistere un condensato di Bose di assioni, che non è mai rimasto in equilibrio termico; quindi gli assioni sarebbero non relativistici anche se hanno massa bassa. Si cerca di rivelare gli assioni tramite la loro conversione in fotoni in un campo magnetico non uniforme.

13.6 Il Big Bang e l'universo primordiale

Secondo il *modello del Big Bang*, l'espansione dell'universo ebbe origine con un "esplosione" primordiale, a partire da una singolarità dello spazio-tempo con densità e temperatura altissime. Dopo questo momento ogni particella cominciò ad allontanarsi velocemente da ogni altra particella. Nei suoi primi attimi, l'universo può essere considerato come un gas di particelle in rapida espansione.

Una completa conoscenza della fisica delle particelle, in particolare dei costituenti ultimi e delle forze, è necessaria per comprendere cosa avvenne allora. Le teorie sull'unificazione delle forze fondamentali, sviluppate nel contesto della fisica delle particelle, senza alcuna connessione con la cosmologia, sono state applicate per descrivere l'evoluzione dell'universo a cominciare da tempi piccolissimi dopo il Big Bang. Per i fisici delle particelle, i primi attimi dell'universo costituiscono un acceleratore senza limiti di energia e costo. Per gli astrofisici, l'applicazione delle teorie fisiche rappresenta l'unico modo per capire cosa accadde nei primi attimi dell'universo.

Per visualizzare la natura dell'espansione si ricorre all'esempio dell'espansione di un palloncino sulla cui superficie sono disegnati dei punti. Gonfiando il palloncino, la distanza fra due punti qualsiasi aumenta. Un ipotetico osservatore a due dimensioni spaziali che stia su di un punto della superficie del palloncino vedrebbe tutti gli altri punti allontanarsi da lui in tutte le direzioni. Un altro osservatore bidimensionale situato in un altro punto del palloncino giungerebbe a una conclusione analoga. Per questi esseri non esiste un osservatore privilegiato: l'espansione non ha un centro sulla superficie e il loro universo è una superficie sferica; tale universo è finito e illimitato, nel senso che un essere piatto può muoversi in una direzione fissa e proseguendo può tornare al punto di partenza.

Secondo la relatività generale, l'espansione del nostro universo avviene nello spazio-tempo, in quattro dimensioni; ma è per noi difficile visualizzare la quarta dimensione come per l'essere a due dimensioni è difficile visualizzare la terza dimensione.

Si è giunti all'ipotesi del Big Bang sulla base di tre fatti sperimentali: (i) la recessione delle galassie; (ii) la radiazione cosmica di fondo e (iii) il rapporto di abbondanza elio-idrogeno.

Radiazione cosmica di fondo, *Cosmic Background Radiation (CBR).* Lo spazio è uniformemente riempito di CBR; questa radiazione è stata generata al momento della formazione degli atomi di H e di He, quando la temperatura dell'universo era scesa a 4000 K. Si può considerare questa data come il *tempo di formazione degli atomi.* Siccome la radiazione interagisce poco con gli atomi, l'universo diventava trasparente alla radiazione e da quell'istante, la materia, cioè gli atomi, e la radiazione elettromagnetica ebbero vita indipendente. Con il passare del tempo l'universo si espandeva, la lunghezza d'onda della radiazione si allungava e l'universo si raffreddava fino a giungere alle condizioni attuali. Notare che considerando la radiazione come un gas di fotoni, si può pensare che tale gas si raffreddi come un gas di particelle materiali, cioè si raffredda quando diminuisce l'energia media di ogni fotone. Se si considera la radiazione elettromagnetica come un'onda, allora l'espansione dello spazio produce un'aumento della distanza fra due successive creste d'onda. Una lunghezza d'onda maggiore corrisponde a una minore energia dei fotoni.

Abbondanza di elio nell'universo. L'osservazione diretta indica che la quantità di elio presente in ogni galassia, in ogni direzione e distanza, è del $20 \div 24\%$ della massa barionica visibile. Questo fatto trova una spiegazione naturale nell'ipotesi che l'elio (e in minor quantità alcuni elementi leggeri quali D, ^3He, ^7Li, ^7Be) sia stato prodotto nei primi istanti dell'universo (i nuclei più pesanti sono stati invece sintetizzati all'interno di stelle pesanti, vedi §14.10). Il quadro dell'universo un istante prima che si formasse l'elio era il seguente: la temperatura era di circa 10^9 K ed erano passati circa 200 s dal Big Bang. Nell'universo si trovavano in equilibrio statistico un gran numero di fotoni, un relativamente piccolo numero di protoni, di neutroni e di elettroni. A questi, andavano aggiunti un gran numero di neutrini, che però avevano una vita indipendente, perché le collisioni dei neutrini con il resto della materia erano diventate molto improbabili. In questa situazione, quando un neutrone incontrava un protone si formava spesso un *deutone.* Però poco dopo, si aveva una collisione $\gamma + d$ che distruggeva il deutone. Ma quando la temperatura si abbassò sotto il miliardo di gradi, i fotoni avevano energie kT tali che nella collisione fotone-deutone non erano più in grado di rompere il deutone. Iniziava una serie di reazioni nucleari indisturbate dai fotoni; esse portavano alla formazione dell'elio, il nucleo leggero più stabile, e anche alla formazione di un relativamente piccolo numero di nuclei di altri elementi leggeri. Il momento in cui è avvenuta la produzione dell'elio e degli altri elementi leggeri prende il nome di *fase della nucleosintesi degli elementi leggeri*. La conoscenza delle percentuali dei vari elementi porta a precise informazioni astrofisiche sulla modalità della nucleosintesi.

L'evoluzione dopo il Big Bang. Si è già detto che l'universo primitivo può essere considerato un gas di particelle che si muovono disordinatamente in tutte le direzioni con velocità elevate. In ogni istante lo stato dell'universo era determinato dalle leggi della meccanica statistica. Quello che occorre conoscere a un dato istante è quali sono le particelle presenti, la loro temperatura, cioè la loro energia cinetica media, e come interagisce una coppia di particelle con quell'energia cinetica. Questi dati possono essere ricavati effettuando estrapolazioni basate sulla conoscenza dell'interazione fra due particelle a energie più basse, ricordando che ogni interazione obbedisce a leggi di conservazione. Di solito, si assume che le quantità fisiche che si conservano fossero tutte nulle all'inizio dell'universo.

Per la carica elettrica ciò significa che all'inizio dell'universo e in ogni istante successivo, il numero di cariche elettriche positive era ed è esattamente uguale al numero delle cariche negative. In qualche momento, durante una transizione di fase, vi deve essere stato qualche processo (ancora sconosciuto) che ha permesso alla materia di prevalere sull'antimateria.

I risultati ottenuti negli ultimi anni hanno permesso di discutere su base scientifica i primissimi attimi dell'universo. Si è giunti a questi risultati solo dopo lo sviluppo delle teorie unificate delle interazioni fondamentali. Presenteremo l'evoluzione dei primi attimi dell'universo con il metodo dei "fotogrammi", cioè con una serie di "fotografie istantanee" scattate a tempi crescenti. Bisogna ricordare che la nostra conoscenza diminuisce con l'avvicinarsi al momento del Big Bang. Le grandi linee della storia dell'universo, illustrate nella Fig. 13.9 e descritte di seguito, sono forse chiare ma molti "dettagli" restano da definire.

1. **Tempo cosmico** $t_1 = 0$, circa 13.7 miliardi di anni fa. Avviene il Big Bang, la singolarità da cui ha origine l'universo. Da questo momento l'universo inizia ad espandersi. Lo stato iniziale aveva tutti i numeri quantici conservati uguali a zero. Probabilmente anche l'energia totale era (ed è) nulla, perché l'energia cinetica, cioè l'energia di moto, è uguale e di segno opposto all'energia potenziale gravitazionale.

2. **Prima transizione di fase a** $t_2 = 10^{-43}$ **s** (*tempo di Planck*); la temperatura è $T_2 \simeq 5 \cdot 10^{31}$ K; l'energia cinetica media di ogni particella è $\overline{E}_2 \simeq 10^{19}$ GeV. Può essere considerato il momento in cui vengono *create le particelle*. Prima di questo momento, le fluttuazioni quanto-meccaniche non permettevano di parlare di particelle come entità separate. Per tempi più piccoli del tempo di Planck, da t_1 a t_2, ci dovrebbe essere stata l'epoca dell'unificazione della forza Grand Unificata con quella gravitazionale. Fino a quest'istante, le onde gravitazionali emesse venivano subito assorbite; da questo momento sono invece libere di propagarsi.

3. **Da** 10^{-43} **s a** 10^{-35} **s.** Se i quark e i leptoni sono veramente i costituenti ultimi della materia si può pensare che l'universo fosse un gas di quark e

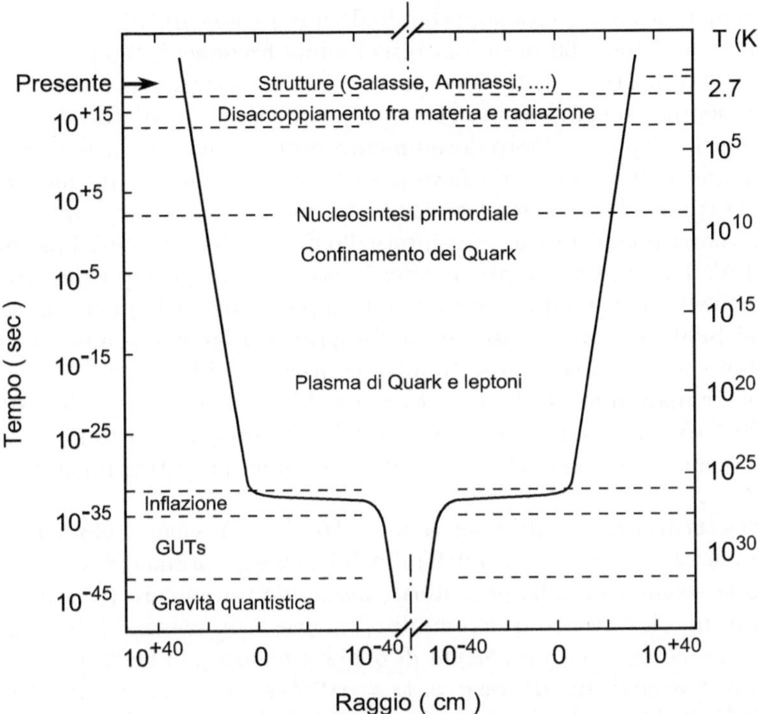

Figura 13.9. Un modo di descrivere l'evoluzione temporale dell'universo: temperatura (T) e tempo (t) in funzione del parametro R_0 che può essere identificato con il "raggio" dell'universo. Notare la fase inflattiva, in cui l'universo dovrebbe essersi espanso esponenzialmente

leptoni, di antiquark e antileptoni e di bosoni X, Y (i mediatori della forza di Grande Unificazione). I leptoni e i quark si comportano come membri di un'unica famiglia; un quark può essere trasformato in un leptone (o viceversa). **4. Seconda transizione di fase a $t_4 \simeq 10^{-35}$ s**; si ha $T_4 \simeq 5 \cdot 10^{27}$ K, $\overline{E}_4 \simeq 10^{15}$ GeV per particella. Termina l'epoca della Grande Unificazione dell'interazione forte con quella elettrodebole (che va da t_2 a t_4) e si ha una transizione di fase: si passa da uno stato in cui le interazioni che cambiavano un quark in un leptone (o viceversa) erano probabili come quelle tra quark e quark (o tra leptone e leptone) a una situazione in cui ciò non è più vero. Il quark diventa molto diverso dal leptone. Il passaggio tra questi due stati è la transizione GUT, durante la quale possono essere state create nuove particelle, come i *monopoli magnetici*, cioè particelle dotate di carica magnetica. A $t = t_4$ inizia l'*epoca elettrodebole*. Secondo alcuni modelli, la transizione di fase a $t = t_4$ ha avuto inizio con un'iperespansione dell'universo (*inflazione*). L'inflazione dovrebbe avere ridotto il numero di monopoli magnetici prodotti, reso l'universo "piatto", isotropo e causalmente connesso. L'inflazione dovrebbe aver aumentato a velocità superluminale una regione del diametro di circa 10^{-25} cm sino a circa 100 m in una piccolissima frazione di tempo.

5. Da 10^{-35} s a 10^{-10} s. La forza forte e quella elettrodebole sono diverse; i quark e i leptoni si comportano come oggetti diversi; i mediatori X, Y decadono in quark e leptoni. Il loro decadimento porta a una lieve asimmetria tra materia e antimateria, con una lieve prevalenza della prima. In quest'epoca (epoca Elettrodebole) non sembra succedere molto. È un breve intervallo di tempo che corrisponde a un grande intervallo di energie. Molti fisici parlano di *deserto*. Può darsi che il deserto "fiorisca", cioè può darsi che possano esistere nuove particelle (per esempio, le particelle supersimmetriche) con masse dell'ordine di 1000 GeV. In tal caso questo fotogramma sarebbe composto di vari fotogrammi successivi, con possibili altre transizioni di fase.

6. Terza transizione di fase a $t_6 = 10^{-10}$ s; si ha $T_6 \simeq 1.5 \cdot 10^{15}$ K, $\overline{E}_6 \simeq 200$ GeV. Termina l'epoca elettrodebole; dopo quest'istante, la forza debole e quella elettromagnetica sono diverse l'una dall'altra. Inizia un'altra epoca.

7. Quarta transizione di fase a $t_7 = 10^{-6}$ s. Avviene l'*annichilazione quark-antiquark*. Come risultato dell'annichilazione $q\overline{q}$ prima e di quella e^+e^- poi, si ha la scomparsa dell'antimateria, lasciando un numero (relativamente limitato) di quark e elettroni. Prima di t_7, si aveva un plasma di $q, \overline{q}$, gluoni; da questo momento si ha un *plasma di quark e gluoni* (più elettroni).

8. Quinta transizione di fase a $t_8 = 10^{-4}$ s; si ha $T_8 = 1.5 \cdot 10^{12}$ K, $\overline{E}_8 \simeq 0.2$ GeV. Corrisponde al *confinamento dei quark* per formare protoni e neutroni. Fino a questo istante si poteva parlare di quark come particelle libere. Ora i quark si uniscono in tripletti per formare protoni e neutroni (forse si uniscono anche in tripletti i pochi $\overline{q}$ rimasti per formare $\overline{p}$ e $\overline{n}$). Alla differenza nel numero di quark e antiquark corrisponde ora una differenza fra il numero di p e quello di $\overline{p}$ (e fra n e $\overline{n}$).

9. Da 10^{-4} s a 1.1 s. Nell'universo abbondano le particelle con massa inferiore a 6 MeV: elettroni, positroni, neutrini, antineutrini e fotoni. L'universo è ancora così caldo e denso che anche i neutrini interagiscono rapidamente e sono in equilibrio termodinamico con e^-, γ. Il numero di questi tipi di particelle è di poco diverso uno dall'altro. Invece il numero di p e di n è molto piccolo, circa uno ogni miliardo di γ (o e^- o ν). Il numero di n è quasi uguale a quello dei p.

10. Sesta transizione di fase a $t_{10} = 1.1$ s; si ha $T_{10} \simeq 1.4 \cdot 10^{10}$ K, $\overline{E}_{10} \simeq 2$ MeV; si ha il *disaccoppiamento dei neutrini*. L'energia media dei neutrini è diminuita, come è diminuita quella di qualsiasi altra particella. Come conseguenza, è diminuita per i neutrini la loro probabilità di interagire; questo, connesso al fatto che la densità della materia diminuisce con l'aumentare del tempo, fa sì che i neutrini non interagiscano più con il resto della materia e diventino indipendenti.

Il fatto che il neutrone abbia una massa lievemente superiore a quella del protone non aveva importanza quando le energie tipiche erano elevate: nelle collisioni un neutrone poteva trasformarsi in un protone con la stessa probabilità con cui avveniva la reazione inversa. Alle energie cinetiche di questo periodo, la differenza di massa tra n e p produce una differenza nei tempi di reazione. Per esempio, poco prima del disaccoppiamento dei neutrini, la reazione $\nu_e n \to e^- p$ era più probabile della reazione inversa. Si è avuto quindi un aumento del numero di protoni rispetto a quello dei neutroni. A $t = 1.1$ s, si aveva circa il 24% di neutroni e il 76% di protoni. In una collisione pn, si può formare un nucleo di deuterio, $np \to d\gamma$. Il deutone viene poi rapidamente spezzato nei suoi costituenti in una collisione con un fotone, $\gamma d \to np$.

11. Settima transizione di fase a $t_{11} = 4$ s ; si ha $T_{11} \simeq 4{\cdot}10^9$ K, $\overline{E}_{11} \simeq 0.5$ MeV per particella: avviene *l'annichilazione delle coppie $e^+ e^-$*. I fotoni hanno un'energia al di sotto dell'energia richiesta per produrre coppie $e^+ e^-$. Quindi non vi è più una compensazione alla perdita di elettroni e positroni, dovuta alla loro annichilazione. Gli e^- ed e^+ scompaiono rapidamente; resta solo un piccolo numero di elettroni, quelli che erano in numero lievemente superiore agli e^+. Il numero degli elettroni che restano è esattamente uguale a quello dei protoni. L'energia che si libera nel processo di annichilazione riscalda le particelle che sono accoppiate fra loro, per esempio, i fotoni, ma non i neutrini. I fotoni vengono quindi ad avere una temperatura del 35% superiore a quella dei neutrini. Il numero di neutroni continua a diminuire, per il motivo già illustrato.

12. Da 4 a 200 s. I positroni sono scomparsi dall'universo. Il numero di neutroni continua a diminuire rispetto a quello dei protoni, sia perché decadono ($n \to pe^- \overline{\nu}_e$), sia a causa di reazioni che favoriscono la particella di massa inferiore. In questa fase, i componenti principali dell'universo sono $\gamma, \nu, \overline{\nu}$ con (relativamente) piccolissime percentuali di e^-, p, n (un elettrone per ogni miliardo di fotoni).

13. Ottava transizione di fase a $t_{13} \simeq 200$ s; si ha $T_{13} \simeq 10^9$ K, $\overline{E}_{13} \simeq 140$ keV per particella: è il momento in cui avviene la *nucleosintesi di elio, deuterio* e altri elementi leggeri di cui si è già parlato in precedenza. Da questo momento vi è materia nucleare composta in peso per il 24% di elio e per il 76% di protoni.

14. Da $t_{13} = 200$ s a $t_{14} \simeq 10000$ anni. L'universo contiene principalmente fotoni e neutrini. Sono presenti (relativamente) piccole quantità di materia. Non ci sono più neutroni liberi. La radiazione continua a raffreddarsi e così pure la materia.

15. $t_{15} \simeq 10000$ anni. Le densità sono uguali: $\rho_{materia} = \rho_{radiazione}$. Termina l'*era della radiazione* (che aveva avuto origine subito dopo il Big Bang) e inizia l'*era della materia* (che prosegue fino ad oggi). Per radiazione, si intendono sia onde che particelle, queste ultime però con energie cinetiche molto superiori all'energia connessa con la loro massa. Nell'era della materia, l'energia è dominata dalla materia, cioè dall'energia connessa con la massa ($W = mc^2$). Non si possono ancora formare atomi: infatti, ogni volta che un protone cattura un elettrone e forma un atomo di idrogeno, poco dopo avviene una collisione con un fotone che rompe l'atomo.

16. Nona transizione di fase a $t_{16} \simeq 300000$ anni; si ha $T_{16} \simeq 4000$ K, $\overline{E}_{16} \simeq 0.5$ eV per particella: è il momento della *formazione degli atomi*.

L'energia dei fotoni è diventata così bassa che i fotoni non sono più in grado di distruggere gli atomi. In un tempo relativamente breve, gli elettroni si uniscono ai protoni formando atomi di idrogeno; i nuclei di elio con gli elettroni formano atomi di elio. Come conseguenza, l'universo diventa trasparente alla radiazione elettromagnetica, che da questo momento si disaccoppia dalla materia e ha vita autonoma. Un fotone interagisce con una carica elettrica, quale quella dell'elettrone, ma interagisce molto poco con un atomo neutro. Prima di questo momento, l'universo era costituito di un gas di particelle elettricamente cariche (protoni e elettroni). Un plasma di elettroni e protoni è il quarto stato della materia, dopo quello solido, liquido e gassoso; uno stato molto abbondante anche nell'universo attuale, perché è lo stato dominante dentro le stelle.

17. $t_{17} \simeq 1$ miliardo di anni; si ha $\overline{E}_{17} \sim 0.1$ eV; avviene la *formazione delle galassie*. Si formano galassie e ammassi di galassie, poi le prime stelle. Per qualche motivo, si erano create delle disomogeneità spaziali nella distribuzione della materia; si formano delle nubi di materia e per effetto gravitazionale le *protogalassie*, poi le *protostelle*. Con il passare del tempo, la nube di gas di una protostella diviene più piccola, la temperatura al suo centro aumenta finché diventa così elevata che possono iniziare le reazioni termonucleari, dove si brucia idrogeno, ottenendo elio come "cenere" (nelle stelle massicce anche l'elio brucia dando luogo a carbone, ossigeno e infine ferro). L'universo che era diventato buio torna a risplendere di nuovo, ma con la luce delle stelle. La lunghezza d'onda media della radiazione cosmica di fondo era diventata grande, corrispondente a raggi infrarossi.

18. $t_{18} \simeq$ qualche miliardo di anni. Esplodono le prime supernovae, con conseguente lancio nello spazio interstellare di una grande quantità di materia contenente elementi pesanti sintetizzati all'interno delle stelle.

19. $t_{19} \simeq$ dieci miliardi di anni. Si forma la nube dalla quale per contrazione gravitazionale nascono il sole e i suoi pianeti, fra i quali la Terra. Il materiale raccolto dalla nostra nube contiene in prevalenza idrogeno ed elio, cioè il materiale prodotto all'inizio dell'universo; sono presenti però anche quantità significative di materiali come il ferro, sintetizzati in una stella massiccia che poi è esplosa; dopo l'esplosione questo materiale, ha viaggiato e in qualche modo è giunto sino a noi.

20. $t_{20} \simeq 13.7$ miliardi di anni; circa un milione di anni fa (o meno) si sviluppa l'*homo sapiens* che inizia a domandarsi come è fatto questo nostro universo.

La discussione dei primi attimi di vita dell'universo ha messo in evidenza le connessioni profonde fra cosmologia e fisica subnucleare. Per questo, si dice che studiare l'estremamente piccolo significa studiare e comprendere la nascita dell'universo. La storia dell'universo primitivo è divisa in due ere e in più epoche (di sapore geologico): era della radiazione ed era della materia; epoca della Grande Unificazione, epoca elettrodebole, ecc. Queste sono solo alcune delle possibili suddivisioni. Le transizioni fra epoche sono chiamate transizioni di fase, riprendendo il linguaggio della termodinamica. Abbiamo considerato la transizione prevista dalle teorie della Grande Unificazione (GUT) a 10^{-35} s, la transizione elettrodebole a 10^{-10} s, la transizione *quark* $\rightarrow$ *adroni* a 10^{-6} s, la nucleosintesi a 200 s, la formazione degli atomi a 300000 anni, la formazione delle galassie a qualche miliardo di anni.

Dimensioni dell'universo attuale. In conclusione, si può ritenere che l'universo abbia un raggio di circa 13.7 miliardi di anni-luce e che sia costituito da circa 100 miliardi di galassie e che ogni galassia sia a sua volta formata da 100 miliardi di stelle. Tenendo conto della massa di ciascuna stella si conclude che l'universo osservabile è costituito di circa 10^{80} protoni. Ma ciò dovrebbe essere meno del 5% della materia e dell'energia: la maggior parte della materia è per noi ancora invisibile. Va poi tenuto conto del fatto che il numero di fotoni della radiazione cosmica di fondo è più di un miliardo di volte quello dei protoni.

Ci si può chiedere: **cosa c'era prima del Big Bang**? Non può esserci nessuna risposta che abbia senso fisico perché non è possibile ottenere alcuna informazione per tempi prima del Big Bang. Ma il meccanismo dell'iperespansione potrebbe suggerire che vi siano molti "universi paralleli".

Espansione accelerata o decelerata. Nel 1998, due gruppi di astrofisici [04S1] hanno iniziato a studiare il moto delle galassie lontane, tramite lo studio di alcune loro stelle luminosissime (supernovae di tipo I). Hanno trovato che tali galassie si allontanano da noi più lentamente di quanto previsto dalla legge di Hubble. La luce proveniente da queste galassie è partita qualche miliardo di anni fa: quindi guardando sempre più lontano nell'universo, osserviamo oggetti sempre più giovani. Nello spirito del modello standard del Big Bang, la forza di gravità rallenta il moto dei corpi che si stanno allontanando uno dall'altro. Perciò "oggetti" giovani dovrebbero allontanarsi da noi più velocemente di oggetti più vecchi. Le osservazioni dei due gruppi di ricercatori indicano il contrario, cioè che l'universo si espande ora più velocemente che nel passato. È questo un risultato clamoroso che si scontra anche con il senso comune.

Per ottenere questa situazione occorrerebbe forse la presenza nell'intero universo di un campo che tenda a far accelerare il moto di allontanamento dei corpi celesti. Questo campo darebbe un contributo energetico pari a circa il 70% dell'energia nell'universo. Si dà spesso il nome di *quintessenza* o *energia oscura* a tale campo. Alla luce di questi nuovi risultati, dobbiamo rivedere molti concetti sull'universo, in particolare quelli relativi alla sua futura evoluzione.

Il futuro dell'universo. Che cosa si può dire per quanto riguarda l'evoluzione futura dell'universo? I modelli prevedono che se la densità di materia fosse inferiore al valore critico, allora l'universo continuerà ad espandersi per sempre, se invece fosse superiore, l'universo dovrebbe raggiungere una espansione massima per poi contrarsi fino a giungere ad una implosione finale. I recenti risultati, tra cui quelli di WMAP [07W1], indicano che la densità di energia dell'universo sia esattamente uguale a quella critica, e che la geometria dell'universo sia piatta. Le stelle, dopo aver finito il loro combustibile nucleare, si spegneranno una dopo l'altra; quindi l'universo dovrebbe tornare buio, senza luce visibile. Nel futuro più lontano, dovrebbero esservi decadimenti dei protoni e ancora più tardi "evaporazioni" di buchi neri.

14

Aspetti fondamentali delle interazioni tra nucleoni

14.1 Introduzione

La tabella periodica degli elementi (o tavola di Mendeleev, Appendice 1) è la più straordinaria dimostrazione dell'interconnessione tra microcosmo e macrocosmo, ovvero tra la fisica delle particelle, l'astrofisica e la cosmologia. Il Modello Standard del macrocosmo (§13.6) mostra che, all'epoca di circa 3 minuti, la materia nell'universo era costituita principalmente da nuclei di idrogeno (92%) ed elio (8%) e di elettroni. Oggi sulla Terra sono presenti tutti gli elementi della tabella periodica, dall'idrogeno ($Z = 1$) all'uranio ($Z = 92$). I nuclei degli elementi non primordiali si sono formati all'interno delle stelle, nei processi di nucleosintesi stellare. Il rilascio di questi elementi nell'universo avviene tramite il collasso gravitazionale di stelle massicce, con l'espulsione dell'involucro stellare esterno (supernova). Subito dopo il collasso e l'espulsione, la maggior parte dei nuclei prodotti sono radioattivi; sono sopravvissuti solo quelli a lunga o lunghissima vita media. Tutti gli altri sono decaduti in nuclei stabili.

In questo capitolo passeremo in rassegna le principali proprietà dei nuclei, la loro struttura (distribuzione di massa e carica elettrica, volume) e le interazioni tra nucleoni (ossia, tra neutroni e protoni) per formare i nuclei. L'interazione tra nucleoni è difficilmente descrivibile tramite una semplice funzione energia potenziale. Questo perché, come le molecole sono strutture formate da oggetti *neutri* quali gli atomi e legate da interazioni elettromagnetiche residuali, così i nuclei sono strutture formate da oggetti *neutri* per le interazioni forti (protoni e neutroni non hanno *carica di colore*). Quindi, anche i nuclei sono legati da una sorta d'interazione residuale dell'interazione forte, difficilmente formalizzabile dal punto di vista matematico.

Vedremo comunque che è possibile trovare una formula che parametrizza una grandezza fondamentale, *l'energia di legame nucleare*. Maggiore è l'energia di legame, più stabile è il nucleo. Le proprietà dell'energia di legame nucleare non influenza solamente la fisica dei nuclei, ma anche la struttura e l'evoluzione stellare.

Braibant S., Giacomelli G., Spurio M.: Particelle e interazioni fondamentali. Il mondo delle particelle
DOI 10.1007/978-88-470-2754-1_14, © Springer-Verlag Italia 2012

Dato che il protone e il neutrone sono formati di quark si potrebbe pensare che sia necessario considerare la fisica nucleare a livello di quark e gluoni. In realtà nella fisica nucleare classica si può ignorare l'esistenza dei quark, e si possono ignorare anche i mesoni e le risonanze adroniche. Si può pensare che un nucleo sia costituito da nucleoni che in qualche modo mantengono il loro aspetto di particelle quasi libere, anche se si trovano in un mezzo ad altissima densità, circa 10^{38} nucleoni/cm^3. Ciò è dovuto al fatto che le energie cinetiche medie dei nucleoni nel nucleo sono dell'ordine di 20 MeV (§14.3.1), cioè molto piccole rispetto alla scala di energie delle particelle elementari. In approssimazioni più profonde della fisica nucleare occorrerà tener conto di quark e gluoni. Inoltre, in particolari condizioni di densità di energia, quali quelle che si raggiungono durante le collisioni tra due nuclei pesanti di altissima energia, i quark potrebbero diventare liberi e la materia nucleare dovrebbe comportarsi come un *plasma di quark e gluoni*.

Gli elementi chimici esistenti in natura sono un numero finito, quelli che compaiono sulla citata tabella periodica degli elementi. Ciascun elemento è caratterizzato da un nucleo con una definita carica elettrica (ossia, numero di protoni). In laboratorio si è riusciti a creare artificialmente alcuni nuclei, detti *transuranici*, poiché nella tabella di Mendeleev occupano posti superiori a quello occupato dall'uranio. Tuttavia, questi nuclei artificiali hanno vita media relativamente piccola. I nuclei stabili osservati in natura sono 264; il numero di quelli instabili è oltre 1500. Il loro numero aumenta ogni anno, man mano che la tecnica permette di osservare nuclei instabili con vita media sempre più breve. Classificando i nuclei in base al numero di protoni Z e neutroni N, si osserva che i nuclei stabili si distribuiscono come indicato in Tab. 14.1. Il maggior numero di nuclei stabili si ha per Z pari e N pari. Il numero di nuclei con Z pari e N dispari è circa uguale a quello con Z dispari e N pari. A è il numero di massa, $A = Z + N$. Ciò rappresenta un'evidenza che la forza nucleare è indipendente dal fatto che i nucleoni siano protoni o neutroni.

A	Z	$N = A - Z$	Numero di nuclei stabili
pari	pari	pari	157
dispari	pari	dispari	53
dispari	dispari	pari	50
pari	dispari	dispari	4
		Totale	264

Tabella 14.1. Distribuzione in A, Z, N dei nuclei stabili

Le proprietà delle interazioni tra nucleoni sono tali da poter farci affermare che gli elementi chimici ovunque nell'universo sono gli stessi di quelli presenti sulla Terra. Non esiste quindi, se non nei fumetti o nei film di fantascienza, qualche fantomatico elemento stabile con proprietà chimiche e fisiche sconosciute sulla Terra (si pensi all'*unobtanium* sul pianeta Pandora del film Avatar).

Per la nostra confidenza sul fatto che le leggi della fisica siano universali, la fisica nucleare può farci affermare che i nuclei (e quindi anche gli atomi) che troviamo sulla terra sono gli stessi di quelli che si possono trovare altrove nell'universo. Dalle leggi che determinano i comportamenti dei nuclei, da quelle relative alle proprietà degli atomi e dall'astrofisica sappiamo anche che la composizione chimica dei sistemi planetari non potrà essere molto dissimile dalla nostra. Quindi: non sappiamo se, altrove nell'universo, esiste una forma di vita intelligente in un qualche sistema planetario. Tanto meno conosciamo la possibile biologia di questa forma di vita, e i modi di riproduzione. Tuttavia, se la trasmissione della specie avviene come sulla Terra (visto il successo e vista la ripetitività delle leggi naturali, questa ipotesi potrebbe essere plausibile), ovvero con l'unione di due individui di sessi diversi, *sicuramente* gli ipotetici alieni si scambieranno come pegno di amore un oggetto di *oro* e non di *ferro*. Anche su quel sistema planetario l'Au avrà abbondanza relativa al Fe di $10^{-6} \div 10^{-5}$, e sarà un metallo prezioso. Se in aggiunta ci sarà anche una pietra trasparente e brillante composta di atomi di carbonio disposti in una particolare disposizione reticolare, pensiamo che l'ipotetico individuo di quel pianeta che intende trasmettere il patrimonio genetico avrà una buona probabilità di successo.

14.2 Proprietà generali dei nuclei

Nel 1911 Rutherford, studiando la trasmissione di particelle alfa (nuclei di He) su una sottile lamina di oro (Au), si accorse che venivano deviate anche a grandi angoli (fino a 180°, ossia all'indietro). In quel periodo era accettato il modello di Thomson per l'atomo, che presentava gli elettroni *annegati* in una carica positiva distribuita in tutto il volume dell'atomo. Una simile sfera carica non è in grado di deviare significativamente una particella di massa pari a 7300 volte quella dell'elettrone. Per ottenere deviazioni come quelle osservate, bisogna ammettere che nell'atomo la carica positiva fosse concentrata su dimensioni molto più piccole.

L'interpretazione degli spettri di emissione degli atomi e dell'esperimento di Rutherford sono alla base del modello atomico di Bohr-Sommerfeld:

- l'atomo è costituito di un nucleo di carica $+Ze$;
- Z elettroni di carica $-e$ sono legati al nucleo dal potenziale coulombiano;
- la massa del nucleo è molto maggiore della massa dell'elettrone;
- la carica elettrica del nucleo è concentrata in una regione di spazio di dimensioni molto più piccole delle dimensioni dell'atomo.

Dopo la scoperta del neutrone (1932), si comprese che il nucleo era formato da neutroni (N) e da protoni (Z) di massa quasi uguale. I nuclei sono degli stati legati con una struttura non elementare e l'interazione nucleare tra i costituenti ha caratteristiche molto diverse dall'interazione elettromagnetica. In particolare, le forze che tengono insieme il nucleo si dicono *nucleari*, hanno un raggio d'azione di circa 10^{-15} m e non dipendono dalla carica elettrica. La scala di grandezza dell'energia di legame nucleare è dell'ordine dei MeV; si può stimare immediatamente che per mantenere legati due protoni a distanze $r \sim 1$ fm contro la repulsione colombiana occorre una energia $U > e^2/r \sim 1$ MeV. Le grandezze che caratterizzano i nuclei atomici e che danno informazioni sulla loro struttura sono: la massa, il raggio, lo spin; la carica elettrica, il momento di dipolo magnetico, il momento di quadrupolo elettrico.

I nuclei sono indicati con il nome simbolico dell'elemento X (ad es. H per l'idrogeno, Fe per il ferro). Il *numero atomico*, ossia il numero di protoni, e la carica elettrica del nucleo, è indicato con Z posto in pedice a sinistra. Il *numero di massa A*, ossia il numero di nucleoni (Z protoni più N neutroni) è posto in apice a sinistra:

$$\,^{A}_{Z}X \; . \tag{14.1}$$

Carica elettrica dei nuclei. La carica elettrica dei nuclei è stata misurata studiando gli spettri di emissione dei raggi X degli elettroni negli orbitali più interni (orbitali K) che non risentono dell'effetto di schermo elettromagnetico da parte degli elettroni disposti negli orbitali più esterni. Nel 1913 Moseley stabilì una relazione tra la frequenza dei raggi X e il numero atomico degli elementi:

$$h\nu = \frac{3}{4} R_y (Z-1)^2 \tag{14.2}$$

ove $R_y = m_e c^2 \alpha^2 / 2 = 13.6$ eV è la costante di Rydberg. La legge di Moseley mise in ordine nella tavola di Mendeleev tutti gli elementi allora noti, dimostrando che la carica nucleare è un multiplo intero della carica elettrica elementare e.

Massa dei nuclei. La massa dei nuclei è determinata misurandone la traiettoria in campi elettrici e magnetici. Lo spettrometro di massa messo a punto da Aston (Nobel nel 1922) nel 1920 è stato via via perfezionato fino a raggiungere precisione di misura di $\Delta M/M \sim 10^{-6}$. Il principio di funzionamento è mostrato nella Fig. 14.1. Gli ioni emessi dalla sorgente S vengono accelerati da un campo elettrico e immessi nella zona tra due collimatori dove vi sono un campo elettrico $\mathbf{E}$ e un campo magnetico $\mathbf{B}$ ortogonali tra loro e ortogonali alla linea di volo in modo da selezionare ioni di carica $q = Ze$ e velocità $v = E/B$; dopo il secondo collimatore vi è solo il campo magnetico. Misurando il raggio di curvatura R della traiettoria ($qvB = Mv^2/R$) si determina il valore della massa M del nucleo:

$$M = \frac{qB}{v} R = \frac{qB^2}{E} R \; . \tag{14.3}$$

Per ridurre gli errori sistematici, le misure si fanno di solito per confronto tra nuclei che hanno differenza di massa molto piccola. Un'istruttiva *applet* on-line di spettrometro di massa si trova in [ww1].

Lo spettrometro di massa è anche usato per separare gli isotopi di uno stesso elemento e misurarne l'abbondanza relativa. Il carbonio, ad esempio, esiste in natura sotto forma di due isotopi con abbondanza relativa 98.89% ($^{12}_{6}C$) e 1.11% ($^{13}_{6}C$). Il peso atomico del carbonio naturale corrisponde al valor medio $\overline{A} = 12.01$. Per motivi storici, talvolta in fisica nucleare si usa come unità di misura la *Unità di massa atomica (Atomic Mass Unit, AMU)* indicata con u. Essa è definita tramite la relazione $12u =massa\ dell'atomo$ *dell'isotopo 12 del carbonio*. In queste unità, la massa dell'atomo di idrogeno:

$$M(^{1}_{1}H) = 1.007825\ u = 938.783\ \text{MeV}/c^2 \ .$$

Il fattore di conversione tra le unità di misura è:

$$1\ u = 931.494\ \text{MeV}/c^2 \ . \tag{14.4}$$

Il numero in basso in ciascun elemento della tabella di Mendeleev in Appendice 1 indica il valore della massa nucleare in AMU. Talvolta, per ragioni pratiche, si può utilizzare come unità di massa la massa a riposo di un protone ($m_p = 938.271\ \text{MeV}/c^2$).

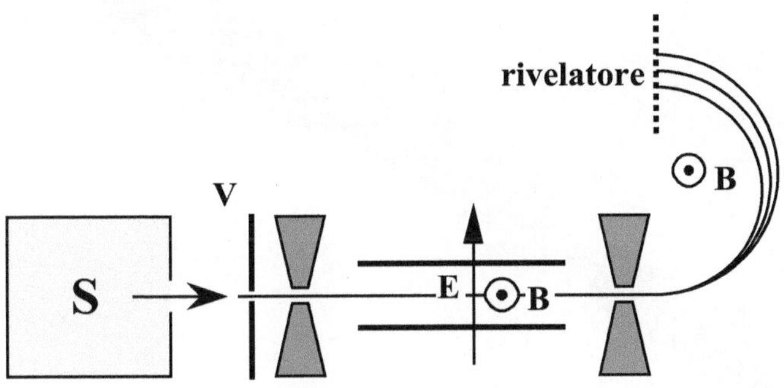

Figura 14.1. Principio di funzionamento dello spettrometro di massa. I nuclei ionizzati vengono emessi dalla sorgente S ed entrano, attraversando un collimatore, in una regione con campo elettrico **E** e magnetico **B**. A causa di **E**, lo ione è soggetto a una forza verso l'alto di modulo pari a ZeE. Nel contempo, a causa del campo magnetico, è deflesso verso il basso con una forza di modulo (c.g.s) $ZevB$. Il secondo collimatore seleziona solo quelle particelle per cui le due forze si annullano, ossia quelle per cui $v = E/B$. Dopo il collimatore, è presente solo il campo magnetico **B**; la forza di Lorentz deflette gli ioni con un raggio di curvatura R determinabile dalla relazione $ZevB = Mv^2/R$, e misurabile sperimentalmente tramite il rivelatore

14.2.1 La carta dei nuclidi

I nuclei con lo stesso valore di Z e diverso valore di A hanno le stesse proprietà atomiche; in particolare, le reazioni chimiche dipendono solo da Z e non da A. Per questo motivo, nuclei che hanno lo stesso numero di protoni sono chiamati *isotopi* (perché occupano la stessa posizione nella tavola di Mendeleev degli elementi). Nuclei con lo stesso valore di A e diverso valore di Z sono chiamati *isobari* (perché hanno massa approssimativamente uguale).

Nel piano delle variabili (N, Z) i nuclei stabili sono concentrati in una stretta banda, detta *valle di stabilità* (Fig. 14.2), che indica una forte correlazione tra la carica elettrica e il numero di costituenti.

Nei nuclei, il legame dovuto all'interazione forte che si stabilisce fra coppie $(n\text{-}n)$, $(p\text{-}p)$ e $(p\text{-}n)$ è il medesimo, ma i protoni si respingono elettromagneticamente e quindi, mentre per bassi valori di A abbiamo $N = Z$, a partire da $A \simeq 40$ circa aumenta il numero di neutroni.

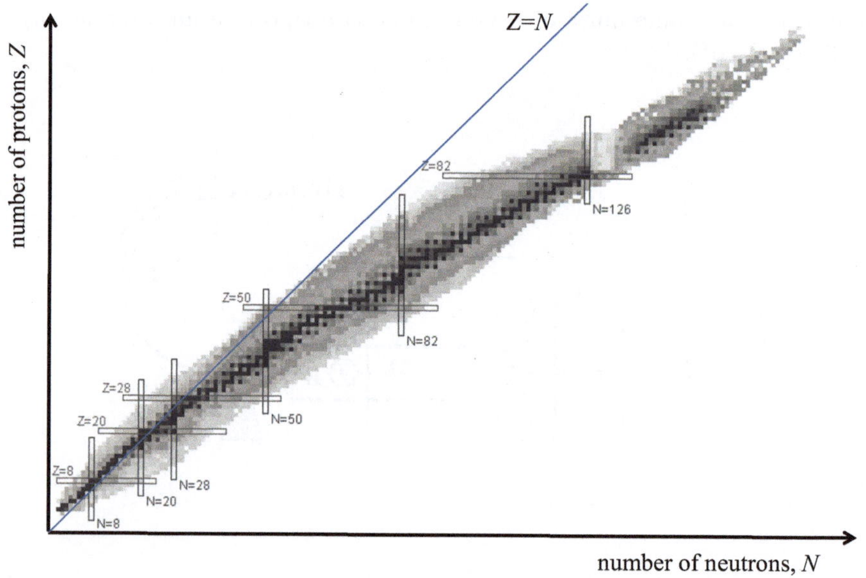

Figura 14.2. Carta dei nuclidi. I nuclei stabili sono indicati in nero nella parte centrale. La vita media è tanto più elevata quanto più un nuclide è indicato con colore scuro. Le barre evidenziano i nuclei con *numeri magici*, §14.3.3. Maggiori dettagli e carta a colori si trovano sul sito: http://www.nndc.bnl.gov/nudat2/ (Figura adattata da: Brookhaven National Laboratory, National Nuclear data Center)

14.2.2 Energia di legame nucleare

L'equivalenza tra massa-energia ($E = mc^2$) non è apprezzabile in fisica atomica. Questo, perché le energie di legame (dell'ordine dell'eV, ossia $2 \times 10^{-5} m_e$) sono molto inferiori alle masse delle particelle. La relazione $E = mc^2$ diventa importante in fisica nucleare, dove le energie in gioco possono essere una frazione significativa delle masse a riposo dei nucleoni. Per questo motivo, in fisica nucleare è talvolta conveniente esprimere sia le energie che le masse in unità naturali $\hbar = c = 1$ (vedi Appendice 2), ossia in MeV.

Nella formazione di un legame (atomico o nucleare) si guadagna energia perché si ottiene un sistema più stabile. L'energia rilasciata deve essere compensata con la diminuzione della massa finale rispetto alla somma delle masse degli elementi di partenza. Ad esempio, lo stato nucleare legato con massa più piccola è il nucleo di deuterio (deutone) che è un isotopo dell'idrogeno composto da un protone e un neutrone ($Z = 1$, $A = 2$). Nel caso del deutone, si trova che la massa è diminuita di 2.224 MeV, quantità piccola rispetto a $m_p + m_n$, ma non proprio trascurabile ($\sim 0.2\%\ m_p$).

L'energia di legame *(Binding Energy, BE)* è definita come la differenza tra la massa del nucleo e la somma delle masse dei nucleoni costituenti:

$$M_{nucleo} = \sum_{k=1}^{A} m_k - BE = (Z m_p + N m_n) - BE \ . \qquad (14.5)$$

Il nucleo dell'atomo di elio, ^4_2He (chiamato anche particella α), è in una configurazione particolarmente stabile con energia di legame BE pari a 28.298 MeV. L'energia di legame dei nuclei con A piccolo non è una funzione regolare, ma per $A > 12$ l'energia di legame è con buona approssimazione proporzionale al numero di nucleoni, (Fig. 14.3), con:

$$\frac{BE}{A} \sim 8 \ \text{MeV}/nucleone \ . \qquad (14.6)$$

Tale relazione ha una giustificazione nell'ambito del modello a goccia del nucleo (§14.3.2).

14.2.3 Dimensioni dei nuclei

Parlare di raggio dei nuclei è forse improprio: occorre fornire una definizione operativa su *cosa si sta misurando* e *il metodo di misura*. Informazioni sull'estensione spaziale dei nuclei e sul raggio d'azione dell'interazione nucleare si ottengono con metodi diversi: con esperimenti di diffusione (di particelle α, neutroni, protoni, elettroni); con misure di spettroscopia dei livelli atomici; dall'analisi dell'energia di legame dei nuclei; dallo studio dei decadimenti nucleari. Noi ci soffermeremo principalmente sulle tecniche di diffusione (*scattering*) di particelle su nuclei.

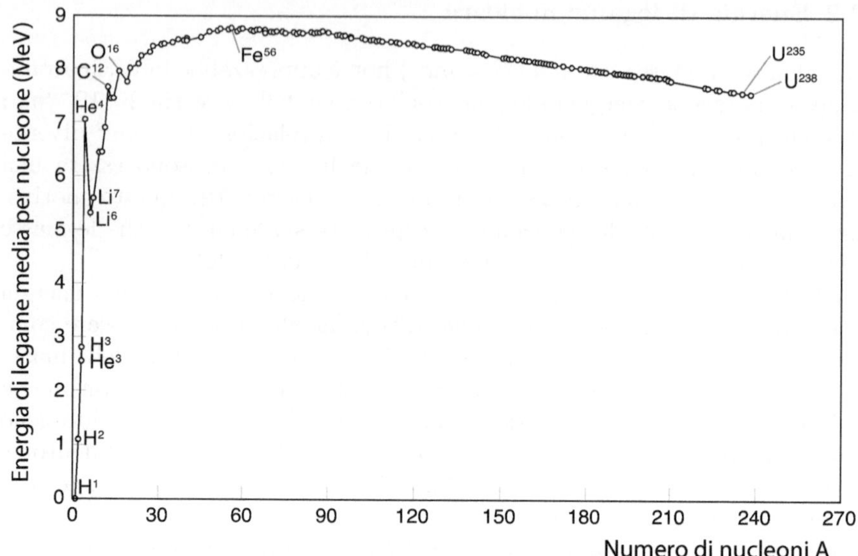

Figura 14.3. Energia di legame (BE) per nucleone misurata dei nuclei stabili in funzione di A. Si notano dei picchi corrispondenti a nuclei particolarmente legati. La curva presenta un massimo per $A \sim 60$

Nello scattering Rutherford (§4.7.1), l'angolo di diffusione θ dipende dalla minima distanza di avvicinamento di una particella ad un nucleo di carica Ze. Già Rutherford e Chadwick misero in evidenza una marcata deviazione dalla sezione d'urto di diffusione coulombiana prevista per una carica puntiforme quando l'impulso trasferito è elevato, cioè quando la minima distanza di avvicinamento è confrontabile con il raggio d'azione delle forze nucleari R.

Sin dalle prime misure si ottenne che R è proporzionale alla radice cubica del peso atomico A:

$$R = R_0 A^{1/3} \qquad R_0 \simeq 1.2 \times 10^{-13} \text{ cm} . \tag{14.7}$$

Successivamente, usando acceleratori di particelle, fu possibile raggiungere impulsi trasferiti più elevati, e studiare con maggior dettaglio la struttura dei nuclei e dei nucleoni (Cap. 10). Le informazioni che si ottengono dipendono dal tipo di particella usata come sonda. Particelle α e protoni sono soggetti sia all'interazione coulombiana che all'interazione nucleare. I neutroni sono soggetti alla sola interazione nucleare (l'interazione dovuta al dipolo magnetico è trascurabile a bassa energia).

Distribuzione della densità di carica elettrica. Gli elettroni non hanno interazioni nucleari e danno informazioni dettagliate sulla distribuzione di carica e di magnetizzazione dei nuclei. Con esperimenti di diffusione di elettroni di alta energia, $E_e = 100 \div 1000$ MeV, si misurano i fattori di forma elettromagnetici (§10.4) dei nuclei. Dalle misure dei fattori di forma si estrae la densità di carica elettrica $\rho(r)$ e di magnetizzazione $\mathbf{M}(r)$. La sezione d'urto di diffusione elastica di un nucleo in funzione dell'impulso trasferito è rapidamente decrescente e compatibile con quanto atteso da una distribuzione di carica uniforme in una sfera di raggio R. Una parametrizzazione più accurata della densità di carica elettrica all'interno del nucleo si ottiene con una distribuzione sferica del tipo:

$$\rho(r) = \frac{\rho_0}{1 + e^{(r-R)/t}} \tag{14.8}$$

detta distribuzione di *Woods-Saxon*. Questa distribuzione dipende da due parametri: R rappresenta il valore del raggio per cui la densità di carica è $\rho(r) \geq \rho_0/2$; t misura lo spessore (*thickness*) della regione esterna del nucleo in cui la densità di carica diminuisce rapidamente. Per nuclei con Z elevato si ha approssimativamente:

$$R = (1.18A^{1/3} - 0.48) \text{ fm} \quad , \quad t = 0.55 \text{ fm} .$$

Distribuzione della materia nucleare. Mentre le collisioni e^--nucleo servono a determinare la distribuzione di carica elettrica e il *raggio elettromagnetico* del nucleo, lo studio della collisione neutrone-nucleo serve a determinare la distribuzione della materia nucleare. Si ottengono così risultati sul raggio quadratico medio della distribuzione di materia nucleare nel nucleo. La sezione d'urto differenziale elastica n-nucleo mostra una distribuzione con picchi e valli, caratteristica di una figura di diffrazione. Infatti, l'urto può essere interpretato nell'ambito di una trattazione quanto-meccanica (modello ottico del nucleo) che descrive l'effetto del nucleo sul nucleone incidente in termini di una buca di potenziale capace anche di assorbimento. Il problema può essere analizzato risolvendo l'equazione di Schrödinger con una *buca di potenziale* descritta da una costante complessa; si ottiene l'analogo ottico di una sfera semitrasparente che diffonde e assorbe luce. L'analisi è difficile ma la densità di materia nucleare può essere riassunta in una formula analoga alla (14.8) con parametri:

$$R = 1.2A^{1/3} \text{ fm} \quad , \quad t = 0.75 \text{ fm} .$$

C'è quindi un accordo sorprendente tra la forma elettromagnetica del nucleo e la forma del potenziale nucleare, che dipende dalla distribuzione di materia nucleare nel nucleo e dal raggio d'azione della forza nucleare. La Fig. 14.4 mostra le distribuzioni di densità di materia $\rho(r)$ per diversi nuclei.

Tutti i metodi di misura, anche diversi da quelli citati, danno risultati coerenti con piccole variazione dei valori dei parametri. Da queste misure possiamo affermare che:

- la distribuzione di materia nucleare è approssimativamente uguale alla distribuzione di carica elettrica;
- le distribuzioni hanno, con buona approssimazione, simmetria sferica;
- le distribuzioni di carica e materia sono approssimativamente uniformi in una sfera di raggio R;

- il raggio quadratico medio delle distribuzioni è proporzionale a $R = R_0 A^{1/3}$, con $R_0 \simeq 1.2 \times 10^{-13}$ cm;
- il valore del parametro R_0 dipende solo leggermente dal metodo di misura;
- il *volume del nucleo* è proporzionale al numero di nucleoni, $(4\pi/3)R^3 \propto A$;
- la densità della materia nucleare è elevatissima: poiché la massa del nucleone è pari a $\sim 1.7\ 10^{-27}$ kg, è facile verificare che per la materia nucleare $\rho_N = 2.4 \times 10^{17}$ kg m^{-3}, ossia 2.4×10^{14} volte quella dell'acqua.

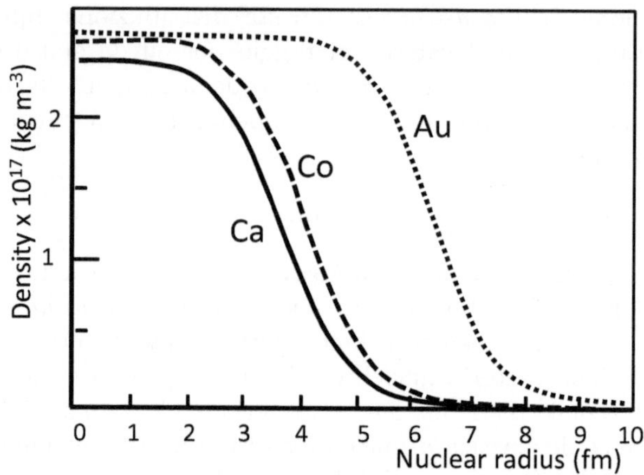

Figura 14.4. Distribuzione di densità di materia in funzione del raggio nucleare per alcuni nuclei. Le curve parametrizzano con la funzione di Wood-Saxon i dati sperimentali

14.2.4 Proprietà elettromagnetiche dei nuclei

Le proprietà elettromagnetiche dei nuclei sono descritte dalla densità di carica, $\rho(\mathbf{r};t)$, e dalla densità di corrente, $\mathbf{j}(\mathbf{r};t)$, nella regione di spazio di dimensione R. I nuclei sono soggetti all'azione dei campi elettrici e magnetici prodotti dalle cariche e correnti degli elettroni atomici e di campi esterni prodotti in modo artificiale. La densità di carica e di corrente nucleare hanno come asse di simmetria la direzione dello spin del nucleo, $\mathbf{I}$. Il campo elettromagnetico prodotto dagli elettroni atomici ha come asse di simmetria la direzione del momento angolare totale.

Il protone e il neutrone hanno spin $\mathbf{s}$ di modulo $\hbar/2$ e momento magnetico rispettivamente $\mu_p\mathbf{s}$ e $\mu_n\mathbf{s}$ come calcolato in §7.14.4. Talvolta è utile definire il fattore giromagnetico $g \equiv \mu/\mu_N$ come il rapporto tra il modulo del momento di dipolo magnetico e il magnetone nucleare $\mu_N = \frac{|e|\hbar}{2m_p} = 3.15 \times 10^{-8}$ eV/T. Il momento magnetico nucleare è prodotto dai momenti magnetici dei singoli nucleoni e dal moto orbitale dei protoni ed è parallelo all'asse dello spin nucleare **I**. Il fattore giromagnetico del nucleo, g_I, può essere positivo o negativo e il momento di dipolo magnetico del nucleo:

$$\boldsymbol{\mu}_N = g_I \mu_N \mathbf{I} \tag{14.9}$$

Misure del momento magnetico dei nuclei si effettuano con diversi metodi basati sull'interazione del momento di dipolo con il campo magnetico atomico o con campi magnetici artificiali.

14.3 Modelli nucleari

Diversamente dal modello atomico, non esiste un unico modello nucleare capace di spiegarne tutte le sue proprietà. I motivi sono principalmente dovuti al fatto che non esiste un corpo centrale di grande massa che rappresenti il centro di attrazione e che non si conosce la forma analitica del potenziale di interazione nucleare. In questo paragrafo descriveremo alcuni dei diversi modelli che si completano a vicenda.

14.3.1 Modello a gas di Fermi

Il modello di Fermi è un modello statistico a particelle indipendenti basato sulle seguenti ipotesi:
(i) i nucleoni sono fermioni di spin $1/2$ (Z protoni e $A - Z$ neutroni) che si muovono liberamente, come un gas, all'interno del nucleo;
(ii) il singolo nucleone è soggetto all'azione collettiva di tutti gli altri. Questa azione è rappresentata da una buca di potenziale $U(r)$ a simmetria sferica che si estende in una regione di dimensione $R = R_0 A^{1/3}$;
(iii) il gas di nucleoni è degenere, cioè l'energia cinetica è molto maggiore dell'energia dell'ambiente kT. I nucleoni sono nello stato di energia più bassa accessibile per il principio di esclusione di Pauli.

Sulla base di queste semplici ipotesi, il modello di Fermi fornisce indicazioni sulla densità degli stati (Fig. 14.5) e sull'energia cinetica dei nucleoni per i nuclei con A sufficientemente grande da poter utilizzare criteri statistici ($A > 12$). Il numero di stati di un fermione di spin $s = 1/2$ è calcolabile a partire dalla densità numerica:

$$dn = (2s + 1)\frac{dV\, d\Omega\, p^2 dp}{h^3}\ .$$

Integrando sull'angolo solido ($\int d\Omega = 4\pi$) e sul volume ($V = 4/3\pi R_0^3 A$) e ricordando che $h = 2\pi\hbar$ e $(2s + 1) = 2$ si ha:

$$dn = \frac{2 \cdot 4\pi V}{8\pi^3 \hbar^3} p^2 dp = \frac{4}{3\pi}\left(\frac{R_0}{\hbar}\right)^3 A p^2 dp\ . \tag{14.10}$$

Il valore massimo dell'impulso, detto *l'impulso di Fermi*, è determinabile imponendo che l'integrale della (14.10) corrisponda al numero di protoni (o neutroni) presenti nel volume V:

$$\int dn_p = \frac{4}{9\pi}\left(\frac{R_0}{\hbar}\right)^3 Ap_p^3 = Z \quad ; \quad \int dn_n = \frac{4}{9\pi}\left(\frac{R_0}{\hbar}\right)^3 Ap_n^3 = (A-Z)$$

(14.11)

per cui:

$$p_p c = \left(\frac{9\pi}{8}\right)^{1/3}\frac{\hbar c}{R_0}\left(\frac{2Z}{A}\right)^{1/3} \quad ; \quad p_n c = \left(\frac{9\pi}{8}\right)^{1/3}\frac{\hbar c}{R_0}\left(\frac{2(A-Z)}{A}\right)^{1/3} .$$

(14.12)

Possiamo ricavare numericamente i valori di p_n, p_p, tenendo conto che $2Z/A \simeq 2(A-Z)/A \simeq 1$ e che $R_0 = 1.25$ fm. In tal caso

$$p_p = p_n \simeq 240 \text{ MeV/c} .$$

(14.13)

L'energia cinetica corrispondente è chiamata *energia di Fermi*, $E_F = p_p^2/2M_p \simeq 30$ MeV (valore analogo per il neutrone). Qui abbiamo usato l'approssimazione non relativistica che è sufficientemente accurata. Per i nuclei pesanti l'energia di Fermi dei neutroni è leggermente maggiore di quella dei protoni, in quanto $2(A-Z)/A > 1$. Ad esempio, per l'uranio ($Z = 92, A = 238$) si ha $E_{F_p} = 28$ MeV, $E_{F_n} = 32$ MeV. La profondità della buca di potenziale è pari alla somma dell'energia di Fermi e dell'energia di legame per nucleone:

$$U = E_F + BE/A \quad ; \quad BE/A \simeq 8 \text{ MeV}/nucleone \rightarrow U = (35 \div 40) \text{ MeV} .$$

Per i protoni, la buca di potenziale è deformata dall'energia elettrostatica che produce una barriera di potenziale in corrispondenza di $r \simeq R$, e che ha un andamento $\sim 1/r$ per $r > R$, come mostrato in Fig. 14.5.

L'energia cinetica media per nucleone può essere calcolata dalla (14.10) sommando e mediando i contributi di p e n:

$$\overline{E}_C = \frac{\int (p^2/2m)dn}{\int dn} \simeq 20 \cdot \left[1 + \frac{5}{9}\left(\frac{A-2Z}{A}\right)^2\right] \text{MeV} .$$

(14.14)

L'energia cinetica media ha una leggera dipendenza dal termine di asimmetria $\Delta = [(A-2Z)/A]^2$. I nuclei leggeri hanno $2Z \simeq A$, per cui il termine Δ è nullo. I nuclei pesanti hanno un leggero eccesso di neutroni, per cui l'energia cinetica media è minima per i nuclei con ugual numero di protoni e neutroni e aumenta leggermente per i nuclei con A grande: per $^{238}_{92}U$ il fattore correttivo Δ contribuisce solo per il 3% all'energia cinetica media per nucleone.

14.3.2 Modello a goccia di liquido

Il modello a goccia è un modello collettivo del nucleo che rappresenta con pochi parametri l'energia di legame in analogia con quella di una goccia di liquido. Il modello si basa sulle seguenti ipotesi:

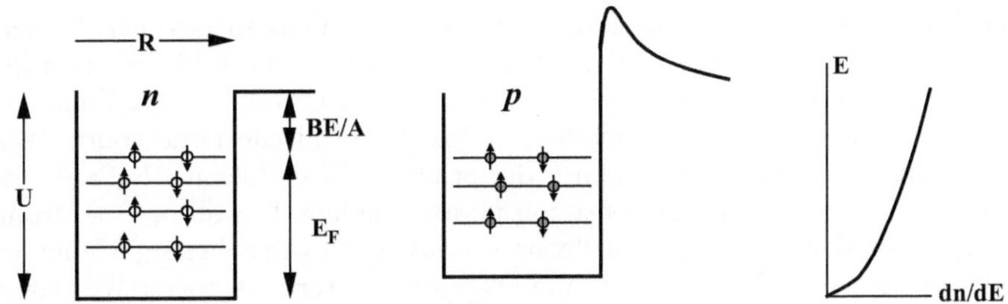

Figura 14.5. Modello di buca di potenziale per i protoni e i neutroni in un nucleo e andamento dell'energia dei nucleoni in funzione della densità degli stati dn/dE

- l'energia d'interazione tra due nucleoni è indipendente dal tipo di nucleone;
- l'interazione è attrattiva e a breve raggio d'azione, R_{int} (come nel caso delle gocce di liquido in cui le molecole hanno interazioni dipolo-dipolo);
- l'interazione è repulsiva a distanze $r \ll R_{int}$;
- l'energia di legame del nucleo è proporzionale al numero di nucleoni.

In base a queste considerazioni, può essere ottenuta una formula per l'energia di legame che tiene conto di un *termine di volume* e di alcuni fattori correttivi.

Termine di volume. Ciascun nucleone è fortemente legato solo ai pochi nucleoni circostanti. L'energia di legame del nucleo non è data dalla somma della energia di interazione tra coppie di nucleoni su tutte le coppie di nucleoni (che è proporzionale a $A(A-1) \simeq A^2$), ma è la somma *solo* sulle coppie di nucleoni *vicini* contenuti entro un volume di interazione V_{int} minore del volume totale del nucleo. Sotto queste condizioni, si ottiene che l'energia di legame $BE \propto A$. Questo fatto si spiega con l'ipotesi che la forza nucleare sia *a corto raggio d'azione*. Il modello a goccia parte dall'ipotesi che l'energia di legame del nucleo sia essenzialmente energia potenziale di volume: $+a_0 A$.

Termine di superficie. L'energia di legame è diminuita per un *effetto di superficie*, poiché i nucleoni localizzati sulla superficie del nucleo hanno un minor numero di nuclei vicini e sono meno legati. La superficie del volume nucleare è proporzionale a $A^{2/3}$, quindi il corrispondente fattore correttivo può essere espresso come: $-a_1 A^{2/3}$.

Repulsione coulombiana. La repulsione coulombiana tra i protoni contribuisce a ridurre l'energia di legame. Le misure dei fattori di forma elettromagnetici mostrano che i nuclei hanno distribuzione di carica approssimativamente uniforme. Si può dimostrare con il teorema di Gauss che l'energia elettrostatica di una sfera di raggio R con densità di carica uniforme è proporzionale alla carica racchiusa nella sfera, e inversamente proporzionale a $R \sim A^{1/3}$. Quindi il termine correttivo connesso con la repulsione coulombiana per l'energia di legame è $-a_2 Z^2/A^{1/3}$.

Termine dovuto al principio di esclusione (o di asimmetria). L'energia di legame è ulteriormente ridotta del contributo dell'energia cinetica dei nucleoni: maggiore è l'energia cinetica, minore è l'energia di legame. Possiamo utilizzare la stima basata sul modello a gas di Fermi che tiene conto degli effetti della statistica dei fermioni e del principio di esclusione di Pauli che favorisce le configurazioni nucleari con numero uguale di protoni e neutroni. L'energia cinetica media per nucleone è data da (14.14); l'energia cinetica totale del nucleo di A nucleoni è una costante con termine correttivo pari a $[(A-2Z)^2/A]$. In pratica, se $A/2 = Z$ il termine è nullo, mentre diventa sempre più importante man mano che ci si allontana dalla simmetria $Z = N$. Il contributo all'energia di legame dovuto a questo fattore è $-a_3[(A-2Z)^2/A]$.

Termine dovuto alle configurazioni. Sperimentalmente, si nota che vi è una differenza sistematica tra le configurazioni di nuclei con numero di protoni e neutroni pari o dispari (Tab. 14.1). Quindi si rende necessario introdurre nella formula un termine correttivo, del tipo $a_4/A^{1/2}$, per tener conto di questo effetto. Il valore e il segno di a_4 è tale che:

	A	Z	N=A-Z	a_4 (MeV)
(più stabili)	pari	pari	pari	+12.6
(intermedi)	dispari			0
(meno stabili)	pari	dispari	dispari	-12.6

Il risultato finale di tutti i termini considerati fornisce la formula delle energie di legame di Weizsacker in funzione di A e Z e cinque parametri che sono ottenuti da un adattamento con i dati sperimentali (vedi Fig. 14.6):

$$BE = a_0 A - a_1 A^{2/3} - a_2 \frac{Z^2}{A^{1/3}} - a_3 \frac{(A-2Z)^2}{A} \pm \frac{a_4}{A^{1/2}}. \qquad (14.15)$$

I parametri $a_0, ..., a_4$ hanno tutti dimensioni di una energia e si misurano in MeV. I valori corrispondono rispettivamente a quelli indicati in Tab. 14.2.

a_0	a_1	a_2	a_3	a_4
		(MeV)		
15.74	17.61	0.71	23.42	$\pm$ 12.6 , 0.

Tabella 14.2. Valori delle costanti nella formula di Weizsacker [ww12]. Per a_4 occorre tener conto del fatto che il nucleo sia pari-pari, pari-dispari, o dispari-dispari

Dalla formula delle energie di legame si ottengono le masse dei nuclei usando la (14.5) (formula di Bethe e Weizsacker) che esprime la massa del nucleo in funzione di A e Z e dei parametri $a_0, ..., a_4$ (Problem1 14.11, 14.12). I valori calcolati con la (14.15) mostra deviazioni relativamente grandi dai dati sperimentali per A piccolo; per A grande, si notano alcune eccezioni dovute ad un legame nucleare particolarmente forte in corrispondenza di certi valori di Z ed N. Questi valori sono i cosiddetti *numeri magici*: poiché né il modello a gas di Fermi, né il modello a goccia riescono a spiegarli, occorre introdurre un ulteriore modello nucleare, detto *modello a shell*.

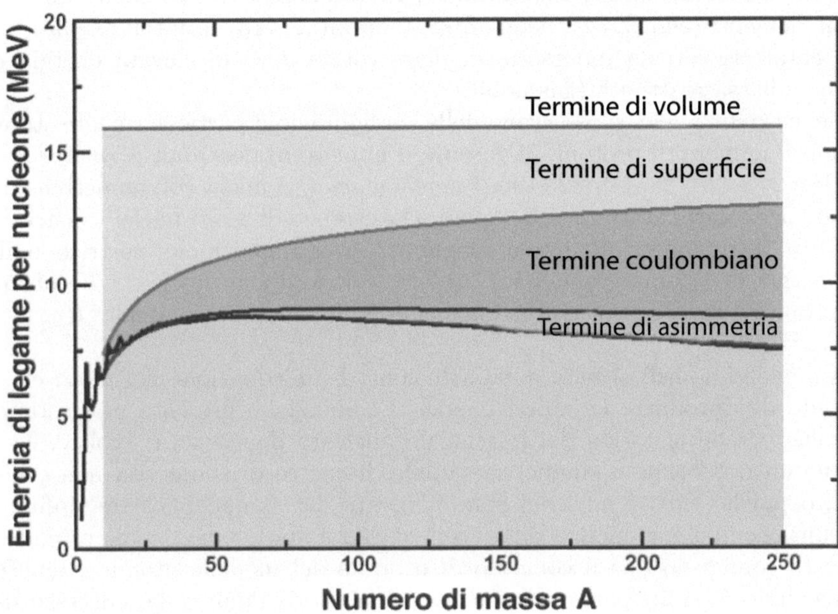

Figura 14.6. Contributo dei vari termini della formula di Weizsacker per l'energia di legame per nucleone in funzione di A. Al termine di volume, occorre sottrarre il termine di superficie, quello colombiano e di simmetria. Nella figura non è considerato il termine di configurazione. I dati di Fig. 14.3 sono riprodotti dall'ultima curva, ad eccezione di quelli con A piccoli

14.3.3 Il modello a shell

Il modello della goccia di liquido dà una descrizione abbastanza buona dell'energia di legame. In maniera analoga, offre una spiegazione qualitativa della fissione nucleare, come vedremo in §14.9. Il modello del gas di Fermi, assumendo come potenziale una semplice buca quadrata tridimensionale (differente per protoni e neutroni) è necessario per giustificare alcuni valori numerici in (14.15) e il termine della formula di massa semi-empirica dipendente da $[(A-2Z)^2/A]$. Il modello a shell spiega ulteriori fatti sperimentali, in particolare l'esistenza di nuclei particolarmente stabili. In questo modello, i nucleoni possono muoversi liberamente all'interno del nucleo su orbite quantiche. Questo è in accordo con l'idea che essi sono soggetti a un *potenziale efficace* globale creato dalla somma dei contributi degli altri nucleoni.

Ancora una volta il caso elettromagnetico funge da prototipo. Infatti, il modello atomico (che si basa su un potenziale coulombiano a simmetria radiale, quantizzazione del momento angolare e principio di Pauli) riproduce con successo la fenomenologia degli atomi: i livelli energetici, la valenza. Inoltre, alcuni elementi (elio (Z=2), neon (Z=10), argon (Z=18), kripton (Z=36), ...) sono caratterizzati da momento angolare totale $J = 0$, elevata energia di legame e bassa reattività (gas nobili).

Nel caso dei nuclei si osservano delle configurazioni particolarmente stabili quando il numero di protoni, Z, oppure il numero di neutroni, $N = A - Z$, è uguale a 2, 8, 20, 28, 50, 82, 126 *(numeri magici)*. I nuclei con numeri magici hanno particolari caratteristiche, quali: *i)* esistenza di molti nuclei isobari; *ii)* spin I = 0, momento di dipolo magnetico e di quadrupolo elettrico nulli; *iii)* energia di legame grande; *iv)* piccola sezione d'urto nucleare. Le ultime due proprietà sono accentuate nei nuclei doppiamente magici quali $^{4}_{4}He$, $^{16}_{8}O$, $^{40}_{20}Ca$... $^{208}_{82}Pb$.

Il modello a shell si basa sulla soluzione di un'equazione del moto che è in grado di riprodurre i numeri magici. La soluzione presenta una serie di difficoltà perché la forma del potenziale nucleare non è nota. Inoltre, se si assume un potenziale a simmetria radiale, il centro di simmetria non è ben definito poiché tutti i nucleoni sono sorgente del campo nucleare. Infine, i nucleoni occupano in modo continuo il nucleo e non è ovvio come estendere a questa configurazione il concetto di orbitale del modello atomico. Questa ultima difficoltà è in parte ridotta dal principio di Pauli e dal successo del modello a gas di Fermi: se il gas di nucleoni è fortemente degenere, ciascun nucleone è in uno stato quantico e non interagisce con un altro nucleone se non con un meccanismo di scambio. Questo induce a impostare un'equazione del moto per il singolo nucleone indipendentemente da quello che avviene agli altri nucleoni (*modello a particelle indipendenti*).

Gli autostati $\psi(r,\theta,\phi) = R_{n\ell}(r)Y_{\ell m}(\theta,\phi)$ ($Y_{\ell m}(\theta,\phi)$ sono le funzioni *armoniche sferiche*) di una particella di massa m in un potenziale a simmetria sferica $U(r)$ si ottengono risolvendo l'equazione radiale di Schrödinger con $u_{n\ell}(r) = rR_{n\ell}(r)$:

$$\left[-\frac{\hbar^2}{2m}\frac{d^2}{dr^2} + U(r) + \frac{\hbar^2\ell(\ell+1)}{2mr^2}\right]u(r) = Eu(r) \ . \qquad (14.16)$$

Una possibile scelta di $U(r)$ è il potenziale detto di Woods-Saxon:

$$U_{WS}(r) = -\frac{U_0}{1 + e^{(r-R)/t}} \qquad (14.17)$$

che ricalca la distribuzione di materia nel nucleo (14.8). Questa scelta permette di risolvere numericamente l'equazione del moto, e determina una sequenza di stati particolarmente stabili data dalla sequenza: 2, 8, 20, 40, 70, 112 ...

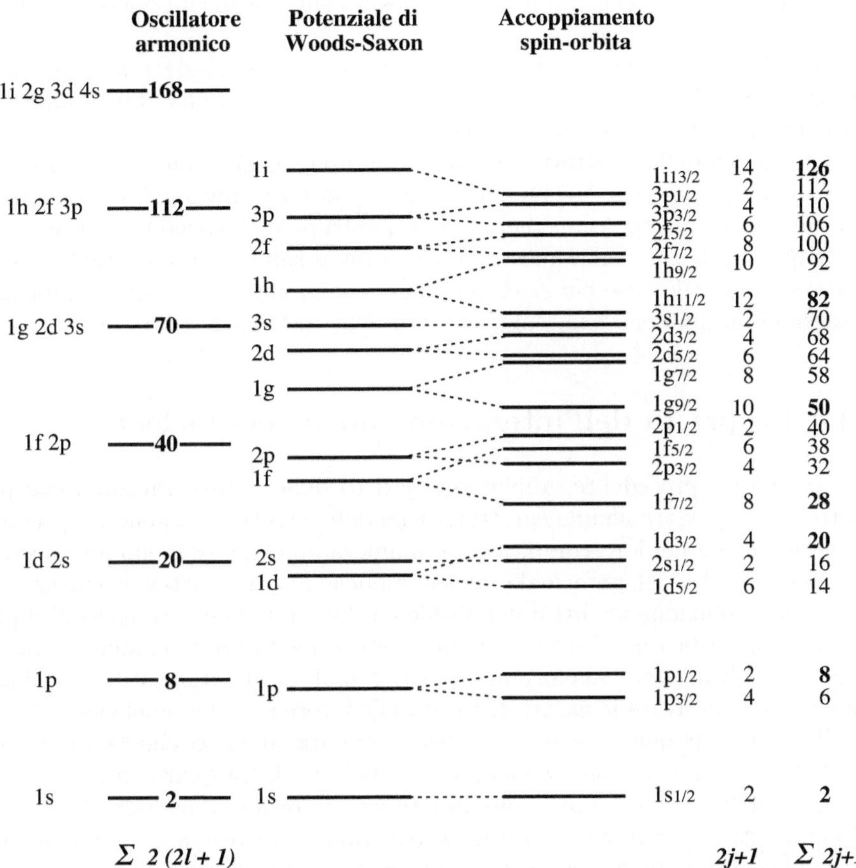

Figura 14.7. Livelli di energia e numeri magici ottenuti dalla risoluzione della (14.16) nel caso di un potenziale di tipo oscillatore armonico, del potenziale di Woods-Saxon (14.17) e del potenziale con un termine di accoppiamento spin-orbita (14.18). L'ultimo riesce a riprodurre la sequenza dei numeri magici

Un ulteriore importante progresso è stato ottenuto da Maria Meyer e Hans Jensen (Nobel nel 1963) con l'introduzione nel potenziale di un termine di *interazione spin-orbita*:

$$U_r = U_{WS}(r) + U_{LS}\boldsymbol{\ell} \cdot \mathbf{s} \ . \tag{14.18}$$

L'inclusione di questo termine è suggerito dall'osservazione che l'interazione tra nucleoni ha una forte dipendenza dallo stato di spin. A differenza dell'analoga interazione atomica, il termine spin-orbita nei nuclei non ha origine dall'interazione del momento di dipolo magnetico col campo prodotto dal moto delle cariche, che produrrebbe spostamenti dei livelli energetici molto minori di quelli osservati.

La Fig. 14.7 mostra i livelli energetici ottenibili risolvendo l'equazione (14.16) con i due potenziali sopra menzionati, oltre al caso più semplice di un potenziale di tipo *oscillatore armonico*.

Questo modello a strati a particelle indipendenti (*Independent Particle Shell Model*), oltre che sui numeri magici, può fare previsioni sullo spin, parità, momento di dipolo magnetico e di quadrupolo elettrico dei nuclei. Data la semplicità del modello, queste previsioni non sono molto accurate, e costituiscono una utile base per esaminare la fenomenologia dei nuclei e impostare estensioni del modello che tengano conto delle differenze osservate.

14.4 Proprietà dell'interazione nucleone-nucleone

Nel paragrafo precedente, abbiamo descritto delle approssimazioni che permettono di spiegare alcune caratteristiche della struttura e delle proprietà fisiche dei nuclei nel loro complesso. In maniera analoga, esistono formulazioni fenomenologiche del potenziale nucleone-nucleone, che tuttavia non permettono una risoluzione analitica del problema. Le interazioni tra nucleoni dipendono da molti fattori: distanza tra nucleoni, velocità relative, spin, momento angolare.... Non esiste una formula *semplice* analoga al potenziale coulombiano da cui poter derivare le caratteristiche delle interazioni tra nucleoni.

Il motivo di questa *complicazione* è dovuta al fatto che la *forza forte* fondamentale agisce, come abbiamo visto nel §11.9, fra quark con scambio di gluoni. Quella tra nucleoni è solo un'interazione residua, analoga alle forze di dipolo elettrico fra due atomi o molecole. Infatti, in prima approssimazione, un nucleone appare *neutro* (senza colore) dal punto di vista dell'interazione forte così come un atomo appare neutro dal punto di vista dell'interazione elettromagnetica.

Riassumiamo le proprietà delle forze tra nucleoni ottenute dall'analisi dell'energia di legame dei nuclei, delle caratteristiche del deutone e della diffusione elastica nucleone-nucleone a bassa energia. Il deutone è lo stato nucleare legato più semplice e costituisce per l'interazione nucleare l'analogo dell'atomo di idrogeno per l'interazione elettromagnetica. L'energia di legame del deutone ($BE = 2.225$ MeV) è però così bassa da non formare stati eccitati. Quindi l'informazione sull'interazione nucleone-nucleone è limitata allo studio delle proprietà del deutone e della diffusione n-p e p-p a bassa energia. Possiamo così riassumere le caratteristiche delle interazioni tra coppie di nucleoni:

1. *L'interazione è attrattiva e a breve raggio d'azione, $R = 1 \div 2$ fm e può essere descritta da un potenziale centrale $U(r)$.*

La forma del potenziale non è nota a priori, scelte diverse, quali la buca quadrata, il potenziale di Woods-Saxon o il potenziale dell'oscillatore armonico, portano a conclusioni simili se si usano valori simili dei parametri: raggio del potenziale $R < 2$ fm, profondità del potenziale $U_0 \simeq 40$ MeV.

2. *L'interazione è simmetrica ed indipendente rispetto alla carica elettrica.*
Lo studio dell'energia di legame e dei livelli di energia dei nuclei isobari speculari mostrano che l'interazione protone-protone, neutrone-neutrone e neutrone-protone sono simili; alla stessa conclusione si giunge confrontando la diffusione elastica neutrone-neutrone, protone-protone e neutrone-protone a bassa energia. Questa proprietà è tradotta nella conservazione dell'isospin nell'interazione nucleare.

3. *L'interazione è invariante per trasformazioni di parità e inversione temporale.*
In conseguenza di ciò (Tab. 6.3), i nuclei non hanno momento di dipolo elettrico, né momento di quadrupolo magnetico.

4. *L'interazione dipende dallo spin.*
Lo stato nucleone-nucleone con spin $I = 0$ (singoletto) ha proprietà diverse da quelle dello stato con spin $I = 1$ (tripletto); questo suggerisce una dipendenza dallo spin dell'interazione e l'introduzione di un potenziale del tipo

$$U_S(r) = U_s(r)\mathbf{s_1} \cdot \mathbf{s_2} - U_t(r)\mathbf{s_1} \cdot \mathbf{s_2} \qquad (14.19)$$

attrattivo nello stato di tripletto (t) e repulsivo nello stato di singoletto (s).

5. *L'interazione ha anche un potenziale di tipo non centrale.*
Per render conto del momento di dipolo magnetico e del momento di quadrupolo elettrico del deutone si fa l'ipotesi che questo sia uno stato misto, sovrapposizione di stati di momento angolare $L =$ pari. Ma un potenziale a simmetria radiale non produce autostati stazionari degeneri con diversi valori di L. Quindi l'interazione nucleone-nucleone ha anche un termine non radiale detto *potenziale tensoriale*, $U_T(\mathbf{r})$. Poiché l'unica direzione definita è lo spin, il potenziale tensoriale si può costruire con combinazioni dipendenti dallo spin e dalla distanza, del tipo $(\mathbf{s} \cdot \mathbf{r})$ oppure $(\mathbf{s} \times \mathbf{r})$, che siano invarianti per trasformazione di parità e di inversione temporale.

6. *L'interazione è repulsiva a piccolissime distanze, $r \ll R_0$.*
I nuclei hanno energia e volume proporzionale al numero di nucleoni (termine di volume nel modello a goccia): il nucleo non può comprimersi. Questo fa presupporre che oltre al potenziale attrattivo con raggio d'azione R vi sia un potenziale repulsivo a distanza $r \ll R_0$. Questo è confermato dallo studio della diffusione nucleone-nucleone: a bassa energia il potenziale è attrattivo mentre a energia intermedia ($p_{cm} > 400$ MeV/c cioè $r < 0.5$ fm) il potenziale sembra divenire repulsivo. L'effetto è legato al principio di esclusione di Pauli per cui due nucleoni con gli stessi numeri quantici non possono trovarsi nella stessa posizione. Un potenziale repulsivo si può costruire con le stesse combinazioni degli operatori di spin che generano il potenziale tensoriale.

7. *Tra i nucleoni agiscono forze di scambio.*
La sezione d'urto differenziale di diffusione elastica protone-protone mostra una simmetria tra θ e $\pi - \theta$ poiché le particelle sono identiche. Lo stesso fenomeno si osserva nel caso della diffusione elastica neutrone-protone a energia intermedia e questo effetto non si giustifica in base alla dinamica del processo.

Infatti, se supponiamo che l'angolo di deflessione sia legato all'impulso trasferito nella collisione $\theta \simeq \Delta p/p \simeq$ *Energia Potenziale/Energia Cinetica*, la diffusione ad angoli grandi non dovrebbe verificarsi all'aumentare dell'energia cinetica, contrariamente a quanto si osserva. Questo effetto può essere spiegato se sono presenti forze di scambio che agiscono sulle coordinate e sullo spin dei nucleoni.

Tutte le indicazioni sperimentali concordano nel fatto che le interazioni nucleari tra coppie $p - p$, $p - n$, $n - n$ siano uguali. In tal caso possiamo considerare il protone e il neutrone come un'unica particella, il nucleone, che esiste in due stati di carica, autostati dell'operatore di isospin.

14.5 Decadimenti radioattivi e datazione

La scoperta della radioattività naturale, fatta nel 1896 da Henri Béquerel (Nobel nel 1903), è all'origine dello studio della fisica nucleare. Ci vollero molti anni per capire la natura dei decadimenti dei nuclei che avvengono in diversi modi:

- decadimento α: emissione di nuclei di elio;
- decadimento β: emissione di elettroni (o positroni) e neutrini;
- decadimento γ: emissione di radiazione elettromagnetica;
- fissione: scissione in due o più nuclei.

Già nei primi anni di studio dei decadimenti delle sostanze radioattive si dimostrò che l'*attività*, definita come il numero di decadimenti nell'unità di tempo, decresce nel tempo con legge esponenziale e che il processo di decadimento è di natura stocastica. Questa evidenza portò a concludere che il decadimento radioattivo non è originato dalla mutazione delle caratteristiche chimiche della sostanza, ma risulta dalla successione di più processi che coinvolgono i singoli nuclei. La legge del decadimento di una sostanza radioattiva (che abbiamo ricavato nel §4.5.2) si può interpretare sulla base delle ipotesi che i) la probabilità di decadimento nell'unità di tempo è una proprietà della sostanza e del processo di decadimento e non dipende dal tempo; ii) in una sostanza contenente N nuclei, la probabilità di decadimento nell'unità di tempo del singolo nucleo non dipende da N.

Conoscendo il numero N_o di nuclei a $t = 0$ si ha che $N(t) = N_o e^{-t/\tau}$, ove τ è la vita media del nucleo. Come abbiamo visto, l'obiettivo dello studio delle *interazioni fondamentali* è anche quello di poter *determinare* il valore di τ in base a leggi fondamentali e a pochi parametri liberi (il valore dell'energia libera nello stato finale).

In fisica delle particelle si utilizza la vita media mentre in fisica dei nuclei si quota di solito il *tempo di dimezzamento*, $t_{1/2}$, in quanto sperimentalmente più semplice da misurare. $t_{1/2}$ è definito come l'intervallo di tempo in cui il numero di nuclei si dimezza. È semplice verificare che

$$t_{1/2} = \tau ln2 = 0.693\tau \ . \qquad (14.20)$$

L'attività $A(t)$ di una sostanza (numero di decadimenti nell'unità di tempo) è quindi

$$A(t) = \frac{dN(t)}{dt} = \frac{N_o e^{-t/\tau}}{\tau} \ . \qquad (14.21)$$

L'unità di misura comunemente usata per l'attività è il *Curie*, definito come l'attività di un grammo di radio: $1 \ Ci = 3.7 \ 10^{10}$ disintegrazioni/s. Il nucleo $^{226}_{88}Ra$ decade emettendo particelle α di energia cinetica 4.9 MeV con un tempo di dimezzamento $t_{1/2} = 1602$ anni. La vita media è quindi $\tau_{Ra} = 7.3 \ 10^{10}$ s. L'attività di un grammo di $^{226}_{88}Ra$ (che contiene $N_A/226$ nuclei, con $N_A =$numero di Avogadro) corrisponde a

$$A_{Ra} = \frac{N_A}{226\tau_{Ra}} = \frac{6.02 \ 10^{23}}{(226)(7.3 \ 10^{10})} = 3.7 \ 10^{10} \ s^{-1} \ .$$

L'unità di misura derivata del Sistema Internazionale della radioattività è il *Bequerel*, che corrisponde a una disintegrazione al secondo, $1 \ Bq = 0.27 \ 10^{-10} \ Ci$.

14.5.1 Decadimenti in cascata

La radiazione ambientale naturale è dovuta principalmente ai decadimenti degli elementi a lunghissima vita media: U, Th, K, e ai decadimenti dei nuclei *figli, nipoti,...*, ecc. Uno dei contributi maggiore viene da un elemento gassoso, il radon, che proviene dalle catene Uranio-Torio.

Il radon è un gas nobile e radioattivo che si forma dal decadimento del radio, generato a sua volta dal decadimento dell'uranio. Il radon è un gas molto pesante e viene considerato estremamente pericoloso per la salute umana se inalato, in quanto emettitore di particelle α. L'isotopo più stabile, il ^{222}Rn ha una vita media di 3.8 giorni. Uno dei principali fattori di rischio del radon è legato al fatto che accumulandosi all'interno di abitazioni diventa una delle principali cause di tumore al polmone (si stima che sia la seconda causa di questo tumore, dopo il fumo di sigaretta). Il radon è un elemento chimicamente inerte (in quanto gas nobile), ed è solubile in acqua e poiché la sua concentrazione in atmosfera è in genere estremamente bassa, l'acqua naturale di superficie a contatto con l'atmosfera (sorgenti, fiumi, laghi...) lo rilascia in continuazione per volatilizzazione anche se generalmente in quantità molto limitate.

A causa della solubilità in acqua, il radon risulta presente nel terreno; può accumularsi in alcuni materiali di costruzione, specialmente se di origine vulcanica come il tufo o i graniti, dai quale fuoriesce e si disperde nell'ambiente, accumulandosi in locali chiusi (particolarmente, cantine e locali poco areati) ove diventa pericoloso. Un metodo immediato per proteggersi dall'accumulo di questo gas è l'aerazione degli ambienti, soprattutto nei casi in cui questi siano interrati o a contatto diretto col terreno.

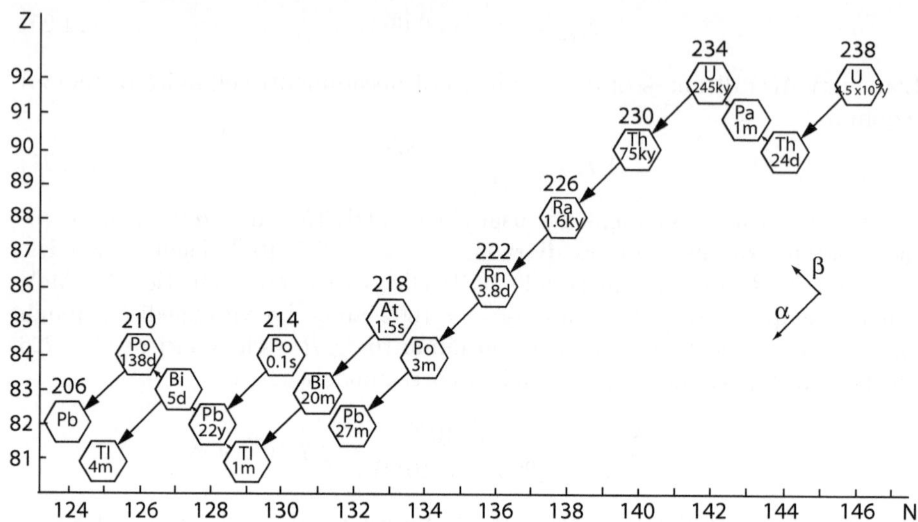

Figura 14.8. Catena di decadimenti dell'isotopo 238 dell'uranio. Le frecce verso il basso a sinistra indicano decadimenti α, con variazione di -2 nello Z; le frecce verso l'alto indicano decadimenti β, con variazione di +1 in Z. Il tempo di dimezzamento è indicato entro il riquadro di ciascun elemento (d=giorni, m=mesi, y=anni)

Se un nucleo prodotto in un decadimento è a sua volta radioattivo si producono decadimenti in cascata. Questo fenomeno interessa principalmente i nuclei pesanti che danno origine a catene radioattive con molti decadimenti in cascata. Quando decade, il nucleo di un radioisotopo si trasforma nell'isotopo di un diverso elemento, che a sua volta è spesso instabile. Nascono così catene di decadimenti (serie radioattive) che finiscono quando si forma un isotopo stabile. In natura si conoscono 3 catene di decadimento: iniziano dall'^{238}U (vedi Fig. 14.8), dall'attinio e dal torio e finiscono con isotopi del piombo. Esistono anche catene radioattive artificiali, tra le quali la più importante è quella del plutonio, prodotto nei reattori nucleari. I radioisotopi naturali fanno parte delle tre catene radioattive, oppure possono essere prodotti dai raggi cosmici nell'atmosfera.

Se $\tau_1 = 1/\lambda_1$ è la vita media del decadimento $nucleo_1 \to nucleo_2$ e questo a sua volta decade con vita media $\tau_2 = 1/\lambda_2$, abbiamo:

$$dN_1 = \lambda_1 N_1(t)dt \qquad dN_2 = \lambda_2 N_2(t)dt \ . \tag{14.22}$$

Supponiamo che all'istante iniziale i nuclei *figli* di tipo 2 siano assenti ($N_2(0) = 0$), e $N_1(0) = N_0$. Il numero di decadimenti per il nucleo 2 dipende da quanti nuclei vengono generati dal decadimento del nucleo 1 e dalla propria attività ($N_2 \sim dN_2/dt$). Quindi:

$$N_2(t) = ae^{-\lambda_1 t} + be^{-\lambda_2 t} \ . \tag{14.23}$$

I nuclei di tipo 2 sono prodotti dai decadimento dei nuclei 1, e in particolare la variazione dei nuclei 2 a $t = 0$ è pari all'attività dei nuclei 1. Ciò permette di determinare le costanti a, b nella (14.23) con le condizioni iniziali:

$$N_2(t = 0) = a + b = 0 \qquad (dN_2/dt)_{t=0} = (dN_1/dt)_{t=0} = -a\lambda_1 - b\lambda_2 = \lambda_1 N_0$$
$$(14.24)$$

da cui si ottengono le attività (vedi Problema 14.10):

$$A_1(t) = N_0\lambda_1 e^{-\lambda_1 t} \quad ; \quad A_2(t) = N_0\frac{\lambda_1\lambda_2}{\lambda_2 - \lambda_1}(e^{-\lambda_1 t} - e^{-\lambda_2 t}) \ . \qquad (14.25)$$

14.6 Decadimento γ

Un nucleo può trovarsi in uno stato eccitato e decadere allo stato fondamentale, o a uno stato di energia più bassa, mediante emissione di radiazione elettromagnetica

$$^A_Z X^* \to\, ^A_Z X + \gamma \ . \qquad (14.26)$$

Le differenze tra i livelli di energia dei nuclei sono tipicamente comprese nell'intervallo $0.1 \div 10$ MeV. La differenza di energia si divide tra l'energia del fotone e l'energia cinetica di rinculo del nucleo $^A_Z X$: $\Delta E = E_\gamma + T_N$ ($T_N \ll \Delta E$ tranne in rari casi). Nel decadimento γ si conserva il momento angolare e la parità del nucleo e quindi la misura delle caratteristiche della radiazione fornisce informazioni sui livelli di energia e sullo spin e parità degli stati nucleari.

Radiazione di multipolo. L'osservazione della radiazione γ si fa a distanza molto grande rispetto alle dimensioni del nucleo e la lunghezza d'onda è tipicamente $\lambda = 2\pi\hbar c/E_\gamma = 10^2 \div 10^4$ fm. Sono quindi valide le approssimazione per lo sviluppo del campo elettromagnetico in *multipoli* nella zona di radiazione. Il campo elettromagnetico prodotto da cariche e correnti dipendenti dal tempo si può ottenere come sviluppo di Fourier delle componenti di frequenza ω e come sviluppo in multipoli caratterizzati dal valore del momento angolare della radiazione emessa. La potenza irraggiata a frequenza ω dipende dai momenti di 2^l-*polo* elettrici e magnetici: E_{lm}, B_{lm}.

La probabilità di transizione dovuta a multipoli elettrici ($\langle f_N | E_{lm} | i_N \rangle$) e magnetici ($\langle f_N | B_{lm} | i_N \rangle$) corrisponde agli elementi di matrice M_{lm} della teoria perturbativa (§4.3). Il calcolo è analiticamente difficile perché in generale la parte radiale delle funzioni d'onda non è nota. D'altra parte il principio di esclusione di Pauli, per cui un nucleone non può stare in uno stato già occupato, impedisce che la funzione d'onda di un nucleone possa variare molto. Si approssima quindi il calcolo con l'ipotesi che l'emissione di radiazione sia legata alla variazione della parte angolare della funzione d'onda e che la parte radiale cambi poco. Si ottiene un valore per la costante di decadimento $\lambda = 1/\tau$ per ciascun elemento di matrice M_{lm}. Questa tecnica è detta *stima di Weisskopf della costante di decadimento*, e produce valori che sono molto approssimati, ma possono fornire utili informazioni per distinguere i diversi modi di decadimento γ. I valori tipici vanno da $\lambda(B_4) \sim 10^{-5}s^{-1}$ a $\lambda(E_1) \sim 10^{14}s^{-1}$.

14.7 Decadimento α

I nuclei pesanti emettono radiazione poco penetrante sotto forma di particelle con carica positiva. Questo fenomeno fu studiato fin dai primi anni del 1900 da M. Curie e E. Rutherford. Nel 1909 Rutherford facendo decadere una sostanza sotto vuoto e analizzando il gas osservò che questo conteneva elio. Questo permise di identificare le particelle α con i nuclei di elio. Studi sistematici fatti negli anni seguenti dimostrarono che le particelle α emesse da diversi nuclei radioattivi hanno energia cinetica in un intervallo di pochi MeV e che la vita media varia su molti ordini di grandezza con dipendenza dall'energia approssimativamente esponenziale. Il decadimento avviene con l'espulsione della particella α da un nucleo con peso atomico A grande. Dopo l'espulsione la particella α ha energia cinetica E_α. Le caratteristiche principali del decadimento α si possono così riassumere:

- la maggioranza dei nuclei con $A > 200$ hanno un decadimento α;
- le particelle α sono nuclei di elio (il nucleo di elio è uno stato molto stabile con energia di legame $BE = 28.3$ MeV);
- le particelle α emesse in un decadimento sono monocromatiche: si tratta di un decadimento a due corpi

$$^A_Z X \to ^{A-4}_{Z-2} Y + ^4_2 He \; ;$$

- l'energia cinetica delle particelle α varia in un piccolo intervallo, tipicamente $4 < E_\alpha < 9$ MeV;
- la vita media τ ha una forte dipendenza dall'energia cinetica delle particelle α e nell'intervallo $4 \div 9$ MeV varia per più di 20 ordini di grandezza (Fig. 14.9) secondo la legge detta di *Geiger-Nuttal*:

$$log_{10}(1/\tau) = a - bZE_\alpha^{-1/2} \; ; \tag{14.27}$$

- a parità di energia, la vita media aumenta col peso atomico A.

Il meccanismo del fenomeno può essere compreso partendo dalle seguenti ipotesi:
1) il nucleo $^A_Z X$ è uno stato legato composto dal nucleo $^{A-4}_{Z-2}Y$ e da una particella α (questa ipotesi è giustificata dal fatto che la particella α è uno stato fortemente legato);
2) il potenziale del sistema $^{A-4}_{Z-2}Y$-α è rappresentato da una buca di potenziale a simmetria sferica per $r < R$ e dal potenziale coulombiano per $r > R$ (Fig. 14.10):

$$U(r) = -U_0 \quad (r < R) \quad ; \quad U(r) = \frac{2(Z-2)e^2}{r} \quad (r \geq R) \; ;$$

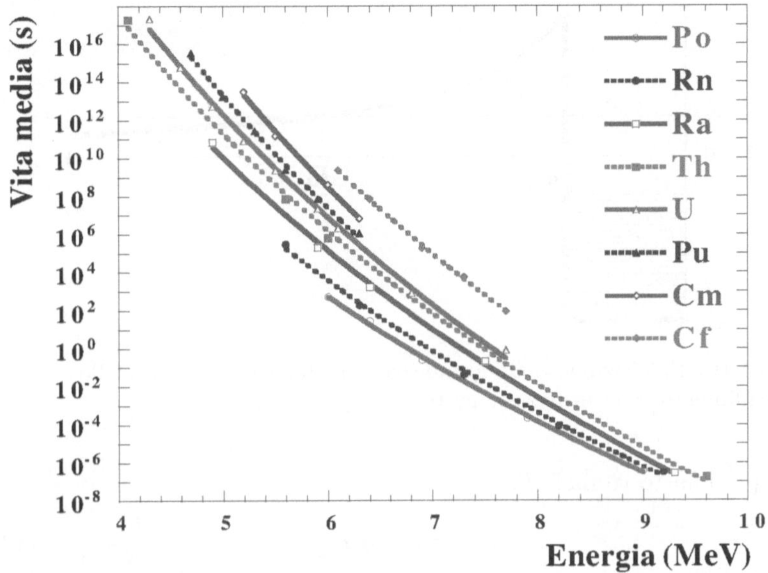

Figura 14.9. Vita media τ nel decadimento α in funzione dell'energia della particella α emessa. τ varia per oltre 20 ordini di grandezza, dai microsecondi a miliardi di anni, a causa della forte dipendenza dal E_α nell'effetto tunnel. Vi è inoltre una piccola dipendenza dallo Z del nucleo

3) la particella α all'interno della buca di potenziale ha energia positiva pari all'energia cinetica che acquista nel decadimento, $E = E_\alpha$ (Problema 14.13).

Per un nucleo con $A > 200$ il raggio della buca di potenziale è tipicamente $R \simeq 7 \div 8$ fm, la profondità della buca di potenziale è tipicamente $U_0 \simeq 40$ MeV, l'altezza della barriera di potenziale coulombiana, $U(R) \simeq 30$ MeV. Quindi la particella α con energia $E_\alpha < U(R)$ non può superare la barriera di potenziale coulombiana.

In meccanica quantistica la particella α può attraversare la barriera di potenziale per *effetto tunnel*. Questa ipotesi fu elaborata da Gamow (e, indipendentemente, da Condon e Gurney) nel 1928 e riproduce con buona approssimazione la legge empirica di Geiger-Nuttal. Si tratta di uno dei primi successi della meccanica quantistica sviluppata in quegli anni.

14.7.1 Teoria elementare del decadimento α

Una descrizione dell'effetto tunnel nel modello di Gamow è in ogni buon testo di Meccanica Quantistica (ad esempio, [03G1]). Di seguito, cercheremo di sintetizzarne le caratteristiche salienti. All'interno della buca di potenziale la particella α ha energia E_α positiva e oscilla urtando la barriera con frequenza f. La probabilità di decadimento nell'unità di tempo si può determinare dalla frequenza f di urti sulla barriera e dalla probabilità di attraversamento della

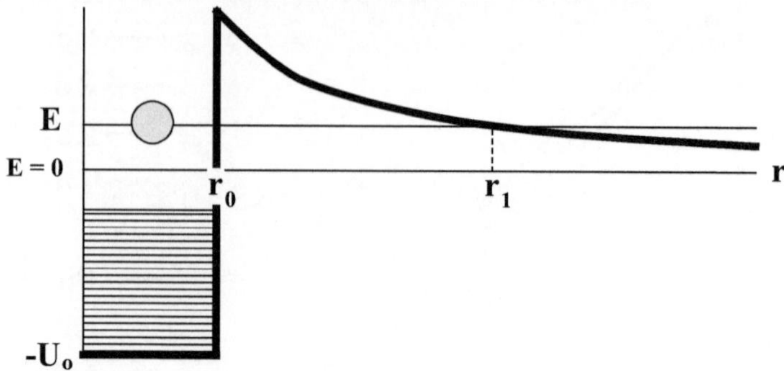

Figura 14.10. Spiegazione delle grandezze caratteristiche nel modello di Gamow per il decadimento α ed utilizzate nel testo

barriera per effetto tunnel, T:

$$1/\tau = \lambda = fT \ . \tag{14.28}$$

Classicamente, una particella con energia E_α all'interno di una buca di potenziale di altezza $U_0 > E_\alpha$ non avrebbe nessuna possibilità di uscirne. Quantisticamente si può calcolare, utilizzando l'equazione di Schrödinger, che il coefficiente di trasmissione T attraverso la barriera di potenziale unidimensionale di altezza U e larghezza L è proporzionale a: $T \simeq e^{-2[2m(U-E_\alpha)]^{1/2}L}$.

Nel caso di una barriera di potenziale tridimensionale a simmetria sferica, abbiamo:

$$T \simeq e^{-2G} \qquad ; \qquad G = \frac{1}{\hbar} \int_R^{r_1} [2m(U(r) - E_\alpha)]^{1/2} dr \tag{14.29}$$

dove G viene detto fattore di Gamow. L'integrale va esteso all'intervallo in cui: $U(r) = \frac{2(Z-2)e^2}{r} \geq E_\alpha$; R è il raggio della buca di potenziale e r_1 è la distanza per cui $U(r_1) = E_\alpha$ (vedi Fig. 14.10).

Il fattore di Gamow può essere calcolato in funzione della carica elettrica Ze del nucleo, del raggio $R = R(A)$ e dall'energia E_α della particella α:

$$G = 2(Z - 2)[e^2/(\hbar c)] \left[\frac{2mc^2}{E_\alpha}\right]^{1/2} [\pi/2 - 2(R/r_1)^{1/2}] \tag{14.30}$$

dove $e^2/(\hbar c) = \alpha_{EM} = 1/137$ è la costante di accoppiamento elettromagnetica, vedi (4.6b). La frequenza con cui la particella α oscilla all'interno della buca di potenziale è il rapporto tra la sua velocità, v_α, e il raggio R. Poiché la particella α è un bosone, il suo moto non è impedito (frenato con qualche termine che riproduca un *attrito*) all'interno della buca di potenziale. La relazione tra energia totale $E_\alpha + U_0$ e la velocità è quindi:

$$v_\alpha = [2(E_\alpha + U_0)/m]^{1/2} = c[2(E_\alpha + U_0)/mc^2]^{1/2} \ . \tag{14.31}$$

Inserendo i valori numerici, si trovano valori tipici di $v_\alpha \simeq 0.15c$.

Poiché la vita media (14.28) dipende da $T = e^{-2G}$ e da v_α/R, dalle (14.30) e (14.31) si trova:

$$\frac{1}{\tau} \propto \frac{c}{R}[2(E_\alpha + U_0)/mc^2]^{1/2} \cdot e^{-4(Z-2)e^2/(\hbar c)[\frac{2mc^2}{E_\alpha}]^{1/2}} \ . \tag{14.32}$$

Si può anche ricavare la seguente relazione, con a, b parametri che dipendono dalle caratteristiche del nucleo:

$$log_{10}\frac{1}{\tau} = a - bZE_\alpha^{-1/2} \tag{14.33a}$$

ossia, la legge di Geiger-Nuttal, con τ espresso in anni e

$$a = 1.61 \qquad ; \qquad b = 28.9 + 1.6Z^{2/3} \ . \tag{14.33b}$$

Questa relazione riproduce la dipendenza osservata della vita media dall'energia della particella α e rende conto della variazione di τ su più di 20 ordini di grandezza. Spiega inoltre che l'emissione con energia $E_\alpha < 4$ MeV avviene con vite medie molto grandi tali da rendere il fenomeno praticamente inosservabile. I dati sperimentali mostrano che, a energia $E_\alpha=$ costante, la vita media aumenta col peso atomico. Infatti, all'aumentare di A, aumenta sia la carica elettrica che il raggio del nucleo e quindi aumenta il fattore di Gamow, a sua volta dipendente dall'altezza e dalla larghezza della barriera di potenziale.

14.7.2 Calcolo media prevista per il nucleo $^{238}_{92}U$

Calcoliamo come esempio la vita media prevista per il nucleo $^{238}_{92}U$. Si può calcolare tramite la (14.7) il valore del raggio $R \simeq 9.3$ fm; la massa $m = m_\alpha = 3.7 \times 10^3$MeV e il valore misurato di $E_\alpha = 4.2$ MeV$/c^2$. Dalla (14.31) si può calcolare $f = v_\alpha/R = 2.3 \times 10^{21}$ s^{-1}. Il valore della distanza r_1 si determina imponendo che il potenziale coulombiano corrisponda all'energia E_α, ossia: $\frac{90 \times 2 \times e^2}{r_1} = 4.2$ MeV, da cui $r_1 = 63$ fm. Dalla (14.30) si può invece calcolare il fattore di Gamow

$$G = (2 \times 90)[1/137][2 \times 3.7 \ 10^3/4.2]^{1/2}[\pi/2 - 2(9.3/63)^{1/2}] = 42.9 \ .$$

Il fattore di trasmissione $T = e^{-2G} = 5.43 \ 10^{-38}$. Il rate di decadimento λ e il tempo di dimezzamento $t_{1/2}$ sono quindi:

$$\lambda = fT = 2.3 \ 10^{21} \times 5.4 \ 10^{-38} = 1.2 \ 10^{-16} \ \text{s}^{-1} \tag{14.34a}$$

$$t_{1/2} = \frac{ln2}{\lambda} = 5.6 \ 10^{15} \ \text{s} = 1.8 \ 10^8 \ \text{y} \ . \tag{14.34b}$$

La vita media osservata di $^{238}_{92}U$ (4.47×10^9 anni) è circa 25 volte maggiore del valore ottenuto col precedente calcolo. Va notato che il fattore di Gamow è normalmente grande, $G \sim 30 \div 50$, e che anche una piccola indeterminazione dei parametri comporta una grande variazione sul valore di e^{-2G}. Il parametro più incerto è il raggio R utilizzato per calcolare il fattore di Gamow, poiché i nuclei emettitori di particelle α hanno molti nucleoni e configurazioni irregolari. Abbiamo infatti assunto nuclei sferici, ma sappiamo che molti nuclei di alta massa non sono sferici. Un piccolo aumento del valore di R cambia significativamente il valore di T. Inoltre i decadimenti α possono avvenire con cambio dello spin e della parità del nucleo, se la particella α viene emessa con momento angolare orbitale ℓ. In tal caso, occorre considerare oltre al potenziale coulombiano il potenziale centrifugo $\hbar^2 \ell(\ell+1)/2mr^2$, che comporta un piccolo aumento della barriera di potenziale, e quindi del tempo di dimezzamento del nucleo.

14.8 Decadimento β

Già nel 1900 Rutherford osservò l'emissione di particelle di carica negativa chiamate all'inizio particelle β e successivamente identificate come elettroni. Negli anni seguenti i risultati degli esperimenti mostrarono che con l'emissione β una sostanza cambia numero atomico e che i decadimenti β avvengono in nuclei sia leggeri che pesanti e con vite medie distribuite su un grandissimo intervallo, da millisecondi a miliardi di anni. Nel 1919 Chadwick dimostrò che i nuclei emettono elettroni con una distribuzione di energia continua e che in una transizione

$$^A_Z X \rightarrow ^A_{Z+1} Y + e^- + ...$$

il valore *massimo* dell'energia dell'elettrone è approssimativamente uguale alla differenza di massa tra i nuclei

$$E_{max} \simeq (M_X - M_Y)c^2 \ .$$

Se gli elettroni emessi non sono elettroni atomici, il processo deve avere origine nel nucleo e, poiché i nuclei non contengono elettroni, deve corrispondere a una variazione del nucleo stesso. Nel 1933 Sargent analizzò la dipendenza della vita media di decadimento dall'energia degli elettroni e osservò che, per energie $E_{max} \gg m_e c^2$, la vita media ha andamento proporzionale a E_{max}^5 (§8.4.2).

Nel decadimento β l'elettrone è emesso con una distribuzione continua di energia sino al valore E_{max}. Quindi, per conservare energia e impulso, oltre all'elettrone e al nucleo Y si deve emettere energia sotto forma di radiazione neutra (*ipotesi del neutrino di Pauli*, §8.2). Il processo β è quindi un processo a tre corpi:

$$decadimento\ \beta^- : \qquad ^A_Z X \rightarrow ^A_{Z+1} Y + e^- + \bar{\nu}_e \qquad (14.35)$$

$$decadimento\ \beta^+ : \qquad ^A_Z X \rightarrow ^A_{Z-1} Y + e^+ + \nu_e \ . \qquad (14.36)$$

Se consideriamo le (14.35), (14.36) si può notare che un decadimento β mantiene il numero atomico A del nucleo costante. Si può spiegare il fenomeno in termini della funzione energia di legame BE, (14.15). Infatti, tutti i sistemi tendono al valore di minima energia. La massa di un nucleo (14.5) è data dalla somma dei costituenti *meno* l'energia di legame. Se consideriamo la formula di massa di Weizsacker in funzione di Z, per ogni valore di A fissato esiste una parabola (se A è dispari) oppure due parabole (se A è pari) con la concavità rivolta verso l'alto:

$$M(A, Z) = Nm_n + Zm_p - BE(Z, A) = (b_0 + b_1 A \pm a_4/A^{1/2}) - b_2 Z + b_3 Z^2 \tag{14.37}$$

($b_0, \dots, b_3$ sono delle costanti dipendenti da $a_0, \dots, a_3$) della (14.5). Il decadimento β trasforma il nucleo (Z, A) in un nucleo di Z che differisce di una unità e spostato sulla parabola in una posizione più prossima al minimo (posizione stabile).

Nuclei con A dispari. Nel caso di A dispari, $a_4 = 0$ e i nuclei sono situati su una singola parabola di massa, come ad esempio nella Fig. 14.11a (per A=101). Esiste un nucleo stabile, $^{101}_{44}Ru$, con la maggiore energia di legame. Gli isobari hanno energia di legame inferiore e massa superiore rispetto al nucleo stabile. I decadimenti che avvengono alla sinistra del punto di minimo sono β^-, mentre quelli a destra sono β^+. La reazione del decadimento β^+ è possibile solo all'interno di un nucleo, perché la massa a riposo del neutrone è maggiore di quella del protone.

Nuclei con A pari. Gli isobari di numero di massa pari formano due parabole separate, una per i nuclei pari-pari, l'altra per i nuclei dispari-dispari, che sono separate da due volte l'energia del termine dovuto alla configurazione $a_4 = 12$ MeV. Talvolta c'è più di un nucleo pari-pari β stabile. Ad esempio, nel caso di A=106 (come riportato in Fig. 14.11b), ci sono $^{106}_{46}Pd$ e $^{106}_{48}Cd$. Il primo è genuinamente stabile, poiché è nel minimo della parabola. L'isotopo Cd potrebbe invece decadere via doppio decadimento β: $^{106}_{48}Cd \to {}^{106}_{46}Pd + 2e^+ + 2\nu_e$. Tuttavia, la probabilità di tale processo è così piccola (al secondo ordine dell'interazione debole) che $^{106}_{48}Cd$ può essere considerato stabile. I nuclei dispari-dispari per $A > 14$ non sono mai stabili, poiché essi hanno sempre un vicino pari-pari più fortemente legato. Solo i nuclei leggeri ^2_1H, ^6_3Li, $^{10}_5B$, $^{14}_7N$ sono stabili (vedi Tab. 14.1), poiché l'aumento dell'energia di asimmetria supererebbe la diminuzione dell'energia dovuta alla configurazione.

14.8.1 Teoria elementare del decadimento β dei nuclei

La probabilità di transizione del decadimento β del neutrone (che corrisponde al processo elementare della (14.35)) è già stato calcolato nella §8.3; lo stesso formalismo vale per la (14.36), con opportune modifiche. La probabilità di transizione è data da:

$$dW^\pm(p) = \frac{G_F^2 c^3}{2\pi^3 \hbar} |\mathcal{M}|^2 (Q - T_e)^2 p^2 F^\pm(Z, E) dp \tag{14.38}$$

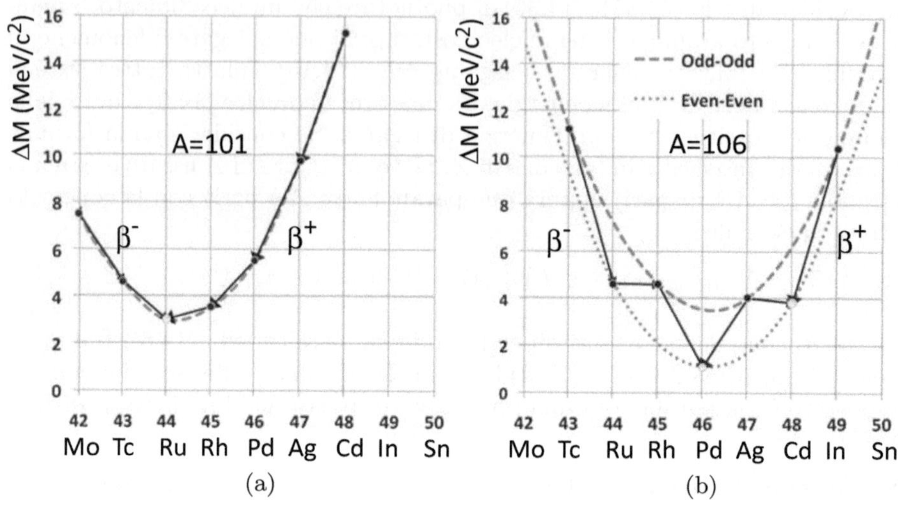

Figura 14.11. (a) Parabola di massa per i decadimenti β per un nucleo con A dispari ($A = 101$) e (b) per un nucleo con A pari ($A = 106$). La scala delle ordinate mostra le masse relative tra stati, corrispondenti all'energia a disposizione per le coppie ($e^-, \bar{\nu}_e$) o (e^+, ν_e) nei decadimenti β denotati dalle frecce. Gli isotopi stabili sono $^{101}_{44}Ru$, con $BE/A = 8.601$ MeV/nucleone e $^{106}_{46}Pd$, con $BE/A = 8.579$ MeV/nucleone [ww13]

(si noti sempre la dipendenza da $[Energia^5]$). Il quadrato dell'elemento di matrice $|\mathcal{M}|^2$ è una grandezza adimensionale; $|\mathcal{M}|$ dipende dalle funzioni d'onda di neutrone e protone nel nucleo. Nel calcolare $|\mathcal{M}|$ occorre tener conto del principio di esclusione di Pauli, della molteplicità di stati di isospin in cui può formarsi il nuovo stato nucleare e della molteplicità di stati di spin. Rispetto all'espressione per il decadimento β del neutrone, descritta nel §8.3, si è introdotto nella (14.38) una funzione correttiva $F^{\pm}(Z, E)$ che tiene conto degli effetti di interazione dell'elettrone con il campo coulombiano del nucleo. L'effetto è diverso per il decadimento β^-, in cui il potenziale è attrattivo, e per il decadimento β^+, in cui il potenziale è repulsivo. La correzione $F^{\pm}(Z, E)$, che riguarda la densità degli stati finali, venne calcolata dallo stesso Fermi in funzione del numero atomico e dell'energia dell'elettrone.

Il calcolo della vita media del nucleo per il decadimento β può essere ricavato integrando la (14.38)

$$\frac{1}{\tau} = \int dW^{\pm} = \frac{(m_e c^2)^5}{2\pi^3 \hbar} G_F^2 |\mathcal{M}|^2 f^{\pm}(Z, E) \ . \tag{14.39}$$

La dipendenza dimensionale da $[Energia^5]$ è stata assorbita nel termine $(m_e c^2)^5$. $f^{\pm}(Z, E)$ è una funzione (anche essa adimensionale) che dipende da $F^{\pm}(Z, E)$, dalla carica elettrica del nucleo e dal limite superiore di integrazione per l'impulso dell'elettrone. Sebbene possa essere calcolata sulla base dei modelli nucleari, nei decadimenti in cui l'energia disponibile è $E_{max} \gg m_e c^2$, l'elettrone ha mediamente impulso grande e $F^{\pm}(Z, E) \simeq 1$. In questo caso abbiamo $p_{max} c \simeq E_{max}$, e si può usare l'approssimazione $f^{\pm}(Z, E) = (E_{max}/m_e c^2)^5/30$ (esattamente come nel caso del neutrone). Quindi nei decadimenti con $E_{max} \gg mc^2$ la vita media dipende dalla quinta potenza dell'energia massima disponibile nello stato finale, in accordo con le osservazioni di Sargent:

$$\frac{1}{\tau} \simeq \frac{E_{max}^5}{60\pi^3 \hbar} G_F^2 |\mathcal{M}|^2 \ . \tag{14.40}$$

Questa forte dipendenza da E_{max} spiega perché le vite medie relative al decadimento β variano da frazioni di secondo a centinaia di milioni di anni.

14.9 Reazioni nucleari e fissione

In una reazione nucleare due particelle o due nuclei cambiano stato per effetto della loro interazione

$$a + b \to c + d + Q \ . \tag{14.41}$$

Q indica la differenza di massa tra lo stato iniziale e finale, $Q = (m_a + m_b - m_c - m_d)c^2$. Reazioni con $Q > 0$ sono chiamate *esotermiche*: massa viene convertita in energia cinetica dello stato finale. Reazioni con $Q < 0$ sono *endotermiche*: energia cinetica viene convertita in massa. Poiché l'interazione nucleare è a corto raggio d'azione, se le particelle nello stato iniziale hanno carica elettrica occorre fornire energia per superare la repulsione coulombiana. Nelle reazioni per interazione nucleare si conservano, oltre a energia, impulso, momento angolare e carica elettrica, il numero fermionico, l'isospin forte, la coniugazione di carica e la parità. Il primo cambiamento di una sostanza dovuto a un processo nucleare fu osservato da Rutherford nel 1919 utilizzando particelle α emesse dal Polonio con energia cinetica sufficiente a compensare il valore negativo di Q e la repulsione coulombiana nella reazione $\alpha + {}^{14}_{7}N \to {}^{17}_{8}O + p$; $Q = -1.19$ MeV.

La reazione con cui Chadwick scoprì il neutrone nel 1932: $\alpha + {}^{9}_{4}Be \to {}^{12}_{6}C + n$; $Q = +5.71$ MeV aprì nuove possibilità di indagine della struttura del nucleo e delle interazioni nucleari perché i neutroni non risentono della repulsione coulombiana e possono iniziare reazioni nucleari anche con energia molto piccola. Oltre alle reazioni dovute alle interazioni nucleari, vi sono quelle dovute a interazioni elettromagnetiche o deboli, che hanno un ruolo fondamentale nella nucleosintesi e nel meccanismo di produzione di energia nelle stelle.

14.9.1 Fissione nucleare

La scoperta del neutrone fu seguita da una intensa attività per produrre reazioni nucleari iniziate da neutroni. Enrico Fermi (per questi lavori, Nobel nel

1938) studiò le reazioni di cattura di neutroni per produrre nuclei pesanti e i loro decadimenti β. Nel 1938 O. Hahn e F. Strassmann osservarono che in collisioni di neutroni con nuclei di uranio si producono elementi con numero atomico pari a circa la metà di quello dell'uranio, ad esempio

$$n + {}_{92}U \rightarrow {}_{56}Ba + {}_{36}Kr \ . \tag{14.42}$$

Nel 1939 L. Meitner e O. Frisch proposero che la produzione di elementi con numero atomico intermedio fosse dovuta alla fissione del nucleo pesante indotta da neutroni.

Fissione spontanea. La *fissione spontanea* (cioè non indotta da fattori esterni):

$$_Z^A N \rightarrow {}_{Z-z}^{A-a}X + {}_z^a Y + Q \tag{14.43}$$

per gli elementi esistenti nella tabella periodica è impedita dal potenziale attrattivo dei nucleoni, come può essere dimostrato facendo uso del modello a goccia di un nucleo. Una deformazione che tende a provocare la fissione (aumento di volume del nucleo: da una sfera a un ellissoide di rotazione) provoca nella (14.15) un *aumento* della superficie, con una conseguente diminuzione dell'energia di legame BE; l'aumento delle dimensioni provoca viceversa una diminuzione della repulsione coulombiana, e quindi un aumento di BE. Il semplice modello prevede che solo i nuclei con $Z^2/A > 47$ possano essere soggetti a fissione spontanea.

Fissione indotta da neutroni. La situazione cambia drasticamente se un nucleo pesante cattura un neutrone. In questo caso, il nucleo può scindersi in due, come può essere stimato sempre in base al modello a goccia del nucleo. La variazione dei termini col segno negativo in (14.15) permette soluzioni in cui la fissione di un nucleo $_Z^A N$ in due nuclei $_{Z_1}^{A_1}X$, $_{Z_2}^{A_2}Y$ (con $A_1 + A_2 = A$, $Z_1 + Z_2 = Z$) è energeticamente permessa.

In base al modello a goccia del nucleo, Bohr e Wheeler ricavarono alcune proprietà della fissione spontanea e di quella indotta da n:
• per i nuclei con $Z^2/A > 47$, cioè $Z \geq 130 \div 140$, la differenza di energia nella fissione è positiva, cioè i nuclei sono instabili per fissione spontanea (infatti, non esistono in natura);
• per i nuclei vicino alla soglia di instabilità per cattura di un neutrone, cioè con $A \simeq 100$, la variazione di energia dovuta alla cattura neutronica non è sufficiente a provocare la fissione;
• per i nuclei stabili più pesanti, $A \geq 240$, la variazione di energia dovuta alla cattura neutronica è sufficiente a provocare la fissione, poiché vi è un aumento della probabilità di attraversamento della barriera di potenziale per effetto tunnel;
• l'energia di attivazione necessaria per innescare la fissione, $EB - Q$, è calcolabile, ed è diversa per i nuclei A-dispari e per i nuclei A-pari.

Fissione dell'uranio. L'uranio naturale è composto di due isotopi: $^{238}_{92}U$ e $^{235}_{92}U$ con abbondanza relativa di 99.28% e 0.72%. La fissione del $^{235}_{92}U$ è iniziata da neutroni termici con sezione d'urto $\sigma^{235} = 580$ b, mentre quella del $^{238}_{92}U$ da neutroni con energia cinetica $T_n > 1.8$ MeV con sezione d'urto molto più piccola, $\sigma^{238} = 0.5$ b. [1] Nella fissione si libera una energia $Q = 210$ MeV con un rendimento di massa $Q/M_U = 210$ MeV$/220$ GeV $\simeq 10^{-3}$.

Nello stato finale sono prodotti nuclei con $A_X \sim 90$, $A_Y \sim 145$, ad esempio:

$$n + \;^{235}_{92}U \to\;^{87}_{35}Br + \;^{148}_{57}La + n$$

$$n + \;^{235}_{92}U \to\;^{93}_{37}Rb + \;^{141}_{55}Cs + n + n$$

e un numero medio $\overline{n} \sim 2.5$ neutroni *immediati* con energia cinetica $T_n \simeq 2$ MeV. Il termine *immediati* indica che la fissione avviene con tempi di reazione brevissimi ($10^{-16} \div 10^{-14}$ s) e l'emissione di neutroni è accompagnata dall'emissione di fotoni di energia $E_\gamma \simeq 8$ MeV. Il resto dell'energia è energia cinetica dei due nuclei. Questi hanno un eccesso di neutroni e raggiungono la valle di stabilità nel piano $A - Z$ con emissione β. L'energia rilasciata nei decadimenti β è in media $E_\beta \sim 20$ MeV, di cui approssimativamente 12 MeV in antineutrini. Quindi la reazione di fissione è una sorgente di neutroni, fotoni, elettroni e antineutrini.

Vediamo il perché $^{235}_{92}U$ è più efficace nella fissione dopo la cattura neutronica. Nel caso di $^{235}_{92}U$ si forma lo stato intermedio $^{236}_{92}U$; la differenza di massa è

$$\Delta M^{235} = M(^{235}_{92}U) + m_n - M(^{236}_{92}U) = 6.5 \text{ MeV} .$$

L'energia di attivazione della fissione del $^{235}_{92}U$ è 6.2 MeV: quindi non occorre che i neutroni abbiano energia cinetica, la fissione del $^{235}_{92}U$ si ottiene con neutroni termici.
Nel caso dell'isotopo $^{238}_{92}U$, si forma lo stato intermedio $^{239}_{92}U$; la differenza di massa è

$$\Delta M^{238} = M(^{238}_{92}U) + m_n - M(^{239}_{92}U) = 4.8 \text{ MeV} .$$

Tuttavia, l'energia di attivazione della fissione del $^{238}_{92}U$ è 6.6 MeV: quindi per attivare la fissione di questo isotopo occorrono neutroni con energia cinetica $T_n > 1.8$ MeV. Nel calcolo dell'energia di legame nel caso dell'uranio assume un carattere decisivo, circa la possibilità o meno di fissione, il contributo del termine a_4 nella (14.15). Infatti i nuclei *pari-pari* come $^{236}_{92}U$ e $^{238}_{92}U$, nel caso di cattura neutronica, diventano nuclei *pari-dispari* e occorre fornire una quantità di energia pari a $a_4/A^{1/2} = 12$ MeV$/\sqrt{236} \simeq 0.8$ MeV. Invece, il nucleo $^{235}_{92}U$ diventa un nucleo *pari-pari* dopo la cattura neutronica, e la stessa quantità di energia ($\simeq 0.8$ MeV) diventa disponibile. Si noti che la differenza tra le energie di legame nei due casi corrisponde esattamente alla differenza tra $\Delta M^{235} - \Delta M^{238}$.

---

[1] I neutroni termici sono neutroni rallentati in modo che la loro energia sia quella caratteristica di particelle di un gas in equilibrio a temperatura ambiente.

14.9.2 Reattori nucleari a fissione

Nella reazione di fissione si produce tipicamente un numero medio di neutroni
> 1 (2.5 nel caso dell'uranio $^{235}_{92}U$) e questi possono a loro volta produrre altre
reazioni di fissione. Si possono quindi realizzare le condizioni per autoalimenta-
re la reazione di fissione in un processo di *reazione a catena* e produrre energia
dalla fissione. La prima pila nucleare è stata realizzata da Fermi e collaboratori
nel 1942. Esistono diversi metodi per realizzare un reattore nucleare basato
su reazioni a catena controllate. I reattori vengono utilizzati per produrre:
(i) energia; (ii) sorgenti di neutroni per la ricerca e per scopi medici; (iii)
radio-isotopi o altre sostanze fissili, quali $^{239}_{94}Pu$ o $^{233}_{92}U$. Reazioni a catena *non
controllate* sono invece alla base delle bombe.

Un tipico reattore nucleare per produrre energia è basato su reazioni a
catena in uranio. In ogni reazione di fissione si producono in media $\simeq 200$ MeV
e 2.5 neutroni energetici. La sezione d'urto di cattura di neutroni energetici
è piccola: in pratica $^{235}_{92}U$ cattura neutroni solamente se questi hanno energie
cinetiche bassissime di tipo termico. Per questo motivo, occorre *moderare* i
neutroni, facendo loro perdere energia in successive collisioni con nuclei leggeri.
Per neutroni *termici*, la sezione d'urto di cattura da parte di $^{235}_{92}U$ è grande e
così la probabilità di produrre successive reazioni di fissione. Dal punto di vista
costruttivo, l'elemento centrale di un reattore nucleare a uranio è costituito
da uranio arricchito in $^{235}_{92}U$ (tipicamente al 3%; si ricordi in natura questo
isotopo ha abbondanza dello 0.7%) e da un materiale moderatore.

Per moderare i neutroni si usano di solito materiali che contengono nuclei
a basso Z, quali H_2O, D_2O o C. Il carbonio non è molto efficiente, ma si può
distribuire in modo efficace nel combustibile. Una centrale che utilizzava carbonio come moderatore era quella di Chernobil. Il vantaggio dell'acqua (normale o pesante) è che può anche costituire il mezzo per raffreddare il reattore
(scambiatore termico). I nuclei di idrogeno presenti nella molecola d'acqua sono molto efficienti per moderare neutroni; come svantaggio, la elevata sezione
d'urto della reazione competitive $n + p \rightarrow ^2_1H + \gamma$ sottrae neutroni al bilancio
della reazione a catena. Il nucleo di deuterio presente nella cosiddetta *acqua
pesante* in sostituzione dell'idrogeno, ha una sezione d'urto $n + ^2_1H \rightarrow {}^3_1H + \gamma$
molto più piccola, ma produce trizio radioattivo che va filtrato dal sistema di
raffreddamento.

Con una opportuna combinazione di combustibile e moderatore si può
raggiungere la situazione in cui vi è in media un neutrone termico prodotto per
reazione di fissione: è la situazione del *reattore critico*. Per evitare che questo
fattore superi l'unità e che il reattore funzioni in regime super-critico con il
rischio di malfunzionamento, è opportuno poter inserire nel combustibile un
materiale con elevata sezione d'urto di cattura di neutroni termici. Il materiale
più indicato è il Cadmio.

In un reattore che opera in condizione critica, un grammo di $^{235}_{92}U$ produce

$$1\ g\left(^{235}_{92}U\right) = \frac{6 \times 10^{23}}{235} \times 200 \text{ MeV} \simeq 0.8 \times 10^{11}\ J \qquad (14.44)$$

pari a circa tre volte l'energia prodotta nella combustione di *una tonnellata* di carbone. L'energia associata ai processi nucleari è infatti di ~ 6 ordini di grandezza maggiore dell'energia associata alle reazioni chimiche (processi elettromagnetici) che governano i processi di combustione.

14.10 Fusione nucleare

Nella reazione di fusione due nuclei si uniscono per formare un nucleo con peso atomico maggiore. L'andamento dell'energia media di legame dei nuclei BE in funzione del peso atomico A, mostra che nella reazione di fusione

$$_z^a X + \,_{Z-z}^{A-a} Y \to _Z^A W + Q \tag{14.45}$$

si libera energia $Q > 0$ se $d(BE)/dA > 0$, cioè per nuclei leggeri con $A < 60$ (ossia, nuclei più leggeri del Fe). Poiché l'interazione nucleare è a breve raggio d'azione, la reazione di fusione può avvenire solo se i nuclei hanno inizialmente sufficiente energia cinetica per compensare la repulsione coulombiana e portare i due nuclei a contatto. Ad esempio, la reazione:

$$_6^{12}C + _6^{12}C \to _{12}^{24} Mg + 13.9 \text{ MeV}$$

è esotermica ma occorre che inizialmente i due nuclei di carbonio abbiano una energia tale da poter vincere la reciproca repulsione coulombiana; questa *energia di attivazione* E_a corrisponde a ($A = 12, Z = 6, R_0 = 1.2$ fm):

$$E_a \geq \frac{Z^2 e^2}{R} = \frac{Z^2 e^2}{2 R_0 A^{1/3}} = 9 \text{ MeV} . \tag{14.46}$$

Spendendo 9.0 MeV si producono 13.9 MeV. Il rendimento in energia ($Q/2M_C \simeq 6\ 10^{-4}$ in questo esempio) è tanto più elevato quanto minore è la massa dei nuclei che fondono. L'energia liberata nella fusione si trasforma in energia cinetica dei nuclei e, se esiste un campo di forze che tiene i nuclei confinati, aumenta la temperatura di modo che si può raggiungere una situazione di equilibrio in cui la reazione di fusione è capace di autoalimentarsi e quindi produrre energia. Situazioni di *confinamento* sono presenti nei nuclei delle stelle, e (si spera) nei futuri *reattori a fusione nucleare*.

Per i nuclei leggeri con $Z \simeq A/2$, la temperatura necessaria per compensare la repulsione coulombiana è, dalla (14.46)

$$E_a \sim kT = \frac{A^{5/3} e^2}{8 R_0} \simeq 0.14 \times A^{5/3} \text{ MeV} \qquad T \simeq 1.6\ 10^9 \times A^{5/3}\ K . \tag{14.47}$$

Tuttavia, l'energia dei nuclei nella *coda* della distribuzione di velocità di Maxwell e la probabilità di effetto tunnel rendono possibile la fusione nucleare anche a temperature inferiori.

14.10.1 Fusione nelle stelle

Il Sole (come tutte le altre stelle durante la loro permanenza nella *sequenza principale*, §13.4) produce energia per fusione: quattro protoni formano un nucleo di elio liberando circa 26 MeV con un rendimento molto elevato, 26 MeV/3.75 GeV $= 0.007$. La temperatura all'interno del Sole è $T \simeq 1.5 \times 10^7\ K$, corrispondente ad un'energia cinetica dei protoni $E_p \simeq 1.3$ keV, molto minore dell'energia di repulsione coulombiana $\simeq 0.8$ MeV. Il campo di forze che tiene i nuclei confinati nel nucleo delle stelle è dovuto alla pressione gravitazionale della materia presente negli strati più esterni. Una stella è in una situazione di equilibrio tra la pressione dovuta alla gravità e la pressione dovuta alla radiazione prodotta nel centro dalle reazioni di fusione.

La materia formatasi nella fase iniziale dell'evoluzione dell'universo, nella *nucleosintesi primordiale*, §13.6, è costituita in massa per 3/4 da protoni, 1/4 da nuclei di elio e tracce di elementi appena più pesanti. Le fluttuazioni della densità di particelle e l'attrazione gravitazionale hanno prodotto concentrazioni di materia (con formazione di galassie o stelle, a seconda della scala). Quando la densità nel centro di una protostella è diventata sufficientemente elevata si è innescato il ciclo della fusione.

La prima reazione del ciclo avviene per interazione debole:

$$p + p \to\, ^2_1 H + e^+ + \nu_e \qquad Q = 0.42\ \text{MeV} . \qquad (14.48)$$

La sezione d'urto di questo processo a bassa energia è estremamente piccola, $\sigma \sim 10^{-55}$ cm^2: questa è la ragione per cui le stelle bruciano molto lentamente. La reazione successiva in cui il deutone formatosi reagisce con i protoni è dovuta all'interazione forte, con sezione d'urto molto più grande:

$$p +\,^2_1 H \to\, ^3_2 He + \gamma \qquad Q = 5.49\ \text{MeV} . \qquad (14.49)$$

Quindi i deutoni sono consumati non appena prodotti. Quando la densità di nuclei $^3_2 He$ ha raggiunto valori sufficientemente elevati, avviene la reazione

$$^3_2 He +\,^3_2 He \to\, ^4_2 He + p + p \qquad Q = 12.86\ \text{MeV} \qquad (14.50)$$

in cui si formano elio e due protoni che sono disponibili per iniziare altri cicli. Altre reazioni del ciclo, in particolare quelle che producono neutrini, sono riportate in Fig. 12.11. In sostanza, nel ciclo protone-protone si ha:

$$4p \to\, ^4_2 He + 2e^+ + 2\nu_e \qquad Q = 24.7\ \text{MeV} . \qquad (14.51)$$

Al valore di Q occorre aggiungere 2 MeV dovuti all'annichilazione dei due positoni. I neutrini sottraggono energia al ciclo poiché hanno bassissima probabilità di interazione e fuggono immediatamente dalle stelle. Poiché ciascun neutrino ha energia media $\overline{E} \sim 0.3$ MeV che viene sottratta, il bilancio energetico del ciclo è di circa 26 MeV. La misura del flusso dei neutrini solari (§12.7 e Problema 13.6) ha fornito importantissime informazioni sia sulle proprietà fisiche dei neutrini, sia sul modo in cui si svolgono i processi di fusione nel Sole e sulle proprietà della nostra stella (Modello Solare Standard [89B1]).

L'energia cinetica dei vari prodotti del ciclo si trasferisce tramite moltissimi altri processi verso la superficie del Sole, la fotosfera. Il tempo di diffusione dei fotoni dal nucleo stellare alla fotosfera (tenuto conto della sezione d'urto $\gamma - p$) è dell'ordine di 10^6 anni.

Il Sole converte idrogeno in elio da circa 5×10^9 anni. Il valore della massa solare e la potenza emessa indicano che continuerà ancora per altrettanti anni. Una stella che ha approssimativamente la massa del Sole, quando l'idrogeno è esaurito, tende a contrarsi aumentando di densità poiché la radiazione prodotta dalle reazioni di fusione non è più in grado di bilanciare la variazione di energia potenziale gravitazionale. Nella contrazione l'energia gravitazionale si converte in energia cinetica dei nuclei in modo che aumenta la temperatura e si possano innescare altre reazioni di fusione che formano nuclei più pesanti.

Il punto critico è quello della formazione del carbonio. In una stella formata essenzialmente di nuclei $_2^4He$ si forma continuamente $_4^8Be$ che ha però massa leggermente maggiore di due volte la massa dell'$_2^4He$: $_2^4He + _2^4He \to _4^8 Be$; $Q = -0.09$ MeV, e quindi si scinde di nuovo in due nuclei di $_2^4He$.

Con una densità di nuclei $_2^4He$ estremamente elevata, la formazione di carbonio per fusione avviene attraverso uno stato eccitato che presenta una sezione d'urto risonante: $_2^4He + _4^8Be \to _6^{12} C^*$. Lo stato eccitato C^* decade poco dopo nello stato fondamentale. Il carbonio ha così nell'universo abbondanza relativa elevata e può essere presente anche nelle stelle che non hanno esaurito il ciclo energetico del protone. In presenza di protoni il nucleo $_6^{12}C$ agisce come *catalizzatore* di un altro ciclo, analogo al ciclo protone-protone, che produce energia trasformando protoni in nuclei di elio: il ciclo C-N-O.

reazione	Q (MeV)
$p + _6^{12} C \to _7^{13} N + \gamma$	1.94
$_7^{13}C \to _6^{13} C + e^+ + \nu_e$	1.20
$p + _6^{13} C \to _7^{14} N + \gamma$	7.55
$p + _7^{14} N \to _8^{15} O + \gamma$	7.29
$_8^{15}O \to _7^{15} N + e^+ + \nu_e$	1.94
$p + _7^{15} N \to _6^{12} C + _2^4 He$	4.96

In sostanza, $4p \to _2^4 He + 2e^+ + 3\gamma + 2\nu_e$. Sommando le energie e quella prodotta nell'annichilazione dei positroni si ottiene $Q = 26.7$ MeV. Il $_6^{12}C$ è un nucleo fortemente legato ed è il punto di partenza per la formazione di nuclei pesanti per fusione, ad esempio:

reazione	Q (MeV)	E_C (MeV)
$_2^4He + _6^{12} C \to _8^{16} O + \gamma$	7.16	3.6
$_2^4He + _8^{16} O \to _{10}^{20} Ne + \gamma$	4.73	4.5
$_2^4He + _{10}^{20} Ne \to _{12}^{24} Mg + \gamma$	9.31	5.4

Come è messo in evidenza nella tabella, la barriera di potenziale coulombiana E_C aumenta col numero atomico. La probabilità di ciascuna reazione è inversamente proporzionale a E_C e quindi l'abbondanza relativa dei nuclei sopra citati diminuisce all'aumentare di A.

Una volta esaurito l'elio come combustibile, la stella, se ha massa sufficientemente elevata, tende di nuovo a contrarsi aumentando densità e temperatura e può iniziare a utilizzare come combustibile carbonio e ossigeno. La barriera di potenziale è rispettivamente 9.0 e 14.6 MeV e, per sostenere le reazioni di fusione occorrono temperature $T \geq 10^9 \; K$:

reazione	Q (MeV)
$^{12}_{6}C \; + \; ^{12}_{6}C \rightarrow ^{20}_{10} Ne \; + \alpha$	4.62
$^{12}_{6}C \; + \; ^{12}_{6}C \rightarrow ^{23}_{11} Na \; + p$	2.24
$^{12}_{6}C \; + \; ^{12}_{6}C \rightarrow ^{23}_{12} Mg \; + n$	-2.61
$^{12}_{6}C \; + \; ^{12}_{6}C \rightarrow ^{24}_{12} Ne \; + \gamma$	13.93
$^{16}_{8}O \; + \; ^{16}_{8}O \rightarrow ^{28}_{14} Si \; + \alpha$	9.59
$^{16}_{8}O \; + \; ^{16}_{8}O \rightarrow ^{31}_{15} P \; + p$	7.68
$^{16}_{8}O \; + \; ^{16}_{8}O \rightarrow ^{31}_{16} S \; + n$	1.46
$^{16}_{8}O \; + \; ^{16}_{8}O \rightarrow ^{32}_{16} S \; + \gamma$	16.54

In queste reazioni, oltre ai nuclei pesanti, si producono fotoni, protoni, neutroni e particelle α con energie sufficientemente elevate da produrre altri nuclei pesanti a partire dai nuclei $^{28}_{14}Si$ e $^{32}_{16}S$. Queste reazioni sono energeticamente favorite rispetto a reazioni di fusione del tipo $^{28}_{14}Si +^{28}_{14} Si \rightarrow^{56}_{28} Ni + \gamma$ che richiede una temperatura ancora più elevata.

14.10.2 Formazione degli elementi superiori al Fe

La nucleosintesi per fusione nucleare nelle stelle massive (con $M > 8M_\odot$) procede sino alla formazione dei nuclei con $A \leq 60$. Quando la stella inizia a convertire nel nucleo il silicio in ferro e nichel (fase che dura pochi giorni), avrà gli strati esterni al nucleo in gusci concentrici composti (nell'ordine) da silicio, zolfo, ossigeno, neon, carbonio, elio e idrogeno. Quando la massa del ferro raggiunge l'equivalente di 1.4 masse solari, avviene il tracollo della stella: la temperatura è così elevata che il ferro si disintegra, frantumandosi in nuclei di elio, neutroni e protoni con forte assorbimento di energia. Come si può vedere dalla Fig. 14.3, il processo di trasformazione dei nuclei di ferro in elementi più leggeri o più pesanti è endotermico, e occorre cedergli energia.

Il nucleo raffreddandosi, priva la stella dell'energia che permetteva il bilanciamento con la spinta gravitazionale della materia che lo sovrasta. In gran parte dei casi, l'implosione porta al decadimento debole di protoni in neutroni, formando un nucleo di neutroni: la futura stella di neutroni (Supplemento 14.2). Il resto della stella, privato del sostegno, crolla sul nucleo, comprimendolo e portando a contatto i neutroni, elevando la densità a valori analoghi a quelli dei nuclei atomici. La reazione è immediata: la rigidità della materia nucleare porta i neutroni a comportarsi come una molla e il contraccolpo produce un'onda d'urto che si riversa verso l'esterno rapidamente (*supernova*). Il 99% dell'energia fuoriesce in poche decine di secondi sotto forma di neutrini. L'onda d'urto genera compressioni locali che innescano reazioni che portano alla formazione di elementi più pesanti del ferro come l'argento, il platino, l'oro, il mercurio, l'uranio. In particolare, si generano anche nickel e cobalto, i principali responsabili della forma della curva di luce nelle prime due settimane (per via della fluorescenza dovuta al decadimento radioattivo).

La formazione di nuclei pesanti è molto più probabile per cattura di neutroni energetici. Per le particelle cariche quali p o α vi è una addizionale barriera coulombiana da superare. Quindi la produzione di nuclei con peso atomico maggiore procede per cattura di neutroni e per decadimento β^-:

$$n \ + \ {}_Z^A X \to {}_Z^{A+1} X + \gamma \qquad {}_Z^{A+1} X \to {}_{Z+1}^{A+1} Y \ + \ e^- \ + \ \nu_e \ . \tag{14.52}$$

La cattura neutronica può avvenire quando neutroni sono disponibili, ovvero proprio durante le fasi immediatamente successive all'esplosione della supernova. L'abbondanza relativa dei nuclei pesanti dipende dal tempo medio di cattura neutronica, τ_n, e dalla vita media per decadimento β, τ_β:

- se $\tau_n \gg \tau_\beta$ il nucleo ${}_Z^{A+1} X$ formato per cattura di un neutrone ha tempo di decadere β^- e quindi i nuclei tendono a formarsi lungo la valle di stabilità. Poiché la probabilità di cattura neutronica nell'unità di tempo $\lambda_n = 1/\tau_n$ è piccola, le reazioni avvengono con frequenza bassa. Questi sono chiamati *processi-s (slow)*;

- se $\tau_n \ll \tau_\beta$ il nucleo formato non decade subito e con successive reazioni di cattura neutronica gli isotopi si allontanano dalla valle di stabilità $({}_Z^A X \to {}_Z^{A+1} X \to {}_Z^{A+2} X \to ...)$ aumentando il numero di neutroni e quindi anche l'instabilità per decadimento β^-. Poiché λ_n è grande e le reazioni avvengono con frequenza elevata, questi sono chiamati *processi-r (rapid)*.

Ancora oggi, la maggior parte della materia dell'universo è concentrata in nuclei di idrogeno ($\sim75\%$) e elio ($\sim24\%$) formati nella nucleosintesi primordiale. La nucleosintesi nelle stelle non aumenta l'abbondanza dei nuclei leggeri (litio, berillio e boro) in quanto questi fungono da catalizzatori delle reazioni nucleari che avvengono durante la loro permanenza nella *sequenza principale*. In virtù di ciò, Li, Be, B sono elementi la cui abbondanza nel sistema solare (e nell'universo) è generalmente molto piccola. I nuclei più diffusi sono quelli formati con particelle α (carbonio, ossigeno, neon, magnesio, silicio...) e nuclei con $A \sim 60$ vicino al valore massimo dell'energia di legame media (ferro, nichel...). I nuclei con $A > 60$ hanno abbondanza relativa che diminuisce con A, con dei picchi in corrispondenza dei numeri magici. La Fig. 14.12 mostra l'abbondanza relativa degli elementi nel sistema solare, raffrontata con quella dei Raggi Cosmici (RC). Le analogie tra le due distribuzioni indicano che le sorgenti astrofisiche che accelerano i RC hanno composizione analoga a quella del nostro sistema solare. La spiegazione è probabilmente connessa al fatto che i meccanismi astrofisici che accelerano i RC di origine galattica (esplosioni di supernova) sono gli stessi che originano sistemi planetari. Le eccedenze nei RC di elementi quali Li, Be,B sono dovute agli effetti della propagazione (frammentazione) di C, N, O presenti nei RC nell'interazione con i protoni del mezzo interstellare, vedere Supplemento 14.1.

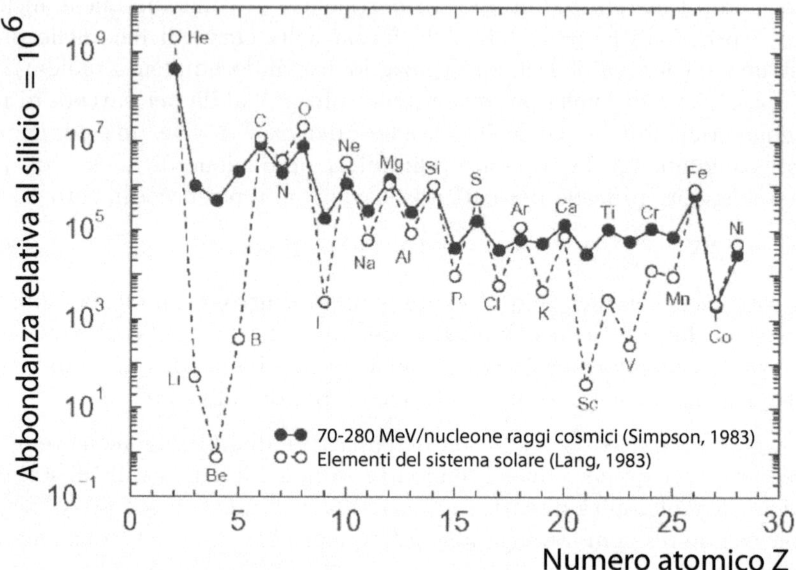

Figura 14.12. Abbondanza relativa rispetto al silicio degli elementi nel sistema solare e nei nuclei presenti nei RC. La concordanza tra le abbondanze relative conduce all'ipotesi che i meccanismi che accelerano i RC e quelli che producono sistemi planetari sono strettamente connessi. Le discordanze (abbondanza nei RC di elementi quali il Li, Be, B) sono spiegati dai processi di diffusione e interazione dei RC all'interno della nostra galassia [83S1]. Gli elementi più pesanti del Fe sono molto più rari, poiché si formano durante le fasi successive al collasso gravitazionale stellare. Nuclei con $Z > 40$ hanno una abbondanza relativa al ferro pari a $10^{-7} \div 10^{-5}$

14.10.3 Datazione della Terra e del sistema solare

Un altro esempio della stretta interconnessione tra la fisica dei nuclei e l'astrofisica è data dalla possibilità di stimare l'età del Sole e del tempo necessario per la formazione di un sistema planetario. Si ritiene che il sistema solare si sia formato a partire da una nube di gas e polvere (di diametro di circa 100 unità astronomiche[2] e una massa circa 2-3 volte quella del Sole), investita da una onda di shock generata dall'esplosione di una stella vicina (supernova) di massa almeno 10 volte quella del Sole. L'onda di shock provocata dall'esplosione produsse delle compressioni della nube di gas e polvere che, a causa

---

[2] Unità di misura pari circa alla distanza media tra il pianeta Terra e il Sole, ossia 1.496×10^{11} m.

dell'attrazione gravitazionale, cominciarono a risucchiare altro materiale formando la nebulosa solare. Durante il collasso, la nebulosa iniziò a ruotare più rapidamente, per la conservazione del momento angolare, e a riscaldarsi. Sempre a seguito dell'azione della gravità, della pressione, dei campi magnetici e della rotazione, la nebulosa si sarebbe appiattita in un disco protoplanetario con una protostella al suo centro in via di contrazione.

Dalla nube di gas e polveri nel disco protoplanetario si formarono i diversi pianeti. Si stima che il sistema in formazione fosse nella regione interna (che comprende la zona in cui si trova oggi la Terra) troppo caldo per consentire la condensazione di molecole volatili quali acqua e metano. Più vicino al centro di massa del sistema, si formarono pertanto dei corpi rocciosi relativamente piccoli e formati principalmente da composti ad alto punto di fusione, quali silicati e metalli che evolveranno successivamente nei pianeti di tipo terrestre. Più esternamente, si svilupparono invece i giganti gassosi Giove e Saturno, mentre Urano e Nettuno catturarono meno gas e si condensarono attorno a nuclei di ghiaccio.

Ad un certo punto, continuando la protostella a contrarsi, la pressione dovuta alla gravità divenne al centro così elevata da provocare l'attivazione delle reazioni di fusione nucleare (§14.10.1). In seguito alla produzione di energia all'interno di quello che è diventato il Sole, un forte vento stellare cominciò a provocare l'allontanamento della maggior parte del gas e della polvere del neonato sistema solare. Grazie alla distanza e alla loro massa sufficientemente grande, i giganti gassosi trattennero l'atmosfera originaria sottratta alla nebulosa; i pianeti di tipo terrestre la persero e la loro attuale atmosfera è frutto di vulcanismo e degli impatti con altri corpi celesti.

La datazione di quando questo processo ha avuto luogo è possibile attraverso i decadimenti radioattivi. Gli elementi pesanti presenti nel sistema solare si sono formati in un tempo relativamente piccolo, al seguito del collasso gravitazionale della stella massiva che ha innescato la formazione del Sole. La teoria della nucleosintesi stellare degli elementi pesanti (nata a partire da uno storico articolo di E.M. Burbidge, G.R. Burbidge, W.A. Fowler e F. Hoyle [57B1], e scherzosamente definito B^2FH) stabilisce che gli elementi quali il $^{187}Re, ^{232}Th, ^{235}U$ e ^{238}U si sintetizzino a partire dagli elementi più leggeri espulsi dal collasso gravitazionale nel *processo* r di cattura neutronica. La determinazione dei rapporti di produzione degli elementi $(^{232}Th/^{238}U)_r$ e $(^{235}U/^{238}U)_r$ nel *processo* r dipende sia dalla fisica dei nuclei (in particolare, dalle energie di legame quali quelle previste nel modello a goccia) e dalle condizioni astrofisiche sotto le quali il *processo* r avviene. Vari modelli sono discussi in [98T1], dove si assume $(^{235}U/^{238}U)_r = 1.35 \pm 0.30$.

La concentrazione degli elementi pesanti è oggi variata da quella originaria, perché ciascun isotopo ha un differente tempo di dimezzamento (e quindi diversa vita media). Il rapporto relativo tra gli elementi è misurabile nelle rocce della Terra, della Luna e nei meteoriti. Tale rapporto misurato dipende dunque dal tempo trascorso T dalla sintesi di questi elementi. Possiamo inoltre assumere che $T = \tau_f + \tau_{SS}$, ove τ_f è il tempo intercorso tra l'esplosione della supernova che ha originato il sistema solare e la nascita del sistema solare (e della Terra), e τ_{SS} è l'età del sistema solare (e della Terra).

Possiamo specializzare il calcolo per il caso famoso degli isotopi dell'uranio. La vita media dell'isotopo ^{238}U è $\tau_{238} = 6.43 \times 10^9$ anni, maggiore della tempo di dimezzamento dell'isotopo ^{235}U, pari a $\tau_{235} = 1.01 \times 10^9$ anni. Quindi, il rapporto $^{235}U/^{238}U$ deve essere oggi diminuito: esso vale $(^{235}U/^{238}U)_0 = 7.2 \times 10^{-3}$ ed è conosciuto con estrema precisione (errore dell'ordine del percento) tramite misure effettuate su rocce terrestri, lunari e meteoriti.

È facile dunque verificare che il rapporto delle concentrazioni attuali deve essere:

$$\left(\frac{^{235}U}{^{238}U}\right)_0 = \left(\frac{^{235}U}{^{238}U}\right)_r \cdot \left(\frac{e^{-T/\tau_{235}}}{e^{-T/\tau_{238}}}\right) . \tag{14.53}$$

Inserendo i numeri, si ottiene

$$T = \tau_f + \tau_{SS} = 6.3 \times 10^9 \text{ anni} . \tag{14.54}$$

Esistono anche delle tecniche per stimare l'età della Terra τ_{SS}, che si basano sul fatto che l'isotopo 238 dell'uranio (come si può vedere dalla Fig. 14.8) termina nell'isotopo stabile 206 del piombo, mentre l'isotopo ^{235}U termina nell'isotopo stabile ^{207}Pb. Dalle misure si ottiene $\tau_{SS} = 4.5 \times 10^9$ anni. Il processo di formazione del Sole e del nostro sistema planetario è durato quindi circa 1.8 miliardi di anni.

14.11 Fusione in laboratorio

La fusione ha un rendimento energetico maggiore della fissione e, usando come combustibile nuclei leggeri, non produce materiali radioattivi. Tuttavia, è molto più difficile realizzare e mantenere in laboratorio le condizioni di temperatura e densità per produrre energia dalla fusione [ww4]. La barriera di potenziale coulombiana aumenta col numero atomico Z e per nuclei leggeri è tipicamente di $\simeq 1$ MeV. Tenendo conto della probabilità di effetto tunnel per unire due nuclei leggeri, occorre comunque raggiungere energie $\simeq 10$ keV/nucleo cioè temperature $\sim 10^8$ K. In queste condizioni gli atomi sono completamente ionizzati e si produce un plasma di ioni ed elettroni. In un plasma ad alta densità gli elettroni, accelerati nei forti campi elettrici dei nuclei emettono radiazione di *bremsstrahlung* sottraendo energia al plasma. La potenza irraggiata è proporzionale a Z^2. Quindi le condizioni per poter alimentare le reazioni di fusione e produrre energia sono:

- utilizzare nuclei con numero atomico Z piccolo;
- operare a temperatura elevata, $T > 10^8$ K;
- operare a densità elevata;
- utilizzare reazioni con sezione d'urto grande e che producono energia elevata nello stato finale.

La reazione più promettente sembra quella:

$$\,_1^2 H +\,_1^3 H \rightarrow\,_2^4 He \ (3.5 \text{ MeV}) \ + n \ (14.1 \text{ MeV}) \tag{14.55}$$

detta anche reazione *deuterio-trizio*. L'energia sviluppata per ogni grammo di materia reagente è pari a circa 340 GJ, equivalenti a 8 tonnellate di petrolio.

Tuttavia, poiché i nuclei sono dotati di carica elettrica positiva e, quindi, si respingono, per avvicinarli occorre spendere energia. La soluzione più efficace è riscaldare una miscela di deuterio-trizio fino a temperatura molto elevata (dell'ordine dei 100-200 milioni di gradi). Per riuscirvi, occorre evitare il contatto con le pareti del recipiente in cui il gas è contenuto e ridurre al minimo la dispersione del calore. D'altra parte, già a 10^5 K, atomi e molecole si dissociano in nuclei positivi ed elettroni (*plasma*). Mentre in un gas l'interazione tra gli atomi avviene per contatto diretto, nel plasma l'interazione avviene tramite i campi elettromagnetici prodotti dalle particelle cariche, con effetti anche a lunga distanza, in cui si somma il contributo simultaneo di molte particelle (effetti collettivi). Solo una piccola parte degli urti porta al contatto ravvicinato fra due nuclei e quindi alla fusione.

Le condizioni fondamentali per la fusione controllata sono essenzialmente due:

- riscaldamento del plasma fino alle temperature necessarie a produrre reazioni di fusione in misura sufficiente;
- contenimento e isolamento termico del plasma (*confinamento*), per minimizzare le perdite di particelle e di energia e per realizzare un rapporto sufficiente tra energia depositata nel plasma dai prodotti di fusione e potenza persa. La condizione di eguaglianza fra l'energia ceduta al plasma dalle fusioni e le perdite al suo contorno è chiamata *ignizione*.

Tali condizioni si conseguono quando la temperatura (T) da un lato e il prodotto densità del plasma (n) per tempo di confinamento dell'energia (τ) dall'altro (o in prima approssimazione il prodotto $n\tau T$) superino valori di soglia caratteristici della specifica reazione (condizioni di fusione). Il risultato si può ottenere sia con plasmi ad alta densità confinati per tempi brevi (confinamento inerziale), sia con plasmi a bassa densità e tempi di confinamento elevati. In questo ultimo caso, il confinamento del plasma si realizza mediante campi magnetici. Questi guidano il moto delle particelle cariche, entro la camera di combustione, secondo traiettorie che non ne intersechino le pareti. Alla prima soluzione punta la cosiddetta *fusione inerziale*, alla seconda la *fusione magnetica*. Le ricerche sviluppate dall'Unione Europea seguono principalmente questa seconda linea.

Il progetto ITER. Il prototipo di macchine a confinamento è la macchina Tokamak, costituita da una ciambella toroidale, entro cui si produce il vuoto spinto per eliminare i gas residui e nella quale si inietta il combustibile a bassa densità (10^{20} particelle/m^3). Le pareti della ciambella costituiscono un contenitore per il gas e devono assorbire il calore trasmesso dal plasma caldo durante il funzionamento. Un insieme di bobine, disposte simmetricamente attorno alla ciambella, genera un campo magnetico toroidale, destinato a guidare il moto delle particelle.

È del 1988 la decisione di avviare in comune fra Europa, USA, URSS e Giappone, il progetto di una macchina, chiamata ITER, pensata per la dimostrazione scientifica della fusione e la successiva costruzione del reattore prototipo, e ricerche per lo sviluppo delle principali tecnologie necessarie. Nel novembre del 2006, i rappresentanti di ITER (Unione Europea, Cina, Giappone, India, Repubblica della Corea, Russia, USA) siglano l'accordo per la costruzione della macchina, dopo una lunga fase di trattative. La costruzione di ITER è iniziata a Cadarache (Francia) all'inizio del 2007. Il programma prevede la sua costruzione in 10 anni e lo sviluppo delle attività sperimentali in più fasi, in un arco di tempo di 25 anni. Al termine si provvederà alla messa in sicurezza e successivamente, in 6 anni, allo smantellamento e al trasporto delle scorie radioattive (prodotte nell'interazione dei neutroni con il materiale di contenimento) in un sito idoneo. I costi di costruzione sono stimati in 5 miliardi di euro a valuta 2002.

ITER è la prima macchina avente per obiettivo la produzione di energia elettrica da fusione, con impulsi da 500 MW della durata di 400 secondi, in condizioni in cui predominerà il riscaldamento del plasma da parte dei nuclei di elio prodotti dalle reazioni di fusione rispetto a quello generato dai circuiti esterni. L'impianto è dimensionato per generare alcune migliaia di impulsi all'anno e verificare le soluzioni oggi ritenute idonee a sperimentare le tecnologie essenziali per una centrale a fusione, in particolare:

- l'uso di superconduttori per il sistema magnetico, necessario per limitare la dissipazione di potenza;
- il caricamento del combustibile nella camera di reazione e la contemporanea estrazione delle particelle prodotte;
- il riscaldamento del plasma e il suo controllo con potenza ausiliaria, in modo da provare condizioni per il plasma (scenari) tali da realizzare cicli operativi lunghi fino, se possibile, all'operazione stazionaria;
- lo smaltimento dell'energia generata e del combustibile bruciato;
- il recupero del trizio;
- il controllo del funzionamento e la sicurezza operativa.

ITER servirà inoltre come banco di prova per lo sviluppo del modo più efficace per produrre il trizio, necessario per compensare quello utilizzato dalle reazioni di fusione, e per dimostrare la possibilità di funzionamento stazionario.

Il successo di ITER sarà fondamentale per capire se la fusione nucleare (che utilizza come combustibile materiali quali il deuterio, praticamente a disposizione di ogni nazione che si affacci sul mare) permetterà di rimpiazzare gli idrocarburi nella maniera più efficiente e possibilmente di minor impatto ambientale.

A

Appendici

- A.1 Tabella periodica degli elementi
- A.2 Le unità di misura naturali in fisica subnucleare
- A.3 Richiami di relatività ed elettromagnetismo classico
- A.4 Equazione e formalismo di Dirac
- A.5 Costanti fisiche ed astrofisiche

Braibant S., Giacomelli G., Spurio M.: Particelle e interazioni fondamentali. Il mondo delle particelle
DOI 10.1007/978-88-470-2754-1_15, © Springer-Verlag Italia 2012

A.1 Tabella periodica degli elementi [08P1]

4. PERIODIC TABLE OF THE ELEMENTS

Table 4.1. Revised 1997 by C.G. Wohl (LBNL). Heavy element updates in May 2000 by D.E. Groom. The atomic number (top left) is the number of protons in the nucleus. The atomic mass (bottom) is weighted by isotopic abundances in the Earth's surface. Atomic masses are relative to the mass of the carbon-12 isotope, defined to be exactly 12 unified atomic mass units (u). Errors range from 1 to 9 in the last digit quoted. Relative isotopic abundances often vary considerably, both in natural and commercial samples. A number in parentheses is the mass of the longest-lived isotope of that element—no stable isotope exists. However, although Th, Pa, and U have no stable isotopes, they do have characteristic terrestrial compositions, and meaningful weighted masses can be given. For elements 110–112, the atomic numbers of known isotopes are given. Adapted from the Commission of Atomic Weights and Isotopic Abundances, "Atomic Weights of the Elements 1995," Pure and Applied Chemistry **68**, 2339 (1996), and G. Audi and A.H. Wapstra, "The 1993 Mass Evaluation," Nucl. Phys. **A565**, 1 (1993).

PERIODIC TABLE OF THE ELEMENTS

1 IA	2 IIA	3 IIIB	4 IVB	5 VB	6 VIB	7 VIIB	8 VIII	9 VIII	10 VIII	11 IB	12 IIB	13 IIIA	14 IVA	15 VA	16 VIA	17 VIIA	18 VIIIA
1 H Hydrogen 1.00794																	2 He Helium 4.002602
3 Li Lithium 6.941	4 Be Beryllium 9.012182											5 B Boron 10.811	6 C Carbon 12.0107	7 N Nitrogen 14.00674	8 O Oxygen 15.9994	9 F Fluorine 18.9984032	10 Ne Neon 20.1797
11 Na Sodium 22.989770	12 Mg Magnesium 24.3050											13 Al Aluminum 26.981538	14 Si Silicon 28.0855	15 P Phosph. 30.973761	16 S Sulfur 32.066	17 Cl Chlorine 35.4527	18 Ar Argon 39.948
19 K Potassium 39.0983	20 Ca Calcium 40.078	21 Sc Scandium 44.955910	22 Ti Titanium 47.867	23 V Vanadium 50.9415	24 Cr Chromium 51.9961	25 Mn Manganese 54.938049	26 Fe Iron 55.845	27 Co Cobalt 58.933200	28 Ni Nickel 58.6934	29 Cu Copper 63.546	30 Zn Zinc 65.39	31 Ga Gallium 69.723	32 Ge German. 72.61	33 As Arsenic 74.92160	34 Se Selenium 78.96	35 Br Bromine 79.904	36 Kr Krypton 83.80
37 Rb Rubidium 85.4678	38 Sr Strontium 87.62	39 Y Yttrium 88.90585	40 Zr Zirconium 91.224	41 Nb Niobium 92.90638	42 Mo Molybd. 95.94	43 Tc Technet. (97.907215)	44 Ru Ruthen. 101.07	45 Rh Rhodium 102.90550	46 Pd Palladium 106.42	47 Ag Silver 107.8682	48 Cd Cadmium 112.411	49 In Indium 114.818	50 Sn Tin 118.710	51 Sb Antimony 121.760	52 Te Tellurium 127.60	53 I Iodine 126.90447	54 Xe Xenon 131.29
55 Cs Cesium 132.90545	56 Ba Barium 137.327	57–71 Lantha-nides	72 Hf Hafnium 178.49	73 Ta Tantalum 180.9479	74 W Tungsten 183.84	75 Re Rhenium 186.207	76 Os Osmium 190.23	77 Ir Iridium 192.217	78 Pt Platinum 195.078	79 Au Gold 196.96655	80 Hg Mercury 200.59	81 Tl Thallium 204.3833	82 Pb Lead 207.2	83 Bi Bismuth 208.98038	84 Po Polonium (208.982415)	85 At Astatine (209.987131)	86 Rn Radon (222.017570)
87 Fr Francium (223.019731)	88 Ra Radium (226.025402)	89–103 Actinides	104 Rf Rutherford. (261.1089)	105 Db Dubnium (262.1144)	106 Sg Seaborg. (263.1186)	107 Bh Bohrium (262.1231)	108 Hs Hassium (265.1306)	109 Mt Meitner. (266.1378)	110 (269, 273)	111 (272)	112 (277)						

Lanthanide series

57 La Lanthan. 138.9055	58 Ce Cerium 140.116	59 Pr Praseodym. 140.90765	60 Nd Neodym. 144.24	61 Pm Prometh. (144.912745)	62 Sm Samarium 150.36	63 Eu Europium 151.964	64 Gd Gadolin. 157.25	65 Tb Terbium 158.92534	66 Dy Dyspros. 162.50	67 Ho Holmium 164.93032	68 Er Erbium 167.26	69 Tm Thulium 168.93421	70 Yb Ytterbium 173.04	71 Lu Lutetium 174.967

Actinide series

89 Ac Actinium (227.027747)	90 Th Thorium 232.0381	91 Pa Protactin. 231.03588	92 U Uranium 238.0289	93 Np Neptunium (237.048166)	94 Pu Plutenium (244.064197)	95 Am Americ. (243.061372)	96 Cm Curium (247.070346)	97 Bk Berkelium (247.070298)	98 Cf Californ. (251.079579)	99 Es Einstein. (252.08297)	100 Fm Fermium (257.095096)	101 Md Mendelev. (258.098427)	102 No Nobelium (259.1011)	103 Lr Lawrenc. (262.1098)

A.2 Le unità di misura naturali in fisica subnucleare

In fisica delle particelle elementari è conveniente utilizzare il sistema di unità di misura di *unità naturali*, in cui le grandezze fisiche fondamentali sono la massa, la velocità e il momento angolare; il sistema diventa particolarmente semplice quando si sceglie $\hbar = c = 1$ senza dimensioni. In questo sistema tutte le grandezze fisiche sono espresse in termini di una potenza della massa M. L'estensione alla termodinamica viene fatta ponendo $K = 1$, $K = $ costante di Boltzmann. Ciò consente un notevole alleggerimento della notazione, evitando di riportare fattori $\hbar$ e c nel corso dei calcoli; alla fine è sempre possibile, tramite analisi dimensionale, trascrivere il risultato nelle unità più usuali.

Vediamo quali implicazioni comporta tale scelta di $\hbar = c = 1$.

(i) Conseguenze di $c = 1$. Scegliendo le unità in modo che $c = 1$ senza dimensioni, dal momento che la velocità ha dimensione $[c] = [v] = [LT^{-1}]$, lunghezza e tempo debbono avere dimensioni uguali:

$$[L] = [T]$$

e le unità sono numericamente uguali.

In modo simile, dalla relazione relativistica tra energia e impulso

$$E^2 = p^2 c^2 + m^2 c^4$$

la scelta $c = 1$ implica che energia, massa e impulso abbiano le stesse dimensioni. Di solito ci si riferisce agli impulsi in unità $\text{MeV}/c \to \text{MeV}$ e alle masse in unità $\text{MeV}/c^2 \to \text{MeV}$. Così il protone ha massa 938.27 MeV, volendo intendere che $m_p c^2 = 938.27$ MeV (ricordare che $c = 2.9979 \cdot 10^8$ m s^{-1}).

(ii) Conseguenze di $\hbar = 1$. Il valore numerico della costante ridotta di Planck è $\hbar = 6.582 \cdot 10^{-22}$ MeV s. $\hbar$ ha le dimensioni di un'energia per un tempo :

$$[\hbar] = [Energia \cdot tempo] = [ML^2 T^{-1}] \ .$$

Ponendo $\hbar = 1$ senza dimensioni mettiamo in relazione le unità di massa, lunghezza e tempo. Essendo $[L]$ e $[T]$ equivalenti a causa della scelta $c = 1$, si ottiene per la massa:

$$[M] = [L^{-2}T] = [L^{-1}] = [T^{-1}] \ .$$

Possiamo definire la massa come l'unica grandezza fisica indipendente del sistema di unità naturali. Inoltre se decidiamo di scegliere come unità di misura di massa nel sistema di unità di misura naturali il GeV, misureremo lunghezze e tempi in GeV^{-1}.

(iii) Conseguenze di $K = 1$. La costante di Boltzmann è $K = 1.38066 \cdot 10^{-23} J$ K$^{-1} = 8.6173 \cdot 10^{-14}$ GeV K^{-1}. Ponendo $K = 1$ senza dimensioni si ha che la temperatura ha le dimensioni di un'energia e che 1 GeV= $1.1605 \cdot 10^{13}$ K, (1 eV= $1.1605 \cdot 10^4$ K) (ricordare anche la relazione $\frac{3}{2}KT = \frac{1}{2}mv^2 = E$).

Numeri da ricordare. È utile, ai fini dei calcoli per la conversione a/da unità naturali, ricordare i seguenti valori numerici (per la sezione d'urto 1 b $= 10^{-24}$ cm^2).

$$\hbar c = 6.582 \cdot 10^{-22} \cdot 3 \cdot 10^8 \text{ MeV s m s}^{-1} = 197.33 \text{ MeV fm}$$

$$(\hbar c)^2 = (0.19733 \cdot 10^{-13})^2 \text{ GeV}^2 \text{ cm}^2$$

$$= 0.38938 \text{ GeV}^2 \text{ mb} = 0.38938 \cdot 10^{-27} \text{ GeV}^2 \text{ cm}^2$$

$$(\hbar c)^3 = (0.19733 \cdot 10^{-13})^3 \text{ GeV}^3 \text{ cm}^3 = 7.684 \cdot 10^{-42} \text{ GeV}^3 \text{ cm}^3 \ .$$

I fattori di conversione per passare dal sistema naturale al sistema S.I. vengono determinati tramite un'opportuna analisi dimensionale.

GeV^{-1} $\rightarrow$ m. Ricordando che $\hbar c = 197.33$ MeV fm $= 0.19733$ GeV fm $= 1.9733 \cdot 10^{-16}$ GeV m, nel sistema naturale, $\hbar = c = 1$, si ha:

$$1 \text{ GeV}^{-1} = 1.9733 \cdot 10^{-16} \text{ m} \ .$$

GeV^{-1} $\rightarrow$ s. Ricordando che $\hbar = 6.582 \cdot 10^{-25}$ GeV s, siccome $\hbar = 1$ si ha:

$$1 \text{ GeV}^{-1} = 6.582 \cdot 10^{-25} \text{ s} \ .$$

GeV$\rightarrow$ kg. Ricordando che 1 eV $= 1.6022 \cdot 10^{-19}$ J, 1 GeV $= 1.6022 \cdot 10^{-10}$ J, si ha

$$1 \frac{\text{GeV}}{c^2} = \frac{1.6022 \cdot 10^{-10}}{(2.997925 \cdot 10^8)^2} \frac{\text{J}}{\text{m}^2\text{s}^{-2}} = 1.7827 \cdot 10^{-27} \text{ kg} \ \ (\sim m_p) \ .$$

Riassumendo

$$1 \text{ GeV}^{-1} = 6.582 \cdot 10^{-25} \text{ s} = 1.9733 \cdot 10^{-16} \text{ m}$$

$$= (1.780 \cdot 10^{-27} \text{ kg})^{-1} = (1/1.160 \cdot 10^{13}) \text{ K}^{-1}$$

$$[M] = [E] = [p] = [L^{-1}] = [T^{-1}] = [\text{K}] \ .$$

Esempi. Diamo adesso alcuni esempi dell'impiego dell'analisi dimensionale e del sistema di unità naturali.

Massa e Lunghezza di Planck. La costante adimensionale della forza gravitazionale si può scrivere come:

$$\alpha_G = \frac{G_N M^2}{\hbar\, c}$$

(altri autori la scrivono dividendo per 4π). Verifichiamo che α_G è veramente adimensionale

$$[G_N] = [Energia\ LM^{-2}] = [L^3 M^{-1} T^{-2}] \qquad G_N = 6.673 \cdot 10^{-11} \text{m}^3\ \text{kg}^{-1}\text{s}^2$$

$$[G_N\ M^2] = [L^3 M T^{-2}] = [M L^2 T^{-2} L] = [Energia \cdot L]$$

$$[\hbar c] = [Energia \cdot L]\ .$$

Per $M = m_p$ si ha, usando grandezze S.I.:

$$\alpha_G = \frac{G_N m_p^2}{\hbar c} = \frac{6.6726 \cdot 10^{-11} \cdot (1.6726 \cdot 10^{-27})^2}{1.0546 \cdot 10^{-34} \cdot 3 \cdot 10^8} \simeq 5.90 \cdot 10^{-39}\ .$$

La *massa di Planck* (o energia di Planck), M_{Pl}, è definita come la massa che un'ipotetica particella dovrebbe possedere per rendere $\alpha_G = 1$; cioè:

$$M_{Pl} = \sqrt{\frac{\hbar\, c}{G_N}} \simeq \sqrt{\frac{1.0546 \cdot 10^{-34} \cdot 3 \cdot 10^8}{6.673 \cdot 10^{-11}}}$$

$$\simeq 2.177 \cdot 10^{-8}\ \text{kg}/1.7827 \cdot 10^{-36}\ \text{eV}/\text{c}^2\ \text{kg}$$

$$\simeq 1.221 \cdot 10^{28}\ \text{eV}/\text{c}^2 \to 1.221 \cdot 10^{19}\ \text{GeV}/\text{c}^2\ .$$

Vogliamo adesso determinare partendo da M_{Pl}, una grandezza che abbia le dimensioni di una lunghezza $[L]$. Si definisce *lunghezza di Planck* la quantità :

$$l_{Pl} = \frac{1}{M_{Pl}} \to \frac{\hbar}{M_{Pl}\, c} = \frac{\hbar\, c}{M_{Pl}\, c^2} = \frac{0.19733\ \text{GeV fm}}{1.221 \cdot 10^{19}\ \text{GeV}}$$

$$= 1.616 \cdot 10^{-20}\ \text{fm} = 1.616 \cdot 10^{-35}\ \text{m}\ .$$

In termini di G_N : $l_{Pl} = \sqrt{\hbar G_N/c^3}$. Ricordando che $\lambda_c = \hbar/m_e c$, la lunghezza di Planck è come una lunghezza d'onda Compton associata a una particella di massa M_{pl}.

La massa di Planck fissa la scala energetica alla quale avviene l'unificazione dell'interazione gravitazionale con le altre tre interazioni. La lunghezza di Planck è la scala naturale delle dimensioni delle stringhe nella teoria delle stringhe (*string theory*).

Sezione d'urto $e^+ e^- \to \mu^+ \mu^-$**.** La sezione d'urto per il processo $e^+ e^- \to \mu^+ \mu^-$ al primo ordine in QED è data da:

$$\sigma = \frac{4\pi}{3}\frac{\alpha^2}{s} \qquad \text{(in GeV}^{-2}\text{ nel sistema con } \hbar = \text{c} = 1)$$

dove α è la costante di struttura fine e $s = E_{cm}^2$. Vogliamo ora scriverla nel sistema cgs. Dato che $[\sigma] = [L^2]$, occorre quindi moltiplicare l'espressione sopra scritta per un fattore contenente $\hbar$ e c avente come dimensioni $[Energia^2]\,[L^2]$. Tale fattore è $(\hbar c)^2$.

$$\sigma = \frac{4\pi}{3}\,\frac{\alpha^2}{s}\,(\hbar c)^2 = \frac{4\pi}{3}\,\frac{1}{(137.04)^2}\,\frac{(0.19733)^2}{s}\,\frac{\mathrm{GeV}^2\mathrm{fm}^2}{\mathrm{GeV}^2}$$

$$\simeq \frac{86.8 \cdot 10^{-7}}{s}\,\mathrm{fm}^2 = \frac{86.8}{s}\cdot 10^{-7}\cdot 10^{-26}\,\mathrm{cm}^2 = \frac{86.8}{s}\,\mathrm{nb}\ .$$

σ è espressa in nb se s è espresso in GeV^2.

Avremmo ottenuto lo stesso risultato se avessimo utilizzato direttamente i fattori di conversione.

$$1\ \mathrm{GeV}^{-1} = 1.9733 \cdot 10^{-16}\ \mathrm{m} = 1.9733 \cdot 10^{-14}\ \mathrm{cm}$$

$$1\ \mathrm{GeV}^{-2} = 3.894 \cdot 10^{-28}\ \mathrm{cm}^2 \simeq 3.894 \cdot 10^{-4}\ \mathrm{b}$$

$$\sigma = \frac{4\pi}{3}\,\frac{\alpha^2}{s}\,\mathrm{GeV}^{-2} \simeq \frac{4\pi}{3}\,\frac{1}{(137.04)^2}\,\frac{3.894 \cdot 10^{-4}\ \mathrm{b}}{s} = \frac{86.8}{s}\,\mathrm{nb}\ .$$

A.3 Richiami di relatività ed EM classico

Il formalismo covariante della relatività

Richiamiamo alcuni aspetti del formalismo della relatività ristretta. Le leggi fondamentali della fisica hanno la stessa forma in tutti i sistemi di riferimento inerziali (le equazioni sono *covarianti*). La trasformazione di Lorentz con velocità v lungo l'asse z può essere scritta nella forma

$$\begin{cases} ct' = ct\,\cosh\theta - z\,\sinh\theta \\ z' = -ct\,\sinh\theta + z\,\cosh\theta \\ x' = x,\ y' = y \end{cases} \tag{A.1}$$

con $\tanh\theta = v/c = \beta, \cosh\theta = \gamma, \sinh\theta = \beta\gamma$.

Siccome $\cos i\theta = \cosh\theta$, $\sin i\theta = i\sinh\theta$, si può osservare che la trasformazione di Lorentz (A.1) può essere considerata una rotazione di un angolo immaginario $i\theta$ nel piano (ict, z).

Per la notazione covariante sono usate forme diverse: in fisica generale si preferisce la forma $(\mathbf{r}, ict)$; in vari libri si trova $(\mathbf{r}, ct)$ senza $i = \sqrt{-1}$. La maggioranza dei teorici preferisce

$$(ct, \mathbf{r}) = (x^0, x^1, x^2, x^3) = x^\mu \tag{A.2}$$

$$\left(\frac{E}{c}, \mathbf{p}\right) = (p^0, p^1, p^2, p^3) = p^\mu \tag{A.3}$$

con l'invariante base $E^2/c^2 - \vec{p}^{\,2} = m^2c^2$ per una particella libera di massa a riposo m. Ogni quantità che si trasforma come $(ct, \mathbf{r})$ è un *quadrivettore*. La maggior parte dei fisici teorici pone $\hbar = c = 1$ senza dimensioni.

Il *prodotto scalare di due quadrivettori* $A^\mu = (A^0, \mathbf{A})$, $B^\mu = (B^0, \mathbf{B})$ è scritto nella forma:

$$A \cdot B = A_\mu B^\mu = A^\mu B_\mu = \eta_{\mu\nu} A^\mu B^\nu = \eta^{\mu\nu} A_\mu B_\nu \,. \tag{A.4}$$

Il tensore (metrico) $\eta_{\mu\nu}$ è definito da $\eta_{00} = 1$, $\eta_{11} = \eta_{22} = \eta_{33} = -1$, altre componenti $= 0$ (e in modo simile per $\eta^{\mu\nu}$; notare che $\eta_{\mu\nu}\eta^{\mu\nu} = 4$); nella (A.4) si sottintende una somma sugli indici μ, ν.

A^μ è un *vettore controvariante* e A_μ è un *vettore covariante*. Notare che la parte spaziale di A^μ è $\mathbf{A}$, mentre la parte spaziale di A_μ è $-\mathbf{A}$. Hanno nomenclatura particolare:

$$\partial^\mu = \frac{\partial}{\partial x_\mu} = \frac{1}{c}\left(\frac{\partial}{\partial t}, -\boldsymbol{\nabla}\right) \qquad \partial_\mu = \frac{\partial}{\partial x^\mu} = \frac{1}{c}\left(\frac{\partial}{\partial t}, \boldsymbol{\nabla}\right) \tag{A.5}$$

che si trasformano rispettivamente come $x^\mu = (ct, \mathbf{x})$ e $x_\mu = (ct, -\mathbf{x})$. Le forme $E \to i\hbar\frac{\partial}{\partial t}$, $\mathbf{p} \to -i\hbar\boldsymbol{\nabla}$ sono perciò scritte in forma covariante come $p^\mu \to i\hbar\partial^\mu$. Da ∂_μ e ∂^μ si ha l'operatore di D'Alembert in forma covariante $\Box = \partial_\mu\partial^\mu = \frac{1}{c^2}\frac{\partial^2}{\partial t^2} - \nabla^2$.

Per formare invarianti di Lorentz, come nella (A.4), va verificato che gli indici non ripetuti siano bilanciati a sinistra e a destra dell'equazione (o in basso o in alto) e che gli indici ripetuti appaiano come un indice superiore e uno inferiore. Esempi di prodotti scalari (invarianti di Lorentz) sono [1]:

$$p^\mu x_\mu = P \cdot X = p \cdot x = Et - \mathbf{p} \cdot \mathbf{x} \tag{A.6}$$

$$p^\mu p_\mu = P \cdot P = P^2 = p \cdot p = p^2 = (E/c)^2 - \mathbf{p}^2 \ . \tag{A.7}$$

Per una particella libera si ha $P^2 = m^2 c^2$ (si dice che la particella è nel suo "mass shell"). Il quadrato dell'energia totale nel centro di massa si chiama variabile s e si scrive nella forma:

$$s = (p_1 + p_2)^\mu (p_1 + p_2)_\mu = (p_1 + p_2)^2 = (P_1 + P_2)^2 = E_{cm}^2 \ . \tag{A.8}$$

Ricordiamo infine le equazioni che descrivono le trasformazioni delle componenti dei campi elettrico e magnetico per effetto delle trasformazioni sulle coordinate (A.1)

$$\begin{cases} E'_z = E_z \\ E'_y = \gamma(E_y + \beta B_x) \\ E'_x = \gamma(E_x - \beta B_y) \end{cases} \qquad \begin{cases} B'_z = B_z \\ B'_y = \gamma(B_y - \beta E_x) \\ B'_x = \gamma(B_x + \beta E_y) \end{cases} \tag{A.9}$$

che evidenziano come non si possa parlare di campi elettrico e magnetico come entità indipendenti.

Il formalismo dell'elettromagnetismo classico

La teoria classica dell'elettromagnetismo definisce i campi $\mathbf{E}$ e $\mathbf{B}$ che obbediscono alle *equazioni di Maxwell*: esse ci permettono di calcolare $\mathbf{E}, \mathbf{B}$ una volta note la densità di carica ρ e la densità di corrente $\mathbf{j}$. Nel sistema di unità di misura cgs simmetrico di Gauss le equazioni di Maxwell sono:

$$\begin{cases} \boldsymbol{\nabla}\mathbf{E} = & 4\pi\rho \\ \boldsymbol{\nabla}\mathbf{B} = & 0 \\ \boldsymbol{\nabla} \times \mathbf{E} = -\frac{1}{c}\frac{\partial \mathbf{B}}{\partial t} \\ \boldsymbol{\nabla} \times \mathbf{B} = \frac{4\pi}{c}\mathbf{j} + \frac{1}{c}\frac{\partial \mathbf{E}}{\partial t} \end{cases} \tag{A.10}$$

dove $\rho = dq/dv$, $\mathbf{j} = \rho\mathbf{v} = [dq/(dt\,dS)]\hat{n}$ sono rispettivamente la densità di carica e la densità di corrente e $\hat{n}$ è il versore normale punto per punto alla superficie S. Nel vuoto si ha $\epsilon = \mu = 1$ e non occorre definire i vettori $\mathbf{D}$ e $\mathbf{H}$. Scriveremo l'elemento di volume in una delle seguenti notazioni: $dv = d^3x = d^3r$. La forza agente su una carica q in moto con velocità $\mathbf{v}$ è:

$$\mathbf{F} = q\left(\mathbf{E} + \frac{\mathbf{v}}{c} \times \mathbf{B}\right) \ . \tag{A.11}$$

---

[1] I quadrivettori sono di solito definiti con lettere maiuscole (per esempio P), ma anche con lettere minuscole (per esempio p).

Si può dire che ci sono forze (coulombiane) fra cariche elettriche staziona-
rie e forze addizionali (magnetiche) fra cariche in moto. Le cariche elettriche
accelerate emettono radiazione elettromagnetica, che può poi essere diffusa o
assorbita da corpi contenenti cariche elettriche.

I campi $\mathbf{E}, \mathbf{B}$ possono essere espressi in termini di un *potenziale scalare* φ
e di un *potenziale vettore* $\mathbf{A}$:

$$\begin{cases} \mathbf{E} = -\boldsymbol{\nabla}\varphi - \frac{1}{c}\frac{\partial \mathbf{A}}{\partial t} \\ \mathbf{B} = \boldsymbol{\nabla} \times \mathbf{A} \end{cases} . \tag{A.12a}$$

Se ci addentriamo nella notazione relativistica, consideriamo i quadrivettori
controvarianti posizione $x^\mu = (ct, \mathbf{x})$, energia-impulso $p^\mu = (E/c, \mathbf{p})$, densità
di corrente $J^\mu = (c\rho, \mathbf{j})$, potenziale $A^\mu = (\varphi, \mathbf{A})$ e il tensore antisimmetrico

$$F^{\mu\nu} = \frac{\partial A^\nu}{\partial x_\mu} - \frac{\partial A^\mu}{\partial x_\nu} = \partial^\mu A^\nu - \partial^\nu A^\mu . \tag{A.12b}$$

La (A.12b) esprime in forma tensoriale le equazioni che legano campi e
potenziali descritti dalle (A.12a).

Nel vuoto, in forma covariante a vista, le equazioni di Maxwell non
omogenee

$$\left. \begin{cases} \boldsymbol{\nabla}\mathbf{E} = \quad 4\pi\rho \\ \boldsymbol{\nabla} \times \mathbf{B} = +\frac{\partial \mathbf{E}}{\partial t} + \frac{4\pi}{c}\mathbf{j} \end{cases} \right\} \qquad \Box A^\mu = \frac{4\pi}{c}J^\mu \begin{cases} -\nabla^2 \mathbf{A} + \frac{1}{c^2}\frac{\partial^2 \mathbf{A}}{\partial t^2} = \frac{4\pi}{c}\mathbf{j} \\ -\nabla^2 \varphi + \frac{1}{c^2}\frac{\partial^2 \varphi}{\partial t^2} = 4\pi\rho \end{cases} \tag{A.13}$$

si scrivono nella forma tensoriale, attraverso un'unica equazione:

$$\partial_\mu F^{\mu\nu} = \frac{4\pi}{c}J^\nu, \quad F^{\mu\nu} = \begin{pmatrix} 0 & -E_x & -E_y & -E_z \\ E_x & 0 & -B_z & B_y \\ E_y & B_z & 0 & -B_x \\ E_z & -B_y & B_x & 0 \end{pmatrix} \tag{A.14a}$$

dove J^ν ($\nu = 0, 1, 2, 3$) sono le 4 componenti del quadrivettore densità di
carica e densità di corrente.

Per quanto concerne invece le due equazioni omogenee

$$\begin{cases} \boldsymbol{\nabla}\mathbf{B} \quad = 0 \\ \boldsymbol{\nabla} \times \mathbf{E} = -\frac{1}{c}\frac{\partial \mathbf{B}}{\partial t} \end{cases}$$

la forma tensoriale è:

$$F_{[\mu\nu,\lambda]} = 0, \quad \text{oppure} \quad \sum_{\mu,\lambda,\rho=0}^{3} \epsilon^{\mu\lambda\rho\sigma}\frac{\partial F_{\lambda\rho}}{\partial x^\mu} = 0 \tag{A.14b}$$

dove $F_{[\mu\nu,\lambda]} = \partial_\lambda F_{\mu\nu}$ e la parentesi indica la somma su tutte le permutazioni
cicliche con segno, $F_{[\mu\nu,\lambda]} = \partial_\lambda F_{\mu\nu} + \partial_\mu F_{\nu\lambda} + \partial_\nu F_{\lambda\mu}$ ed $\epsilon^{\mu\lambda\rho\sigma}$ è il tensore di
Ricci completamente antisimmetrico con $\epsilon^{0123} = 1$.

L'espressione covariante del tensore elettromagnetico si ottiene da $F_{\mu\nu} = \eta_{\mu\lambda} \cdot \eta_{\gamma\nu} F^{\lambda\gamma}$, con $\eta^{\mu\nu}$ matrice della metrica:

$$\eta^{\mu\nu} = \begin{pmatrix} 1 & 0 & 0 & 0 \\ 0 & -1 & 0 & 0 \\ 0 & 0 & -1 & 0 \\ 0 & 0 & 0 & -1 \end{pmatrix} . \tag{A.15}$$

In pratica $F_{\mu\nu}$ si ottiene da $F^{\mu\nu}$ cambiando $\mathbf{E} \to -\mathbf{E}$ e $\mathbf{B} \to \mathbf{B}$; ovvero il campo elettrico è descritto da un vettore polare e quello magnetico da uno assiale.

Invarianza di gauge dell'elettromagnetismo

Una proprietà importante del campo elettromagnetico è l'*invarianza di gauge*: i campi osservabili $\mathbf{E}$ e $\mathbf{B}$ restano invariati se φ e $\mathbf{A}$ cambiano nel modo seguente:

$$A^\mu \to A'^\mu = A^\mu - \partial^\mu \Lambda \begin{cases} \varphi \to \varphi' = \varphi - \frac{1}{c}\frac{\partial \Lambda}{\partial t} \\ \mathbf{A} \to \mathbf{A}' = \mathbf{A} + \boldsymbol{\nabla}\Lambda \end{cases} . \tag{A.16}$$

Queste trasformazioni sono dette *trasformazioni di gauge*. La funzione scalare Λ può essere una costante (allora si ha l'*invarianza di gauge globale*) o una funzione che varia da punto a punto (*invarianza di gauge locale*).

Dalla relazione $\mathbf{B} = \boldsymbol{\nabla} \times \mathbf{A}$ è evidente che il potenziale vettore è definito a meno della sua divergenza. La scelta $\boldsymbol{\nabla}\mathbf{A} = 0$ individua la classe del *gauge di Coulomb*; la scelta qui adottata, $\boldsymbol{\nabla}\mathbf{A} + \frac{1}{c}\frac{\partial \phi}{\partial t} = 0$, è detta di *gauge di Lorentz*. Si ha $\boldsymbol{\nabla}\mathbf{A}' + \frac{1}{c}\frac{\partial \phi'}{\partial t} = 0$ se si richiede che la funzione scalare Λ soddisfi $\Box\Lambda = 0$.

Il campo elettromagnetico si può descrivere tramite il potenziale quadri-vettore $A^\mu(x^\mu)$ che obbedisce alla (A.13), che ora scriviamo nella forma

$$\Box A^\mu(x^\mu) = \frac{4\pi}{c} J^\mu(x^\mu) .$$

Nel vuoto, in assenza di sorgenti, si ha

$$\Box A^\mu = 0 \;\Rightarrow\; \frac{1}{c^2}\frac{\partial^2 \mathbf{A}}{\partial t^2} - \nabla^2 \mathbf{A} = 0$$

che ha come soluzione:

$$A^\mu = e^\mu e^{iq\cdot x} \;\Rightarrow\; \vec{A} = \hat{\mathbf{e}}\, A_0 \exp[-i(\mathbf{K} \cdot \mathbf{r} - \omega t)]$$

dove indichiamo con A_0 l'ampiezza, $\omega = 2\pi\nu$ la pulsazione, $\mathbf{K}$ il vettore d'onda che rappresenta la direzione di propoagazione dell'onda, $\hat{\mathbf{e}}$ il vettore polarizzazione che indica la direzione lungo la quale oscilla il campo $\mathbf{E}$.

A.4 Equazione e formalismo di Dirac

A.4.1 Derivazione dell'equazione di Dirac

L'equazione di Klein-Gordon (4.12) contiene derivate seconde rispetto al tempo e alle coordinate spaziali; essa risulta adeguata per particelle di spin intero (quale il fotone, nel limite $m = 0$). Dirac propose una equazione che soddisfacesse le relazione energia-impulso relativistica ($E^2 = p^2 + m^2$) ma contenente solo derivare spazio-temporali del primo ordine. Considerò una equazione del tipo $E\psi = i\hbar\frac{\partial}{\partial t}\psi = H\psi$. Il più semplice operatore lineare per l'hamiltoniano H risulta (useremo qui sempre le unità $c = 1$):

$$H = \boldsymbol{\alpha} \cdot \mathbf{p} + \beta m \tag{A.17}$$

dove $\boldsymbol{\alpha} = (\alpha_1, \alpha_2, \alpha_3)$ è una grandezza vettoriale e β una scalare che vengono definite in modo che $H^2 = p^2 + m^2$. Ciò è verificato se:

$$\alpha_i^2 = 1 \; ; \; \beta^2 = 1 \quad ; \quad (\alpha_i\alpha_j + \alpha_j\alpha_i) = 0 \quad ; \quad (\alpha_i\beta + \beta\alpha_i) = 0 \; . \tag{A.18}$$

Poiché le grandezze α_i e β anticommutano fra loro, non possono essere semplici numeri, ma devono essere matrici di dimensione minima 4×4, così che la funzione ψ è un vettore colonna a 4 componenti (spinore). La forma esplicita di $\boldsymbol{\alpha}$ e β non è univoca; noi seguiremo la rappresentazione di Dirac–Pauli [08B1]:

$$\boldsymbol{\alpha} = \begin{pmatrix} 0 & \boldsymbol{\sigma} \\ \boldsymbol{\sigma} & 0 \end{pmatrix} \quad ; \quad \beta = \begin{pmatrix} \mathbf{1} & 0 \\ 0 & -\mathbf{1} \end{pmatrix} \tag{A.19}$$

dove $\boldsymbol{\sigma}$ sono le matrici 2×2 di Pauli:

$$\sigma_1 = \sigma_x = \begin{pmatrix} 0 & 1 \\ 1 & 0 \end{pmatrix}, \; \sigma_2 = \sigma_y = \begin{pmatrix} 0 & -i \\ i & 0 \end{pmatrix}, \; \sigma_3 = \sigma_z = \begin{pmatrix} 1 & 0 \\ 0 & -1 \end{pmatrix} \tag{A.20}$$

e $\mathbf{1}$ la matrice identità 2×2.

Per motivi di praticità, l'equazione di Dirac è rappresentabile, oltre che con le matrici α_i e β, con le matrici γ^μ definite come:

$$\boldsymbol{\gamma} = \beta\boldsymbol{\alpha} \quad ; \quad \gamma^i = \beta\alpha_i \quad (i = 1, 2, 3) \quad ; \quad \gamma^0 = \beta \; . \tag{A.21}$$

In questo modo, è facile mostrare (Problema 4.9) che l'equazione agli autovalori $E\psi = i\hbar\frac{\partial}{\partial t}\psi = H\psi$ può essere scritta come:

$$i\hbar\gamma^0\frac{\partial}{\partial t}\psi + i\hbar\boldsymbol{\gamma} \cdot \boldsymbol{\nabla}\psi - m\psi = 0 \; . \tag{A.22}$$

Se utilizziamo la notazione dei quadrivettori:

$$\left(\frac{\partial}{\partial t}, \boldsymbol{\nabla}\right) \equiv \left(\frac{\partial}{\partial x_o}, \frac{\partial}{\partial x_i}\right) \equiv \frac{\partial}{\partial x_\mu} \equiv \partial_\mu \tag{A.23}$$

la (A.22) può essere scritta in forma compatta:

$$i \sum_{\mu} \gamma^{\mu} \frac{\partial}{\partial x_{\mu}} \psi - m\psi = 0 \quad ; \quad \mu = 0, ..., 3 \ . \tag{A.24a}$$

Se la sommatoria rispetto a μ viene sottinteso, si ha la forma più compatta:

$$(i\gamma^{\mu}\partial_{\mu} - m)\psi = 0 \tag{A.24b}$$

Dalle (A.21) segue che $(\gamma^0)^2 = 1, (\gamma^i)^2 = -1, \gamma^{\mu}\gamma^{\nu} = -\gamma^{\nu}\gamma^{\mu}$ e si trova che le matrici γ_{μ} si possono scrivere nella forma seguente:

$$\gamma^k = \begin{pmatrix} 0 & \sigma_k \\ -\sigma_k & 0 \end{pmatrix} \text{ con } k = 1,2,3; \ \gamma^0 = \gamma_0 = \begin{pmatrix} 1 & 0 \\ 0 & -1 \end{pmatrix}; \ \gamma^5 = \begin{pmatrix} 0 & 1 \\ 1 & 0 \end{pmatrix} \tag{A.25a}$$

per esteso:

$$\gamma^0 = \begin{pmatrix} 1 & 0 & 0 & 0 \\ 0 & 1 & 0 & 0 \\ 0 & 0 & -1 & 0 \\ 0 & 0 & 0 & -1 \end{pmatrix}, \ \gamma^1 = \begin{pmatrix} 0 & 0 & 0 & 1 \\ 0 & 0 & 1 & 0 \\ 0 & -1 & 0 & 0 \\ -1 & 0 & 0 & 0 \end{pmatrix}, \ \gamma^2 = \begin{pmatrix} 0 & 0 & 0 & -i \\ 0 & 0 & +i & 0 \\ 0 & +i & 0 & 0 \\ -i & 0 & 0 & 0 \end{pmatrix}, \ \gamma^3 = \begin{pmatrix} 0 & 0 & 1 & 0 \\ 0 & 0 & 0 & -1 \\ -1 & 0 & 0 & 0 \\ 0 & 1 & 0 & 0 \end{pmatrix} . \tag{A.25b}$$

Viene inoltre definita la matrice

$$\gamma^5 = \gamma_5 = i\gamma^0\gamma^1\gamma^2\gamma^3 = \begin{pmatrix} 0 & 0 & 1 & 0 \\ 0 & 0 & 0 & 1 \\ 1 & 0 & 0 & 0 \\ 0 & 1 & 0 & 0 \end{pmatrix} \text{ con } \gamma_5^2 = 1; \ \gamma^5\gamma^{\mu} + \gamma^{\mu}\gamma^5 = 0 \ . \tag{A.25c}$$

A.4.2 Proprietà generali dell'equazione di Dirac

Prima di discutere le soluzioni, vogliamo mostrare alcune importanti proprietà dell'equazione di Dirac.

Proprietà di invarianza dell'hamiltoniana H di Dirac

H commuta con l'operatore *momento angolare* $\mathbf{J}$: $[H, \mathbf{J}] = 0$ (Problema 4.10), dove:

$$\mathbf{J} = \hbar\mathbf{l} + \frac{1}{2}\hbar\boldsymbol{\sigma} \ . \tag{A.26}$$

Inoltre, H commuta con l'operatore pseudoscalare *elicità generalizzata* Λ: $[H, \Lambda] = 0$, dove:

$$\Lambda = \begin{pmatrix} \frac{\boldsymbol{\sigma}\cdot\mathbf{p}}{p} & 0 \\ 0 & \frac{\boldsymbol{\sigma}\cdot\mathbf{p}}{p} \end{pmatrix} \tag{A.27}$$

(vedere Problema 4.11). L'operatore elicità commuta inoltre con l'impulso: $[\Lambda, \mathbf{p}] = 0$. L'hamiltoniana di Dirac risulta intrinsecamente idonea a descrivere il moto di particelle dotate di spin semi–intero con lo spin orientato lungo la direzione del moto, come sarà discuso in dettaglio in §A.4.4.

Equazione *aggiunta*. Separiamo la (A.24) nella parte temporale e spaziale:

$$i\gamma^0 \frac{\partial}{\partial t}\psi + i\gamma^k \frac{\partial}{\partial x_k}\psi - m\psi = 0 \ . \tag{A.28}$$

Con $k = 1, 2, 3$. Definendo lo spinore aggiunto:

$$\overline{\psi} \equiv \psi^\dagger \gamma^0 = \psi^{T^*}\gamma^0 \tag{A.29}$$

si può verificare che la coniugata hermitiana della (A.28) può essere scritta come:

$$i\frac{\partial}{\partial t}\overline{\psi}\gamma^0 + i\frac{\partial}{\partial x_k}\overline{\psi}\gamma^k + m\overline{\psi} = 0 \tag{A.30}$$

che viene definita *equazione di Dirac aggiunta*. Moltiplicando la (A.28) a sinistra per $\overline{\psi}$ e la (A.28) a destra per ψ e sommando risulta:

$$\frac{\partial}{\partial t}(\overline{\psi}\gamma^0\psi) + \frac{\partial}{\partial x_k}(\overline{\psi}\gamma^k\psi) \equiv \frac{\partial}{\partial x_\mu}(\overline{\psi}\gamma^\mu\psi) = 0 \tag{A.31}$$

che rappresenta l'equazione di continuità analoga a quella definita nel caso dell'equazione di Schrödinger nel Cap. 4 (Eq. 4.10) se definiamo:

$$J^\mu \equiv (\overline{\psi}\gamma^\mu\psi). \tag{A.32}$$

La funzione aggiunta ha la notevole proprietà di consentire la costruzione di grandezze relativisticamente invarianti, quali la (A.32).

La densità di Lagrangiana. La lagrangiana L di un sistema dinamico è una funzione che ne sintetizza la dinamica. Se la lagrangiana è nota, le equazioni del moto del sistema possono essere derivate. L'integrale rispetto al tempo della lagrangiana è chiamato *azione*, ed è indicato con S.

In teoria dei campi, la densità di lagrangiana $\mathcal{L}$ è definita come la quantità che deve essere integrata sulle coordinate spazio– tempo per ottenere l'azione: $S = \int \mathcal{L}d^4x$. La lagrangiana è quindi l'integrale delle sole coordinate spaziale della densità di lagrangiana. L'equazione di Dirac è *l'equazione del moto* ottenuta dal calcolo variazionale (su variazione rispetto a $\overline{\psi}$) per una opportuna densità di lagrangiana. La densità di lagrangiana Lorentz – invariante che ha la (A.24b) come soluzione è semplicemente:

$$\overline{\psi}(i\gamma^\mu\partial_\mu - m)\psi = 0 \tag{A.33}$$

Il punto di vista moderno è iniziare con una densità di lagrangiana (o con l'azione) come quantità fondamentale, da cui derivare le equazioni di campo (come abbiamo fatto nel Cap. 11 per la densità di Lagrangiana della teoria elettrodebole).

Invarianti relativistici. Una trasformazione di Lorentz lungo l'asse delle x tra due sistemi di riferimento inerziali con velocità relativa $\beta = v/c$ può essere espressa nella seguente forma:

$$x'_\mu = \sum_\nu a_{\mu\nu}(\beta)x_\nu \quad ; \quad a_{\mu\nu} = \begin{pmatrix} (1-\beta^2)^{-1/2} & -\beta(1-\beta^2)^{-1/2} & 0 & 0 \\ \beta(1-\beta^2)^{-1/2} & (1-\beta^2)^{-1/2} & 0 & 0 \\ 0 & 0 & 1 & 0 \\ 0 & 0 & 0 & 1 \end{pmatrix} . \quad \text{(A.34)}$$

Si ha Lorentz-invarianza dell'equazione di Dirac se esiste una funzione $\psi'(x'_\mu)$ che soddisfa l'equazione (A.24) nelle nuove coordinate x'_μ:

$$i\sum_\mu \gamma^\mu \frac{\partial}{\partial x'_\mu}\psi' - m\psi' = 0 \quad ; \quad \mu = 0,...,3 . \quad \text{(A.35)}$$

Si può dimostrare [08B1] che tale funzione esiste e che può essere rappresentata nella forma:

$$\psi' = S\psi \quad ; \quad \text{con} \quad S^{-1}\gamma^\mu S = \sum_\nu a_{\mu\nu}\gamma^\nu . \quad \text{(A.36)}$$

S è un operatore che agisce solo sulla parte spinoriale di ψ.

Combinando opportunamente le matrici γ con la funzione d'onda ψ e la sua aggiunta si possono costruire 5 grandezze (tra loro indipendenti) che sono relativisticamente invarianti. Queste sono riportate nella tabella di §8.16.1, sotto la colonna "correnti". Si veda il Problema 8.15.

Inversione delle coordinate spaziali e parità P. Abbiamo visto nel §6.4 che l'operazione di inversione delle coordinate spaziali è generata da un operatore P chiamato *parità*. All'equazione di Dirac nella forma (A.28) operiamo ora l'inversione delle coordinate spaziali $\mathbf{r} \to -\mathbf{r}$:

$$\left(i\gamma^0 \frac{\partial}{\partial t} - i\gamma^k \frac{\partial}{\partial x_k} - m\right)\psi(-\mathbf{r}, t) = 0 . \quad \text{(A.37)}$$

$\psi(-\mathbf{r}, t)$ è una funzione d'onda con le coordinate spaziali invertite che **non** è soluzione dell'equazione di Dirac (si noti la discordanza del segno tra la componente spaziale e temporale tra la (A.28) e la (A.37)). Occorre cercare quindi una funzione d'onda con le coordinate spaziali invertite che sia contemporaneamente: i) soluzione dell'equazione di Dirac; ii) Lorentz–invariante. Moltiplichiamo a questo scopo la (A.37) a sinistra per γ^0 e teniamo conto della proprietà $\gamma^0\gamma^k = -\gamma^k\gamma^0$:

$$\left(i\gamma^0 \frac{\partial}{\partial t} + i\gamma^k \frac{\partial}{\partial x_k} - m\right)\gamma^0\psi(-\mathbf{r}, t) = 0 . \quad \text{(A.38)}$$

Dal confronto della (A.28) e (A.38) si ha:

$$\gamma^0\psi(-\mathbf{r}, t) \equiv \psi(\mathbf{r}, t) \quad ; \quad \gamma^0\psi(\mathbf{r}, t) \equiv \psi(-\mathbf{r}, t) . \quad \text{(A.39)}$$

Questa relazione mostra che l'operatore γ^0 rappresenta l'operatore Parità (che inverte le coordinate spaziali) per le funzioni d'onda dell'equazione di Dirac.

Inversione temporale T. In modo analogo all'operatore Parità, si può dimostrare che, sotto inversione della coordinata temporale (§6.7), l'equazione $\psi(\mathbf{r}, -t)$ non soddisfa l'equazione di Dirac, mentre:

$$\gamma^3\gamma^1\psi^*(\mathbf{r},-t) = \psi(\mathbf{r},t) \quad ; \quad \gamma^1\gamma^3\mathcal{K}\psi(\mathbf{r},t) = \psi(\mathbf{r},-t) \ . \tag{A.40}$$

Dove $\mathcal{K}$ rappresenta l'operatore di coniugazione complessa : $\mathcal{K}\psi \equiv \psi^*$. Dunque

$$\gamma^1\gamma^3\mathcal{K} \tag{A.41}$$

rappresenta l'operatore che inverte il tempo per le funzioni d'onda dell'equazione di Dirac.

Operatore di coniugazione di carica e parità CP. Meno immediata è la dimostrazione (vedi ad esempio [08B1]) che l'operatore:

$$i\gamma^2\mathcal{K} \tag{A.42}$$

rappresenta l'operatore che, applicato allo spinore $\psi(\mathbf{r},t)$ lo trasforma nello spinore che ha energia, impulso e spin opposti:

$$(i\gamma^2\mathcal{K})\psi_+ = \psi_-(-\mathbf{p}) \ . \tag{A.43}$$

Ricordando la definizione dell'operatore coniugazione di carica e parità CP (§6.8), se $\psi(\mathbf{r},t)$ rappresenta lo stato di particella, $i\gamma^2\mathcal{K}\psi$ rappresenta il corrispondente stato di antiparticella. Quindi l'operatore trasforma (ad esempio) lo stato di neutrino (=spinore di energia positiva) con elicità negativa nello stato di antineutrino (=spinore di energia negativa) con elicità positiva, Fig. 6.3.

A.4.3 Proprietà delle soluzioni dell'equazione di Dirac

L'equazione di Dirac è un insieme di 4 equazioni ognuna delle quali deve avere una soluzione. Tali soluzioni (usiamo le unità naturali $\hbar = c = 1$) si scrivono normalmente nella forma seguente, dove si separa la parte dipendente dallo spazio-tempo $e^{i(\mathbf{p}\cdot\mathbf{r}-Et)} \equiv e^{-ip_\mu x^\mu}$ da quella che dipende dallo spin u:

$$\psi = u e^{i(\mathbf{p}\cdot\mathbf{r}-Et)} = u e^{-ip_\mu x^\mu} \ . \tag{A.44}$$

Gli spinori u a 4 componenti sono delle costanti e corrispondono a matrici 4×1. Molto utile è la rappresentazione:

$$\psi = \begin{pmatrix} \phi \\ \chi \end{pmatrix} e^{i(\mathbf{p}\cdot\mathbf{r}-Et)} \tag{A.45}$$

in cui ϕ e χ sono invece spinori a due componenti. Lasciamo per esercizio (Problema 4.12) la dimostrazione che, inserendo la (A.45) nell'equazione di Dirac si ottiene:

$$\phi = \frac{\boldsymbol{\sigma}\cdot\mathbf{p}}{E-m}\chi \tag{A.46a}$$

$$\chi = \frac{\boldsymbol{\sigma}\cdot\mathbf{p}}{E+m}\phi \tag{A.46b}$$

che costituiscono un sistema omogeneo che ammette soluzione solo se $E^2 - p^2 - m^2 = 0$. Dunque, si torna nuovamente ad una condizione quadratica sull'energia, come nel caso dell'equazione di Klein-Gordon, le cui soluzioni sono:

$$E = \pm\sqrt{p^2 + m^2} \tag{A.47}$$

e quindi sono comprese soluzioni a energia negativa. Dirac ipotizzò che gli stati con energia negativa fossero tutti occupati; la mancanza di un elettrone, un *buco* in questo *mare* di energia negativa, rappresenta un positrone. La creazione di una coppia $e^+ e^-$ si spiega come il passaggio (dovuto ad un fotone di energia $E_\gamma > 2 m_e c^2$) di un elettrone a energia negativa del mare allo stato di energia positiva.

È da notare che con tutti gli stati a energia negativa pieni, l'energia dello stato vuoto dovrebbe essere $-\infty$. Dirac risolse la difficoltà dicendo che tutte le misure sono relative a una variazione rispetto al vuoto, cioè misurano differenze, come si fa classicamente per l'energia potenziale dove solo le differenze hanno significato fisico. Nella teoria di Dirac non è possibile calcolare le masse e le cariche delle particelle e dobbiamo considerare i valori misurati come differenze rispetto ai valori dello stato vuoto. Questa considerazione sulle differenze è analoga a quelle fatte con la *rinormalizzazione* in tutte le teorie di campo.

Il sistema omogeneo (A.46) presenta le due variabili che dipendono in maniera incrociata e danno origine a 4 soluzioni (tenendo conto del segno dell'energia). Le 2+2 soluzioni sono:

$$\text{per } E = |E| \; : \quad \phi = \frac{\boldsymbol{\sigma} \cdot \mathbf{p}}{|E| - m}\chi \quad ; \quad \chi = \frac{\boldsymbol{\sigma} \cdot \mathbf{p}}{|E| + m}\phi \quad ; \tag{A.48a}$$

$$\text{per } E = -|E| \; : \quad \phi = -\frac{\boldsymbol{\sigma} \cdot \mathbf{p}}{|E| + m}\chi \quad ; \quad \chi = \frac{\boldsymbol{\sigma} \cdot \mathbf{p}}{m - |E|}\phi \quad . \tag{A.48b}$$

Nella scelta dello spinore indipendente (ϕ o χ) ci lasceremo guidare da considerazioni di carattere fisico.

Limite non relativistico. Consideriamo il limite non relativistico in cui $\mathbf{p} \to 0$ e $E \to m + p^2/2m$. allora:

$$\frac{p}{|E| - m} \to \frac{p}{p^2/2m} \to \infty \quad , \quad \frac{p}{|E| + m} \to 0 \; . \tag{A.49}$$

In questo caso, le (A.48) diventano

$$\text{per } E > 0 \; : \quad \chi \to 0; \quad |\phi| \gg |\chi| \tag{A.50a}$$

$$\text{per } E < 0 \; : \quad \phi \to 0; \quad |\chi| \gg |\phi| \; . \tag{A.50b}$$

Poiché due delle soluzioni si annullano, consideriamo come funzioni arbitrarie le due rimanenti. Per rappresentarle, poiché l'equazione di Dirac tratta particelle di spin 1/2, scegliamo per ϕ, χ gli autostati dell'operatore σ_3 (l'operatore della proiezione della terza componente dello spin):

$$\sigma_3 \phi = \pm\phi \quad ; \quad \sigma_3 \chi = \pm\chi \ . \tag{A.51}$$

È immediato verificare che gli autostati possono essere scritti come:

$$\begin{aligned}
\phi_R = \begin{pmatrix} 1 \\ 0 \end{pmatrix} \quad &; \quad \phi_L = \begin{pmatrix} 0 \\ 1 \end{pmatrix} \\
\chi_R = \begin{pmatrix} 1 \\ 0 \end{pmatrix} \quad &; \quad \chi_L = \begin{pmatrix} 0 \\ 1 \end{pmatrix}
\end{aligned} \tag{A.52}$$

dove il senso degli indici L e R saranno chiariti tra poco. Con questa scelta, le soluzioni dell'equazione di Dirac sono le quattro seguenti:

$$\text{per } E = |E| \ : \quad \psi_+ \equiv N u_+ e^{i(\mathbf{p}\cdot\mathbf{r} - Et)} = N \begin{pmatrix} \phi \\ \frac{\boldsymbol{\sigma}\cdot\mathbf{p}}{|E|+m}\phi \end{pmatrix} e^{i(\mathbf{p}\cdot\mathbf{r} - |E|t)} \tag{A.53a}$$

$$\text{per } E = -|E| : \quad \psi_- \equiv N u_- e^{i(\mathbf{p}\cdot\mathbf{r} - Et)} = N \begin{pmatrix} -\frac{\boldsymbol{\sigma}\cdot\mathbf{p}}{|E|+m}\chi \\ \chi \end{pmatrix} e^{i(\mathbf{p}\cdot\mathbf{r} + |E|t)} \tag{A.53b}$$

dove N è una costante di normalizzazione da determinarsi con la condizione $\psi^\dagger \psi = 1$; risulta $N = \sqrt{\frac{m+|E|}{2|E|}}$. È facile mostrare che le 4 soluzioni (A.53) sono tra loro ortogonali. Il significato degli spinori a 4 componenti u_+, u_- è evidente nel limite $p \to 0$:

$$u_+ = \begin{pmatrix} \phi \\ 0 \end{pmatrix} \quad ; \quad u_- = \begin{pmatrix} 0 \\ \chi \end{pmatrix} \ . \tag{A.54}$$

Poiché ϕ, χ sono autostati di σ_3, possiamo interpretare u_+, u_- come autostati dell'operatore di spin in forma generalizzata:

$$\tilde{\sigma}_3 = \begin{pmatrix} \sigma_3 & 0 \\ 0 & \sigma_3 \end{pmatrix} \ . \tag{A.55}$$

Limite relativistico. Il limite relativistico è rappresentato dalla condizione $m \to 0 \ ; \ |E| \to p$. È immediato verificare che gli spinori u della (A.53) diventano:

$$u_+ = \begin{pmatrix} \phi \\ \chi \end{pmatrix} = \begin{pmatrix} \phi \\ \frac{\boldsymbol{\sigma}\cdot\mathbf{p}}{p}\phi \end{pmatrix} \tag{A.56a}$$

$$u_- = \begin{pmatrix} \phi \\ \chi \end{pmatrix} = \begin{pmatrix} -\frac{\boldsymbol{\sigma}\cdot\mathbf{p}}{p}\chi \\ \chi \end{pmatrix} \ . \tag{A.56b}$$

La funzione ϕ nella componente inferiore dello spinore a 4 dimensioni u_+ rappresenta l'autostato dell'operatore elicità $\frac{\boldsymbol{\sigma}\cdot\mathbf{p}}{p}$. Infatti, assunto come asse z quello coincidente con la direzione dell'impulso $\mathbf{p} = (0, 0, p_3)$, si ha:

$$\frac{\boldsymbol{\sigma}\cdot\mathbf{p}}{p}\phi = \sigma_3 \phi = \pm\phi \tag{A.57}$$

a seconda che $\phi = \begin{pmatrix} 1 \\ 0 \end{pmatrix} \equiv \phi_R$, oppure $\phi = \begin{pmatrix} 0 \\ 1 \end{pmatrix} \equiv \phi_L$. Analogamente, χ, nella componente superiore dello spinore u_-, rappresenta l'autostato dell'elicità ma con segni degli autovalori invertiti:

$$-\frac{\boldsymbol{\sigma} \cdot \mathbf{p}}{p}\chi \equiv -\sigma_3\chi = \pm\chi \ . \tag{A.58}$$

Quindi, con le scelte fatte, le due componenti superiore e inferiore dello spinore a 4 dimensioni u_+ (u_-) risultano associate rispettivamente agli autostati di spin e di elicità (all'elicità e allo spin). Nel seguito, per evidenziare il diverso orientamento degli spin useremo le notazioni: $u_{+r}, u_{-r}, u_{+l}, u_{-l}$.

A.4.4 Operatore e stati di elicità

Le due coppie di soluzioni dell'equazione di Dirac (A.48) sono funzioni dell'impulso $\mathbf{p}$ e corrispondono ai due autovalori dell'energia positivi e negativi, con autostati gli spinori a 2 componenti (A.48). Perché le quattro soluzioni siano indipendenti esiste (come visto in A.4.2) un altro osservabile indipendente da $\mathbf{p}$ che commuta con l'hamiltoniana. Questo è l'operatore *elicità generalizzata*[2]:

$$\Lambda = \begin{pmatrix} \frac{\boldsymbol{\sigma}\cdot\mathbf{p}}{p} & 0 \\ 0 & \frac{\boldsymbol{\sigma}\cdot\mathbf{p}}{p} \end{pmatrix} \ . \tag{A.59}$$

L'operatore Λ commuta con $\mathbf{p}$ e con l'hamiltoniana: $[\Lambda, \mathbf{p}] = 0$, $[\Lambda, H] = 0$ e quindi rappresenta una costante del moto (§6.3). L'operatore elicità ha due autovalori, $\lambda = \pm 1$, che distinguono gli autostati con lo stesso autovalore di energia.

Caso relativistico (particella di massa nulla). Verifichiamo l'effetto dell'operatore di elicità generalizzata (A.59) sugli autostati di elicità (A.57) dello spinore u_+ (A.56a). Ciò corrisponde al limite relativistico in cui sia trascurabile la massa della particella. Specializziamoci al caso in cui l'impulso è lungo la terza componente, $\mathbf{p} = (0, 0, p_3)$:

$$\Lambda u_+ = \begin{pmatrix} 1 & 0 & 0 & 0 \\ 0 & -1 & 0 & 0 \\ 0 & 0 & 1 & 0 \\ 1 & 0 & 0 & -1 \end{pmatrix} \begin{pmatrix} 1 \\ 0 \\ \frac{p_3}{|E|+m} \\ 0 \end{pmatrix} = + \begin{pmatrix} 1 \\ 0 \\ \frac{p_3}{|E|+m} \\ 0 \end{pmatrix} = u_+ \ . \tag{A.60}$$

In pratica, lo spinore u_+ (soluzione ad energia positiva) con lo spin lungo la direzione dell'impulso è autostato dell'operatore Λ con autovalore $\lambda = +1$.

---

[2] Si noti che la polarizzazione e l'elicità $\frac{\boldsymbol{\sigma}\cdot\mathbf{p}}{p}$ sono operatori definiti sugli spinori a due componenti (che descrivono separatamente i fermioni e gli antifermioni). Talvolta l'operatore di elicità generalizzata viene chiamato *chiralità*. La chiralità è un operatore che agisce sullo spinore a 4 componenti.

Possiamo chiamare questo stato $(u_+)_{\lambda=+1} \equiv u_{+r}$. In maniera analoga, gli altri tre stati saranno u_{+l}, u_{-r}, u_{-l}.

Con questa scelta dell'impulso, è facile verificare che l'operatore (A.59) può essere espresso come $\Lambda = \Lambda_R + \Lambda_L$, dove:

$$\Lambda_R \equiv \frac{1+\gamma^5}{2} = \frac{1}{2}\begin{pmatrix} 1 & 1 \\ 1 & 1 \end{pmatrix} \tag{A.61}$$

$$\Lambda_L \equiv \frac{1-\gamma^5}{2} = \frac{1}{2}\begin{pmatrix} 1 & -1 \\ -1 & 1 \end{pmatrix} . \tag{A.62}$$

La matrice γ^5 è stata definita in (A.25c). Gli operatori sopra definiti sono hermitiani e hanno le proprietà di proiezione: $\Lambda_R + \Lambda_L = 1$, $\Lambda_R\Lambda_L = \Lambda_L\Lambda_R = 0$, $\Lambda_R\Lambda_R = \Lambda_R$, $\Lambda_L\Lambda_L = \Lambda_L$. Applicando i proiettori agli autostati u_+ e u_- (A.56) è facile verificare che:

$$\Lambda_L\, u_{+r} = 0 \quad ; \quad \Lambda_R u_{+r} = \begin{pmatrix} 1 \\ 1 \end{pmatrix}\phi_R \tag{A.63a}$$

$$\Lambda_L\, u_{+l} = \begin{pmatrix} 1 \\ -1 \end{pmatrix}\phi_L \quad ; \quad \Lambda_R u_{+l} = 0 . \tag{A.63b}$$

Risulta pertanto che, a seconda che lo spinore a 4 componenti u sia caratterizzato da spin parallelo o antiparallelo all'impulso[3] risulta:

$$u_{+r} = \Lambda_R u_{+r} \tag{A.64a}$$

$$u_{+l} = \Lambda_L u_{+l} . \tag{A.64b}$$

Dunque Λ_L è l'operatore di proiezione dello stato di elicità negativa (o *sinistrorsa*, *L=left*) e l'operatore Λ_R operatore di proiezione dello stato di elicità positiva (o *destrorsa*, *R=rigth*). Tenuto conto delle (A.57, A.58), nel caso di particella di massa $m = 0$ lo spinore u è intrinsecamente autostato di elicità $+1$ o di elicità -1. Questo non è vero nel caso di particelle massive.

Gli operatori di proiezione applicati allo spinore di energia negativa producono effetti analoghi, ma opposti, alle (A.63). Per $|E| < 0$ l'operatore Λ_L estrae da u_- lo stato di elicità positiva (destrorsa) e Λ_R quello di elicità negativa (sinistrorsa).

Si ricordi infine che la matrice γ^0 rappresenta l'operatore di Parità per uno spinore di Dirac: u cambia stato di elicità sotto l'applicazione di questo operatore:

$$\gamma^0 u = \begin{pmatrix} 1 & 0 \\ 0 & -1 \end{pmatrix}\begin{pmatrix} \phi \\ \chi \end{pmatrix} = \begin{pmatrix} \phi \\ -\chi \end{pmatrix} . \tag{A.65}$$

---

[3] Talvolta si indica lo stato come spin *up* e spin *down*, oppure come spin $\uparrow$ e spin $\downarrow$.

Caso di particella di massa non nulla. Assumiamo anche stavolta che la quantità di moto **p** della particella sia lungo l'asse z, e consideriamo inizialmente soluzioni di energia positiva (A.48). In tal caso, è semplice mostrare che:

$$\boldsymbol{\sigma} \cdot \mathbf{p}\phi_R = p\phi_R \quad ; \quad \boldsymbol{\sigma} \cdot \mathbf{p}\phi_L = -p\phi_L \ . \tag{A.66}$$

Risulta facile verificare che:

$$\Lambda_L u_{+l} = \frac{1}{2}\left(1 + \frac{p}{|E| + m}\right)\begin{pmatrix} 1 \\ -1 \end{pmatrix}\phi_L \tag{A.67a}$$

$$\Lambda_R u_{+l} = \frac{1}{2}\left(1 - \frac{p}{|E| + m}\right)\begin{pmatrix} 1 \\ 1 \end{pmatrix}\phi_L \ . \tag{A.67b}$$

Essendo entrambe le proiezioni non nulle, $u_{+l} = \Lambda_L u_{+l} + \Lambda_R u_{+l}$ risulta essere composto da una sovrapposizione di stati di elicità positiva e negativa, con pesi diversi. Se definiamo i pesi relativi P_l e P_r per la probabilità di trovare il leptone descritto dallo spinore u_{+l} nello stato (rispettivamente) di elicità sinistrorsa e destrorsa:

$$P_l \equiv |\Lambda_L u_{+l}|^2 = \frac{1}{2}\left(\frac{|E| + m + p}{|E| + m}\right)^2 \tag{A.68a}$$

$$P_r \equiv |\Lambda_R u_{+l}|^2 = \frac{1}{2}\left(\frac{|E| + m - p}{|E| + m}\right)^2 \ , \tag{A.68b}$$

l'elicità media dello stato può essere definita come:

$$\langle h \rangle \equiv \frac{P_r - P_l}{P_r + P_l} \ . \tag{A.69}$$

Introducendo le (A.68) nella (A.69) si ottiene che l'elicità media per un fermione (= spinore a energia positiva) con elicità sinistrorsa è:

$$\langle h \rangle = -\frac{p}{|E|} = -\frac{v}{c} = -\beta \ . \tag{A.70}$$

Con calcoli analoghi si verifica che anche gli altri spinori sono sovrapposizioni di stati di elicità positive e negative. I corrispondenti valori medi dell'elicità sono riportati nella Tabella.

	particelle		antiparticelle	
	u_{+l}	u_{+r}	u_{-r}	u_{+l}
$h\ (m = 0)$	-1	+1	+1	-1
$\langle h \rangle\ (m \neq 0)$	$-\beta$	$+\beta$	$+\beta$	$-\beta$

Come è stato discusso nel §8.16, gli esperimenti concordano con il fatto che i neutrini (antineutrini) (caso $m = 0$) hanno elicità -1 (+1), mentre l'elettrone (positrone) ha elicità $-\beta$ $(+\beta)$. L'hamiltoniana che descrive le interazioni dovrà tener conto della soppressione degli stati non osservati, così come viene fatto nella teoria $V - A$.

A.5 Costanti fisiche e astrofisiche [08P1]

1. PHYSICAL CONSTANTS

Table 1.1. Reviewed 2007 by P.J. Mohr and B.N. Taylor (NIST). Based mainly on the "CODATA Recommended Values of the Fundamental Physical Constants: 2006" by P.J. Mohr, B.N. Taylor, and D.B. Newell (to be published in Rev. Mod. Phys, and J. Phys. Chem. Ref. Data). The last group of constants (beginning with the Fermi coupling constant) comes from the Particle Data Group. The figures in parentheses after the values give the 1-standard-deviation uncertainties in the last digits; the corresponding fractional uncertainties in parts per 10^9 (ppb) are given in the last column. This set of constants (aside from the last group) is recommended for international use by CODATA (the Committee on Data for Science and Technology). The full 2006 CODATA set of constants may be found at `http://physics.nist.gov/constants`.

Quantity	Symbol, equation	Value	Uncertainty (ppb)
speed of light in vacuum	c	$299\,792\,458$ m s^{-1}[a]	exact[a]
Planck constant	h	$6.626\,068\,96(33)\times10^{-34}$ J s	50
Planck constant, reduced	$\hbar \equiv h/2\pi$	$1.054\,571\,628(53)\times10^{-34}$ J s	50
		$= 6.582\,118\,99(16)\times10^{-22}$ MeV s	25
electron charge magnitude	e	$1.602\,176\,487(40)\times10^{-19}$ C $= 4.803\,204\,27(12)\times10^{-10}$ esu	25, 25
conversion constant	$\hbar c$	$197.326\,9631(49)$ MeV fm	25
conversion constant	$(\hbar c)^2$	$0.389\,379\,304(19)$ GeV^2 mbarn	50
electron mass	m_e	$0.510\,998\,910(13)$ MeV$/c^2 = 9.109\,382\,15(45)\times10^{-31}$ kg	25, 50
proton mass	m_p	$938.272\,013(23)$ MeV$/c^2 = 1.672\,621\,637(83)\times10^{-27}$ kg	25, 50
		$= 1.007\,276\,466\,77(10)$ u $= 1836.152\,672\,47(80)\,m_e$	0.10, 0.43
deuteron mass	m_d	$1875.612\,793(47)$ MeV$/c^2$	25
unified atomic mass unit (u)	(mass ^{12}C atom)$/12 = (1$ g$)/(N_A$ mol$)$	$931.494\,028(23)$ MeV$/c^2 = 1.660\,538\,782(83)\times10^{-27}$ kg	25, 50
permittivity of free space	$\epsilon_0 = 1/\mu_0 c^2$	$8.854\,187\,817\ldots\times10^{-12}$ F m^{-1}	exact
permeability of free space	μ_0	$4\pi\times10^{-7}$ N A$^{-2} = 12.566\,370\,614\ldots\times10^{-7}$ N A^{-2}	exact
fine-structure constant	$\alpha = e^2/4\pi\epsilon_0\hbar c$	$7.297\,352\,5376(50)\times10^{-3} = 1/137.035\,999\,679(94)$[b]	0.68, 0.68
classical electron radius	$r_e = e^2/4\pi\epsilon_0 m_e c^2$	$2.817\,940\,2894(58)\times10^{-15}$ m	2.1
(e^- Compton wavelength)$/2\pi$	$\lambda_e = \hbar/m_e c = r_e\alpha^{-1}$	$3.861\,592\,6459(53)\times10^{-13}$ m	1.4
Bohr radius ($m_{\mathrm{nucleus}} = \infty$)	$a_\infty = 4\pi\epsilon_0\hbar^2/m_e e^2 = r_e\alpha^{-2}$	$0.529\,177\,208\,59(36)\times10^{-10}$ m	0.68
wavelength of 1 eV/c particle	$hc/(1\ \mathrm{eV})$	$1.239\,841\,875(31)\times10^{-6}$ m	25
Rydberg energy	$hcR_\infty = m_e e^4/2(4\pi\epsilon_0)^2\hbar^2 = m_e c^2\alpha^2/2$	$13.605\,691\,93(34)$ eV	25
Thomson cross section	$\sigma_T = 8\pi r_e^2/3$	$0.665\,245\,8558(27)$ barn	4.1
Bohr magneton	$\mu_B = e\hbar/2m_e$	$5.788\,381\,7555(79)\times10^{-11}$ MeV T^{-1}	1.4
nuclear magneton	$\mu_N = e\hbar/2m_p$	$3.152\,451\,2326(45)\times10^{-14}$ MeV T^{-1}	1.4
electron cyclotron freq./field	$\omega_{\mathrm{cycl}}^e/B = e/m_e$	$1.758\,820\,150(44)\times10^{11}$ rad s^{-1} T^{-1}	25
proton cyclotron freq./field	$\omega_{\mathrm{cycl}}^p/B = e/m_p$	$9.578\,833\,92(24)\times10^{7}$ rad s^{-1} T^{-1}	25
gravitational constant[c]	G_N	$6.674\,28(67)\times10^{-11}$ m^3 kg^{-1} s^{-2}	1.0×10^5
		$= 6.708\,81(67)\times10^{-39}\ \hbar c$ (GeV$/c^2)^{-2}$	1.0×10^5
standard gravitational accel.	g_N	$9.806\,65$ m s^{-2}	exact
Avogadro constant	N_A	$6.022\,141\,79(30)\times10^{23}$ mol^{-1}	50
Boltzmann constant	k	$1.380\,6504(24)\times10^{-23}$ J K^{-1}	1700
		$= 8.617\,343(15)\times10^{-5}$ eV K^{-1}	1700
molar volume, ideal gas at STP	$N_A k(273.15\ \mathrm{K})/(101\,325\ \mathrm{Pa})$	$22.413\,996(39)\times10^{-3}$ m^3 mol^{-1}	1700
Wien displacement law constant	$b = \lambda_{\mathrm{max}}T$	$2.897\,7685(51)\times10^{-3}$ m K	1700
Stefan-Boltzmann constant	$\sigma = \pi^2 k^4/60\hbar^3 c^2$	$5.670\,400(40)\times10^{-8}$ W m^{-2} K^{-4}	7000
Fermi coupling constant[d]	$G_F/(\hbar c)^3$	$1.166\,37(1)\times10^{-5}$ GeV^{-2}	9000
weak-mixing angle	$\sin^2\widehat{\theta}(M_Z)$ ($\overline{\mathrm{MS}}$)	$0.231\,19(14)$[e]	6.5×10^5
$W^\pm$ boson mass	m_W	$80.398(25)$ GeV$/c^2$	3.6×10^5
Z^0 boson mass	m_Z	$91.1876(21)$ GeV$/c^2$	2.3×10^4
strong coupling constant	$\alpha_s(m_Z)$	$0.1176(20)$	1.7×10^7

$\pi = 3.141\,592\,653\,589\,793\,238$ $\qquad$ $e = 2.718\,281\,828\,459\,045\,235$ $\qquad$ $\gamma = 0.577\,215\,664\,901\,532\,861$

1 in $\equiv 0.0254$ m $\qquad$ 1 G $\equiv 10^{-4}$ T $\qquad$ 1 eV $= 1.602\,176\,487(40)\times10^{-19}$ J $\qquad$ kT at 300 K $= [38.681\,685(68)]^{-1}$ eV

1 Å $\equiv 0.1$ nm $\qquad$ 1 dyne $\equiv 10^{-5}$ N $\qquad$ 1 eV$/c^2 = 1.782\,661\,758(44)\times10^{-36}$ kg $\qquad$ 0 °C $\equiv 273.15$ K

1 barn $\equiv 10^{-28}$ m^2 $\qquad$ 1 erg $\equiv 10^{-7}$ J $\quad$ $2.997\,924\,58\times10^{9}$ esu $= 1$ C $\qquad$ 1 atmosphere $\equiv 760$ Torr $\equiv 101\,325$ Pa

[a] The meter is the length of the path traveled by light in vacuum during a time interval of 1/299 792 458 of a second.

[b] At $Q^2 = 0$. At $Q^2 \approx m_W^2$ the value is $\sim 1/128$.

[c] Absolute lab measurements of G_N have been made only on scales of about 1 cm to 1 m.

[d] See the discussion in Sec. 10, "Electroweak model and constraints on new physics."

[e] The corresponding $\sin^2\theta$ for the effective angle is 0.23149(13).

498   A Appendici

2. ASTROPHYSICAL CONSTANTS AND PARAMETERS

Table 2.1. Revised May 2008 by E. Bergren and D.E. Groom (LBNL). The figures in parentheses after some values give the one standard deviation uncertainties in the last digit(s). Physical constants are from Ref. 1. While every effort has been made to obtain the most accurate current values of the listed quantities, the table does not represent a critical review or adjustment of the constants, and is not intended as a primary reference. The values and uncertainties for the cosmological parameters depend on the exact data sets, priors, and basis parameters used in the fit. Many of the parameters reported in this table are derived parameters or have non-Gaussian likelihoods. The quoted errors may be highly correlated with those of other parameters, so care must be taken in propagating them. Unless otherwise specified, cosmological parameters are best fits of a spatially-flat ΛCDM cosmology with a power-law initial spectrum to WMAP 3-year data alone [2]. For more information see Ref. 3 and the original papers.

Quantity	Symbol, equation	Value	Reference, footnote
speed of light	c	$299\,792\,458$ m s^{-1}	exact[4]
Newtonian gravitational constant	G_N	$6.674\,3(7) \times 10^{-11}$ m^3 kg^{-1} s^{-2}	[1]
Planck mass	$\sqrt{\hbar c/G_N}$	$1.220\,89(6) \times 10^{19}$ GeV/c^2	[1]
		$= 2.176\,44(11) \times 10^{-8}$ kg	
Planck length	$\sqrt{\hbar G_N/c^3}$	$1.616\,24(8) \times 10^{-35}$ m	[1]
standard gravitational acceleration	g_N	$9.806\,65$ m s^{-2}	exact[1]
jansky (flux density)	Jy	10^{-26} W m^{-2} Hz^{-1}	definition
tropical year (equinox to equinox) (2007)	yr	$31\,556\,925.2$ s $\approx \pi \times 10^7$ s	[5]
sidereal year (fixed star to fixed star) (2007)		$31\,558\,149.8$ s $\approx \pi \times 10^7$ s	[5]
mean sidereal day (2007) (time between vernal equinox transits)		$23^{\rm h} 56^{\rm m} 04\overset{\rm s}{.}090\,53$	[5]
astronomical unit	AU, A	$149\,597\,870\,700(3)$ m	[6]
parsec (1 AU/1 arc sec)	pc	$3.085\,677\,6 \times 10^{16}$ m $= 3.262\ldots$ ly	[7]
light year (deprecated unit)	ly	$0.306\,6\ldots$ pc $= 0.946\,053\ldots \times 10^{16}$ m	
Schwarzschild radius of the Sun	$2G_N M_\odot/c^2$	$2.953\,250\,077\,0(2)$ km	[8]
Solar mass	$M_\odot$	$1.988\,4(2) \times 10^{30}$ kg	[9]
Solar equatorial radius	$R_\odot$	$6.9551(3) \times 10^8$ m	[10]
Solar luminosity	$L_\odot$	$3.842\,7(1\,4) \times 10^{26}$ W	[11]
Schwarzschild radius of the Earth	$2G_N M_\oplus/c^2$	$8.870\,055\,881$ mm	[12]
Earth mass	$M_\oplus$	$5.972\,2(6) \times 10^{24}$ kg	[13]
Earth mean equatorial radius	$R_\oplus$	$6.378\,137 \times 10^6$ m	[5]
luminosity conversion (deprecated)	L	$3.02 \times 10^{28} \times 10^{-0.4\,M_{\rm bol}}$ W	[14]
		($M_{\rm bol}$ = absolute bolometric magnitude	
		= bolometric magnitude at 10 pc)	
flux conversion (deprecated)	$\mathscr{F}$	$2.52 \times 10^{-8} \times 10^{-0.4\,m_{\rm bol}}$ W m^{-2}	from above
		($m_{\rm bol}$ = apparent bolometric magnitude)	
ABsolute monochromatic magnitude	AB	$-2.5 \log_{10} f_\nu - 56.10$ (for f_ν in W m^{-2} Hz^{-1})	[15]
		$= -2.5 \log_{10} f_\nu + 8.90$ (for f_ν in Jy)	
Solar velocity around center of Galaxy	Θ_0	$220(20)$ km s^{-1}	[16]
Solar distance from Galactic center	R_0	$8.0(5)$ kpc	[17]
local disk density	$\rho\,{\rm disk}$	3–12×10^{-24} g cm$^{-3} \approx 2$–7 GeV/c^2 cm^{-3}	[18]
local halo density	$\rho\,{\rm halo}$	2–13×10^{-25} g cm$^{-3} \approx 0.1$–0.7 GeV/c^2cm^{-3}	[19]
present day CMB temperature	T_0	$2.725(1)$ K	[20]
present day CMB dipole amplitude		$3.358(17)$ mK	[21]
Solar velocity with respect to CMB		$369(2)$ km/s	[21]
		towards $(\ell, b) = (263.86(4)^\circ, 48.24(10)^\circ)$	
Local Group velocity with respect to CMB	$v_{\rm LG}$	$627(22)$ km s^{-1}	[22]
		towards $(\ell, b) = (276(3)^\circ, 30(3)^\circ)$	
entropy density/Boltzmann constant	s/k	$2\,889.2\,(T/2.725)^3$ cm^{-3}	[14]
number density of CMB photons	n_γ	$410.5(T/2.725)^3$ cm^{-3}	[23]
present day Hubble expansion rate	H_0	$100\,h$ km s^{-1} Mpc^{-1}	
		$= h \times (9.777\,752$ Gyr$)^{-1}$	[24]
present day normalized Hubble expansion rate	h	$0.73(3)$	[2,3]
Hubble length	c/H_0	$0.925\,063 \times 10^{26}\,h^{-1}$ m $\approx 1.27 \times 10^{26}$ m	
scale factor for cosmological constant	$c^2/3H_0^2$	$2.852 \times 10^{51}\,h^{-2}$ m^2	
critical density of the Universe	$\rho_{\rm c} = 3H_0^2/8\pi G_N$	$2.775\,366\,27 \times 10^{11}\,h^2\,M_\odot$ Mpc^{-3}	
		$= 1.878\,35(19) \times 10^{-29}\,h^2$ g cm^{-3}	
		$= 1.053\,68(11) \times 10^{-5}\,h^2$ (GeV/c^2) cm^{-3}	
pressureless matter density of the Universe	$\Omega_{\rm m} = \rho_{\rm m}/\rho_{\rm c}$	$0.128(8)\,h^{-2} \approx 0.24$ (WMAP3)	[2,3]
		$0.132(4)\,h^{-2} \Rightarrow 0.27(2)$ (ALL mean)	[2]
baryon density of the Universe	$\Omega_{\rm b} = \rho_{\rm b}/\rho_{\rm c}$	$0.0223(7)\,h^{-2} \approx 0.0425$	[2,3]
dark matter density of the universe	$\Omega_{\rm dm} = \Omega_{\rm m} - \Omega_{\rm b}$	$0.105(8)\,h^{-2} \approx 0.20$	[2]
dark energy density of the Universe	Ω_Λ	$0.73(3)$	[25]
Hubble length	c/H_0	$0.925\,063 \times 10^{26}\,h^{-1}$ m $\approx 1.27 \times 10^{26}$ m	
radiation density of the Universe	$\Omega_\gamma = \rho_\gamma/\rho_{\rm c}$	$2.471 \times 10^{-5}(T/2.725)^4\,h^{-2} \approx 4.6 \times 10^{-5}$	[23]
neutrino density of the Universe	Ω_ν	$0.0005 < \Omega_\nu h^{-2} < 0.023 \Rightarrow 0.001 < \Omega_\nu < 0.05$	[26]
total energy density of the Universe	$\Omega_{\rm tot} = \Omega_{\rm m} + \ldots + \Omega_\Lambda$	$1.011(12)$	[2,27]

Riferimenti bibliografici

1. La scrittura di un libro è un lavoro complesso, anche perché necessita della conoscenza della letteratura preesistente, a cui si è inevitabilmente debitori. Di seguito, è riportata una lista di testi, di lavori di rassegna e di alcuni lavori specializzati ordinati per anno di apparizione. Abbiamo evitato di citare (se non in pochi casi) gli articoli specializzati di rilevante o eccezionale valore storico, ma di difficile reperimento (ad esempio, gli articoli di Fermi). In fondo, sono riportati alcuni siti web di particolare interesse. Vogliamo evidenziare (soprattutto per i più giovani) l'opportunità di poter consultare in rete l'eccellente rivista dei soci della Società Italiana di Fisica (SIF, sito web: www.sif.it), ossia *Il Nuovo Saggiatore*. Vi vengono pubblicati articoli in italiano di rassegna estremamente interessanti, anche sulle ricerche in fisica nucleare e subnucleare.

[57B1] E.M. Burbidge, G.R. Burbidge, W.A. Fowler and F. Hoyle. Synthesis of the elements in stars. Rev. Mod. Phys. 29 (1957) 547.
This historical article is jokingly referred as B^2FH

[59A1] J.S. Allen. Rev. Modern Phys. 31(1959)796

[63S1] J.B. Shafer *et al.* Spin and Parity of the 1385-MeV resonance Phys. Rev. Lett. 10 (1963) 179

[70C1] G. Charpak, D. Rahm, M. Steiner. Some developments in the operation of multiwire proportional chambers. Nucl. Instr. Meth. 80 (1970) 13

[73T1] G. 't Hooft, M. Veltman. Diagrammar, CERN Report 73-9 (1973) http://cdsweb.cern.ch/record/186259/files/

[74P1] C. Pati, A. Salam. Lepton number as the fourth color. Phys. Rev. D10 (1974) 275

[76G1] G. Giacomelli. Total cross sections and elastic scattering at high energies. Physics Reports 23C (1976) 124

[76M1] G. Maiani. Proceedings della Scuola di Fisica del CERN (1976) 28

[77S1] F. Sauli. Principles of operation of multiwire proportional and drift chambers. CERN/EP 77–09 (1977). http://cdsweb.cern.ch/record/117989

[78B1] La versione in inglese della lettera di Pauli è in: L.M. Brown,The idea of the neutrino Physics Today, Sep. 1978, pp. 23-28

[79B1] D.P. Barber at al. Test of Universality of Charged Leptons. Phys. Rev. Lett. 43 (1979) 1915-1918

[79H1] H. Harari. A schematic model of quarks and leptons. Phys. Lett. B86 (1979) 83

[79M1] S. P. Mikheyev, A. Y. Smirnov. Nuovo Cimento 19 (1986) 17;
L. Wolfenstein. Phys. Rev. D20 (1979) 2634

[81P1] C. Pati, A. Salam, J. Strathdee. A preon model with hidden electric and magnetic type charges. Nucl. Phys. B185 (1981) 416

[82B1] E. Bloom, G. Feldman Quarkonium. Scientific American, vol. 246 (May 1982) 66-77.

[83S1] J.A. Simpson. Elemental and isotopic composition of the galactic cosmic rays. Ann. Rev. Nucl. Part. Sci. 33 (1983) 323

[84A1] D. Allasia et al. Fragmentation in neutrino and antineutrino CC interactions on proton and neutron. Z. Phys. C24 (1984) 119

[84G1] G. Giacomelli. Magnetic monopoles. La Rivista del Nuovo Cimento 7, N. 12 (1984) 1

[84H1] F. Halzen, A.D. Martin. Quarks and leptons. John Wiley & Sons, New York (1984)

[84S1] In occasione del 50mo anniversario della formulazione della teoria di Fermi, la Società Italiana di Fisica ha pubblicato una raccolta di articoli di rassegna (Fifty years of Weak-Interaction Physics, a cura di A. Bertin, R.A. Ricci e A. Vitale). Si segnalano in particolare le rassegne di:
• P.G. Bizzeti. Weak interactions in nuclei. La Rivista del Nuovo Cimento 6, N. 12 (1983);
• M.Ademollo. Cabibbo theory and current algebra. La Rivista del Nuovo Cimento 7, N. 1 (1984). DOI: 10.1007/BF02724333
• A. Bertin, A. Vitale. Pure leptonic weak processes. La Rivista del Nuovo Cimento 7, N. 7 (1984). DOI: 10.1007/BF02724331
• S. Focardi, R.A. Ricci. Historical introduction. The beta-decay and the fundamental properties of weak interactions. La Rivista del Nuovo Cimento 6, N. 11 (1983). DOI: 10.1007/BF02740918
• G. Goggi. Gauge vector bosons and unified electroweak interaction. La Rivista del Nuovo Cimento 7, N. 4 (1984). DOI: 10.1007/BF02724354
• F. Palmonari. Nonleptonic weak interactions. La Rivista del Nuovo Cimento 7, N. 9 (1984). DOI: 10.1007/BF02724346
• A. Pullia. Structure of charged and neutral weak interactions at high energy. La Rivista del Nuovo Cimento 7, N. 2 (1984). DOI: 10.1007/BF02724329
• A. Bertin, A. Vitale. Strangeness-conserving semi-leptonic weak processes. La Rivista del Nuovo Cimento 7, N. 8 (1984). DOI: 10.1007/BF02724332
• G. Altarelli. Future perspectives in particle physics. La Rivista del Nuovo Cimento 7, N. 3 (1984). DOI: 10.1007/BF02724328

[86P1] Particle Data Group. Review of Particle Properties. Phys. Lett. B170 (1986) 289

[86S1] E. Segrè. Nuclei e particelle. Zanichelli, Bologna (1986)

[87L1] W.R. Leo. Techniques for nuclear and particle physics experiments. Springer–Verlag, Berlin (1987)

[86M1] G. Morpurgo. Introduzione alla fisica delle particelle. Zanichelli, Bologna (1987)

[87P1] D. H. Perkins. Introduction to High Energy Physics. Third edition. Addison–Wesley, New York (1987)

[88G1] G. Giacomelli. Dal quark al Big Bang – La struttura della Materia e l'evoluzione dell'Universo. Editori Riuniti, Roma (1988)

[88K1] K.S. Krane: *Introductory Nuclear Physics*, John Wiley & Sons, 1988, ISBN: 978-0471805533

[88P1] Particle Data Group. Review of Particle Properties. Phys. Lett. B204 (1988) 472

[89A1] I.J.R. Aitchison, A. J. G. Hey. Gauge theories in Particle Physics. Second edition. Institute of Physics Publishing, Bristol and Philadelphia (1989)

[89B1] J.N. Bachall. Neutrino Astrophysics. Cambridge University Press, Cambridge (1989). Il Modello Solare Standard è descritto e aggiornato anche sul sito: http://www.sns.ias.edu/~jnb/

[89C1] R.N. Cahn and G. Goldhaber. *The Experimental Foundations of Particle Physics*. Cambridge University Press, 1989. ISBN: 978-0521521475

[90B1] V.S. Berenzinski et al. Astrophysics of Cosmic Rays. North Holland Els. Science Publ., Amsterdam (1990)

[90G1] T.K. Gaisser. Cosmic Rays and Particle Physics. Cambridge University Press, Cambridge (1990)

[90G2] G. Giacomelli. Interazioni adroniche alle alte energie con piccolo impulso trasverso. Il Nuovo saggiatore 6, N. 3 (1990) 20

[91G1] M. Guidry. Gauge field theories. John Wiley & Sons, New York (1991)

[91H1] I.S. Hughes. Elementary Particles. Third edition. Penguin Books Ltd, Middlesex (1991)

[91W1] W.S.C. Williams. Nuclear and Particle Physics. Clarendom Press, Oxford (1991)

[92L1] M.S. Longair. High Energy Astrophysics. Second edition. Cambridge University Press, Cambridge (1992)

[92P1] Particle Data Group. Review of Particle Properties. Phys. Rev. D45 (1992)

[93G1] G. Giacomelli, P. Giacomelli. Particle searches at LEP. La Rivista del Nuovo Cimento 16, N. 3 (1993) 1. DOI: 10.1007/BF02832334

[94D1] A. Das, T. Ferbel. Introduction to Nuclear and Particle Physics. John Wiley, New York (1994)

[94D2] W. De Boer. Grand Unified Theories and Supersymmetry in Particle Physics and Cosmology. Progress in Particle and Nuclear Physics 33 (1994) 201. Also: arXiv:hep-ph/9402266v5

[94L2] J. Lopez, D. V. Nanopoulos, A. Zichichi. A layman's guide to SUSY GUT. La Rivista del Nuovo Cimento 17, N. 2 (1994) 1. Also in: http://cdsweb.cern.ch/record/255084/

[94M1] B.R. Martin, G. Shaw. Particle Physics. John Wiley & Sons , New York (1994)

[95A2] S. Ahlen et al. Atmospheric neutrino flux measurements using upgoing muons. Phys. Lett. B357 (1995) 481

[95B1] E. Bellotti, R. Carrigan, G. Giacomelli, N. Paver (eds.). Proceedings of the 4th School on Non–accelerator Particle Astrophysics. World Scientific, Singapore (1995).
- N. Paver. Aspects of CP violation in neutral kaon decays, p. 34;
- D. Vignaud. Solar and Supernovae neutrinos, p. 145;
- J. Stone. Nucleon decay experiments, p. 213;
- M. Cerdonio. The search for gravitational waves, p. 311;
- M. Nakahata. Kamiokande and SuperKamiokande, p. 477

[95P2] B. Povh, K. Rith, C. Scholz, F. Zetsche. Particles and Nuclei. An introduction to the physical concepts. Sixth edition. Springer–Verlag, Berlin (2008). Traduzione italiana disponibile nella collana Bollati-Boringhieri

[98A2] M. Ambrosio *et al.* (MACRO Coll.) Measurement of the atmospheric neutrino–induced upgoing muon flux using MACRO. Phys. Lett. 434 (1998) 451

[98C2] R.A. Carrigan, G. Giacomelli and N. Paver (eds.). Proceedings of the 5th School on Non-Accelerator Particle Astrophysics. Ed. Università di Trieste, Trieste (1999):

• G. Giacomelli, M. Spurio. Atmospheric neutrinos and neutrino oscillations, p. 146 (hep-ph/9901355);

• S. Cecchini, M. Sioli. Cosmic ray muon physics, p. 201;

• E. Fiorini, S. Pirro. Double beta decay, p. 298

[98F1] Y. Fukuda *et al.* (SuperKamiokande coll.) Evidence for oscillation of atmospheric neutrinos. Phys. Rev. Lett. 81 (1998) 1562

[98G1] M. Sanchez *et al.* (Soudan 2 Coll.) Measurement of the L/E distributions of atmospheric ν in Soudan 2 and their interpretation as neutrino oscillations. Phys. Rev. D68 (2003) 113004

[98M1] G. Montagna, O. Nicrosini, F. Piccinini. Precision physics at LEP. La Rivista del Nuovo Cimento 21, N. 9 (1998) 1-162. Also: hep-ph/9802302

[98T1] J.W. Truran. The age of the universe from nuclear chronometers. Proc. Natl. Acad. Sci. USA Vol. 95 (1998) pp. 18-21. This paper was presented at a colloquium entitled *The Age of the Universe, Dark Matter, and Structure Formation* whose proceedings are available at http://www.nap.edu/catalog.php?record_id=6237

[99J1] J.D. Jackson. Classical Electrodynamics. Wiley, New York (1999)

[00B1] P. De Bernardis et al. A flat Universe from high-resolution maps of the cosmic microwave background radiation. Nature 404 (2000) 955

[00B2] D. Brandt, H. Burkhardt, M. Lamont, S. Myers and J. Wenninger. Accelerator physics at LEP. Rep. Prog. Phys. 63 (2000) 939-1000. Also: CERN-SL-2000-037-DI

[00G1] B. Greene. L'universo elegante. Superstringhe, dimensioni nascoste e la ricerca della teoria ultima. Einaudi, Torino (2000)

[00P1] D.E. Groom et al. Review of Particle Properties. Eur. Phys. J. C15 (2000) 1; PDG Web pages (http://pdg.lbl.gov/)

[00I1] F. Jachello. Supersymmetry in nuclei. Nuclear Structure. World Scientific, Singapore, vol. 2 (2000) 335

[01A1] K. Abe *et al.* Observation of large CP violation in the neutral B meson system. Phys. Rev. Lett. 87 (2001) 091802

[01A2] G. Abbiendi *et al.* (OPAL Coll.) Measurement of the mass and width of the W boson in e+e- collisions at 189 GeV Phys. Lett. B507 (2001) 29. Also: `arXiv:hep-ex/0009018v1`.

[01D1] J. Dorfan. BaBar results on CP violation. International Journal of Modern Physics A17 (2002) 2925

[01G1] G. Giacomelli, M. Spurio, J. E. Derkaoui (eds.). Proceedings of the NATO-ARW on "Cosmic Radiations: from astronomy to particle physics" (2001)

• B. C. Barish. Gravitational waves, p. 47;

• G. Giacomelli, L. Patrizii. Magnetic monopoles, p. 73.
`arXiv:hep-ex/0112009`

[01L1] P. Lipari, Introduction to neutrino physics. 1st CERN - CLAF School of High-energy Physics, Itacuruca, Brazil, (2001) http://cdsweb.cern.ch/record/677618

[02P1] K. Hagiwara *et al.* (Particle Data Group), Phys. Rev. D 66, 010001 (2002)

[03C1] F. Ceradini. Appunti del corso di Istituzioni di Fisica Nucleare e Subnucleare. http://webusers.fis.uniroma3.it/ ceradini/efns.html

[03G1] S. Gasiorowicz. Quantum Physics. Third edition. John Wiley & Sons, New York (2003)

[03H1] P. Harrison. Nature's flawed mirror. Physics World July 2003, p. 27

[03L1] LEP and SLD Coll. A Combination of preliminary electroweak measurements and constraints on the standard model. LEPEWWG/2003-02, arXiv:hep-ex/0312023.

[04B1] R. Barnabei. La materia oscura dell'Universo e la sua investigazione. Il Nuovo Saggiatore 20 (2004) n. 3-4, p. 32

[04B2] J.L. Basdevant, J. Rich and M. Spiro. *Fundamentals in Nuclear Physics*. Springer, 2004, ISBN 0-387-01672-4

[04H1] A. Heister *et al.* (ALEPH Coll.) Studies of QCD at e^+e^- centre-of-mass energies between 91 GeV and 209 GeV. Eur. Phys. J. C 35 (2004) 457

[04P1] M.L. Perl, E.R. Lee, D. Loomba. A brief review of the search for isolatable fractional charge elementary particles. Mod.Phys.Lett. A19 (2004) 2595-2610

[04S1] Adam G. Riess *et al.* (Supernova Search Team Coll.). Type Ia supernova discoveries at z>1 from the Hubble Space Telescope: Evidence for past deceleration and constraints on dark energy evolution. Astrophys.J. 607 (2004) 665-687. Also: arXiv:astro-ph/0402512.

[04W1] F.A. Wilczek. Nobel Lecture. Asymptotic freedom: from paradox to paradigm. http://nobelprize.org/nobel_prizes/physics/laureates/2004/wilczek-lecture.pdf

[06D1] P. De Bernardis. Un Nobel per il fondo cosmico a microonde. Il Nuovo Saggiatore 22 (2006) n.5-6, p. 61

[06D2] M. Diemoz, F. Ferroni. LHC, alla frontiera della fisica. Il Nuovo Saggiatore 22 (2006) n. 1-2, p. 49

[06V1] G. Violini. La fisica e le leggi razziali in Italia. Il Nuovo Saggiatore 22 (2006) n. 5-6, p. 61

[07F1] V. Flaminio. La ricerca dei neutrini dal cosmo. L'esperimento ANTARES. Il Nuovo Saggiatore 23 (2007) n. 5-6, p. 58

[07F2] E. Fiorini. Il neutrino questo sconosciuto. Il Nuovo Saggiatore 23 (2007) n. 5-6, p. 47

[07G1] T. Gershon. A triangle that matters. Physics World April 2007

[07L1] J.M. Lagniel. Status of the hadron therapy projects in Europe. DOI 10.2 109/PAC.2007.4440335. Also in http://hal.in2p3.fr/in2p3-00169261/en/

[07M1] M.T. Muciaccia. OPERA: l'esperimento che può osservare l'oscillazione $\nu_\mu \to \nu_\tau$. Il Nuovo Saggiatore 23 (2007) n. 5-6, p. 80

[07M2] E. Migneco, P. Piattelli, P. Sapienza. Verso un rivelatore di neutrini sottomarino da 1 km3. L'esperimento NEMO. Il Nuovo Saggiatore 23 (2007) n. 5-6, p. 68

[07W1] D.N. Spergel *et al.* (WMAP Coll.). Wilkinson Microwave Anisotropy Probe (WMAP) three year results: implications for cosmology. Astrophys.J.Suppl. 170 (2007) 377. Also: arXiv:astro-ph/0603449.

[08A1] F. T. Avignone, S. R. Elliott, J. Engel. Double Beta Decay, Majorana Neutrinos, and Neutrino Mass. Rev. Mod. Phys. 80 (2008) 481-516. arXiv:0708.1033 [nucl-ex]

[08B1] G. Bellini, L. Miramonti, G. Ranucci. Borexino: un rivelatore unico per lo studio dell'oscillazione dei neutrini di bassissima energia. Il Nuovo Saggiatore 24 (2008) n.3-4, p. 46
G. Bellini et al. (BOREXino Coll.). Measurement of the solar ^8B neutrino flux with 246 live days of Borexino and observation of the MSW vacuum-matter transition, Phys. Rev. D82 (2010) 033006. Also: arXiv:0808.2868 [astro-ph]

[08B2] R. Bernabei et al. Nucl. Instr. & Meth. A 592 (2008) 297; Eur. Phys. J. C56 (2008) 333

[08B3] A. Bettini. Introduction to Elementary Particle Physics. Cambridge University Press, Cambridge (2008)

[08B4] G. Bendiscioli. Fenomeni radioattivi. Springer, Milano (2008)

[08P1] C. Amsler et al. 2008 Review of Particle Physics. Physics Lett. B667, 1 (2008). Disponibile in rete: http://pdg.lbl.gov/

[08W1] S. Weinberg. Cosmology. Oxford University Press, Oxford (2008)

[10A1] ALEPH, CDF, D0, DELPHI, L3, OPAL, SLD Collaborations, the LEPWorking Group, the Tevatron ElectroweakWorking Group, and the SLD Electroweak and Heavy flavor Group. Precision electroweak measurements and constraints on the standard model. arXiv:0911.2604 [hep-ex]

[10C1] T. Chiarusi, M. Spurio. High-energy astrophysics with neutrino telescopes. Eur. Phys. J. C65(2010) 649-710

[10C2] The CMS Collaboration. Measurement of W^+W^- production and search for the Higgs Boson in pp Collisions at $\sqrt{s} = 7$ TeV. Sub. To Phys. Lett. B. arXiv:1102.5429 [hep-ex]

[10G1] L. Grodzins, The Tabletop Measurement of the Helicity of the Neutrino , Il Nuovo Saggatore 26, N. 5-6 (2010) 23. On line on:
http://prometeo.sif.it/papers/online/sag/026/05-06/pdf/05-percorsi.pdf

[10L1] LHC Higgs Cross Section Working Group, S. Dittmaier, C. Mariotti, G. Passarino, and R. Tanaka (Eds.), Handbook of LHC Higgs Cross Sections: 1. Inclusive Observables, CERN-2011-002 (CERN, Geneva, 2011), arXiv:1101.0593 [hep-ph].

[10M1] J. Adam et al. (MEG Collaboration). A limit for the $\mu \to e\gamma$ decay from the MEG experiment. Nucl. Phys. B834 (2010), 1-12

[10O1] N. Agafonova et al. (OPERA Coll.), Observation of a first ν_τ candidate in the OPERA experiment in the CNGS beam, Phys. Lett. B691 (2010) 138-145. Also: arXiv:1006.1623 [hep-ex].

[10P1] K. Nakamura et al. (Particle Data Group). 2010 Review of Particle Physics J. Phys. G 37, 075021 (2010). Physics Lett. B667, 1 (2008). Disponibile in rete: http://pdg.lbl.gov/

[12B1] S. Braibant, G. Giacomelli, M.Spurio. Particles and Fundamental Interactions: Supplements, Problems and Solutions. Springer (2012). ISBN 978-94-007-4134-8.

[ww0] Istituto Nazionale di Fisica Nucleare: http://www.infn.it

[ww1] http://www.physics.brocku.ca/applets/MassSpectrometer/index.html

[ww2] Interessante sito didattico sulle camere a Bolle (Introduction to the BC) è quello del CERN:
http://teachers.web.cern.ch/teachers/archiv/HST2005/bubble_chambers/BCwebsite/

[ww3]   http://www.tera.it/
[ww4]   Energia in Italia: problemi e prospettive (1990-2020)
        http://www.sif.it/SIF/it/portal/attivita/energy_it/energy_meeting
        Fusion for Energy (F4E) is the European Union's Joint Undertaking for
        ITER and the Development of Fusion Energy.
        http://fusionforenergy.europa.eu/
[ww5]   "The LEP Electroweak working group"
        http://lepewwg.web.cern.ch/LEPEWWG/Welcome.html
[ww6]   "The LEP QCD annihilations working group"
        http://lepqcd.web.cern.ch/LEPQCD/annihilations/alphas
[ww7]   "The SUSY LEP working group"
        http://lepsusy.web.cern.ch/lepsusy/www/
[ww8]   "The Higgs LEP working group"
        http://lephiggs.web.cern.ch/LEPHIGGS/papers/index.html
[ww9]   "The Particle Detector BriefBook"
        http://physics.web.cern.ch/Physics/ParticleDetector/BriefBook/
[ww10] http://www.scienzagiovane.unibo.it/
[ww11] "The Physics of RHIC"
        http://www.bnl.gov/rhic/physics.asp
[ww12] G. Bertsch, A. Bulgac, A. Luo and C. McDaniel, Liquid Drop Model of
        Nuclear Binding Energy, http://128.95.95.61/~intuser/ld3.html
[ww13] National Nuclear Data Center, information extracted from the NuDat 2
        database, http://www.nndc.bnl.gov/nudat2/
[ww14] The Physics of RHIC
        http://www.bnl.gov/rhic/physics.asp
[ww15] http://cdsweb.cern.ch/record/39469

Indice analitico

UNITEXT   Collana di Fisica e Astronomia

A cura di:

Michele Cini
Stefano Forte
Massimo Inguscio
Guida Montagna
Oreste Nicrosini
Luca Peliti
Alberto Rotondi

Editor in Springer:
Marina Forlizzi
marina.forlizzi@springer.com

Atomi, Molecole e Solidi
Esercizi Risolti
Adalberto Balzarotti, Michele Cini, Massimo Fanfoni
2004, VIII, 304 pp, ISBN 978-88-470-0270-8

Elaborazione dei dati sperimentali
Maurizio Dapor, Monica Ropele
2005, X, 170 pp., ISBN 978-88470-0271-5

**An Introduction to Relativistic Processes and the Standard
Model of Electroweak Interactions**
Carlo M. Becchi, Giovanni Ridolfi
2006, VIII, 139 pp., ISBN 978-88-470-0420-7

Elementi di Fisica Teorica
Michele Cini
2005, ristampa corretta 2006, XIV, 260 pp., ISBN 978-88-470-0424-5

Esercizi di Fisica: Meccanica e Termodinamica
Giuseppe Dalba, Paolo Fornasini
2006, ristampa 2011, X, 361 pp., ISBN 978-88-470-0404-7

Structure of Matter
An Introductory Corse with Problems and Solutions
Attilio Rigamonti, Pietro Carretta
2nd ed. 2009, XVII, 490 pp., ISBN 978-88-470-1128-1

Introduction to the Basic Concepts of Modern Physics
Special Relativity, Quantum and Statistical Physics
Carlo M. Becchi, Massimo D'Elia
2007, 2nd ed. 2010, X, 190 pp., ISBN 978-88-470-1615-6

Introduzione alla Teoria della elasticit
Meccanica dei solidi continui in regime lineare elastico
Luciano Colombo, Stefano Giordano
2007, XII, 292 pp., ISBN 978-88-470-0697-3

Fisica Solare
Egidio Landi Degl'Innocenti
2008, X, 294 pp., ISBN 978-88-470-0677-5

Meccanica quantistica: problemi scelti
100 problemi risolti di meccanica quantistica
Leonardo Angelini
2008, X, 134 pp., ISBN 978-88-470-0744-4

Fenomeni radioattivi
Dai nuclei alle stelle
Giorgio Bendiscioli
2008, XVI, 464 pp., ISBN 978-88-470-0803-8

Problemi di Fisica
Michelangelo Fazio
2008, XII, 212 pp., ISBN 978-88-470-0795-6

Metodi matematici della Fisica
Giampaolo Cicogna
2008, ristampa 2009, X, 242 pp., ISBN 978-88-470-0833-5

Spettroscopia atomica e processi radiativi
Egidio Landi Degl'Innocenti
2009, XII, 496 pp., ISBN 978-88-470-1158-8

I capricci del caso
Introduzione alla statistica, al calcolo della probabilit e alla teoria degli errori
Roberto Piazza
2009, XII, 254 pp., ISBN 978-88-470-1115-1

Relativit Generale e Teoria della Gravitazione
Maurizio Gasperini
2010, XVIII, 294 pp., ISBN 978-88-470-1420-6

Manuale di Relativit Ristretta
Maurizio Gasperini
2010, XVI, 158 pp., ISBN 978-88-470-1604-0

Metodi matematici per la teoria dell'evoluzione
Armando Bazzani, Marcello Buiatti, Paolo Freguglia
2011, X, 192 pp., ISBN 978-88-470-0857-1

Esercizi di metodi matematici della fisica
Con complementi di teoria
G. G. N. Angilella
2011, XII, 294 pp., ISBN 978-88-470-1952-2

Il rumore elettrico
Dalla fisica alla progettazione
Giovanni Vittorio Pallottino
2011, XII, 148 pp., ISBN 978-88-470-1985-0

Note di fisica statistica
(con qualche accordo)
Roberto Piazza
2011, XII, 306 pp., ISBN 978-88-470-1964-5

Stelle, galassie e universo
Fondamenti di astrofisica
Attilio Ferrari
2011, XVIII, 558 pp., ISBN 978-88-470-1832-7

Introduzione ai frattali in fisica
Sergio Peppino Ratti
2011, XIV, 306 pp., ISBN 978-88-470-1961-4

From Special Relativity to Feynman Diagrams
A Course of Theoretical Particle Physics for Beginners
Riccardo D'Auria, Mario Trigiante
2011, X, 562 pp., ISBN 978-88-470-1503-6

Problems in Quantum Mechanics with solutions
Emilio d'Emilio, Luigi E. Picasso
2011, X, 354 pp., ISBN 978-88-470-2305-5

Fisica del Plasma
Fondamenti e applicazioni astrofisiche
Claudio Chiuderi, Marco Velli
2011, X, 222 pp., ISBN 978-88-470-1847-1

Solved Problems in Quantum and Statistical Mechanics
Michele Cini, Francesco Fucito, Mauro Sbragaglia
2012, VIII, 396 pp., ISBN 978-88-470-2314-7

Lezioni di Cosmologia Teorica
Maurizio Gasperini
2012, XIV, 250 pp., ISBN 978-88-470-2483-0

Probabilit   in Fisica
Un'introduzione
Guido Boffetta, Angelo Vulpiani
2012, XII, 232 pp., ISBN 978-88-470-2429-8

Particelle e interazioni fondamentali
Il mondo delle particelle
Sylvie Braibant, Giorgio Giacomelli, Maurizio Spurio
2009, 2nd ed. 2012, XVI, 520 pp., ISBN 978-88-470-2753-4